ISBN 978-3-663-15475-4   ISBN 978-3-663-16047-2 (eBook)
DOI 10.1007/978-3-663-16047-2

Copyright 1991 by Springer Fachmedien Wiesbaden
Ursprünglich erschienen bei B.G. Teubner in Leipzig 1991.
Softcover reprint of the hardcover 2nd edition 1991

Vorwort.

In Ausführung eines langgehegten Planes habe ich in diesem Buche vornehmlich jene Materien zur Darstellung gebracht, die über den Rahmen des Inhaltes meiner „Vorlesungen über Differential- und Integralrechnung" hinausgehend an unsern Technischen Hochschulen zum Vortrage gebracht werden. Ich habe aber die Anlage und Gestaltung so gewählt, daß das Buch auch seine selbständige Stellung behaupten könne als Einführung in das Studium der höheren Gebiete der Mathematik; darum sind auch die Elemente der Differentialrechnung aufgenommen worden, um ihre organische Verbindung mit den andern behandelten Gebieten herstellen zu können.

Das Buch umfaßt eine recht eingehende Entwicklung des Zahlbegriffs, die Darstellung von Zahlen durch unendliche arithmetische Prozesse, eine Einführung in die Funktionentheorie, im Anschlusse daran die Elemente der Differentialrechnung nebst den ersten Anwendungen der Differentialquotienten, weiter die Determinantentheorie, die zur Geltung kommt in der sich anschließenden Gleichungslehre, endlich die analytische Geometrie der Ebene und des Raumes in jenem Ausmaße und solcher Form, wie es namentlich als Vorbereitung auf das Studium der Mechanik erforderlich erscheint. Im übrigen habe ich dieselben Grundsätze befolgt, die mich bei der Abfassung der „Vorlesungen über Differential- und Integralrechnung" geleitet haben.

Meinem Kollegen Prof. Dr. K. Zsigmondy bin ich für seine freundliche Unterstützung beim Lesen der Korrektur zu Danke verpflichtet.

Wien, September 1908.

Der Verfasser.

Zur zweiten Auflage.

Da sich das Bedürfnis nach einer Neuauflage geltend gemacht hat, ist eine solche mit Beschränkung auf die bloße Verbesserung der Druckversehen veranstaltet worden, weil ein anderer Weg sich durch die Zeitverhältnisse verbietet.

Gnigl im Salzburgischen, April 1921.

Der Verfasser.

a*

Inhaltsverzeichnis.

Dritter Abschnitt. Der Funktionsbegriff.

§ 1. Funktionen einer und mehrerer Variablen.

§ 2. Grenzwerte von Funktionen.

§ 3. Stetigkeit der Funktionen.

Vierter Abschnitt. Elemente der Differentialrechnung.

§ 1. Der Differentialquotient und das Differential.

§ 2. Allgemeine Sätze über Differentiation.

§ 3. Differentiation der elementaren Funktionen.

§ 4. Sätze über den Zusammenhang einer Funktion mit ihrer Ableitung.

§ 5. Die höheren Differentialquotienten und Differentiale.

Fünfter Abschnitt. Anwendungen der Differentialquotienten.

§ 1. Unbestimmte Formen.

§ 2. Maxima und Minima expliziter Funktionen einer Variablen.

Sechster Abschnitt. Determinanten.

§ 1. Über Permutationen.

§ 2. Definition der Determinante.

§ 3. Haupteigenschaften der Determinanten.

§ 4. Unterdeterminanten.

Achter Abschnitt. Analytische Geometrie der Ebene.

§ 1. Der Koordinatenbegriff.

§ 2. Analytische Darstellung geometrisch definierter Linien.

§ 3. Koordinatentransformation.

§ 4. Die Gerade.

§ 5. Der Kreis.

§ 6. Die Linien zweiter Ordnung.

Neunter Abschnitt. Analytische Geometrie des Raumes.

§ 1. Der Koordinatenbegriff.

§ 2. Koordinatentransformation.

§ 3. Ebene und Gerade.

I. Abschnitt.

Der Zahlbegriff.

§ 1. Reelle Zahlen.

1. Einleitende Bemerkung. Den Gegenstand der Arithmetik, Algebra und Analysis bilden die Zahlen.

Der allgemeine Zahlbegriff, der die verschiedenen Arten von Zahlen umfaßt, mit welchen sich die genannten Teile der Mathematik beschäftigen, hat sich aus dem Urbegriff der natürlichen Zahlen entwickelt; den Anlaß dazu gaben einerseits das Bedürfnis der Anpassung an die reale Wirklichkeit, anderseits die abstrakten Forderungen der Wissenschaft.

Bei der Darstellung des Zahlbegriffs kann man, dem historischen, zugleich natürlichen Gange sich nähernd, den Ausgangspunkt von dem realen Ursprung der Zahlen nehmen oder aber auf den formalistischen Standpunkt sich stellen, der von einer Bezugnahme auf die reale Welt absieht. Darstellungen der letzteren Art sind im Gefolge der in neuerer Zeit gepflogenen kritischen Durchforschung der Mathematik auf ihre logischen Grundlagen entstanden.

Handelt es sich um eine Einführung in die Mathematik, bei der wie hier die Anwendungen in den Vordergrund rücken, dann wird der erste Ausgangspunkt vorzuziehen sein.

2. Natürliche Zahlen. Unter einer *Menge* versteht man einen Inbegriff von unterscheidbaren Objekten irgendwelcher Art. Die einzelnen Objekte werden *Einheiten* (Elemente) der Menge genannt.

Die Menge ist *bestimmt*, wenn in einer jeden Zweifel ausschließenden Weise die Zugehörigkeit der Objekte zu ihr erkennbar ist. Die Objekte können konkret, mit den Sinnen wahrnehmbar sein oder nur in der Vorstellung existieren.

Die Eigenschaften einer (konkreten) Menge, der Eindruck, den sie auf unsere Sinne ausübt, können von den verschiedensten Umständen abhängen und daher auch mannigfach abgeändert werden. Eine Menge verschieden gefärbter Kugeln wird je nach der räumlichen Anordnung, *Konfiguration*, je nach der Gruppierung der Farben einen verschiedenen Eindruck auf das Gesicht machen, eine Menge von Paukenschlägen verschieden auf das Gehör wirken, je nachdem die Schläge in längeren Pausen aufeinander folgen oder zu einem Wirbel vereinigt sind.

Die Eigenschaft einer Menge, die unabhängig ist von der Natur der Einheiten, von ihrer (räumlichen oder zeitlichen) Anordnung, die also unverändert erhalten bleibt, wenn man die Einheiten einzeln durch andere unterscheidbare Objekte ersetzt oder untereinander vertauscht (sofern dies möglich), nennt man die Quantität der Menge.

Alle anderen Eigenschaften machen die *Qualität* der Menge aus. So verschieden aber die Eigenschaften der einzelnen Einheiten sein können, so werden diese doch „kraft ihrer Zugehörigkeit zur Menge" als gleichartig angesehen. Neben dieser rein konventionellen können die Einheiten auch eine wesentliche Gleichartigkeit aufweisen, indem sie Spezialisierungen einer Gattung bilden. — Ein Kasten, ein Tisch, ein Stuhl, ein Mensch, ein Hund, ein Vogel und eine Pflanze bilden eine Menge, sofern sie z. B. die in einem geschlossenen Raume befindlichen Objekte ausmachen, und nur insofern sie zum Inhalte des Raumes gehören, werden sie als gleichartig aufgefaßt. — Mehrere in einem Zimmer versammelte Personen bilden eine Menge von auch wesentlich gleichartigen Einheiten — Wenn von Mengen *gleichartiger Einheiten* gesprochen wird, so ist dies zumeist im letztgedachten Sinne gemeint. Es ist hiernach auch klar, was unter *gleichartigen Mengen* zu verstehen ist.

3. Um zwei Mengen auf ihre Quantität miteinander zu vergleichen, *bildet man sie aufeinander ab.* Hierunter soll ein (effektiver oder gedanklicher Prozeß) verstanden werden, durch welchen die Einheiten der einen Menge einzeln den Einheiten der andern Menge *zugeordnet,* auf sie *bezogen* werden.

Bei zwei Mengen von Kugeln kann man diesen Prozeß beispielsweise so ausgeführt denken, daß man jedesmal einer Kugel der einen Menge und gleichzeitig einer Kugel der andern Menge ein Zeichen macht, wobei eine bereits gezeichnete Kugel nicht wieder einbezogen werden darf.

Wenn bei dem Abbilden zweier Mengen aufeinander beide *erschöpft* werden, so nennt man die Mengen *in bezug auf die Quantität gleich.*

Alle Mengen, die sich in solcher Weise auf eine *Vergleichsmenge* abbilden lassen, sind quantitätsgleich. Denn mit der Abbildung auf die Vergleichsmenge geht auch eine Abbildung der Mengen aufeinander einher, indem *die* Einheiten der einzelnen Mengen, die auf die nämliche Einheit der Vergleichsmenge abgebildet werden, auch aufeinander abgebildet sind.

Wenn bei dem Abbilden zweier Mengen aufeinander die eine erschöpft wird, während von der andern noch Einheiten verbleiben, die an der Abbildung nicht teilgenommen haben, so soll die Quantität der zweiten *größer* heißen als die der ersten, jene der ersten *kleiner* als die der zweiten.

Die Quantität ist demnach eine Eigenschaft, die verschiedener *Grade* fähig ist.

4. *Zur Bezeichnung dieser Grade dienen die Zahlen.*

Eine Zahl ist hiernach der Ausdruck für den Quantitätsgrad einer Menge und aller mit ihr quantitätsgleichen Mengen. Die Beziehungen „größer", „kleiner" überträgt man von den Mengen auf die zugehörigen Zahlen. Darin, daß die Zahl sich nur auf die eine Eigenschaft einer Menge bezieht und von allen andern absieht, liegt der Grund für die außerordentlich große Anwendbarkeit der Zahlen.

Um die Quantitätsgrade wohlgeordnet zu erzeugen, gehe man von einer Einheit (als einer uneigentlichen Menge) aus, füge zu ihr eine weitere Einheit, zu der so gebildeten Menge eine neue Einheit, und fahre so fort; gedanklich besteht kein Hindernis, dieses Verfahren *ohne Ende* fortzusetzen. Den Quantitätsgraden der auf diese Art nach und nach entstandenen Mengen ordnet man (für den mündlichen Verkehr) *Namen — Zahlwörter —*, (für die schriftliche Mitteilung) *Zeichen — Zahlzeichen —* zu.

Die hierdurch ausgedrückten Zahlen heißen *natürliche Zahlen* und bilden in der oben beschriebenen Aufeinanderfolge die *natürliche Zahlenreihe*. In Worten: eins, zwei, drei, vier . . ., in Zeichen: 1, 2, 3, 4 . . . .

Man kann mit den natürlichen Zahlen auch die Null (0) einführen als Ausdruck (Zeichen) für die Negation einer Menge, für das Nichtvorhandensein jeglicher Einheit. Indessen ist es nicht gebräuchlich, sie in die natürliche Zahlenreihe aufzunehmen, von der sie dann den Anfang zu bilden hätte.

Solange man es nur mit Mengen bis zu einer bestimmten (mäßigen) Größe zu tun hat, könnten Zahlwörter und Zahlzeichen willkürlich gebildet werden, um dem beschränkten Bedürfnis zu genügen. Sobald aber die Notwendigkeit oder das Verlangen vorliegt, beliebig große Mengen ihrer Quantität nach zu kennzeichnen, ist ein *Bildungsprinzip* für Namen und Zeichen erforderlich. Wir besitzen hierfür jenes Prinzip, das dem dekadischen Zahlensystem zugrunde liegt.

5. Um die Quantität einer Menge zu bestimmen, sie zu *zählen* (abzuzählen), bezieht man ihre Einheiten in irgendeiner Anordnung auf die Glieder der natürlichen Zahlenreihe; die zur letzten Einheit gehörige Zahl bestimmt die Quantität der Menge.

Statt von der Quantität der Menge spricht man auch von der *Anzahl* der in ihr enthaltenen Einheiten.

Insofern die Zahl dazu dient, die Anzahl der Einheiten in einer Menge auszudrücken, heißt sie *Kardinalzahl.* Sie kommt dann auf die Frage „wie viel?" zur Antwort.

Die beim Zählen einer „geordneten“ Menge auf eine bestimmte Einheit treffende Zahl kann aber auch dazu dienen, die Stellung der Einheit in der Menge zu kennzeichnen. In dieser Verwendung heißt die Zahl eine *Ordinalzahl*; ihr Name (oder ihr Zeichen) wird adjektivisch gebraucht und kommt in dieser Form auf die Frage „der (die, das) wievielte?“ zur Antwort. Drei (3) Glockenschläge — der dritte (3.) Glockenschlag.

Es ist auch die Anschauung ausgesprochen worden, der Begriff der Ordinalzahlen sei der ursprüngliche und der der Kardinalzahlen von ihm abgeleitet. Auch die Auffassung ist in der Literatur vertreten, die in der Zahlenreihe nur *Zeichen in bestimmter Sukzession*, ohne Bezugnahme auf Mengen, erblickt.

Der eingangs beschriebene primitive Zählprozeß erfährt für praktische Zwecke eine weitgehende Ausgestaltung, die schon in das Gebiet der Arithmetik fällt.

Der *unmittelbaren Erfassung* der Quantität einer Menge sind selbst bei großer Übung enge Schranken gesetzt; nur ganz kleine Mengen wird man auf den ersten Blick ihrer Quantität nach erkennen, und selbst da spielt die Konfiguration eine große Rolle. Man denke an Dominosteine, an Kartenblätter, an die regelmäßige Anordnung von Münzen u. dgl. zum Zwecke des Zählens. Kommt es so schon bei Mengen von fünf, sechs, sieben, ... Einheiten auf die Konfiguration an, so wird es bei größeren Mengen auch trotz regelmäßiger Anordnung mit einem einfachen Apperzeptionsakt nicht abgehen.

Um sich von dem durch eine Zahl ausgedrückten Quantitätsgrade eine anschauliche Vorstellung zu bilden, konstruiert man auf demselben Wege, auf welchem eine bereits vorliegende Menge gezählt wird, eine Menge aus beliebigen Einheiten [Kugeln, Münzen, Stäbchen, Strichen (1, Einern)]. Derselbe Vorgang wird befolgt, wenn es sich darum handelt, eine gegebene Zahl in vorgeschriebenen Einheiten zu realisieren (zuzählen von Äpfeln, Nüssen, Eiern, Münzen u. dgl.).

Neben den *besonderen* Zahlzeichen, welche die natürliche Zahlenreihe zusammensetzen, benützt man in der Mathematik *allgemeine* Zahlzeichen in Form von Buchstaben.

Mit der Aussage: a sei eine natürliche Zahl, ist gemeint, unter a könne jede Zahl der natürlichen Zahlenreihe verstanden werden.

Sind a, b zwei Zahlen dieser Reihe in der Sukzession, in welcher sie darin auftreten, so ist a kleiner als b $(a < b)$, b größer als a $(b > a)$.

6. Addition. Wenn zwei bereits gezählte Mengen A, B, denen die Zahlen a, b zukommen, zu *einer* Menge zusammengefaßt werden, so ensteht die Frage nach der ihrer Vereinigung entsprechenden Zahl. Die Forderung, diese zu finden, wird durch eines der Symbole

$$a + b, \qquad b + a \tag{1}$$

ausgedrückt; die Operation, durch welche die neue, stets existierende und einzige Zahl gefunden wird, nennt man *Addition*, ihr Resultat, eben die neue Zahl, *Summe*, die Zahlen a, b *Summanden* oder Addenden.

Die Addition kann so ausgeführt werden, daß man in der natürlichen Zahlenreihe, von der einen Zahl ausgehend, um so viele Einheiten weiterzählt, als die zweite Zahl angibt; das Resultat ist eine bestimmte Zahl s, unabhängig von der Reihenfolge der Addenden. Diese Tatsachen drückt man in den Ansätzen

$$a + b = s \qquad\qquad (2)$$

$$a + b = b + a \qquad\qquad (3)$$

aus. Solche Ansätze nennt man *Gleichungen*; ihr Sinn erfordert in jedem Falle eine Erklärung.

Gleichung (2) besagt, daß s so viele Einheiten zählt als a und b zusammen. Aus ihr folgt $a < s$, $b < s$.

Gleichung (3) besagt, daß das Resultat der Addition unabhängig ist von der Ordnung der Summanden; sie drückt das *kommutative Gesetz* der Addition aus.

Sind drei Mengen A, B, C, welchen die Zahlen a, b, c entsprechen, zusammenzufassen, so wird die Forderung, die ihrer Vereinigung entsprechende Zahl zu finden, durch das Symbol $a + b + c$ oder ein analoges ausgedrückt, das sich von diesem nur durch die Ordnung der Buchstaben unterscheidet; ausgeführt kann sie auch so werden, daß man erst irgend zwei der Mengen zusammengefaßt denkt und die zugehörige Zahl bestimmt, daraufhin die dritte Menge einbezieht: die Ansätze

$$a + b + c = (a + b) + c = a + (b + c) = \cdots \qquad\qquad (4)$$

drücken die Tatsache aus, daß das Resultat bei jeder dieser Ausführungsarten das nämliche ist, sie formulieren das *assoziative Gesetz* der Addition.

Die Klammern dienen dazu, die sukzessive Summenbildung anzudeuten.

Man kann auf diese Art zu beliebig vielen Summanden fortschreiten.

Die Arithmetik hat mechanische Regeln ausgebildet, mit deren Hilfe die Addition von beliebig vielen, beliebig großen Zahlen mit einem geringen Wissensvorrat (die Summen je zweier der Zahlen 1,2, $\cdots$ 9) bewerkstelligt wird.

Die beiden an der Addition erkannten Gesetze, das kommutative und das assoziative, machen ihr Wesen aus. Ihr Begriff kann dahin erweitert werden, daß man jeder Verknüpfung von irgendwelchen Objekten, der in bezug auf ein bestimmt definiertes Resultat diese Gesetze zukommen, den Namen Addition beilegt. (Geometrische Addition gerichteter Strecken.)

7. Multiplikation. Jeder Einheit der Menge B werde eine Menge A zugeordnet; es ist die Zusammenfassung dieser Mengen A zu zählen. Symbolisch wird diese Forderung durch

$$b \times a \qquad (1)$$

ausgedrückt; die Operation, die zu der neuen Zahl führt, heißt *Multiplikation*, ihr stets einzig vorhandenes Resultat *Produkt*, b der *Multiplikator*, a der *Multiplikand*.

Im Wesen ist die Multiplikation von der Addition nicht verschieden; denn auch sie entspricht der Zusammenfassung von Mengen, nur sind diese nach einem besonderen Gesetz gebildet. Der Ansatz

$$b \times a = \overset{1}{a} + \overset{2}{a} + \cdots + \overset{b}{a} \qquad (2)$$

zeigt die Zurückführung der Multiplikation auf die Addition und läßt das Produkt als die Summe einer Anzahl gleicher Summanden erkennen.

Die aus den A zusammengesetzte Menge kann man sich in der Weise in Mengen B aufgelöst denken, daß man je eine Einheit aus jeder Menge A entnimmt und diese Einheiten zusammenfaßt; es entstehen so a Mengen B, so daß

$$b \times a = a \times b \qquad (3)$$

ist. Das hierin ausgesprochene Gesetz heißt das *kommutative* Gesetz der Multiplikation. Es hebt den bisher zwischen Multiplikator und Multiplikand gemachten Unterschied als für das Resultat unwesentlich auf und gestattet, beiden Zahlen einen gemeinsamen Namen zu geben; man nennt sie *Faktoren* und bedient sich statt (1) der kürzeren Schreibweise $a \cdot b$ oder $a\,b$.

Wegen des besonderen Sachverhalts, daß $1 \cdot a = a \cdot 1 = a$, nennt man 1 den *Modul* der Multiplikation.

Die Produkte $1\,a, 2\,a, 3\,a, \cdots$ heißen die *Vielfachen* von a. Weil im Sinne von (2)

$$c\,(a + b) = (a + b)\,c = \overset{1}{\overbrace{a + b}} + \overset{2}{\overbrace{a + b}} + \cdots + \overset{c}{\overbrace{a + b}}$$

$$= \overset{1}{a} + \overset{2}{a} + \cdots + \overset{c}{a} + \overset{1}{b} + \overset{2}{b} + \cdots \overset{c}{b},$$

so ist

$$c\,(a + b) = (a + b)\,c = ca + cb = ac + bc; \qquad (4)$$

bei nochmaliger Anwendung dieses Gesetzes findet man auch

$$(a + b)\,(c + d) = ac + ad + bc + bd. \qquad (5)$$

Das in dieser Verknüpfung von Multiplikation und Addition ausgesprochene Gesetz heißt das *distributive Gesetz* beider Rechnungsarten, das auf Summen beliebig vieler Addenden ausgedehnt werden kann.

Aus (3) und (2) folgt, daß

$$\left(\overset{1}{a} + \overset{2}{a} + \cdots + \overset{b}{a} \right) c = \left(\overset{1}{b} + \overset{2}{b} + \cdots + \overset{a}{b} \right) c;$$

führt man beide Formen nach der Regel (4) aus, so ergibt sich, daß

$$(ab)\, c = (ac)\, b = (bc)\, a. \qquad (6)$$

Das hierin liegende Verhalten eines Produktes von drei Faktoren nennt man das *assoziative Gesetz* der Multiplikation, das die Anschreibung des Produktes in der Form abc zuläßt; es kann auf beliebig viele Faktoren ausgedehnt werden.

Auch die Multiplikation beliebig großer Zahlen führt die Arithmetik auf ein mechanisches Verfahren zurück, das nur die Kenntnis der Produkte je zweier der Zahlen $1, 2, \cdots 9$ voraussetzt.

Das kommutative, assoziative und distributive Gesetz machen das Wesen der Multiplikation aus ohne Rücksicht auf das Substrat, an dem die Operationen ausgeführt werden.

8. Potenzieren. Aus der Menge A werde eine neue Menge nach folgendem Gesetz erzeugt: man ersetzt jede Einheit von A durch eine Menge A, in der neuen Menge wieder jede Einheit durch eine Menge A und führt diesen Prozeß n-mal nacheinander aus. Die Forderung, die zuletzt entstandene Menge zu zählen, soll durch das Symbol

$$a^n \qquad (1)$$

angezeigt werden; die Operation, welche dazu führt, heißt das *Potenzieren*, ihr eindeutiges Resultat *Potenz*, a die *Basis*, n der *Exponent*.

Im Grunde genommen ist das Potenzieren eine unter besonderen Umständen wiederholte Multiplikation; der Ansatz

$$a^n = \overset{1}{a}\overset{2}{a} \cdots \overset{n}{a} \qquad (2)$$

erklärt diese Zurückführung des Potenzierens auf die Multiplikation, und da diese ihrerseits auf die Addition zurückleitet, so ist ein gemeinsamer Ursprung dieser drei Operationen dargetan.

Im Sinne von (2) ist $a^1 = a$, dagegen $1^n = 1$, welche natürliche Zahl auch n sein möge.

Die Zahlen $a^1, a^2, a^3 \cdots$ nennt man die Potenzen von a. Insbesondere heißen die 2., 3., 4. Potenz auch Quadrat, Kubus und Biquadrat.

Es ist eine wesentliche Eigenschaft der bisher vorgeführten drei Operationen, daß sie immer zu einem, aber auch nur einem Resultate führen.

9. Subtraktion. Die Subtraktion entspringt aus der Forderung, von einer Menge A eine bestimmte Teilmenge B (effektiv oder ideell) abzulösen und die zur verbleibenden Menge gehörige Zahl zu finden, wenn die Zahlen a, b bekannt sind. In arithmetischer Ausdrucksweise heißt dies, zu gegebener Summe a und einem Summanden b den andern Summanden bestimmen; die Forderung werde durch das Symbol

$$a - b \qquad (1)$$

ausgedrückt. Die zur Lösung führende arithmetische Operation heißt *Subtraktion*, ihr Resultat *Differenz*, a der *Minuend*, b der *Subtrahend*. Benützt man das Symbol (1) auch als Zeichen für das Resultat, so ist das Wesen der Subtraktion, das in ihrem Zusammenhang mit der Addition liegt, durch den Ansatz

$$b + (a - b) = (a - b) + b = a \qquad (2)$$

erklärt.

Was nun diese neue Rechnungsart von den vorigen wesentlich unterscheidet, ist der Umstand, daß ihre Ausführbarkeit an eine aus der Natur der Addition hervorgehende Beschränkung geknüpft ist: da nämlich die Summe zweier Zahlen größer ist als jeder Summand (**6**), so ist die Subtraktion nur möglich, wenn der Minuend größer ist als der Subtrahend.

Hier tritt nun ein in allen Teilen der Mathematik befolgtes Prinzip zur erstmaligen Anwendung, darin bestehend, daß man den Operationen entgegenstehende Schranken durch Begriffserweiterungen beseitigt, die solcher Art sind, daß sie die früheren Begriffsbildungen mit den sie beherrschenden Gesetzen mit umfassen. Man nennt dies Prinzip nach H. Hankel, der es zuerst formuliert hat[1]), das *Prinzip der Permanenz*. Es hat sich gezeigt, daß den formalen Begriffserweiterungen in vielen Fällen auch eine reale Deutung unterlegt werden kann.

In dem vorliegenden Falle soll nun die Begriffserweiterung darin bestehen, daß man das Symbol (1) immer, also auch dann als *Zahl* ansieht, wenn $a < b$ und $a = b$ ist; bei $a > b$ hat man es wieder mit den bisherigen Zahlen zu tun.

Durch diese Festsetzung wird dem Symbol neben einem quantitativen auch ein *qualitativer* Inhalt erteilt; bezeichnet man nämlich mit d den *Überschuß* der größeren der beiden Zahlen a, b über die kleinere, so sind zwei Qualitäten möglich: entweder liegt der Überschuß auf Seite des Minuends oder auf Seite des Subtrahends. Um diesen Qualitätsunterschied zum Ausdruck zu bringen, ist neben dem Zahlzeichen als *Quantitätszeichen* noch ein *Qualitätszeichen* erforderlich; als solches ist für den ersten Fall das Zeichen + (plus), für den zweiten das Zeichen — (minus) eingeführt worden; die mit diesen *Vorzeichen* ausgestatteten Zahlen werden *positive*, bzw. *negative* Zahlen genannt.

In dem Falle jedoch, daß Minuend und Subtrahend übereinstimmen, gibt es keinen Überschuß, es entfällt also auch die Unterscheidung seiner Qualität: die quantitäts- und qualitätslose Zahl wird mit dem Namen Null und dem Zeichen 0 eingeführt.

Man hat hiernach

$$a - b = + d \text{ bei } a > b$$
$$a - b = - d \quad ,, \quad a < b \qquad (3)$$
$$a - a = \quad 0.$$

---

1) Theorie der komplexen Zahlsysteme, 1867.

Die aus dieser Begriffserweiterung hervorgehenden Zahlen bilden das System der *relativen* (qualifizierten, nach einer älteren Nomenklatur, der aber heute eine ganz andere Bedeutung unterlegt wird, algebraische) Zahlen. In seinem Bereiche ist jede Subtraktion ausführbar.

Die bloße Quantität einer relativen Zahl nennt man ihren *absoluten Wert*. Bezeichnet α eine relative Zahl, so wird ihr absoluter Wert symbolisch durch $|\alpha|$ ausgedrückt. $(|+3|=3, \;|-3|=3)$.

Wendet man die unter (2) angeführte wesentliche Eigenschaft der Subtraktion auf den letzten der eben unterschiedenen Fälle an, so folgt, daß

$$a + 0 = 0 + a = a; \tag{4}$$

wegen dieses Verhaltens wird 0 der *Modul* der Addition genannt.

Trifft man in dem erweiterten Zahlensystem die Festsetzung, daß

$$a - b \lesseqgtr a' - b'$$

sein soll, je nachdem

$$a + b' \lesseqgtr a' + b,$$

so ist: 1. eine positive Zahl um so größer, je größer ihr absoluter Wert; 2. eine negative Zahl um so kleiner, je größer ihr absoluter Wert; 3. die Null kleiner als jede positive, größer als jede negative Zahl; 4. jede negative Zahl kleiner als jede positive Zahl.

Die positiven Zahlen zeigen hier dasselbe Verhalten wie die natürlichen, die negativen das entgegengesetzte. Vermöge dieses Gegensatzes passen sich die relativen Zahlen vielen konkreten Sachverhalten naturgemäß an.

Definiert man die Addition relativer Zahlen durch den Ansatz

$$(a - b) + (a' - b') = (a + a') - (b + b'),$$

so ist: 1. die Summe zweier positiven Zahlen die positive Summe ihrer absoluten Werte; 2. die Summe zweier negativen Zahlen die negative Summe ihrer absoluten Werte; 3. die Summe einer positiven und einer negativen Zahl der Überschuß des größeren absoluten Wertes über den kleineren, versehen mit dem Vorzeichen des größeren.

Dieser Sachverhalt gestattet die Auffassung von $a - b$ als *Summe* der relativen Zahlen $+ a$ und $- b$, so daß nach Einführung der relativen Zahlen eine Unterscheidung zwischen Addition und Subtraktion überflüssig wird.

Definiert man die Multiplikation relativer Zahlen durch den Ansatz

$$(a - b)(a' - b') = (aa' + bb') - (ab' + a'b),$$

so ergibt sich, indem man der Reihe nach

$$a = b + d, \qquad a' = b' + d'$$

$$b = a + d, \qquad b' = a' + d'$$

$$a = b + d, b' = a' + d' \text{ oder } b = a + d, a' = b' + d'$$

$$b = a \text{ oder } b' = a' \text{ oder beides zugleich}$$

setzt und rechts die Regel **7**, (5) anwendet: 1. das Produkt zweier positiven und zweier negativen Zahlen ist das positive Produkt ihrer absoluten Werte; 2. das Produkt einer positiven und einer negativen Zahl das negative Produkt ihrer absoluten Werte; 3. das Produkt aus 0 mit einer relativen Zahl oder mit 0 selbst 0; in anderer Weise kommt 0 als Produkt nicht zustande.

Man erkennt, daß diesen Rechengesetzen gegenüber die positiven Zahlen sich so verhalten wie die natürlichen Zahlen.

10. Division. Die Forderung, eine gegebene Menge A in Mengen von der Quantität b aufzulösen und diese Mengen zu zählen, oder A in b gleiche Mengen zu teilen und die zu einer solchen Teilmenge gehörige Zahl zu bestimmen, führt zu der arithmetischen Aufgabe, die (natürliche) Zahl a als Produkt zweier Faktoren darzustellen, deren einer b ist; die Operation, die zur Auffindung des zweiten Faktors führt, heißt *Division*, das Resultat *Quotient*, a der *Dividend*, b der *Divisor*; deutet man die Forderung, aber auch ihr eventuelles Resultat, durch das Symbol $a : b$ oder

$$\frac{a}{b} \tag{1}$$

an, so drückt sich das Wesen der neuen Rechnungsart durch den Ansatz

$$b\,\frac{a}{b} = \frac{a}{b}\,b = a \tag{2}$$

aus, der ihren Zusammenhang mit der Multiplikation darstellt.

Die Ausführbarkeit der Division ist aber an eine Schranke gebunden: nur dann, wenn a ein Vielfaches von b ist, ergibt sich eine und dann immer nur eine Lösung.

Das Prinzip der Permanenz fordert neuerdings eine Begriffserweiterung, die zu einer ausnahmslosen Durchführbarkeit der Division zu verhelfen hat, und dies soll wiederum darin bestehen, daß man das Symbol (1) immer, also auch dann als *Zahl* ansieht, wenn a kein Vielfaches von b ist.

Durch diese Festsetzung treten zu den bisherigen (natürlichen) Zahlen neue Zahlen, die man *gebrochene Zahlen* oder *Brüche* nennt, während man den ersteren zum Unterschiede von diesen den Namen *ganze Zahlen* gibt.

In dem Bruche $\frac{a}{b}$ heißt a *Zähler*, b *Nenner*.

Jede ganze Zahl a kann man in der Form eines Bruches darstellen, indem man sie schreibt $\frac{a}{1}$, da im Sinne der Division $\frac{a}{1} = a$, weil $a \cdot 1 = a$ ist.

Trifft man bezüglich der Größenvergleichung zweier Brüche $\frac{a}{b}$, $\frac{a'}{b'}$ die Festsetzung, daß

$$\frac{a}{b} \lesseqgtr \frac{a'}{b'}$$

sein soll, je nachdem

$$ab' \lesseqgtr a'b$$

ist, so steht die Vergleichung ganzer Zahlen hiermit im Einklang.

Es folgt aus dieser Festsetzung die Gleichheit zweier Brüche von der Form $\frac{a}{b}$ und $\frac{ka}{kb}$. Dieser Umstand ermöglicht einerseits, einen Bruch auf die einfachste, die *reduzierte Form* zu bringen, bei der Zähler und Nenner keinen gemeinsamen Faktor haben; anderseits Brüche mit verschiedenen Nennern in solche mit einem und demselben Nenner umzuwandeln.

Definiert man Addition und Subtraktion von Brüchen durch die Ansätze:

$$\frac{a}{b} + \frac{a'}{b'} = \frac{ab' + a'b}{bb'} \tag{3}$$

$$\frac{a}{b} - \frac{a'}{b'} = \frac{ab' - a'b}{bb'}, \tag{4}$$

so passen diese Regeln auch auf ganze Zahlen, und hebt man bei der Subtraktion die Beschränkung $\frac{a}{b} > \frac{a'}{b'}$ auf, so gelangt man zu dem Begriff der *relativen* (qualifizierten) *Brüche*.

Zwischen zwei Brüche kann man immer wieder Brüche einschalten; sind $\frac{a}{b}$, $\frac{a'}{b'}$ zwei ungleiche Brüche und $\frac{a}{b} > \frac{a'}{b'}$, so bringe man sie auf die Form $\frac{ab'}{bb'}$, $\frac{a'b}{bb'}$; dann ist

$$\frac{a}{b} > \frac{z}{bb'} > \frac{a'}{b'},$$

wenn der Zähler z so gewählt wird, daß $ab' > z > a'b$ ist[1]). Die Menge der Brüche zwischen $\frac{a}{b}$ und $\frac{a'}{b'}$ ist hiernach unbegrenzt.

Für die Multiplikation gelte die Regel:

$$\frac{a}{b} \cdot \frac{a'}{b'} = \frac{aa'}{bb'}, \tag{5}$$

---

1) Sollten ab' und $a'b$ nur um eine Einheit verschieden sein, so geht man von der Form $\frac{kab'}{kbb'}$, $\frac{ka'b}{kbb'}$ aus $(k > 1)$.

der sich auch die Multiplikation ganzer Zahlen unterordnet. Auf Grund dieser Regel kann der in 8 aufgestellte Begriff der Potenz auf den Fall ausgedehnt werden, daß die Basis ein Bruch ist.

Die Division hat notwendig der Regel

$$\frac{a}{b} : \frac{a'}{b'} = \frac{ab'}{a'b} \tag{6}$$

zu folgen, weil dann tatsächlich $\frac{ab'}{a'b} \cdot \frac{a'}{b'} = \frac{aa'b'}{ba'b'} = \frac{a}{b}$ ist.

Eine besondere Hervorhebung beanspruchen die Fälle, in welchen die 0, als ganze Zahl aufgefaßt, zur Bruchbildung (Division) herangezogen wird.

Die Division $\frac{0}{b}$, wo b eine von 0 verschiedene Zahl ist, führt zum Quotienten 0, da $b \cdot 0 = 0$ ist.

Die Division $\frac{a}{0}$, wo a eine von Null verschiedene Zahl ist, ist unausführbar, da a aus keiner Zahl durch Multiplikation mit 0 hervorgeht.

Der Division $\frac{0}{0}$ kann jede beliebige Zahl q als Quotient zugeordnet werden, da $0q = 0$, welche Zahl auch q sein möge; hier fehlt also die eindeutige Bestimmtheit des Resultats, die bisher durchgehends gewahrt blieb.

Es folgt daraus die für die Analysis wichtige Tatsache, *daß die Null als Divisor* (Nenner) *unzulässig ist*.

Die Division (natürlicher) Zahlen wird in der Arithmetik noch in einem andern Sinne definiert, der über die natürlichen Zahlen nicht hinausführt. Ist $a > b$, so soll a als Summe aus einem Vielfachen von b und einer Zahl dargestellt werden, die kleiner als b (eventuell 0) ist; mit andern Worten, die natürlichen Zahlen $q, r (< b)$ sollen so bestimmt werden, daß

$$a = qb + r \tag{7}$$

sei. In dieser Auffassung stellt sich die Division als wiederholte Subtraktion des Divisors b vom Dividenden a dar, bis ein unter b liegender *Rest* r verbleibt; ist dieser 0 (wird a dadurch erschöpft), so heißt a durch b *teilbar*.

Schließlich sei noch bemerkt, daß die Einführung der Brüche die Unterscheidung zwischen Multiplikation und Division entbehrlich macht; denn die Division von a durch b kann als Multiplikation von a mit dem Bruche $\frac{1}{b}$ aufgefaßt werden. Brüche mit dem Zähler 1 nennt man *Stammbrüche*.

11. Rationale Zahlen. Die relativen Brüche im Verein mit den relativen ganzen Zahlen bilden das *System der rationalen Zahlen*. Innerhalb dieses Systems sind Addition, Multiplikation, Subtraktion und Division ohne Einschränkung ausführbar. Nennt man ein Zahlensystem, das sich in bezug auf diese vier Rechnungsarten, die „vier Spezies", in der beschriebenen Weise verhält, einen *Zahlkörper*, so hat man das System der rationalen Zahlen als einen Zahlkörper zu bezeichnen.

Man denkt sich die Brüche zwischen die bereits geordneten ganzen Zahlen nach ihrer Größe eingeordnet, so daß auch das System der rationalen Zahlen unter dem Bilde einer nach beiden Seiten unbeschränkt fortsetzbaren Reihe erscheint.

Mit der Schaffung der Brüche ist ein bedeutsamer Schritt von der *Mengenlehre* zur *Größenlehre* getan. Um nämlich einer extensiven Größe (das einfachste Bild einer solchen ist eine Strecke) eine Zahl zuzuordnen, verwandelt man sie durch Teilung in eine Menge, die man zählt; die Teile werden einer gleichartigen, als Einheit gewählten Größe „gleich" gemacht. Bleibt bei der Teilung ein Rest (kleiner als die Einheit), so verfährt man mit diesem ebenso unter Zugrundelegung eines bestimmten aliquoten Teiles der früheren Einheit usw. In diesem Vorgange ist der eigentliche Ursprung der Brüche zu erblicken.

12. Radizieren. Subtraktion und Division knüpfen mit ihrer Fragestellung an die Addition und Multiplikation an und sind insofern als *Umkehrungen* dieser Rechnungsarten aufzufassen, als eine vordem als gegeben vorausgesetzte Zahl nunmehr als zu bestimmende Zahl erscheint.

Nimmt man das Potenzieren zum Ausgangspunkt einer solchen Umkehrung, indem man nach der Basis fragt, die zu einem natürlichen Exponenten n erhoben werden muß, damit eine gegebene positive rationale Zahl a als Potenz hervorgehe, so entsteht eine neue Rechnungsoperation, die man das *Radizieren* oder Wurzelziehen nennt; die Potenz a heißt nun *Radikand*, der Exponent n der *Wurzelexponent*[1]), und die gestellte Forderung sowie ihr eventuelles Resultat, die *Wurzel*, wird durch das Symbol

$$\sqrt[n]{a} \qquad (1)$$

dargestellt; das Wesen der neuen Rechnungsart, in ihrer Zurückführung auf das Potenzieren bestehend, ist durch den Ansatz

$$\left(\sqrt[n]{a}\right)^n = a \qquad (2)$$

bestimmt.

Die Ausführbarkeit ist jedoch auf solche Zahlen a beschränkt, die $n$te Potenzen rationaler Zahlen sind, d. h. die sich als Produkte von n gleichen rationalen Faktoren darstellen lassen. Will man also das Radizieren (mit den hier über die Natur der Zahlen a, n getroffenen Festsetzungen) bedingungslos ausführbar machen, so tritt

---

1) Auch *Grad* der Wurzel.

die Notwendigkeit einer neuerlichen Erweiterung des bisherigen Zahlbegriffs ein, und diese soll zunächst wieder formal in der Weise geschehen, daß man das Symbol (1) immer, also auch dann als eine
Zahl erklärt, wenn a nicht die $n$te Potenz einer (positiven) rationalen
Zahl ist.

Es handelt sich nun darum, die so eingeführten neuen Zahlen
mit den rationalen in eine Beziehung zu bringen. Der hierzu führende
Gedankengang soll zunächst durch Betrachtung einer speziellen Aufgabe vorbereitet werden.

Das Symbol $\sqrt{2}$ verlangt die Bestimmung einer Zahl, die zum
Quadrat erhoben 2 gibt. Daß keine rationale Zahl dieser Forderung
entsprechen kann, ist so zu erkennen. Wäre $\frac{p}{q}$ eine solche — sie
kann in der reduzierten Form vorausgesetzt werden —, so müßte
$p^2 = 2q^2$ sein; dies hätte einerseits die Teilbarkeit von p^2 durch 2,
anderseits die Teilbarkeit von 2 durch p^2, also $p^2 = 2$ und $q^2 = 1$ zur
Folge; nun ist aber 2 nicht das Quadrat einer ganzen Zahl, somit
die obige Annahme hinfällig.

1. Die durch das Symbol $\sqrt{2}$ ausgedrückte Forderung bewirkt
demnach eine Scheidung der (positiven) rationalen Zahlen in zwei
Klassen A, B in der Weise, daß alle Zahlen der ersten Klasse ein
Quadrat kleiner als 2, alle Zahlen der zweiten Klasse ein Quadrat
größer als 2 geben; infolgedessen ist auch jede Zahl der Klasse A
kleiner als jede Zahl aus B.

Es gibt aber in der Klasse A keine größte und in der Klasse B
keine kleinste Zahl.

Denn ist x eine Zahl aus A, also $x^2 < 2$, so läßt sich ein positives h so bestimmen, daß auch $(x + h)^2 < 2$ wird; denn aus

$$2hx < 2hx + h^2 < 2 - x^2$$

folgt $h < \frac{2 - x^2}{2x}$, und jede rationale Zahl zwischen x und $x + \frac{2 - x^2}{2x}$
$= \frac{2 + x^2}{2x}$ gehört auch zur Klasse A. Und ist y eine Zahl der Klasse B,
also $y^2 > 2$, so läßt sich die positive Zahl k so bestimmen, daß auch
$(y - k)^2 > 2$ wird; denn aus

$$2ky < y^2 - 2 + k^2 < y^2 - 1$$

folgt $k < \frac{y^2 - 1}{2y}$, und jede rationale Zahl zwischen $y - \frac{y^2 - 1}{2y} = \frac{y^2 + 1}{2y}$
und y gehört auch zur Klasse B.

Nach einer von R. Dedekind[1]) eingeführten Ausdrucksweise bewirkt also die Forderung $\sqrt{2}$ einen *Schnitt* im System der rationalen
Zahlen, durch welchen eine neue, diesem System nicht angehörige
Zahl vollkommen bestimmt erscheint, eben die durch das Symbol
$\sqrt{2}$ definierte Zahl.

---

1) Stetigkeit und irrationale Zahlen, 1. Aufl. 1872, 3. Aufl. 1905.

2. Das Verfahren, welches die Arithmetik zur Ausziehung der Quadratwurzel lehrt, auf den vorliegenden Fall angewendet, ist im Grunde genommen eine systematische Entwicklung von Zahlen der Klasse A, denen, wieder nach einem systematischen Vorgang, Zahlen der Klasse B zugeordnet werden können.

Bezeichnet nämlich, in der üblichen Ausdrucksweise der Arithmetik gesprochen, a_n die auf n Dezimalen abgekürzte $\sqrt{2}$, so gehören die Zahlen

$$a_0, a_1, a_2, \cdots a_n, \cdots \tag{3}$$

d. i. 1, 1,4, 1,41, $\cdots$ der Klasse A an, weil ihre Quadrate kleiner sind als 2, und die aus ihnen durch Erhöhung der Ziffer an der niedrigsten Stelle um 1 abgeleiteten Zahlen

$$b_0, b_1, b_2, \cdots b_n, \cdots \tag{4}$$

d. i. 2, 1,5, 1,42, $\cdots$ der Klasse B an, weil ihre Quadrate größer sind als 2. Und so wie das arithmetische Verfahren keinen Abschluß findet, sind auch die beiden *Zahlenfolgen* (3), (4) unbegrenzt fortsetzbar, d. h. ist man bei einem noch so späten Gliede angelangt, so kann man immer wieder nach dem erwähnten Verfahren das folgende ableiten.

Jede Zahl aus (3) ist kleiner als jede Zahl aus (4); da nun $b_n - a_n = \dfrac{1}{10^n}$ und aus dem oben angeführten Grunde jedes auf a_n beliebig später folgende Glied a_{n+p} zwischen a_n und b_n fällt, so ist

$$a_{n+p} - a_n < \frac{1}{10^n},$$

mit anderen Worten: zu einer beliebig klein festgesetzten positiven rationalen Zahl ε läßt sich die Stellzahl n so bestimmen, daß

$$a_{n+p} - a_n < \varepsilon$$

wird bei *beliebigem* p. Ein ähnliches Verhalten zeigt auch die Reihe (4).

Der Sachverhalt ist nun der, daß, wiewohl keine der Zahlen a_n die Forderung, zum Quadrat erhoben 2 zu geben, streng erfüllt, sie dieser Forderung, je weiter man in ihrer Reihe vorschreitet, immer näher kommen in dem Sinne, daß die Differenz $2 - a_n^2$ bei beständig zunehmendem n beständig kleiner wird und durch entsprechende Wahl des n unter jede noch so kleine positive Zahl herabgedrückt werden kann.

In diesem Sinne soll und kann die unbegrenzte Zahlenfolge (3) zur Definition der durch $\sqrt{2}$ symbolisch angedeuteten Zahl verwendet werden.

13. Irrationale Zahlen. Die aus der Betrachtung eines besonderen Falles gewonnenen Gedankenbildungen sollen nun verallgemeinert werden.

1. Die Scheidung des Systems der rationalen Zahlen in zwei Klassen A, B derart, daß jede Zahl a aus A kleiner ist als jede Zahl b aus B, soll ein *Schnitt* genannt werden (Schnitt (A, B)).

Der Schnitt kann durch eine *rationale* Zahl selbst geschehen; sie kann dann nach Belieben der Klasse A als größte oder der Klasse B als kleinste unter ihren Zahlen zugeschrieben werden.

Erfolgt der Schnitt so, daß A keine größte und B keine kleinste Zahl enthält, so bestimmt er eine neue, außerhalb des Systems der rationalen Zahlen stehende Zahl.

Durch derartige Schnitte definierte Zahlen nennt man *irrationale Zahlen*.[1])

Der Begriff der „einem Schnitt zugeordneten Zahl" umfaßt also die rationalen und die irrationalen Zahlen.

2. Eine unbegrenzt fortsetzbare Folge rationaler Zahlen

$$a_0, \ a_1, \ a_2, \ \cdots a_n, \ \cdots \tag{1}$$

der die Eigenschaft zukommt, daß sich bei beliebig klein gegebenem positivem ε der Zeiger n so bestimmen läßt, daß

$$a_{n+p} - a_n < \varepsilon \tag{2}$$

wird, welche natürliche Zahl man für p auch nehmen mag, soll eine *Fundamentalreihe* heißen.

Läßt sich eine rationale Zahl a solcherart angeben, daß zu einem beliebig klein festgesetzten positiven δ eine natürliche Zahl m sich bestimmen läßt, derart daß

$$a_n - a < \delta, \tag{3}$$

solange $n > m$ bleibt, so sagt man, die Glieder der Reihe (1) nähern sich der Zahl a als *Grenze* oder die Reihe *konvergiere* gegen die Grenze a. Symbolisch soll dies durch den Ansatz

$$\lim a_n = a \tag{4}$$

ausgedrückt werden.

Eine Reihe, die gegen eine Grenze konvergiert, ist notwendig eine Fundamentalreihe.

Man kann nämlich n so bestimmen, daß, wie klein auch die positive Zahl ε gewählt sein möge, nicht nur

$$|a_n - a| < \frac{\varepsilon}{2},$$

sondern auch

$$|a_{n+p} - a| < \frac{\varepsilon}{2},$$

---

1) Der Begriff der irrationalen Zahlen ist geometrischen Ursprungs; inkommensurable Streckenpaare führen auf irrationale Verhältniszahlen. Daher erklärt es sich, daß für sie ursprünglich der Name *inkommensurable Zahlen* üblich war. Das Wort „irrational" kommt zum erstenmal in einer lateinischen Übersetzung eines arabischen Kommentars zu Euklid aus dem 12. Jhrh. vor. Später, bis ins 16. Jhrh., war die Bezeichnung *surdus* für irrational gebräuchlich.

welche natürliche Zahl p auch sei; dann aber ist

$$|a_{n+p} - a_n| < \varepsilon,$$

also das Merkmal einer Fundamentalreihe vorhanden.

Erfüllt insbesondere die Zahl 0 die Forderung (3), ist also

$$|a_n| < \delta, \tag{5}$$

solange $n > m$, so heißt die Fundamentalreihe insbesondere eine *Elementarreihe*; es ist dann

$$\lim a_n = 0. \tag{6}$$

Läßt sich keine rationale Zahl angeben, die der Bedingung (3) genügt, dann ordnet man der Fundamentalreihe eine neue Zahl zu, die man als ihre ideelle Grenze auffaßt und eine *irrationale Zahl* nennt.

Der Begriff der „einer Fundamentalreihe zugeordneten Zahl" umfaßt also die rationalen und die irrationalen Zahlen.

Beispiele. 1. Die Reihe $\frac{1}{2}, \frac{2}{3}, \frac{3}{4}, \frac{4}{5}, \cdots$ ist eine Fundamentalreihe; denn

$$a_{n+p} - a_n = \frac{n+p}{n+p+1} - \frac{n}{n+1} = \frac{p}{(n+1)(n+p+1)} < \frac{1}{n+1}$$

kann durch Wahl von n allein beliebig klein gemacht werden. Sie hat die Grenze 1, weil

$$1 - a_n = \frac{1}{n+1}$$

durch Wahl von n beliebig klein gemacht werden kann. Die Reihe definiert also die Zahl 1; hiermit ist der Sinn des symbolischen Ansatzes

$$1 = \left(\frac{1}{2}, \frac{2}{3}, \frac{3}{4}, \cdots\right)$$

erklärt.

2. Die Reihe $1, \frac{1}{2}, \frac{1}{3}, \cdots$ ist eine Fundamentalreihe, und **zwar** eine Elementarreihe, weil $a_n = \frac{1}{n}$ beliebig klein gemacht werden kann durch Wahl von n. Man drückt dies durch den Ansatz aus:

$$0 = \left(1, \frac{1}{2}, \frac{1}{3}, \cdots\right).$$

3. Die mittels des Verfahrens der arithmetischen Quadratwurzelausziehung unbegrenzt fortsetzbare Reihe $1, 1{,}4, 1{,}41, 1{,}414, \cdots$ ist nach den unter **12,** 2. angestellten Betrachtungen eine Fundamentalreihe und die ihr zugeordnete Zahl ist $\sqrt{2}$, so daß man schreiben kann:

$$\sqrt{2} = (1, 1{,}4, 1{,}41, 1{,}414, \cdots).$$

14. Wenn die Reihen

$$a_1, a_2, a_3, \cdots \tag{7}$$

$$b_1, b_2, b_3, \cdots \tag{8}$$

gegen die Grenzen a, b konvergieren, so konvergieren die Reihen

$$\left.\begin{array}{llll} a_1 + b_1, & a_2 + b_2, & a_3 + b_3, & \cdots \\ a_1 - b_1, & a_2 - b_2, & a_3 - b_3, & \cdots \\ a_1 b_1, & a_2 b_2, & a_3 b_3, & \cdots \\ \dfrac{a_1}{b_1}, & \dfrac{a_2}{b_2}, & \dfrac{a_3}{b_3}, & \cdots \end{array}\right\} \tag{9}$$

gegen die Grenzen $a + b$, $a - b$, ab, $\dfrac{a}{b}$ beziehungsweise; die letzte Behauptung nur unter der Voraussetzung $b \neq 0$.

Man braucht, um die Richtigkeit dieser Aussage einzusehen, sich nur klar zu machen, daß die Differenzen

$$a_n + b_n - (a + b), \quad a_n - b_n - (a - b), \quad a_n b_n - ab, \quad \frac{a_n}{b_n} - \frac{a}{b},$$

die sich umformen lassen in

$$a_n - a + (b_n - b)$$
$$a_n - a - (b_n - b)$$
$$(a_n - a)b + (b_n - b)a + (a_n - a)(b_n - b)$$
$$\frac{(a_n - a)b - (b_n - b)a}{b_n b},$$

beliebig klein gemacht werden können.

Dadurch ist zugleich der Satz bewiesen: Sind die Reihen (7), (8) Fundamentalreihen, so sind es auch alle unter (9) zusammengefaßten Reihen, die letzte unter der Voraussetzung, daß (8) nicht eine Elementarreihe ist.

Dehnt man die Resultate dieser Betrachtung auch auf den Fall ideeller Grenzen aus, so sind dadurch Definitionen für die Summe, Differenz, das Produkt und den Quotienten zweier irrationalen Zahlen gegeben.

Zwei Fundamentalreihen (7), (8) stellen eine und dieselbe Zahl dar (sind äquivalent), wenn $a_1 - b_1$, $a_2 - b_2$, $a_3 - b_3$, $\cdots$ eine Elementarreihe ist.

Stellt die Reihe a_1, a_2, a_3, $\cdots$ die Zahl a dar, so ist der Reihe $-a_1$, $-a_2$, $-a_3$, $\cdots$ die Zahl $-a$ zuzuordnen.

Von den Zahlen a, b, die durch die Fundamentalreihen a_1, a_2, a_3, $\cdots$ und b_1, b_2, b_3, $\cdots$ definiert sind, sagt man, daß $a > b$, bzw. $a < b$ sei, wenn die Fundamentalreihe $a_1 - b_1$, $a_2 - b_2$, $a_3 - b_3$, $\cdots$ von einer Stelle ab lauter positive bzw. lauter negative Glieder hat, ohne eine Elementarreihe zu sein.

Damit sind für das Vergleichen durch Fundamentalreihen definierter Zahlen und für das Rechnen mit solchen Zahlen Regeln aufgestellt, welche die für rationale Zahlen geltenden Regeln mit umfassen.

15. Reelle Zahlen. Die positiven und negativen rationalén und die positiven und negativen irrationalen Zahlen machen zusammen das *System der reellen Zahlen* aus. Jeder seiner Zahlen ist durch die Festsetzungen über das „größer, kleiner" eine bestimmte Stellung gegenüber jeder andern angewiesen, das System ist wohlgeordnet.

Das System der reellen Zahlen bildet einen *Zahlkörper*, welcher den der rationalen Zahlen als Teil umschließt.

Die *Abbildung* des Systems der reellen Zahlen auf eine gerade Linie ist geeignet, die Vorstellung von demselben schärfer und klarer zu machen, als dies durch die arithmetischen Betrachtungen allein möglich ist. Sie besteht in folgendem.

Man teile die unbegrenzt gedachte Gerade durch einen Punkt, dem man die Zahl 0 zuordnet, in zwei Strahlen und bestimme den einen (den rechten) als Träger der positiven, den andern (den linken) als Träger der negativen Zahlen. Ferner wähle man eine Strecke als Darstellung der Einheit.

Einem Punkte A, der in der Geraden angenommen wird, läßt sich immer eine bestimmte Zahl aus unserem System zuordnen.

Trägt man die Einheitsstrecke von 0 gegen A hin wiederholt ab, so kann es geschehen, daß der Endpunkt der a-ten Abtragung in den Punkt A fällt: dann entspricht diesem die *ganze Zahl* $+a$ oder $-a$, je nachdem er rechts oder links von 0 liegt.

Tritt dieser Fall nicht ein, kann man jedoch eine natürliche Zahl b angeben, derart, daß der b-te Teil der Einheitsstrecke bei a-maligem Abtragen von 0 gegen A hin genau zu dem Punkt A führt: so entspricht diesem der *Bruch* $+\dfrac{a}{b}$ oder $-\dfrac{a}{b}$ je nach der Lage von A gegen 0.

Ereignet sich auch dieser Fall nicht, — und daß es Punkte auf der Geraden gibt, die durch keine Teilung der Einheit in gleiche Teile erreicht werden können — dafür gibt die Geometrie Beispiele in beliebiger Zahl[1] —, so kann durch *systematisch fortgesetzte Teilung* (etwa Dezimalteilung) eine Fundamentalreihe konstruiert werden, und diese bestimmt dann die zu A gehörige *irrationale* Zahl.

Daß auch umgekehrt jeder reellen Zahl ein bestimmter Punkt der Geraden entspricht, läßt sich in bezug auf irrationale, d. h. durch Fundamentalreihen allein darstellbare Zahlen nicht beweisen, sondern wird *axiomatisch* angenommen.[2]

Im Grunde dieses Axioms ist aber dem System der reellen Zahlen dieselbe Eigenschaft zuzuschreiben, die der Geraden in bezug auf ihre

---

[1] Das frühest erkannte Beispiel dürfte das der Quadratdiagonale in bezug auf die Quadratseite sein.

[2] Auf die Notwendigkeit dieses Axioms für den Aufbau der Theorie der irrationalen Zahlen hat G. Cantor 1872 (Mathem. Ann. V) hingewiesen.

Punkte zukommt und die man als *Stetigkeit* bezeichnet; ihr Wesen hat Dedekind[1]) dahin formuliert, daß eine Scheidung der Punkte der Geraden in zwei Klassen 𝔄, 𝔅 derart, daß jeder Punkt der Klasse 𝔄 links von jedem Punkte der Klasse 𝔅 liegt, immer nur durch *einen* Punkt erfolgen kann.

Hierdurch erhält der Ausspruch: *Das System der reellen Zahlen ist stetig* — einen bestimmten Inhalt.

Der Gedankengang, durch welchen der Begriff der reellen Zahlen aufgebaut worden ist, führt über das praktische Bedürfnis, ja über die Grenzen dessen, was praktisch ausgeübt werden kann, weit hinaus. Das System dieser Zahlen ist nach beiden Seiten unendlich: unsere Rechnungen aber bewegen sich in einem verhältnismäßig engen Ausschnitt. Das System ist lückenlos: wir aber rechnen, wo es sich nicht um formale, sondern um ziffermäßige Resultate handelt, in einem System von rationalen Zahlen von unerheblicher Dichtigkeit: denn bei vielen Rechnungen wird man vernünftigerweise über 2, 3 Dezimalstellen nicht hinausgehen, und selbst bei den subtilsten wissenschaftlichen Rechnungen nicht viel weiter. Das so fein ausgebildete Instrument kommt also, könnte man sagen, gar nicht zu voller Anwendung.

Dazu ist zu bemerken, daß erst durch die Schaffung der irrationalen Zahlen der arithmetische Zahlbegriff dem geometrischen Größenbegriff adäquat wurde, und daß erst jetzt die Aussage volle logische Strenge besitzt, jede Strecke (als das Bild einer extensiven Größe überhaupt) lasse sich nach Annahme einer Einheit durch eine Zahl ausdrücken. Auf den so ausgebildeten Zahlbegriff erst lassen sich strenge analytische Begriffsbildungen gründen.

Der Unterschied zwischen den abstrakten Begriffen und ihrer praktischen Anwendung, auf den hier soeben hingewiesen worden, hat Anlaß gegeben, zwischen Präzisions- und Approximationsmathematik zu unterscheiden. Jede Approximationsmathematik wurzelt aber in dem Boden der strengen Mathematik.

16. Logarithmieren. Neben der als Radizieren bezeichneten Umkehrung des Potenzierens gibt es noch eine zweite, bei der die Frage nach dem Exponenten gerichtet ist.

Die Forderung, den Exponenten zu finden, zu welchem eine positive reelle Basis b erhoben werden muß, um eine gegebene positive reelle Zahl a zu geben, führt zu einer Rechnungsart, die man das *Logarithmieren* nennt; für b wird der Name *Basis* beibehalten, a der *Numerus* genannt, die Forderung aber und zugleich ihr eventuell vorhandenes Resultat durch das Symbol

$$\log_b a \tag{1}$$

<hr>

1) Stetigkeit und irrationale Zahlen. 3. Aufl., 1905, p. 11.

bezeichnet (zu lesen: Logarithmus von a inbezug auf b). Das Wesen der neuen Operation ist durch den Ansatz

$$b^{\log_b a} = a \tag{2}$$

gekennzeichnet.

Das Eingehen auf diese Frage setzt die Verallgemeinerung des Potenzbegriffs auch in bezug auf den Exponenten voraus, der bisher eine natürliche Zahl war. Diese Verallgemeinerung, wieder auf dem Prinzip der Permanenz ruhend, geht dahin, daß

$$b^0 = 1, \qquad b^{\frac{p}{q}} = \sqrt[q]{b^p} \qquad \text{(p, q natürliche Zahlen)}$$

$$b^{-r} = \frac{1}{b^r}. \qquad \text{(r positive rationale Zahl)}$$

Gestützt auf die Tatsache, daß, sofern $b > 1$ gewählt wird, $\alpha < \beta$ die Beziehung $b^\alpha < b^\beta$ zur Folge hat, ferner b^r durch positive und negative rationale Exponenten beliebig groß, aber auch beliebig klein gemacht werden kann, läßt sich durch einen Gedankengang, der hier nicht näher ausgeführt werden soll, zeigen, daß der gestellten Forderung entweder durch eine Rationalzahl oder durch eine Fundamentalreihe genügt werden kann, kurz, daß die Aufgabe in der beschriebenen Einschränkung immer ein und nur ein Resultat ergibt, das dem Gebiet der reellen Zahlen angehört, daß sie also über den Begriff dieser Zahlen nicht hinausführt.

§ 2. Imaginäre Zahlen.

17. Imaginäre und komplexe Zahlen. Das Radizieren als erste Umkehrung des Potenzierens ist in **12.** mit der ausdrücklichen Einschränkung auf *positive* rationale Radikanden behandelt worden; es soll nun seine Erweiterung auf *negative* rationale [1]) Radikanden in Angriff genommen werden.

Ist der Wurzelexponent n eine ungerade Zahl, $n = 2p + 1$, so führt die Aufgabe: $\sqrt[2p+1]{-b}$, worin b eine absolute rationale Zahl bedeutet, auf die Forderung $\sqrt[2p+1]{b}$ zurück, die immer durch eine reelle Zahl erfüllt wird; es ist dann $\sqrt[2p+1]{-b} = -\sqrt[2p+1]{b}$.

Ist der Wurzelexponent n eine gerade Zahl, $n = 2p$, so stellt das Symbol $\sqrt[2p]{-b}$ eine durch reelle Zahlen nicht zu befriedigende

---

1) Es könnte scheinen, als ob die Fragestellung noch allgemeiner würde durch Zulassung aller reellen, also auch der irrationalen Radikanden; aber das Radizieren solcher führt auf das Radizieren der Glieder der definierenden Fundamentalreihen zurück, also wieder auf rationale Zahlen.

Forderung, weil im Grunde der Multiplikationsregeln für relative Zahlen weder eine positive noch eine negative Zahl zu einer geraden Potenz erhoben ein negatives Resultat ergeben kann. Läßt man, von dem Prinzip der Permanenz Gebrauch machend, die Regeln für das Rechnen mit Wurzelgrößen in bezug auf den gegenwärtigen Fall fortbestehen, so

kann die gestellte Forderung auch durch die andere $\sqrt[p]{\sqrt{-b}}$ ersetzt werden und $\sqrt{-b}$ wiederum durch $\sqrt{b}\,\sqrt{-1}$; was der erste Faktor fordert, ist durch eine bestimmte positive reelle Zahl β erfüllbar; der zweite Faktor ist zunächst ein bloßes Symbol. Führt man dieses Symbol

$$\sqrt{-1} \qquad\qquad (1)$$

mit dem Zeichen i als eine *neue Zahl* ein, so stellt sich die Lösung von $\sqrt{-b}$ durch

$$\beta i \qquad\qquad (2)$$

dar.

Um also die Aufgabe, welche durch das Zeichen $\sqrt{B}$, worin B eine relative rationale Zahl bedeutet, immer, somit auch dann ausführbar zu machen, wenn B eine negative Zahl ist, ist die Einführung neuer Zahlen von der Form (2) erforderlich. Man nennt diese Zahlen zum Unterschiede von den reellen *imaginäre Zahlen,*[1]) nennt i die *imaginäre Einheit,*[2]) β ihren Koeffizienten.

Dem Prinzip der Permanenz zufolge hat diese Einheit dem *Grundgesetz*

$$i^2 = -1 \qquad\qquad (3)$$

zu gehorchen.

Bezeichnet α eine zweite reelle Zahl, so wird das Aggregat

$$\alpha + \beta i \qquad\qquad (4)$$

eine *komplexe Zahl*[3]) genannt.

Mit der Schaffung des Begriffs der komplexen Zahlen hat der Zahlbegriff einen gewissen Abschluß erlangt.[4]) Die Form (4) umfaßt die reellen Zahlen, wenn $\beta = 0$, die imaginären, wenn $\alpha = 0$, die komplexen, wenn $\alpha \neq 0$, $\beta \neq 0$. Indessen begreift man unter dem

---

1) In diesem Sinne hat zuerst Descartes die Termini in seiner Géometrie, 1637, benützt.

2) Der Gebrauch des i als Zeichen für $\sqrt{-1}$ ist zum erstenmal in einer aus dem Jahre 1777 stammenden Abhandlung L. Eulers anzutreffen. Verallgemeinert wurde er jedoch erst durch Gauß' Disquisitiones arithmeticae, 1801.

3) Diese Benennung stammt von Gauß, der sie in der Theoria residuorum biquadraticorum II (1828—1832) eingeführt hat.

4) Man sagt von der komplexen Zahl (4), sie sei aus zwei Einheiten, 1 und i ($\alpha 1 + \beta i$), zusammengesetzt. Die sogenannten höheren komplexen Zahlen, die sich aus mehr als zwei „Einheiten" zusammensetzen, führen über die Grenzen dieses Buches hinaus.

Worte imaginäre Zahlen auch die komplexen und nennt Zahlen von der Form (2) vorzugsweise *rein imaginär*.

18. Definitionen. Rechnungsregeln. 1. Die Null ist in der Form einer komplexen Zahl nur auf die einzige Art $0 + 0i$ darstellbar.

2. Zwei komplexe Zahlen $\alpha + \beta i$, $\alpha' + \beta' i$ sind dann und nur dann gleich, wenn $\alpha = \alpha'$, $\beta = \beta'$.

3. Zwei komplexe Zahlen der Form $\alpha + \beta i$, $-\alpha - \beta i$ heißen *entgegengesetzt*.

4. Zwei komplexe Zahlen der Form $\alpha + \beta i$, $\alpha - \beta i$ heißen *konjugiert*.[1])

5. Die Addition zweier komplexen Zahlen ist definiert durch den Ansatz:

$$(\alpha + \beta i) + (\alpha' + \beta' i) = \alpha + \alpha' + (\beta + \beta')i. \tag{5}$$

Vermöge dieser Regel bleibt auch für die Addition komplexer Zahlen das kommutative und bei Ausdehnung auf mehr als zwei Summanden das assoziative Gesetz bestehen.

Die Subtraktion ist die Addition des entgegengesetzt genommenen Subtrahends zum Minuend; d. h.

$$(\alpha + \beta i) - (\alpha' + \beta' i) = (\alpha + \beta i) + (-\alpha' - \beta' i) = \alpha - \alpha' + (\beta - \beta')i. \tag{6}$$

Folgerungen hieraus: Die Summe zweier konjugiert komplexen Zahlen ist reell, ihre Differenz rein imaginär:

$$(\alpha + \beta i) + (\alpha - \beta i) = 2\alpha$$
$$(\alpha + \beta i) - (\alpha - \beta i) = 2\beta i.$$

6. Bei Aufrechthaltung des distributiven Gesetzes der Multiplikation reeller Zahlen auch bei Binomen der Form (4) und unter Beachtung des Grundgesetzes (3) ergibt sich für die Multiplikation komplexer Zahlen die Regel:

$$(\alpha + \beta i)(\alpha' + \beta' i) = \alpha\alpha' - \beta\beta' + (\alpha\beta' + \alpha'\beta)i. \tag{7}$$

Folgerungen daraus: Weil

$$(\alpha\alpha' - \beta\beta')^2 + (\alpha\beta' + \alpha'\beta)^2 = (\alpha^2 + \beta^2)(\alpha'^2 + \beta'^2),$$

so kann das Produkt zweier komplexen Zahlen nicht Null werden, ohne daß ein Faktor Null wird.

Das Produkt zweier konjugiert komplexen Zahlen ist reell und positiv:

$$(\alpha + \beta i)(\alpha - \beta i) = \alpha^2 + \beta^2. \tag{8}$$

Man nennt $\alpha^2 + \beta^2$ die *Norm* aller in $\pm\,\alpha \pm \beta i$ enthaltenen komplexen Zahlen.

---

1) Nach A. Cauchy, 1821.

7. Setzt man, um zur Divisionsregel zu gelangen, den Quotienten in der Form einer komplexen Zahl an:

$$\frac{\alpha + \beta i}{\alpha' + \beta' i} = x + y i ,$$

so ist

$$\alpha + \beta i = (\alpha' + \beta' i)(x + y i) = \alpha' x - \beta' y + (\beta' x + \alpha' y) i$$

die unmittelbare Folge, aus der sich auf Grund von 2. zur Bestimmung der Elemente x, y die Gleichungen

$$\alpha' x - \beta' y = \alpha$$
$$\beta' x + \alpha' y = \beta$$

ergeben; eliminiert man einmal y, ein zweitesmal x, so kommt man zu den neuen Gleichungen

$$(\alpha'^2 + \beta'^2) x = \alpha \alpha' + \beta \beta'$$
$$(\alpha'^2 + \beta'^2) y = \alpha' \beta - \alpha \beta';$$

sofern also $\alpha'^2 + \beta'^2 \neq 0$, was mit Rücksicht auf 1. auch so viel heißt als $\alpha' + \beta' i \neq 0$, ergibt sich für x, y die einzige Bestimmung:

$$x = \frac{\alpha \alpha' + \beta \beta'}{\alpha'^2 + \beta'^2} , \qquad y = \frac{\alpha' \beta - \alpha \beta'}{\alpha'^2 + \beta'^2} ;$$

unter der soeben gemachten Voraussetzung ist also

$$\frac{\alpha + \beta i}{\alpha' + \beta' i} = \frac{\alpha \alpha' + \beta \beta'}{\alpha'^2 + \beta'^2} + \frac{\alpha' \beta - \alpha \beta'}{\alpha'^2 + \beta'^2} i . \tag{9}$$

19. Trigonometrische Form einer komplexen Zahl. Die positive Quadratwurzel aus der Norm einer komplexen Zahl $\alpha + \beta i$,

$$r = \sqrt{\alpha^2 + \beta^2} , \tag{10}$$

nennt man deren *Modul*. Mit seiner Benützung schreibt sich

$$\alpha + \beta i = r \left(\frac{\alpha}{r} + \frac{\beta}{r} i \right) ,$$

und da $\left(\frac{\alpha}{r} \right)^2 + \left(\frac{\beta}{r} \right)^2 = 1$, so läßt sich in dem Intervall $(0, 2\pi)$ ein und nur ein Winkel φ bestimmen derart, daß

$$\cos \varphi = \frac{\alpha}{r} , \qquad \sin \varphi = \frac{\beta}{r} . \tag{11}$$

Dann hat man

$$\alpha + \beta i = r (\cos \varphi + i \sin \varphi) . \tag{12}$$

Diese Darstellungsform[1]) ist für die Ausbildung des Rechnens mit komplexen Zahlen von der größten Bedeutung geworden.

Den Winkel φ nennt man die *Amplitude* oder Anomalie von $\alpha + \beta i$. Unter Benutzung von r, φ soll für die komplexe Zahl $\alpha + \beta i$ auch das abgekürzte Zeichen r_φ verwendet werden.

---

1) Ihr Urheber ist L. Euler.

Multiplikation und Division stellen sich nun wie folgt dar:
Es ist

$$r_\varphi r'_{\varphi'} = rr' (\cos \varphi + i \sin \varphi)(\cos \varphi' + i \sin \varphi')$$

$$= rr' [\cos \varphi \cos \varphi' - \sin \varphi \sin \varphi' + i (\sin \varphi \cos \varphi' + \cos \varphi \sin \varphi')]$$

d. i.

$$r_\varphi r'_{\varphi'} = rr' \{\cos (\varphi + \varphi') + i \sin (\varphi + \varphi')\} = (rr')_{\varphi + \varphi'}; \tag{13}$$

ferner
$$\frac{r_\varphi}{r'_{\varphi'}} = \frac{r}{r'} \cdot \frac{\cos \varphi + i \sin \varphi}{\cos \varphi' + i \sin \varphi'}$$

$$= \frac{r}{r'} \left(\frac{\cos \varphi \cos \varphi' + \sin \varphi \sin \varphi'}{\cos^2 \varphi' + \sin^2 \varphi'} + \frac{\sin \varphi \cos \varphi' - \cos \varphi \sin \varphi'}{\cos^2 \varphi' + \sin^2 \varphi'} i \right),$$

d. i.

$$\frac{r_\varphi}{r'_{\varphi'}} = \frac{r}{r'} \{\cos (\varphi - \varphi') + i \sin (\varphi - \varphi')\} = \left(\frac{r}{r'}\right)_{\varphi - \varphi'}. \tag{14}$$

20. Moivresche Binomialformel. Dehnt man die Formel (13) auf n Faktoren $r^{(1)}_{\varphi_1}, r^{(2)}_{\varphi_2}, \ldots r^{(n)}_{\varphi_n}$ aus, so ergibt sich für ihr Produkt der Modul $r^{(1)} r^{(2)} \ldots r^{(n)}$, die Amplitude $\varphi_1 + \varphi_2 + \ldots + \varphi_n$; werden nun die Faktoren sämtlich gleich der Zahl r_φ, so geht ihr Produkt in die n-te Potenz, sein Modul in r^n, die Amplitude in $n\varphi$ über, so daß

$$\{r (\cos \varphi + i \sin \varphi)\}^n = r^n (\cos n\varphi + i \sin n\varphi). \tag{15}$$

Hieraus geht der Ansatz

$$(\cos \varphi + i \sin \varphi)^n = \cos n\varphi + i \sin n\varphi \tag{16}$$

hervor, den man als *Moivresche Binomialformel*[1]) bezeichnet. Nach dem Gange der Herleitung ist bei n an eine natürliche Zahl zu denken. Daß die Formel auch für ein negatives ganzes n Geltung hat, wenn man die Permanenz in allen Belangen wahrt, ist so zu erkennen. Es ist

$$\frac{1}{\cos \psi + i \sin \psi} = \frac{\cos 0 + i \sin 0}{\cos \psi + i \sin \psi} = \cos (-\psi) + i \sin (-\psi).$$

Daher

$$(\cos \varphi + i \sin \varphi)^{-n} = \frac{1}{(\cos \varphi + i \sin \varphi)^n} = \frac{1}{\cos n\varphi + i \sin n\varphi}$$

$$= \cos (-n\varphi) + i \sin (-n\varphi).$$

21. Radizieren komplexer Zahlen. Um das Wurzelziehen an komplexen Zahlen zur Ausführung zu bringen, gehe man von dem Ansatze

$$\sqrt[n]{r (\cos \varphi + i \sin \varphi)} = \varrho (\cos \omega + i \sin \omega)$$

aus, dessen unmittelbare Folge

$$\{\varrho (\cos \omega + i \sin \omega)\}^n = r (\cos \varphi + i \sin \varphi)$$

---

1) Dem Inhalte nach 1730 von A. de Moivre begründet, in der heutigen Form erst 1748 von L. Euler in der Introductio in analysin infinitorum gegeben.

ist; wendet man links die Formel (15) und hierauf die Definition **18**, 2. an, so ergeben sich zur Bestimmung von ϱ, ω die Gleichungen:

$$\varrho^n \cos n\omega = r \cos \varphi$$

$$\varrho^n \sin n\omega = r \sin \varphi;$$

sie liefern $\varrho^{2n} = r^2$, somit $\varrho^n = r$ und $\varrho = \sqrt[n]{r}$, worunter die einzige positive Zahl zu verstehen ist, die zur n-ten Potenz erhoben r gibt, die „arithmetische" n-te Wurzel aus r; ferner

$$n\omega = \varphi + 2k\pi,$$

worin k jede ganze Zahl, mit Einschluß der 0, bedeuten kann. Hiernach ergibt sich das anscheinend unbegrenzt vieldeutige Resultat:

$$\sqrt[n]{r(\cos\varphi + i\sin\varphi)} = \sqrt[n]{r}\left\{\cos\frac{\varphi + 2k\pi}{n} + i\sin\frac{\varphi + 2k\pi}{n}\right\}.$$

Wenn man aber k nach und nach die Werte $0, 1, 2, \ldots n - 1$ erteilt, so ergeben sich *alle* Werte, deren die rechte Seite fähig ist; jede andere Substitution führt nur zu einer Wiederholung. Bezeichnet man nämlich eine Zahl der obigen Reihe mit ν, so läßt sich jede Zahl k außerhalb dieser Reihe in der Form $ln + \nu$ darstellen, wobei l eine ganze Zahl mit Ausschluß der 0 bedeutet; es ist aber

$$\frac{\varphi + 2(ln + \nu)\pi}{n} = \frac{\varphi + 2\nu\pi}{n} + 2l\pi,$$

und da $2l\pi$ auf den Wert von cos und sin ohne Einfluß ist, so gibt tatsächlich die Substitution $k = ln + \nu$ dasselbe Resultat wie die Substitution $k = \nu$. Daß endlich die aus den Substitutionen $k = 0$, $1, \ldots n - 1$ hervorgehenden Werte untereinander verschieden sind, folgt daraus, daß die zugehörigen Werte von $\frac{\varphi + 2k\pi}{n}$ verschieden und sämtlich in dem Intervall $(0, 2\pi)$ enthalten sind, innerhalb dessen es keine zwei Winkel gibt, die in Kosinus *und* Sinus übereinstimmen.

Es ist somit endgiltig

$$\sqrt[n]{r(\cos\varphi + i\sin\varphi)} = \sqrt[n]{r}\left\{\cos\frac{\varphi + 2k\pi}{n} + i\sin\frac{\varphi + 2k\pi}{n}\right\}, \quad (17)$$
$$(k = 0, 1, 2, \ldots n - 1).$$

Hierin spricht sich der Satz aus, *daß die n-te Wurzel aus jeder Zahl n von einander verschiedene Werte besitzt, wenn man reelle und komplexe Lösungen als gleichberechtigt ansieht.*

Nunmehr kann gezeigt werden, daß die Moivresche Binomialformel auch für gebrochene Exponenten gilt.

Im Hinblick auf die Multiplikationsregel (13) ist der zweite Faktor der rechten Seite von (17) das Produkt aus

$$\cos\frac{\varphi + 2k_1\pi}{n} + i\sin\frac{\varphi + 2k_1\pi}{n} \quad \text{und} \quad \cos\frac{2k_2\pi}{n} + i\sin\frac{2k_2\pi}{n}$$
$$k_1 + k_2 = k;$$

die zweite dieser komplexen Zahlen kann aber, weil

$$\cos 2k_2\pi + i \sin 2k_2\pi = 1$$

ist, als *n-te Einheitswurzel* gedeutet und demgemäß $\overset{n}{\sqrt{}}1$ geschrieben werden, so daß auch

$$\overset{n}{\sqrt{}}r(\cos\varphi + i\sin\varphi) = \overset{n}{\sqrt{}}r\left\{\cos\frac{\varphi + 2k_1\pi}{n} + i\sin\frac{\varphi + 2k_1\pi}{n}\right\}\overset{n}{\sqrt{}}1. \quad (18)$$

Man erhält also die verschiedenen Werte in (17), indem man irgend einen bestimmten davon mit den Einheitswurzeln

$$\overset{n}{\sqrt{}}1 = \cos\frac{2k\pi}{n} + i\sin\frac{2k\pi}{n}, \quad (k = 0, 1, 2, \ldots n - 1) \quad (19)$$

multipliziert.

22. Anwendungen. 1. Aus der Moivreschen Binomialformel (16) folgt, wenn man deren linke Seite wie ein reelles Binom entwickelt und dabei von dem Grundgesetz (3) Gebrauch macht:

$$\cos^n\varphi - \binom{n}{2}\cos^{n-2}\varphi\,\sin^2\varphi + \binom{n}{4}\cos^{n-4}\varphi\,\sin^4\varphi - \cdots$$

$$+ i\left\{\binom{n}{1}\cos^{n-1}\varphi\,\sin\varphi - \binom{n}{3}\cos^{n-3}\varphi\,\sin^3\varphi + \cdots\right\} = \cos n\varphi + i\sin n\varphi,$$

woraus sich

$$\cos n\varphi = \cos^n\varphi - \binom{n}{2}\cos^{n-2}\varphi\,\sin^2\varphi + \binom{n}{4}\cos^{n-4}\varphi\,\sin^4\varphi - \cdots$$

$$\sin n\varphi = \binom{n}{1}\cos^{n-1}\varphi\,\sin\varphi - \binom{n}{3}\cos^{n-3}\varphi\,\sin^3\varphi + \cdots$$

ergibt; die Entwicklungen haben vermöge des Umstandes, daß in $\binom{n}{k}$ $k \leq n$ sein muß, einen bestimmten Abschluß. Beispielsweise ist also

$$\cos 2\varphi = \cos^2\varphi - \sin^2\varphi$$

$$\sin 2\varphi = 2\cos\varphi\sin\varphi$$

$$\cos 3\varphi = \cos^3\varphi - 3\cos\varphi\sin^2\varphi = 4\cos^3\varphi - 3\cos\varphi$$

$$\sin 3\varphi = 3\cos^2\varphi\sin\varphi - \sin^3\varphi = 3\sin\varphi - 4\sin^3\varphi,$$

usw.

2. Die dritten Wurzeln aus der positiven Einheit sind durch

$$\cos\frac{2k\pi}{3} + i\sin\frac{2k\pi}{3}, \quad (k = 0, 1, 2)$$

bestimmt:

$$w_1 = 1, \quad \begin{aligned} w_2 &= \cos\frac{2\pi}{3} + i\sin\frac{2\pi}{3} = -\frac{1}{2} + \frac{i}{2}\sqrt{3} \\ w_3 &= \cos\frac{4\pi}{3} + i\sin\frac{4\pi}{3} = -\frac{1}{2} - \frac{i}{2}\sqrt{3}; \end{aligned}$$

aus ihrer trigonometrischen Form erkennt man unmittelbar, daß $w_3 = w_2^2$, aber auch, daß $w_2 = w_3^2$; bezeichnet man also eine der *komplexen* Wurzeln mit w, so können alle drei Wurzeln durch

$$w^0, \quad w, \quad w^2$$

dargestellt werden.

3. Die Forderung $\sqrt[2p]{-b}$, von der in **17** ausgegangen worden war, erscheint jetzt auf die Forderung $\sqrt[p]{i}$ zurückgeführt; da nun $i = \cos \dfrac{\pi}{2} + i \sin \dfrac{\pi}{2}$ gesetzt werden kann, so hat man nach (17)

$$\sqrt[p]{i} = \cos \frac{(4k+1)\pi}{2p} + i \sin \frac{(4k+1)\pi}{2p}, \quad (k = 0, 1, \ldots p-1).$$

Es ist also beispielsweise

$$\sqrt[3]{i} = \begin{cases} \cos \dfrac{\pi}{6} + i \sin \dfrac{\pi}{6} = \dfrac{\sqrt{3}+i}{2} \\[2ex] \cos \dfrac{5\pi}{6} + i \sin \dfrac{5\pi}{6} = \dfrac{-\sqrt{3}+i}{2} \\[2ex] \cos \dfrac{9\pi}{6} + i \sin \dfrac{9\pi}{6} = -i. \end{cases}$$

23. Geometrische Darstellung der komplexen Zahlen.

Zwei zueinander senkrechte Gerade OX, OY, Fig. 1, mit gemeinsamem Nullpunkt sollen nach Annahme einer Längeneinheit 1 jede für sich zur Darstellung des reellen Zahlensystems verwendet werden (**15**). Dem Punkte A auf OX entspreche die Zahl α, dem Punkte B auf OY die Zahl β; dann könnte das Punktepaar A, B als Bild der komplexen Zahl $\alpha + \beta i$ genommen werden. Vollkommener wird die Abbildung durch den Punkt M erreicht, der α, β zu rechtwinkligen Koordinaten hat[1]),

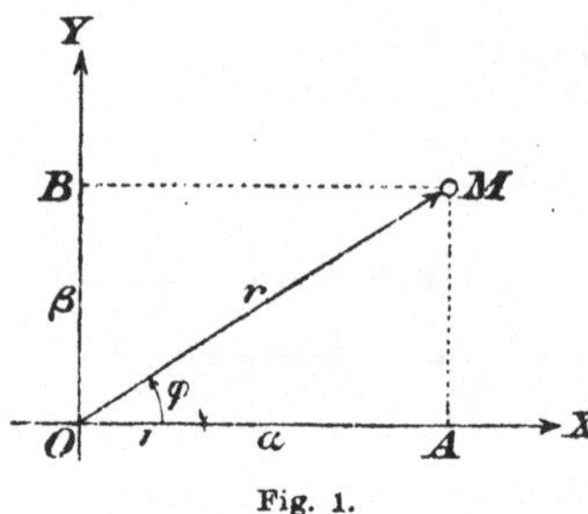

Fig. 1.

weil durch *einen* Punkt dem einheitlichen Charakter der Zahl $\alpha + \beta i$ besser Rechnung getragen ist, als durch ein Punktepaar.

Jedem Punkte der Ebene entspricht auf diese Art eine bestimmte Zahl; diese ist reell, wenn der Punkt in OX liegt; rein imaginär, wenn er auf OY liegt; komplex, wenn er außerhalb beider Geraden sich befindet. In dieser Auffassung heißt die Ebene auch Zahlenebene oder *komplexe Zahlenebene.*

---

1) Diese Darstellungsweise ist zum erstenmal von dem dänischen Feldmesser Kaspar Wessel in einer aus dem Jahre 1797 stammenden Abhandlung angegeben worden; Anklänge an den gleichen Gedanken finden sich in der Dissertation von Gauß (1799); unabhängig von beiden erfand sie J. R. Argand (1806). Zur Verbreitung aber verhalf ihr erst Gauß durch seine Theoria residuorum biquadraticorum (1828—1832).

Die durch die Gleichungen (10) und (11) eingeführten Größen r, φ sind unmittelbar als Radiusvektor OM und als dessen Winkel mit OX zu erkennen. Hieran knüpfen einige übliche Benennungen an; man hat die komplexen Zahlen auch *Richtungszahlen* genannt, weil nicht bloß die Größe von OM, sondern auch dessen Richtung auf die dargestellte Zahl Einfluß hat, als deren geometrisches Bild statt des Punktes M auch die *gerichtete Strecke* OM gelten kann. Während man weiter r als den absoluten Betrag von $\alpha + \beta i$ ansieht und demgemäß wie bei reellen Zahlen $|\alpha + \beta i|$ dafür schreibt, nennt man das Binom $\cos\varphi + i\sin\varphi$ den Richtungskoeffizienten dieser Zahl. Reelle Zahlen eines bestimmten absoluten Betrags gibt es nur zwei; komplexe Zahlen hingegen unbeschränkt viele: ihre Bildpunkte liegen in einem um O beschriebenen Kreise.

24. Geometrische Ausführung der Rechnungsoperationen mit komplexen Zahlen. Den arithmetischen Operationen mit den Zahlen lassen sich gewisse geometrische Operationen mit den sie darstellenden gerichteten Strecken an die Seite stellen; es ist damit ein graphisches Verfahren gegeben, das in gewissem Sinne die arithmetischen Operationen zu ersetzen vermag.

Der Addition von $\alpha + \beta i$ und $\alpha' + \beta' i$ entspricht die geometrische Addition der darstellenden Strecken OM, OM', die darin besteht, daß man die eine Strecke nach Richtung und Größe an die andere anfügt, Fig. 2; S oder OS entspricht der Summe, so daß man symbolisch schreiben kann: Wenn $OM = \alpha + \beta i$, $OM' = \alpha' + \beta' i$, so ist $OS = OM + OM'$. Bei n Zahlen tritt an die Stelle des zweiseitigen ein n-seitiger Linienzug. Das kommutative und das assoziative Gesetz der Addition treten anschaulich hervor.

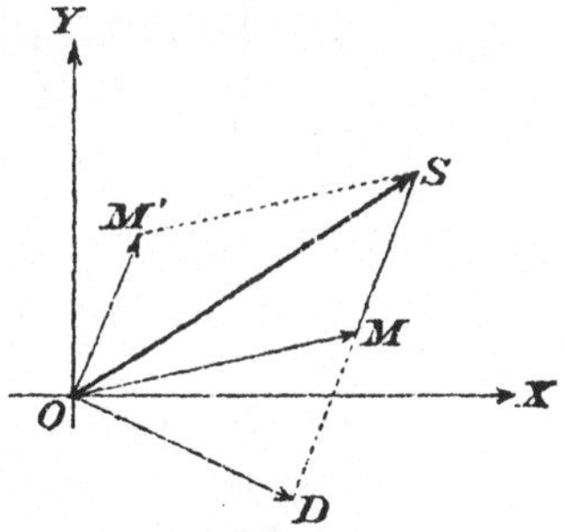

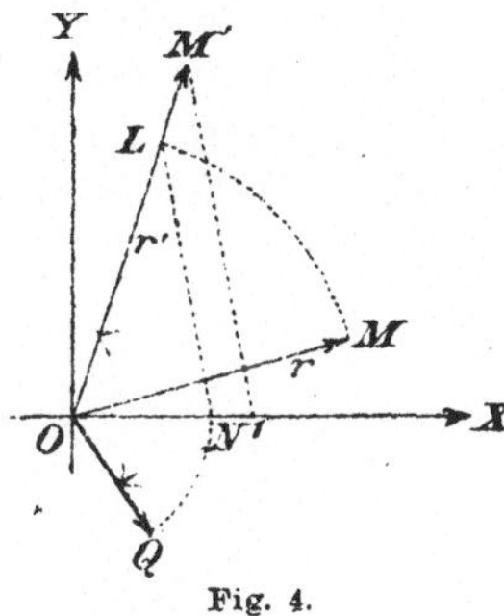

Fig. 2.

Der Subtraktion $(\alpha + \beta i) - (\alpha' + \beta' i)$ entspricht die geometrische Addition einer mit OM' entgegengesetzten Strecke zu OM; es ist dann $OD = OM - OM'$.

Die Multiplikation erfolgt dadurch, daß man OM um den Winkel φ' *weiter*dreht und aus OM, OM' und 1 die Strecke ON kon-

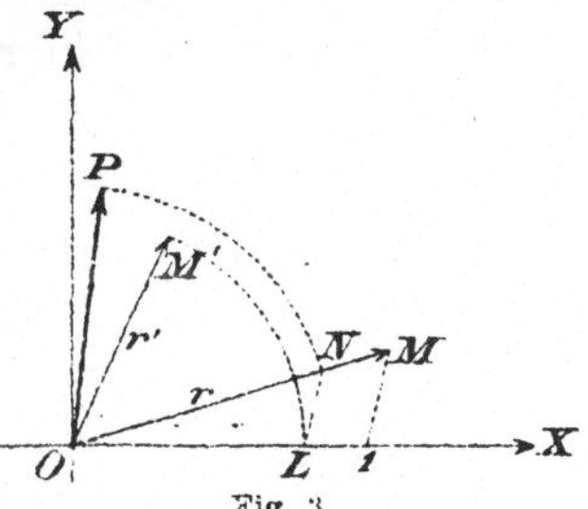

Fig. 3.

Fig. 4.

struiert, deren Maßzahl rr' ist, Fig. 3; es gilt dann der symbolische Ansatz: $OP = OM \cdot OM'$.

Zum Zwecke der Division hat man OM um den Winkel φ zurückzudrehen und aus OM, OM' und 1 die Strecke ON zu konstruieren, deren Maßzahl $\dfrac{r}{r}$ ist, Fig. 4; es ist dann $OQ = \dfrac{OM}{OM'}$.

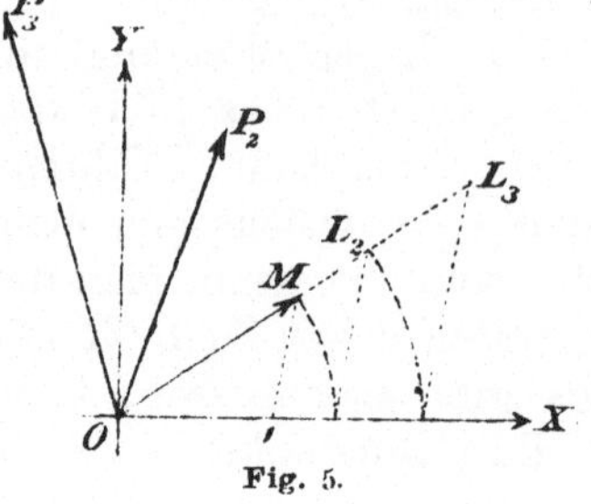

Fig. 5.

Um die Potenzen von $\alpha + \beta i$ darzustellen, drehe man den abbildenden Strahl OM weiter um φ, 2φ, ... und trage auf den so erhaltenen Strahlen die Strecken OL_2, OL_3, ..., deren Maßzahlen vermöge der angewandten, aus der Figur ersichtlichen Konstruktion r^2, r^3, ... sind, nach OP_2, OP_3 ... ab, Fig. 5; darnach ist dann $OP_2 = \overline{OM}^2$, $OP_3 = \overline{OM}^3$, ...

Die Darstellung beispielsweise der 4. Wurzeln aus $\alpha + \beta i$ vollzieht sich in folgender Weise. Man beschreibe einen Kreis, dessen

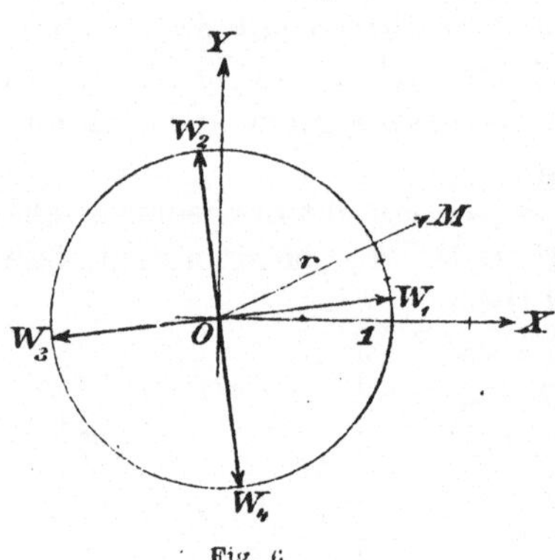

Fig. 6.

Radius die Maßzahl $\sqrt[4]{r}$ hat, teile den Bogen dieses Kreises, der zum Zentriwinkel φ gehört, in vier gleiche Teile, und vom ersten Teilungspunkte W_1 aus den ganzen Umfang ebenfalls in vier gleiche Teile; dann sind OW_1, OW_2, OW_3, OW_4 die Bilder der vier Werte von $\sqrt[4]{\alpha + \beta i}$, Fig. 6. Denn die Radienvektoren der Punkte W_1, W_2, W_3, W_4 sind alle gleich $\sqrt[4]{r}$, und ihre Amplituden betragen

$$\frac{\varphi}{4}, \quad \frac{\varphi + 2\pi}{4}, \quad \frac{\varphi + 4\pi}{4}, \quad \frac{\varphi + 6\pi}{4}.$$

Dieses Beispiel zeigt, daß die geometrische Darstellung der Wurzeln eines bestimmten Grades aus einer komplexen Zahl zusammenhängt mit einer Kreisteilungsaufgabe, nämlich mit der Teilung eines Kreisbogens und des Kreisumfangs in die entsprechende Anzahl gleicher Teile. Man kann daran ferner die Tatsache wahrnehmen, daß alle Wurzelwerte aus einer Zahl (ob reell oder komplex) den gleichen absoluten Wert besitzen.

II. Abschnitt.

Unendliche Reihen und Produkte.

§ 1. Grundlegende Begriffe.

25. Unendliche Zahlenfolgen. Eine unbegrenzt fortsetzbare oder unendliche Folge reeller Zahlen

$$a_1, a_2, a_3, \ldots,$$

kurz (a_n), kann bei fortschreitender Verfolgung ihrer Glieder ein verschiedenes Verhalten zeigen.

Nähern sich die Glieder einer bestimmten Zahl a derart, daß $|a_n - a|$ mit beständig zunehmendem n schließlich unter jeden noch so klein festgesetzten Betrag sinkt, so nennt man die Zahlenfolge *konvergent*, a ihre *Grenze* und drückt diesen Sachverhalt durch den Ansatz

$$\lim_{n=\infty} a_n = a \tag{1}$$

aus. $n = \infty$ bedeutet hier, daß n über jede noch so große natürliche Zahl hinauskommt.

Die notwendige und hinreichende Bedingung für die Existenz einer Grenze, also für die Konvergenz von (a_n), besteht darin, daß $|a_{n+p} - a_n|$ durch Wahl von n allein, also bei jedem p, beliebig klein gemacht werden kann. (Vgl. hiermit **13**, 2., wo die a_n als rationale Zahlen vorausgesetzt waren.)

Daß die Bedingung notwendig ist, folgt aus dem Begriff der Grenze (**13**, 2.). Daß sie auch hinreicht, ist so zu erkennen. Ist einmal $|a_{n+p} - a_n| < \varepsilon$, so liegt a_{n+p} zwischen $a_n - \varepsilon$ und $a_n + \varepsilon$; diese Werte können aber durch Wahl von n einander beliebig nahe gebracht werden, und da alle späteren Glieder der Folge zwischen ihnen enthalten sind, so ist damit gezeigt, daß sich die späten Glieder der Folge in beliebig eng zu ziehende Grenzen einschließen lassen, daß sie also selbst eine Grenze besitzen.

Überschreiten die Glieder von (a_n) schließlich jede noch so groß festgesetzte positive Zahl k, oder sinken sie unter $-k$, so sagt man, die Grenze von a_n sei positiv unendlich ($+\infty$ oder kurz ∞), bzw. negativ unendlich ($-\infty$) und drückt dies durch die Ansätze

$$\lim_{n=\infty} a_n = \infty, \qquad \lim_{n=\infty} a_n = -\infty \tag{2}$$

aus. Die Zahlenfolge heißt dann (eigentlich) *divergent*.

Es kann schließlich geschehen, daß a_n weder einer Grenze zustrebt noch unendlich wird; man nennt dann die Zahlenfolge (a_n) uneigentlich divergent.

Nur eine konvergente Zahlenfolge definiert eine bestimmte Zahl.

Die Zahlenfolge (a_n) soll *monoton* genannt werden, wenn ihre Glieder, wenigstens von einem bestimmten angefangen, niemals abnehmen oder niemals wachsen.

Bei einer monotonen Zahlenfolge kann nur zweierlei stattfinden: Ist sie zunehmend, so kann das Wachsen der Glieder über jede Schranke hinausgehen ($\lim a_n = \infty$) oder gegen eine bestimmte Grenze hin erfolgen; ist sie abnehmend, so können die Glieder schließlich unter jede Schranke fallen ($\lim a_n = -\infty$) oder aber einer Grenze sich nähern. Für die Beurteilung ist der folgende Satz von Nutzen.

Wenn die Glieder einer monoton zunehmenden Folge unter einer festen Zahl G bleiben, so haben sie notwendig eine Grenze; gleiches gilt für die Glieder einer monoton abnehmenden Folge, wenn sie über einer festen Zahl g bleiben.

Bliebe nämlich immer, wie groß auch n genommen wird,

$$a_{n+p} - a_n \geqq \varepsilon,$$

so wäre auch

$$a_{n+2p} - a_{n+p} \geqq \varepsilon$$

$$a_{n+3p} - a_{n+2p} \geqq \varepsilon$$

$$\cdots \cdots \cdots$$

$$a_{n+kp} - a_{n+k-1\,p} \geqq \varepsilon$$

somit

$$a_{n+kp} - a_n \geqq k\varepsilon$$

und $a_{n+kp} \geqq a_n + k\varepsilon$; $a_n + k\varepsilon$ kann aber durch entsprechende Wahl von k größer als G gemacht werden; dann aber wäre $a_{n+kp} > G$, gegen die Voraussetzung. Es muß also schließlich $a_{n+p} - a_n < \varepsilon$ werden, und damit ist die Konvergenz bewiesen. Ähnlich wäre der Beweis für den andern Fall zu führen.

26. Unendliche Reihen[1]**. Begriff der Konvergenz und Divergenz.** Es sei a_1, a_2, a_3, $\ldots$ eine unbegrenzt fortsetzbare Folge reeller Zahlen; man bilde aus ihr eine neue Folge s_1, s_2, s_3, $\ldots s_n \cdots$, indem man aus den ersten $1, 2, 3, \ldots n \ldots$ Gliedern die Summe nimmt:

$$s_1 = a_1$$
$$s_2 = s_1 + a_2$$
$$s_3 = s_2 + a_3 \tag{1}$$
$$\cdots \cdots \cdots$$
$$s_n = s_{n-1} + a_n = a_1 + a_2 + \cdots + a_n.$$

Ist die Zahlenfolge s_1, s_2, s_3, $\ldots$, kurz (s_n), konvergent, so nennt man auch die *unendliche Reihe*

$$a_1 + a_2 + a_3 + \cdots, \quad \text{kurz} \sum_1^\infty a_n, \tag{2}$$

____

1) Die Einführung unendlicher Reihen in die Mathematik reicht ins 17. Jahrhundert zurück; ihre richtige Behandlung lehrte aber erst das vorige Jahrhundert.

konvergent[1] und bezeichnet die durch (s_n) definierte Zahl s:

$$\lim_{n=\infty} s_n = s \tag{3}$$

als Wert oder Summe oder als *Grenze* dieser Reihe.

Nach den Ausführungen des vorigen Artikels lautet die *allgemeine Bedingung* für die Konvergenz von (2) dahin, daß sich bei beliebig klein gegebenem positiven ε eine natürliche Zahl m angeben lassen müsse derart, daß

$$|s_{n+p} - s_n| < \varepsilon. \tag{4}$$

oder ausgeschrieben:

$$|a_{n+1} + a_{n+2} + \cdots + a_{n+p}| < \varepsilon, \tag{4*}$$

so lange $n > m$, in Worten: *Soll eine Reihe konvergent sein, so muß sich eine Stelle bestimmen lassen, von welcher ab jede beliebig umfangreiche Gliedergruppe eine beliebig kleine Summe gibt*[2]).

Wendet man die allgemeine Bedingung auf den Fall $p = 1$ an, so besagt sie, daß die Glieder einer Reihe, soll sie konvergent sein, mit wachsendem Zeiger dem absoluten Betrage nach notwendig beliebig klein werden müssen, daß also, symbolisch ausgedrückt,

$$\lim_{n=\infty} a_n = 0 \tag{5}$$

bestehen müsse. Es wird sich jedoch zeigen, daß dieses Verhalten zur Konvergenz nicht hinreicht. Bei allen Reihen, die wir weiterhin betrachten, wird die Bedingung (5) als erfüllt vorausgesetzt.

Die Reihe (2) heißt *divergent*[3]), wenn die Zahlenfolge (s_n) eigentlich oder uneigentlich divergent ist. Im Falle der eigentlichen Divergenz von (s_n) sagt man auch, die Reihe habe eine unendliche Summe.

Eine konvergente Reihe definiert eine bestimmte Zahl.

Die in (1) zusammengestellten Summen nennt man *Partialsummen* von $\sum_{1}^{\infty} a_n$.

27. Folgerungen. 1. Die Ergänzung der Partialsumme s_n zur unendlichen Reihe, d. i.

$$r_n = a_{n+1} + a_{n+2} + \cdots, \tag{6}$$

nennt man den zu s_n gehörigen *Rest*. Auch er bildet eine unendliche

---

1) Das Wort „Konvergenz" kommt, auf Umfänge von Sehnen- und Tangentenpolygonen mit wachsender Seitenanzahl angewendet, zum erstenmal bei dem englischen Mathematiker J. Gregory (1667) vor und hat sich seither in der ganzen Mathematik eingebürgert.

2) Diese allgemeine Bedingung der Konvergenz hat zuerst B. Bolzano (1817) angegeben; doch ist sie erst durch Cauchys Schriften weiter bekannt geworden, dem auch meist die Priorität zugesprochen wird.

3) Dieses Wort in seiner Anwendung auf Reihen, aber wahrscheinlich noch nicht in dem heutigen Sinne gemeint, kommt zum erstenmal bei Nik. I. Bernoulli (1713) vor.

Reihe, die mit der ursprünglichen zugleich konvergent oder divergent ist; denn die Partialsummen s_1', s_2', s_3', $\cdots$ von (6) bilden die Zahlenfolge

$$s_{n+1} - s_n, \; s_{n+2} - s_n, \; s_{n+3} - s_n, \cdots,$$

deren Grenze $s - s_n$ ist, wenn die Reihe (2) konvergiert, dagegen unendlich oder unbestimmt, wenn (2) divergiert.

Dieser Umstand gestattet es, bei der Prüfung einer Reihe auf ihre Konvergenz beliebig viele Anfangsglieder fortzulassen.

2. Da bei einer konvergenten Reihe die Bedingung (4*) durch Wahl von n bei *beliebigem* p erfüllt werden kann, so besteht dann auch die Beziehung

$$|r_n| < \varepsilon. \tag{7}$$

Bei einer konvergenten Reihe kann man also in der Folge der Partialsummen so weit fortschreiten, daß der zugehörige Rest dem absoluten Werte nach unter eine im voraus beliebig klein festgesetzte positive Zahl herabsinkt.

Diese Zahl ε bezeichnet dann auch die Schranke, unter welcher der Fehler liegt, den man begeht, indem man statt der unendlichen Reihe deren Partialsumme s_n nimmt.

3. Besteht die Reihe $\sum\limits_1^\infty a_n$ aus lauter positiven Gliedern, und ist sie konvergent, so ist auch jede Reihe konvergent, die aus ihr durch Unterdrückung einer durchlaufenden Folge von Gliedern (z. B. jedes, zweiten, dritten Gliedes oder dgl.) entsteht.

Denn, ist die Bedingung

$$a_{n+1} + a_{n+2} + \cdots + a_{n+p} < \varepsilon$$

erfüllt, so bleibt sie es auch dann, wenn auf der linken Seite Glieder ausfallen.

4. Besteht die Reihe $\sum\limits_1^\infty a_n$ aus lauter positiven Gliedern, und ist sie konvergent, so ist auch jede Reihe konvergent, die aus ihr entsteht, indem man bei einer durchlaufenden Folge von Gliedern das Zeichen ändert.

Denn, ist die Bedingung

$$a_{n+1} + a_{n+2} + \cdots + a_{n+p} < \varepsilon$$

erfüllt, so bleibt auch nach Änderung des Zeichens einiger (oder aller) Glieder

$$|a_{n+1} + a_{n+2} + \cdots + a_{n+p}| < \varepsilon,$$

weil $|a_{n+1} + a_{n+2} + \cdots + a_{n+p}| \leqq |a_{n+1}| + |a_{n+2}| + \cdots + |a_{n+p}|$

5. Ist die Reihe $\sum\limits_1^\infty a_n$ konvergent und s ihre Grenze, so ist auch die Reihe $\sum\limits_1^\infty k a_n$ $(k \neq 0)$ konvergent und ks ihre Grenze.

Hat nämlich s_n die Grenze s, so hat $k s_n$ die Grenze ks.

Divergiert hingegen die erste Reihe, so divergiert auch die zweite.

Denn mit s_n hat auch $k s_n$ eine unendliche oder eine unbestimmte Grenze.

6. Sind die Reihen $\sum\limits_1^\infty a_n$ und $\sum\limits_1^\infty b_n$ konvergent gegen die Grenzen s und t, so sind auch die Reihen

$$\sum_1^\infty (a_n + b_n), \quad \sum_1^\infty (a_n - b_n)$$

konvergent und haben die Grenzen $s + t$, bzw. $s - t$.

Denn mit $s_n - s$, $t_n - t$ werden gleichzeitig auch

$$s_n + t_n - (s + t), \quad s_n - t_n - (s - t)$$

beliebig klein.

28. Beispiele. I. Es sei α_1, α_2, α_3, ... eine unbegrenzt fortsetzbare Folge reeller Zahlen, und man bilde aus ihr die neue Folge

$$a_1 = \alpha_1 - \alpha_2, \quad a_2 = \alpha_2 - \alpha_3, \quad a_3 = \alpha_3 - \alpha_4, \ldots;$$

dann hat die Reihe $\sum\limits_1^\infty a_n$ die allgemeine Partialsumme

$$s_n = \alpha_1 - \alpha_{n+1};$$

ist also die Zahlenfolge (α_n) konvergent und α ihre Grenze, so ist auch die Reihe $\sum\limits_1^\infty a_n$ konvergent und

$$s = \alpha_1 - \alpha$$

ihre Grenze; insbesondere ist $s = \alpha_1$, wenn $\alpha = \lim\limits_{n=\infty} \alpha_n = 0$ ist.

Spezielle Fälle. 1. Aus der Zahlenfolge $\left(1, \dfrac{1}{2}, \dfrac{1}{3}, \dfrac{1}{4}, \ldots\right)$, die Null zur Grenze hat, entsteht auf dem beschriebenen Wege die Reihe

$$\frac{1}{1 \cdot 2} + \frac{1}{2 \cdot 3} + \frac{1}{3 \cdot 4} + \cdots,$$

die konvergent ist und $\alpha_1 = 1$ zur Grenze hat, so daß man schreiben kann:

$$\sum_1^\infty \frac{1}{n(n+1)} = 1. \tag{8}$$

2. Die ebenfalls gegen Null konvergierende Zahlenfolge

$$\left(1, \frac{1}{3}, \frac{1}{5}, \frac{1}{7}, \ldots\right)$$

führt zu der Reihe

$$\frac{2}{1 \cdot 3} + \frac{2}{3 \cdot 5} + \frac{2}{5 \cdot 7} + \cdots,$$

deren Grenze 1 ist, so daß (**27**, 5.)

$$\sum_1^\infty \frac{1}{(2n-1)(2n+1)} = \frac{1}{2}. \tag{9}$$

3. Aus der Zahlenfolge $(1, q, q^2, q^3, \cdots)$ entsteht auf dem beschriebenen Wege

$$(1-q) + (1-q)q + (1-q)q^2 + \cdots;$$

nun ist die Zahlenfolge konvergent und 0 ihre Grenze, wenn $|q| < 1$[1]), so daß für diesen Fall

$$1 = (1-q) + (1-q)q + (1-q)q^2 + \cdots,$$

also

$$\sum_0^\infty q^n = \frac{1}{1-q}. \quad [2])$$

(10)

Wenn hingegen $q > 1$, so ist die Zahlenfolge eigentlich divergent[1]) und mit ihr gleichzeitig die Reihe $\sum_0^\infty q^n$.

Bei $q = 1$ geht $\sum_0^\infty q^n$ in die Reihe $1 + 1 + 1 + \cdots$ über, die eigentlich divergent ist.

Bei $q = -1$ wird aus $\sum_0^\infty q^n$ die Reihe $1 - 1 + 1 - 1 + \cdots$, deren Partialsummen abwechselnd 1 und 0 sind; die Reihe divergiert uneigentlich, man sagt, sie oszilliere zwischen 1 und 0.[3])

Als Ergebnis dieser Untersuchung kann man den Satz formulieren, daß *die geometrische Reihe* $\sum_0^\infty q^n$ *nur dann konvergent ist, wenn* $|q| < 1$, *daß sie also in den Fällen* $|q| \geq 1$ *divergiert; im ersten Falle ist* $\frac{1}{1-q}$ *ihre Grenze.*

II. Eine der ersten Reihen, bei denen erkannt wurde, daß auch bei Abnahme der Glieder gegen 0 — was lange Zeit hindurch als zur

---

1) Die Richtigkeit der beiden Behauptungen ergibt sich aus folgender Erwägung. Ist δ eine positive Zahl, so ist $1 + \delta > 1$, $\frac{1}{1+\delta} < 1$. Nun ist

$$(1 + \delta)^2 > 1 + 2\delta, \quad (1 + \delta)^3 > 1 + 3\delta, \cdots$$

allgemein für jedes natürliche n

$$(1 + \delta)^n > 1 + n\delta, \left(\frac{1}{1+\delta}\right)^n < \frac{1}{1+n\delta};$$

daraus schließt man auf $\lim_{n=\infty} (1 + \delta)^n = \infty$ und $\lim_{n=\infty} \left(\frac{1}{1+\delta}\right)^n = 0$.

Somit ist tatsächlich $\lim_{n=\infty} |q|^n = \infty$ oder $= 0$, jenachdem $|q| > 1$ oder $|q| < 1$.

2) Die Summenformel für die fallende geometrische Reihe ist schon 1593 von F. Vieta gefunden worden.

3) Ein Beweis für die naive Auffassung, der die unendlichen Reihen anfänglich begegneten, ist darin zu erblicken, daß G. Grandi 1703 für diese Reihe in unbedenklicher Anwendung der Formel (10) die Summe $\frac{1}{2}$ angab und daß über die Möglichkeit dieses Resultates ein ernster Streit geführt wurde.

Konvergenz hinreichend gehalten wurde — Divergenz vorhanden sein kann, ist die *harmonische Reihe*

$$1 + \frac{1}{2} + \frac{1}{3} + \frac{1}{4} + \cdots, \text{ kurz } \sum_{1}^{\infty}\frac{1}{n}. \tag{11}$$

Es ist nämlich

$$\frac{1}{n} + \frac{1}{n+1} + \frac{1}{n+2} + \cdots + \frac{1}{n^2} > \frac{1}{n} + \frac{n^2-n}{n^2} = 1,$$

weil die rechte Seite aus der linken hervorgeht, wenn man in dieser vom zweiten Gliede an alle Glieder dem letzten, dem kleinsten, gleich macht; wie groß also auch n sein möge, immer läßt sich eine Gruppe aufeinander folgender Glieder

$$a_n + a_{n+1} + \cdots + a_{n^2}$$

konstruieren, deren Summe 1 übersteigt; die allgemeine Bedingung der Konvergenz ist mithin nicht erfüllt.[1]

Ein anderer Weg, die Divergenz dieser Reihe zu erkennen, besteht in folgendem. Man kann die um das erste Glied gekürzte Reihe

$$\sum_{2}^{\infty}\frac{1}{n} = \frac{1}{2} + \frac{1}{3} + \frac{1}{4} + \cdots$$

umformen in

$$\frac{1}{1\cdot 2} + \frac{2}{2\cdot 3} + \frac{3}{3\cdot 4} + \cdots$$

und sodann zerfällen in

$$\frac{1}{1\cdot 2} + \frac{1}{2\cdot 3} + \frac{1}{3\cdot 4} + \cdots$$
$$+ \frac{1}{2\cdot 3} + \frac{1}{3\cdot 4} + \cdots$$
$$+ \frac{1}{3\cdot 4} + \cdots$$
$$\cdots$$

Nun gibt die erste Zeile nach (8) die Summe 1, die zweite $1 - \frac{1}{1\cdot 2} = \frac{1}{2}$, die dritte $\frac{1}{2} - \frac{1}{2\cdot 3} = \frac{1}{3}$, $\cdots$, so daß man erhält

$$\sum_{2}^{\infty}\frac{1}{n} = 1 + \sum_{2}^{\infty}\frac{1}{n} = \sum_{1}^{\infty}\frac{1}{n};$$

das Paradoxe an diesem Resultat verschwindet sofort, aber nur dann, wenn man $\sum_{2}^{\infty}\frac{1}{n}$, also auch $\sum_{1}^{\infty}\frac{1}{n}$ durch ∞ ersetzt.[2]

---

1) Auf diesem Wege hat Jak. Bernoulli die Divergenz der harmonischen Reihe zuerst erkannt (Wende vom 17. zum 18. Jhrh.).

2) Mittels dieses Paradoxons hat Joh. Bernoulli die Divergenz nachgewiesen.

§ 2. Reihen mit positiven Gliedern.

29. Allgemeines. 1. Ist $\sum\limits_{1}^{\infty} a_n$ eine Reihe mit durchweg positiven Gliedern, so bilden ihre Partialsummen $s_1, s_2, s_3, \cdots$ eine monoton zunehmende Zahlenfolge; eine solche hat entweder eine bestimmte Grenze oder die Grenze ∞; ein drittes ist ausgeschlossen (**25**).

Demnach ist eine Reihe aus lauter positiven Gliedern entweder konvergent, oder divergent mit der Grenze ∞.

Die Konvergenz ist erwiesen, wenn sich zeigen läßt, daß die Partialsummen unter einer festen Zahl bleiben.

Ist s die Grenze der Reihe $\sum\limits_{1}^{\infty} a_n$, falls sie konvergent ist, so bleibt die Summe jeder beschränkten oder unbeschränkten Auswahl von Gliedern unter s.

2. *Nimmt man an einer konvergenten Reihe aus positiven Gliedern eine durchgehende Umordnung vor, so bleibt die Konvergenz erhalten und die Grenze unverändert.*

Die Umordnung von

$$a_1 + a_2 + a_3 + \cdots \tag{1}$$

in

$$a_{\alpha_1} + a_{\alpha_2} + a_{\alpha_3} + \cdots \tag{2}$$

ist eine durchgehende, wenn die umgeordnete natürliche Zahlenreihe $\alpha_1, \alpha_2, \alpha_3, \cdots$ von keiner noch so späten Stelle an mit der geordneten $1, 2, 3, \cdots$ übereinstimmt. Bezöge sich die Umordnung nur auf ein endliches Stück der Reihe, so bedürfte der Satz keines Beweises.

Daß (2) konvergent ist, folgt daraus, daß jede ihrer Partialsummen unter s, der Grenze von (1), liegt.

Man kann des weitern in (2) mit der Partialsummenbildung soweit gehen, bis man die ersten n Glieder von (1) umfaßt hat; heißt die so gebildete Partialsumme s_{α_ν}, so stammen ihre übrigen Glieder aus dem Rest r_n zu $s_n = a_1 + a_2 + \cdots + a_n$, so daß

$$s_{\alpha_\nu} - s_n < r_n;$$

mit unbeschränkt wachsendem n wächst auch α_ν über alle Schranken, r_n dagegen konvergiert gegen **Null**; somit ist tatsächlich

$$\lim s_{\alpha_\nu} = \lim s_n = s.$$

3. *Wenn man in einer konvergenten Reihe aus positiven Gliedern durchgehend Gruppen sukzessiver Glieder bildet, so ist die aus deren Summen gebildete Reihe wieder konvergent und hat dieselbe Grenze.*

Man braucht, um dies einzusehen, nur zu beachten, daß die Partialsummen der Reihe

$$(a_1 + a_2 + \cdots + a_i) + (a_{i+1} + \cdots + a_k) + (a_{k+1} + \cdots) + \cdots$$

unter den Partialsummen von

$$a_1 + a_2 + a_3 + \cdots$$

vorkommen, daher gegen dieselbe Grenze konvergieren wie diese.

Durch die beiden letzten Eigenschaften, die dem kommutativen und dem assoziativen Gesetz der Addition entsprechen, ist der *Summencharakter* der konvergenten Reihen aus positiven Gliedern dargetan; die Grenze einer solchen Reihe darf daher auch als ihre *Summe* bezeichnet werden.

30. Konvergenzkriterien. 1. *Wenn die durchweg positiven Glieder der Reihe $\sum b_n$ kleiner sind oder höchstens gleichkommen den korrespondierenden Gliedern einer als konvergent bekannten Reihe $\sum a_n$, so ist auch $\sum b_n$ konvergent.*

Wegen der Konvergenz von $\sum a_n$ kann

$$a_{n+1} + a_{n+2} + \cdots + a_{n+p}$$

durch Wahl von n allein unter die beliebig kleine Größe ε herabgedrückt werden; das gilt aber auch von

$$b_{n+1} + b_{n+2} + \cdots + b_{n+p},$$

das nach Voraussetzung nicht größer sein kann als die vorige Summe: damit ist aber die Konvergenz von $\sum b_n$ erwiesen.

Sollte die Beziehung $b_n \leqq a_n$ erst von einem Zeigerwert m angefangen bestehen, so trenne man die Reihenanfänge $\sum\limits_{1}^{m-1} a_n$, $\sum\limits_{1}^{m-1} b_n$ ab und betrachte die gekürzten Reihen, auf welche die obigen Schlüsse Anwendung finden.

Aus dem Satze ergibt sich die Folgerung: *Sind die Glieder von $\sum b_n$ größer oder mindestens gleich den korrespondierenden Gliedern einer als divergent bekannten Reihe $\sum a_n$, so ist auch $\sum b_n$ divergent.*

Denn, aus der Annahme, $\sum b_n$ sei konvergent, folgte mit Notwendigkeit die Konvergenz von $\sum a_n$, was gegen die Voraussetzung ist.

Als Beispiel diene die Reihe

$$1 + \frac{1}{2^2} + \frac{1}{3^2} + \frac{1}{4^2} + \cdots;$$

ihre Glieder sind, vom zweiten angefangen, kleiner als die Glieder der konvergenten Reihe (**28**, 8.)

$$1 + \frac{1}{1 \cdot 2} + \frac{1}{2 \cdot 3} + \frac{1}{3 \cdot 4} + \cdots;$$

daher ist sie selbst auch konvergent und ihre Summe < 2.

Die Glieder der Reihe

$$1 + \frac{1}{\sqrt{2}} + \frac{1}{\sqrt{3}} + \frac{1}{\sqrt{4}} + \cdots$$

hingegen sind vom zweiten an größer als die Glieder der divergenten harmonischen Reihe; sie ist also auch divergent.

2. *Ist das Bildungsgesetz der Reihe mit positiven Gliedern $\sum a_n$ ein solches, daß $\lim\limits_{n=\infty} na_n > 0$ ist, so divergiert sie.*

Angenommen, es sei $\lim\limits_{n=\infty} na_n = A$; ist dann α eine Zahl, welche der Bedingung $0 < \alpha < A$ genügt, so muß es einen Zeigerwert m geben, von dem ab na_n beständig größer ist als α, so daß

$$ma_m > \alpha$$
$$(m+1)a_{m+1} > \alpha$$
$$(m+2)a_{m+2} > \alpha$$
$$\cdot\;\cdot\;\cdot\;\cdot\;\cdot\;\cdot\;\cdot\;\cdot$$

Daraus folgt, daß von $n = m$ angefangen die Glieder von $\sum a_n$ größer sind als die entsprechenden Glieder von $\sum \dfrac{\alpha}{n}$; nun ist $\sum \dfrac{1}{n}$, also auch $\sum \dfrac{\alpha}{n}$ divergent, daher divergiert auch $\sum a_n$.

Auf Grund dieses Kriteriums erkennt man, daß die Reihe $\sum\limits_{1}^{\infty} \dfrac{\gamma}{\alpha n + \beta}$,[1]) wo α, β, γ positive Zahlen bedeuten, divergiert; denn $na_n = \dfrac{n\gamma}{\alpha n + \beta}$ hat die über 0 liegende Grenze $\dfrac{\gamma}{\alpha}$.

Ferner erschließt man daraus die Divergenz der Reihe $\sum \dfrac{1}{n^p}$ für $0 < p < 1$; denn $na_n = n^{1-p}$ wächst mit n sogar über jede noch so große Zahl. Es sind also beispielsweise die Reihen $\sum \dfrac{1}{\sqrt{n}}$, $\sum \dfrac{1}{\sqrt[3]{n}}$, $\sum \dfrac{1}{\sqrt[3]{n^2}}$ divergent.

3. *Ist das Bildungsgesetz der Reihe mit positiven Gliedern $\sum a_n$ ein solches, daß der Quotient $\dfrac{a_{n+1}}{a_n}$ eines Gliedes durch das vorausgehende beim Durchlaufen der Reihe einer Grenze λ sich nähert, so ist die Reihe konvergent, wenn $\lambda < 1$, divergent, wenn $\lambda > 1$.*

Im Falle $\lambda < 1$ wähle man eine Zahl q derart, daß $\lambda < q < 1$, also zwischen λ und 1; es muß dann $\dfrac{a_{n+1}}{a_n}$ von einem Zeigerwert $n = m$ angefangen notwendig kleiner als q bleiben, soll es die unter q liegende Grenze λ haben; aus

$$\frac{a_{m+1}}{a_m} < q, \qquad \frac{a_{m+2}}{a_{m+1}} < q, \qquad \frac{a_{m+3}}{a_{m+2}} < q, \cdots$$

folgt aber

$$a_{m+1} < a_m q, \quad a_{m+2} < a_m q^2, \quad a_{m+3} < a_m q^3, \cdots;$$

---

[1]) Reihen dieser allgemeinen Form bezeichnet L. Euler als harmonische Reihen; in der Tat ist auch die gewöhnliche harmonische Reihe darin enthalten ($\alpha = \gamma = 1$, $\beta = 0$). (1734—1735.)

mithin sind die Glieder der Reihe $\sum a_n$ von $n = m + 1$ angefangen kleiner als die mit a_m multiplizierten Glieder der geometrischen Reihe $\sum\limits_1^\infty q^n$; da diese wegen $q < 1$ konvergiert, so konvergiert auch $\sum a_n$.

In dem Falle $\lambda > 1$ wähle man q derart, daß $\lambda > q > 1$; soll $\dfrac{a_{n+1}}{a_n}$ die über q liegende Grenze λ haben, so muß es von einem Zeiger m angefangen beständig über q bleiben, also

$$\frac{a_{m+1}}{a_m} > q, \qquad \frac{a_{m+2}}{a_{m+1}} > q, \qquad \frac{a_{m+3}}{a_{m+2}} > q, \cdots$$

sein; daraus folgt weiter

$$a_{m+1} > a_m q, \qquad a_{m+2} > a_m q^2, \qquad a_{m+3} > a_m q^3, \cdots$$

Da also nunmehr die Glieder von $\sum a_n$ von $n = m + 1$ angefangen, die mit a_m multiplizierten Glieder der geometrischen Reihe $\sum\limits_1^\infty q^n$ übertreffen, diese aber wegen $q > 1$ divergiert, so divergiert auch $\sum a_n$.

Der Fall, daß $\dfrac{a_{n+1}}{a_n}$ die Zahl 1 selbst zur Grenze hat, bleibt also unentschieden.

Als erstes Beispiel diene die mittels der positiven Zahl α gebildete Reihe

$$\sum_0^\infty \frac{\alpha^n}{n!} = 1 + \frac{\alpha}{1!} + \frac{\alpha^2}{2!} + \frac{\alpha^3}{3!} + \cdots;$$

in ihr ist

$$a_n = \frac{\alpha^n}{n!}, \qquad a_{n+1} = \frac{\alpha^{n+1}}{(n+1)!}, \qquad \frac{a_{n+1}}{a_n} = \frac{\alpha}{n+1};$$

dieser Quotient läßt sich bei jedem α durch Wahl von n beliebig klein machen; es ist daher $\lim\limits_{n=\infty} \dfrac{a_{n+1}}{a_n} = 0 < 1$, die Reihe also bei *jedem* α konvergent.

Die Reihe

$$\sum_1^\infty \frac{\alpha^n}{n} = \frac{\alpha}{1} + \frac{\alpha^2}{2} + \frac{\alpha^3}{3} + \cdots$$

zeigt ein wesentlich anderes Verhalten; in ihr ist

$$a_n = \frac{\alpha^n}{n}, \qquad a_{n+1} = \frac{\alpha^{n+1}}{n+1}, \qquad \frac{a_{n+1}}{a_n} = \frac{n}{n+1}\,\alpha,$$

und da dieser Quotient α zur Grenze hat, so ist die Reihe nur dann konvergent wenn $\alpha < 1$ ist; bei $\alpha > 1$ divergiert sie, aber auch schon bei $\alpha = 1$, wo sie zur harmonischen Reihe wird.

Keine Entscheidung ermöglicht das Kriterium bei der Reihe $\sum_1^\infty \frac{1}{n^p}$ $(p > 0)$, da hier $\frac{a_{n+1}}{a_n} = \left(\frac{n}{n+1}\right)^p$ die Grenze 1 hat. An anderer Stelle ist aber bereits erkannt worden, daß diese Reihe bei $p \leq 1$ divergiert, bei $p = 2$ konvergent ist.

4. *Die beiden Reihen* $\sum_1^\infty a_n$ *und* $\sum_0^\infty 2^\nu a_{2^\nu}$ *sind unter der Voraussetzung, daß die Glieder der ersten niemals zunehmen, gleichzeitig konvergent, bzw. divergent.*

Aus der Tatsache, daß $a_1 > a_2 > a_3 > \cdots$ (statt $>$ kann, jedoch nicht durchwegs, auch $=$ eintreten), folgen einerseits die Relationen:

$$a_1 = a_1$$
$$2a_2 > a_2 + a_3$$
$$4a_4 > a_4 + a_5 + a_6 + a_7$$
$$\cdots\cdots\cdots\cdots\cdots$$
$$2^m a_{2^m} > a_{2^m} + a_{2^m + 1} + \cdots + a_{2^{m+1}-1},$$

aus denen sich durch Addition

$$\sum_0^m 2^\nu a_{2^\nu} > \sum_1^{2^{m+1}-1} a_n \tag{A}$$

ergibt; andererseits die Relationen:

$$a_1 < 2\,a_1$$
$$2a_2 = 2a_2$$
$$4a_4 < 2(a_3 + a_4)$$
$$\cdots\cdots\cdots\cdots\cdots$$
$$2^m a_{2^m} < 2(a_{2^{m-1}+1} + a_{2^{m-1}+2} + \cdots + a_{2^m})$$

die, indem man sie addiert, zu der Ungleichung

$$\sum_0^m 2^\nu a_{2^\nu} < 2 \sum_1^{2^m} a_n \tag{B}$$

führen. Auf den beiden Seiten von (A) und (B) stehen nun Partialsummen der beiden zu vergleichenden Reihen.

Ist $\sum a_n$ konvergent, so folgt aus (B) die Konvergenz von $\sum 2^\nu a_{2^\nu}$; und ist $\sum 2^\nu a_{2^\nu}$ konvergent, so schließt man aus (A) auf die Konvergenz von $\sum a_n$.

Ist $\sum a_n$ divergent, so begründet (A) die Divergenz von $\sum 2^\nu a_{2^\nu}$; und ist $\sum 2^\nu a_{2^\nu}$ divergent, so ist es wegen (B) auch $\sum a_n$.

Mit Hilfe dieses Kriteriums kann die Reihe $\sum\limits_{1}^{\infty}\dfrac{1}{n^p}$ endgiltig erledigt werden. Es ist nämlich

$$\sum_{0}^{\infty} 2^\nu a_{2^\nu} = \frac{1}{1^p} + \frac{2}{2^p} + \frac{4}{4^p} + \cdots = 1 + \frac{1}{2^{p-1}} + \frac{1}{4^{p-1}} + \cdots$$

eine geometrische Reihe mit dem Quotienten $q = \dfrac{1}{2^{p-1}}$; dieser ist < 1, wenn $p > 1$: $= 1$, wenn $p = 1$; > 1, wenn $p < 1$. Demnach ist die geometrische Reihe und mit ihr zugleich die Reihe $\sum \dfrac{1}{n^p}$ konvergent bei $p > 1$, divergent bei $p \lessgtr 1$.

Die unter 2, 3 und 4 nachgewiesenen Kriterien stammen von A. Cauchy, dem Begründer der allgemeinen Reihentheorie.

§ 3. Reihen mit positiven und negativen Gliedern.

31. Absolut konvergente Reihen. Wenn von einer Reihe mit positiven und negativen Gliedern gesprochen wird, so ist damit gemeint, daß beide Arten von Gliedern durchgehend seien, d. h. daß es keine noch so ferne Stelle in der Reihe gibt, von der an nur mehr Glieder eines Zeichens vorkommen.

Hebt man in einer solchen Reihe $\sum\limits_{1}^{\infty} a_n$, in welcher die a_n nunmehr relative reelle Zahlen sind, den Zeichenunterschied auf, bildet man mit andern Worten die Reihe $\sum\limits_{1}^{\infty} |a_n|$ aus den absoluten Werten der a_n, so kann diese konvergent oder divergent sein.

Ist $\sum |a_n|$ konvergent, so ist es $\sum a_n$ notwendig auch; denn **(27, 4.)** eine konvergente Reihe aus positiven Gliedern bleibt konvergent, wenn man bei einer durchlaufenden Folge von Gliedern das Zeichen ändert.

Wie es sich in diesem Falle mit der Grenze der Reihe verhält, darüber gibt der folgende Satz Aufschluß.

Stützt sich die Konvergenz der Reihe $\sum a_n$ auf die Konvergenz der Reihe $\sum |a_n|$, so ist ihre Grenze gleich der Summe der positiven Glieder vermindert um die Summe der Absolutwerte der negativen Glieder und unabhängig von der Anordnung der Glieder.

Die positiven Glieder von $\sum a_n$ in der Reihenfolge ihres Auftretens seien

$$a_{\alpha_1} + a_{\alpha_2} + a_{\alpha_3} + \cdots, \tag{1}$$

die absoluten Werte der negativen Glieder in gleicher Anordnung

$$|a_{\beta_1}| + |a_{\beta_2}| + |a_{\beta_3}| + \cdots; \tag{2}$$

beide sind konvergent, denn jede besteht aus einer durchlaufenden Gliederfolge der konvergenten Reihe $\sum a_n|$ (**27**, 3.).

Eine Partialsumme s_n von $\sum a_n$ stellt sich als Differenz einer bestimmten Partialsumme t_{α_μ} von (1) und einer bestimmten Partialsumme u_{β_ν} von (2) dar, so daß

$$s_n = t_{\alpha_\mu} - u_{\beta_\nu};$$

indem nun n unaufhörlich wächst, nehmen auch α_μ und β_ν ohne Unterlaß zu, und t_{α_μ}, u_{β_ν} nähern sich den Summen t, u der Reihen (1), (2) als Grenzen; mithin hat s_n die Zahl $t - u$ zur Grenze· Damit ist die erste Aussage des Satzes erwiesen.

Nimmt man in $\sum a_n$ eine durchgehende Umordnung der Glieder vor, so erfahren auch die Reihen (1), (2) eine solche; da aber ihre Grenzen dabei keine Änderung erleiden (**29**, 2.), so behält auch $\sum a_n$ die frühere Grenze $s = t - u$ bei.

Einer Reihe von der hier in Rede stehenden Art kommt also der Summencharakter zu, indem ihre Grenze von der Anordnung der Glieder unabhängig ist; man spricht daher hier wie bei Reihen aus positiven Gliedern von der Grenze als von der *Summe* der Reihe.

Vorläufig sollen Reihen dieses Verhaltens als *absolut konvergent* bezeichnet werden.

32. Nichtabsolut konvergente Reihen. Es handelt sich nun um den Fall, daß eine Reihe $\sum a_n$ aus positiven und negativen Gliedern nach Aufhebung des Zeichenunterschiedes divergent wird. Die ursprüngliche Reihe selbst kann, wie sich zeigen wird, konvergent oder divergent sein.

Zunächst ist unmittelbar einzusehen, daß $\sum |a_n|$ nicht divergent sein kann, ohne daß wenigstens eine der Reihen (1), (2) divergent ist.

Ist *nur* eine von ihnen divergent, z. B. (1), dann wird t_{α_ν} größer als jede beliebige Zahl, während u_{β_ν} eine Grenze besitzt; somit wird auch s_n beliebig groß, die Reihe $\sum a_n$ ist also in diesem Falle divergent.

Sind *beide* Reihen, (1) und (2), divergent, so übertreffen t_{α_μ}, u_{β_ν} schließlich jede noch so große vorgegebene Zahl; ihr allmähliches Ansteigen hängt aber von der *relativen Häufigkeit* ab, mit der positive und negative Glieder beim allmählichen Durchlaufen von $\sum a_n$ auftreten; es ist ebensowohl denkbar, daß dieses Auftreten so geregelt ist, daß die Differenz $t_{\alpha_\mu} - u_{\beta_\nu}$ einer Grenze sich nähert, wie auch, daß die Glieder des einen Vorzeichens den andern so vorauseilen, daß $t_{\alpha_\mu} - u_{\beta_\nu}$ dem Betrage nach größer wird als jede beliebige Zahl.

Über alle diese Verhältnisse gibt der folgende Satz Aufschluß.

Die Grenze einer Reihe $\sum a_n$, deren positive und negative Glieder je für sich divergente Reihen bilden, hängt von der Anordnung der

Glieder ab und kann durch Regelung dieser Anordnung jeder beliebigen Zahl gleich gemacht werden.

Um der Reihe $\sum a_n$ die (z. B. positive) Grenze G zu geben, nehme man von (1) eine solche Gliedergruppe

$$a_{\alpha_1} + a_{\alpha_2} + \cdots + a_{\alpha_{\mu'}} = s_\alpha',$$

daß ihre Summe G übertrifft, daß dies aber schon nicht der Fall ist, wenn man das letzte Glied der Gruppe fortläßt, so daß

$$s_\alpha' - G \leq a_{\alpha_{\mu'}};$$

hieran schließe man eine solche Gruppe aus (2),

$$|a_{\beta_1}| + |a_{\beta_2}| + \cdots + |a_{\beta_\nu'}| = s_\beta',$$

daß $s_\alpha' - s_\beta'$ unter G sinkt, daß dies aber nicht mehr zutrifft, wenn man das letzte Glied fortläßt, so daß

$$G - (s_\alpha' - s_\beta') \leq a_{\beta_\nu'}|;$$

nun gehe man in der Reihe (1) wieder weiter um

$$a_{\alpha_{\mu'}+1} + a_{\alpha_{\mu'}+2} + \cdots + a_{\alpha_{\mu''}} = s_\alpha''$$

derart, daß G gerade noch überschritten wird, so daß

$$s_\alpha' - s_\beta' + s_\alpha'' - G \leq a_{\alpha_{\mu''}},$$

und schließe daran so viel von (2):

$$|a_{\beta_{\nu'}+1}| + |a_{\beta_{\nu'}+2}| + \cdots + |a_{\beta_{\nu''}}| = s_\beta'',$$

daß gerade noch

$$G - (s_\alpha' - s_\beta' + s_\alpha'' - s_\beta'') \leq |a_{\beta_{\nu''}}|$$

u. s. f. Auf diese Weise fortfahrend kommt man G beliebig nahe, da

$$a_{\alpha_{\mu'}}, |a_{\beta_{\nu'}}|, a_{\alpha_{\mu''}}, |a_{\beta_{\nu''}}|, \cdots$$

eine gegen Null konvergierende Zahlenfolge bilden (**26**).

Die Partialsummen $s_\alpha', \; s_\alpha' - s_\beta', \; s_\alpha' - s_\beta' + s_\alpha'', \; s_\alpha' - s_\beta' + s_\alpha'' - s_\beta'', \cdots$ oszillieren um G.

Da man G beliebig groß, d. h. größer als jede noch so große Zahl festsetzen kann, so können aus $\sum a_n$ durch Gliederumordnung auch divergente Reihen erzeugt werden.

Während also die Konvergenz einer absolut konvergenten Reihe eine *unbedingte*, von der Anordnung der Glieder unabhängige ist, wird die Konvergenz einer nichtabsolut konvergenten Reihe durch die Anordnung der Glieder *bedingt* derart, daß mit der Anordnung die Grenze sich ändert und unter Umständen unendlich wird.[1]

---

1) Bei einigen speziellen nichtabsolut konvergenten Reihen hatten schon A. Cauchy (1823) und G. Lejeune-Dirichlet (1837) das eigentümliche Verhalten erkannt; den obigen allgemeinen Satz hat aber erst B. Riemann aufgestellt und bewiesen (1867).

Man hat demnach die Reihen mit positiven und negativen Gliedern in *unbedingt* und *bedingt konvergente* zu unterscheiden.

Den bedingt konvergenten Reihen geht der Summencharakter ab; es ist daher korrekter, bei ihnen nur von einer Grenze statt von einer Summe zu reden.

33. Alternierende Reihen. Von den Reihen mit positiven und negativen Gliedern heißen diejenigen, in welchen auf ein positives immer ein negatives Glied folgt, und umgekehrt, *alternierende Reihen.* Bei diesen gibt es einen Fall der Konvergenz, der an einem sehr einfachen Kriterium zu erkennen ist; er ist durch den folgenden Satz gekennzeichnet:

Wenn die Glieder einer alternierenden Reihe dem Betrage nach beständig abnehmen [1]) und überdies die unerläßliche Bedingung der Konvergenz $\lim\limits_{n=\infty} a_n = 0$ *erfüllen, so ist die Reihe konvergent. [2])*

Aus der abnehmenden Folge positiver Zahlen $a_1, a_2, a_3, \cdots$ sei die Reihe

$$\sum_1^\infty (-1)^{n-1} a_n = a_1 - a_2 + a_3 - a_4 + \cdots.$$

gebildet.

Die Beziehungen

$$s_{2n+1} = s_{2n-1} - (a_{2n} - a_{2n+1})$$
$$s_{2n+1} = (a_1 - a_2) + (a_3 - a_4) + \cdots + (a_{2n-1} - a_{2n}) + a_{2n+1}$$

lehren, daß die ungeraden Partialsummen $s_1, s_3, s_5, \cdots$ eine abnehmende Folge positiver Zahlen bilden, die notwendig eine Grenze, $\lim\limits_{n=\infty} s_{2n+1}$, hat.

Die Beziehungen

$$s_{2n} = s_{2n-2} + (a_{2n-1} - a_{2n})$$
$$s_{2n} = a_1 - (a_2 - a_3) - (a_4 - a_5) - \cdots - (a_{2n-2} - a_{2n-1}) - a_{2n}$$

zeigen, daß die geraden Partialsummen $s_2, s_4, s_6, \cdots$ eine zunehmende Folge positiver Zahlen bilden, die jedoch unter der Zahl a_1 bleiben, mithin notwendig eine Grenze, $\lim\limits_{n=\infty} s_{2n}$, besitzen.

Da aber

$$s_{2n+1} = s_{2n} + a_{2n+1},$$

so sinkt der Unterschied $s_{2n+1} - s_{2n} = a_{2n+1}$ mit wachsendem n unter jede noch so kleine Zahl, s_{2n+1} und s_{2n} haben also nicht verschiedene, sondern eine und dieselbe Grenze s, die auch der Reihe $\sum\limits_1^\infty (-1)^{n-1} a_n$ zugehört.

---

1) Oder wenigstens von einer Stelle ab niemals zunehmen.

2) Dieses Kriterium hat Leibniz schon 1714 nachgewiesen.

Zugleich geht aus der Betrachtung hervor, daß

$$s_{2n} < s < s_{2n+1}$$

für jedes n; da ferner allgemein

$$r_n = (-1)^n \left(a_{n+1} - (a_{n+2} - a_{n+3}) - \cdots \right),$$

so ist $|r_n| = |s - s_n| < |a_{n+1}|$, d. h. nimmt man statt s eine Partialsumme s_n, so ist der begangene Fehler dem Betrage nach kleiner als das dem letztbehaltenen folgende Glied.

34. Beispiele. Die Ergebnisse der Untersuchungen der beiden letzten Artikel mögen nun an einigen Beispielen erläutert werden.

1. Die alternierende Reihe

$$\sum_{1}^{\infty} (-1)^{n-1} \frac{1}{n^2} = 1 - \frac{1}{2^2} + \frac{1}{3^2} - \frac{1}{4^2} + \cdots$$

ist unbedingt konvergent, weil die Reihe der absoluten Gliederwerte konvergent ist (**30,** 4.).

2. Die alternierende Reihe

$$\sum_{1}^{\infty} (-1)^{n-1} \frac{1}{n} = 1 - \frac{1}{2} + \frac{1}{3} - \frac{1}{4} + \cdots$$

ist nach dem Kriterium **33** konvergent, aber nur vermöge der Gliederanordnung, weil die Reihe aus den absoluten Gliederwerten divergiert.

Ordnet man die Glieder nach irgend einem Prinzip um, so ist die Konvergenz schon fraglich, und besteht sie noch, so ist die Grenze eine andere.

Es soll dies für die folgende Anordnung gezeigt werden:

$$1 + \frac{1}{3} - \frac{1}{2} + \frac{1}{5} + \frac{1}{7} - \frac{1}{4} + \cdots.$$

Die Partialsumme von $4n$ Gliedern der ersten Anordnung ist

$$s_{4n} = \left(1 - \frac{1}{2} + \frac{1}{3} - \frac{1}{4}\right) + \left(\frac{1}{5} - \frac{1}{6} + \frac{1}{7} - \frac{1}{8}\right) + \cdots$$
$$+ \left(\frac{1}{4n-3} - \frac{1}{4n-2} + \frac{1}{4n-1} - \frac{1}{4n}\right);$$

die Partialsumme von $3n$ Gliedern der zweiten Anordnung

$$s'_{3n} = \left(1 + \frac{1}{3} - \frac{1}{2}\right) + \left(\frac{1}{5} + \frac{1}{7} - \frac{1}{4}\right) + \cdots + \left(\frac{1}{4n-3} + \frac{1}{4n-1} - \frac{1}{2n}\right);$$

mithin ist

$$s'_{3n} - s_{4n} = \left(\frac{1}{2} - \frac{1}{4}\right) + \left(\frac{1}{6} - \frac{1}{8}\right) + \cdots + \left(\frac{1}{4n-2} - \frac{1}{4n}\right)$$
$$= \frac{1}{2}\left(1 - \frac{1}{2} + \frac{1}{3} - \frac{1}{4} + \cdots + \frac{1}{2n-1} - \frac{1}{2n}\right),$$

d. i.

$$s'_{3n} = s_{4n} + \frac{1}{2} s_{2n};$$

nun hat s_{2n} ebenso wie s_{4n} die Grenze s der Reihe in der ersten Anordnung; folglich hat s'_{3n} die Grenze $\frac{3}{2}s$, und dies ist die Grenze der Reihe in der zweiten Anordnung. Durch die Umordnung, die die positiven Glieder voraneilen macht, hat sich also die Grenze um die Hälfte ihres ursprünglichen Betrages erhöht.

3. Die Reihe

$$\sum_1^\infty (-1)^{n-1}\frac{1}{n^p} = 1 - \frac{1}{2^p} + \frac{1}{3^p} - \cdots$$

erfüllt bei jedem $p > 0$ die Konvergenzbedingung des vorigen Artikels; absolut und daher unbedingt konvergent ist sie nur bei $p > 1$, dagegen bei $p < 1$ nur bedingt konvergent, weil dann $\sum \frac{1}{n^p}$ divergiert (**30**, 4.).

Diesen letzten Fall im Auge behaltend werde die Reihe umgeordnet in

$$1 + \frac{1}{3^p} - \frac{1}{2^p} + \frac{1}{5^p} + \frac{1}{7^p} - \frac{1}{4^p} + \cdots.$$

Die Partialsumme s_{2n} der ersten Anordnung und die Partialsumme s'_{3n} der zweiten Anordnung umfassen folgende Glieder:

$$s_{2n} = 1 - \frac{1}{2^p} + \frac{1}{3^p} - \frac{1}{4^p} + \cdots + \frac{1}{(2n-1)^p} - \frac{1}{(2n)^p}$$

$$s'_{3n} = 1 + \frac{1}{3^p} - \frac{1}{2^p} + \cdots + \frac{1}{(4n-3)^p} + \frac{1}{(4n-1)^p} - \frac{1}{(2n)^p};$$

in den negativen Gliedern stimmen sie überein, in den positiven geht die zweite um die Glieder von $\frac{1}{(2n+1)^p}$ bis $\frac{1}{(4n-1)^p}$, deren Anzahl n ist, weiter; folglich ist

$$s'_{3n} - s_{2n} = \frac{1}{(2n+1)^p} + \frac{1}{(2n+3)^p} + \cdots + \frac{1}{(4n-1)^p};$$

verkleinert man die rechte Seite dadurch, daß man alle Glieder einzeln durch $\frac{1}{(4n)^p}$ ersetzt, so ergibt sich, daß

$$s'_{3n} - s_{2n} > \frac{n}{(4n)^p} = \frac{n^{1-p}}{4^p};$$

wegen $0 < p < 1$ wächst aber n^{1-p} mit n über jede noch so große Zahl hinaus, und da s_{2n} eine bestimmte Grenze hat, so wird s'_{3n} notwendig über jedes Maß groß. Die umgeordnete Reihe ist also divergent.

§ 4. Unendliche Produkte.

35. Begriff der Konvergenz und Divergenz. Wie die Addition, so kann auch die Multiplikation wegen ihres kommutativen Charakters auf beliebig viele, also auch auf unbeschränkt viele Zahlen angewendet werden. Einem solchen *unendlichen Produkt*[1]) gegenüber entsteht wieder die Frage, wann es eine bestimmte Zahl darstellt.

Aus der unbegrenzt fortsetzbaren Folge positiver Zahlen a_1, a_2, a_3, $\cdots$ werde nach der Vorschrift

$$
\begin{aligned}
p_1 &= a_1 \\
p_2 &= a_2 p_1 \\
p_3 &= a_3 p_2 \\
&\cdot\ \cdot\ \cdot\ \cdot \\
p_n &= a_n p_{n-1} = a_1 a_2 \cdots a_n
\end{aligned}
\tag{1}
$$

eine neue Folge p_1, p_2, p_3, $\cdots$, kurz (p_n), gebildet.

Ist diese neue Folge konvergent, ohne jedoch eine Elementarreihe zu sein, so daß also ihre Grenze eine *von Null verschiedene* Zahl p ist, so bezeichnet man das unendliche Produkt

$$
a_1 a_2 a_3 \cdots, \quad \text{kurz} \quad \prod_1^\infty a_n,
\tag{2}
$$

ebenfalls als *konvergent* und $p = \lim\limits_{n=\infty} p_n$ als seine *Grenze*, seinen *Wert*.

In jedem andern Fall heißt das Produkt *divergent*.

Wenn vorausgesetzt wurde, daß alle Faktoren positiv seien, so hat dies in folgender Erwägung seinen Grund. Negative Faktoren dürften nur in beschränkter Anzahl vorhanden sein, weil nur dann das Produkt ein *bestimmtes* Vorzeichen erhält; hat man dieses einmal bestimmt, so kommt es nur mehr auf den absoluten Wert des Produktes an.

Es kann auf den ersten Blick befremden, daß man die Grenze Null bei der Konvergenz ausschließt und Produkte mit dieser Grenze zu den divergenten zählt. Hält man daran fest, daß keiner der Faktoren a_n Null sein soll, so weist ein gegen Null konvergierendes Produkt die Anomalie auf, den Wert Null zu haben, ohne daß einer der Faktoren Null ist. Dies der Grund, warum solche Produkte zu den divergenten gezählt werden.

Die *allgemeine Bedingung* für die Konvergenz des Produktes $\prod a_n$ ist identisch mit der Bedingung für die Konvergenz der Zahlenfolge (p_n), (**25**), mit dem Zusatze, daß p_n nicht beliebig klein werden darf; sie läßt sich also durch die Ansätze ausdrücken:

$$
p_{n+r} - p_n < \varepsilon, \qquad p_n > g;
\tag{3}
$$

die erste Ungleichung muß bei gegebenem ε für ein hinreichend großes n bei jedem r stattfinden; in der zweiten bedeutet g eine

---

1) Unendliche Produkte sind fast gleichzeitig mit den unendlichen Reihen in der Literatur aufgetreten; das erste unendliche Produkt findet sich (1593) bei F. Vieta.

positive Zahl. Unabhängig von dieser kann man (3) durch die einzige Forderung

$$\left|\frac{p_{n+r}}{p_n} - 1\right| < \varepsilon \tag{3*}$$

ersetzen.

Auf den Fall $r = 1$ angewendet führt dies zu dem Ansatze

$$|a_{n+1} - 1| < \varepsilon, \tag{4}$$

welcher besagt, daß die Faktoren eines konvergenten Produkts schließlich um beliebig wenig von der Einheit, dem Modul der Multiplikation, verschieden sind, analog wie sich die Glieder einer konvergenten Reihe schließlich beliebig wenig von Null, dem Modul der Addition, unterscheiden.

Schreibt man, von der Beziehung (4) Gebrauch machend, die Faktoren a_n in der Form $1 + \alpha_n$, das Produkt also in der Form $\prod_1^\infty (1 + \alpha_n)$, so drückt sich nunmehr die zur Konvergenz notwendige Bedingung dahin aus, daß die Zahlenfolge $\alpha_1, \alpha_2, \alpha_3, \cdots$ eine Elementarreihe, d. h. $\lim\limits_{n=\infty} \alpha_n = 0$ sein müsse; hinreichend aber ist diese Bedingung nicht. Die Bedingung (3*) stellt sich jetzt in der Form

$$\left|\prod_{n+1}^{n+r} (1 + \alpha_\nu) - 1\right| < \varepsilon \tag{3**}$$

dar; $\prod_{n+1}^{n+r} (1 + \alpha_\nu)$ nennt man ein Restprodukt, für $r = \infty$ wird es zu *dem* Restprodukt, das zum *Partialprodukt* p_n gehört.

Ein unendliches Produkt $\prod_1^\infty (1 + \alpha_n)$ führt zu der unendlichen Reihe $\sum_1^\infty \log(1 + \alpha_n)$ der Logarithmen seiner Faktoren; Konvergenz oder Divergenz des einen Gebildes zieht notwendig die analoge Eigenschaft des andern nach sich.

36. Konvergenzkriterien. Sind in dem Produkt $\prod (1 + \alpha_n)$ alle $\alpha_n > 0$, so sind alle Faktoren unechte Brüche, der Wert des Produkts, wenn es konvergiert, wird selbst auch > 1 sein, im andern Fall ist er unendlich.

Sind alle $\alpha_n < 0$, also alle Faktoren echte Brüche, so wird bei einem konvergenten Produkt dessen Wert selbst auch < 1 sein; im andern Falle ist er Null.

Gibt es positive und negative α_n in unbegrenzter Anzahl, so kann jeder der unterschiedenen Fälle eintreten.

Näheres hierüber lehren die folgenden Sätze:

1. *Sind alle $\alpha_n > 0$, so ist das Produkt $\prod_1^\infty (1 + \alpha_n)$ konvergent, wenn die Reihe $\sum_1^\infty \alpha_n$ konvergiert, und seine Grenze dann unabhängig von der Anordnung der Faktoren; hingegen divergent und sein Wert ∞, wenn die Reihe divergiert.*

Aus der Entwicklung des Restprodukts

$$\prod_{n+1}^{n+r} (1 + \alpha_\nu) = 1 + \alpha_{n+1} + \alpha_{n+2} + \cdots + \alpha_{n+r} + S,$$

worin S die Summe der Produkte der α zu zweien, dreien, $\cdots$ vertritt, geht hervor, daß

$$\prod_{n+1}^{n+} (1 + \alpha_\nu) - 1 > \alpha_{n+1} + \alpha_{n+2} + \cdots + \alpha_{n+r};$$

ist nun die Reihe $\sum_1^\infty \alpha_n$ divergent, so kann die rechtsstehende Summe durch Wahl von n und r beliebig groß gemacht werden, die Bedingung (3^{**}) ist also nicht erfüllt; da ferner p_n mit n wächst, so ist $p = \infty$.

Ist hingegen $\sum' \alpha_n$ konvergent, so kann zu dem positiven echten Bruch q ein hinreichend großes n derart bestimmt werden, daß bei beliebigem r

$$\alpha_{n+1} + \alpha_{n+2} + \cdots + \alpha_{n+r} < q$$

sei; das hat zur Folge, daß für die in S enthaltenen Produktsummen $S_2, S_3, \cdots S_r$ von $2, 3, \cdots r$ Faktoren folgende Beziehungen bestehen.

$$S_2 < (\alpha_{n+1} + \ldots + \alpha_{n+r})^2 < q^2$$
$$S_3 < (\alpha_{n+1} + \ldots + \alpha_{n+r})^3 < q^3$$
$$\cdots\cdots\cdots\cdots\cdots\cdots\cdots\cdots$$
$$S_r < (\alpha_{n+1} + \ldots + \alpha_{n+r})^r < q^r,$$

weil die Potenzen außer den gedachten Produktsummen noch andere positive Glieder umfassen. Demnach ist jetzt

$$\prod_{n+1}^{n+r} (1 + \alpha_\nu) - 1 < q + q^2 + \ldots + q^r = \frac{q - q^{r+1}}{1 - q} < \frac{q}{1 - q};$$

wählt man also q derart, daß $\frac{q}{1 - q} < \varepsilon$, wozu nötig ist, daß $q < \frac{\varepsilon}{1 + \varepsilon}$ genommen werde, so wird auch

$$\prod_{n+1}^{n+r} (1 + \alpha_\nu) - 1 < \varepsilon;$$

die Konvergenzbedingung ist also tatsächlich erfüllt.

Da die konvergente Reihe aus den Logarithmen der Faktoren, $\sum\limits_1^\infty \log(1 + \alpha_n)$, im gegenwärtigen Falle aus lauter positiven Gliedern besteht und darum unbedingt konvergent ist, so gilt die gleiche Aussage für das Produkt; es kommt ihm die kommutative Eigenschaft des endlichen Produkts zu.

2. *Sind alle* $\alpha_n > 0$, *so ist das Produkt* $\prod\limits_1^\infty (1 - \alpha_n)$ *konvergent, wenn die Reihe* $\sum\limits_1^\infty \alpha_n$ *konvergiert, und seine Grenze dann unabhängig von der Anordnung der Faktoren; hingegen divergent und sein Wert Null, wenn die Reihe divergiert.*

Wegen $1 - \alpha_n = \dfrac{1 - \alpha_n^2}{1 + \alpha_n} < \dfrac{1}{1 + \alpha_n}$ ist auch

$$p_n < \frac{1}{\prod\limits_1^n (1 + \alpha_\nu)}\,;$$

divergiert nun $\sum \alpha_n$, so wächst der Nenner rechts über jeden Betrag, folglich wird p_n mit wachsendem n beliebig klein, also ist $p = \lim\limits_{n=\infty} p_n = 0$.

Mit den vorhin benutzten Bezeichnungen ist jetzt das entwickelte Restprodukt

$$\prod\limits_{n+1}^{n+r} (1 - \alpha_\nu) = 1 - (\alpha_{n+1} + \alpha_{n+2} + \cdots + \alpha_{n+r}) + S_2 - S_3 + \cdots + (-1)^r S_r,$$

und wenn $\sum \alpha_n$ konvergiert, kann n so gewählt werden, daß $\alpha_{n+1} + \alpha_{n+2} + \cdots + \alpha_{n+r} < q < 1$ ist; dann wird aber

$$1 - \prod\limits_{n+1}^{n+r} (1 - \alpha_\nu) < q + q^2 + \cdots + q^r = \frac{q - q^r}{1 - q} < \frac{q}{1 - q} < \varepsilon,$$

wenn $q < \dfrac{\varepsilon}{1 + \varepsilon}$ genommen wird. Die Konvergenzbedingung für $\prod (1 - \alpha_n)$ ist also erfüllt; die Unabhängigkeit des Wertes von der Anordnung der Faktoren ergibt sich durch denselben Schluß wie vorhin.

3. *Sind die* α_n *teils positiv, teils negativ, beides in unbeschränkter Anzahl, so ist das Produkt* $\prod\limits_1^\infty (1 + \alpha_n)$ *konvergent und sein Wert unabhängig von der Anordnung der Faktoren, wenn die Reihe* $\sum\limits_1^\infty \alpha_n$ *unbedingt, d. h. vermöge der Konvergenz von* $\sum\limits_1^\infty |\alpha_n|$, *konvergiert.*

Das Partialprodukt p_n wird jetzt zum Teil aus Faktoren von der Form $1 + \alpha_i$, zum Teil aus Faktoren der Form $1 - \alpha_j$ bestehen; ihre Anzahlen seien n', n'', ihre Produkte $p'_{n'}$, $p''_{n''}$; dann ist

$$p_n = p'_{n'} \cdot p''_{n''}.$$

Weil nun bei der vorausgesetzten Konvergenz von $\sum \alpha_n$ die beiden $\sum \alpha_i$ und $\sum \alpha_j$ konvergent sind (**31**), so streben p'_n, p''_n bestimmten von der Faktorenanordnung unabhängigen Grenzen p', p'' zu, daher besitzt auch p_n eine von der Reihenfolge der Faktoren unabhängige Grenze p, nämlich $p = p' p''$.

Anmerkung. Bei bloß bedingter Konvergenz der Reihe $\sum \alpha_n$ kann das Produkt $\prod (1 + \alpha_\nu)$ konvergent oder divergent sein; doch ist Konvergenz aus der bloßen Konvergenz von $\sum \alpha_n$ nicht zu erschließen; findet sie aber wirklich statt, so ist sie auch eine bedingte in dem Sinne, daß der Wert des Produktes von der Anordnung der Faktoren abhängt und durch deren entsprechende Regelung jeder beliebig angenommenen Zahl gleich gemacht werden kann. Auf solche Produkte soll hier nicht eingegangen werden.

37. Beispiele. 1. Das Produkt

$$\prod_0^\infty (1 + k^{2^n}) = (1 + k) (1 + k^2) (1 + k^4) \cdots$$

ist konvergent, wenn die Reihe

$$\sum_0^\infty k^{2^n} = k + k^2 + k^4 + k^8 + \cdots$$

konvergiert; vergleicht man sie mit der geometrischen Reihe $k + k^2 + k^3 + k^4 + \cdots$, die bei $|k| < 1$ konvergent ist, so erkennt man (**30**, 1.), daß unter der gleichen Voraussetzung auch $\sum k^{2^n}$ und somit auch das vorgelegte Produkt konvergiert.

Das Partialprodukt[1])

$$\begin{aligned}
p_{n+1} &= (1 + k)(1 + k^2)(1 + k^4) \cdots (1 + k^{2^n}) \\
&= 1 + k + k^2 + \cdots + k^{2^{n+1}-1} = \frac{1 - k^{2^{n+1}}}{1 - k}
\end{aligned}$$

konvergiert denn auch tatsächlich, wenn $|k| < 1$, gegen die Grenze

$$p = \frac{1}{1 - k}.$$

2. Die Produkte

$$\prod_1^\infty \left(1 + \frac{k}{n}\right) = (1 + k)\left(1 + \frac{k}{2}\right)\left(1 + \frac{k}{3}\right) \cdots$$

$$\prod_1^\infty \left(1 - \frac{k}{n}\right) = (1 - k)\left(1 - \frac{k}{2}\right)\left(1 - \frac{k}{3}\right) \cdots$$

---

1) Von der Richtigkeit der Entwicklung überzeugt man sich durch die Erwägung, daß $n + 1$ Binome tatsächlich ein Produkt aus 2^{n+1} Gliedern geben, wenn, wie hier, Reduktionen ausgeschlossen sind.

sind divergent, weil es die Reihe $\sum\limits_{1}^{\infty}\dfrac{1}{n}$ ist; das erste divergiert gegen ∞, das zweite gegen 0 (vorausgesetzt, daß $k > 0$).

Das Produkt

$$\prod_{1}^{\infty}\left(1 + \frac{(-1)^{n-1}k}{n}\right) = \left(1 + \frac{k}{1}\right)\left(1 - \frac{k}{2}\right)\left(1 + \frac{k}{3}\right)\left(1 - \frac{k}{4}\right)\cdots$$

hingegen ist konvergent; die Aussage kann aber nicht durch den Hinweis auf die Konvergenz der Reihe $\sum\limits_{1}^{\infty}\dfrac{(-1)^{n-1}k}{n}$ begründet werden, weil diese zu konvergieren aufhört, wenn man den Zeichenwechsel aufhebt. Faßt man aber die Faktoren zusammen, so kommt man zu dem Produkt

$$\left(1 + \frac{k - k^2}{1 \cdot 2}\right)\left(1 + \frac{k - k^2}{3 \cdot 4}\right)\left(1 + \frac{k - k^2}{5 \cdot 6}\right)\cdots,$$

das konvergent ist, weil die Reihe $\dfrac{1}{1 \cdot 2} + \dfrac{1}{3 \cdot 4} + \dfrac{1}{5 \cdot 6} + \cdots$ konvergiert (**30**; **27**, 3).

3. Das Produkt $\dfrac{3}{2}\,\dfrac{3}{4}\,\dfrac{5}{4}\,\dfrac{5}{6}\,\dfrac{7}{6}\,\dfrac{7}{8}\cdots$[1]) lautet in der normalen Form

$$\left(1 + \frac{1}{2}\right)\left(1 - \frac{1}{4}\right)\left(1 + \frac{1}{4}\right)\left(1 - \frac{1}{6}\right)\cdots$$

Die Reihe $\dfrac{1}{2} - \dfrac{1}{4} + \dfrac{1}{4} - \dfrac{1}{6} + \cdots$ ist wohl konvergent nach **33**, hört aber auf es zu sein, wenn man den Zeichenwechsel aufhebt, denn die Divergenz von $1 + \dfrac{1}{2} + \dfrac{1}{3} + \cdots$ hat auch die Divergenz von $\dfrac{1}{2} + \dfrac{1}{4} + \dfrac{1}{6} + \cdots$ und von $\dfrac{1}{2} + \dfrac{2}{4} + \dfrac{2}{6} + \cdots$ zur Folge. Faßt man jedoch die Faktoren paarweise zusammen, so entsteht das gleichwertige Produkt

$$\left(1 + \frac{1}{2 \cdot 4}\right)\left(1 + \frac{1}{4 \cdot 6}\right)\left(1 + \frac{1}{6 \cdot 8}\right) + \cdots,$$

und dieses konvergiert, weil die Reihe $\dfrac{1}{1 \cdot 2} + \dfrac{1}{2 \cdot 3} + \dfrac{1}{3 \cdot 4} + \cdots$ konvergent ist (**28**, I, 1.); erst hieraus ergibt sich die Konvergenz des obigen Produkts.

4. Das Produkt $\dfrac{a}{b} \cdot \dfrac{a+1}{b+1} \cdot \dfrac{a+2}{b+2} \cdots$ läßt sich auf die Form bringen:

$$\left(1 + \frac{a - b}{b}\right)\left(1 + \frac{a - b}{b+1}\right)\left(1 + \frac{a - b}{b+2}\right)\cdots,$$

in der man seine Divergenz sogleich erkennt aus der bekannten Divergenz von $\sum\limits_{0}^{\infty}\dfrac{a - b}{b + n}$ (**30**, 2.).

---

1) Dieses Produkt, dessen Wert die Zahl $\dfrac{4}{\pi}$ ist, hat J. Wallis (1655) als erster aufgestellt und auch schon seine Konvergenz bewiesen.

5. Das Produkt

$$\left(1 - \sqrt{\tfrac{1}{2}}\right)\left(1 + \sqrt{\tfrac{1}{2}}\right)\left(1 - \sqrt{\tfrac{1}{3}}\right)\left(1 + \sqrt{\tfrac{1}{3}}\right)\cdots$$

ist divergent, wiewohl die Reihe $-\sqrt{\tfrac{1}{2}} + \sqrt{\tfrac{1}{2}} - \sqrt{\tfrac{1}{3}} + \sqrt{\tfrac{1}{3}} - \cdots$
konvergiert (bedingt); man erkennt dies nach paarweiser Zusammenfassung der Faktoren an der Divergenz der Reihe $\tfrac{1}{2} + \tfrac{1}{3} + \tfrac{1}{4} + \cdots$

III. Abschnitt.

Der Funktionsbegriff.

§ 1. Funktionen einer und mehrerer Variablen.

38. Grundvorstellungen, auf welchen der Funktionsbegriff beruht. Mit der Einführung der *Buchstaben* als *Zeichen für
Zahlen* war einer der bedeutsamsten Schritte in der Entwicklung der
Mathematik getan.

Bei einem arithmetischen Ausdruck, dessen Elemente besondere
Zahlen sind, ist das Interesse auf die Ausführung der vorgeschriebenen
Rechenoperationen gerichtet und mit der Auffindung des Resultates
erschöpft.

Sind hingegen die Rechenelemente durch Buchstaben vertreten,
dann wendet sich das Interesse der Zusammensetzung des Ausdrucks
durch Rechenoperationen zu, und es treten neue Vorstellungen auf:
die Vorstellungen der Veränderlichkeit, der Abhängigkeit, der Zuordnung.

Indem man sich denkt, daß einzelnen oder allen durch Buchstaben vertretenen Rechenelementen andere und wieder andere Werte
erteilt werden, kommt man von dem Begriff der festen Zahl zur Vorstellung der veränderlichen Größe oder der *Variablen.*

Das Resultat, der Wert des Ausdrucks, wird dabei im allgemeinen
auch jedesmal ein anderes, es erhält auch den Charakter der *Variabilität.*

Es ist erst dann bestimmt, wenn man den variabel gedachten
Rechenelementen bestimmte Werte beigelegt hat, es ist also von
diesen Werten *abhängig.*

Der Ausdruck wird mit einem Male zu einem Gegenstand der
Untersuchung, indem man der *Zuordnung* zwischen den Werten der
variablen Rechenelemente und dem Werte des Ausdrucks seine Aufmerksamkeit zuwendet.

Die Vorstellungen der Variabilität, der Abhängigkeit und der
Zuordnung bilden die Grundlage des *Funktionsbegriffs,* der die ganze
Mathematik beherrscht. Durch seine Schaffung ist sie fähig geworden,

dem Wechsel der Erscheinungen, die uns umgeben, zu folgen. War, so lange man nur mit festen Zahlen operierte, nur die mathematische Beschreibung einzelner Zustände möglich, so setzt uns der Funktionsbegriff in den Stand, den ganzen *Verlauf* einer Erscheinung mathematisch zu fassen.

In seiner einfachsten Form trat der Funktionsbegriff auf, als Fermat und Descartes die Methode der arithmetischen Behandlung geometrischer Linien einführten. Durch die Beziehung einer gesetzmäßig erzeugten Linie auf ein rechtwinkliges Koordinatensystem XOY, Fig. 7, ist jedem ihrer Punkte, wie M, ein Zahlenpaar x, y zugeordnet, x die Maßzahl der *Abszisse* OP, y, die Maßzahl der *Ordinate* OQ bezüglich einer festgesetzten *Längeneinheit* OE.

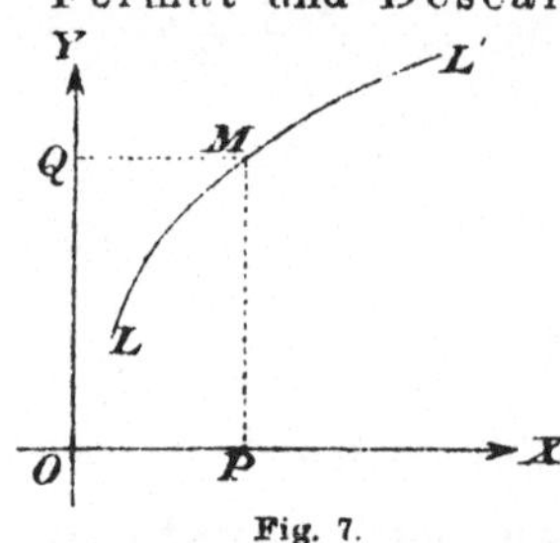
Fig. 7.

Sobald x als veränderlich angesehen wird, nimmt auch y den Charakter der Variabilität an, und der Wert von y ist abhängig von dem Werte des x; die Kurve vermittelt die Zuordnung der Werte von x und y.

Was die Linie geometrisch leistet, kann eine *Gleichung* zwischen x und y arithmetisch bewirken; erteilt man in ihr dem x nach und nach verschiedene Werte, so liefert die Auflösung der Gleichung die zugeordneten Werte von y.

Dem Anscheine nach wäre die geometrische Darstellung des Zusammenhangs der arithmetischen überlegen, weil sie sozusagen mit einem Schlag den ganzen Verlauf der Zuordnung überblicken läßt. Aber selbst abgesehen davon, daß alles *Anschauliche* nur ein angenähertes Bild des innerlich *Gedachten* zu geben imstande ist, wird sich bald die Überlegenheit der arithmetischen Darstellung in allen Belangen herausstellen.

39. Funktionen einer Variablen. I. Es sei $f(x)$ ein durch arithmetische Operationen gebildeter Ausdruck, der außer festen oder festzusetzenden Zahlen — *Konstanten* — die *Variable* x enthält; sein von x abhängiger Wert heiße y; dann drückt der Ansatz

$$y = f(x) \tag{1}$$

die Zuordnung zwischen x und y aus. Man nennt y eine *Funktion*[1])

---

1) Das erste Auftreten des Wortes *functio* in der Bedeutung der Abhängigkeit, allerdings noch in geometrischem Sinne, ist bei Leibniz (1692) nachgewiesen. Die erste Definition im heutigen Sinne gab (1718) Johann Bernoulli. Er erkannte auch schon die Notwendigkeit allgemeiner Funktionsbezeichnungen, und vor Mitte des 18. Jahrhunderts wurden solche fast gleichzeitig (1736) von Clairaut und (1740) von L. Euler vorgeschlagen; von letzterem stammt die typisch gewordene Schreibweise $f(x)$.

von x, und insbesondere eine Funktion der *reellen Variablen* x, wenn man dieser nur reelle Werte anzunehmen gestattet; weiters eine *reelle Funktion* dieser Variablen, wenn sie nur reelle Werte annimmt, oder wenn man nur solche zuläßt; ferner eine *eindeutige Funktion*, wenn nur eindeutige Operationen in dem Ausdruck vertreten sind oder im andern Falle eine solche Festsetzung getroffen ist, daß zu jedem (oder jedem zulässigen) Werte von x nur *ein* Wert von y gehört.

Den Inbegriff der Werte, welche der Variablen x anzunehmen gestattet sind, nennt man ihren *Bereich* oder ihr *Gebiet*. Sind es *alle* reellen Werte von a angefangen bis zu dem größeren b, so nennt man x *stetig variabel* in dem *abgeschlossenen Intervall* (a, b), in Zeichen: $a \leq x \leq b$; bei Ausschluß der Werte a, b schreibt man $a < x < b$ und nennt das Intervall ein *nicht abgeschlossenes*. Gibt es für x einen kleinsten Wert a, aber keinen größten, so deutet man das Intervall durch (a, ∞) an; gibt es einen größten Wert b, aber keinen (algebraisch) kleinsten, so schreibt man das Intervall $(-\infty, b)$; gibt es weder einen größten, noch einen kleinsten Wert, so nennt man x *unbeschränkt variabel* und notiert das Intervall mit $(-\infty, \infty)$.

Ist x nicht aller, sondern nur bestimmt qualifizierter Werte fähig, so heißt es eine *unstetige Variable*. Durch die Aussage, n bedeute eine ganze Zahl, ist n als unstetige Variable definiert, deren Bereich die Reihe der positiven und negativen ganzen Zahlen ist; ebenso ist x eine unstetige Variable, wenn vorgeschrieben ist, daß es etwa nur alle rationalen oder alle irrationalen Zahlen innerhalb gewisser Grenzen oder ohne weitere Beschränkung als Wert annehmen dürfe.

Die folgenden *Beispiele* werden zur Klärung und Festigung der vorstehenden Begriffe beitragen.

1. $y = 3x^2 - 2x + 1$ ist eine von Natur aus eindeutige reelle Funktion der reellen Variablen x in dem Bereich $(-\infty, \infty)$.

2. $y = \sqrt{1 - x^2}$ ist mit der Festsetzung, daß der positive Wert der Wurzel zu nehmen sei, eine eindeutige Funktion, eine reelle nur dann, wenn man die Variable x auf das abgeschlossene Intervall $(-1, 1)$ beschränkt; außerhalb desselben wird y imaginär.

3. $y = \dfrac{1}{\sqrt{1 - x^2}}$ ist bei derselben Festsetzung eine eindeutige Funktion; aber die Variable muß hier auf das nicht abgeschlossene Intervall $-1 < x < 1$ beschränkt werden, weil 0 als Divisor nicht zulässig ist.

4. $y = \sqrt{x}$ ist bei Beschränkung auf positive Werte der Wurzel eindeutige reelle Funktion in dem Intervall $0 \leq x < \infty$.

5. $y = \dfrac{1}{\sqrt{x}}$ ist bei der gleichen Beschränkung eine ebensolche Funktion, aber nur in dem Bereich $0 < x < \infty$.

6. $P = n!$ ist eine Funktion der unstetigen Variablen n, deren Gebiet die Reihe der natürlichen Zahlen ist.

II. Der Funktionsbegriff in der eben erörterten Form, geknüpft an das Vorhandensein eines arithmetischen, die Variable x enthaltenden Ausdrucks, war lange Zeit hindurch herrschend, nachdem ihn Euler zur Grundlage einer Funktionentheorie gemacht hatte. Die weitere Entwicklung der Mathematik und ihre fortschreitende Anwendung auf die Darstellung der Naturerscheinungen veranlaßte aber eine Erweiterung, die von der Existenz eines arithmetischen Ausdrucks absieht und das Hauptgewicht legt auf den Gedanken der *Zuordnung*. So hat denn Dirichlet in der allgemeinsten Weise *y als eine Funktion von x in dem Intervall (a, b) definiert, wenn jedem Werte von x aus diesem Intervall ein und nur ein bestimmter Wert von y zugeordnet ist.*

Benutzt man als symbolischen Ausdruck dieser Definition auch wieder den Ansatz (1), so besteht der Unterschied in der Deutung dieses Ansatzes in folgendem: Früher vertrat das *Funktionszeichen f* einen bestimmten Komplex von Rechenoperationen, die unter Einbeziehung von x ausgeführt werden, jetzt vertritt es ein *Zuordnungsgesetz*; denn nur ein Gesetz ist imstande, die Gesamtheit der Zuordnungen zu regeln.

Unter diesen allgemeinen Funktionsbegriff fallen nicht bloß die arithmetisch definierten Funktionen unter I, sondern auch Funktionen, die abteilungsweise durch *verschiedene* arithmetische Ausdrücke gegeben sind; es fallen darunter ferner die *trigonometrischen Funktionen* auf Grund ihrer geometrischen Erklärung, wiewohl diese noch keine Rechenvorschrift an die Hand gibt, nach der zu einem *beliebigen* Winkel der Sinus, Kosinus usw. *berechnet* werden kann.

Die Frage, ob *jedem* Zuordnungsgesetz auch eine arithmetische oder allgemeiner eine analytische Darstellung entspricht, läßt eine abschließende Antwort nicht zu; man kann nur darauf hinweisen, daß es gelungen ist, auch sehr komplizierte Zuordnungen analytisch auszudrücken.

Während bei einer durch einen Ausdruck gegebenen Funktion der Bereich der Variablen x aus dem Bau dieses Ausdrucks zu erschließen ist, wird bei allgemeineren Definitionen zumeist der Bereich vorher bezeichnet, für den die Definition gelten soll.

Zur näheren Erläuterung folgen wieder einige *Beispiele*.

1. In dem Intervall $-1 \leq x \leq 1$ sei $f(x)$ durch folgende Festsetzungen definiert:

$$f(x) = \frac{x}{2} + 1, \text{ so lange } -1 \leq x \leq 0$$

$$f(x) = -\frac{x}{2} + 1, \text{ so lange } 0 < x \leq 1.$$

Wir haben es hier mit einer abschnittweise arithmetisch definierten

Funktion zu tun, die außerhalb des Intervalls $(-1,1)$ nicht existiert; Fig. 8.

2. Unter sgn x (lies „signum x") soll jene Funktion verstanden werden, die für jedes negative x[1]) den Wert -1, für jedes positive x den Wert 1, für $x = 0$ den Wert 0 hat, so daß also

$$\operatorname{sgn} x = \begin{cases} -1 & \text{für } -\infty < x < 0 \\ 0 & \text{,, } x = 0 \\ 1 & \text{,, } 0 < x < \infty. \end{cases}$$

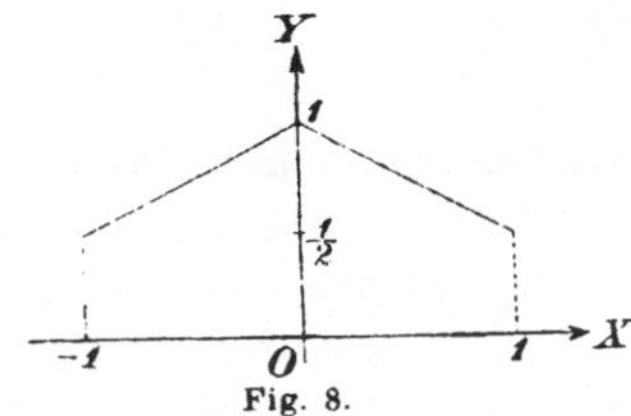

Fig. 8.

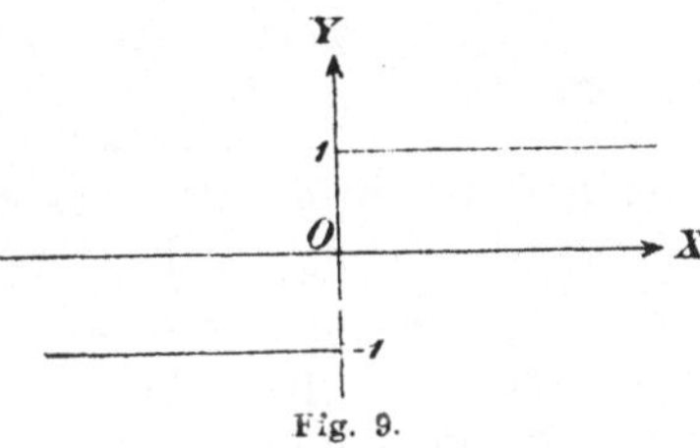

Fig. 9.

Ihr Bild, Fig. 9, besteht aus zwei zu $X'X$ parallelen Geraden, die beliebig nahe, aber nicht bis an YY' herantreten, und aus dem Punkte 0.

Die Funktion gestattet eine analytische Darstellung, sobald man den Grenzbegriff in einer Funktionserklärung zuläßt; so ist z. B.

$$\operatorname{sgn} x = \lim_{n = \infty} \frac{nx}{\sqrt{1 + n^2 x^2}},$$

wenn die Wurzel mit ihrem absoluten Wert genommen wird; in der Tat, mit beständig wachsendem n nähert sich der Nenner der Zahl $|nx|$, der Bruch also der Zahl -1 oder 1, je nachdem der Wert von x negativ oder positiv ist; für $x = 0$ wird aber der Ausdruck 0.

3. In dem unbeschränkten Gebiet der reellen Zahlen sei $f(x)$ derart festgesetzt, daß es für jeden rationalen Wert von x Null und für jeden irrationalen Wert 1 sein soll. Von dieser Funktion läßt sich ein völlig zutreffendes anschauliches Bild nicht geben, weil sich nicht überblicken läßt, zu welchen Punkten einer Geraden nach Annahme des Nullpunktes und der Einheitsstrecke rationale, zu welchen irrationale Zahlen gehören; das augenfällige Bild besteht aus der Achse $X'X$ und aus einer zu ihr parallelen Geraden im Abstande 1. Hingegen läßt sich die Funktion trotz ihrer komplizierten Natur bei Zuziehung des Grenzbegriffs analytisch darstellen, so beispielsweise durch

$$f(x) = \lim_{k = \infty} \operatorname{sgn}(\sin^2 k! \pi x);$$

denn, ist x rational, so wird $k!$ in seinem Wachstum schließlich immer so groß werden, daß $k!x$ eine ganze Zahl, $k!\pi x$ also ein Vielfaches

---

1) Abgekürzte Ausdrucksweise für „jeden negativen Wert von x"

von π wird und bleibt, wenn k noch weiter zunimmt; sgn 0 ist aber 0; bei irrationalem x tritt aber dieser Fall nie ein, $\sin k!\pi x$ behält immer einen von Null verschiedenen, das Quadrat einen positiven Wert, dessen sgn-Wert 1 ist.

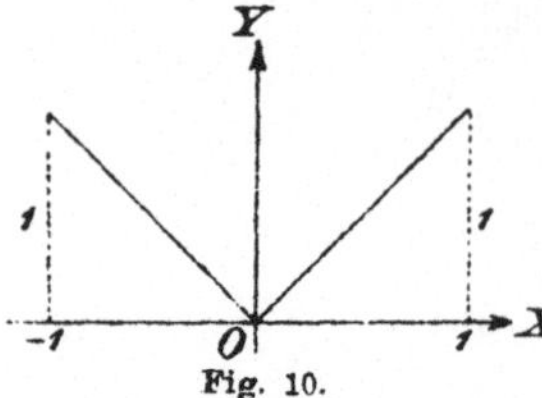

Fig. 10.

4. In dem Intervall $-1 \leq x \leq 1$ sei $f(x)$ durch $|x|$ definiert. Das geometrische Bild dieser Funktion besteht in den begrenzten Schenkeln eines rechten Winkels, Fig. 10. Mit Hilfe von sgn x kann diese Funktion auch durch

$$f(x) = x \operatorname{sgn} x, \qquad -1 \leq x \leq 1$$

dargestellt werden.

5. Die durch das Potenzsymbol a^x ausgedrückte Zahl kann nur dann eine durchwegs reelle Funktion darstellen, wenn $a > 0$ ist. Für ganze Werte von x ergibt sich die Eindeutigkeit aus dem primären Potenzbegriff; für gebrochene x ist a^x durch den erweiterten Potenzbegriff (**16**) bestimmt und eindeutig, sofern man den einzigen positiven Wert der Wurzel meint. Ist endlich x eine irrationale Zahl und $(x_0, x_1, x_2, \cdots)$ eine sie definierende Fundamentalreihe, so ist auch $(a^{x_0}, a^{x_1}, a^{x_2}, \ldots)$ eine Fundamentalreihe[1]), und unter a^x soll die ihr zugeordnete Zahl verstanden sein.

Mit diesen Festsetzungen ist also $f(x) = a^x$ eine eindeutige reelle Funktion von x und wird *Exponentialfunktion* genannt.

III. Die angewandten Gebiete führen zu *empirischen* Funktionsbestimmungen, die aber nicht als Funktionsdefinitionen in dem bisherigen strengen Sinne gelten können. So fehlt es einer *graphisch*, durch einen Linienzug gegebenen Funktion an der notwendigen *Bestimmtheit*, indem die zu einer scharf bestimmten Abszisse gehörige Ordinate innerhalb gewisser Grenzen unbestimmt bleibt; statt einer Funktion ist ein *Funktionsstreifen* gegeben. Einer *tabellarisch*, durch eine Auswahl zugeordneter Wertepaare, dargestellten Funktion mangelt

---

1) Um dies zu erweisen, machen wir die bestimmte Annahme, es sei $a > 1$ und die Fundamentalreihe (x_n) monoton zunehmend. Alsdann läßt sich n ohne Rücksicht auf p so wählen, daß $x_{n+p} - x_n < \frac{1}{\nu}$, wobei ν eine beliebig große natürliche Zahl bedeutet; daraus folgt für solche n die Beziehung

$$a^{x_{n+p}} - a^{x_n} = a^{x_n}(a^{x_{n+p} - x_n} - 1) < a^{x_n}(a^{\frac{1}{\nu}} - 1).$$

Aus der für positive δ geltenden Relation (**28**) $(1 + \delta)^\nu > 1 + \nu\delta$ ergibt sich aber $(1 + \nu\delta)^{\frac{1}{\nu}} < 1 + \delta$; ersetzt man hier $1 + \nu\delta$ durch a, so kommt man zu der Beziehung $a^{\frac{1}{\nu}} - 1 < \frac{a-1}{\nu}$, mit welcher schließlich $a^{x_{n+p}} - a^{x_n} < a^{x_n}\frac{a-1}{\nu}$ wird; daraus geht aber hervor, daß tatsächlich $a^{x_{n+p}} - a^{x_n}$ durch Wahl von n beliebig klein gemacht werden kann.

die *Vollständigkeit*, indem für andere als die in der Tafel vorkommenden x eine Angabe nicht vorliegt.

Wenn hingegen von einer analytisch erklärten Funktion ein graphisches Bild angefertigt wird, so geschieht es, um von ihrem ganzen Verlauf eine Vorstellung zu geben. Und wird von einer arithmetisch definierten Funktion eine Tabelle entworfen, so hat dies den Zweck, häufig auftretende Rechnungen mit speziellen Werten der Funktion zu erleichtern; eine solche Tabelle enthält übrigens zumeist nicht strenge, sondern innerhalb vorgezeichneter Grenzen angenäherte Funktionswerte.

40. Funktionen zweier und mehrerer Variablen. I. Es seien x, y zwei von einander unabhängige reelle stetige Variablen; durch das Wort „unabhängig" soll gesagt sein, daß der einzelne Wert, den man einer von ihnen beilegt, nicht beeinflußt ist von dem Wert, den man der andern erteilt hat. Der Inbegriff aller Wertverbindungen, deren x, y fähig sein sollen, bildet den *Bereich* oder das Gebiet dieser beiden Variablen; eine einzelne dieser Wertverbindungen, $x\,y$, soll als *Punkt* oder Stelle des Bereiches bezeichnet werden.

Diese Ausdrucksweise erhält eine anschauliche Grundlage, wenn man x, y als Abszisse und Ordinate eines Punktes M, bezogen auf ein rechtwinkliges Koordinatensystem XOY, Fig. 11, auffaßt. Der Bereich ist dann durch einen bestimmt umschriebenen Teil der Ebene oder auch durch die unbegrenzte Ebene selbst dargestellt; in letzterem Falle heißen die Variablen x, y unbeschränkt veränderlich. Man beachte, daß bei einem endlichen Bereich, der beispielsweise durch eine stets nach außen gewölbte Linie Γ begrenzt ist, wohl das *Intervall* der Werte x (bzw. y) abhängt von dem jeweiligen Werte von y (bzw. x), nicht aber der einzelne Wert. Ist insbesondere das Gebiet durch ein nach den Achsen orientiertes Rechteck $ABCD$ dargestellt, so sind die Werte von x und von y je an ein *festes* Intervall gebunden.

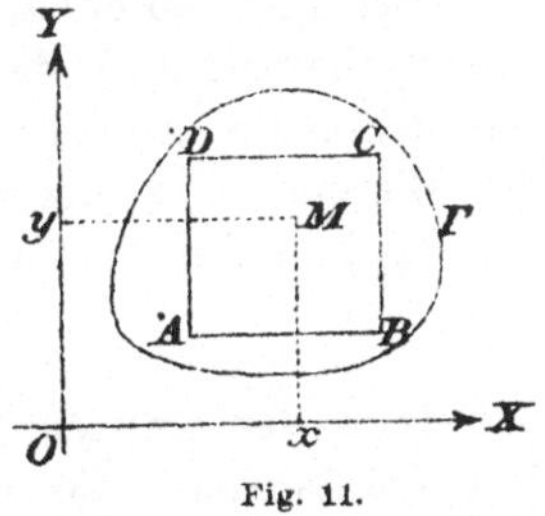

Fig. 11.

Das durch Γ begrenzte Gebiet umschließt das Gebiet $ABCD$, wenn kein Punkt des letzteren außerhalb des ersteren liegt. Das Gebiet heißt ein abgeschlossenes, wenn der Rand zum Gebiet gehört, dagegen ein nicht abgeschlossenes, wenn man ihm nur beliebig nahe kommen kann.

Wenn jedem Punkte eines Bereichs von x, y eine bestimmte reelle Zahl z nach irgend einem Gesetze zugeordnet ist, so nennt man z eine reelle Funktion der Variablen x, y und drückt diesen Sachverhalt symbolisch durch den Ansatz aus:

$$z = f(x, y). \tag{2}$$

Die wichtigste Definitionsform besteht wie bei Funktionen einer Variablen darin, daß z durch einen arithmetischen Ausdruck mit x, y als Rechenelementen gegeben ist, der entweder nur eindeutige Operationen umfaßt, oder, wenn anders, durch entsprechende Festsetzungen zu einem eindeutigen gestempelt ist.

Wie bei Funktionen einer Variablen gibt es auch hier eine *geometrische* Zuordnung der Werte von z zu den Wertpaaren x, y, und zwar durch eine gesetzmäßig erzeugte *Fläche*; indem man von einem Punkte dieser Fläche ein Lot zur Ebene XOY fällt, hat man in der relativen Größe dieses Lotes die Darstellung von z und in seinem Fußpunkte die Darstellung von $x|y$.

Zur Illustration mögen die folgenden *Beispiele* dienen.

1. $z = 2x + 3y - 1$ ist von Natur aus eine eindeutige Funktion der *unbeschränkten* Variablen x, y.

2. $z = \sqrt{1 - x^2 - y^2}$ ist, sobald man die Wurzel als positiv festsetzt, eine eindeutige reelle Funktion, jedoch nur in dem abgeschlossenen Bereich $x^2 + y^2 \leqq 1$, d. h. im Innern und am Rande einer Kreisfläche vom Radius 1 um den Ursprung als Mittelpunkt.

3. $z = \dfrac{1}{\sqrt{1 - x^2 - y^2}}$ ist bei derselben Festsetzung eine eindeutige reelle Funktion in dem nicht abgeschlossenen Bereich $x^2 + y^2 < 1$; denn am Rande wäre der Nenner Null.

II. Es unterliegt keiner prinzipiellen Schwierigkeit, den Funktionsbegriff auf drei und mehr unabhängige Variablen auszudehnen.

Bei drei solchen Variablen, x, y, z, ist noch die geometrische Veranschaulichung des Bereiches möglich, indem man x, y, z als rechtwinklige Koordinaten eines Punktes M im Raume gelten läßt; der Bereich, d. i. der Inbegriff der Punkte, für welche u als Funktion von x, y, z definiert ist, in Zeichen

$$u = f(x, y, z), \tag{3}$$

hat dann den ganzen Raum oder einen begrenzten Teil desselben zum Repräsentanten. So ist $u = 2x + 3y + 4z + 1$ im ganzen Raume definiert, anders gesagt, für die unbeschränkten Variablen x, y, z; $u = \sqrt{1 - x^2 - y^2 - z^2}$ dagegen als reelle Funktion nur für solche Punkte des Raumes oder solche Wertverbindungen, für die $x^2 + y^2 + z^2 \lesseqgtr 1$, als eindeutige Funktion durch die Festsetzung, die Wurzel sei positiv zu nehmen; $u = \dfrac{1}{\sqrt{1 - x^2 - y^2 - z^2}}$ hat die genannten Eigenschaften in dem nicht abgeschlossenen Bereich $x^2 + y^2 + z^2 < 1$.

Bei $n > 3$ Variablen x_1, x_2, $\ldots x_n$ hört die Möglichkeit einer geometrischen Veranschaulichung des Bereiches auf. Es hat sich aber als vorteilhaft für die Formulierung der Sätze erwiesen, die *geometrische Ausdrucksweise* beizubehalten, von einer Wertverbindung $x_1 | x_2 | \ldots | x$

der Variablen als von einem *Punkte* im **n-dimensionalen Raume R_n**
zu sprechen und zu sagen, w sei für diesen ganzen· Raum oder einen
Teil desselben als Funktion von x_1, x_2, $\ldots x_n$ definiert, in Zeichen:

$$w = f(x_1, x_2, \ldots x_n), \tag{4}$$

wenn jedem Punkte ein bestimmter Wert von w zugeordnet ist.
Hiernach ist beispielsweise $w = x_1 + 2x_2 + 3x_3 + 4x_4 + 5$ im ganzen
R_4; $w = \sqrt{1 - x_1^2 - x_2^2 - x_3^2 - x_4^2}$, die Wurzel positiv genommen, nur
in jenem Teil definiert, in welchem $x_1^2 + x_2^2 + x_3^2 + x_4^2 \leq 1$ ist.

41. Implizite Funktionen. I. An einer früheren Stelle ist der
geometrischen Zuordnung der Werte zweier Variablen x, y durch eine
Kurve die arithmetische Zuordnung durch eine Gleichung gegenüber-
gestellt worden. Auf diesen letzteren Modus soll nun etwas näher
eingegangen werden.

Es sei $F(x, y)$ ein durch eindeutige arithmetische Operationen aus
x, y gebildeter Ausdruck; durch ihn ist auf der ganzen Ebene oder
einem Teile derselben eine Funktion der Variablen x, y definiert; der
Ansatz

$$F(x, y) = 0 \tag{5}$$

kann als Forderung aufgefaßt werden, jene Stellen der Ebene zu bestimmen, an welchen die genannte Funktion den Wert Null hat. Diese
Bestimmung kann in der Weise erfolgen, daß man der einen Variablen,
z. B. x, einen *beliebigen* Wert erteilt und prüft, welcher Wert von y
ihm auf Grund der Gleichung (5) zugeordnet ist.

Findet man, daß zu *jedem* Werte x aus einem Intervall $a \leq x \leq b$
(oder auch nur $a < x < b$) ein bestimmter reeller Wert von y gehört,
so ist durch (5) y in dem bezeichneten Intervall als Funktion von x
definiert. Eine derart gegebene Funktion nennt man eine *implizite*
Funktion zum Unterschiede von der *expliziten*, wie sie in **39** an erster
Stelle erklärt worden ist.

Ist die Gleichung (5) in bezug auf y *allgemein*, d. h. ohne Spezialisierung des x auflösbar, so kann von der impliziten Definitionsform $F(x, y) = 0$ zur expliziten $y = f(x)$ übergegangen und unmittelbar entschieden werden, ob und in welchem Bereiche y als reelle
Funktion existiert.

Formal steht nichts im Wege, den Wert von y *beliebig* anzunehmen und auf Grund von (5) nach dem zugeordneten Werte von
x zu fragen. Doch brauchen nicht beide Auffassungen zu wohl-
definierten Funktionen zu führen.

Die Variable, deren Werte man *beliebig* (eventuell unter Beschränkung auf ein Intervall) annimmt, nennt man die *unabhängige*,
die andere die *abhängige*. Abhängige Variable und Funktion sind
also adäquate Begriffe.

Zur Erläuterung mögen folgende *Beispiele* dienen.

1. Aus der Gleichung

$$ay + bx^2 + cx + d = 0$$

ergibt sich durch Auflösung nach y:

$$y = - \frac{bx^2 + cx + d}{a},$$

wodurch y als Funktion der unbeschränkten Variablen x bestimmt ist. Die Auflösung nach x hingegen gibt:

$$x = \frac{-c \pm \sqrt{c^2 - 4b(ay + d)}}{2b},$$

und dies ist *zweideutig*, indem im allgemeinen zu jedem Werte von y zwei verschiedene Werte von x gehören; doch sind die beiden Lösungen deutlich von einander unterschieden durch das Vorzeichen der Wurzel; ihre Realität erfordert, daß $4b(ay + d) \leq c^2$ oder $y \leq \frac{c^2 - 4bd}{4ab}$ sei.

Während also die an die Spitze gestellte Gleichung y als Funktion der unbeschränkten Variablen x definiert, bestimmt sie x in zweifacher Weise als Funktion von y in dem beschränkten Gebiet $y \leq \frac{c^2 - 4bd}{4ab}$. Insofern aber diese zwei Bestimmungen aus *einer* Gleichung hervorgehen, bezeichnet man sie als *Zweige* einer *zweideutigen Funktion*.

2. Durch die Gleichung

$$x^4 + y^2 + a^2 = 0,$$

in der a eine reelle Zahl bedeuten soll, ist weder y noch x als Funktion definiert, da sie keine reelle Wertverbindung dieser Variablen zuläßt.

3. Die Gleichung $x^2 + y^2 = 0$, die nur durch $x = 0$, $y = 0$ befriedigt wird, bestimmt allerdings die eine der beiden Zahlen als Funktion der andern, aber jedesmal für einen Bereich, der nur aus einem einzigen Wert besteht.

II. Eine Gleichung zwischen drei Variablen x, y, z bestimmt im allgemeinen eine derselben als implizite Funktion der beiden andern; so wird aus

$$F(x, y, z) = 0, \tag{6}$$

wenn man x, y innerhalb eines entsprechenden Gebiets als unabhängig veränderlich ansieht, z als Funktion dieser beiden hervorgehen.

Allgemein, durch eine Gleichung zwischen $n + 1$ Variablen ist im allgemeinen eine jede derselben als Funktion der n übrigen definiert, z. B. durch

$$F(x_1, x_2, \cdots x_n, u) = 0 \tag{7}$$

u als Funktion von $x_1, x_2, \cdots x_n$. Ist die Bestimmung eine mehrdeutige, so wird vorausgesetzt, daß es möglich sei, sie in mehrere eindeutige Zweige aufzulösen.

42. Die elementaren Funktionen. Die Ausdrucksformen der elementaren Mathematik führen zu einer Reihe von Funktionen, mit denen sich schon ein weites Gebiet der reinen und der angewandten Mathematik beherrschen läßt; man bezeichnet sie als *elementare Funktionen*.

Es ist üblich, die analytisch definierten Funktionen in zwei Klassen zu sondern: in die *algebraischen* und die *transzendenten*.

I. Bei expliziter Darstellung versteht man unter einer *algebraischen Funktion* eine solche, deren Ausdruck durch eine begrenzte Anzahl auf die Variable angewendeter algebraischer Operationen entstanden ist; unter algebraischen Operationen werden die vier Spezies und das Wurzelziehen verstanden.

Sind nur Addition (mit Einschluß der Subtraktion) und Multiplikation (mit Einschluß des Potenzierens) im Spiele, so spricht man von einer *ganzen Funktion*. Ihr Typus ist ein nach positiven Potenzen der Variablen x geordnetes Polynom mit reellen Koeffizienten:

$$F(x) = a_0 x^n + a_1 x^{n-1} + \cdots + a_n; \qquad (8)$$

die Zahl n nennt mau den *Grad* der Funktion.

Tritt noch die Division hinzu derart, daß die Variable an der Bildung des Divisors teilnimmt, so heißt die Funktion eine *gebrochene*. Der Typus einer solchen besteht in einem Bruche, dessen Zähler und Nenner ganze Funktionen sind:

$$F(x) = \frac{a_0 x^n + a_1 x^{n-1} + \cdots + a_n}{b_0 x^m + b_1 x^{m-1} + \cdots + b_m}; \qquad (9)$$

sie heißt *echt* gebrochen, wenn $m > n$, *unecht* gebrochen, wenn $m \lesseqgtr n$.

Zwischen diesen beiden Funktionsgattungen besteht ein tiefgehender Unterschied; während die ganzen Funktionen für die unbeschränkte Variable definiert sind, versagt bei den gebrochenen Funktionen die Definition an allen jenen Stellen des reellen Zahlengebiets, aber auch nur an diesen, an welchen der Nenner Null wird.

Ganze und gebrochene Funktionen werden unter dem Namen der *rationalen Funktionen* zusammengefaßt.

Erstreckt sich auf die Variable auch die Operation der Wurzelausziehung, so heißt die Funktion *irrational*. Eine typische Form dieser Funktionen gibt es nicht. Die Forderung der Realität reicht nicht immer aus, die Eindeutigkeit der Funktion herbeizuführen, unter Umständen sind noch besondere Festsetzungen dazu notwendig. Der Bereich der Variablen muß aus dem Bau der Funktion erschlossen werden.

Die Funktion $\sqrt{\dfrac{x-1}{x+1}}$ beispielsweise ist eindeutig, wenn man das Vorzeichen der Wurzel festsetzt; sie ist definiert für das ganze Gebiet der reellen Zahlen mit Ausschluß des Intervalls $-1 < x \leq 1$, innerhalb dessen ihr Wert imaginär ist.

Setzt man bei der Funktion $\sqrt{x} - \sqrt{x}$ die Quadratwurzeln als positiv fest, so ist sie eindeutig und bestimmt in dem Intervall $1 \leqq x < \infty$.

Bei dem Ausdruck $\sqrt[3]{\dfrac{x^2 + a^2}{x^2 - a^2}}$ reicht die Forderung der Realität allein aus, um ihn als einwertige Funktion erscheinen zu lassen, die für alle Werte von x mit Ausschluß von $-a$ und a bestimmt ist.

Eine zweite Definition der *algebraischen* Funktionen greift über das Gebiet der elementaren Funktionen hinaus. Ihr zufolge wird y als algebraische Funktion von x erklärt, wenn zugeordnete Werte beider Variablen einer *algebraischen Gleichung* genügen. Die typische Form einer solchen Gleichung besteht darin, daß eine Summe von Gliedern der Form $a_{u,v}x^u y^v$, worin μ, ν natürliche und a reelle Zahlen bedeuten, der Null gleichgesetzt ist. Die größte Zahl μ bedeutet den Grad der Gleichung in Bezug auf x, die größte Zahl ν den Grad in Bezug auf y, die größte Summe $\mu + \nu$ den Grad der Gleichung überhaupt. Ordnet man eine solche Gleichung nach Potenzen von y, so sind die Koeffizienten ganze Funktionen von x (und umgekehrt).

Diese Definition umfaßt alle Funktionen, die in der vorigen enthalten waren, außerdem aber auch noch höhere Funktionen. Ist $\nu = 1$ und der Koeffizient von y eine Konstante, so geht die ganze Funktion hervor; hängt der Koeffizient von x ab, so ergibt sich y als gebrochene Funktion. Von da ab, d. i. von $\nu = 2$ ab, wird y, sofern es überhaupt reelle Bestimmungen zuläßt, im allgemeinen eine irrationale Funktion, läßt sich aber, sobald ν die Zahl 4 überschreitet, von bebesonderen Fällen abgesehen, nicht mehr durch Wurzelgrößen allein darstellen.

Es definiert beispielsweise die algebraische Gleichung

$$4x^2 + 3x - 2y + 1 = 0$$

die ganze Funktion $y = 2x^2 + \dfrac{3}{2} x + \dfrac{1}{2}$; die Gleichung

$$x^2 + 2xy + x + 6y + 3 = 0$$

die unecht gebrochene Funktion $y = -\dfrac{x^2 + x + 3}{2x + 6}$; die Gleichung

$$a x^2 + 2bxy + cy^2 + 2fx + 2gy + h = 0$$

die zweideutige Funktion $y = \dfrac{-(bx + g) \pm \sqrt{(bx + g)^2 - c(a x^2 + 2fx + h)}}{c}$

die sich durch Sonderung der Vorzeichen in zwei eindeutige Zweige auflöst; ihr Definitionsbereich ergibt sich aus der Bedingung $(bx + g)^2 \geqq c(a x^2 + 2fx + h)$.

II. Alle Funktionen, die nicht unter die Definition der algebraischen fallen, heißen *transzendente Funktionen*.

Zu dieser Klasse, die sich durch Angabe positiver Merkmale nicht umschreiben läßt, liefert die Elementarmathematik nur wenige, dafür aber außerordentlich wichtige Funktionsformen. Es sind das die aus geometrischen Definitionen hervorgehenden Kreis-, Winkel- oder *trigonometrischen Funktionen* $\sin x$, $\cos x$, $\operatorname{tg} x$, $\cot g x$, $\sec x$, $\operatorname{cosec} x$, die beiden ersten für die unbeschränkte Variable, die dritte und fünfte mit Ausschluß der Stellen $(2k+1)\frac{\pi}{2}$, die vierte und sechste mit Ausschluß der Stellen $k\pi$ definiert, unter k eine beliebige positive oder negative ganze Zahl (Null eingeschlossen) verstanden; dann die *logarithmische Funktion* $\log_a x$ und die mit ihr im Zusammenhang stehende *Exponentialfunktion* a^x (**39**, II, 5), beide unter der Voraussetzung $a > 0$, die erste in dem Intervall $0 < x < \infty$, die zweite für die unbeschränkte Variable definiert. Eine weitere Gruppe von Funktionen wird alsbald hinzukommen.

43. Einige besondere Arten des Funktionsverlaufs. Inverse Funktionen. Einige Erscheinungen im Verlaufe von Funktionen, auf die häufig wird hinzuweisen sein, sollen schon hier vermerkt werden.

1. Die Funktion $f(x)$ heißt in dem Intervall (a, b) *konstant*, wenn für jede zwei Werte $x' \neq x''$ aus demselben $f(x') = f(x'')$ ist; es ist dann notwendig, für jeden Wert x aus (a, b) $f(x) = k$, wo k eine bestimmte Zahl bedeutet.

2. Eine in dem Intervall (a, b) definierte Funktion heißt *monoton*, wenn mit $x' < x''$ stets $f(x') < f(x'')$ oder stets $f(x') > f(x'')$ verbunden ist. Im ersten Falle heißt die Funktion zunehmend, im zweiten Falle abnehmend.

Die Beziehung zwischen x und $y = f(x)$ ist bei einer solchen Funktion *ein-eindeutig*, d. h. zu einem Wert von x gehört nur ein Wert von y und zu einem entsprechend gewählten Werte von y nur ein Wert von x. Hiernach bildet auch x eine Funktion von y, in Zeichen: $x = \varphi(y)$.

Zwei Funktionen, die aus einer solchen ein-eindeutigen Zuordnung zwischen x, y hervorgehen, indem man einmal x, ein zweitesmal y als die unabhängige Variable wählt, heißen *inverse Funktionen*. Schreibt man diesen Sachverhalt in der Form an:

$$y = f(x), \quad x = \varphi(y), \tag{10}$$

so geht daraus hervor, daß $f[\varphi(y)] = y$ und $\varphi[f(x)] = x$ für jedes zulässige y, bezw. x sein müsse; es kann also als analytisches Merkmal dafür, daß die durch f, φ angezeigten Funktionen invers seien, der Umstand angesehen werden, daß $f[\varphi(t)]$ und $\varphi[f(t)]$ gleichbedeutend sind mit t.

Will man in der zu $y = f(x)$ inversen Funktion $x = \varphi(y)$ die unabhängige Variable wieder mit x, die abhängige mit y bezeichnen und das geometrische Bild in demselben Koordinatensystem zur Darstellung bringen wie das Bild AB, Fig. 12, von f, so braucht man

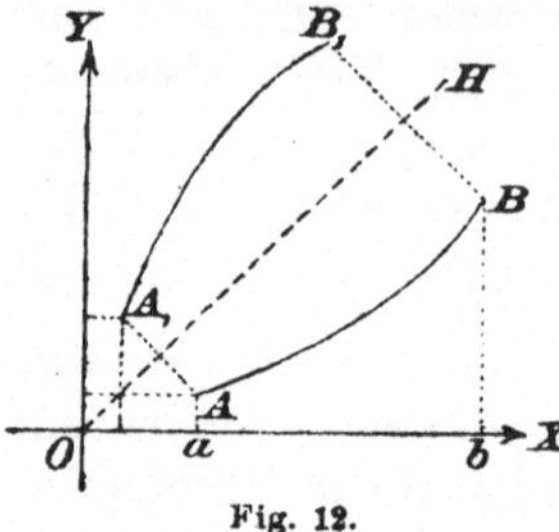

Fig. 12.

AB nur durch Spiegelung an der Linie OH, welche den Winkel XOY halbiert, zu transformieren; die neue Linie A_1B_1 ist das Bild von $y = \varphi(x)$.

3. Eine in dem Intervall $(-a, a)$ oder auch $(-\infty, \infty)$ definierte Funktion heißt eine *gerade* Funktion, wenn $f(-x) = f(x)$; hingegen eine *ungerade* Funktion, wenn

$$f(-x) = -f(x).$$

Die erste Eigenschaft kommt einer geraden Potenz von x zu, weil $(-x)^{2p} = x^{2p}$; die zweite einer ungeraden Potenz, weil $(-x)^{2p+1} = -x^{2p+1}$; daher stammen die Benennungen.

Aus der Goniometrie ist bekannt, daß $\cos x$ eine gerade, $\sin x$ eine ungerade Funktion ist; denn $\cos(-x) = \cos x$, $\sin(-x) = -\sin x$.

4. Eine Funktion $f(x)$ der unbeschränkten Variablen, welche für jede zwei Werte von x, die sich dem Betrage nach um p von einander unterscheiden, gleiche Werte annimmt, heißt eine *periodische Funktion*, p ihre *Periode*. In Zeichen drückt sich die Eigenschaft in dem Ansatz

$$f(x + p) = f(x) \tag{11}$$

aus, der für jedes x gilt. Eine unmittelbare Folge davon ist, daß auch

$$f(x + kp) = f(x),$$

wo k jede (positive und negative) ganze Zahl bedeuten kann.

Unter den elementaren Funktionen sind es die trigonometrischen, die die Eigenschaft der Periodizität besitzen, und zwar haben sin und cos (ebenso sec und cosec) die Periode $2\pi\,(360^\circ)$, tg und cotg die Periode $\pi\,(180^\circ)$; denn es ist

$$\sin(x + 2k\pi) = \sin x, \quad \cos(x + 2k\pi) = \cos x,$$

$$\operatorname{tg}(x + k\pi) = \operatorname{tg} x, \quad \operatorname{cotg}(x + k\pi) = \operatorname{cotg} x.$$

Eine periodische Funktion ist zur Umkehrung nicht unmittelbar geeignet, weil die Zuordnung, in welcher x, y stehen, nicht ein-eindeutig, sondern in dem einen Sinn ein-, in dem andern unendlich vieldeutig ist; die Umkehrung wäre demnach eine *unendlich vieldeutige Funktion*. Durch entsprechende Einschränkung kann man aber die Eindeutigkeit herbeiführen. Dies wird am besten an der *Umkehrung der trigonometrischen Funktionen* zu zeigen sein, die uns zu der bereits erwähnten weiteren Gruppe elementarer Funktionen führen wird.

5. Man nennt die Umkehrungen der trigonometrischen Funktionen *zyklometrische Funktionen*.

a) $\sin x$ ist in dem Intervall $-\frac{\pi}{2} \leq x \leq \frac{\pi}{2}$ eine monoton zunehmende Funktion, weil hier mit $x' < x''$ zugleich $\sin x' < \sin x''$ stattfindet, und nimmt daselbst alle Werte an, deren der Sinus fähig ist.

Die aus der Umkehrung dieses monotonen Abschnitts hervorgehende Funktion wird, *stets x für die Unabhängige beibehaltend*,

$$\text{arc sin } x \tag{12}$$

geschrieben; ihre Werte liegen hiernach zwischen $-\frac{\pi}{2}$ und $\frac{\pi}{2}$, mit Einschluß der Grenzen, das Gebiet von x ist $(-1, 1)$.

Die vollständige Umkehrung von $\sin x$ soll

$$\text{Arc sin } x \tag{13}$$

geschrieben und (12) ihr *Hauptwert* genannt werden.

Aus den Beziehungen

$$\sin x = \sin (\overline{2k+1}\,\pi - x) = \sin (2k\pi + x)$$

folgt:

$$\text{Arc sin } x = \nu\pi \mp \text{arc sin } x \tag{14}$$

wo das obere Zeichen für ein ungerades, das untere für ein gerades ν gilt.

Fig. 13 bringt beide Funktionen in dem unter 2. erläuterten Sinne zur Anschauung; die schwach gezogene Linie stellt den Verlauf von $\sin x$, die stark gezogene den Verlauf von arc sin x dar.

Es ist $\sin (\text{arc sin } t) = \text{arc sin } (\sin t) = t$.

b) $\cos x$ ist in dem Intervall $0 \leq x \leq \pi$ eine monoton abnehmende Funktion, weil hier $x' < x''$ immer $\cos x' > \cos x''$ nach sich zieht, und nimmt daselbst alle Werte an, deren der Kosinus überhaupt fähig ist. Aus der Umkehrung dieses monotonen Abschnitts geht die Funktion

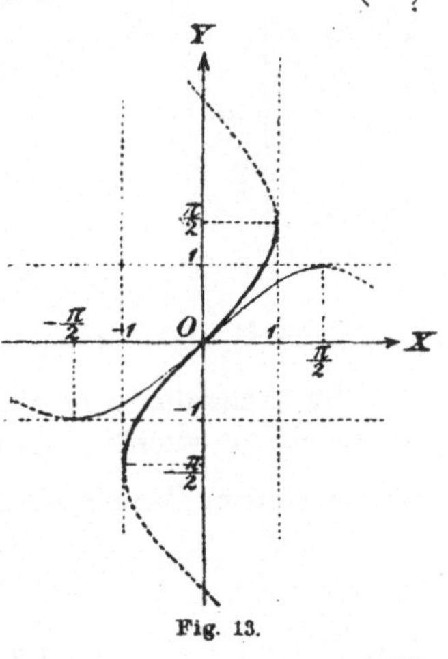

Fig. 13.

$$\text{arc cos } x \tag{15}$$

hervor, deren Werte somit dem Intervall $(0, \pi)$ angehören, während x auf das Intervall $(-1, 1)$ angewiesen ist. Man nennt sie auch den Hauptwert der unendlich vieldeutigen Umkehrung des vollständigen cos:

$$\text{Arc cos } x; \tag{16}$$

in Folge der Beziehung: $\cos x = \cos (2k\pi \pm x)$ ist

$$\text{Arc cos } x = 2k\pi \pm \text{arc cos } x. \tag{17}$$

Vgl. Fig. 14.

c) $\text{tg } x$ ist in dem nicht abgeschlossenen Intervall $-\frac{\pi}{2} < x < \frac{\pi}{2}$ eine

monoton zunehmende Funktion und nimmt hier alle Werte an, deren
sie überhaupt fähig ist. Durch Umkehrung dieses monotonen Abschnitts entsteht die Funktion

$$\text{arc tg } x, \tag{18}$$

der Hauptwert der vollständigen Umkehrung

$$\text{Arc tg } x; \tag{19}$$

zwischen beiden besteht wegen der Periodizität von tg x die Beziehung:

$$\text{Arc tg } x = \text{arc tg } x + k\pi. \tag{20}$$

Vgl. Fig. 15.

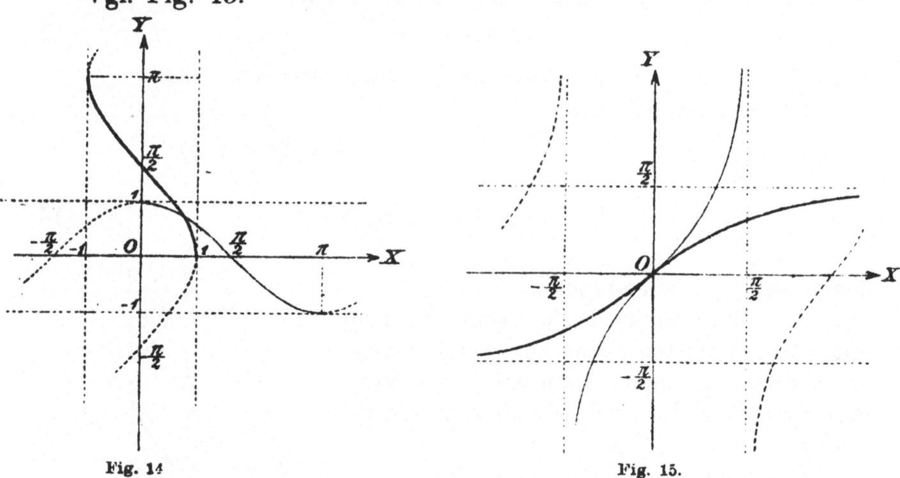

Fig. 14

Fig. 15.

Im Anschlusse an die Einführung der zyklometrischen Funktionen
sollen einige wichtige Relationen zwischen ihnen festgehalten werden.

Aus der Beziehung $\sin x = \cos\left(\dfrac{\pi}{2} - x\right)$ folgt

$$\text{arc sin } x + \text{arc cos } x = \frac{\pi}{2}; \tag{21}$$

da ferner $\text{tg } x = \text{cotg}\left(\dfrac{\pi}{2} - x\right)$, $\text{cotg } x = \dfrac{1}{\text{tg } x}$ und beide Funktionen
ungerad sind, so ist

$$\text{arc tg } x + \text{arc cotg } x = \text{arc tg } x + \text{arc tg } \frac{1}{x} = \frac{\pi}{2} \text{ sgn } x, \tag{22}$$

woraus sich eine neue analytische Darstellung der Funktion sgn x
(**39**, II, 2.) ergibt:

$$\text{sgn } x = \frac{2}{\pi}\left(\text{arc tg } x + \text{arc tg } \frac{1}{x}\right).$$

Den Beziehungen $\sin(x \pm y) = \sin x \cos y \pm \cos x \sin y$, $\cos(x \pm y) =$
$\cos x \cos y \mp \sin x \sin y$, $\text{tg}(x \pm y) = \dfrac{\text{tg } x \pm \text{tg } y}{1 \mp \text{tg } x \text{tg } y}$ zwischen den trigono-

metrischen Funktionen entsprechen die folgenden Relationen zwischen den zyklometrischen:

$$\text{arc sin } x \pm \text{ arc sin } y = \text{ arc sin } (x \sqrt{1-y^2} \pm y \sqrt{1-x^2})$$

$$\text{arc cos } x \pm \text{ arc cos } y = \text{ arc cos } (xy \mp \sqrt{1-x^2} \sqrt{1-y^2})$$

$$\text{arc tg } x \pm \text{ arc tg } y = \text{ arc tg } \frac{x \pm y}{1 \mp xy},$$

die Wurzeln in den beiden ersten Formeln positiv genommen.

§ 2. Grenzwerte von Funktionen.

44. Grenzwerte im Endlichen. Ist die Funktion $f(x)$ in dem ganzen Intervall (α, β) definiert, so gehört zu jeder Stelle a des Intervalls ein bestimmter Funktionswert $f(a)$, den wir den *Definitionswert* der Funktion an dieser Stelle nennen wollen. Er wird durch die *Substitution* $x = a$ in $f(x)$ und Ausführung der vorgeschriebenen Rechenoperationen gefunden.

Wesentlich verschieden hiervon ist die Frage nach dem *Grenzwert* der Funktion bei dem *Grenzübergange* $\lim x = a$, d. h. die Frage, ob $f(x)$, wenn sich x unaufhörlich der Stelle a nähert, gegen eine Grenze konvergiert, und welches diese Grenze ist.

Während es im ersten Falle nur auf den Funktionswert an der Stelle a ankommt, bleibt bei der zweiten Frage gerade dieser außer Betracht, und nur um die Nachbarwerte handelt es sich. Es hat also die zweite Frage auch dann Berechtigung, wenn $f(x)$ an der Stelle a *nicht definiert* ist.

Im folgenden werde, wenn nichts anderes bemerkt wird, vorausgesetzt, a befinde sich im Innern von (α, β).

Man sagt, $f(x)$ habe bei dem Grenzübergange $\lim x = a$ einen Grenzwert, und dieser sei b, wenn die Differenz $b - f(x)$ dem Betrage nach beliebig klein wird, während x sich dem a fortwährend nähert; es läßt sich dann zu einem *beliebig* klein festgesetzten positiven ε ein *hinreichend* kleines positives δ angeben, derart, daß

$$|b - f(x)| < \varepsilon,$$

wenn und solange $\qquad 0 < |x - a| < \delta.$ \hfill (1)

In kurzer Weise drückt man diesen Sachverhalt durch den Ansatz

$$\lim_{x=a} f(x) = b \tag{2}$$

aus.

Es ist wichtig, daß man sich den Inhalt dieser Definition zu völliger Klarheit bringe, was wohl am besten an einer geometrischen Verbildlichung gelingen wird. Zu einem beliebig engen Horizontalstreifen der Ebene des Koordinatensystems (Fig. 16), dessen Mittellinie $y = b$ ist, läßt sich ein hinreichend enger Vertikalstreifen mit der Mittellinie $x = a$ angeben derart, daß der ganze Verlauf der Funktion, soweit er dem zweiten Streifen angehört, auch in dem ersten

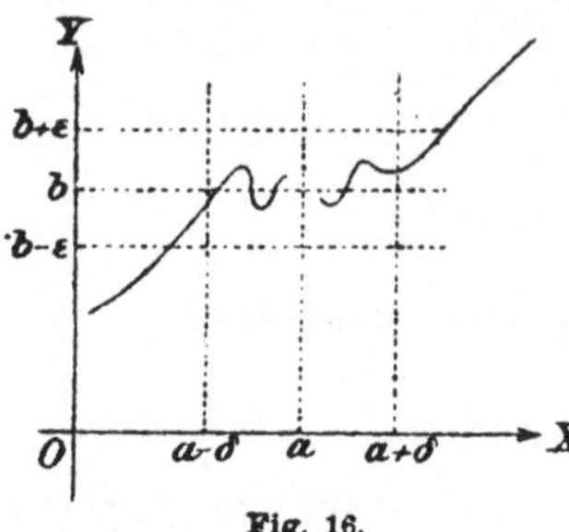

Fig. 16.

Streifen, also in dem beiden Streifen gemeinsamen Rechteck verbleibt; die Stelle a kommt dabei nicht in Betracht.

Man sagt, $f(x)$ habe bei dem Grenzübergange $\lim x = a$ den Grenzwert ∞, bezw. $-\infty$, in Zeichen:

$$\lim_{x=a} f(x) = \infty, \quad \lim_{x=a} f(x) = -\infty, \qquad (3)$$

wenn $f(x)$ beliebig groß, bezw. algebraisch beliebig klein wird, während x sich dem a fortwährend nähert, derart, daß zu der beliebig groß angenommenen positiven Zahl k eine hinreichend kleine δ sich angeben läßt, so daß

$$f(x) > k, \quad \text{bezw.} \quad f(x) < -k,$$

wenn und solange $\qquad 0 < |x - a| < \delta.$ $\qquad (4)$

Mitunter ist es notwendig, den Grenzübergang näher zu *qualifizieren*, insbesondere dahin, daß man zwischen einem *rechten* $(x > a)$ und *linken* $(x < a)$ Grenzübergang unterscheidet. Man bedient sich für diese Unterscheidung der Schreibweise

$$\lim_{x=a+0} f(x), \qquad \lim_{x=a-0} f(x); \qquad (5)$$

im übrigen bleiben die früheren Erklärungen aufrecht.

An den Endpunkten des Definitionsbereichs ist schon durch die Natur der Sache nur ein einseitiger Grenzübergang möglich, und zwar, wenn $\alpha < \beta$, bei α nur ein rechter, bei β nur ein linker.

45. Beispiele. 1. Die Funktion $f(x) = \sin \dfrac{1}{x}$ ist für $x = 0$ nicht definiert; sie besitzt aber auch keinen Grenzwert bei $\lim x = 0$,

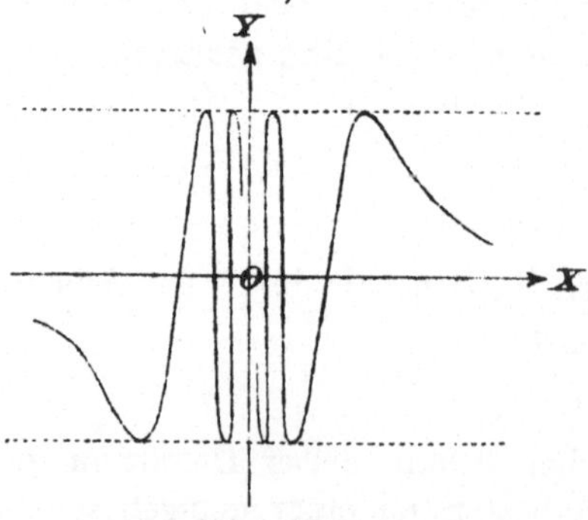

Fig. 17.

weil sie, wie nahe an Null man auch x annimmt, bei dem weiteren Abnehmen noch unbegrenzt oft zwischen den Werten -1 und 1 schwankt; sie nimmt diese Werte abwechselnd an den Stellen an, welche durch die Glieder der gegen Null konvergierenden Zahlenfolgen

$$\pm \frac{2}{(2n+1)\pi} \ (n = 0, 1, 2, \ldots)$$

bezeichnet sind. Man hat es hier mit einer Funktion zu tun, die in der unmittelbaren **Umgebung** von Null *geometrisch nicht darstellbar* ist; Fig. 17 deutet die Erscheinung, die sie hier darbietet, nur an.

2. Für jeden Wert von $x \neq 0$ sei $f(x) = x \cos \frac{1}{x}$ und $f(0)$ sei $= 0$.

Wie klein auch x dem Betrage nach angenommen wird, hört $\cos \frac{1}{x}$ nicht auf, zwischen -1 und 1, $f(x)$ also zwischen $-x$ und x zu schwanken, wird mit x selbst beliebig klein, $\lim_{x=0} f(x) = 0$, so daß bei der obigen Festsetzung der Grenzwert mit dem Substitutionswert übereinstimmt. Fig. 18 kann das nicht darstellbare Verhalten in der Umgebung von 0 nur andeuten.

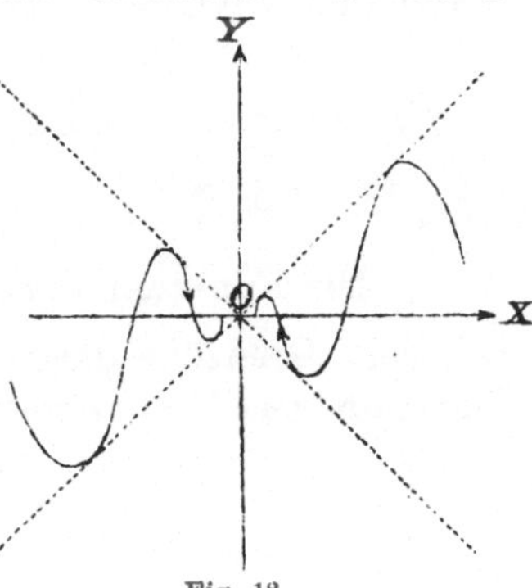

Fig. 18.

3. Die Funktion $f(x) = \frac{1}{x} \sin \frac{1}{x}$ ist für $x = 0$ nicht definiert, hat aber auch keinen Grenzwert für $\lim x = 0$; denn sie hört, wie sehr man sich der Null auch schon genähert hat, nicht auf, zwischen $-\frac{1}{x}$ und $\frac{1}{x}$ zu schwanken, das dem Betrage nach beliebig groß wird; sie hört aber auch nicht auf, immer wieder 0 zu werden; es sind also weder die Merkmale eines endlichen noch die eines unendlichen Grenzwertes vorhanden. Da die Werte von $\frac{1}{x}$ durch die Ordinaten einer gleichseitigen Hyperbel dargestellt sind, so bietet die Funktion ein Bild dar, wie es durch Fig. 19 angedeutet ist; in der nächsten Umgebung von 0 ist sie überhaupt nicht darstellbar.

4. Bei der Funktion

$$f(x) = \frac{1}{1 + a^{\frac{1}{x}}} \quad (a > 1,\ x \neq 0),$$

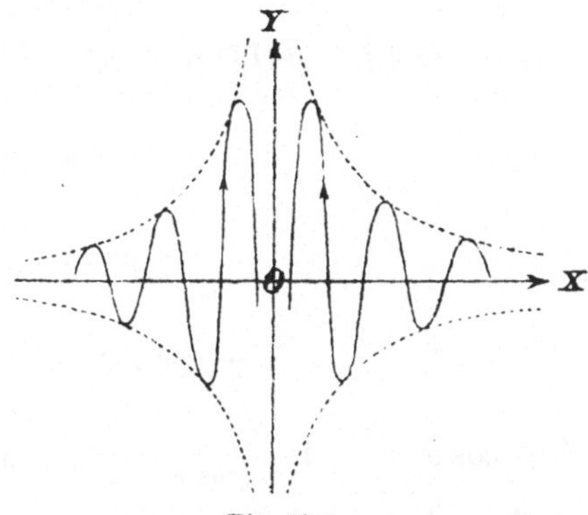

Fig. 19.

die an der Stelle $x = 0$ nicht erklärt ist, kann auch von einem Grenzwerte bei dem gewöhnlichen Grenzübergang $\lim x = 0$ nicht die Rede sein; erst wenn man den Grenzübergang qualifiziert, ergeben sich bestimmte Resultate, und zwar

$$\lim_{x=+0} f(x) = 0, \qquad \text{weil} \qquad \lim_{x=+0} a^{\frac{1}{x}} = \infty,$$

$$\text{und } \lim_{x=-0} f(x) = 1, \qquad \text{weil} \qquad \lim_{x=-0} a^{\frac{1}{x}} = 0 \text{ ist.}$$

5. Die Funktion $f(x) = \lim\limits_{n=\infty} \dfrac{nx+2}{nx^2+1}$ bietet ein Beispiel für den Unterschied zwischen Substitutions- und Grenzwert. Die Substitution $x = 0$ gibt $f(0) = 2$. Bringt man den Bruch auf die Form $\dfrac{x+\frac{2}{n}}{x^2+\frac{1}{n}}$, so erkennt man unmittelbar, daß $f(x) = \dfrac{1}{x}$ ist für $x \gtrless 0$; folglich ist $\lim\limits_{x=\pm 0} f(x) = \pm \infty$.

6. Die Funktion $f(x) = \dfrac{\sin x}{x}$ ist für $x = 0$ nicht erklärt, hat aber bei dem Grenzübergang $\lim x = 0$ einen Grenzwert, der, weil die Funktion gerad ist, ebensowohl als rechter wie als linker Grenzwert gerechnet und durch folgende geometrische Betrachtung gefunden werden kann.

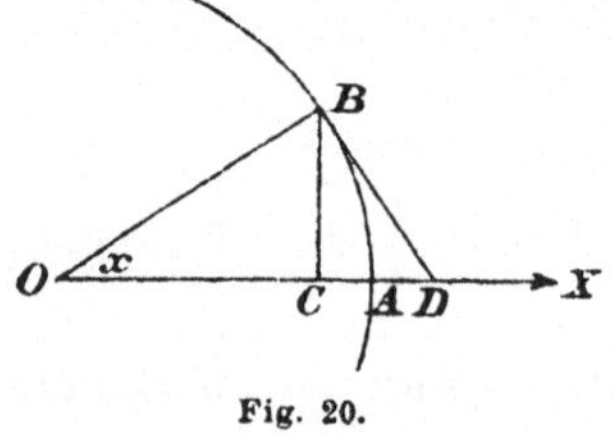

Fig. 20.

Wenn man den Radius des in Fig. 20 aus O beschriebenen Kreises als Längeneinheit benützt, so ist

$$BC = \sin x, \quad OC = \cos x, \quad BD = \operatorname{tg} x,$$

und es drücken sich die in steigender Größe geordneten Flächen der Figuren $\varDelta OCB$, Sektor OAB, $\varDelta ODB$ durch $\dfrac{\cos x \sin x}{2}$, $\dfrac{x}{2}$, $\dfrac{\operatorname{tg} x}{2}$ aus; folglich ist

$$\cos x \sin x < x < \frac{\sin x}{\cos x}$$

$$\cos x < \frac{x}{\sin x} < \frac{1}{\cos x}$$

$$1 - \cos x > 1 - \frac{x}{\sin x} > 1 - \frac{1}{\cos x};$$

$1 - \cos x$ und $1 - \dfrac{1}{\cos x}$ werden mit abnehmendem x beliebig klein, weil $\cos x$ der Einheit beliebig nahe kommt, daher wird auch $1 - \dfrac{x}{\sin x}$ beliebig klein; infolgedessen ist

$$\lim_{x=0} \frac{x}{\sin x} = \lim_{x=0} \frac{\sin x}{x} = 1.$$

46. Grenzwerte im Unendlichen. Wenn eine Funktion für ein einseitig unbegrenztes Intervall, (a, ∞) oder $(-\infty, a)$, oder für die unbeschränkte Variable definiert ist, so entsteht die Frage nach ihrem Verhalten bei unbegrenzt wachsendem oder abnehmendem Werte der Variablen oder, wie man dies auch auszudrücken pflegt, nach ihrem „Verhalten im Unendlichen" oder nach ihrem „Endverlauf".

Man sagt von einer Funktion $f(x)$, daß sie bei dem Grenzübergange $\lim x = \infty$ den Grenzwert b habe, in Zeichen:

$$\lim_{x=\infty} f(x) = b, \tag{6}$$

wenn die Differenz $b - f(x)$ dem Betrage nach beliebig klein wird, während x beständig wächst; präziser und für die arithmetische Verwertung geeigneter ausgedrückt, wenn zu einem beliebig klein festgesetzten positiven ε eine hinreichend große positive Zahl K angegeben werden kann derart, daß

$$|b - f(x)| < \varepsilon, \tag{7}$$

wenn und so lange $\quad x > K$.

In geometrischer Darstellung, Fig. 21, heißt dies, es lasse sich zu einem beliebig engen Horizontalstreifen der Ebene, dessen Mittellinie $y = b$ ist, eine Begrenzungslinie $x = K$ derart festsetzen, daß rechts von ihr die Bildkurve der Funktion jenen Streifen nicht mehr verläßt.

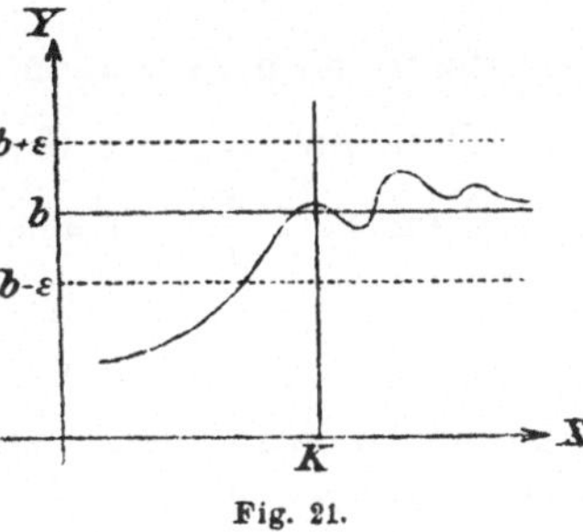

Fig. 21.

In analoger Weise ist der Inhalt des Ansatzes

$$\lim_{x=-\infty} f(x) = b \tag{8}$$

durch die Ungleichungen

$$|b - f(x)| < \varepsilon$$
$$x < -K \tag{9}$$

erklärt.

Man sagt, die Funktion habe bei dem Grenzübergange $\lim x = \infty$ den Grenzwert ∞, beziehungsweise $-\infty$, in Zeichen:

$$\lim_{x=\infty} f(x) = \infty, \text{ bzw. } \lim_{x=\infty} f(x) = -\infty, \tag{10}$$

wenn sich zu einer beliebig groß festgesetzten positiven Zahl G eine hinreichend große positive Zahl K angeben läßt derart, daß

$$f(x) > G, \quad \text{bzw.} \quad f(x) < -G,$$

wenn und so lange $\quad x > K$. $\tag{11}$

In bezug auf das geometrische Bild besagt der erste Fall, es lasse sich zu einer beliebig weit über der x-Achse liegenden Geraden $y = G$ eine hinreichend weit von der y-Achse nach rechts hin entfernte Gerade $x = K$ angeben solcherart, daß die Bildkurve rechts von der zweiten Geraden vollständig über der ersten Geraden verläuft, Fig. 22.

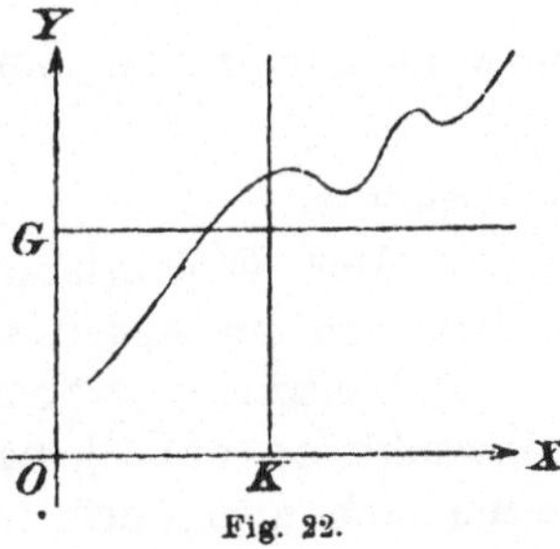

Fig. 22.

In ähnlicher Weise sind die Ansätze $\lim\limits_{x=-\infty} f(x) = \infty$ und $\lim\limits_{x=-\infty} f(x) = -\infty$ zu verstehen und zu erklären.

Es kann indessen geschehen, daß die Funktion bei dem Grenzübergange $\lim x = \infty$ oder $\lim x = -\infty$ weder einen endlichen noch einen unendlichen Grenzwert in dem eben erklärten Sinne besitzt, indem sie nie aufhört, zwischen zwei bestimmten oder zwischen beliebig weit werdenden Grenzen zu schwanken.

Beispiele. 1. Der Quotient $\dfrac{a\,x+b}{c\,x+d}$ stellt, wenn $\dfrac{a}{b} = \dfrac{c}{d}$, eine Konstante, hingegen wenn $\dfrac{a}{b} \neq \dfrac{c}{d}$, eine mit x veränderliche Funktion dar; diese hat für die Grenzübergänge $\lim x = \infty$ und $\lim x = -\infty$ den Grenzwert $\dfrac{a}{c}$. Denn

$$\frac{a}{c} - \frac{a\,x+b}{c\,x+d} = \frac{a\,d - b\,c}{c\,(c\,x + d)}$$

kann durch Wahl eines entsprechend großen, gleichgiltig ob positiven oder negativen x dem Betrage nach beliebig klein gemacht werden; angenommen beispielsweise, a, b, c, d seien so beschaffen, daß die Differenz für positive x positiv ist, so genügt es, $x > \dfrac{a\,d - b\,c - c\,d\,\varepsilon}{c^2\,\varepsilon}$ zu wählen, um jene Differenz unter das beliebig klein festgesetzte ε zu bringen.

2. Die Funktion $f(x) = \dfrac{a\,x^2 + b\,x + c}{\alpha\,x + \beta}$ läßt sich durch Ausführung der Division auf die Form $A\,x + B + \dfrac{C}{\alpha\,x + \beta}$ bringen; infolgedessen ist

$$\lim_{x=\infty} f(x) = \infty \operatorname{sgn} A, \quad \lim_{x=-\infty} f(x) = -\infty \operatorname{sgn} A.$$

Daraus folgt, daß die reziproke Funktion $\varphi(x) = \dfrac{\alpha\,x + \beta}{a\,x^2 + b\,x + c}$ bei den beiden Grenzübergängen gegen 0 konvergiert.

3. Die Funktion $f(x) = x \sin\dfrac{1}{x}$ hat für die beiden Grenzübergänge $\lim x = \pm\infty$ den Grenzwert 1. Um dies einzusehen, braucht man sie nur in der Form $\dfrac{\sin\dfrac{1}{x}}{\dfrac{1}{x}}$ zu schreiben und auf **45**, 6. Bezug zu nehmen.

4. Der Endverlauf der Funktion $f(x) = x \cos x$ gestaltet sich derart, daß sie weder einen endlichen noch den Grenzwert ∞ (oder $-\infty$) besitzt; je größer x wird, zwischen um so weiteren Grenzen schwankt sie, ohne jemals aufzuhören, auch den Wert 0 anzunehmen; wenn sich also auch *bestimmte* Stellen bezeichnen lassen, an denen

die Funktion die beliebig große positive Zahl G überschreitet (bzw.
unter $-G$ fällt), so läßt sich doch keine Stelle angeben, von der
an dies *dauernd* stattfindet. Man sehe
Fig. 23 und vergleiche sie mit den Fig. 18
und 19.

47. Grenzwert der Funktion

$f(x) = (1+x)^{\frac{1}{x}}$ für $\lim x = 0$. Die
vorgelegte Funktion ist für alle $x > -1$
wohl definiert [**39**, II, 5.], mit Ausnahme
des Wertes $x = 0$. Besitzt sie bei
$\lim x = +0$ einen Grenzwert, so hat sie
denselben Grenzwert auch bei $\lim x = -0$.
Denn, ersetzt man x durch $-\xi$, so wird

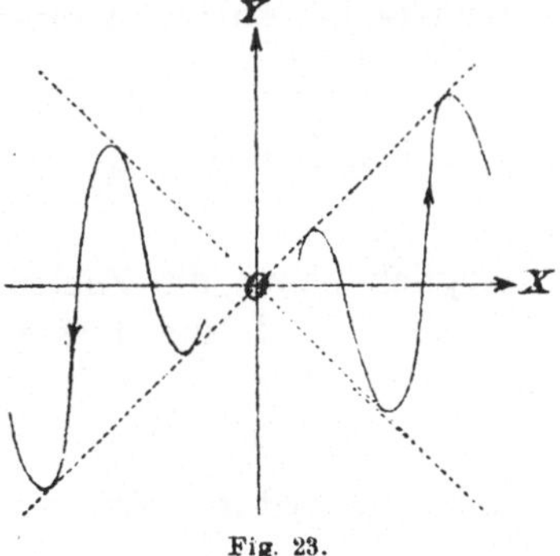

Fig. 23.

$$f(-\xi) = (1-\xi)^{-\frac{1}{\xi}} = \left(\frac{1}{1-\xi}\right)^{\frac{1}{\xi}} = \left(1+\frac{\xi}{1-\xi}\right)^{\frac{1-\xi}{\xi}}\left(1+\frac{\xi}{1-\xi}\right);$$

nun konvergiert $\dfrac{\xi}{1-\xi} = y$ mit ξ zugleich gegen $+0$, folglich ist

$$\lim_{\xi = +0} f(-\xi) = \lim_{y = +0} (1+y)^{\frac{1}{y}}(1+y) = \lim_{y = +0} f(y).$$

Es bedarf daher nur der Prüfung des rechten Grenzübergangs.
Zu diesem Zwecke lasse man x zunächst die Zahlenfolge $\left(\frac{1}{n}\right)$, wo n
eine natürliche Zahl bedeutet, durchlaufen; es handelt sich dann um

$$\lim_{n = \infty} f\left(\frac{1}{n}\right) = \lim_{n = \infty} \left(1+\frac{1}{n}\right)^{n}.$$

Nun ist
$$\left(1+\frac{1}{n}\right)^{n} = 1 + \frac{n}{1}\frac{1}{n} + \frac{n(n-1)}{1\cdot 2}\frac{1}{n^2} + \frac{n(n-1)(n-2)}{1\cdot 2\cdot 3}\frac{1}{n^3} + \cdots$$
$$+ \frac{n(n-1)\cdots(n-\overline{n-1})}{1\cdot 2\cdots n}\frac{1}{n^n}$$

$$= 1 + \frac{1}{1} + \frac{1-\dfrac{1}{n}}{1\cdot 2} + \frac{\left(1-\dfrac{1}{n}\right)\left(1-\dfrac{2}{n}\right)}{1\cdot 2\cdot 3} + \cdots$$
$$+ \frac{\left(1-\dfrac{1}{n}\right)\left(1-\dfrac{2}{n}\right)\cdots\left(1-\dfrac{n-1}{n}\right)}{1\cdot 2\cdots n};$$

vom dritten angefangen nimmt mit wachsendem n jedes Glied dieser
Entwicklung zu, und da zugleich die Anzahl der durchwegs positiven
Glieder wächst, so wächst auch $\left(1+\frac{1}{n}\right)^{n}$ von $n = 1$ angefangen, ist
aber bei jedem $n \gtreqless 2$ kleiner als

$$1 + \frac{1}{1} + \frac{1}{1\cdot 2} + \frac{1}{1\cdot 2\cdot 3} + \cdots + \frac{1}{1\cdot 2\cdots n} = a_n.$$

Die Zahlen a_2, a_3, $\cdots$ bilden eine monoton zunehmende Zahlenfolge, deren Glieder aber sämtlich unter einer festen Zahl bleiben; denn es ist, sobald n mindestens 3,

$$a_n < 1 + \frac{1}{1} + \frac{1}{2} + \frac{1}{2^2} + \cdots + \frac{1}{2^{n-1}} = 2 + \frac{\frac{1}{2} - \frac{1}{2^n}}{1 - \frac{1}{2}} = 2 + 1 - \frac{1}{2^{n-1}} < 3.$$

Folglich haben die Zahlen der Folge (a_n) eine Grenze, die zwischen 2 und 3 liegt und fortan mit e bezeichnet werden soll; es ist also

$$\lim_{n=\infty} a_n = e, \tag{12}$$

und gleichzeitig ergibt sich für e die Definition durch eine Reihe:

$$e = 1 + \frac{1}{1} + \frac{1}{1 \cdot 2} + \frac{1}{1 \cdot 2 \cdot 3} + \cdots, \tag{13}$$

von der schon die ersten zehn Glieder sieben festbleibende Dezimalstellen geben, so daß mit diesem Genauigkeitsgrade [1]

$$e = 2{,}7182818 \cdots$$

gesetzt werden kann.

Gegen die nämliche Grenze e konvergiert aber auch $\left(1 + \frac{1}{n}\right)^n$. Denn es ist [2]

$$1 - \frac{1}{n} = 1 - \frac{1 \cdot 2}{2n}$$

$$\left(1 - \frac{1}{n}\right)\left(1 - \frac{2}{n}\right) > 1 - \frac{2 \cdot 3}{2n}$$

$$\left(1 - \frac{1}{n}\right)\left(1 - \frac{2}{n}\right)\left(1 - \frac{3}{n}\right) > 1 - \frac{3 \cdot 4}{2n}$$

$$\cdot \quad \cdot \quad \cdot \quad \cdot \quad \cdot \quad \cdot \quad \cdot \quad \cdot \quad \cdot \quad \cdot \quad \cdot \quad \cdot$$

$$\left(1 - \frac{1}{n}\right)\left(1 - \frac{2}{n}\right) \cdots \left(1 - \frac{n-1}{n}\right) > 1 - \frac{(n-1)n}{2n},$$

folglich

---

1) Auf 18 Dezimalstellen genau ist $e = 2{,}718\,281\,828\,459\,045\,235 \ldots$

2) Sind nämlich α_1, α_2, $\cdots \alpha_n$ positive echte Brüche, so folgt aus $(1 - \alpha_1)(1 - \alpha_2)$ $= 1 - (\alpha_1 + \alpha_2) + \alpha_1 \alpha_2$ zunächst, daß

$$(1 - \alpha_1)(1 - \alpha_2) > 1 - (\alpha_1 + \alpha_2);$$

multipliziert man beiderseits mit der positiven Zahl $1 - \alpha_3$ und wendet rechts dieselbe Relation an, so entsteht

$$(1 - \alpha_1)(1 - \alpha_2)(1 - \alpha_3) > [1 - (\alpha_1 + \alpha_2)](1 - \alpha_3) > 1 - (\alpha_1 + \alpha_2 + \alpha_3),$$

so daß für jedes beliebige n

$$(1 - \alpha_1)(1 - \alpha_2) \cdots (1 - \alpha_n) > 1 - (\alpha_1 + \alpha_2 + \cdots + \alpha_n).$$

$$\left(1 + \tfrac{1}{n}\right)^n > 1 + \tfrac{1}{1} + \tfrac{1}{1 \cdot 2}\left(1 - \tfrac{1 \cdot 2}{2n}\right) + \tfrac{1}{1 \cdot 2 \cdot 3}\left(1 - \tfrac{2 \cdot 3}{2n}\right) + \cdot$$

$$+ \tfrac{1}{1 \cdot 2 \cdots n}\left(1 - \tfrac{(n-1)\,n}{2n}\right)$$

$$= a_n - \tfrac{1}{2n}\left(1 + \tfrac{1}{1} + \tfrac{1}{1 \cdot 2} + \cdots + \tfrac{1}{1 \cdot 2 \cdots (n-2)}\right)$$

$$= a_n - \tfrac{a_{n-2}}{2n}$$

und weiter

$$a_n - \left(1 + \tfrac{1}{n}\right)^n < \tfrac{a_{n-2}}{2n} < \tfrac{3}{2n},$$

daher tatsächlich

$$\lim \left(1 + \tfrac{1}{n}\right)^n = \lim a_n = e \cdot$$

Um den Übergang zu einem stetigen x zu vollziehen, genügt es, rationale x in Betracht zu ziehen, die nicht der Zahlenfolge $\left(\tfrac{1}{n}\right)$ angehören. Ist z eine solche Zahl, so fällt sie zwischen zwei aufeinander folgende Glieder $\tfrac{1}{n}$, $\tfrac{1}{n+1}$ dieser Folge, so daß

$$\tfrac{1}{n} > z > \tfrac{1}{n+1},$$

also

$$1 + \tfrac{1}{n} > 1 + z > 1 + \tfrac{1}{n+1}$$

und in erhöhtem Maße

$$\left(1 + \tfrac{1}{n}\right)^{n+1} > (1 + z)^{\frac{1}{z}} > \left(1 + \tfrac{1}{n+1}\right)^n;$$

es ist aber

$$\left(1 + \tfrac{1}{n}\right)^{n+1} = \left(1 + \tfrac{1}{n}\right)^n\left(1 + \tfrac{1}{n}\right)$$

und konvergiert daher gegen e, ferner

$$\left(1 + \tfrac{1}{n+1}\right)^n = \left(1 + \tfrac{1}{n+1}\right)^{n+1} : \left(1 + \tfrac{1}{n+1}\right)$$

und konvergiert daher auch gegen e, folglich ist für jedes *rationale* $z : \lim\limits_{z=0} (1 + z)^{\frac{1}{z}} = e$ und nach den Ausführungen von **39**, II, 5) auch für ein *reelles* x

$$\lim\limits_{x=0} (1 + x)^{\frac{1}{x}} = e. \tag{14}$$

Die Zahl e[1]) hat in der Analysis eine außerordentliche Bedeutung erlaugt: als Basis einer *Exponentialfunktion* e^x, die man auch als

---

1) Die Bezeichnung stammt von L. Euler.

natürliche Potenz bezeichnet, und als Basis eines *Logarithmensystems*, welches man das natürliche nennt. Die Logarithmen dieses Systems sollen fortan durch l bezeichnet werden im Gegensatze zu den gemeinen, für welche die Abkürzung log gebräuchlich ist; dagegen sollen auf eine unbestimmte Basis $a\,(>0)$ bezügliche Logarithmen mit $\log_a$ angeschrieben werden; all dies drückt sich in dem Ansatze

$$e^{lz} = 10^{\log z} = a^{\log_a z} = z$$

aus.

48. Grenzwerte von Funktionen zweier Variablen. Die Funktion $f(x, y)$ sei für den Bereich P definiert, der durch die Randkurve C begrenzt ist, Fig. 24. Der Wert $f(a, b)$, der durch die

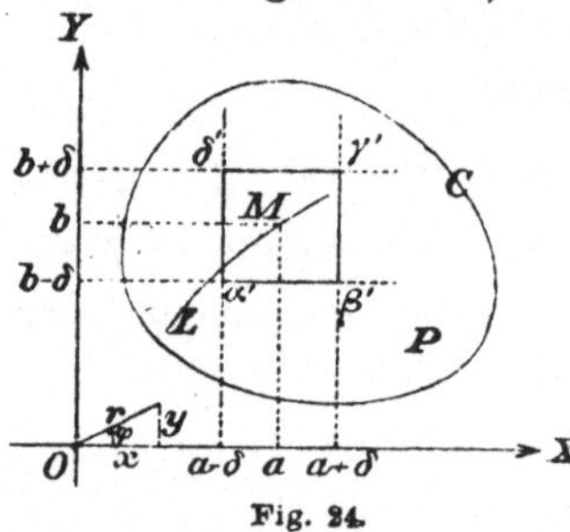

Fig. 24.

Substitution $x = a$, $y = b$ in den Funktionsausdruck erhalten wird, heiße der Definitionswert der Funktion an der Stelle $M(a, b)$, von der vorausgesetzt wird, daß sie sich im Innern des Bereichs befinde. Davon zu unterscheiden ist der *Grenzwert* der Funktion bei dem Grenzübergange $\lim x = a$, $\lim y = b$, der von dem Werte an der Stelle $M(a, b)$ gar nicht abhängt, daher auch dann existieren kann, wenn die Funktion an dieser Stelle gar nicht definiert ist, und der von dem Substitutionswert $f(a, b)$ verschieden sein kann, falls dieser vorhanden ist.

Wir wollen sagen, die Funktion besitze bei dem Grenzübergange $\lim x = a$, $\lim y = b$ den Grenzwert c, und dies in dem Ansatze

$$\lim_{x=a,\,y=b} f(x, y) = c \tag{15}$$

zum Ausdruck bringen, wenn sich zu einem beliebig klein festgesetzten positiven ε ein hinreichend kleines positives δ bestimmen läßt derart, daß

$$|c - f(x, y)| < \varepsilon,$$

wenn und so lange $|x - a| < \delta, \quad |y - b| < \delta,$

$$|x - a| + |y - b| > 0;$$

der letzte Ansatz drückt aus, daß $x\,|\,y$ nicht mit $a\,|\,b$ zusammenfallen dürfe.

Bei geometrischer Deutung ist hiermit folgendes gesagt. Denkt man sich eine Raumschichte, die von den Ebenen $z = c - \varepsilon$ und $z = c + \varepsilon$ (parallel zur xy-Ebene) begrenzt ist, so läßt sich eine *Umgebung* $\alpha'\beta'\gamma'\delta'$ des Punktes M angeben derart, daß der über ihr liegende Teil der die Funktion darstellenden Fläche ganz in jener Raumschichte enthalten ist.

Zeigt die Funktion ein solches Verhalten, wie es durch die Ansätze

$$f(x, y) > K, \quad \text{bzw.} \quad f(x, y) < - K,$$

wenn und so lange $\ |x - a| < \delta, \quad |y - b| < \delta \qquad (17)$

$$|x - a| + |y - b| > 0$$

beschrieben ist, die nach dem Vorausgeschickten keiner näheren Erklärung mehr bedürfen, so sagt man, es sei

$$\lim_{x=a,\,y=b} f(x, y) = \infty, \quad \text{bezw.} \quad \lim_{x=a,\,y=b} f(x, y) = - \infty \qquad (18)$$

In einem Punkte am Rande des Gebiets muß die Umgebung so gehalten werden, daß sie beständig dem Bereich angehört.

Die folgende Ausführung soll noch auf gewisse Feinheiten des Grenzübergangs bei Funktionen zweier (und mehrerer) Variablen aufmerksam machen.

Wenn für die Funktion $f(x, y)$ ein Grenzwert im Sinne der Ansätze (15) und (16) existiert, so ist es evident, daß man ihn finden müsse, auf welcher *Bahn* auch man sich dem Punkte M unbegrenzt nähert. Dies könnte auf den Gedanken bringen, den Grenzwert in der Weise zu suchen, daß man durch M eine passend gewählte Bahn, z. B. LM, führt und auf dieser dem Punkte M sich nähert. Das Zustandekommen eines solchen Grenzwertes gestattet keineswegs den Schluß, daß man damit einen Grenzwert im obigen Sinne gefunden habe; dieser Schluß wäre erst dann legitim, wenn man *alle* durch M führenden Bahnen verfolgt hätte und auf allen zu dem nämlichen Grenzwerte gelangt wäre; denn es ist denkbar, daß man auf verschiedenen Bahnen verschiedene Grenzwerte findet, dann aber existiert ein Grenzwert im Sinne von (15) nicht. Ein Beispiel dieser Art bietet die Funktion

$$f(x, y) = \frac{2xy}{x^2 + y^2},$$

die für alle Wertepaare von x, y definiert ist mit Ausschluß von 0,0. Nähert man sich dieser Stelle O längs eines Strahls, der mit der x-Achse den Winkel φ einschließt (s. die Fig.), so ist in einem Punkte dieses Strahls, der um $r > 0$ von O entfernt ist, $x = r \cos \varphi, y = r \sin \varphi$, daher

$$f(x, y) = \sin 2\varphi,$$

und dieser Wert bleibt erhalten, wie klein auch r wird, so daß bei Verfolgung dieses Strahls

$$\lim f(x, y) = \sin 2\varphi .$$

Da nun φ von Strahl zu Strahl sich ändert, so ändert sich auch $\lim f(x, y)$ von Strahl zu Strahl und nimmt, während φ das Intervall $(0, \pi)$ durchläuft, alle Werte von 0 bis 1, 1 bis -1 und -1 bis 0 an. Es existiert daher $\lim_{x=0,\,y=0} f(x, y)$ nicht.

49. Das Unendlichkleine und Unendlichgroße. Es empfiehlt sich, einige häufig wiederkehrende Vorstellungen und Prozesse durch Einführung kurzer Bezeichnungen zu formalisieren, um von ihnen im weiteren Verlaufe bequemer Gebrauch machen zu können.

Bei der Definition des Grenzwertes b einer Funktion $f(x)$ bei einem Grenzübergange $\lim x = a$ sind die variablen Differenzen $f(x) - b$ und $x - a$ aufgetreten, von welchen die erste *beliebig* klein gemacht werden kann, indem man die zweite *hinreichend* klein werden läßt.

Wir werden von einer *variablen Größe*, von der wir uns vorstellen, daß sie im Verlaufe ihrer Änderung dem Betrage nach unter jede noch so kleine Zahl herabsinkt, sagen, sie *werde unendlich klein* oder sei ein *Unendlichkleines*. Mit Benutzung früherer Ausdrucksweisen kann man auch sagen, ein Unendlichkleines sei eine Variable, die der Grenze 0 zustrebt. Das Unendlichkleinwerden bezeichnet also nicht einen Denkprozeß, der eines Abschlusses fähig ist, sondern, wie schon der Name andeutet, einen Vorgang, der, wie weit er schon geführt sein mag, immer noch eine Fortsetzung zuläßt.

Die Tatsache, eine Veränderliche y werde unendlich klein, kann demnach symbolisch durch den Ansatz

$$\lim y = 0$$

ausgedrückt werden.

Bei der Betrachtung des Endverlaufs einer Funktion $f(x)$ ist unter andern auch der Fall erwähnt worden, daß $f(x)$ dem Betrage nach *beliebig* groß gemacht werden könne, indem man x *hinreichend* groß (oder algebraisch klein) werden läßt.

Von einer *variablen Größe*, von der wir uns vorstellen, daß sie im Verlaufe ihrer Änderung über jede noch so große (oder unter eine algebraisch noch so kleine) Zahl hinauskommt, soll gesagt werden, sie *werde* (positiv, negativ) *unendlich groß*, oder sie sei ein *Unendlichgroßes*. Durch Anwendung früher eingeführter Schreibweisen kann man diesen Sachverhalt durch die Ansätze

$$\lim y = \infty, \text{ bzw. } \lim y = -\infty$$

zum Ausdruck bringen. Wiederum handelt es sich nicht um einen abgeschlossenen, sondern um einen stets fortsetzbaren, also um einen Werdeprozeß, der, soweit wir ihn verfolgen mögen, immer im *Endlichen* verläuft[1]).

---

1) Man hat das Unendlichgroße im Sinne dieser Definition *uneigentliches Unendlich* genannt und ihm ein *eigentliches Unendlich* gegenüber gestellt. Die Vorstellungen, die dieser Unterscheidung zugrunde liegen, werden sich am besten geometrisch deutlich machen lassen.

Als Axiom angenommen, daß zu einer Geraden g durch einen Punkt A *eine* Parallele g' gelegt werden könne, Fig. 25, *wird*

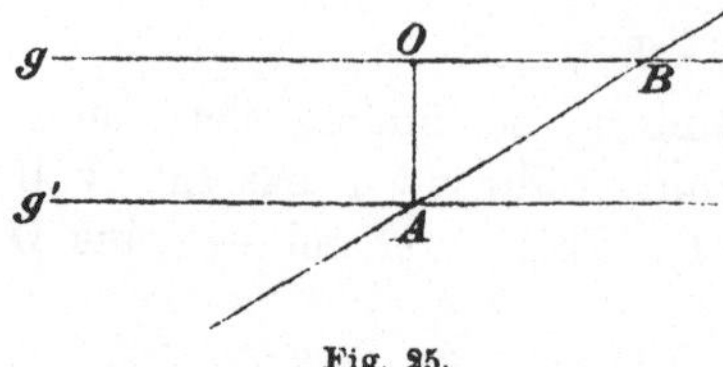

Fig. 25.

Das Unendlichkleine und Unendlichgroße ist einer *Graduierung* fähig. Man hat es nämlich nie mit einer solchen Größe allein, sondern stets mit zwei oder mehreren voneinander abhängigen zu tun; und dann kann bei irgend zweien das Unendlichklein- oder Unendlichgroßwerden in gleich raschem (starken) Maße vor sich gehen oder bei einer von beiden rascher (stärker) als bei der andern. So wird man bei dem Grenzübergange

$$\lim f(x) = b \quad \text{für} \quad \lim x = a$$

die Differenzen $f(x) - b$ und $x - a$ auf den Grad ihres Unendlichkleinwerdens vergleichen können. Die Graduierung soll sich auf den Quotienten

$$\frac{f(x) - b}{x - a}$$

stützen: hat dieser Quotient einen Grenzwert, so soll, je nachdem derselbe 0, eine endliche Zahl k oder ∞ ist, gesagt werden, $f(x) - b$ werde in höherem, gleichen oder niedrigeren Maße unendlich klein als $x - a$.

In gleicher Weise kann man, wenn

$$\lim f(x) = \infty \quad \text{für} \quad \lim x = \infty,$$

über den Grad des Unendlichwerdens nach dem Verhalten des Quotienten

$$\frac{f(x)}{x}$$

urteilen; hat dieser Quotient den Grenzwert 0, beziehungsweise k oder ∞, so erklärt man, $f(x)$ werde in niedrigerem, gleichen oder höheren Maße unendlich groß als x.

In vielen Fällen ist es möglich, die Graduierung ziffermäßig auszudrücken. Man stützt sich dabei auf folgende Erwägung. Ist y eine unendlich klein werdende Größe, so nimmt, sobald y einmal in das Gebiet der echten Brüche gekommen, y^n im Vergleich zu y umso rascher ab, je größer (das positiv gedachte) n; wird y unendlich groß,

die Strecke OB bei unaufhörlicher Annäherung von AB an g' *unendlich*; der Gegensatz in der Lage von B gegen O kommt im Vorzeichen des Unendlichwerdens zum Ausdruck.

Bezüglich der Parallelen g' *selbst* könnte man sich der Ausdrucksweise bedienen, Punkt B und Strecke OB haben zu existieren aufgehört. Es hat sich jedoch als zweckmäßig erwiesen, zu sagen, der Punkt B sei nun im Unendlichen, und die Strecke OB *sei* (qualitätslos) *unendlich*, und dies ist ein Fall des eigentlich oder aktual Unendlichen.

In die Sprache der Arithmetik übertragen, wobei man sich an die Gerade g als Bild des Systems der reellen Zahlen hält, heißt dies: Man fügt zu den reellen Zahlen eine *neue Zahl* ∞ hinzu, die ebenso qualitätslos ist wie die Zahl 0. Sowie nun eine Variable, die sich der 0 als Grenze nähert, *unendlich klein wird*, so kann auch von einer *unendlich groß werdenden* Variablen gesagt werden, sie nähere sich der fiktiven Zahl ∞ als Grenze von der einen oder andern Seite.

so wächst, sobald y die Einheit überschritten, y^n umso rascher im Vergleich zu y, je größer n ist.

Sind y, Y zwei voneinander abhängige Variable, die gleichzeitig unendlich klein, bzw. unendlich groß werden, und hat der Quotient

$$\frac{Y}{y^n}$$

einen von Null verschiedenen endlichen Grenzwert k, so sagt man, *Y werde in bezug auf y unendlich klein, bzw. unendlich groß von der Ordnung n.* Die Worte „in bezug auf y" können auch noch unterdrückt werden, wenn man y von Anfang an als Vergleichsgröße *von der ersten Ordnung* festgesetzt hat.

Setzt man

$$\frac{Y}{y^n} = k + \eta,$$

so bedeutet η eine mit y, Y gleichzeitig gegen Null konvergierende Größe, das Produkt $y^n \eta = \varepsilon$ wird also in bezug auf η von höherer Ordnung unendlich klein als y^n; die typische Form einer *infinitesimalen Größe*, die in bezug auf y von der Ordnung n ist, lautet sonach:

$$Y = k y^n + \varepsilon; \tag{19}$$

man nennt $k y^n$ den *Hauptteil*, ε den sekundären Teil von Y.

Ist

$$Y_1 = k_1 y^n + \varepsilon_1$$

eine zweite inflnitesimale Größe derselben Ordnung, so konvergiert der Quotient

$$\frac{Y}{Y_1} = \frac{k y^n + \varepsilon}{k_1 y^n + \varepsilon_1} = \frac{k + \dfrac{\varepsilon}{y^n}}{k_1 + \dfrac{\varepsilon_1}{y^n}}$$

gegen die Grenze $\dfrac{k}{k_1}$, in Worten ausgedrückt: *Der Quotient zweier von einander abhängiger Infinitesimalgrößen gleicher Ordnung hat den Quotienten ihrer Hauptteile zur Grenze.*

Zur Illustration dienen die folgenden *Beispiele*.

1. $\sin x$ und x werden zugleich unendlich klein, und da **45**, 6. gezeigt wurde, daß $\lim\limits_{x=0} \dfrac{\sin x}{x} = 1$ ist, so werden beide Größen unendlich klein von gleicher Ordnung. Sie streben im vorliegenden Falle der Gleichheit zu, weil die Grenze ihres Quotienten 1 ist. Wie rasch das vor sich geht, möge daraus entnommen werden, daß der Quotient schon bei $3^0 \left(= \dfrac{\pi}{60}\right)$ gleichkommt $0{,}999\,542\,7$, und daß er bei $10'$ $\left(= \dfrac{\pi}{1080}\right)$ den von 1 ganz unerheblich abweichenden Wert $0{,}999\,9940$ besitzt.

2. $Y = 1 - \cos x$ und $y = x$ werden gleichzeitig unendlich klein; da aber nicht $\dfrac{Y}{y}$, hingegen $\dfrac{Y}{y^2} = \dfrac{1}{2} \left(\dfrac{\sin \frac{x}{2}}{\frac{x}{2}} \right)^2$ einen endlichen von Null verschiedenen Grenzwert hat, nämlich $\dfrac{1}{2}$, so ist Y unendlich klein von zweiter Ordnung in bezug auf y.

3. Man zeige, daß $Y = \operatorname{tg} x - \sin x$ in bezug auf $y = x$ unendlich klein von dritter Ordnung ist.

§ 3. Stetigkeit der Funktionen.

50. Der Stetigkeitsbegriff. Von der stetigen Variablen x sagt man, sie durchlaufe das abgeschlossene Intervall $\alpha \leq x \leq \beta$ *stetig*, wenn sie *jeden* Wert aus diesem Intervall und jeden nur einmal annimmt. Es kann dies in zwei Richtungen, von α oder von β ausgehend, geschehen; wo nichts anderes bemerkt wird, stellen wir uns vor, daß x sich *wachsend* ändert.

Wenn eine andere, dem x zugeordnete Variable y während dieses Vorgangs auch ein abgeschlossenes Intervall (A, B) *stetig* durchläuft so heißt $y = f(x)$ eine in dem Intervall (α, β) *monotone* Funktion, und zwar eine wachsende oder eine abnehmende, je nachdem $A < y \leq B$ oder $A \geq y \geq B$. Das geometrische Bild einer solchen Funktion ist ein von links nach rechts

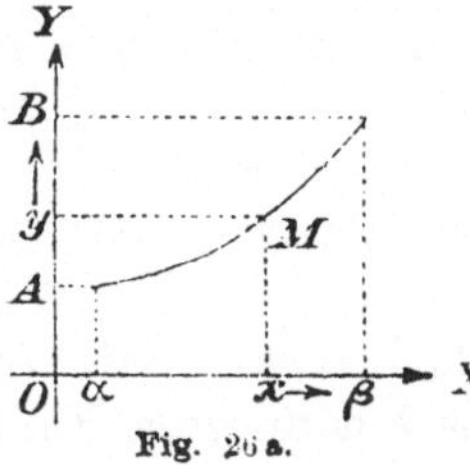

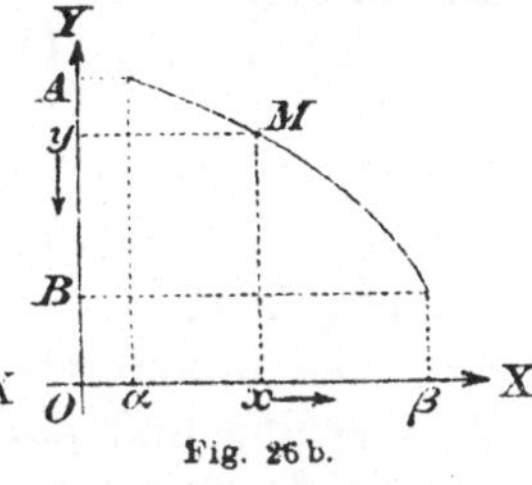

aufsteigender, beziehungsweise abfallender Bogen, Fig. 26a, 26b.

Besteht der Bereich von y aus mehreren (beliebig vielen) aneinander gereihten Intervallen (A, C), (C, D), (D, E), (E, B), welche stetig und in abwechselnder Richtung durchlaufen werden, während x sein Intervall stetig durchläuft, so ist y eine aus mehreren aneinander sich anschließenden monotonen Abschnitten zusammengesetzte Funktion, die abwechselnd zu- und abnimmt; ihr Bild setzt sich aus miteinander zusammenhängenden, abwechselnd auf- und absteigenden Bogen zusammen.

Funktionen von der beschriebenen Art bezeichnet man als in dem abgeschlossenen Intervall $\alpha \leq x \leq \beta$ stetige oder kontinuierliche Funktionen.

Ist y in dem nicht abgeschlossenen Intervall $\alpha < x < \beta$ eindeutig definiert, und besitzt es die eben angeführten Eigenschaften in jedem Intervall, das *innerhalb* (α, β) liegt, so heißt $f(x)$ eine in dem Intervall $\alpha < x < \beta$ stetige Funktion.

51. Sätze über stetige Funktionen. Um die im vorstehenden *anschaulich* entwickelte Eigenschaft der Stetigkeit arithmetisch nutzbar zu machen, sollen einige Folgerungen dieser Eigenschaft in Sätze gefaßt werden.

1. *Wenn die Funktion* $f(x)$ *in dem Intervall* (α, β) *stetig ist, so läßt sich zu einem beliebig klein festgesetzten positiven ε an jeder Stelle $x = a$ im Innern des Intervalls ein hinreichend kleines positives δ bestimmen derart, daß*

$$|f(x) - f(a)| < \varepsilon,$$

solange
$$|x - a| < \delta. \tag{1}$$

Der Wert $f(a)$ gehöre dem Intervall (A, B) an, und ε sei so klein festgesetzt, daß auch $f(a) - \varepsilon$ und $f(a) + \varepsilon$ ihm angehören: diesen letzteren entsprechen Werte von x aus (α, β), die sich in einer der Formen $a - h$, $a + h'$ oder $a + h$, $a - h'$ darstellen lassen, je nachdem $A < B$ oder $A > B$ ist; versteht man unter h die kleinere der beiden positiven Zahlen h, h', so genügt jedes δ, für das $0 < \delta < h$ besteht, der obigen Forderung.

Ist das Intervall (α, β) ein abgeschlossenes, so gilt der Ansatz (1) an der Stelle α nur für eine rechte, an der Stelle β nur für eine linke Umgebung. Bei einem nicht abgeschlossenen Intervall sind α, β auszuschließen.

Der Ansatz (1) ist aber gleichbedeutend mit der Aussage[1]:

$$\lim_{x = a} f(x) = f(a), \tag{2}$$

so daß man auch diese als Merkmal der „Stetigkeit an der Stelle a" ansehen kann.

Man nimmt vielfach diesen Satz zum Ausgangspunkt des Stetigkeitsbegriffs und erklärt dann eine Funktion als stetig in dem Intervall (α, β), wenn sie die Eigenschaft (1) oder (2) in jedem Punkte des Intervalls besitzt, wenn also

$$\lim f(x) = f(\lim x)$$

so lange
$$\alpha \leq x \leq \beta \quad \text{oder} \quad \alpha < x < \beta. \tag{3}$$

Sind x', x'' zwei verschiedene Punkte aus der Umgebung $(a - \delta, a + \delta)$ von a, so daß

$$|f(x') - f(a)| < \varepsilon$$
$$|f(x'') - f(a)| < \varepsilon,$$

so folgt daraus

$$|f(x'') - f(x')| < 2\varepsilon.$$

---

1) Es sei darauf hingewiesen, daß Ansätze wie

$$\lim_{x = a} f(x) = f(a)$$

oder
$$\lim_{h = 0} f(x + h) = f(x),$$

die auf den ersten Blick selbstverständlich scheinen, Stetigkeit voraussetzen.

Es läßt sich also bei einer stetigen Funktion zu jeder Stelle eine hinreichend enge Umgebung konstruieren derart, daß irgend zwei Funktionswerte aus dieser Umgebung sich beliebig wenig voneinander unterscheiden.

2. *Eine im abgeschlossenen Intervall $\alpha \leq x \leq \beta$ stetige Funktion $f(x)$ ist daselbst endlich und nimmt wenigstens einmal einen kleinsten Wert m und einen größten Wert M an.*

Die erste Behauptung ist implizite in dem **50.** entwickelten Stetigkeitsbegriff enthalten, da ja zu jedem $\alpha \leq x \leq \beta$ ein *bestimmter*, also ein endlicher Wert von $f(x)$ gehören muß.

Sind (A, C), (C, D), $\ldots (K, B)$ die Intervalle, welche $f(x)$ nacheinander stetig durchläuft, so ist die kleinste der Zahlen $A, B, C, \ldots K, B$ das m, die größte das M.

Eine im nicht abgeschlossenen Intervall $\alpha < x < \beta$ stetige Funktion braucht daselbst nicht endlich zu sein; existieren $\lim\limits_{x=\alpha+0} f(x)$ und $\lim\limits_{x=\beta-0} f(x)$, so ist sie endlich, und bei der Aufsuchung der äußersten Funktionswerte kommen diese Grenzwerte, die die Funktion innerhalb des Intervalls nicht anzunehmen braucht, mit in Betracht; es kann unter solchen Umständen die Funktion statt eines kleinsten und größten Wertes auch blos eine *untere Grenze g* und eine *obere Grenze G* besitzen, die sie wirklich nicht erreicht.

Den Unterschied $M-m$, bzw. $G-g$, bezeichnet man als die *Schwankung* der Funktion $f(x)$ im Intervall (α, β).

Einige kleine Beispiele werden diese Ausführung besser beleuchten.

$f(x) = 3x - 5$ für $1 \leq x \leq 2$ ist eine stetige und endliche Funktion mit $m = -2$ und $M = 1$ und mit der Schwankung $M - m = 3$.

$f(x) = 3x - 5$ für $1 < x < 2$ ist eine stetige und endliche Funktion mit der unteren Grenze $g = -2$ und der oberen $G = 1$, die beide nicht erreicht werden, und mit der Schwankung $G - g = 3$.

$f(x) = \dfrac{1}{x}$ für $0 < x \leq 1$ hat keine obere Grenze, weil $\lim\limits_{x=+0} f(x) = \infty$ ist, wohl aber einen kleinsten Wert $m = 1$; von einer Schwankung kann hier nicht gesprochen werden.

3. *Wenn die Funktion $f(x)$ in dem abgeschlossenen Intervall $\alpha \leq x \leq \beta$ stetig und wenn $f(\alpha) \neq f(\beta)$ ist, so gibt es zu jeder Zahl μ zwischen $f(\alpha)$ und $f(\beta)$ mindestens eine Stelle ξ in (α, β), an der $f(\xi) = \mu$ ist.*

Ist die Funktion monoton, so ist (A, B) ihr Bereich, und da sie jeden Wert aus diesem Bereiche und jeden nur einmal annimmt, so gilt dies auch für μ.

Besteht sie aus abwechselnd zu- und abnehmenden monotonen Abschnitten und sind (A, C), (C, D), $\ldots (K, B)$ die Intervalle, die sie der Reihe nach durchläuft, so muß μ in mindestens einem derselben vorkommen; denn die Annahme, daß es außerhalb aller Intervalle liege, stünde entweder mit $f(\alpha) < \mu$ oder mit $\mu < f(\beta)$ im Widerspruch.

Es ist eine Folge des obigen Satzes, daß die Funktion auch jeden Wert zwischen m und M annimmt; denn die Stellen, an welchen $f(x)$ gleich m, bzw. gleich M ist, gehören dem Intervall (α, β) an.

Eine weitere wichtige Folge spricht der folgende Satz aus:

Wenn die Funktion $f(x)$ in dem abgeschlossenen Intervall $\alpha \leq x \leq \beta$ stetig ist und an seinen Enden entgegengesetzt bezeichnete Werte besitzt, so existiert wenigstens eine Stelle ξ in (α, β), an der $f(\xi) = 0$ ist.

Da nämlich $f(x)$ jeden Wert zwischen $f(\alpha)$ und $f(\beta)$ innerhalb (α, β) mindestens einmal annimmt, so gilt dies auch von 0, das nun zwischen $f(\alpha)$ und $f(\beta)$ liegt.

4. Hat eine in dem Intervall (α, β) stetige Funktion $f(x)$ die Eigenschaft, daß zu einem beliebig klein festgesetzten positiven ε ein hinreichend kleines positives δ bestimmt werden kann derart, daß

$$|f(x'') - f(x')| < \varepsilon$$

solange
$$x'' - x' < \delta, \tag{4}$$

so nennt man sie *gleichmäßig stetig* in dem Intervall. Der Sinn dieser Definition ist also der, daß, wo man auch zwei Stellen in (α, β) bezeichnet, deren Abstand unter δ liegt, der Unterschied der zugehörigen Funktionswerte jedesmal dem Betrage nach kleiner als ε ist.

Bei dieser Eigenschaft muß zwischen abgeschlossenen und nicht abgeschlossenen Intervallen wohl unterschieden werden; bezüglich der ersteren gilt der wichtige Satz:

Eine im abgeschlossenen Intervall (α, β) stetige Funktion ist daselbst gleichmäßig stetig.

Es werde zunächst vorausgesetzt, die Funktion sei monoton wachsend und (A, B) ihr Intervall; man teile dieses in soviel (n) gleiche Teile, daß $\dfrac{B-A}{n} = k < \dfrac{\varepsilon}{2}$ sei. Zu den Funktionswerten

$$f(\alpha),\ f(\alpha) + k,\ f(\alpha) + 2k, \cdots f(\alpha) + \overline{n-1}k,\ f(\beta)$$

sollen die (gleichfalls steigend geordneten) Argumentwerte

$$x_0 = \alpha,\quad x_1,\quad x_2\ \cdots\ x_{n-1},\quad \beta = x_n$$

gehören; je zwei benachbarte bestimmen ein Intervall, und das kleinste unter diesen n Intervallen habe die Größe h; dann genügt jedes δ, für das $0 < \delta \leq h$ besteht, der obigen Forderung. Nimmt man nämlich irgend zwei Werte x', x'' an, für die $x'' - x' \leq h$, so fallen sie entweder in ein und dasselbe Intervall (x_i, x_{i+1}), oder sie verteilen sich auf zwei benachbarte Intervalle (x_{i-1}, x_i), (x_i, x_{i+1}). Im ersten Falle ist unmittelbar

$$|f(x'') - f(x')| < \frac{\varepsilon}{2} < \varepsilon;$$

im zweiten Falle hat man sowohl

$$|f(x') - f(x_i)| < \frac{\varepsilon}{2}$$

als auch

$$|f(x'') - f(x_i)| < \frac{\varepsilon}{2},$$

daher wieder

$$|f(x'') - f(x')| < \varepsilon.$$

Besteht die Funktion aus mehreren monotonen Abschnitten, so führe man die beschriebene Operation für jeden Abschnitt gesondert aus; das kleinste unter den gefundenen h genügt dann für den ganzen Verlauf.

In einem nicht abgeschlossenen Intervall besteht gleichmäßige Stetigkeit nur dann, wenn die Funktion gegen die Enden hin bestimmten Grenzen sich nähert. So ist die Funktion $f(x) = 3x - 5$ auch in dem Intervall $1 < x < 2$ gleichmäßig stetig; nicht so jedoch die Funktion $f(x) = \frac{1}{x}$ in $0 < x \leq 1$, weil $\lim_{x=+0} f(x) = \infty$; hier wird δ, je mehr man sich der Anfangsstelle 0 nähert, bei gegebenem ε immer kleiner, und es gibt kein genügend kleines δ, das *durchwegs* entsprechen würde.

52. Verschiedene Arten der Unstetigkeit (Diskontinuität). Wenn eine Funktion $f(x)$ in der (ein- oder beiderseitigen) Umgebung einer Stelle $x = a$ definiert ist, die Stetigkeitsbedingung (1) aber nicht erfüllt, so heißt sie an dieser Stelle *unstetig* oder *diskontinuierlich*. An der Stelle selbst kann die Funktion vermöge ihres analytischen Ausdrucks auch definiert sein, oder es versagt dieser Ausdruck hier; in letzterem Falle kann die Definition durch eine Festsetzung ergänzt werden. Immer kommt es darauf an, das Verhalten der Funktion bei unbegrenzter Annäherung an die Stelle a zu prüfen, zu untersuchen, ob die Funktion Grenzwerte besitzt, und welcher Art diese sind. Auf eine Klassifikation der mannigfaltigen Möglichkeiten soll hier nicht eingegangen werden; es möge genügen, einige charakteristische Fälle vorzuführen und durch Beispiele zu belegen.

1. Es sei $\lim_{x=a-0} f(x) = \lim_{x=a+0} f(x) = b$ eine endliche Größe, $f(a)$ entweder nicht definiert oder von b verschieden. Ergänzt oder ändert man die Definition dahin, daß $f(a) = b$ sei, so verhält sich die Funktion an der Stelle a wie eine stetige, man spricht daher von einer *hebbaren* Unstetigkeit.

Die Funktion $f(x) = x \cos \frac{1}{x}$ (**45**, 2.) verhält sich an der Stelle $x = 0$ wie eine stetige Funktion, wenn man $f(0) = 0$ festsetzt; bei jeder andern Festsetzung ist sie wesentlich unstetig.

Die Funktion $f(x) = \lim_{n=\infty} \sqrt[2n]{x^2}$ (n eine natürliche Zahl) ist für jeden Wert von x definiert, und zwar ist 1 ihr Wert, so lange $x \neq 0$, und

0 für $x = 0$. Man hat also $\lim\limits_{x=-0} f(x) = \lim\limits_{x=+0} f(x) = 1$, hingegen $f(0) = 0$ Ändert man die Definition dahin ab, daß $f(0) = 1$ sein solle, so verschwindet die Unstetigkeit.

2. Es sei $\lim\limits_{x=a-0} f(x) \neq \lim\limits_{x=a+0} f(x)$ und beide endlich; ohne Rücksicht darauf, ob $f(a)$ vorhanden und wie groß es ist, besteht Unstetigkeit, weil sich keine Umgebung von a angeben läßt, in welcher $|f(x'') - f(x')| < \varepsilon$ wäre für beliebige x', x'' und ein beliebig klein gewähltes ε.

Man spricht hier von einem *endlichen Sprung*.

Die Funktion $f(x) = \dfrac{e^{\frac{1}{x}} - 1}{e^{\frac{1}{x}} + 1}$ ist für $x = 0$ nicht definiert; es ist aber $\lim\limits_{x=-0} f(x) = -1$ und $\lim\limits_{x=+0} f(x) = 1$; bei Überschreitung von 0 findet also ein Sprung von -1 auf 1 statt, während sich die Funktion im übrigen stetig verhält.

Die Funktion $f(x) = \lim\limits_{n=\infty} \dfrac{1}{1 + x^{2n}}$ $(n = 1, 2, \cdots)$ hat den Wert 0, solange $|x| > 1$; den Wert 1, solange $|x| < 1$; hingegen ist $f(-1) = f(1) = \dfrac{1}{2}$; wenn also x wachsend die Stelle -1 durchschreitet, springt der Funktionswert von 0 auf $\dfrac{1}{2}$ und unmittelbar darauf auf 1, und das umgekehrte findet beim Passieren der Stelle 1 statt.

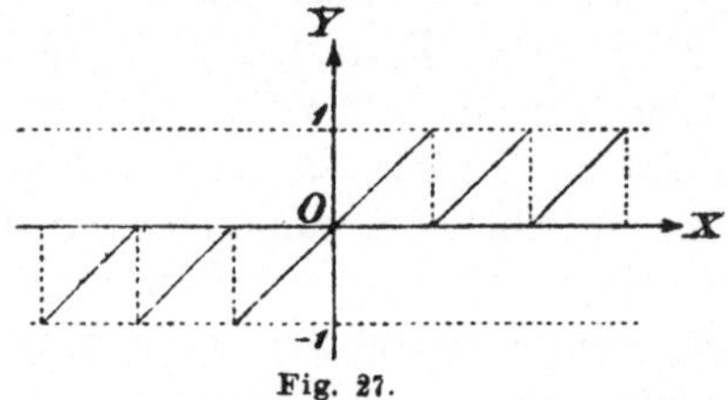

Fig. 27.

Die Funktion $f(x) = x - [x]$, worin $[x]$ die algebraisch größte in x enthaltene ganze Zahl bedeutet und deren Bild in Fig. 27 angedeutet ist, bietet ein Beispiel von unendlich vielen endlichen Sprüngen dar. Aus dem Bilde wären eigentlich die Punkte in den Linien $y = -1$ und $y = 1$ auszuscheiden. Ist n eine positive ganze Zahl und δ ein positiver echter Bruch, so ist

$$f(n - \delta) = n - \delta - (n - 1) = 1 - \delta,$$
$$f(n + \delta) = n + \delta - n \qquad = \delta,$$

während $\qquad f(n) \qquad = n - n \qquad\qquad = 0$ ist;

ähnlich für negative n.

3. Wenigstens einer der Grenzwerte $\lim\limits_{x=a-0} f(x)$, $\lim\limits_{x=a+0} f(x)$ existiert nicht; es findet eine Unstetigkeit statt, was auch bezüglich $f(a)$ selbst gelten möge.

Ein Beispiel hierzu bietet $f(x) = \sin \dfrac{1}{x}$ an der Stelle $x = 0$ dar

(**45**, 1.); denn $\lim\limits_{x=\pm 0} \sin \dfrac{1}{x}$ existieren nicht, weil die Funktion, wie klein auch $|x|$ werden möge, niemals aufhört, zwischen -1 und 1 zu schwanken.

4. Wenigstens einer der Grenzwerte $\lim\limits_{x=a-0} f(x)$, $\lim\limits_{x=a+0} f(x)$, ist unendlich. Man nennt dann a eine *Unendlichkeitsstelle* der Funktion.

Bei der Exponentialfunktion $f(x) = e^{\frac{1}{x}}$ ist $\lim\limits_{x=-0} f(x) = 0$, $\lim\limits_{x=+0} f(x) = \infty$; setzt man also $f(0) = 0$ fest, so verhält sich $f(x)$ links von 0 stetig; wegen des rechtsseitigen Verhaltens ist aber $x = 0$ ein Unendlichkeitspunkt.

Die Funktion $f(x) = \dfrac{1}{x}$ hat 0 zur Unendlichkeitsstelle, und zwar ist $\lim\limits_{x=-0} f(x) = -\infty$, $\lim\limits_{x=+0} f(x) = \infty$.

Auch $f(x) = \dfrac{1}{x^2}$ hat die Unendlichkeitsstelle $x = 0$, hier aber sind $\lim\limits_{x=\mp 0} f(x)$ beide $+\infty$.

Die Funktion $f(x) = lx$ hat $\lim\limits_{x=+0} f(x) = -\infty$, existiert aber links von 0 nicht (als reelle Funktion).

Die Funktion $f(x) = \operatorname{tg} x$ hat in $x = \dfrac{\pi}{2}$ eine Unendlichkeitsstelle, indem $\lim\limits_{x=\frac{\pi}{2}-0} \operatorname{tg} x = \infty$, $\lim\limits_{x=\frac{\pi}{2}+0} \operatorname{tg} x = -\infty$. Man prüfe das Verhalten an den Stellen $x = \dfrac{\pi}{2} + n\pi$, wo n eine (positive oder negative) ganze Zahl bedeutet.

Ein eigenartiges Verhalten zeigt $f(x) = \operatorname{tg} \dfrac{1}{x}$; die Stellen $x = \dfrac{1}{\dfrac{\pi}{2} + n\pi}$ sind Unendlichkeitspunkte und auch $x = 0$ ist ein Unstetigkeitspunkt, indem $f(x)$ in einer beliebig engen Umgebung unendlich oft das ganze Gebiet der reellen Zahlen durchläuft.

53. Stetigkeit von Funktionen mehrerer Variablen. Die Funktion $f(x,y)$ der unabhängigen stetigen Variablen x, y, definiert für einen abgeschlossenen Bereich P mit der Randlinie C (**40**, **48**), heißt an der Stelle $x = a$, $y = b$ im Innern dieses Bereichs *stetig*, wenn sich zu einem beliebig kleinen positiven ε ein hinreichend kleines positives δ bestimmen läßt derart, daß

$$|f(x,y) - f(a,b)| < \varepsilon,$$

solange
$$|x - a| < \delta, \; |y - b| < \delta, \tag{5}$$
$$|x - a| + |y - b| > 0$$

ist; mit Worten, wenn sich zu der Stelle $a \mid b$ eine (quadratförmige) Umgebung von so kleiner Ausdehnung 2δ konstruieren läßt, daß jeder Funktionswert aus dieser Umgebung sich von jenem an der Stelle $a \mid b$ dem Betrage nach um weniger unterscheidet als ε.

Nach den Ausführungen in **48** ist diese Definition gleichbedeutend mit der Erklärung des Ansatzes

$$\lim_{x=a,\,y=b} f(x,y) = f(a,b). \tag{6}$$

Befindet sich der Punkt $a \mid b$ auf der Randlinie C, so ist die Umgebung auf jenen Teil einzuschränken, der dem Bereiche P angehört.

Die Funktion $f(x,y)$ heißt *stetig im Bereiche P*, wenn sie den Bedingungen (5) in allen Punkten von P genügt.

Verfolgt man eine in diesem Sinne stetige Funktion längs einer in P verlaufenden Linie, so verhält sie sich als stetig; insbesondere auch dann, wenn man sie längs einer Parallelen zu einer der Achsen OX, OY verfolgt. Das zu **48** beigebrachte Beispiel allein genügt aber, um die Umkehrbarkeit dieses Sachverhaltes auszuschließen: die Funktion $f(x,y)$ braucht an einer Stelle $a \mid b$ nicht stetig zu sein, wenn $f(x,b)$ als Funktion von x stetig ist bei $x = a$ und $f(a,y)$ stetig ist bei $y = b$. Die Funktion $f(x,y) = \dfrac{2\,xy}{x^2+y^2}$ in dem zitierten Beispiel ist längs jeder durch die Stelle $0 \mid 0$ gezogenen Geraden stetig, weil konstant, sie ist aber nicht stetig an der genannten Stelle selbst, weil sie hier nicht definiert ist.

Wichtig ist es, die *gleichmäßige Stetigkeit* hervorzuheben, die wie bei Funktionen einer Variablen eine notwendige Folge der Stetigkeit im abgeschlossenen Bereich ist; sie besteht darin, daß sich zu einem ε ein δ bestimmen läßt derart, daß

$$|f(x'',y'') - f(x',y')| < \varepsilon,$$

solange

$$|x'' - x'| < \delta, \quad |y'' - y'| < \delta, \tag{7}$$

$$|x'' - x'| + |y'' - y'| > 0.$$

Die Definition der punktuellen Stetigkeit einer Funktion zweier Variablen ist wörtlich auf eine Funktion $f(x_1, x_2, \cdots x_n)$ übertragbar, die von n Variablen abhängt; man wird sie in dem „Punkte" $a_1 \mid a_2 \cdots \mid a_n$ ihres „Definitionsbereichs" R_n stetig nennen, wenn zu einem festgesetzten ε ein hinreichend kleines δ bestimmbar ist derart, daß

$$|f(x_1, x_2, \cdots x_n) - f(a_1, a_2, \cdots a_n)| < \varepsilon,$$

solange

$$|x_1 - a_1| < \delta, |x_2 - a_2| < \delta, \cdots |x_r - a_n| < \delta, \tag{8}$$

$$|x_1 - a_1| + |x_2 - a_2| + \cdots + |x_n - a_n| > \delta$$

ist; und stetig im Bereich R_n, wenn sie diese Eigenschaft in jedem Punkte des Bereichs aufweist.

IV. Abschnitt.

Elemente der Differentialrechnung.

§ 1. Der Differentialquotient und das Differential.

54. Begriff des Differentialquotienten. Unter den Fragen, die sich beim Operieren mit Funktionen einstellen, ist eine der wichtigsten auf die *Änderungen* gerichtet, welche die Funktion bei bestimmten Änderungen der Variablen erfährt, und zwar auf die Änderungen im großen und kleinen; denn sie machen das aus, was man den *Verlauf der Funktion* nennt.

Es sind also Denkprozesse von fundamentaler Bedeutung für die Analysis, an deren Erklärung jetzt geschritten werden soll. In erster Linie wird dabei an Funktionen *einer* Variablen gedacht werden.

Es sei $y = f(x)$ eine in dem Intervall (α, β) eindeutig definierte und *stetige* Funktion; unter x möge jetzt ein bestimmter Wert im Innern des Intervalls verstanden werden. Bei dem Übergange von x zu dem ebenfalls in (α, β) liegenden Werte $x + h$, wobei also die Variable die Änderung

$$\varDelta x = h$$

erfährt, geht der Wert der Funktion in $f(x + h)$ über und erleidet die Änderung

$$\varDelta y = \varDelta f(x) = f(x + h) - f(x).$$

Je größer bei einem festgesetzten $\varDelta x$ das $\varDelta y$, oder je kleiner bei einem angenommenen $\varDelta y$ das zugehörige $\varDelta x$ ausfällt, umso stärker, wird man sagen dürfen, hat sich die Funktion bei dem beschriebenen Übergang von der einen Stelle ihres Bereichs zu der andern geändert, so daß in dem Quotienten

$$\frac{\varDelta y}{\varDelta x} = \frac{\varDelta f(x)}{\varDelta x} = \frac{f(x + h) - f(x)}{h} \tag{1}$$

ein geeignetes *Maß für die Stärke dieser Änderung* zu erblicken ist. Da $\varDelta x$, $\varDelta y$ *Differenzen* zwischen zwei Werten von x, bzw. y darstellen, so bezeichnet man sie als *Differenz der Variablen*, bzw. *Differenz der Funktion* und nennt (1) den *Differenzenquotienten*, gebildet an der Stelle x mit der Differenz $\varDelta x = h$.

Der Differenzenquotient erfordert also zu seiner Bildung zwei Stellen des Bereichs; läßt man die zweite der ersten unbegrenzt sich nähern, h also gegen die Grenze 0 konvergieren, so strebt wegen der vorausgesetzten Stetigkeit von $f(x)$ auch der Zähler von (1) der Null als Grenze zu. Man hat es also mit dem Quotienten zweier unendlich kleinen Größen zu tun, der je nach der Ordnung dieser Größen einer bestimmten endlichen Grenze oder der Grenze 0 oder der Grenze ∞

(mit bestimmten Vorzeichen) zustreben oder unbestimmt bleiben kann. In den drei erstgedachten Fällen, wo ein Grenzwert (im weitesten Sinne) existiert, nennt man eben diesen Grenzwert den *Differentialquotienten*, die *Derivierte* oder die *Ableitung* der Funktion $f(x)$ an der Stelle x; er ist ein *Maß für die Stärke der Änderung der Funktion an dieser Stelle.*

Dieser Grundgedanke bedarf aber noch einer genaueren Ausführung. Bei der Allgemeinheit, welche wir dem Funktionsbegriff unterlegen müssen, können selbst bei der Einschränkung, die in der geforderten *Stetigkeit* liegt, so mannigfache Erscheinungen auftreten, daß wir genötigt sind zu unterscheiden, ob h von rechts oder links sich der Null nähert. Existiert

$$\lim_{h=+0} \frac{f(x+h)-f(x)}{h},$$

so soll er als *rechter* Differentialquotient, und existiert

$$\lim_{h=-0} \frac{f(x+h)-f(x)}{h},$$

so soll er als *linker* Differentialquotient an der Stelle x bezeichnet werden; existieren aber beide und stimmen sie miteinander überein, so daß man sie gemeinsam unter das Symbol

$$\lim_{h=0} \frac{f(x+h)-f(x)}{h} \tag{2}$$

stellen kann, so spricht man von einem Differentialquotienten schlechtweg, auch von einem *vollständigen* oder *eigentlichen.*

Es liegt in der Natur der Sache, daß es an der Stelle α nur einen rechten, an der Stelle β nur einen linken Differentialquotienten geben kann.

Bei den Funktionen, welche wir hier zu betrachten haben werden, ist der Fall eines *eigentlichen* und *endlichen* Differentialquotienten typisch; die Fälle eines bloß rechten oder bloß linken, beiderseits verschiedener, eines unendlichen und der Nichtexistenz eines Differentialquotienten bilden Ausnahmen.

Wenn daher in der Folge von der Existenz eines Differentialquotienten oder von der *Differenzierbarkeit* einer Funktion an einer (inneren) Stelle x wird gesprochen werden, so soll darunter immer ein endlicher Differentialquotient von der Bildungsweise (2) gemeint sein. Mit diesen Festsetzungen kann man sagen:

Der Differentialquotient einer Funktion $f(x)$ an einer Stelle x ist der Grenzwert, gegen den der an dieser Stelle gebildete Differenzenquotient konvergiert, wenn die Änderung h der Variablen, sei es durch positive, sei es durch negative Werte, der Grenze Null sich nähert.

Es ist oben bemerkt worden, daß der Differentialquotient ein Maß für die Stärke der Änderung der Funktion an der betreffenden

Stelle sei. Wie jedes Maß erfordert auch dieses eine *Einheit*; diese ist in der Stärke der Änderung der Variablen selbst gegeben. Ist nämlich $f(x) = x$, so ist der Differenzenquotient $\frac{x + h - x}{h}$, also auch der Differentialquotient, und zwar an jeder Stelle, $= 1$. An einer Stelle also, an welcher der Differenzenquotient größer (kleiner) ist als 1, ändert sich die Funktion stärker (schwächer) als die Variable; dabei kommt zunächst nur der absolute Wert des Differentialquotienten in Betracht.

55. Die abgeleitete Funktion. Partielle Differentialquotienten. Besitzt die Funktion $f(x)$ an jeder Stelle des Intervalls (α, β) einen Differentialquotienten, so heißt sie in diesem Intervall differenzierbar. Die Werte des Differentialquotienten mit den zugehörigen Stellen konstituieren dann eine neue Funktion von x, die man als *abgeleitete, derivierte Funktion*, auch kurz als *Ableitung von* $f(x)$, aber auch als den Differentialquotienten von $f(x)$ benennt; zu ihrer Bezeichnung bedient man sich der Symbole[1])

$$\frac{df(x)}{dx}, \quad f'(x), \quad D_x f(x)$$

$$\frac{dy}{dx}, \quad\quad y', \quad D_x y$$

Die analytische Bedeutung der neuen Funktion ist also durch den Ansatz

$$\frac{df(x)}{dx} = f'(x) = D_x f(x) = \lim_{h=0} \frac{f(x+h) - f(x)}{h} \tag{3}$$

gegeben, der Grenzübergang bei unbestimmt gelassenem x ausgeführt.

Im allgemeinen gehören zu verschiedenen Werten von x auch verschiedene Werte von $f'(x)$; nur bei einer einzigen Funktion, nämlich bei der rationalen ganzen Funktion ersten Grades, die man kurzweg als *lineare Funktion* bezeichnet, ist $f'(x)$ konstant. Ist nämlich $f(x) = ax + b$, so ist der Differenzenquotient

$$\frac{a(x+h) + b - (ax + b)}{h} = a,$$

folglich auch

$$D_x(ax + b) = a;$$

das geometrische Bild dieser Funktion — eine Gerade — spricht es ganz deutlich aus, daß die Stärke der Änderung überall die gleiche ist. Setzt man in der letzten Formel $a = 0$, so geht sie über in

$$D_x b = 0 \tag{4}$$

---

1) Die drei Bezeichnungen stammen der Reihe nach von G. W. Leibniz (in einem Manuskript von 1676), J. J. Lagrange (Théorie des fonctions analytiques, 1797) und Arbogast (Calcul des Dérivations, 1800).

und besagt nun, *daß die Ableitung einer konstanten Funktion* oder kurz *einer Konstanten Null ist.*

Mit $a = 1$ und $b = 0$ ergibt sich die schon früher festgestellte Tatsache

$$D_x x = 1, \tag{5}$$

daß die Ableitung der Variablen selbst gleich 1 ist.

Der Begriff der Differentialquotienten, der hier ausdrücklich für eine Funktion *einer* Variablen entwickelt worden ist, läßt sich durch folgenden Gedankengang auf eine Funktion mehrerer Variablen übertragen: Man erteilt allen Variablen, bis auf eine, *feste Werte*, betrachtet die Funktion als von dieser einen allein abhängig und führt an ihr den durch (3) angezeigten Grenzprozeß aus. Unter diesem Gesichtspunkte gebildete Differentialquotienten nennt man *partielle* Differentialquotienten oder Ableitungen in bezug auf die betreffende Variable. Bei einer Funktion $z = f(x, y)$ zweier Variablen hat man deren zwei zu unterscheiden und gebraucht dafür eines der Zeichen:[1]

$$\frac{\partial f(x,y)}{\partial x}, \quad \frac{\partial f(x,y)}{\partial y}; \quad \frac{\partial z}{\partial x}, \quad \frac{\partial z}{\partial y}; \quad D_x z, D_y z.$$

Allgemein: Ist $u = f(x_1, x_2, \cdots x_n)$, so definiert

$$\lim_{h=0} \frac{f(x_1 + h, x_2, \cdots x_n) - f(x_1, x_2, \cdots x_n)}{h} \tag{6}$$

den partiellen Differentialquotienten von u in bezug auf x_1, der mit $\dfrac{\partial u}{\partial x_1}$ bezeichnet wird.

56. Phoronomische und geometrische Interpretation des Differentialquotienten. Sobald man das Gebiet der Anwendungen der Analysis betritt, sind x und $f(x)$ die Maßzahlen für irgendwelche voneinander abhängige Größen, und je nach der Bedeutung dieser letzteren erlangt auch der Differentialquotient eine spezielle Bedeutung. An dieser Stelle sollen jene zwei Fälle besprochen werden, von welchen die Differentialrechnung ihren Ausgang genommen, und die für zwei große Gebiete von grundlegender Bedeutung sind: für die Bewegungslehre (Phoronomie) und die Geometrie.

1. Es sei x die von einem bestimmten Augenblicke an gezählte Zeit, die ein in gerader Linie sich bewegender Punkt gebraucht hat, um den Weg $f(x)$ zurückzulegen; dann ist $f(x + h)$ der in der Zeit $x + h$ vollendete, somit $f(x + h) - f(x)$ der in dem Zeitintervall $(x, x + h)$ zurückgelegte Weg. Wäre die Bewegung eine *gleichmäßige*, d. h. eine solche, bei welcher in beliebig großen gleichen Zeitab-

---

[1] Die Anwendung des ∂ neben dem Leibnizschen d stammt von C. G. J. Jacobi (Journal von Crelle, Bd. 22) und ist jetzt fast allgemein gebräuchlich. Daneben gehen noch andere Bezeichnungen, so z. B. f'_x, f'_y; $f_1(x,y)$, $f_2(x,y)$ u. a.

schnitten gleiche Wege zurückgelegt werden, so stellte der Quotient

$$\frac{f(x+h)-f(x)}{h}$$

die *Geschwindigkeit*, d. i. den in einer von den Zeiteinheiten, in welchen x und h ausgedrückt sind, beschriebenen Weg dar.

Auf eine *ungleichmäßige* Bewegung läßt sich dieser Begriff der Geschwindigkeit nicht unmittelbar übertragen; der angeschriebene Quotient bedeutet nunmehr die während des Zeitintervalls $(x,\ x+h)$ auf die Zeiteinheit durchschnittlich entfallende Weglänge; je kürzer das Zeitintervall, umso geringer die Veränderlichkeit der Bewegung während desselben, umso näher rückt die Bedeutung des Quotienten der einer Geschwindigkeit; und nähert sich der Quotient bei stetig gegen Null abnehmendem h einer Grenze, so wird diese,

$$\lim_{h=0} \frac{f(x+h)-f(x)}{h},$$

als die *im Augenblicke x herrschende Geschwindigkeit* erklärt.

Wenn also $f(x)$ den bei geradliniger Bewegung in der Zeit x zurückgelegten Weg ausdrückt, so hat der Differentialquotient $f'(x)$ die Bedeutung der am Ende dieser Zeit herrschenden Geschwindigkeit.

Mit Hilfe des Bewegungsbegriffs kann dem Differentialquotienten eine bemerkenswerte Deutung gegeben werden. Stellt man sich vor, die Variable x durchlaufe ihr Intervall $(\alpha,\ \beta)$ gleichmäßig, so durchläuft die Funktion ihren Bereich im allgemeinen ungleichmäßig; bis zu dem Zeitpunkte, in welchem die Variable den Wert x, die Funktion den zugeordneten Wert $f(x)$ angenommen, sei die Zeit t verflossen, und in dem weiteren Zeitintervall τ mögen die Werte $x+h$ und $f(x+h)$ zustande kommen; dann ist $\frac{h}{\tau} = c$ die Geschwindigkeit, mit welcher x sein Intervall durchläuft, und der Grenzwert von $\frac{f(x+h)-f(x)}{\tau}$ für $\lim \tau = 0$ die Geschwindigkeit, mit der sich $f(x)$ am Schlusse der Zeit t in seinem Bereich bewegt; da nun

$$\frac{f(x+h)-f(x)}{h} = \frac{\dfrac{f(x+h)-f(x)}{\tau}}{\dfrac{h}{\tau}} = \frac{\dfrac{f(x+h)-f(x)}{\tau}}{c}$$

und h mit τ gleichzeitig gegen Null konvergiert, so ist der Differentialquotient das Verhältnis der Geschwindigkeiten, mit welchen x und $f(x)$ sich im gegebenen Augenblicke in ihren Bereichen ändern. Man kann somit den Satz aufstellen: *Der Differentialquotient einer Funktion $f(x)$ an einer Stelle x ist die Geschwindigkeit, mit der sich die Funktion* *an dieser Stelle ändert, wenn sich die Variable x gleichmäßig mit der Geschwindigkeit 1 ändert[1]).*

2. Man betrachte x als Abszisse und $f(x) = y$ als Ordinate eines

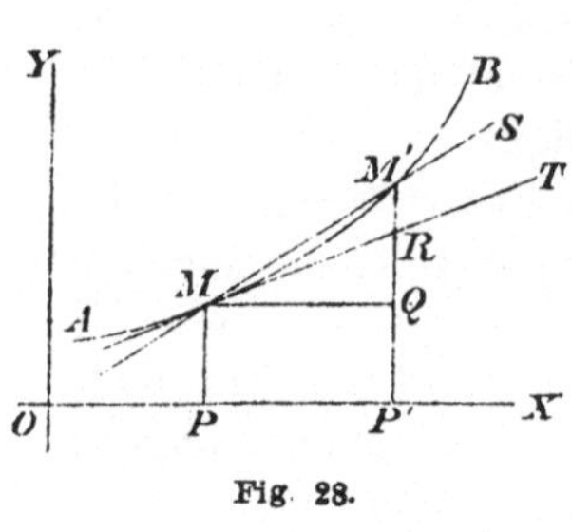

Fig. 28.

Punktes M in einem rechtwinkligen Koordinatensystem; während x das Intervall (α, β) durchläuft, beschreibt M eine Kurve AB, Fig. 28. Die den Abszissen $OP = x$ und $OP' = x + h$ entsprechenden Punkte haben die Ordinaten $PM = f(x)$, $P'M' = f(x + h)$ und bestimmen eine Sekante, deren Richtung durch den Winkel $QMS = \varphi$ festgelegt werden möge; dann ist

$$\frac{f(x + h) - f(x)}{h} = \operatorname{tg} \varphi.$$

Konvergiert h gegen die Grenze Null, so nähert sich M' längs der Kurve dem Punkte M, und die Gerade MS dreht sich dabei um den Punkt M. Die Aussage, der Differenzenquotient konvergiere dabei gegen eine bestimmte Grenze, ist gleichbedeutend mit der Aussage, die Sekante nähere sich einer Grenzlage; die Grenzgerade MT nennt man die *Tangente* der Kurve im Punkte M; wird ihre Richtung durch Angabe des Winkels $QMT = \alpha$ beschrieben, so hat man für diesen

$$\lim_{h=0} \frac{f(x + h) - f(x)}{h} = \operatorname{tg} \alpha.$$

Ist also $y = f(x)$ die auf ein rechtwinkliges Koordinatensystem bezogene Gleichung einer Kurve, so hat der zu einer Stelle x gehörige Differentialquotient $f'(x)$ die Bedeutung der trigonometrischen Tangente jenes Winkels, den die Tangente der Kurve in dem zur Abszisse x gehörigen Punkte mit der positiven Richtung der Abszissenachse einschließt[2]).

Die Existenz eines eigentlichen Differentialquotienten an der Stelle x, oder, was dasselbe besagt, die Übereinstimmung des rechten und linken Differentialquotienten hat die geometrische Bedeutung, daß sich Sekanten, welche die Kurve rechts von M schneiden, derselben Grenz-

---

1) Von Betrachtungen dieser Art ist J. Newton bei der Begründung der Infinitesimalrechnung (erste Publizierung 1687 in den *Principia mathematica philosophiae naturalis*) ausgegangen; an die Vorstellung des Verfließens der Zeit anknüpfend nannte er die Variablen *Fluenten* und die Änderungsgeschwindigkeiten *Fluxionen*, die Infinitesimalrechnung *Fluxionskalkül*. Newtons Bezeichnung für den Differentialquotienten von $y = f(x)$ ist $\dfrac{\dot{y}}{\dot{x}}$ und erklärt sich aus obiger Darlegung.

2) Das Problem der Tangentenbestimmung einer ebenen Kurve bildete bei Leibniz den Ausgangspunkt für die Erfindung der Differentialrechnung (erste Publizierung 1684 in den Leipziger *Acta eruditorum*), der er auch den Namen gegeben.

lage nähern wie die links von M schneidenden, daß also die Kurve im Punkte M nur *eine* Tangente besitzt.

Auf die eben ausgeführte Betrachtung gründet sich die Aussage, eine Tangente habe mit der Kurve zwei vereinigt liegende Punkte gemein, die zusammen den *Berührungspunkt* ausmachen.

57. Stetigkeit und Differenzierbarkeit. Beispiele besonderer Fälle. Die Existenz eines endlichen Differentialquotienten an einer Stelle x setzt Stetigkeit der Funktion in der Umgebung dieser Stelle voraus; denn, soll der Differenzenquotient (1) bei gegen Null konvergierendem Nenner einer bestimmten endlichen Grenze (oder der Grenze 0) sich nähern, so muß auch sein Zähler gegen Null abnehmen; das aber erfordert die Stetigkeit der Funktion. Umgekehrt folgt aus der Existenz eines endlichen Differentialquotienten die Stetigkeit der Funktion an der betreffenden Stelle.

Daß aber die Stetigkeit keine zureichende Bedingung für das Vorhandensein eines Differentialquotienten überhaupt ist und auch nicht hindern kann, daß der rechte und linke Differentialquotient verschieden ausfallen, wird aus den folgenden Beispielen hervorgehen, die im Grunde genommen recht. einfach definierte Funktionen betreffen. Durch Heranziehung komplizierterer analytischer Hilfsmittel ist es gelungen, Funktionen zu konstruieren, die trotz Stetigkeit an unzählig vielen, ja selbst an allen Stellen eines Differentialquotienten entbehren und daher auch die Möglichkeit einer geometrischen Darstellung ausschließen. Indessen genüge hier die bloße Anführung der Tatsache, da derlei Funktionen doch nur rein theoretisches Interesse besitzen.[1])

1. Ist $f(x) = \dfrac{x}{1 + e^{\frac{1}{x}}}$, solange $x \neq 0$ und $f(0) = 0$, so ist die so definierte Funktion an der Stelle $x = 0$ stetig und ihr Differenzenquotient daselbst:

$$\frac{f(h) - f(0)}{h} = \frac{1}{1 + e^{\frac{1}{h}}};$$

da nun

$$\lim_{h = -0} \frac{1}{1 + e^{\frac{1}{h}}} = 1 \quad \text{und} \quad \lim_{h = +0} \frac{1}{1 + e^{\frac{1}{h}}} = 0,$$

so sind linker und rechter Differentialquotient verschieden. An dem Bilde der Funktion äußert es sich derart, daß im Ursprung, durch den die Kurve vermöge der Definition von $f(x)$ geht, nicht eine, sondern zwei Tangenten existieren, oder daß dort die Tangente eine

---

1) Literaturangaben über solch besondere Funktionen findet man in E. Pascals Repertorium der höheren Mathematik, deutsch von A. Schepp, I. T., 1900, S. 110—111.

plötzliche Richtungsänderung erfährt, die Kurve selbst eine *Ecke* aufweist.

2. Es sei $f(x) = x \,\text{arc tg}\, \dfrac{1}{x}$, solange $x \neq 0$ und $f(0) = 0$. Der Differenzenquotient an der Stelle $x = 0$:

$$\frac{f(h) - f(0)}{h} = \text{arctg}\, \frac{1}{h}$$

konvergiert bei $\lim h = + 0$ gegen $\dfrac{\pi}{2}$, bei $\lim h = - 0$ gegen $- \dfrac{\pi}{2}$; $f(x)$ zeigt also bei $x = 0$ ein analoges Verhalten wie im vorigen Falle.

3. Die in **52**, 2. eingeführte Funktion $f(x) = x - [x]$ hat, wie ihr Bild, Fig. 27, zeigt, im *allgemeinen* den Differentialquotienten 1; ausgenommen sind aber die ganzzahligen Stellen; an diesen existiert, wenn sie positiv sind, nur der rechte, wenn sie negativ sind, nur der linke Differentialquotient; an der Stelle 0 ist ein eigentlicher Differentialquotient vorhanden. Wollte man an einer positiven ganzzahligen Stelle den linken Differentialquotienten bilden, so ergäbe sich $- \infty$ als Grenze eines Quotienten, dessen Zähler der 1, dessen negativer Nenner der 0 als Grenze zustrebt. Das Unendlichwerden des Differentialquotienten *kann* also ein Zeichen für die Unstetigkeit der Funktion an der betreffenden Stelle sein.

4. Ein interessantes Verhalten zeigt die Funktion $f(x) = x\left[\dfrac{1}{x}\right]$, worin $\left[\dfrac{1}{x}\right]$ die algebraisch größte in $\dfrac{1}{x}$ enthaltene ganze Zahl bedeutet.[1]) Bewegt sich x zwischen $\dfrac{1}{n+1}$ und $\dfrac{1}{n}$, so liegt $\dfrac{1}{x}$ zwischen n und $n + 1$; in diesem Intervall ist also $\left[\dfrac{1}{x}\right] = n$ und $f(x) = nx$, $f(x)$ also durch ein Stück einer Geraden dargestellt, dessen Endpunkte die Koordinaten $\dfrac{1}{n+1} \Big/ \dfrac{n}{n+1}$, $\dfrac{1}{n} \Big/ 1$ haben; somit besteht zwischen den Koordinaten $x \mid y$ des ersten Punktes die von n unabhängige Beziehung $x + y = 1$. Sobald $x > 1$ wird, bleibt $f(x) = 0$, weil dann $\left[\dfrac{1}{x}\right] = 0$. Ähnlich für negative x. Fig. 29 zeigt das Bild für positive x und deutet seine Konstruktion an. Die Punkte in der Geraden $y = 1$ gehören streng genommen nicht zum Bilde; der Punkt A aber ist ihm zuzuzählen, wiewohl es geometrisch unmöglich ist, ihn zu erreichen; in diesem Punkte ist die Funktion übrigens stetig. Es gibt wieder unendlich viele Stellen, an denen wegen Unstetigkeit nur ein einseitiger Differentialquotient vorhanden ist.

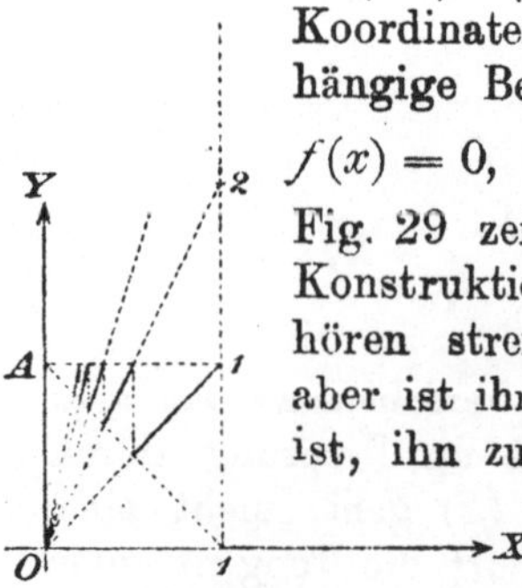

Fig. 29.

1) E. Cesàro, Lehrbuch der algebraischen Analysis usw., deutsch von G. Kowalewski, Leipzig 1904, S. 223.

5. Die in **45**, 2. eingeführte und **52**, 1. neuerdings betrachtete Funktion

$$f(x) = x \cos \frac{1}{x} \quad \text{bei } x \neq 0, \quad f(0) = 0$$

ist an der Stelle $x = 0$ stetig und hat hier den Differenzenquotienten

$$\frac{f(h) - f(0)}{h} = \sin \frac{1}{h},$$

der mit $\lim h = 0$ keiner bestimmten Grenze sich nähert, sondern unaufhörlich zwischen -1 und 1 schwankt. Geometrisch bedeutet dies, daß die aus dem Ursprung auslaufende Sekante, indem der zweite Punkt immer näher an den ersten heranrückt, keiner bestimmten Grenzlage zustrebt, sondern fortwährend zwischen zwei Lagen pendelt (vgl. Fig. 18).

58. Begriff des Differentials. Der begriffliche Inhalt der Gleichung

$$\lim_{h=0} \frac{f(x+h) - f(x)}{h} = f'(x),$$

durch die der Differentialquotient an der Stelle x definiert wird, ist der, daß die Differenz

$$\frac{f(x+h) - f(x)}{h} - f'(x)$$

durch entsprechende Einschränkung von h unter einen beliebig kleinen Betrag gebracht werden kann; bezeichnet man sie mit ε, so ist hiernach ε eine mit h zugleich unendlich klein werdende Größe und

$$f(x+h) - f(x) = hf'(x) + \varepsilon h$$

oder in andern, früher eingeführten Zeichen geschrieben:

$$\Delta f(x) = f'(x)\Delta x + \varepsilon \Delta x. \tag{7}$$

Von den beiden Teilen der rechten Seite wird der zweite unendlich klein von höherer Ordnung als der erste, sobald $f'(x)$ einen bestimmten, von Null verschiedenen Wert hat, weil

$$\lim_{\Delta x=0} \frac{\varepsilon \Delta x}{f'(x)\Delta x} = \lim \frac{\varepsilon}{f'(x)} = 0;$$

das erste Glied stellt also den Hauptteil der Änderung $\Delta f(x)$ dar und wurde von Leibniz unter dem Namen *Differential* der Funktion mit dem Zeichen $df(x)$ eingeführt. Darnach ist zunächst

$$df(x) = f'(x)\Delta x; \tag{8}$$

wendet man diese Formel auf die Funktion $f(x) = x$ an, so folgt

$$dx = \Delta x, \tag{9}$$

so daß bei dieser speziellen Funktion die Begriffe „Differenz" und

„Differential" sich decken, wie ja für sie auch Differenzen- und Differentialquotient übereinstimmen; nach dieser Bemerkung kann also

$$df(x) = f'(x)\,dx \qquad (10)$$

geschrieben werden.

Formell ist also das Differential $df(x)$ einer Funktion das Produkt aus ihrem Differentialquotienten mit dem Differential der Variablen; begrifflich stellt es eine Größe dar, deren Unterschied gegen die Änderung $\Delta f(x)$ der Funktion durch gehörige Einschränkung von dx im Verhältnis zur letzteren Größe dem Betrage nach beliebig klein gemacht werden kann, indem zufolge (7), (8) und (9)

$$\lim_{dx=0} \frac{\Delta f(x) - df(x)}{dx} = 0.$$

Die aus der Definitionsgleichung (10) gezogene Folgerung

$$f'(x) = \frac{df(x)}{dx}$$

hat nur die Bedeutung, es sei $f'(x)$ der Grenzwert von $\frac{\Delta f(x)}{\Delta x}$ bei unendlicher Abnahme von Δx. Auf ihr beruht der Name „Differentialquotient" (Quotient aus dem Differential der Funktion durch das Differential der Variablen) und die von Leibniz dafür eingeführte Bezeichnung $\frac{df(x)}{dx}$.

Aus der Gleichung (10) erklärt sich auch die von Lacroix[1]) für den Differentialquotienten eingeführte Benennung „Differentialkoeffizient" (Koeffizient des Differentials dx), der heute noch in englischen Schriften üblich ist.

Die Bestimmung des Differentialquotienten einer Funktion und ihres Differentials laufen hiernach im Wesen auf dasselbe hinaus; die primäre Operation ist die Bestimmung des Differentialquotienten, man bezeichnet sie vorzugsweise als *Differentiation*. Wenn man trotzdem die Differentiale neben den Differentialquotienten weiterführt, so liegt der Grund darin, daß bei den Anwendungen auf Geometrie, Mechanik u. a. häufig die Aufstellung einer Relation zwischen den Änderungen mehrerer Funktionen einer Variablen den Ausgangspunkt bildet; ersetzt man die Änderungen durch die Differentiale, so kommt man zu einer Relation, die, wie man sagt, „für den Grenzzustand" richtig ist; analytisch heißt dies, daß sie richtig wird, nachdem man sie durch das Differential der unabhängigen Variablen dividiert hat und zur Grenze übergegangen ist.

In den beiden Fällen von **56** hat das Differential folgende Bedeutung.

---

1) Traité du Calcul différentiel et du Calcul intégral, I. Band, (1810), p. 240.

Ist $f(x)$ der in der Zeit x zurückgelegte Weg, also $f'(x)$ die am Ende dieser Zeit herrschende Geschwindigkeit, so stellt das Differential $df(x) = f'(x)dx$ den in dem Zeitintervall $(x, x + dx)$ beschriebenen Weg umso genauer dar, je kleiner dx, und man kann dx so klein wählen, daß der Unterschied zwischen dem wirklich zurückgelegten Weg $\Delta f(x)$ und diesem $df(x)$ im Verhältnis zu dx beliebig klein wird.

Wird $f(x)$ in den Ordinaten einer Kurve zur Darstellung gebracht, so ist $df(x) = f'(x)dx = dx \, \mathrm{tg}\, \alpha = QR$ (Fig. 28) die Änderung, welche die *Ordinate der Tangente* bei dem Übergange von x zu $x + dx$ erfährt; dies unterscheidet sich von der Änderung der *Ordinate der Kurve*, von $\Delta f(x) = QM'$, umso weniger, je kleiner dx, und wiederum kann dx so eingeschränkt werden, daß das Verhältnis $\dfrac{\Delta f(x) - df(x)}{dx} = \dfrac{RM'}{MQ}$ dem Betrage nach beliebig klein wird.

§ 2. Allgemeine Sätze über Differentiation.

59. Ableitung einer Summe. Sind $f(x)$, $g(x)$ zwei in dem Intervall (α, β) stetige und differenzierbare Funktionen, so hat auch deren Summe $f(x) + g(x)$ einen Differentialquotienten; denn der Differenzenquotient

$$\frac{f(x+h) + g(x+h) - \{f(x) + g(x)\}}{h} = \frac{f(x+h) - f(x)}{h} + \frac{g(x+h) - g(x)}{h}$$

konvergiert unter den obigen Voraussetzungen mit gegen Null abnehmendem h gegen eine bestimmte Grenze:

$$D[f(x) + g(x)] = Df(x) + Dg(x). \tag{1}$$

Die Formel kann leicht auf Summen aus einer beliebigen endlichen Anzahl von Summanden ausgedehnt werden; sie spricht den Satz aus: *Die Ableitung einer Summe kommt gleich der Summe der Ableitungen der einzelnen Summanden.*

Ist die Funktion $g(x)$ konstant $= c$, so ist ihr Differentialquotient Null, Formel (1) gibt dann

$$D[f(x) + c] = Df(x). \tag{2}$$

Hiernach *verschwindet ein konstanter Summand beim Differenzieren,* mit andern Worten: *Zwei Funktionen, die sich nur um eine additive Konstante voneinander unterscheiden, haben gleiche Ableitungen.*

60. Ableitung eines Produktes. Sind die Funktionen $u = f(x)$, $v = g(x)$ in einem Intervall stetig und differenzierbar, so gilt dies auch von ihrem Produkt.[1]) Der auf dieses bezügliche Differenzenquotient läßt folgende Umformung zu:

---

1) Den Nachweis der Stetigkeit überlassen wir dem Leser.

$$\frac{f(x+h)g(x+h)-f(x)g(x)}{h}$$

$$= \frac{f(x+h)g(x+h)-f(x)g(x+h)+f(x)g(x+h)-f(x)g(x)}{h}$$

$$= \frac{f(x+h)-f(x)}{h}g(x+h)+f(x)\frac{g(x+h)-g(x)}{h},$$

und konvergiert bei gegen Null abnehmendem h auf Grund der gemachten Voraussetzungen gegen

$$D(uv) = u'v + uv'. \tag{3}$$

Kommt zu uv noch ein dritter von x abhängiger Faktor w hinzu, der dieselben Eigenschaften besitzt wie u und v, so ist zunächst

$$D\{(uv)w\} = w\,D(uv) + uvw'.$$

daher nach Benützung von (3):

$$D(uvw) = u'vw + uv'w + uvw'. \tag{4}$$

Die Formel läßt sich auf dem angedeuteten Wege auf jede endliche Anzahl von Faktoren ausdehnen, so daß man allgemein sagen kann: *Die Ableitung eines Produktes von n Funktionen einer Variablen wird gebildet, indem man je einen Faktor des Produktes durch seine Ableitung ersetzt und die so gebildeten n Produkte zu einer Summe vereinigt.*

Ist in (3) einer der Faktoren konstant, etwa $v = c$, so ist $v' = 0$, folglich

$$D(cu) = cu'. \tag{5}$$

Hiernach *geht ein konstanter Faktor unverändert als Faktor in die Ableitung über.*

Wird die Formel (4) auf n Funktionen $f_1(x), f_2(x), \cdots f_n(x)$ ausgedehnt und sodann durch deren Produkt dividiert[1]), so ergibt sich die Formel:

$$\frac{D[f_1(x)f_2(x)\cdots f_n(x)]}{f_1(x)f_2(x)\cdots f_n(x)} = \frac{f_1'(x)}{f_1(x)} + \frac{f_2'(x)}{f_2(x)} + \cdots + \frac{f_n'(x)}{f_n(x)}; \tag{6}$$

aus ihr folgt weiter, wenn alle Faktoren ein und dieselbe Funktion $f(x)$ bedeuten, der Ansatz:

$$\frac{D[f(x)^n]}{f(x)^n} = n\frac{f'(x)}{f(x)},$$

woraus sich ergibt:

$$D[f(x)^n] = nf(x)^{n-1}f'(x). \tag{7}$$

Für $f(x) = x$ hat man also

$$Dx^n = nx^{n-1}. \tag{8}$$

---

1) **Was nur für** solche Werte von x geschehen darf, für die keiner der Faktoren verschwindet.

Hierdurch erscheint die Ableitung der Potenz bestimmt, nach dem Gange der Herleitung vorläufig nur für einen *positiven ganzen* Exponenten.

61. Ableitung eines Quotienten. Der Quotient zweier in einem Intervall stetigen und differenzierbaren Funktionen $u = f(x)$, $v = g(x)$ ist daselbst ebenfalls stetig und differenzierbar, sofern der Nenner v an keiner Stelle des Intervalls verschwindet. Findet letzteres ein oder mehreremale statt, so hört der Quotient an solchen Stellen auf, definiert und im allgemeinen auch stetig zu sein; es gelten daher die nachfolgenden Formeln mit Ausschluß solcher singulären Stellen.

Transformiert man den Differenzenquotienten wie folgt:

$$\frac{\dfrac{f(x+h)}{g(x+h)} - \dfrac{f(x)}{g(x)}}{h}$$

$$= \frac{f(x+h)\,g(x) - f(x)\,g(x+h)}{h\,g(x)\,g(x+h)}$$

$$= \frac{\dfrac{f(x+h)-f(x)}{h}\,g(x) - f(x)\,\dfrac{g(x+h)-g(x)}{h}}{g(x)\,g(x+h)}$$

so führt der Grenzübergang $\lim h = 0$ zu der Regel:

$$D\left(\frac{u}{v}\right) = \frac{u'v - uv'}{v^2}. \tag{9}$$

Es ist also die Ableitung eines Bruches gleich dem Produkt des Nenners mit der Ableitung des Zählers, vermindert um das Produkt des Zählers mit der Ableitung des Nenners, die Differenz dividiert durch das Quadrat des Nenners.

Man hätte zu dieser Regel auch von der Identität

$$u = \frac{u}{v}\,v$$

ausgehend gelangen können; denn aus ihr folgt nach der Produktregel

$$u' = vD\left(\frac{u}{v}\right) + \frac{u}{v}\,v',$$

woraus sich für $D\left(\frac{u}{v}\right)$ wieder der frühere Ausdruck ergibt.

Eine erhebliche Vereinfachung, die man sich oft zunutze machen kann, erfährt die Formel (9), wenn der Zähler konstant, $u = c$ ist; alsdann hat man

$$D\,\frac{c}{v} = -\,\frac{cv'}{v^2}. \tag{10}$$

Setzt man hier $c = 1$ und $v = x^n$ mit positivem ganzen Exponenten, so ergibt sich unter Benützung von (8):

$$Dx^{-n} = -\,\frac{nx^{n-1}}{x^{2n}} = -\,nx^{-n-1}, \tag{11}$$

wodurch (8) auch für *ganze negative* Exponenten erwiesen ist.

62. Ableitungen inverser Funktionen.[1]) Ist (A, B) das Wertgebiet einer in dem Intervall $\alpha \leqq x \leqq \beta$ monotonen stetigen Funktion $y = f(x)$, so gehört zu jedem Werte y aus (A, B) ein und nur ein Wert x aus (α, β), so daß zugleich x als Funktion von y bestimmt ist: $x = \varphi(y)$, und zwar ebenfalls als monotone stetige Funktion. Wie schon in **43**, 2. erklärt worden, heißen derart bestimmte Funktionen *inverse* Funktionen; nun soll die einfache Beziehung aufgezeigt werden, die zwischen ihren Ableitungen besteht.

Sind nämlich x, y und ebenso $x + \varDelta x$, $y + \varDelta y$ zusammengehörige Werte, so ist $\dfrac{\varDelta y}{\varDelta x}$ der Differenzenquotient von $f(x)$, $\dfrac{\varDelta x}{\varDelta y}$ der Differenzenquotient von $\varphi(y)$; beide Differenzenquotienten stehen im Verhältnis der Reziprozität zueinander und bleiben es, wie klein auch $\varDelta x$ und $\varDelta y$ werden mögen; folglich sind auch ihre Grenzwerte, falls solche vorhanden und bestimmte von Null verschiedene Werte sind, also die Differentialquotienten von $f(x)$ und $\varphi(y)$, reziprok, d. h.

$$D_x f(x)\, D_y \varphi(y) = 1 . \tag{12}$$

Die Ableitungen zweier inversen Funktionen sind also für jedes Paar zusammengehöriger Werte der Variablen x, y reziprok.

Konvergiert $\dfrac{\varDelta y}{\varDelta x}$ gegen die Grenze Null, so hat gleichzeitig $\dfrac{\varDelta x}{\varDelta y}$ den Grenzwert ∞ und umgekehrt; ist also an einer Stelle $D_x f(x) = 0$, so hat $\varphi(y)$ an der entsprechenden Stelle eine unendliche Ableitung und umgekehrt.

Die Ergebnisse erlangen anschauliche Bedeutung, wenn man $y = f(x)$ als Gleichung einer Kurve, Fig. 30, auffaßt; die Kurve ist

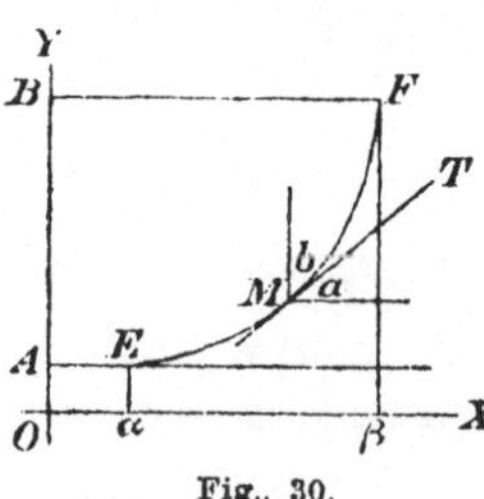

Fig. 30.

auch durch die Gleichung $x = \varphi(y)$ dargestellt und der Unterschied beider Darstellungen liegt lediglich darin, daß das erstemal x, das zweitemal y als unabhängige Variable aufgefaßt wird. Die Ableitung $D_x f(x)$ bestimmt die trigonometrische Tangente des Winkels a, den die Tangente MT mit der positiven Richtung der Abszissenachse bildet, $D_y \varphi(y)$ die trigonometrische Tangente des Winkels b, den dieselbe Tangente mit der positiven Richtung der Ordinatenachse einschließt, und da $a + b = \dfrac{\pi}{2}$, so ist $\operatorname{tg} a \operatorname{tg} b = 1$; dies also ist der geometrische Inhalt der Formel (12). Wird in einem Punkte, etwa E, $D f(x) = 0$,

---

1) Es sei auf die strengen Beweise der Sätze in Art. 62 und 63 in H. Rothe's Vorlesungen über höhere Mathematik, 1921, pag. 251 und 246 hingewiesen.

so ist dort die Tangente parallel der Abszissenachse, also normal zur Ordinatenachse, folglich $D\varphi(y) = \infty$ an dieser Stelle.

Wendet man die Formel (12) auf den Fall $y = x^{\frac{1}{m}}$, $x = y^m$ an,

wo unter m eine positive ganze Zahl, unter $x^{\frac{1}{m}}$ der positive reelle Wert von $\sqrt[m]{x}$ verstanden wird, und x auf positive Werte beschränkt bleiben muß, wenn m eine gerade Zahl bedeutet, so findet sich mit Benutzung von (8):

$$m\, y^{m-1}\, D x^{\frac{1}{m}} = 1,$$

woraus

$$D x^{\frac{1}{m}} = \frac{1}{m\, y^{m-1}} = \frac{1}{m\, x^{\frac{m-1}{m}}} = \frac{1}{m}\, x^{\frac{1}{m}-1};$$

und trägt man weiter in die Formel (7) $f(x) = x^{\frac{1}{m}}$ ein, so kommt

$$D x^{\frac{n}{m}} = n\, x^{\frac{n-1}{m}}\, \frac{1}{m}\, x^{\frac{1}{m}-1} = \frac{n}{m}\, x^{\frac{n}{m}-1}; \tag{13}$$

dadurch ist die Giltigkeit der Formel (8) auch für *positive gebrochene* Exponenten dargetan. Wird schließlich in der Formel (10) $c = 1$ und $v = x^{\frac{n}{m}}$ gesetzt, so gibt sie mit Beachtung von (13):

$$D x^{-\frac{n}{m}} = \frac{-\dfrac{n}{m}\, x^{\frac{n}{m}-1}}{x^{\frac{2n}{m}}} = -\frac{n}{m}\, x^{-\frac{n}{m}-1}, \tag{14}$$

wodurch Formel (8) auch auf *negative gebrochene* Exponenten erweitert erscheint. Sie gilt also für jeden rationalen Exponenten.

63. Ableitung zusammengesetzter Funktionen. Es sei $u = \varphi(x)$ eine eindeutige stetige Funktion von x, $y = f(u)$ eine eindeutige stetige Funktion von u, so ist mittelbar y auch eine eindeutige stetige Funktion von $x: y = f[\varphi(x)]$; man nennt in solchem Falle y eine *zusammengesetzte Funktion* von x oder auch *eine Funktion von einer Funktion* von x.

Ein bestimmter Wert von x hat einen bestimmten Wert von u und dieser einen bestimmten Wert von y zur Folge, und besitzt $\varphi(x)$ an der Stelle x und $f(u)$ an der Stelle u eine Ableitung, so hat auch $f[\varphi(x)]$ an der Stelle x eine Ableitung. Geht man nämlich von x zu $x + \Delta x$ über, so erfahren auch u, y gewisse Änderungen Δu, Δy, die wegen der vorausgesetzten Stetigkeit mit Δx zugleich gegen Null konvergieren, und es ist

$\dfrac{\Delta u}{\Delta x}$ der Differenzenquotient von u in bezug auf x,

$\dfrac{\Delta y}{\Delta u}$ „   „   „ y „   „   „ u,

$\dfrac{\Delta y}{\Delta x}$ „   „   „ y „   „   „ x;

zwischen diesen drei Differenzenquotienten besteht aber die Beziehung:

$$\frac{\Delta y}{\Delta x} = \frac{\Delta y}{\Delta u}\frac{\Delta u}{\Delta x}$$

und bleibt in Geltung, wie klein auch Δx werden möge; somit besteht auch zwischen den Grenzwerten die Relation:

$$D_x y = D_u y \, D_x u. \tag{15}$$

Wäre $v = \psi(x)$, $u = \varphi(v)$, $y = f(u)$, y also durch zweifache Vermittlung eine Funktion von x, so ergäbe sich durch ähnliche Schlüsse

$$D_x y = D_u y \, D_v u \, D_x v. \tag{16}$$

Um also eine Variable y, die durch mehrfache eindeutige Vermittlung von u, v, w, $\cdots z$ mit der Variablen x zusammenhängt, nach dieser letzteren zu differenzieren, bilde man der Reihe nach die Ableitungen von y nach u, von u nach v, von v nach w, $\cdots$ schließlich von z nach x, die sämtlich als vorhanden vorausgesetzt werden; dann ist die Ableitung von y nach x gleich dem Produkte aller dieser Ableitungen.

Die Formel (7) erweist sich als ein besonderer Fall der Formel (15), wenn man hier $u = f(x)$, $y = u^n$ setzt.

Nimmt man in (15) $u = ax + b$, $y = u^n$, wo n nun jede *rationale Zahl* bedeuten kann, so ergibt sich:

$$D(ax + b)^n = na(ax + b)^{n-1}.$$

§ 3. Differentiation der elementaren Funktionen.

64. Die Potenz. Im Verlaufe des letzten Paragraphen wurde für die Differentiation der Potenz $y = x^n$ die für jeden rationalen Exponenten giltige Formel:

$$D x^n = n x^{n-1} \tag{1}$$

abgeleitet. Bei negativem n ist der Wert $x = 0$ als Unstetigkeitspunkt auszuschließen.

Diese Formel in Verbindung mit den Sätzen des vorigen Paragraphen setzt uns in den Stand, alle expliziten algebraischen Funktionen zu differenzieren.

1. Für die ganze Funktion

$$y = a_0 x^n + a_1 x^{n-1} + \cdots + a_{n-1} x + a_n$$

hat man unmittelbar (**59**, (1), (2); **60**, (5))

$$Dy = n a_0 x^{n-1} + (n-1) a_1 x^{n-2} + \cdots + a_{n-1};$$

es ist hiernach die Ableitung einer ganzen Funktion eine ebensolche Funktion von nächst niedrigerem Grade.

2. Die gebrochene Funktion

$$y = \frac{a_0\,x^n + a_1\,x^{n-1} + \cdots + a_n}{b_0\,x^m + b_1\,x^{m-1} + \cdots + b_m} = \frac{Z}{N}$$

läßt Differentiation zu an allen Stellen, an welchen der Nenner nicht verschwindet, und zwar ist dann (**61**, (9))

$$y' = \frac{N(n a_0\,x^{n-1} + \cdots + a_{n-1}) - Z(m b_0\,x^{m-1} + \cdots + b_{m-1})}{N^2}.$$

So besitzt beispielsweise $y = \dfrac{x^4 - 1}{x^4 + 1}$ an jeder Stelle eine Ableitung, weil der Nenner für keinen reellen Wert von x verschwindet, und zwar ist

$$y' = \frac{8x^3}{(x^4 + 1)^2};$$

hingegen wird $y = \dfrac{x^4 + 1}{x^4 - 1}$ unstetig an den Stellen $x = -1$ und $x = 1$, für welche die Definition ihre Geltung verliert; so lange jedoch $x < -1$, $-1 < x < 1$ und $1 < x$ ist, hat man

$$y' = -\frac{8x^3}{(x^4 - 1)^2}.$$

3. Die Differentiation einer Wurzel aus einer rationalen Funktion erledigt sich durch Verbindung von **63**, (15) mit den vorangehenden Fällen. Ist z. B. $y = \sqrt{\dfrac{x^2 + 1}{x^3 - 1}}$, so beachte man zunächst, daß x auf das Intervall $1 < x < \infty$ beschränkt werden muß; setzt man $u = \dfrac{x^3 + 1}{x^3 - 1}$, so ist

$$D_u y = \frac{1}{2}\,u^{-\frac{1}{2}} = -\frac{1}{2\sqrt{u}}, \quad D_x u = -\frac{x^4 + 3x^2 + 2x}{(x^3 - 1)^2},$$

folglich

$$D_x y = -\frac{1}{2}\sqrt{\frac{x^3 - 1}{x^2 + 1}}\,\frac{x^4 + 3x^2 + 2x}{(x^3 - 1)^2}.$$

65. Der Logarithmus. Der von der Funktion $y = \log_a x$, wo $a > 0$ und $x > 0$ vorauszusetzen ist, gebildete Differenzenquotient lautet:

$$\frac{\log_a (x + h) - \log_a x}{h} = \frac{1}{h}\log_a\left(1 + \frac{h}{x}\right);$$

setzt man darin $\dfrac{h}{x} = \varepsilon$, so vollführt ε zugleich mit h den Grenzübergang zur Null; somit ist

$$D \log_a x = \frac{1}{x}\log_a\left[\lim_{\varepsilon = 0}(1 + \varepsilon)^{\frac{1}{\varepsilon}}\right].$$

Der hier auftretende Grenzwert hat in **47** den Gegenstand einer besonderen Untersuchung gebildet, und es ist dort unter (14) die Zahl e für ihn gefunden worden. Man hat also endgiltig

$$D \log_a x = \frac{\log_a e}{x}. \tag{2}$$

Bei dem Anlasse ist auch schon erwähnt worden, daß das Logarithmensystem mit der Basis e das *natürliche* genannt wird; jetzt sei hinzugefügt, daß dieses System in der reinen Analysis das allein gebräuchliche ist, während sich das praktische Rechnen des *gemeinen* Logarithmensystems mit der Basis 10 bedient.

Aus dem Ansatze

$$e^{lx} = a^{\log_a x}$$

folgt, wenn man ihn im natürlichen System logarithmiert,

$$lx = \log_a x \cdot la; \tag{A}$$

auf $x = e$ angewendet gibt dies $1 = \log_a e \cdot la$, woraus $\log_a e = \frac{1}{la}$, so daß statt (2) auch

$$D \log_a x = \frac{1}{x\,la} \tag{2*}$$

geschrieben werden kann.

Die Gleichung (A) drückt den Zusammenhang zwischen den natürlichen Logarithmen und den Logarithmen irgend eines künstlichen Systems aus; auf das gemeine System angewendet führt sie zu den Gleichungen:

$$lx = l10 \cdot \log x, \qquad \log x = \frac{1}{l10}\, lx. \tag{B}$$

Die Zahl $M = \frac{1}{l10} = 0{\cdot}434\,294\,481\,903 \cdots$, durch welche die natürlichen Logarithmen in gemeine übergeführt werden, nennt man den *Modul* des gemeinen, ihren reziproken Wert $\frac{1}{M} = l10 = 2{\cdot}302\,585\,092\,994 \cdots$, der das entgegengesetzte leistet, den Modul des natürlichen Systems.

Durch die Wahl $a = e$ geht die Formel (2*) über in

$$Dlx = \frac{1}{x}, \tag{3}$$

eine Formel, die durch ihre Einfachheit diese Wahl der Basis rechtfertigt.

Die Formel (3) in Verbindung mit **63** gestattet, die Ableitung des Logarithmus einer jeden expliziten algebraischen Funktion zu bestimmen. Ist z. B.

$$y = l(x + \sqrt{1 + x^2}),$$

so setze man $x + \sqrt{1 + x^2} = u$ und hat nun

$$D_u y = \frac{1}{u}, \qquad D_x u = 1 + \frac{x}{\sqrt{1 + x^2}} = \frac{u}{\sqrt{1 + x^2}},$$

folglich

$$D_x y = \frac{1}{\sqrt{1 + x^2}}.$$

Hat man weiter den Differentialquotienten von

$$y = l \sqrt{\frac{1 + x}{1 - x}}$$

zu bilden, einer Funktion, welche für alle Werte von x mit Ausschluß von -1 und 1 definiert ist, so setze man $u = \frac{1 + x}{1 - x}$, $v = \sqrt{u}$; alsdann ist

$$D_v y = \frac{1}{v}, \qquad D_u v = \frac{1}{2\sqrt{u}}, \qquad D_x u = \frac{2}{(1 - x)^2},$$

mithin

$$D_x y = \frac{1 - x}{1 + x} \frac{1}{(1 - x)^2} = \frac{1}{1 - x^2}.$$

Sind y_1, y_2, $\cdots y_n$ Funktionen von x, deren keine an der betrachteten Stelle x Null ist, so ist auch $y = y_1 y_2 \cdots y_n$ nicht Null und

$$ly = ly_1 + ly_2 + \cdots + ly_n;$$

durch Differentiation dieser Gleichung ergibt sich

$$\frac{y'}{y} = \frac{y_1'}{y_1} + \frac{y_2'}{y_2} + \cdots + \frac{y_n'}{y_n};$$

die rechte Seite wird die *logarithmische Ableitung des Produkts* y genannt; ihre Multiplikation mit y führt zum Differentialquotienten des Produkts selbst (**60**, (6)).

66. Die Exponentialfunktion. Die in **39**, II, 5. entwickelte Definition der Exponentialfunktion $y = a^x$ setzt $a > 0$ voraus; aus ihr folgt durch Umkehrung $x = \log_a y$. Dem Satze in **62** zufolge ist also

$$D_x a^x D_y \log_a y = 1$$

und mit Benutzung von (2*) folgt daraus

$$D a^x = a^x l a. \tag{4}$$

Insbesondere hat man für die Exponentialfunktion $y = e^x$, die in **47** unter dem Namen der natürlichen Potenz eingeführt worden ist,

$$D e^x = e^x. \tag{5}$$

Die natürliche Potenz ist die einzige Funktion, die sich beim Differenzieren unverändert reproduziert.

Ist der Exponent einer Exponentialfunktion eine explizite algebraische Funktion von x, so kann die Differentiation auf Grund des Satzes **63** ausgeführt werden. Ist z. B. $y = e^{\frac{1}{x - a}}$, so gilt bei Ausschluß der Stelle $x = a$

$$Dy = - \frac{1}{(x-a)^2}\, e^{\frac{1}{x-a}}.$$

Während bei der Potenz der Exponent, bei der Exponential-funktion die Basis konstant ist, könnte es als wesentliche Erweiterung des Potenzbegriffs erscheinen, wenn man Basis *und* Exponenten als variabel voraussetzt. Sind aber u, v Funktionen von x und $y = u^v$ (Voraussetzung: $u > 0$), so kann dafür $y = e^{v\,lu}$, geschrieben, also die Exponentialform hergestellt werden; von dieser aus aber ergibt sich

$$y' = e^{v\,lu}\left(v'lu + \frac{u'v}{u}\right) = u^v\left(v'lu + \frac{u'v}{u}\right).$$

In dem einfachsten Falle $u = x$, $v = x$ hat man

$$Dx^x = x^x(lx + 1).$$

67. Die trigonometrischen Funktionen. In **43**, 4. ist die *Periodizität* als eine wesentliche Eigenschaft der trigonometrischen Funktionen hervorgehoben worden. Da nun periodische Funktionen an Stellen, die sich um ein Vielfaches der Periode unterscheiden, in allen Belangen gleiches Verhalten zeigen, so weisen sie daselbst auch gleiche Ableitungen auf; das heißt aber nichts anderes als, daß die Ableitungen der trigonometrischen Funktionen selbst wieder periodische Funktionen mit der gleichen Periode sind.

Wegen der Beziehungen, die zwischen den trigonometrischen Funktionen eines Bogens bestehen, lassen sich aus der Ableitung einer von ihnen die Ableitungen aller andern gewinnen. Wir wählen als Ausgangspunkt

$$y = \sin x.$$

Der Differenzenquotient

$$\frac{\sin(x+h) - \sin x}{h} = \frac{2\cos\left(x + \frac{h}{2}\right)\sin\frac{h}{2}}{h} = \cos\left(x + \frac{h}{2}\right)\frac{\sin\frac{h}{2}}{\frac{h}{2}}$$

konvergiert wegen der Stetigkeit von $\cos x$, und weil $\lim\limits_{h=0} \dfrac{\sin\frac{h}{2}}{\frac{h}{2}} = 1$ ist

(**44**, 6.) gegen $\cos x$; mithin ist

$$D\sin x = \cos x. \tag{6}$$

Da nun $\cos x = \sin\left(\frac{\pi}{2} - x\right)$ und $\frac{\pi}{2} - x$ die Ableitung -1 hat, so folgt mit Anwendung von (6)

$$D\cos x = D\sin\left(\frac{\pi}{2} - x\right) = -\cos\left(\frac{\pi}{2} - x\right)$$

d. i.

$$D\cos x = -\sin x. \tag{7}$$

Für $y = \operatorname{tg} x = \dfrac{\sin x}{\cos x}$ und $y = \operatorname{cotg} x = \dfrac{\cos x}{\sin x}$ erhält man auf Grund der Regel für die Differentiation eines Quotienten und mit Benützung von (6) und (7):

$$D \operatorname{tg} x = \frac{\cos^2 x + \sin^2 x}{\cos^2 x}, \quad D \operatorname{cotg} x = \frac{-\sin^2 x - \cos^2 x}{\sin^2 x},$$

also endgiltig
$$D \operatorname{tg} x = \frac{1}{\cos^2 x} = \sec^2 x \tag{8}$$

$$D \operatorname{cotg} x = - \frac{1}{\sin^2 x} = - \operatorname{cosec}^2 x. \tag{9}$$

Diese Formeln gelten jedoch nur unter Ausschluß der Unstetigkeitsstellen, bei $\operatorname{tg} x$ also mit Auschluß der Stellen $(2n+1)\dfrac{\pi}{2}$, bei $\operatorname{cotg} x$ mit Ausschluß der Stellen $n\pi$, wobei n jede positive und negative ganze Zahl, die Null inbegriffen, bedeuten **kann**.

Schließlich erhält man nach der Vorschrift **61**, (10) und mit Benützung von (6), (7) für $y = \sec x = \dfrac{1}{\cos x}$ und $y = \operatorname{cosec} x = \dfrac{1}{\sin x}$:

$$D \sec x = \frac{\sin x}{\cos^2 x} = \sec x \operatorname{tg} x \tag{10}$$

$$D \operatorname{cosec} x = - \frac{\cos x}{\sin^2 x} = - \operatorname{cosec} x \operatorname{cotg} x; \tag{11}$$

auszuschließen sind dieselben Stellen wie bei $\operatorname{tg} x$, bzw. $\operatorname{cotg} x$.

68. Die zyklometrischen Funktionen. Bei der Differentiation dieser Funktionen kann man sich auf jenen Abschnitt beschränken, der die *Hauptwerte* der jeweiligen Funktion zusammenfaßt; denn jeder andere Abschnitt setzt sich aus dem Hauptwert und einer Konstanten additiv zusammen (**43**, 5.).

1. Aus $y = \arcsin x$, wobei $-1 \leqq x \leqq 1$ und $-\dfrac{\pi}{2} \leqq y \leqq \dfrac{\pi}{2}$, folgt durch Umkehrung $x = \sin y$; daher ist nach der in **62** abgeleiteten Regel:
$$D \arcsin x \, D \sin y = 1,$$
woraus
$$D \arcsin x = \frac{1}{\cos y} = \frac{1}{\sqrt{1 - x^2}}; \tag{12}$$

die Wurzel ist positiv zu nehmen, weil $\cos y$ in dem bezeichneten Intervall positiv ist.

2. Aus $y = \arccos x$, wobei $-1 \leqq x \leqq 1$ und $0 \leqq y \leqq \pi$, ergibt sich $x = \cos y$ und hiermit weiter
$$D \arccos x \, D \cos y = 1,$$
woraus
$$D \arccos x = - \frac{1}{\sin y} = - \frac{1}{\sqrt{1 - x^2}}; \tag{13}$$

die Wurzel ist wieder positiv zu nehmen, weil $\sin y$ in dem bezeichneten Intervall von y positiv ist.

3. Kehrt man $y = \operatorname{arctg} x$, wo bei unbeschränkt variablem x das y an das Intervall $-\frac{\pi}{2} < y < \frac{\pi}{2}$ gebunden ist, um, so entsteht $x = \operatorname{tg} y$, und die Beziehung

$$D \operatorname{arctg} x \; D \operatorname{tg} y = 1$$

liefert

$$D \operatorname{arctg} x = \frac{1}{\sec^2 y} = \frac{1}{1 + x^2}. \tag{14}$$

4. In derselben Weise ergibt sich aus der Umkehrung von $y = \operatorname{arccotg} x$ (x unbeschränkt, $0 < y < \pi$) $x = \operatorname{cotg} y$, und aus

$$D \operatorname{arccotg} x \; D \operatorname{cotg} y = 1$$

folgt

$$D \operatorname{arccotg} x = - \frac{1}{\operatorname{cosec}^2 y} = - \frac{1}{1 + x^2} \tag{15}$$

Der Zusammenhang der Formelpaare (12), (13) und (14), (15) erklärt sich aus den in **43** nachgewiesenen Formeln:

$$\operatorname{arcsin} x + \operatorname{arccos} x = \frac{\pi}{2}$$

$$\operatorname{arctg} x + \operatorname{arccotg} x = \frac{\pi}{2}.$$

Auf die Funktionen $\operatorname{arcsec} x$ und $\operatorname{arccosec} x$ soll hier wegen ihrer seltenen Verwendung nicht eingegangen werden; indessen würde ihre Differentiation nach dem vorausgeschickten keiner Schwierigkeit begegnen.

Die Formeln (1) bis (15) dieses Paragraphen und die allgemeinen Sätze des vorigen reichen aus, um alle aus den elementaren Funktionen durch eine endliche Folge von Operationen gebildeten Funktionen zu differenzieren.

69. Die Hyperbelfunktionen. Zu den elementaren transzendenten Funktionen zählt man auch die *Hyperbelfunktionen*, so genannt, weil sie geometrisch mit der gleichseitigen Hyperbel in ähnlicher Weise zusammenhängen wie die trigonometrischen (Kreis-)Funktionen mit dem Kreise. Sie sind um die Mitte des 18. Jahrhunderts von V. Riccati mit den heute üblichen Bezeichnungen eingeführt und besonders von Lambert weiter ausgebildet worden.

Ihre *analytische* Definition kann mit Hilfe der natürlichen Exponentialfunktion wie folgt gegeben werden. Ist u die unbeschränkte reelle Variable, so wird

$$\frac{e^u + e^{-u}}{2} \quad \text{als hyperbolischer Kosinus } (\cosh u)$$

$$\frac{e^u - e^{-u}}{2} \quad \text{als hyperbolischer Sinus } (\sinh u)$$

von u erklärt; mit Hilfe dieser beiden Funktionen definiert man die hyperbolische Tangente, Kotangente, Sekante und Kosekante ganz nach Art der trigonometrischen Funktionen, indem man schreibt[1]):

$$\operatorname{tgh} u = \frac{\sinh u}{\cosh u}, \quad \operatorname{cotgh} u = \frac{\cosh u}{\sinh u}, \quad \operatorname{sech} u = \frac{1}{\cosh u}, \quad \operatorname{cosech} u = \frac{1}{\sinh u}.$$

Aus diesen Definitionen lassen sich Relationen zwischen den genannten Funktionen ableiten, ebenso zahlreich wie die trigonometrischen Formeln und von ähnlicher Bauart. Einige davon mögen hier zusammengestellt werden.

Aus

$$\cosh u = \frac{e^u + e^{-u}}{2}, \quad \sinh u = \frac{e^u - e^{-u}}{2}$$

folgt mit Rücksicht auf die anderen Definitionsformeln unmittelbar:

$$\cosh u \quad + \sinh u \quad = e^u$$
$$\cosh u \quad - \sinh u \quad = e^{-u}$$
$$\cosh^2 u \quad - \sinh^2 u \quad = 1$$
$$\operatorname{tgh}^2 u \quad + \operatorname{sech}^2 u \quad = 1$$
$$\operatorname{cotgh}^2 u - \operatorname{cosech}^2 u = 1;$$

die leicht zu erweisenden Identitäten:

$$e^{2u} - e^{-2u} = (e^u - e^{-u})(e^u + e^{-u}),$$
$$2(e^{u+v} - e^{-u-v}) = (e^u - e^{-u})(e^v + e^{-v}) + (e^v - e^{-v})(e^u + e^{-u}),$$
$$2(e^{u+v} + e^{-u-v}) = (e^u + e^{-u})(e^v + e^{-v}) + (e^u - e^{-u})(e^v - e^{-v})$$

schreiben sich nunmehr:

$$\sinh 2u = 2 \sinh u \cosh u,$$
$$\sinh (u + v) = \sinh u \cosh v + \sinh v \cosh u,$$
$$\cosh (u + v) = \cosh u \cosh v + \sinh u \sinh v.$$

Die *Differentiation* der neuen Funktionen ist auf die der Exponentialfunktion zurückgeführt; es ergibt sich:

$$D \cosh u = \frac{e^u - e^{-u}}{2} = \sinh u,$$

$$D \sinh u = \frac{e^u + e^{-u}}{2} = \cosh u;$$

$$D \operatorname{tgh} u = \frac{\cosh^2 u - \sinh^2 u}{\cosh^2 u} = \operatorname{sech}^2 u,$$

$$D \operatorname{cotgh} u = \frac{\sinh^2 u - \cosh^2 u}{\sinh^2 u} = - \operatorname{cosech}^2 u.$$

---

1) Neben diesen sind auch andere Bezeichnungen gebräuchlich, so $\mathfrak{Sin}\, u$, $\mathfrak{Cof}\, u$, $\mathfrak{Tg}\, u$, $\mathfrak{Ctg}\, u$; in dieser Schreibweise ist z. B. $D\,\mathfrak{Sec}\, u = - \mathfrak{Tg}\, u\, \mathfrak{Sec}\, u$, $D\,\mathfrak{Cofec}\, u = - \mathfrak{Ctg}\, u\, \mathfrak{Cofec}\, u$; auch sh, ch usw. wird für $\mathfrak{Sin}$, $\mathfrak{Cof}$ usw. geschrieben.

Die *geometrische* Bedeutung der Hyperbelfunktionen ergibt sich aus folgender Betrachtung. Der Kreis in Fig. 31 sei um O mit dem Radius 1 beschrieben. Ist θ das Bogenmaß des Winkels AOM, RS die in M an den Kreis gelegte Tangente, so hat man:

$$OP = \cos\theta, \qquad OR = \sec\theta$$
$$MP = \sin\theta, \qquad OS = \operatorname{cosec}\theta$$
$$MR = \operatorname{tg}\theta, \qquad MS = \operatorname{cotg}\theta.$$

Wird nun RH senkrecht zu OX und gleich MR gemacht, so ist der Ort des so bestimmten Punktes H eine *gleichseitige* Hyperbel, die A zu einem ihrer Scheitel hat; bezeichnet man nämlich die Koordinaten von H mit x, y, so ist

$$x = \sec\theta, \qquad y = \operatorname{tg}\theta,$$

folglich

$$x^2 - y^2 = 1.$$

Vergleicht man diese Gleichung mit

$$\cosh^2 u - \sinh^2 u = 1,$$

so folgt, daß

$$\cosh u = OR,$$
$$\sinh u = HR$$

gesetzt werden kann.

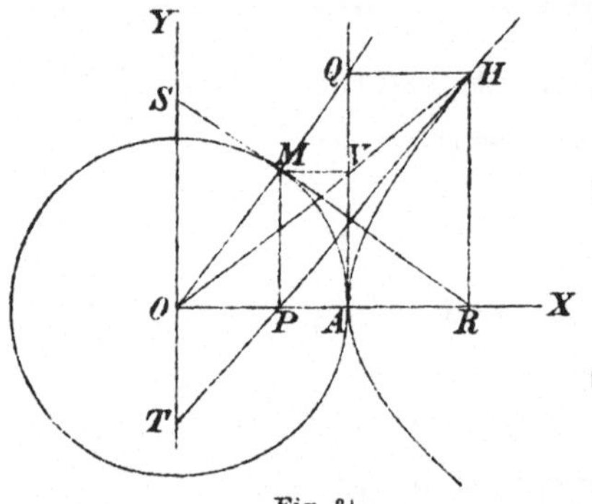

Fig. 31.

Man überzeugt sich ferner, daß der Halbmesser OH der Hyperbel auf der Tangente in A eine mit MP gleiche Strecke abschneidet und daß die Tangente der Hyperbel im Punkte H durch P geht; denn es ist

$$\frac{AV}{RH} = \frac{OA}{OR}, \quad \text{woraus } AV = \sin\theta = MP;$$

weiter ist der Richtungskoeffizient der Tangente (**56**, 2):

$$Dy = D\sqrt{x^2 - 1} = \frac{x}{y} = \frac{1}{\sin\theta},$$

aber auch

$$\operatorname{tg} RPH = \frac{y}{x - \cos\theta} = \frac{\operatorname{tg}\theta}{\sec\theta - \cos\theta} = \frac{1}{\sin\theta},$$

so daß tatsächlich PH die Tangente ist.

Auf Grund dieser Ergebnisse erkennt man, daß, ganz entsprechend den Kreisfunktionen:

$$OR = \cosh u \qquad OP = \operatorname{sech} u$$
$$HR = \sinh u \qquad OT = \operatorname{cosech} u$$
$$HP = \operatorname{tgh} u \qquad HT = \operatorname{cotgh} u.$$

Die Analogie erstreckt sich selbst auf die Bedeutung der Argumente: die trigonometrischen Funktionen können, da $\tfrac{1}{2}\theta$ die Fläche des Sektors OAM ist, auch als Funktionen des Doppelten dieses Sektors aufgefaßt werden; in der Integralrechnung wird gezeigt werden, daß $\frac{1}{2}u$ die Fläche des Hyperbelsektors OAH ist.

Der Zusammenhang zwischen den beiden Argumenten u, θ ergibt sich in folgender Weise: Die Relation

$$\cosh u + \sinh u = e^u$$

verwandelt sich im Hinblick auf die Figur in

$$\sec \theta + \operatorname{tg} \theta = e^u;$$

die weitere Verfolgung dieses Ansatzes gibt:

$$\frac{1 + \sin\theta}{\cos\theta} = \frac{1 + \cos\left(\dfrac{\pi}{2} - \theta\right)}{\sin\left(\dfrac{\pi}{2} - \theta\right)} = \operatorname{cotg}\left(\frac{\pi}{4} - \frac{\theta}{2}\right) = \operatorname{tg}\left(\frac{\pi}{4} + \frac{\theta}{2}\right) = e^u,$$

woraus

$$u = l\operatorname{tg}\left(\frac{\pi}{4} + \frac{\theta}{2}\right).$$

Diese Gleichung wurde bereits 1599, also lange vor der Einführung der Hyperbelfunktionen, von E. Wright gefunden als mathematischer Ausdruck der Skala, nach welcher in der *Mercator*-Projektion die Punkte eines Meridians je nach ihrer geographischen Breite θ in bezug auf das Bild des Äquators angeordnet sind. Man nennt θ die „hyperbolische Amplitude" von u oder auch Lamberts transzendenten Winkel[1]).

70. Beispiele. In den nachstehenden Beispielen ist der Differentialquotient zunächst in der Form angegeben, wie er sich bei Anwendung der Regeln unmittelbar ergibt, an zweiter Stelle in seiner einfachsten Gestalt, mit Fortlassung der Zwischenrechnungen; in den späteren Beispielen ist nur das Resultat mitgeteilt.

1. $Dx^m(ax^n + b)^p = mx^{m-1}(ax^n + b)^p + px^m(ax^n + b)^{p-1}\cdot nax^{n-1}$

$$= x^{m-1}(ax^n + b)^{p-1}[(m + np)ax^n + mb].$$

2. $D\dfrac{x - a}{(x - b)(x - c)} = \dfrac{(x - b)(x - c) - (x - a)(x - c + x - b)}{(x - b)^2(x - c)^2}$

$$= \frac{bc - ab - ac + 2ax - x^2}{(x - b)^2(x - c)^2}.$$

3. $D\sqrt{1 + \dfrac{1}{\sqrt{x}}} = \dfrac{-\dfrac{1}{2}x^{-\frac{3}{2}}}{2\sqrt{1 + \dfrac{1}{\sqrt{x}}}} = -\dfrac{1}{4x\sqrt{x} + \sqrt{x}}.$

4. $D(ax + b)\sqrt{ax^2 + 2bx + c} = a\sqrt{ax^2 + 2bx + c}$

$$+ \frac{(ax + b)^2}{\sqrt{ax^2 + 2bx + c}} = \frac{2(ax + b)^2 + ac - b^2}{\sqrt{ax^2 + 2bx + c}}.$$

---

[1]) Da die Hyperbelfunktionen sich auf verschiedenen Gebieten als zweckmäßig erwiesen, so sei angeführt, daß auch Tafeln derselben berechnet worden sind, so von Forti, Nuove tavole delle funzioni iperboliche, Rom 1892.

5. $D \dfrac{\sqrt{a^2+x^2}+\sqrt{a^2-x^2}}{\sqrt{a^2+x^2}-\sqrt{a^2-x^2}}$

$$= \frac{\left(\sqrt{a^2+x^2}-\sqrt{a^2-x^2}\right)\left(\dfrac{x}{\sqrt{a^2+x^2}}-\dfrac{x}{\sqrt{a^2-x^2}}\right) -\left(\sqrt{a^2+x^2}+\sqrt{a^2-x^2}\right)\left(\dfrac{x}{\sqrt{a^2-x^2}}+\dfrac{x}{\sqrt{a^2-x^2}}\right)}{\left(\sqrt{a^2+x^2}-\sqrt{a^2-x^2}\right)^2}$$

$$= -\frac{2a^2}{x^3}\left(1+\frac{a^2}{\sqrt{a^4-x^4}}\right).$$

6. $Dl \dfrac{\sqrt{x+a}+\sqrt{x+b}}{\sqrt{x+a}-\sqrt{x+b}} = \dfrac{\sqrt{x+a}-\sqrt{x+b}}{\sqrt{x+a}+\sqrt{x+b}}$

$$\frac{\left(\sqrt{x+a}-\sqrt{x+b}\right)\left(\dfrac{1}{2\sqrt{x+a}}+\dfrac{1}{2\sqrt{x+b}}\right) -\left(\sqrt{x+a}+\sqrt{x+b}\right)\left(\dfrac{1}{2\sqrt{x+a}}-\dfrac{1}{2\sqrt{x+b}}\right)}{\left(\sqrt{x+a}-\sqrt{x+b}\right)^2} = \frac{1}{\sqrt{(x+a)(x+b)}}.$$

7. $D e^{ax^2+2bx+c} = 2(ax+b)e^{ax^2+2bx+c}.$

8. $D x^m e^{-x^2} = m x^{m-1}e^{-x^2} - 2x^{m+1}e^{-x^2} = x^{m-1}e^{-x^2}(m-2x^2).$

9. $Dl \sin ax = \dfrac{a\cos ax}{\sin ax} = a \cotg ax.$

10. $Dl \cos ax = -\dfrac{a\sin ax}{\cos ax} = -a\,\tg ax.$

11. $Dl \tg \dfrac{x}{2} = \dfrac{\dfrac{1}{2}\sec^2 \dfrac{x}{2}}{\tg \dfrac{x}{2}} = \dfrac{1}{\sin x}.$

12. $Dl \tg \left(\dfrac{\pi}{4}+\dfrac{x}{2}\right) = \dfrac{\dfrac{1}{2}\sec^2\left(\dfrac{\pi}{4}+\dfrac{x}{2}\right)}{\tg\left(\dfrac{\pi}{4}+\dfrac{x}{2}\right)} = \dfrac{1}{\cos x}.$

13. $D \tg x^{\sin x} = D e^{\sin x\, l\,\tg x} = e^{\sin x\, l\,\tg x}\left(\cos x\, l\,\tg x + \dfrac{\sin x \sec^2 x}{\tg x}\right)$

$$= \tg x^{\sin x}(l\,\tg x^{\cos x} + \sec x).$$

14. $D \arc\sin \dfrac{1-x}{1+x} = \dfrac{1}{\sqrt{1-\left(\dfrac{1-x}{1+x}\right)^2}} \cdot \dfrac{-(1+x)-(1-x)}{(1+x)^2} = -\dfrac{1}{(1+x)\sqrt{x}}$

15. $D\left(\dfrac{x \arcsin x}{\sqrt{1-x^2}} + l\sqrt{1-x^2}\right) = \dfrac{\arcsin x}{\sqrt{1-x^2}} + \dfrac{x}{1-x^2} + \dfrac{x^2 \arcsin x}{(1-x^2)^{\frac{3}{2}}}$

$$+ \frac{1}{\sqrt{1-x^2}} \cdot \frac{-x}{\sqrt{1-x^2}} = \frac{\arcsin x}{(1-x^2)^{\frac{3}{2}}}\ {}^1).$$

16. $D\left(\arcsin(a\sin x) + \arccos(a\cos x)\right) = \dfrac{a\cos x}{\sqrt{1-a^2\sin^2 x}} + \dfrac{a\sin x}{\sqrt{1-a^2\cos^2 x}}$.

17. $D \arctan\left(\sqrt{\dfrac{a-b}{a+b}}\, \operatorname{tg}\dfrac{x}{2}\right) = \dfrac{1}{1+\dfrac{a-b}{a+b}\operatorname{tg}^2\dfrac{x}{2}}\sqrt{\dfrac{a-b}{a+b}} \cdot \sec^2\dfrac{x}{2} \cdot \dfrac{1}{2}$

$$= \frac{\sqrt{a^2-b^2}}{2(a+b\cos x)}.$$

18. $D \arccos \dfrac{b+a\cos x}{a+b\cos x} = -\dfrac{1}{\sqrt{1-\left(\dfrac{b+a\cos x}{a+b\cos x}\right)^2}}$

$$\frac{-a(a+b\cos x)\sin x + b(b+a\cos x)\sin x}{(a+b\cos x)^2} = \frac{\sqrt{a^2-b^2}}{a+b\cos x}.$$

19. $D \operatorname{arc\,sec} x = D \arccos\dfrac{1}{x} = \dfrac{-1}{\sqrt{1-\dfrac{1}{x^2}}} \cdot \dfrac{-1}{x^2} = \dfrac{1}{x\sqrt{x^2-1}}$.

20. $D \operatorname{arc\,cosec} x = D \arcsin\dfrac{1}{x} = \dfrac{1}{\sqrt{1-\dfrac{1}{x^2}}} \cdot \dfrac{-1}{x^2} = -\dfrac{1}{x\sqrt{x^2-1}}$.

21. $y = x(1+x^2)^{-\frac{1}{2}} - \dfrac{1}{3}x^3(1+x^2)^{-\frac{3}{2}}$; $\ y' = \dfrac{1}{\sqrt{(1+x^2)^5}}$.

22. $y = \dfrac{1}{3}x^3(1+x^2)^{-\frac{3}{2}} - \dfrac{1}{5}x^5(1+x^2)^{-\frac{5}{2}}$; $\ y' = \dfrac{x^2}{\sqrt{(1+x^2)^7}}$.

23. $y = \dfrac{1}{2}x + \dfrac{1}{4}\sin 2x$; $\ y' = \cos^2 x$.

24. $y = \dfrac{1}{2}x - \dfrac{1}{4}\sin 2x$; $\ y' = \sin^2 x$.

25. $y = \sin x - \dfrac{1}{3}\sin^3 x$; $\ y' = \cos^3 x$.

26. $y = \dfrac{1}{3}\cos^3 x - \cos x$; $\ y' = \sin^3 x$.

27. $y = \dfrac{1}{3}\operatorname{tg}^3 x + \operatorname{tg} x$; $\ y' = \sec^4 x$.

---

1) Der Bruch $\dfrac{x \arcsin x}{\sqrt{1-x^2}}$ ist hier als Produkt der drei Faktoren x, $\arcsin x$, $\dfrac{1}{\sqrt{1-x^2}}$ behandelt worden.

28. $y = \frac{1}{3}\,\mathrm{tg}^3 x - \mathrm{tg}\,x + x$; $y' = \mathrm{tg}^4 x$.

29. $y = 2\sin\sqrt{x} - 2\sqrt{x}\cos\sqrt{x}$; $y' = \sin\sqrt{x}$.

$$\left.\begin{array}{l} 30.\ \ y = \frac{1}{2}\,\mathrm{arc}\,\cos(-1 + 2x^2); \\[2mm] 31\ \ \ y = \frac{1}{3}\,\mathrm{arc}\,\cos(-3x + 4x^3); \\[2mm] 32.\ \ y = \frac{1}{4}\,\mathrm{arc}\,\cos(1 - 8x^2 + 8x^4); \end{array}\right\} \quad y' = -\frac{1}{\sqrt{1 - x^2}}$$

33. $y = \frac{2\sqrt{3}}{3}\,\mathrm{arc}\,\mathrm{tg}\,\frac{2x+1}{\sqrt{3}}$; $y' = \frac{1}{1 + x + x^2}$.

$$\left.\begin{array}{l} 34.\ \ y = \frac{1}{2}\,\mathrm{arc}\,\mathrm{tg}\ \frac{2x}{1 - x^2}; \\[2mm] 35.\ \ y = \frac{1}{2}\,\mathrm{arc}\,\sin\ \frac{2x}{1 + x^2}; \\[2mm] 36.\ \ y = \frac{1}{2}\,\mathrm{arc}\,\cos\ \frac{1 - x^2}{1 + x^2}; \end{array}\right\} \quad y' = \frac{1}{1 + x^2}.$$

37. $y = l\sqrt{\dfrac{1 + \sin x}{1 - \sin x}}$; $y' = \sec x$.

38. $y = e^x(x^2 - 2x + 2)$; $y' = e^x x^2$.

39. $y = x\,\mathrm{arctg}\,x - l\sqrt{1 + x^2}$; $y' = \mathrm{arctg}\,x$.

40. $y = \frac{1}{4}\sinh 2x + \frac{1}{2}x$; $y' = \cosh^2 x$.

41. $y = \frac{1}{4}\sinh 2x - \frac{1}{2}x$; $y' = \sinh^2 x$.

42. $y = l\cosh x$; $y' = \mathrm{tgh}\,x$.

43. $y = l\sinh x$; $y' = \mathrm{cotgh}\,x$.

44. $y = l\cosh x - \frac{1}{2}\mathrm{tgh}^2 x$; $y' = \mathrm{tgh}^3 x$.

§ 4. Sätze über den Zusammenhang einer Funktion mit ihrer Ableitung.

71. Vorzeichen des Differentialquotienten. Von einer Funktion $f(x)$ sagt man, sie sei *in der Umgebung der* (Innen-) *Stelle x* ihres Definitionsbereichs (α, β) *wachsend*, wenn sich eine positive Zahl δ bestimmen läßt derart, daß

$$f(x - h) < f(x) < f(x + h) \tag{1}$$

für alle $0 < h < \delta$. Besitzt die Funktion an der Stelle x einen Differentialquotienten, so kann dieser nicht negativ sein; denn aus (1) folgt:

$$\frac{f(x - h) - f(x)}{-h} > 0, \qquad \frac{f(x + h) - f(x)}{h} > 0,$$

und da beide Differenzenquotienten mit $\lim h = 0$ nach Voraussetzung einer und derselben Grenze $f'(x)$ zustreben, so kann diese nicht negativ sein, da beide Brüche, wie klein auch h wird, positiv bleiben.

Die Funktion $f(x)$ heißt in der Umgebung der Stelle x *abnehmend*, wenn sich ein positives δ bestimmen läßt derart, daß

$$f(x - h) > f(x) > f(x + h) \tag{2}$$

für alle $0 < h < \delta$. In diesem Falle kann der Differentialquotient an der Stelle x, wenn er existiert, nicht positiv sein; denn aus (2) folgt:

$$\frac{f(x-h)-f(x)}{-h} < 0, \qquad \frac{f(x+h)-f(x)}{h} < 0,$$

es kann daher $f'(x)$ als gemeinschaftliche Grenze beider Brüche nicht positiv sein.

An den Stellen α, β kann nur von einem rechts-, bzw. linksseitigen Wachsen oder Abnehmen die Rede sein.

Aus den vorstehenden Erwägungen geht der Satz hervor: *Wenn die Funktion $f(x)$ in dem Intervall (α, β) beständig, d. h. in der Umgebung jeder Stelle, wächst oder abnimmt und überall einen Differentialquotienten besitzt, so kann dieser niemals negativ, bzw. niemals positiv sein.*

In beiden Fällen ist also nicht ausgeschlossen, daß der Differentialquotient an einzelnen Stellen Null werden kann.

Unter den elementaren Funktionen haben wir folgende Beispiele beständig wachsender und beständig abnehmender Funktionen.

Es ist $Da^x = a^x\,la$, folglich a^x beständig wachsend, wenn $a > 1$, hingegen beständig abnehmend, wenn $0 < a < 1$ ist; e^x ist also wachsend.

Aus $Dl_x = \dfrac{1}{x}$ erkennt man, da $x > 0$, daß lx eine wachsende Funktion ist.

Da $D\,\mathrm{tg}\,x = \sec^2 x$, so ist $\mathrm{tg}\,x$ eine wachsende Funktion; in der Tat, indem x nacheinander die nicht abgeschlossenen Intervalle $\left(-\dfrac{\pi}{2}, \dfrac{\pi}{2}\right)$, $\left(\dfrac{\pi}{2}, \dfrac{3\pi}{2}\right)$ durchläuft, geht $\mathrm{tg}\,x$ beidemal durch das Intervall $(-\infty, \infty)$.

In gleicher Weise schließt man aus $D\,\mathrm{cotg}\,x = -\,\mathrm{cosec}^2 x$ auf beständige Abnahme von $\mathrm{cotg}\,x$.

Weil $D\,\mathrm{arctg}\,x = \dfrac{1}{1 + x^2}$, so wächst $\mathrm{arctg}\,x$ fortwährend; tatsächlich durchläuft es das Intervall $\left(-\dfrac{\pi}{2}, \dfrac{\pi}{2}\right)$, während x von $-\infty$ bis $+\infty$ wächst.

Aus $D\,\mathrm{arccotg}\,x = -\dfrac{1}{1 + x^2}$ schließt man in ähnlicher Weise auf die ständige Abnahme von $\mathrm{arccotg}\,x$.

Man kann — und ist dazu unter Umständen genötigt — in Bezug auf Zu- und Abnahme zwischen rechts- und linksseitiger Umgebung unterscheiden. So sind die Funktionen $f(x) = x - [x]$ (**52**, 2.) und $f(x) = x \left[\frac{1}{x}\right]$ (**57**, 4.) *rechts* von jeder Stelle wachsend, sie sind es aber nicht *in der Umgebung* jeder Stelle, wegen der Unstetigkeitspunkte, daher auch nicht in einem Intervall, das einen oder mehrere Unstetigkeitspunkte enthält.

Wenn eine Funktion an einer Stelle trotz ihrer Stetigkeit daselbst keine Ableitung besitzt, so kann auch nichts über Wachstum oder Abnahme ausgesagt, daher auch keine geometrische Darstellung in der nächsten Umgebung gegeben werden. Dies trifft beispielsweise bei der schon wiederholt angeführten Funktion

$$f(x) = x \sin \frac{1}{x} \quad \text{für} \quad x \neq 0, \, f(0) = 0$$

an der Stelle $x = 0$ zu; in der Tat läßt sich keine noch so enge Umgebung dieser Stelle abgrenzen, innerhalb deren alle $f(x)$ größer oder kleiner als Null wären.

72. Der Satz von Rolle. *Wenn die Funktion $f(x)$ in dem abgeschlossenen Intervall $\alpha \leq x \leq \beta$ stetig ist und an jeder Stelle im Innern einen endlichen oder bestimmt unendlichen Differentialquotienten besitzt, wenn ferner $f(\alpha) = 0$ und $f(\beta) = 0$, so gibt es wenigstens eine Stelle zwischen α und β, an der $f'(x)$ verschwindet.*

Behielte die Funktion den Wert Null im ganzen Intervall (oder auch nur in einem Teile desselben) bei, so wäre sie eine konstante Funktion und hätte als solche überall die Ableitung Null (**55**); der Satz bedürfte dann keines Beweises.

Diesen Fall ausgeschlossen, wird die Funktion von α an entweder wachsen oder abnehmen — wir nehmen das erstere an; das Wachsen kann aber nicht durch das ganze Intervall anhalten, soll $f(\beta) = 0$ werden, daher muß man zu einer Stelle ξ kommen, an der das Wachsen aufhört und das Abnehmen beginnt; diese Stelle ist dadurch gekennzeichnet, daß sich ein positives δ bestimmen läßt derart, daß

$$f(\xi - h) < f(\xi) > f(\xi + h)$$

für alle $0 < h < \delta$; zufolge der Beziehungen (1), (2) ist die Funktion an dieser Stelle weder wachsend noch abnehmend; ferner ist

$$\frac{f(\xi - h) - f(\xi)}{-h} > 0, \quad \frac{f(\xi + h) - f(\xi)}{h} < 0;$$

der erste Quotient kann mit $\lim h = 0$ nur einer positiven oder der Grenze Null zustreben, der zweite nur einer negativen oder der Grenze Null; da aber beide Quotienten nach Voraussetzung einen gemeinschaftlichen Grenzwert haben, so muß notwendig

$$f'(\xi) = 0$$

sein, womit der Satz erwiesen ist. — Im Falle des Abnehmens von α an ergeben sich analoge Schlüsse.

Bei geometrischer Deutung der Funktion hat der Satz von Rolle eine unmittelbar anschauliche Bedeutung. Eine Kurve AB, Fig. 32, welche die Abszissenachse in den Punkten A, B schneidet und an jeder Zwischenstelle eine einzige bestimmte Tangente hat (die auch parallel zu OY sein kann), besitzt mindestens einen Punkt M, in welchem die Tangente MT parallel der Abszissenachse ist.

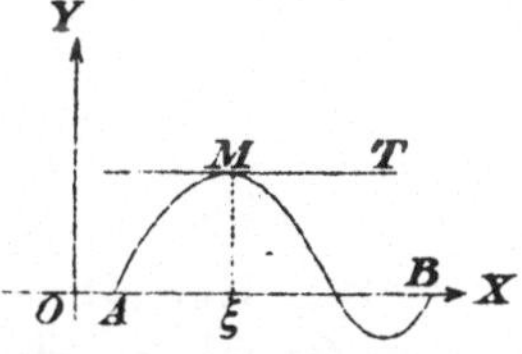

Fig. 32.

Die Voraussetzungen des obigen Satzes können auch dahin abgeändert werden, daß $f(\alpha) = f(\beta) = C$ sei; denn die Funktion $f(x) - C$ erfüllt dann die Bedingung, bei α und β zu verschwinden, ihre Ableitung ist aber wieder $f'(x)$.

Die Funktion $f(x) = (x - a)(x - b)$ hat, um ein Beispiel anzuführen, in dem Intervall (a, b) die oben vorausgesetzten Eigenschaften; ihre Ableitung $f'(x) = 2x - a - b$ wird denn auch Null an der zwischen a, b liegenden Stelle $x = \dfrac{a + b}{2}$. Desgleichen genügt die Funktion $f(x) = \sin x$ in dem Intervall $(0, \pi)$ den Voraussetzungen des Rolleschen Theorems, und in der Tat verschwindet ihre Ableitung $f'(x) = \cos x$ an der Zwischenstelle $x = \dfrac{\pi}{2}$.

73. Der Mittelwertsatz. *Wenn die Funktion $f(x)$ in dem abgeschlossenen Intervall $\alpha \leq x \leq \beta$ stetig ist und an jeder Stelle im Innern einen endlichen oder bestimmt unendlichen Differentialquotienten besitzt, so gibt es wenigstens eine Stelle zwischen α und β, an der $f'(x)$ übereinstimmt mit dem Differenzenquotienten $\dfrac{f(\beta) - f(\alpha)}{\beta - \alpha}$.*

Dieser Satz, für die Analysis von großer Bedeutung, findet sich zuerst bei J. Lagrange und wird auch häufig nach ihm benannt.

Zum Zwecke des Beweises konstruieren wir aus $f(x)$ die neue Funktion

$$\varphi(x) = f(x) - f(\alpha) - (x - \alpha)\frac{f(\beta) - f(\alpha)}{\beta - \alpha},$$

die ebenfalls an jeder Stelle zwischen α und β einen Differentialquotienten besitzt, da

$$\varphi'(x) = f'(x) - \frac{f(\beta) - f(\alpha)}{\beta - \alpha},$$

und die überdies die Eigenschaft $\varphi(\alpha) = 0$, $\varphi(\beta) = 0$ hat. Demnach erfüllt sie die Voraussetzungen des Rolleschen Satzes, und es gibt daher wenigstens eine Stelle ξ zwischen α und β, an der $\varphi'(\xi) = 0$, dort ist also

$$\frac{f(\beta) - f(\alpha)}{\beta - \alpha} = f'(\xi). \tag{3}$$

Der Satz kann auf irgend zwei Stellen x und $x + h$ aus (α, β) zur Anwendung gebracht werden; ξ bedeutet dann einen zwischen x und $x + h$ liegenden Wert und ein solcher kann in der Form $x + \theta h$ dargestellt werden, wenn $0 < \theta < 1$ ist; mithin gilt:

$$\frac{f(x + h) - f(x)}{h} = f'(x + \theta h)$$

oder

$$f(x + h) - f(x) = h f'(x + \theta h). \tag{4}$$

Die Darstellung einer *endlichen Differenz* der Funktion durch einen Zwischen- oder Mittelwert ihres Differentialquotienten findet sehr häufige Anwendung; einige wichtige Folgerungen sollen schon hier angeführt werden.

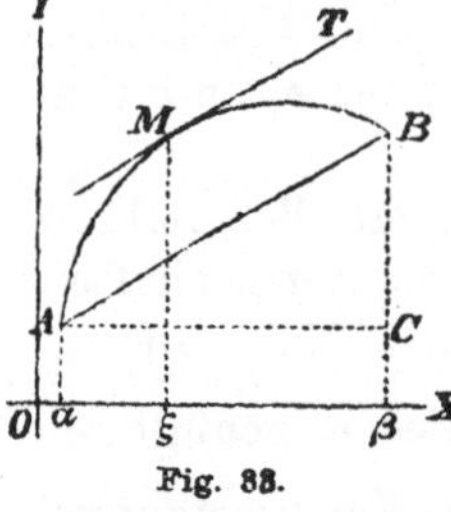

Fig. 33.

Vorher möge noch der geometrische Sinn der Formel (3) erwähnt werden für den Fall, daß man die Werte von $f(x)$ durch die Ordinaten einer Kurve AB, Fig. 33, darstellt; hat diese Kurve in jedem Punkte eine einzige bestimmte Tangente (die an einzelnen Stellen auch parallel zu OY sein kann), so gibt es zwischen A und B mindestens einen Punkt M, in welchem die Tangente MT der Sehne AB parallel ist.

Um zu zeigen, daß der Mittelwertsatz versagt, wenn die Funktion nicht alle bei seiner Ableitung gemachten Voraussetzungen erfüllt, sei das folgende Beispiel durchgeführt[1]). Ist $f(x) = \frac{1}{x}$ für $x \neq 0$, dagegen $f(0) = 0$, so gibt die Formel (3):

$$\frac{1}{\beta} - \frac{1}{\alpha} = - (\beta - \alpha) \frac{1}{\xi^2},$$

woraus $\xi^2 = \alpha\beta$; dies aber ist nicht möglich, wenn das Intervall (α, β) die Null enthält, weil dann α, β entgegengesetzt bezeichnet sind. Auch wenn die Null den Anfang des Intervalls bildet, kommt man zu einem Widerspruch, weil dann

$$\frac{1}{\beta} - 0 = - \frac{\beta}{\xi^2}$$

und somit $\xi^2 = - \beta^2$ sein müßte. Der Grund dieser Erscheinungen liegt in der Nichtexistenz von $f'(x)$ bei $x = 0$.

An einer früheren Stelle (**55**) ist gefunden worden, daß der Differentialquotient einer konstanten Funktion Null ist; nun kann auch die Umkehrung des Satzes bewiesen werden, nämlich: *Wenn die Ableitung $f'(x)$ einer Funktion $f(x)$ an allen Stellen des Intervalls (α, β) Null ist, so ist die Funktion in diesem Intervall konstant.*

---

1) E. Cesàro, Lehrb. d. algebr. Anal., usw., deutsch von G. Kowalewski, p. 233.

Sind nämlich x_1, x_2 zwei Stellen in (α, β), so ist zufolge (3)

$$f(x_2) - f(x_1) = (x_2 - x_1) f'(\xi)$$

mit $x_1 < \xi < x_2$; da aber für jedes ξ zwischen α, β $f'(\xi) = 0$, so ist $f(x_2) - f(x_1) = 0$, also $f(x_1) = f(x_2)$; wenn aber jede zwei Werte von $f(x)$ aus dem Intervall (α, β) einander gleich sind, so hat die Funktion notwendig einen konstanten Wert.

Aus diesem Satze folgt der weitere: *Wenn zwei Funktionen $f(x)$, $\varphi(x)$ in einem Intervall (α, β) gleiche Differentialquotienten haben, so können sie sich nur durch eine additive Konstante unterscheiden.*

Denn, aus

$$f'(x) \equiv \varphi'(x)$$

folgt auch

$$D[f(x) - \varphi(x)] \equiv 0$$

und daraus nach dem vorigen Satze

$$f(x) - \varphi(x) = C,$$

wenn C eine Konstante bedeutet.

Im Artikel **71** ist gezeigt worden, daß die Ableitung einer in dem Intervall (α, β) beständig wachsenden (abnehmenden) Funktion niemals negativ (positiv) ist; auch die Umkehrung dieses Satzes kann jetzt bewiesen werden: *Wenn die Ableitung von $f(x)$ in dem Intervall (α, β) niemals negativ (positiv) und auch nicht in einem Teile des Intervalls beständig Null ist, so ist die Funktion wachsend (abnehmend) in dem Sinne, daß für irgend zwei Werte $x_1 < x_2$ aus (α, β) die Relation $f(x_1) < f(x_2)$ $[f(x_1) > f(x_2)]$ stattfindet.*

Bedeutet x' einen Wert zwischen x_1 und x_2, so daß x_1, x', x_2 wachsend geordnet sind, so ist auf Grund der ersten Voraussetzung

$$f(x') - f(x_1) = (x' - x_1) f'(\xi_1) \geqq 0$$
$$f(x_2) - f(x') = (x_2 - x') f'(\xi_2) \geqq 0,$$

wobei ξ_1 einen Wert zwischen x_1 und x', ξ_2 einen Wert zwischen x' und x_2 bedeutet; daraus folgt

$$f(x_1) \leqq f(x') \leqq f(x_2);$$

aber nicht für *alle* x' können beide Gleichheitszeichen gelten, weil sonst für alle Werte x' zwischen x_1 und x_2 die Beziehung $f(x_1) = f(x')$ $= f(x_2)$ stattfände, die zur Folge hätte, daß in diesem Teile von (α, β) $f'(x)$ beständig Null wäre, was gegen die Voraussetzung verstößt. Es gibt also sicher einen Wert x', für den wenigstens eines der beiden Ungleichheitszeichen gilt, und darum ist notwendig

$$f(x_1) < f(x_2).$$

Der zweite Teil des Beweises ist ebenso zu führen.

74. Der erweiterte Mittelwertsatz. *Wenn die beiden Funktionen $f(x)$, $\varphi(x)$ in dem Intervall (α, β) eigentliche Differentialquotienten*

besitzen, von welchen der letztere, $\varphi'(x)$, an keiner Stelle Null oder unend-
lich wird, so gibt es wenigstens einen Wert ξ zwischen α und β derart,
daß $\dfrac{f(\beta) - f(\alpha)}{\varphi(\beta) - \varphi(\alpha)} = \dfrac{f'(\xi)}{\varphi'(\xi)}$ *ist.*

Dieser Satz kommt zuerst bei Cauchy vor, wenn auch mit
der speziellen Voraussetzung, daß $f(\alpha) = \varphi(\alpha) = 0$ sei.

Um ihn zu beweisen, konstruiere man aus $f(x)$ und $\varphi(x)$ die
neue Funktion

$$\psi(x) = f(x) - f(\alpha) - [\varphi(x) - \varphi(\alpha)] \frac{f(\beta) - f(\alpha)}{\varphi(\beta) - \varphi(\alpha)};$$

der hierin auftretende Bruch hat sicher eine bestimmte Bedeutung,
da $\varphi(\alpha)$, $\varphi(\beta)$ nicht gleich sein können, indem sonst nach dem Satz
von Rolle $\varphi'(x)$ an einer Stelle zwischen α und β verschwinden
müßte, entgegen der Voraussetzung. Die Funktion $\psi(x)$ hat nun im
Intervall (α, β) eine Ableitung, nämlich

$$\psi'(x) = f'(x) - \varphi'(x) \frac{f(\beta) - f(\alpha)}{\varphi(\beta) - \varphi(\alpha)},$$

ferner ist $\psi(\alpha) = 0$, $\psi(\beta) = 0$; folglich existiert nach dem Satze von
Rolle mindestens eine Stelle ξ zwischen α und β, wo $\psi'(\xi) = 0$,
d. h. wo

$$\frac{f(\beta) - f(\alpha)}{\varphi(\beta) - \varphi(\alpha)} = \frac{f'(\xi)}{\varphi'(\xi)}. \tag{5}$$

Die Formel kann auf zwei beliebige Stellen x und $x + h$ aus
(α, β) angewandt werden und lautet dann:

$$\frac{f(x + h) - f(x)}{\varphi(x + h) - \varphi(x)} = \frac{f'(x + \theta h)}{\varphi'(x + \theta h)}, \quad (0 < \theta < 1) \tag{6}$$

Setzt man insbesondere $\varphi(x) = x$, wodurch den Voraussetzungen
des Theorems Genüge geleistet wird, so gehen die Formeln (5) und
(6) in (3) und (4) über.

§ 5.   Die höheren Differentialquotienten und Differentiale.

75. Der n-te Differentialquotient. Ist die Funktion $y = f(x)$
auf einem Gebiete der Variablen stetig und differenzierbar, so besitzt sie
dort eine *Ableitung* oder einen Differentialquotienten, wofür bereits
die Bezeichnungen

$$f'(x), \quad Df(x); \quad y', \quad Dy$$

eingeführt worden sind.

Hat $f'(x)$ wieder die Eigenschaften, die soeben bezüglich $f(x)$
vorausgesetzt wurden, so kommt ihr auch eine Ableitung zu, die man
als *zweite Ableitung*, zweite Derivierte oder zweiten Differentialquotienten
von $f(x)$ bezeichnet und mit

$$f''(x), \quad D^2 f(x); \quad y'', \quad D^2 y$$

anschreibt. Begrifflich stellt jedes dieser Zeichen jene Funktion dar, die an der Stelle x durch

$$\lim_{h=0} \frac{f'(x+h)-f'(x)}{h}$$

bestimmt ist.

So fortfahrend gelangt man zu **der** dritten, vierten, $\cdots n$-ten Ableitung; man gebraucht dafür die Bezeichnungen

$$f'''(x), \quad f^{\mathrm{IV}}(x), \cdots f^{(n)}(x)$$

oder $$D^3 f(x), \quad D^4 f(x), \cdots D^n f(x)$$

oder $$y''', \quad y^{\mathrm{IV}}, \cdots y^{(n)} \qquad \text{usw.}$$

Sofern die Voraussetzungen der Stetigkeit und Differenzierbarkeit erhalten bleiben, hat die Bildung höherer Ableitungen keine Schranke.

Wenn man aus dem Gebiet der reinen Analysis auf dasjenige der Anwendungen sich begibt, wobei x und $f(x)$ die Maßzahlen für gewisse einander bedingende Größen bedeuten, können auch die höheren Ableitungen eine bestimmte Bedeutung erlangen. Bei der phoronomischen Auffassung, bei der $f(x)$ den in der Zeit x zurückgelegten geradlinigen Weg bedeutet, kommt zunächst der zweiten Ableitung eine wichtige Bedeutung zu.

Es ist **56**, 1. erklärt worden, daß der erste Differentialquotient die am Ende der Zeit herrschende Geschwindigkeit ausdrückt. Ist die Bewegung so beschaffen, daß die Geschwindigkeit in beliebigen, aber gleich großen Zeitabschnitten sich um Gleiches ändert, so nennt man die während einer Zeiteinheit erfolgende Geschwindigkeitsänderung *Beschleunigung* und die Bewegung selbst eine *gleichförmig beschleunigte* (hingegen eine gleichförmig verzögerte, wenn die Beschleunigung negativ, die Geschwindigkeit also mit der Zeit abnehmend ist). Auf eine ungleichförmig beschleunigte ist der Begriff der Beschleunigung nicht unmittelbar übertragbar; der Quotient

$$\frac{f'(x+h)-f'(x)}{h}$$

aus der während des Zeitintervalls $(x, x + h)$ erfolgten Geschwindigkeitsänderung durch die Größe h des Intervalls bedeutet die während desselben *durchschnittlich* auf die Zeiteinheit entfallende Geschwindigkeitsänderung; je kleiner h, um so geringer die Ungleichförmigkeit in der Bewegung, desto näher kommt die Bedeutung des angeschriebenen Quotienten der einer Beschleunigung, und konvergiert der Quotient mit $\lim h = 0$ gegen eine bestimmte Grenze, so wird diese:

$$\lim_{h=0} \frac{f'(x+h)-f'(x)}{h}$$

als die am Ende der Zeit x herrschende Beschleunigung erklärt.

Drückt also $f(x)$ den bei geradliniger Bewegung in der Zeit x zurückgelegten Weg aus, so hat die zweite Ableitung $f''(x)$ die Bedeutung der am Ende der Zeit x herrschenden Beschleunigung.

76. Wiederholte Differentiation. Zur Bildung der höheren Differentialquotienten einer Funktion bedarf es neuer Regeln nicht, da es auf wiederholte Bildung des ersten Differentialquotienten ankommt. Wenn es sich jedoch darum handelt, für den allgemeinen oder n-ten Differentialquotienten eine independente Formel aufzustellen, dann führt das direkte Verfahren nur in einigen wenigen Fällen zum Ziele. In einigen anderen Fällen kann man sich dadurch helfen, daß man die Funktion als *Summe* oder als *Produkt* einfacher Funktionen darstellt, deren allgemeine Differentialquotienten in independenter Form bekannt sind.

I. *Direktes Verfahren.* 1. Für $f(x) = x^m$ ergibt sich durch sukzessive Differentiation

$$Dx^m = mx^{m-1}, \quad D^2 x^m = m(m-1)x^{m-2}, \ldots$$

so daß

$$D^n x^m = m(m-1)\cdots(m-n+1)x^{m-n} \tag{1}$$

Läßt man $ax + b$ an die Stelle von x treten, so ändert sich die Formel nur insoweit, daß rechts der Faktor a^n hinzukommt, weil bei jedesmaliger Differentiation mit dem Differentialquotienten von $ax + b$, d. h. mit a multipliziert werden muß (**60**, 7.); es ist also

$$D^n(ax + b)^m = m(m-1)\cdots(m-n+1)a^n(ax+b)^{m-n} \tag{2}$$

Ist m eine positive ganze Zahl, so wird der m-te Differentialquotient eine Konstante:

$$D^m x^m = m(m-1)\cdots 1,$$

und alle höheren sind Null. In jedem anderen Falle kann die Bildung der Differentialquotienten unbeschränkt fortgesetzt werden.

2. Für $f(x) = lx$ hat man $Dlx = \dfrac{1}{x} = x^{-1}$, somit

$$D^n lx = D^{n-1} x^{-1};$$

hier tritt nun die Formel (1) in Kraft, und zwar ist $m = -1$ und n durch $n-1$ zu ersetzen, so daß

$$D^n lx = \frac{(-1)^{n-1} \cdot 1 \cdot 2 \cdots (n-1)}{x^n}; \tag{3}$$

auch diese Formel kann dadurch verallgemeinert werden, daß man $ax + b$ an die Stelle von x treten läßt; es wird

$$D^n l(ax + b) = \frac{(-1)^{n-1} \cdot 1 \cdot 2 \cdots (n-1) a^n}{(ax + b)^n}. \tag{4}$$

3. Aus der Formel $De^x = e^x$ folgt unmittelbar

$$D^n e^x = e^x; \tag{5}$$

dagegen ist $De^{kx} = k e^{kx}$ und
$$D^n e^{kx} = k^n e^{kx};$$
und weil $a^x = e^{x la}$, so ergibt sich hieraus
$$D^n a^x = (la)^n a^x. \tag{6}$$

4. Die Formel $D \sin x = \cos x = \sin \left(x + \dfrac{\pi}{2}\right)$ zeigt, daß die einmalige Differentiation von $\sin x$ der Vermehrung des Arguments um $\dfrac{\pi}{2}$ äquivalent ist; infolgedessen wird n-malige Differentiation einer Vermehrung des Arguments um $n \dfrac{\pi}{2}$ äquivalent sein; es ist also

$$D^n \sin x = \sin \left(x + n \frac{\pi}{2}\right). \tag{7}$$

Durch denselben Schluß ergibt sich aus $D \cos x = - \sin x$ $= \cos \left(x + \dfrac{\pi}{2}\right):$

$$D^n \cos x = \cos \left(x + n \frac{\pi}{2}\right). \tag{8}$$

Vermöge der Periodizität nehmen die rechten Seiten der Formeln (7) und (8) nur je vier verschiedene Werte an, nämlich die $n = 0, 1, 2, 3$ entsprechenden, und diese in zyklischer Wiederholung.

II. *Zerlegung in Teile.* Hat man $f(x)$ als Summe zweier oder mehrerer Funktionen dargestellt, etwa $f(x) = \varphi(x) + \psi(x)$, so ist (**51**, 1)
$$D^n f(x) = D^n \varphi(x) + D^n \psi(x).$$

1. Es ist $\dfrac{1}{a^2 - b^2 x^2} = \dfrac{1}{2a}\left[\dfrac{1}{a + bx} + \dfrac{1}{a - bx}\right]$; mithin

$$D^n \frac{1}{a^2 - b^2 x^2} = \frac{1}{2a}\left[D^n (a + bx)^{-1} + D^n (a - bx)^{-1}\right];$$

auf die Ausdrücke der rechten Seite ist die Formel (2) anwendbar, und man findet:

$$D^n \frac{1}{a^2 - b^2 x^2} = \frac{(-1)^n 1 \cdot 2 \cdots n \cdot b^n}{2a}\left[\frac{1}{(a + bx)^{n+1}} + \frac{(-1)^n}{(a - bx)^{n+1}}\right]. \tag{9}$$

Für $a = 1$ und $b = i$ ergibt sich hieraus

$$D^n \frac{1}{1 + x^2} = \frac{(-1)^n 1 \cdot 2 \cdots n}{2i}\left[\frac{1}{(x - i)^{n+1}} - \frac{1}{(x + i)^{n+1}}\right].$$

Diese Formel kann dazu verwendet werden, den allgemeinen Differentialquotienten von $\operatorname{arc\,tg} x$ zu bestimmen; da nämlich $D \operatorname{arc\,tg} x = \dfrac{1}{1 + x^2}$,

so ist $D^n \operatorname{arc\,tg} x = D^{n-1} \dfrac{1}{1 + x^2}$, also auf Grund der letzten Formel:

$$D^n \operatorname{arc\,tg} x = \frac{(-1)^{n-1} 1 \cdot 2 \cdots (n-1)}{2i}\left[\frac{1}{(x - i)^n} - \frac{1}{(x + i)^n}\right]. \tag{10}$$

2. Es ist $\cos ax \cos bx = \frac{1}{2}\{\cos (a+b)x + \cos (a-b)x\}$, mithin

$$D^n \cos ax \cos bx = \frac{(a+b)^n}{2} \cos \left[(a+b)x + n\,\frac{\pi}{2}\right] \qquad (11)$$

$$+ \frac{(a-b)^n}{2} \cos \left[(a-b)x + n\,\frac{\pi}{2}\right].$$

III. *Zerlegung in Faktoren.* Die Funktion $y = f(x)$ sei in zwei Faktoren $u = \varphi(x)$ und $v = \psi(x)$ zerlegbar, für welche der allgemeine Ausdruck des $r$ten Differentialquotienten bekannt ist. Durch sukzessive Differentiation ergibt sich:

$$y' = u'\,v + uv'$$

$$y'' = u''\,v + 2u'\,v' + uv''$$

$$y''' = u'''\,v + 3u''v' + 3u'v'' + uv''';$$

woraus der Schluß gezogen werden kann, daß

$$y^{(n)} = u^{(n)}v + \binom{n}{1} u^{(n-1)}\,v' + \binom{n}{2} u^{(n-2)}v'' + \cdots + uv^{(n)}; \qquad (12)$$

in der Tat, gilt diese Formel für n, so gilt sie auch für $n+1$, denn eine neuerliche Differentiation gibt

$$y^{(n+1)} = u^{(n+1)}v + \binom{n}{1} u^{(n)}v' + \binom{n}{2} u^{(n-1)}v'' + \cdots + u'v^{(n)}$$

$$+ u^{(n)}v' + \binom{n}{1} u^{(n-1)}v'' + \cdots + \binom{n}{1} u'v^{(n)} + uv^{(n+1)},$$

und weil allgemein $\binom{n}{r-1} + \binom{n}{r} = \binom{n+1}{r}$, so ist

$$y^{(n+1)} = u^{(n+1)}v + \binom{n+1}{1} u^{(n)}v' + \binom{n+1}{2} u^{(n-1)}v'' + \cdots + uv^{(n+1)};$$

da nun das Bildungsgesetz auf direktem Wege für $n = 1, 2, 3$ erwiesen ist, so gilt es allgemein. Die Gleichung (12), unter dem Namen der Leibnizschen *Formel* bekannt, läßt eine kurze symbolische Darstellung zu; schreibt man nämlich

$$D^n (uv) = (u + v)^n, \qquad (12^*)$$

so bleibt nur zu beachten, daß man in den Gliedern der Potenzentwicklung die Potenzexponenten in Ordnungsexponenten von Differentialquotienten zu verwandeln und die Endglieder $u^n v^0$ und $u^0 v^n$ durch $u^{(n)}v$, bzw. $uv^{(n)}$ zu ersetzen hat.

Als Beispiel der Anwendung der Formel (12) möge dieselbe Funktion gewählt werden, welche in II. 2. als Summe dargestellt worden ist, nämlich $\cos ax \cos bx$; man erhält unmittelbar

$$D^n (\cos ax \cos bx) = a^n \cos \left(ax + n\frac{\pi}{2}\right) \cos bx$$

$$+ \binom{n}{1} a^{n-1} b \cos \left(ax + \overline{n-1}\,\frac{\pi}{2}\right) \cos \left(bx + \frac{\pi}{2}\right) +$$

$$+ \binom{n}{2} a^{n-2} b^2 \cos \left(ax + \overline{n-2}\,\frac{\pi}{2}\right) \cos \left(bx + 2\frac{\pi}{2}\right) + \cdots$$

$$\cdots + b^n \cos ax \cos \left(bx + n\frac{\pi}{2}\right).$$

77. Das n-te Differential. Wir nehmen den in **58** entwickelten Begriff des Differentials einer Funktion $y = f(x)$ wieder auf, wonach

$$df(x) = f'(x)dx; \tag{1}$$

die begriffliche Bedeutung desselben geht dahin, daß es die Änderung, welche die Funktion bei dem Übergange von x zu $x + dx$ erleidet, um so genauer darstellt, je kleiner dx ist, ja daß man durch Einschränkung von dx den Unterschied zwischen der Änderung der Funktion und ihrem Differential nicht nur an sich, sondern auch im Verhältnis zu dx beliebig klein machen kann.

An dieser Stelle möge auf die Verschiedenheit der Bedeutung hingewiesen werden, welche den Zeichen dx und $df(x)$ in der Gleichung (1) einerseits und in dem Leibnizschen Symbol für den Differentialquotienten $\frac{df(x)}{dx}$ anderseits zukommt. Hier bedeuten dx und $df(x)$ zugleich gegen die Grenze Null konvergierende, also *unendlich klein werdende* Größen und das Symbol $\frac{df(x)}{dx}$ selbst den *Grenzwert* ihres Quotienten; dort bedeutet dx eine endliche und $df(x)$ eine dem dx proportionale ebenfalls endliche Größe, beide *sehr klein* in Ansehung der endlichen Rechnungsgrößen wie etwa x und $f(x)$ selbst; der Grad der Kleinheit ist dabei relativ und abhängig von der Schärfe, in welcher die bezügliche Rechnung ausgeführt werden soll. So ist z. B. (**30**)

$$d \log \sin x = \frac{\mathrm{cotg}\, x}{l\,10}\, dx = M \,\mathrm{cotg}\, x\, dx;$$

für $x = \mathrm{arc}\, 30^0 = \frac{\pi}{6}, dx = \mathrm{arc}\, 1' = \frac{\pi}{180 \cdot 60} = 0,000\,29088 \cdots$ ergibt sich bei Abkürzung auf 5 Dezimalen:

$$d\log \sin 30^0 = 0,434\,2944 \cdot 1,732\,0506 \cdot 0,000\,2909$$

$$= 0,000\,22,$$

und dies stimmt mit der in fünfstelligen Tafeln bei $\log \sin 30^0$ angegebenen Differenz pro Minute überein; selbst bei einer auf 7 Dezimalen angelegten Rechnung erhält man

$$d\log \sin 30^0 = 0,000\,21\,88$$

erst in der siebenten Stelle abweichend von der in siebenstelligen Tafeln bei log sin 30° angegebenen Differenz 0,0002187.

Die *mit einem feststehenden dx* für verschiedene Werte von x gebildeten Werte von $df(x)$ definieren eine Funktion von x, und von dieser kann neuerdings das Differential gebildet werden; man bezeichnet es statt mit $d(df(x))$ kurz mit $d^2f(x)$ und hat dafür den Ausdruck:

$$d^2f(x) = D\{f'(x)dx\}dx = f''(x)dx^2. \tag{2}$$

Hiernach ist das *zweite Differential* formell das Produkt aus dem zweiten Differentialquotienten mit dem Quadrat des Differentials der Variablen, begrifflich aber stellt es den Unterschied der ersten Differentiale an den Stellen x und $x + dx$ mit Außerachtlassung von Größen höherer Kleinheitsordnung als dx^2 dar.

Aus der Definitionsgleichung (2) ergibt sich als Folgerung

$$f''(x) = \frac{d^2f(x)}{dx^2}; \tag{3}$$

die rechte Seite ist das von Leibniz für den zweiten Differentialquotienten gebrauchte Symbol, gleichbedeutend also mit $f''(x)$ und $D_x^2 f(x)$.

Wird dx als gegen Null konvergierende, also als unendlich klein werdende Größe von der ersten Ordnung aufgefaßt, so ist das erste Differential $df(x) = f'(x)dx$, vorausgesetzt, daß $f'(x)$ einen bestimmten von Null verschiedenen Wert hat, ebenfalls eine unendlich klein werdende Größe der ersten, das zweite Differential $d^2f(x) = f''(x)dx^2$ unter einer analogen Voraussetzung über $f''(x)$ eine unendlich kleine Größe zweiter Ordnung.

Bei der Darstellung der Funktion $f(x)$ durch die Ordinaten einer Kurve kann auch das zweite Differential durch eine Liniengröße verdeutlicht werden; bezüglich des ersten Differentials ist es am Schlusse von **58** geschehen. Ist (Fig. 34) $OP = x$, $OP' = x + dx$, $OP'' = x + 2dx$, MR' die Tangente in M, $M'R''$ die Tangente in M', MQ' sowie $M'Q''$ parallel zu OX, so hat $Q'R'$ die Bedeutung des Differentials an der Stelle x, $Q''R''$ die Bedeutung des mit dem nämlichen dx gebildeten Differentials an der Stelle $x + dx$; der Unterschied dieser zwei Strecken, welcher nach Konstruktion des Parallelogramms $Q'Q''S''R'$

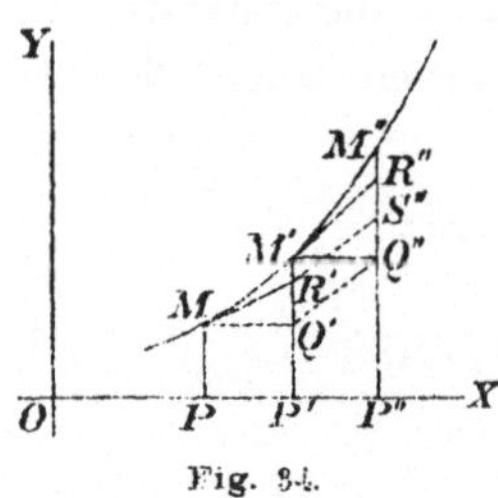

Fig. 34.

in der Strecke $S''R''$ erhalten wird, ist mit Außerachtlassung von Größen höherer Kleinheitsordnung als dx^2 das zweite Differential.

Man kann in der Bildung der Differentiale fortschreiten und erhält — immer unter der Voraussetzung *eines feststehenden dx* — aus (2) das dritte Differential

$$d^3f(x) = D\{f''(x)dx^2\}dx = f'''(x)dx^3,$$

und so fortfahrend allgemein für das $n$te Differential den Ausdruck:

$$d^n f(x) = f^{(n)}(x)\, dx^n. \tag{4}$$

Daraus ergibt sich die von Leibniz eingeführte Bezeichnung für den $n$ten Differentialquotienten:

$$\frac{d^n f(x)}{dx^n} \ \text{oder}\ \frac{d^n y}{dx^n}.$$

Jeder Formel zwischen den Differentialquotienten mehrerer Funktionen einer Variablen x läßt sich eine Formel zwischen den Differentialen zuordnen, und es bedarf, um zu der letzteren zú gelangen, nur der Multiplikation der ersteren mit einer entsprechend hohen Potenz des Differentials dx der Variablen; so folgt aus

$$D_x\{\varphi(x)\psi(x)\} = \varphi'(x)\psi(x) + \varphi(x)\psi'(x)$$

$$D_x \frac{\varphi(x)}{\psi(x)} = \frac{\varphi'(x)\psi(x) - \varphi(x)\psi'(x)}{\psi(x)^2}$$

durch Multiplikation mit dx:

$$d\{\varphi(x)\psi(x)\} = \psi(x)\cdot d\varphi(x) + \varphi(x)\cdot d\psi(x)$$

$$d\,\frac{\varphi(x)}{\psi(x)} = \frac{\psi(x)\cdot d\varphi(x) - \varphi(x)\cdot d\psi(x)}{\psi(x)^2};$$

aus (**76**, III.)

$$D^n(uv) = u^{(n)}v + \binom{n}{1}u^{(n-1)}v' + \binom{n}{2}u^{(n-2)}v'' + \cdots + uv^{(n)}$$

durch Multiplikation mit dx^n:

$$d^n(uv) = d^n u\cdot v + \binom{n}{1}d^{n-1}u\cdot dv + \binom{n}{2}d^{n-2}u\cdot d^2 v + \cdots + u\,d^n v.$$

78. Die Konstanz des Differentials der unabhängigen Variablen. Die Formeln des vorstehenden Artikels sind unter der Annahme eines feststehenden, also *konstanten* dx abgeleitet worden. Der Sinn und die weittragende Bedeutung dieser von Leibniz schon bei der Begründung der Differentialrechnung getroffenen Annahme erfordern ein näheres Eingehen, weil davon ein tieferes Verständnis des Rechnens mit Differentialen abhängt.

Bei dem Differenzieren, gleichgiltig, ob darunter die Bildung von Differentialquotienten oder von Differentialen verstanden wird, werden verschiedene Funktionswerte und die zugehörigen Werte der Variablen zueinander in Beziehung gesetzt.

Bei der Bildung der ersten Ableitung einer Funktion $f(x)$ kommt es darauf an, die Differenzen benachbarter Funktionswerte mit den Differenzen der zugehörigen Argumentwerte ins Verhältnis zu setzen und die Grenze dieses Verhältnisses bei unbegrenzter Annäherung zu bestimmen. **Man kann sich diesen Vorgang in allgemeinster Weise wie folgt ausgeführt denken.**

Jeder Punkt x des Bereichs der Variablen geht in einen neuen $x + dx$, über, wobei dx eine von x abhängige Größe von der Form

$$dx = \alpha \chi(x) \tag{5}$$

sein möge; geometrisch gesprochen wird die x-Achse *in sich selbst transformiert*, wobei jeder der Punkte $P, P_1, P_2, \cdots$ in einen be-

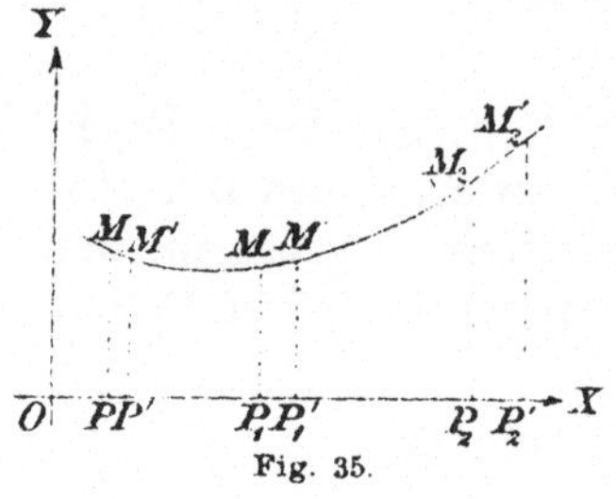

stimmten andern $P', P_1', P_2', \cdots$ übergeht, Fig. 35. Auf die solcherart einander zugeordneten Punkte wird die Bildung der Differenzenquotienten gestützt und hierauf durch den Grenzprozeß $\lim \alpha = 0$ der Übergang zu den Differentialquotienten herbeigeführt; α ist also hinterher eine Infinitesimalgröße, deren Ordnung mit 1 festgesetzt werden soll. Kommt es bei diesem Vorgange auf die Funktion $\chi(x)$ gar nicht an, so steht die Sache anders, wenn man zur Bildung der Differentiale schreitet: in diese geht $\chi(x)$ als Faktor ein. Die Bildung der höheren Differentiale gestaltet sich aber nunmehr wie folgt: Aus

$$dy = y' \, dx$$

ergibt sich sukzessive

$$d^2 y = y'' \, dx^2 + y' \, d^2 x$$
$$d^3 y = y''' \, dx^3 + 3 y'' \, dx \, d^2 x + y' \, d^3 x, \tag{6}$$

und aus (5) erhält man zur endgiltigen Ausführung dieser Formeln:

$$d^2 x = \alpha^2 \chi \chi'$$
$$d^3 x = \alpha^3 [\chi \chi'^2 + \chi^2 \chi'']. \tag{7}$$

Man erkennt, daß $dx, d^2 x, d^3 x, \cdots$ und wegen (6) ebenso $dy, d^2 y, d^3 y, \cdots$ infinitesimale Größen 1, 2, 3, $\cdots$ Ordnung werden.

Aus jeder Annahme über $\chi(x)$ ergäbe sich so eine besondere Differentialrechnung. Die einfachste Annahme ist $\chi(x) = 1$; aus ihr folgt *ein von x unabhängiges* dx, und weiter, da alle Ableitungen von $\chi(x)$ dann Null sind,

$$d^2 x = d^3 x = \cdots = 0, \tag{8}$$

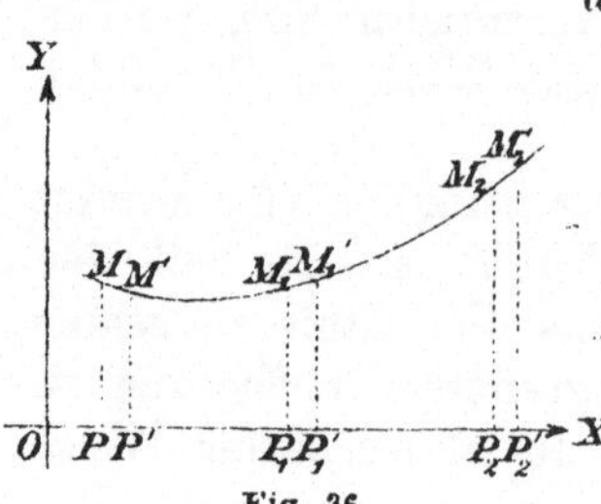

wodurch $d^2 y, d^3 y, \cdots d^n y$ die einfachen Ausdrücke des vorigen Artikels annehmen.

Geometrisch bedeutet diese Annahme so viel, daß als Transformation der x-Achse ihre *Translation* in sich gewählt wird, wobei jeder ihrer Punkte um dieselbe Strecke verschoben wird, Fig. 36. Auch der darauffolgende Grenzübergang besteht in einer (entgegengesetzten) Translation, die beliebig nahe an die ursprünglichen Lagen heranführt.

Dies ist der tiefere Sinn der Ausdrucksweise, das Differential der unabhängigen Variablen werde als konstant, als unabhängig von der Variablen selbst, vorausgesetzt. Zugleich geht aus der vorstehenden Betrachtung die große Tragweite dieser Voraussetzung hervor: sie führt zu der *einfachsten Differentialrechnung in den Differentialen*.[1])

V. Abschnitt.

Anwendungen der Differentialquotienten.

§ 1. Unbestimmte Formen.

79. Die Form $\frac{o}{o}$. Wenn eine Funktion $f(x)$ in einem Intervall (α, β) eindeutig definiert und stetig ist mit Ausnahme einer einzigen Stelle $x = a$, die innerhalb (α, β) liegt oder mit der einen Grenze zusammenfällt, so stellt sich die Aufgabe ein, das Verhalten der Funktion in der Umgebung dieser kritischen Stelle zu untersuchen. Diese Aufgabe erhält einen bestimmten Ausdruck in der Forderung, den Grenzwert von $f(x)$ zu bestimmen für einen näher bezeichneten Grenzübergang $\lim x = a$.

Das Versagen der Definition äußert sich in dem Auftreten einer sogenannten *unbestimmten Form* und nach dieser richtet sich der einzuschlagende Weg. Welches diese Form auch sei, so bezeichnet man den Grenzwert $\lim\limits_{x=a} f(x)$, falls er existiert, als einen *uneigentlichen Funktionswert*, wohl auch, nicht gerade zutreffend, als den wahren Wert der unbestimmten Form, und ergänzt die an der Stelle $x = a$ unterbrochene Definition der Funktion dadurch, daß man diesen Grenzwert als ihren Wert an dieser Stelle festsetzt, also

$$f(a) = \lim_{x=a} f(x) \tag{1}$$

annimmt; dies tut man auch dann, wenn der gedachte Grenzwert ∞ oder $-\infty$ ist. Die Ergänzung geschieht also, falls der Grenzwert aus dem beiderseitigen Grenzübergange $\lim x = a$ hervorgeht und endlich ist, nach dem Grundsatze, daß die im Intervall mit Ausschluß von $x = a$ herrschende Stetigkeit auch hier fortbestehe. Bei $x = \alpha$, bzw. $x = \beta$ kann nur ein rechter, bzw. linker Grenzübergang in Betracht kommen.

---

1) Vgl. hierzu E. Cesàro, Lehrb. d. algebr. Analysis usw; deutsch von G. Kowalewski, p. 493.

Unter den unbestimmten Formen ist eine, auf die man die übrigen zurückführt; sie hat folgende Entstehung:

Es sei $f(x) = \dfrac{\varphi(x)}{\psi(x)}$ eine gebrochene Funktion mit stetigem Zähler und Nenner, die beide bei dem Grenzübergange $\lim x = a$ gegen Null konvergieren, so daß man wegen der Stetigkeit auch $\varphi(a) = 0$, $\psi(a) = 0$ zu setzen hat. Man sagt dann, die Funktion nehme an der Stelle a *die Form* $\dfrac{0}{0}$ an.

Da $\varphi(x)$ und $\psi(x)$ bei dem Grenzübergange gleichzeitig unendlich klein werden, so hängt der Grenzwert von der Ordnung des Unendlichkleinwerdens jeder einzelnen ab (**49**). Läßt sich hierüber auf irgend welche Weise ein Aufschluß erlangen, so ist die ganze Frage entschieden. Ein einfaches Beispiel dieser Art bietet die Funktion

$$f(x) = \frac{x^m - a^m}{x^n - a^n},$$

die an der Stelle $x = a$ die Form $\dfrac{0}{0}$ annimmt. Sind m, n zunächst natürliche Zahlen, so läßt sich vom Zähler wie vom Nenner der Faktor $x - a$ abspalten, der allein das Verschwinden beider bei $x = a$ zur Folge hat; Zähler und Nenner werden unendlich klein von derselben Ordnung wie $x - a$, daher ist

$$f(a) = \lim_{x = a} f(x) = \left[\frac{x^{m-1} + a x^{m-2} + \cdots + a^{m-1}}{x^{n-1} + a x^{n-2} + \cdots + a^{n-1}} \right]_{x = a} = \frac{m}{n}\, a^{m-n}.$$

Den Fall, daß m, n positive gebrochene Zahlen seien, die man immer als gleichnamig voraussetzen kann, also etwa $m = \dfrac{\mu}{\sigma}$, $n = \dfrac{\nu}{\sigma}$, führt man durch die Substitution $x^{\frac{1}{\sigma}} = y$, $a^{\frac{1}{\sigma}} = \alpha$ auf den früheren zurück und erhält schließlich dasselbe Resultat.

Ein anderes wichtiges Beispiel solch direkter Erledigung bildet die Funktion

$$f(x) = \frac{a_0 x^m + a_1 x^{m+1} + \cdots + a_k x^{m+k}}{b_0 x^n + b_1 x^{n+1} + \cdots + b_l x^{n+l}} \qquad \text{(m, n ganze Zahlen)}$$

an der Stelle $x = 0$. Vom Zähler läßt sich der Faktor x^m, vom Nenner der Faktor x^n abtrennen; Zähler und Nenner werden somit unendlich klein von der Ordnung m, n bzw., sofern x als Größe erster Ordnung gilt; man hat daher

$$f(0) = \lim_{x=0} f(x) = \frac{a_0}{b_0}, \quad \text{wenn } m = n;$$

$$= 0, \qquad \text{,, } \quad m > n;$$

$$= \infty, \qquad \text{,, } \quad m < n;$$

im letzten Falle richtet sich das Vorzeichen von ∞ nach dem Vorzeichen von $\frac{a_0}{b_0}$ und darnach, ob $n - m$ gerad oder ungerad ist; bei geradem $n - m$ erhält ∞ das Vorzeichen von $\frac{a_0}{b_0}$ bei ungeradem $n - m$ rechts von Null das gleiche, links von Null das entgegengesetzte Zeichen wie $\frac{a_0}{b_0}$.

Zu einem *allgemeinen* Verfahren der Grenzwertbestimmung **von** Quotienten der eben betrachteten Art führt der folgende Satz:

Ist $\lim \varphi(x) = 0$ *und* $\lim \psi(x) = 0$ *bei* $\lim x = a$, *besitzen ferner die als stetig vorausgesetzten Funktionen in einer* (übrigens beliebig engen) *Umgebung von* a (ev. mit Ausschluß dieser Stelle selbst) *eigentliche Differentialquotienten, und konvergiert* $\frac{\varphi'(x)}{\psi'(x)}$ *gegen eine Grenze, so ist*

$$\lim_{x=a} \frac{\varphi(x)}{\psi(x)} = \lim_{x=a} \frac{\varphi'(x)}{\psi'(x)} ;$$

dabei wird weiter vorausgesetzt, daß $\psi'(x)$ *in jener Umgebung nirgends verschwindet.*

Wegen der Stetigkeit ist $\varphi(a) = 0$, $\psi(a) = 0$, daher kann $\frac{\varphi(x)}{\psi(x)}$ auch in der Form $\frac{\varphi(x) - \varphi(a)}{\psi(x) - \psi(a)}$ geschrieben werden; wendet man hierauf den erweiterten Mittelwertsatz (**74**) an, dessen Voraussetzungen nach obigem erfüllt sind, so ergibt sich, daß

$$\frac{\varphi(x) - \varphi(a)}{\psi(x) - \psi(a)} = \frac{\varphi'(\xi)}{\psi'(\xi)}$$

ist, wobei ξ eine zwischen x und a liegende Zahl bedeutet; mit x konvergiert also auch ξ gegen a, mithin ist **tatsächlich**

$$\lim_{x=a} \frac{\varphi(x)}{\psi(x)} = \lim_{x=a} \frac{\varphi'(x)}{\psi'(x)} . \tag{2}$$

Existieren, wie dies in der Regel der Fall sein wird, $\varphi'(x)$, $\psi'(x)$ auch an der Stelle $x = a$ und ist überdies $\psi'(a) \neq 0$, so hat man auch

$$\lim_{x=a} \frac{\varphi(x)}{\psi(x)} = \frac{\varphi'(a)}{\psi'(a)} . \tag{3)[1]}$$

Die Formel (2) versagt, wenn gleichzeitig $\lim \varphi'(x) = 0$, $\lim \psi'(x) = 0$. Dann aber befindet man sich mit dem Bruche $\frac{\varphi'(x)}{\psi'(x)}$ in der gleichen Lage wie mit dem ursprünglichen, und sind auch die übrigen Bedingungen des Satzes erfüllt, so gilt wiederum $\lim \frac{\varphi'(x)}{\psi'(x)} = \lim \frac{\varphi''(x)}{\psi''(x)}$, daher auch

$$\lim_{x=a} \frac{\varphi(x)}{\psi(x)} = \lim_{x=a} \frac{\varphi''(x)}{\psi''(x)} . \tag{4}$$

---

[1] Die in diesem Ansatze enthaltene Regel hat Johann Bernoulli zuerst gefunden. Acta erudit. 1704.

Unter Umständen kann ein solches Verhalten fortdauern bis zu den $n-1$-ten Ableitungen einschließlich; dann wird man als Schlußergebnis erhalten:

$$\lim_{x=a} \frac{\varphi(x)}{\psi(x)} = \lim_{x=a} \frac{\varphi^{(n)}(x)}{\psi^{(n)}(x)}. \tag{5}$$

Hiernach wird das Verfahren zur Auswertung der unbestimmten Form, wie man den Vorgang auch zu nennen pflegt, in folgendem bestehen: *Man differenziere Zähler und Nenner des Bruches $\frac{\varphi(x)}{\psi(x)}$ je für sich und wiederhole dies so lange, bis man zu einem Bruche kommt, dessen Zähler und Nenner nicht gleichzeitig gegen Null konvergieren; der Grenzwert dieses Bruches ist zugleich der Grenzwert des ursprünglichen.*

Das Verfahren ist auch dann anwendbar, wenn die kritische Stelle im Unendlichen liegt, d. h. wenn $\varphi(x)$, $\psi(x)$ bei $\lim x = \infty$ (oder $= -\infty$) gleichzeitig gegen Null konvergieren. Setzt man nämlich $x = \frac{1}{z}$, so nimmt $\dfrac{\varphi\left(\frac{1}{z}\right)}{\psi\left(\frac{1}{z}\right)}$ die unbestimmte Form bei $\lim z = 0$ (oder $= -0$) an; nun ist aber

$$D\varphi\left(\frac{1}{z}\right) = -\frac{\varphi'\left(\frac{1}{z}\right)}{z^2}, \; D\psi\left(\frac{1}{z}\right) = -\frac{\psi'\left(\frac{1}{z}\right)}{z^2},$$

wobei $\varphi'\left(\frac{1}{z}\right)$ aus $\varphi'(x)$ durch dieselbe Substition $x = \frac{1}{z}$ hervorgeht; durch Anwendung von (2) ergibt sich also

$$\lim_{x=\infty} \frac{\varphi(x)}{\psi(x)} = \lim_{z=+0} \frac{\varphi\left(\frac{1}{z}\right)}{\psi\left(\frac{1}{z}\right)} = \lim_{z=+0} \frac{\varphi'\left(\frac{1}{z}\right)}{\psi'\left(\frac{1}{z}\right)} = \lim_{x=\infty} \frac{\varphi'(x)}{\psi'(x)};$$

dabei muß im Sinne der Bedingungen des Hauptsatzes vorausgesetzt werden, daß es einen Wert von x gibt, von welchem an $\psi'(x)$ nicht mehr verschwindet.

Beispiele. 1. Das an erster Stelle behandelte Beispiel

$$f(x) = \frac{x^m - a^m}{x^n - a^n}$$

erledigt sich mit Hilfe der Differentialrechnung unmittelbar für beliebige rationale m, n, indem nach (3)

$$f(a) = \left[\frac{m x^{m-1}}{n x^{n-1}}\right]_{x=a} = \frac{m}{n} a^{m-n}.$$

2. $f(x) = \dfrac{x - \sin x}{x^3}$ gibt bei $\lim x = 0$ nach zweimaliger Differentiation:

$$f(0) = \lim \frac{1 - \cos x}{3 x^2} = \lim \frac{\sin x}{6 x} = \frac{1}{6}.$$

3. Ebenso erfordert $f(x) = \dfrac{x - \operatorname{arc\,tg} x}{1 - \cos x}$ bei $\lim x = 0$ zweimalige Differentiation:

$$f(0) = \lim \frac{\dfrac{x^2}{1 + x^2}}{\sin x} = \lim \frac{\dfrac{2x}{(1 + x^2)^2}}{\cos x} = 0 .$$

4. Man untersuche ferner:

$$f(x) = \frac{x^3 - 19x + 30}{x^3 - 2x^2 - 9x + 18} \quad \text{bei} \quad x = 2 \text{ und } x = 3 \left(\frac{7}{5}, \ \frac{4}{3} \right).$$

$$f(x) = \frac{\sin x - x \cos x}{x^3} \quad \text{bei} \quad x = 0 \left(\frac{1}{3} \right).$$

$$f(x) = \frac{\operatorname{tg} ax - ax}{\operatorname{tg} bx - bx} \quad \text{bei} \quad x = 0 \left(\frac{a^3}{b^3} \right).$$

$$f(x) = \frac{\sin x - \cos x}{\sin 2x - \cos 2x - 1} \quad \text{bei} \quad x = \frac{\pi}{4} \left(\frac{\sqrt{2}}{2} \right).$$

$$f(x) = \frac{x - \sin x}{\operatorname{tg} x - x} \quad \text{bei} \quad x = 0 \left(\frac{1}{2} \right).$$

80. Die Form $\dfrac{\infty}{\infty}$. Diese Form entsteht, wenn in $f(x) = \dfrac{\varphi(x)}{\psi(x)}$ Zähler und Nenner bei einem bestimmten Grenzübergange ins Unendliche wachsen.

Zuerst handle es sich um den Grenzübergang $\lim X = \infty$ (oder $= -\infty$). Es gilt dann der Satz: *Wenn $\psi'(x)$ von einer Stelle X an nicht mehr Null wird und $\dfrac{\varphi'(x)}{\psi'(x)}$ einer Grenze A zustrebt, so konvergiert auch $\dfrac{\varphi(x)}{\psi(x)}$ gegen diese Grenze, sofern $\varphi(x)$, $\psi(x)$ stetig bleiben und eigentliche Differentialquotienten besitzen.*

Sind $x_0 < x$ zwei Werte aus dem Intervall (X, ∞), so ist nach dem erweiterten Mittelwertsatz

$$\frac{\varphi(x) - \varphi(x_0)}{\psi(x) - \psi(x_0)} = \frac{\varphi'(\xi)}{\psi'(\xi)} ; \qquad (x_0 < \xi < x).$$

daraus schließt man weiter:

$$\frac{\varphi(x)}{\psi(x)} \cdot \frac{1 - \dfrac{\varphi(x_0)}{\varphi(x)}}{1 - \dfrac{\psi(x_0)}{\psi(x)}} = \frac{\varphi'(\xi)}{\psi'(\xi)}$$

und

$$\frac{\varphi(x)}{\psi(x)} = \frac{\varphi'(\xi)}{\psi'(\xi)} \cdot \frac{1 - \dfrac{\psi(x_0)}{\psi(x)}}{1 - \dfrac{\varphi(x_0)}{\varphi(x)}} .$$

Indem man nun x bei festgehaltenem x_0 wachsen läßt, wird der erste Faktor rechts zwischen gewissen Grenzen $A - \varepsilon$ und $A + \varepsilon$ bleiben, die sich durch Wahl von x_0 beliebig eng ziehen lassen; und der zweite

Faktor, dessen Grenze 1 ist, wird schließlich auch über das Intervall $1 - \varepsilon$ bis $1 + \varepsilon$ nicht hinausgehen, so daß man, unter θ, θ' echte Brüche verstanden, setzen kann:

$$\frac{\varphi(x)}{\psi(x)} = (A + \theta\varepsilon)(1 + \theta'\varepsilon) = A + (\theta + A\theta' + \theta\theta'\varepsilon)\,\varepsilon.$$

Ist $A \neq 0$ und wird $\varepsilon < |A|$ genommen, so ist $|\theta + A\theta' + \theta\theta'\varepsilon| < 1 + 2|A|$, somit

$$\left| \frac{\varphi(x)}{\psi(x)} - A \right| < \delta, \quad \text{wenn } \varepsilon < \frac{\delta}{1 + 2|A|}$$

gewählt wird.

Ist $A = 0$, so ist $|\theta + A\theta' + \theta\theta'\varepsilon| < 1 + \varepsilon$, daher

$$\left| \frac{\varphi(x)}{\psi(x)} \right| < \delta, \quad \text{wenn } (1 + \varepsilon)\varepsilon < \delta, \text{ wozu ausreicht, daß } \varepsilon < \frac{\delta}{1 + \delta}$$

angenommen wird.

Da δ selbst beliebig klein festgesetzt werden kann, so hat man tatsächlich, ob $A \neq 0$ oder $A = 0$ ist,

$$\lim_{x = \infty} \frac{\varphi(x)}{\psi(x)} = A = \lim_{x = \infty} \frac{\varphi'(x)}{\psi'(x)}.$$

Um auf den Fall überzugehen, daß x gegen eine endliche Grenze a konvergiert, setze man $x = a + \frac{1}{z}$ und lasse z ins Unendliche wachsen; man hat dann wegen

$$D_z \chi\left(a + \frac{1}{z}\right) = - \frac{1}{z^2} \chi'\left(a + \frac{1}{z}\right),$$

wo unter $\chi'\left(a + \frac{1}{z}\right)$ das Resultat der Substitution $x = a + \frac{1}{z}$ in $\chi'(x)$ bedeutet,

$$\lim_{x = a} \frac{\varphi(x)}{\psi(x)} = \lim_{z = \infty} \frac{\varphi'\left(a + \frac{1}{z}\right)}{\psi'\left(a + \frac{1}{z}\right)} = \lim_{x = a} \frac{\varphi'(x)}{\psi'(x)};$$

es gilt also dieselbe Regel wie bei dem Grenzübergange $\lim x = \infty$. Voraussetzung aber ist, daß es eine Umgebung von a gibt, in der $\psi'(x)$ nicht Null wird.

Sollte $\frac{\varphi'(x)}{\psi'(x)}$ bei $\lim x = a$ sich wieder so verhalten wie $\frac{\varphi(x)}{\psi(x)}$, also neuerdings die Form $\frac{\infty}{\infty}$ annehmen, so kann der Satz, wenn alle darin ausgesprochenen Bedingungen erfüllt sind, von neuem angewendet werden usw.

Mitunter bedarf es nur einer andern Schreibung, um eine Funktion, welche die Form $\frac{\infty}{\infty}$ annimmt, so darzustellen, daß sie die Form $\frac{0}{0}$ erlangt; dies gilt beispielsweise von $\frac{\operatorname{tg} x}{\operatorname{tg}(2n + 1)x}$ für $\lim x = \frac{\pi}{2}$, wenn man es in $\dfrac{\operatorname{cotg}(2n+1)x}{\operatorname{cotg} x}$ umsetzt, von $\dfrac{\dfrac{\pi}{x}}{\operatorname{cotg}\dfrac{\pi x}{2}}$ für $\lim x = 0$,

wenn man $\pi\,\dfrac{\operatorname{tg}\dfrac{\pi x}{2}}{x}$ dafür schreibt.

Beispiele. 1. Die Funktion $f(x) = \dfrac{e^x}{x^n}\,(n > 0)$ zeigt bei $\lim x = \infty$ nach wiederholtem Differenzieren von Zähler und Nenner so lange die unbestimmte Form $\frac{\infty}{\infty}$, als im Nenner eine *positive* Potenz verbleibt; da dies aber, wie groß auch n sein möge, einmal aufhören muß (**76**, 1.), so kommt man schließlich bei einem ganzzahligen n zu

$$\lim_{x=\infty} \frac{e^x}{x^n} = \lim_{x=\infty} \frac{e^x}{n!} = \infty,$$

bei einem gebrochenen, zwischen die ganzen Zahlen p und $p+1$ fallenden n zu

$$\lim_{x=\infty} \frac{e^x}{x^n} = \lim \frac{e^x}{n(n-1)\cdots(n-p)x^{n-p-1}} = \lim \frac{x^{p+1-n}e^x}{n(n-1)\cdots(n-p)} = \infty.$$

Es wird also e^x bei unendlich wachsendem x unendlich groß von höherer Ordnung als jede positive Potenz von x.

2. Bei der Funktion $f(x) = \dfrac{lx}{x^n}\,(n > 0)$, die bei $\lim x = \infty$ die Form $\frac{\infty}{\infty}$ annimmt, führt schon einmalige Differentiation zum Ziele; denn

$$\lim_{x=\infty} \frac{lx}{x^n} = \lim \frac{\dfrac{1}{x}}{nx^{n-1}} = \lim \frac{1}{nx^n} = 0.$$

Es wird also lx bei unendlich wachsendem x unendlich groß von niedrigerer Ordnung als jede positive Potenz von x.

3. Unter der Voraussetzung $a > 0$ erlangt $f(x) = \dfrac{l\operatorname{tg} ax}{l\operatorname{tg} x}$ für $\lim x = +0$ die Form $\frac{\infty}{\infty}$; einmalige Anwendung des Satzes gibt

$$\lim_{x=+0} f(x) = \lim \frac{\dfrac{a\sec^2 ax}{\operatorname{tg} ax}}{\dfrac{\sec^2 x}{\operatorname{tg} x}} = \lim \frac{a\sin 2x}{\sin 2ax},$$

und da der neue Bruch die Form $\frac{0}{0}$ annimmt, so hat man weiter

$$\lim_{x=+0} f(x) = \lim \frac{2a\cos 2x}{2a\cos 2ax} = 1.$$

4. Auf die Funktion $f(x) = \dfrac{x + \cos x}{x - \sin x}$, deren Zähler und Nenner bei $\lim x = \infty$ unendlich werden, ist das Verfahren nicht anwendbar, weil die Ableitung des Nenners, $1 - \cos x$, niemals aufhört Null zu werden; es zeigt sich dies auch darin, daß der Quotient der Ableitungen, $\dfrac{1 - \sin x}{1 - \cos x}$, für $\lim x = \infty$ (oder $-\infty$) keiner bestimmten Grenze zustrebt, vielmehr niemals aufhört, zwischen 0 und $+\infty$ zu schwanken. Trotzdem konvergiert die Funktion gegen eine bestimmte Grenze, nämlich 1, wie unmittelbar ersichtlich ist.

81. Die Form $0 \cdot \infty$ entsteht, wenn bei einem bestimmten Grenzübergange $\lim x = a$ in $f(x) = \varphi(x)\psi(x)$ der eine Faktor, z. B. $\varphi(x)$, gegen Null konvergiert, während der andere gleichzeitig unendlich wird.

Man führt diese Form auf eine der früheren zurück, indem man das Produkt in der Gestalt eines der Quotienten $\dfrac{\varphi(x)}{\psi(x)^{-1}}$, $\dfrac{\psi(x)}{\varphi(x)^{-1}}$ schreibt, worauf die früheren Sätze und Methoden angewendet werden können, sofern die hierzu erforderlichen Voraussetzungen erfüllt sind.

Beispiele. 1. $f(x) = x^m (lx)^n$ nimmt bei $\lim x = +0$ die Form $0 \cdot \infty$ an, wenn m, n positiv sind; bezüglich n werde noch vorausgesetzt, daß es so beschaffen ist, daß $(lx)^n$ bei dem Grenzübergange reell bleibt. Schreibt man die Funktion in der Form $\dfrac{(lx)^n}{x^{-m}}$, so tritt der Fall **80** ein, man hat also

$$\lim_{x=+0} f(x) = \lim \frac{n(lx)^{n-1} x^{-1}}{- m x^{-m-1}} = -\frac{n}{m} \lim \frac{(lx)^{n-1}}{x^{-m}},$$

die Form besteht weiter, wenn $n > 1$. Ist n eine ganze Zahl, so ergibt sich nach n-maliger Wiederholung des Prozesses

$$\lim_{x=+0} f(x) = \frac{(-1)^n n!}{m^n} \lim x^m = 0;$$

liegt hingegen n zwischen zwei ganzen Zahlen p und $p + 1$, so hat man nach $p + 1$-maliger Wiederholung

$$\lim_{x=+0} f(x) = \frac{(-1)^{p+1} n(n-1) \cdots (n-p)}{m^{p+1}} \lim \frac{(lx)^{n-p-1}}{x^{-m}} = 0,$$

weil $\dfrac{x^m}{(lx)^{p+1-n}}$ ein Bruch ist, dessen Zähler gegen Null konvergiert und dessen Nenner unbegrenzt wächst.

Man kann den vorliegenden Fall übrigens durch die Substitution $x = e^{-z}$ auf einen früheren zurückführen; es wird nämlich

$$f(x) = \frac{(-1)^n z^n}{e^{mz}} = \frac{(-1)^n}{m^n} \frac{(mz)^n}{e^{mz}},$$

und da $\lim x = + 0$ zur Folge hat $\lim mz = \infty$, so ist mit Berufung auf **80,** 1:

$$\lim_{x=+0} f(x) = \frac{(-1)^n}{m^n} \lim_{mz=\infty} \frac{(mz)^n}{e^{mz}} = 0.$$

2. $f(x) = x\left(a^{\frac{1}{x}} - 1\right)$, worin $a > 0$, erlangt sowohl für $\lim x = \infty$ als auch für $\lim x = -\infty$ die Form $\infty \cdot 0$; schreibt man dafür

$$\frac{a^{\frac{1}{x}} - 1}{\frac{1}{x}}$$ und setzt $\frac{1}{x} = z$, so wird

$$f(x) = \frac{a^z - 1}{z}$$

und nimmt für $\lim z = 0$ die Form $\frac{0}{0}$ an; man hat also nach **79:**

$$\lim_{x=\infty} f(x) = \lim_{z=0} \frac{a^z - 1}{z} = \lim \frac{a^z la}{1} = la.$$

82. Die Form $\infty - \infty$ tritt bei $f(x) = \varphi(x) - \psi(x)$ ein, wenn bei einem bestimmten Grenzübergange $\lim x = a$ Minuend und Subtrahend gleichzeitig gegen ∞ oder $-\infty$ konvergieren.

Man kann nun von der Differenz auf verschiedene Weise auf einen Quotienten übergehen, der dann eine der Formen $\frac{0}{0}, \frac{\infty}{\infty}$ annimmt; so kann $f(x)$ umgestaltet werden in

$$\frac{1}{\varphi(x)^{-1}} - \frac{1}{\psi(x)^{-1}} = \frac{\psi(x)^{-1} - \varphi(x)^{-1}}{\varphi(x)^{-1}\,\psi(x)^{-1}}; \quad l\,\frac{e^{\varphi(x)}}{e^{\psi(x)}}, \quad l\,\frac{e^{-\psi(x)}}{e^{-\varphi(x)}},$$

und man hat es im ersten und dritten Falle mit $\frac{0}{0}$, im zweiten mit $\frac{\infty}{\infty}$ zu tun.

Beispiele. 1. $f(x) = \frac{1}{\sin^2 x} - \frac{1}{x^2}$ ist bei $x = 0$ nicht definiert und nimmt für $\lim x = 0$ die Form $\infty - \infty$ an, in der Gestalt $f(x) = \frac{x^2 - \sin^2 x}{x^2 \sin^2 x}$ aber die Form $\frac{0}{0}$ an; man hat also

$$\lim_{x=0} f(x) = \lim \frac{2x - \sin 2x}{2x \sin^2 x + x^2 \sin 2x} = \lim \frac{2 - 2\cos 2x}{2\sin^2 x + 4x \sin 2x + 2x^2 \cos 2x}$$

$$= \lim \frac{4 \sin 2x}{6 \sin 2x + 12x \cos 2x - 4x^2 \sin 2x}$$

$$= \lim \frac{8 \cos 2x}{24 \cos 2x - 32x \sin 2x - 8x^2 \cos 2x} = \frac{1}{3}.$$

2. $f(x) = \frac{1}{x^2} - \cot g^2 x$, das bei $\lim x = 0$ in unbestimmter Form erscheint, kann umgestaltet werden wie folgt:

$$f(x) = \frac{\sin^2 x - x^2 \cos^2 x}{x^2 \sin^2 x}$$

$$= \frac{\sin x + x \cos x}{x} \; \frac{\sin x - x \cos x}{x^3} \cdot \frac{x^2}{\sin^2 x}$$

$$= \left(\frac{\sin x}{x} + \cos x\right) \frac{\sin x - x \cos x}{x^3} \left(\frac{x}{\sin x}\right)^2 ;$$

der erste Faktor konvergiert gegen 2, der dritte gegen 1; der mittlere, der die Form $\frac{0}{0}$ zeigt, gegen die Grenze $\frac{1}{3}$ (**79**); folglich ist

$$\lim_{x=0} f(x) = \frac{2}{3}.$$

3. $f(x) = x - \sqrt{(x-a)(x-b)}$, worin die Wurzel positiv zu nehmen ist, nimmt für $\lim x = \infty$ die Form $\infty - \infty$ an, geht aber durch die Substitution $x = \frac{1}{z}$ über in

$$\frac{1 - \sqrt{(1-az)(1-bz)}}{z},$$

das für $\lim z = +0$ die Form $\frac{0}{0}$ erlangt; mithin ist

$$\lim_{x=\infty} f(x) = \lim_{z=+0} \frac{a(1-bz) + b(1-az)}{2\sqrt{(1-az)(1-bz)}} = \frac{a+b}{2}.$$

Der Fall läßt sich indessen durch algebraische Umgestaltung elementar erledigen; es ist nämlich auch

$$f(x) = \frac{x^2 - (x-a)(x-b)}{x + \sqrt{(x-a)(x-b)}} = \frac{(a+b)x - ab}{x + \sqrt{(x-a)(x-b)}} = \frac{a + b - \dfrac{ab}{x}}{1 + \sqrt{\left(1 - \dfrac{a}{x}\right)\left(1 - \dfrac{b}{x}\right)}},$$

woran der Grenzübergang $\lim x = \infty$ unmittelbar ausgeführt werden kann.

4. $f(x) = \cos x\, l \sin x - l \operatorname{tg} \frac{x}{2}$ zeigt bei $\lim x = +0$ die Form $\infty - \infty$, läßt sich aber wie folgt umgestalten:

$$\cos x\, l\left(2 \sin \frac{x}{2} \cos \frac{x}{2}\right) - l \sin \frac{x}{2} + l \cos \frac{x}{2}$$

$$= \cos x \cdot l2 - (1 - \cos x) l \sin \frac{x}{2} + (1 + \cos x) l \cos \frac{x}{2} ;$$

das erste Glied konvergiert gegen $l2$; das zweite gegen Null, weil es

in die Form $\dfrac{l\dfrac{1}{\sin^2 \frac{x}{2}}}{\dfrac{1}{\sin^2 \frac{x}{2}}}$ gebracht werden kann (**80**, 2.); das dritte gegen 0;

folglich ist

$$\lim_{x=+0} f(x) = l2.$$

83. Die Formen 0^0, ∞^0, 1^∞ entspringen aus einer Funktion des Baues $f(x) = \varphi(x)^{\psi(x)}$, wenn bei einem bestimmten Grenzübergange $\lim x = a$ gleichzeitig

$$\lim \varphi(x) = 0, \qquad \lim \psi(x) = 0$$

oder $\qquad\qquad \lim \varphi(x) = \infty, \qquad \lim \psi(x) = 0$

oder $\qquad\qquad \lim \varphi(x) = 1, \qquad \lim \psi(x) = \infty \;(\text{oder} -\infty)$

wird; damit eine solche Funktion wohl definiert sei, ist noch erforderlich, daß $\varphi(x) > 0$ sei.

Schreibt man $f(x)$ in der Form einer natürlichen Potenz:

$$f(x) = e^{\psi(x)\, l\, \varphi(x)},$$

so nimmt der Exponent in allen drei Fällen die Form $0 \cdot \infty$ an. Hierdurch ist die vorliegende Aufgabe auf den Fall **81** zurückgeführt.

Beispiele. 1. $f(x) = x^x$ erscheint bei $\lim x = +0$ in der Form 0^0; schreibt man dafür $e^{x\, l\, x}$ und beachtet, daß der Exponent gegen 0 konvergiert (**81**, 1.), so ergibt sich

$$\lim_{x\,=\,+0} f(x) = 1.$$

2. $f(x) = (\operatorname{tg} x)^{\cos x}$ nimmt bei $\lim x = \dfrac{\pi}{2} - 0$ die Form ∞^0 an; schreibt man $f(x) = e^{\cos x\, l\, \operatorname{tg} x}$, so zeigt der Exponent, in der Gestalt $\dfrac{l\,\operatorname{tg} x}{\sec x}$ geschrieben, die Form $\dfrac{\infty}{\infty}$, und sein Grenzwert ist

$$\lim \frac{\dfrac{\sec^2 x}{\operatorname{tg} x}}{\sec x\, \operatorname{tg} x} = \lim \frac{\sec x}{\operatorname{tg}^2 x} = \lim \frac{\sec x\, \operatorname{tg} x}{2\, \operatorname{tg} x\, \sec^2 x} = \lim \frac{1}{2 \sec x} = 0;$$

daher hat man

$$\lim_{x\,=\,\frac{\pi}{2}-0} f(x) = 1.$$

3. Für $\lim z = \infty$ und ein beliebiges, aber bestimmtes x erlangt $\left(1 + \dfrac{x}{z}\right)^z$ die Form 1^∞. Bringt man es in die Gestalt $e^{\dfrac{l\left(1 + \frac{x}{z}\right)}{\frac{1}{z}}}$ und ermittelt

$$\lim_{z\,=\,\infty} \frac{l\left(1 + \dfrac{x}{z}\right)}{\dfrac{1}{z}} = \lim \frac{\dfrac{x}{z^2}}{\left(1 + \dfrac{x}{z}\right) : \dfrac{1}{z^2}} = \lim \frac{x}{1 + \dfrac{x}{z}} = x,$$

so kommt man zu der wichtigen Formel

$$\lim_{z\,=\,\infty} \left(1 + \frac{x}{z}\right)^z = e^x,$$

die eine Erweiterung der Formel **47**, (14) bildet.

4. Auch $f(x) = (\cos ax)^{\frac{b}{x^2}}$ wird bei $\lim x = 0$ unbestimmt in der Form 1^∞; setzt man aber in $e^{\frac{b l \cos ax}{x^2}}$ um, so wird der Exponent unbestimmt $\left(\dfrac{0}{0}\right)$, und sein Grenzwert ist

$$\lim \frac{- ab \sin ax}{2x \cos ax} = \lim \frac{- a^2 b \cos ax}{2 \cos ax - 2ax \sin ax} = - \frac{a^2 b}{2} ,$$

so daß

$$\lim_{x = 0} f(x) = e^{- \frac{a^2 b}{2}}.$$

84. Vermischte Beispiele. Nachstehende Funktionen nehmen bei den verzeichneten Grenzübergängen die danebenstehenden Grenzwerte an:

$$\frac{\operatorname{tg} x}{x} , \quad \frac{\sin x - x \cos x}{x^3} , \quad \frac{\operatorname{tg} ax - ax}{\operatorname{tg} bx - bx} , \quad \frac{x - \sin x}{\operatorname{tg} x - x} ,$$

$$\frac{a^x - b^x}{c^x - d^x} \left(\lim x = 0; \ 1, \ \frac{1}{3}, \ \frac{a^3}{b^3}, \ \frac{1}{2}, \ \frac{l\frac{a}{b}}{l\frac{c}{d}} \right).$$

$$\frac{\sin x - \cos x}{\sin 2x - \cos 2x - 1} \left(\lim x = \frac{\pi}{4} ; \ \frac{\sqrt{2}}{2} \right).$$

$$2^x \sin \frac{a}{2^x} \ (\lim x = \infty; \ a).$$

$$(a - x) \operatorname{tg} \frac{\pi x}{2 a} \left(\lim x = a; \ \frac{2 a}{\pi} \right).$$

$$2x \operatorname{tg} x - \pi \sec x \left(\lim x = \frac{\pi}{2} ; \ - 2 \right).$$

$$x^{\frac{1}{x}} \ (\lim x = \infty; \ 1).$$

$$(\sin x)^{\operatorname{tg}^2 x} \ (\lim x = + 0; \ 1).$$

$$(\operatorname{tg} x)^{\operatorname{tg} 2 x} \ (\lim x = + 0; \ 1).$$

§ 2. Maxima und Minima expliziter Funktionen einer Variablen.

85. Begriff der extremen Werte einer Funktion. In dem Verlaufe einer *nicht monotonen* Funktion sind solche Stellen von besonderer Bedeutung, an welchen ein Übergang vom Wachsen zum Abnehmen oder umgekehrt stattfindet. Die zugehörigen Funktionswerte trennen die Kontinua, die von der Funktion nacheinander im abwechselnden Sinne durchlaufen werden; man bezeichnet sie als *extreme Werte* der Funktion oder kurz als deren *Extreme*.

Die im Intervall (α, β) stetige Funktion $f(x)$ hat an der Stelle $x = a$ im Innern des Gebiets einen relativ größten Wert oder ein

Maximum, wenn sie daselbst vom Wachsen zum Abnehmen übergeht; und einen relativ kleinsten Wert oder ein *Minimum*, wenn sie vom Abnehmen zum Wachsen übergeht. Präziser und für die analytische Verwertung geeigneter gesagt, findet ein Extrem statt, wenn sich eine positive Zahl δ angeben läßt derart, daß entweder

$$f(a - h) < f(a) > f(a + h) \tag{1}$$

oder
$$f(a - h) > f(a) < f(a + h), \tag{2}$$

so lange die positive Variable h der Bedingung

$$h < \delta$$

genügt; die Beziehung (1) kennzeichnet ein Maximum, (2) ein Minimum.

Die zulässige Größe von δ hängt davon ab, wie häufig die Funktion den Sinn ihrer Änderung wechselt; bei Funktionen, bei denen Maxima und Minima in rascher Folge abwechseln, wird δ klein gewählt werden müssen; für die Zwecke der folgenden Untersuchung kann δ beliebig klein gedacht werden.

Die Begriffe des Maximums und Minimums sind von den Begriffen des größten und des kleinsten Wertes der Funktion im Intervall (α, β) wohl zu unterscheiden; der größte Wert schlechtweg braucht nicht mit einem Maximum und der kleinste Wert nicht mit einem Minimum im Sinne der obigen Definition identisch zu sein. Bei der Beurteilung dieser Frage muß der ganze Wertevorrat der Funktion, müssen also auch ihre Werte an den Enden des Intervalls in Betracht gezogen werden.

Die Feststellung der extremen Werte hat in den angewandten Gebieten besondere Bedeutung, weil es sich hier häufig darum handelt, gerade diese Werte zu erzielen.

86. Notwendige Bedingung bei Vorhandensein eines eigentlichen Differentialquotienten. Der Übergang vom Wachsen zum Abnehmen oder vom Abnehmen zum Wachsen kann in verschiedener Weise vor sich gehen. Der gewöhnliche, die Regel bildende Fall ist der, daß die Funktion eigentliche Differentialquotienten besitzt bis zu jener Ordnung, die bei der Untersuchung noch in Betracht kommt. Unter dieser Voraussetzung läßt sich zunächst der Satz nachweisen, daß *an einer Stelle, an welcher die Funktion ein Extrem erlangt, ihre Ableitung notwendig verschwindet.*

Im Falle des Maximums folgt nämlich aus (1), daß

$$\frac{f(a - h) - f(a)}{-h} > 0 \qquad \frac{f(a + h) - f(a)}{h} < 0,$$

und da beide Quotienten mit $\lim h = 0$ gegen eine und dieselbe Grenze konvergieren, so kann $f'(a)$ weder positiv noch negativ sein, es ist also notwendig gleich Null.

Im Falle des Minimums ist wegen (2)

$$\frac{f(a-h)-f(a)}{-h} < 0 \qquad \frac{f(a+h)-f(a)}{h} > 0$$

und die gleiche Schlußfolgerung führt zu der Erkenntnis, daß notwendig $f'(a) = 0$ sein müsse.

Hiernach lautet die erste Regel: *Um die Stellen zu finden, an welchen eine mit einem eigentlichen Differentialquotienten begabte Funktion $f(x)$ extreme Werte annehmen kann, setze man $f'(x) = 0$ und löse diese Gleichung nach x auf.*

Die bedingte Formulierung ist dadurch geboten, daß ja $f'(x)$ auch an einer Stelle Null werden kann, in deren Umgebung $f(x)$ wächst oder abnimmt (71).

Die unmittelbarste Entscheidung darüber, ob $f(x)$ an einer Stelle $x = a$, die aus $f(x) = 0$ als Wurzel hervorgeht, tatsächlich einen extremen Wert erreicht, besteht in der Untersuchung des Verhaltens von $f'(x)$ in einer beliebig engen Umgebung $(a - \delta, a + \delta)$ in Bezug auf das Vorzeichen. Ist $f'(x)$ in $(a - \delta, a)$ positiv, in $(a, a + \delta)$ negativ, so ist $f(a)$ ein Maximum, bei dem umgekehrten Verhalten ein Minimum.

Die Funktion $f(x) = 2x^3 - 3x^2 + b$ beispielsweise hat die Ableitung

$$f'(x) = 6x(x - 1),$$

die an den Stellen $x = 0$ und $x = 1$ verschwindet. Nun ist, sobald $0 < \delta < 1$,

$$f'(-\delta) = 6\delta(\delta + 1) > 0, \qquad f'(\delta) = -6\delta(1 - \delta) < 0,$$

daher $f(0) = b$ ein Maximum; ferner unter der gleichen Voraussetzung

$$f'(1 - \delta) = -6\delta(1 - \delta) < 0, \qquad f'(1 + \delta) = 6\delta(1 + \delta) > 0,$$

daher $f(1) = b - 1$ ein Minimum.

87. Unterscheidung zwischen Maximum und Minimum. Bei Existenz auch höherer eigentlicher Differentialquotienten läßt sich die Entscheidung auf Grund dieser systematisch treffen.

Da ein Maximum dadurch gekennzeichnet ist, daß innerhalb einer genügend eng begrenzten Umgebung

$$f'(a - h) > 0, \qquad f'(a) = 0, \qquad f'(a + h) < 0,$$

so folgt, daß

$$f'(a - h) > f'(a) > f'(a + h),$$

daß also $f'(x)$ in der Umgebung von a abnehmend ist; infolgedessen ist $f''(a) < 0$ oder $= 0$.

Einem Minimum entspricht das durch die Ansätze

$$f'(a - h) < 0, \qquad f'(a) = 0, \qquad f'(a + h) > 0$$

gekennzeichnete Verhalten von $f'(x)$, das zu

$$f'(a - h) < f'(a) < f'(a + h)$$

führt und zeigt, daß $f'(a)$ in der Umgebung von a wachsend ist; folglich ist $f''(a) > 0$ oder $= 0$.

Sieht man also von dem Falle $f''(a) = 0$, der noch keine Entscheidung bringt, ab, so kann als zweite Regel ausgesprochen werden: *„Wenn an der aus $f'(x) = 0$ berechneten Stelle $x = a$ $f''(a) < 0$ ist, so ist $f(a)$ ein Maximum, hingegen ein Minimum, wenn $f''(a) > 0$ ist.*

Es steht fest, daß $f'(x)$ in der Umgebung der Stelle eines Maximums abnehmend, in der Umgebung der Stelle eines Minimums wachsend ist; wenn dabei $f''(a) = 0$ ausfällt, so zeigt $f''(x)$ in der Umgebung des Maximums folgendes Verhalten:

$$f''(a - h) < 0, \quad f''(a) = 0, \quad f''(a + h) < 0,$$

so daß
$$f''(a - h) < f''(a) > f''(a + h),$$

in der Umgebung des Minimums das Verhalten

$$f''(a - h) > 0, \quad f''(a) = 0, \quad f''(a + h) > 0,$$

so daß
$$f''(a - h) > f''(a) < f''(a + h);$$

es ist also im ersten Falle $f''(a)$ selbst ein Maximum, im zweiten Falle ein Minimum von $f''(x)$, infolgedessen $f'''(a) = 0$ und $f^{\mathrm{IV}}(a)$, wenn es nicht verschwindet, negativ, bzw. positiv.

Daraus ergibt sich die weiter tragende Regel: *Wenn an der Stelle $x = a$, die aus $f'(x) = 0$ berechnet worden, $f''(x)$ verschwindet, so kann $f(x)$ einen extremen Wert daselbst nur dann erlangen, wenn auch $f'''(a) = 0$ ist; die Entscheidung ist dann endgiltig möglich, wenn $f^{\mathrm{IV}}(a) \neq 0$, und zwar ist $f(a)$ ein Maximum oder Minimum, je nachdem $f^{\mathrm{IV}}(a) < 0$ oder > 0 ist.*

88. Allgemeines Kriterium. Um ein alle Möglichkeiten umfassendes Kriterium zu gewinnen, setzen wir voraus, es sei außer $f'(a) = 0$ auch $f''(a) = 0$, $f'''(a) = 0$, ... $f^{(n-1)}(a) = 0$, hingegen $f^{(n)}(a) \neq 0$. Die mittels $f(x)$ gebildete Funktion

$$\frac{f(x) - f(a)}{(x - a)^n}, \qquad \text{(n eine positive ganze Zahl)}$$

zeigt dann bei $\lim x = a$ die unbestimmte Form $\frac{0}{0}$, die bei Anwendung des in **79** entwickelten Verfahrens auch nach $n - 1$ maliger Differentiation von Zähler und Nenner noch anhält, so daß auch

$$\lim_{x = a} \frac{f(x) - f(a)}{(x - a)^n} = \lim \frac{f^{(n-1)}(x)}{n(n-1)\cdots 2(x - a)}$$

noch nicht zur endgiltigen Bestimmung des Grenzwertes führt; da aber

$$\lim \frac{f^{n-1}(x)}{x - a} = \lim \frac{f^{(n-1)}(x) - f^{(n-1)}(a)}{x - a} = f^{(n)}(a)$$

ist, so wird

$$\lim \frac{f(x) - f(a)}{(x - a)^n} = \frac{1}{n!} f^{(n)}(a),$$

woraus der für unsern Zweck wesentliche Umstand folgt, daß $f(x) - f(a)$ schließlich, d. h. in einem genügend engen Intervall $(a - \delta,\ a + \delta)$, das Vorzeichen von $(x - a)^n f^{(n)}(a)$ besitzt.

Ist nun n *gerad*, so hat $f(x) - f(a)$ in der ganzen durch dieses Intervall bezeichneten Umgebung beständig dasselbe Vorzeichen, und zwar das von $f^{(n)}(a)$; folglich ist $f(a)$ ein Minimum, wenn $f^{(n)}(a) > 0$, ein Maximum, wenn $f^{(n)}(a) < 0$ ist.

Bei *ungeradem* n hingegen wechselt $f(x) - f(a)$ sein Vorzeichen beim Übergang von der einen Seite der Stelle a zur andern, es findet ein extremer Wert nicht statt; vielmehr ist $f(x)$ in der Umgebung von a wachsend, wenn $f^{(n)}(a) > 0$, abnehmend, wenn $f^{(n)}(a) < 0$ ist.

Demnach lautet die alle Fälle umfassende Regel: *An einer Stelle $x = a$, die der Gleichung $f'(x) = 0$ genügt, erlangt $f(x)$ ein Extrem nur dann, wenn die nächste an dieser Stelle nicht verschwindende Ableitung von gerader Ordnung ist; ist sie negativ, so ist $f(a)$ ein Maximum, dagegen ein Minimum, wenn diese Ableitung positiv ist.*

Bei der Darstellung von $f(x)$ durch die Ordinaten einer Kurve hat das gemeinsame Merkmal von Maximum und Minimum, d. i. $f'(a) = 0$, eine anschauliche Bedeutung; es besagt, daß in den Punkten der Kurve, zu welchen extreme Werte von $f(x)$ gehören, die Tangente parallel ist zur Abszissenachse (**56**).

89. Beispiele. 1. Die in **86** behandelte Funktion $f(x) = 2x^3 - 3x^2 + b$ erledigt sich mit Hilfe der zweiten Ableitung $f''(x) = 12x - 6$, wie folgt: es ist

$$f''(0) = -6 < 0, \quad \text{daher } f(0) = b \text{ ein Maximum,}$$
$$f''(1) = 6 > 0, \quad \text{daher } f(1) = b - 1 \text{ ein Minimum.}$$

2. Für $f(x) = \dfrac{lx}{x}$ ergibt sich durch Nullsetzen von $f'(x) = \dfrac{1 - lx}{x^2}$ $x = e$ als die einzige Stelle, an der ein extremer Wert stattfinden kann; da ferner $f''(x) = \dfrac{2lx - 3}{x^3}$, somit $f''(e) = \dfrac{-1}{e^3} < 0$, so ist $f(e) = \dfrac{1}{e}$ der Maximalwert der Funktion.

3. Die Frage, ob es ein Logarithmensystem gibt, in dem einmal der Logarithmus mit dem Numerus übereinstimmt, kann in folgender Weise erledigt werden. Setzt man

$$\log_a x - x = y, \quad a > 1,$$

so hat man es mit einer Funktion zu tun, die sowohl für kleine (unter 1 liegende) als auch für große positive Werte von x negativ ist; wenn also ihr Maximalwert positiv oder Null ist, so tritt der Fall $y = 0$ notwendig (zwei- oder einmal) ein (**51, 3**).

Nun ist $y' = \dfrac{\log_a e}{x} - 1$, verschwindet bei $x = \log_a e$, ist vor dieser Stelle positiv, jenseits derselben negativ, folglich ist

$$\log_a \log_a e - \log_a e$$

ein Maximum[1]) von y; man hat also zur Lösung der Frage den Ansatz

$$\log_a \log_a e - \log_a e > 0,$$

woraus

$$\log_a \frac{\log_a e}{e} > 0,$$

$$\frac{\log_a e}{e} \geqq 1,$$

$$\log_a e^{\frac{1}{e}} > 1$$

und schließlich $a < e^{\frac{1}{e}} = 1{,}444667\cdots$ folgt. Nur in solchen Logarithmensystemen tritt also der oben erwähnte Fall ein, deren Basis unter dieser Zahl liegt.

4. Handelt es sich um die Extreme einer Funktion, welche die Form eines Bruches $\dfrac{u}{v}$ besitzt, dessen Zähler und Nenner von x abhängen, so kann die Rechnung eine wesentliche Vereinfachung erfahren. Zunächst ist für das Verschwinden von

$$f'(x) = \frac{u'v - uv'}{v^2}$$

notwendig, daß

$$u'v - uv' = 0 \tag{α}$$

sei, wenn nicht für den aus dieser Gleichung berechneten Wert $x = a$ ausnahmsweise auch $v = 0$ ist. Diesen Fall ausgeschlossen, hat man weiter

$$f''(x) = \frac{(u''v - uv'')v^2 - 2vv'(u'v - uv')}{v^4},$$

also

$$f''(a) = \left(\frac{u''v - uv''}{v^2}\right)_{x=a}.$$

Mithin hat man nur den Ausdruck

$$u''v - uv'' \tag{β}$$

auf sein Vorzeichen zu prüfen, um über Maximum oder Minimum zu entscheiden.

So lautet für $f(x) = \dfrac{x^2 + x + 1}{x^2 - x + 1}$ die Gleichung (α)

$$x^2 - 1 = 0$$

---

1) $y'' = -\dfrac{\log_a e}{x^2}$ kann nicht verwendet werden, weil man über das Vorzeichen von $\log_a e$ von vorneherein nichts aussagen kann.

und der Ausdruck $(\beta) - 4x$; er ist für $x = -1$ positiv, für $x = 1$ negativ; folglich ist

$$f(-1) = \frac{1}{3} \text{ ein Minimum}, \quad f(1) = 3 \text{ ein Maximum.}$$

5. Die Zahl a ist in zwei Teile zu zerlegen derart, daß das Produkt dieser Teile den größtmöglichen Wert annehme.

Ist der eine Teil x, so ist $a - x$ der andere, und es handelt sich um das Maximum von

$$f(x) = x(a - x).$$

Aus $f'(x) = a - 2x = 0$ folgt $x = \frac{a}{2}$, und da $f''(x) = -2$ negativ ist, so ist tatsächlich

$$f\left(\frac{a}{2}\right) = \frac{a^2}{4}$$

der größtmögliche Wert des Produktes.

Auf diesen einfachen Fall lassen sich mancherlei Probleme zurückführen; als Beleg dafür mögen die folgenden dienen.

α) Unter den Rechtecken von gegebenem Umfange $2a$ jenes von der größten Fläche zu bestimmen.

Heißt eine Seite des Rechtecks x, so ist $a - x$ die andere; es soll also $x(a - x)$ ein Maximum werden. Das verlangte Rechteck ist demnach das Quadrat.

β) Unter den einem gegebenen Kreise vom Durchmesser a eingeschriebenen Rechtecken dasjenige von der größten Fläche aufzusuchen.

Ist x die eine Seite des Rechtecks, so ist das Quadrat der anderen $a^2 - x^2$, $x\sqrt{a^2 - x^2}$ die Fläche; ihr Quadrat $x^2(a^2 - x^2)$ wird ein Maximum für $x^2 = \frac{a^2}{2}$, die Fläche selbst ist dann ebenfalls ein Maximum $= \frac{a^2}{2}$ und der Gestalt nach ein Quadrat, weil $x = \sqrt{a^2 - x^2} = \frac{a}{\sqrt{2}}$.

γ) Den Elevationswinkel bei dem schiefen Wurf zu bestimmen, bei welchem sich die größte Wurfweite einstellt.

Heißt c die Wurfgeschwindigkeit, g die Beschleunigung der Schwerkraft und x der Elevationswinkel, so ist $\frac{2c^2 \sin x \cos x}{g}$ die Wurfweite; sie wird zu einem Maximum, wenn $\sin x \cos x$ oder $\sin^2 x \cos^2 x = \sin^2 x(1 - \sin^2 x)$ seinen größten Wert erlangt; dies aber geschieht für $\sin^2 x = \frac{1}{2}$, also für $x = \frac{\pi}{4}$, d. i. bei einem Winkel von 45^0.

δ) Die Höhenlage der Öffnung in der Seitenwand eines bis zu einer gewissen Höhe mit Flüssigkeit gefüllten Gefäßes zu bestimmen, bei welcher die Ausflußweite am größten ist.

Bedeutet h die Tiefe der horizontalen Grundebene und x die Tiefe der Öffnung unter dem Flüssigkeitsspiegel, so ist die Ausflußweite $2\sqrt{x(h-x)}$; sie wird am größten, wenn $x(h-x)$ ein **Maximum** erreicht, und dieses tritt für $x=\dfrac{h}{2}$ ein. Die Ausflußweite selbst ist dann $x=h$.

ε) Einem Dreieck ein Rechteck derart einzuschreiben, daß eine Seite des Rechtecks in die Basis des Dreiecks fällt und seine Fläche möglichst groß wird.

Bezeichnet man mit c,h Basis und Höhe des Dreiecks und mit x den Abstand der gegenüberliegenden Rechtecksseite von der Spitze, so drückt sich die Rechtecksfläche durch $\dfrac{c}{h}x(h-x)$ aus, wird also ein Maximum, wenn $x=\dfrac{h}{2}$ ist.

6. Einer Kugel einen Kegel von maximalem Volumen einzuschreiben.

Ist r der Radius der Kugel und x der Abstand ihres Mittelpunktes von der Kegelbasis, so hat das Volumen des Kegels den Ausdruck

$$v=\frac{\pi}{3}(r^2-x^2)(r+x).$$

Der variable Teil, $(r^2-x^2)(r+x)$, erlangt ein Maximum, wenn

$$r^2-2rx-3x^2=0,$$

d. h. wenn $x=\dfrac{r}{3}$; die andere Wurzel, $x=-r$, führt auf einen belanglosen Grenzfall. Es ist demnach $\max v=\dfrac{32\pi}{81}r^3$, d. i. $\dfrac{8}{27}$ vom Inhalt der Kugel.

7. Einer Kugel einen Kegel von maximaler Mantelfläche einzuschreiben.

Mit Beibehaltung der vorigen Bezeichnungen ist die Mantelfläche

$$M=\pi\sqrt{2r(r^2-x^2)(r+x)}.$$

Hiernach hat derselbe Kegel, dessen Volumen ein Maximum, auch die größte Mantelfläche; $\max M=\dfrac{8\pi}{9}r^2\sqrt{3}$.

8. Aus einer Kreisscheibe einen Sektor so auszuschneiden, daß der aus dem Rest der Scheibe geformte Trichter einen möglichst großen Fassungsraum besitze.

Bezeichnet r den Radius der Scheibe, x das Bogenmaß des Zentriwinkels des restlichen Sektors, so ist das Volumen des kegelförmigen Trichters

$$v=\frac{\pi}{3}\left(\frac{rx}{2\pi}\right)^2\sqrt{r^2-\left(\frac{rx}{2\pi}\right)^2}=\frac{\pi r^3}{3}\left(\frac{x}{2\pi}\right)^2\sqrt{1-\left(\frac{x}{2\pi}\right)^2}.$$

Setzt man $\left(\dfrac{x}{2\pi}\right)^2=y$, so handelt es sich um das Maximum von $y\sqrt{1-y}$

oder von $y^2(1-y)$; dieses tritt ein für $2y - 3y^2 = 0$, also, von der belanglosen Bestimmung $y = 0$ abgesehen, für $y = \frac{2}{3}$, mithin für

$$x = 2\pi \sqrt{\frac{2}{3}},\ \text{d. i. für einen Zentriwinkel von } 293,\ 90^0 \text{ und zwar ist}$$

$$\max v = \frac{2}{27}\frac{\pi}{}\, r^3 \sqrt{3}.$$

9. An den Ecken einer rechteckigen Tafel sind quadratische Ausschnitte anzubringen derart, daß der aus dem Rest geformte parallelepipedische Behälter einen maximalen Fassungsraum annehme.

Sind a, b die Seitenlängen des Rechtecks, x die Seite des Ausschnitts, so ist der Inhalt des Behälters

$$v = (a - 2x)(b - 2x)x = 4x^3 - 2(a+b)x^2 + abx.$$

Zur Bestimmung von x hat man also die quadratische Gleichung

$$12x^2 - 4(a+b)\,x + ab = 0,$$

deren Wurzeln

$$x_1 = \frac{a+b - \sqrt{a^2 + b^2 - ab}}{6}, \qquad x_2 = \frac{a+b + \sqrt{a^2 + b^2 - ab}}{6}$$

sind; die zweite Ableitung, $24x - 4(a+b)$, nimmt an diesen Stellen die Werte

$$-4\sqrt{a^2 + b^2 - ab}, \qquad 4\sqrt{a^2 + b^2 - ab}$$

an, so daß x_1 zu dem verlangten Maximum führt. Der zweiten Lösung x_2 würde arithmetisch ein Minimum entsprechen; mit Bezug auf das gestellte Problem ist sie aber unzulässig; denn, ist b die kürzere der beiden Seiten, so ist

$$b - 2x_2 = \frac{2b - a - \sqrt{a^2 + b^2 - ab}}{3} < 0,$$

weil $(2b - a)^2 = a^2 - 4b(a - b) < a^2 + b^2 - ab = a^2 - b(a - b)$, daher $2x_2 > b$ und der Ausschnitt nicht möglich.

10. Es sind zwei Punkte A, B und eine sie nicht trennende Gerade XX' gegeben (Fig. 37). Man soll den kürzesten über einen Punkt von XX' führenden Weg von A nach B bestimmen.

Einem Grundsatze der Geometrie zufolge wird der Weg aus zwei geradlinigen Strecken sich zusammensetzen, so daß es darauf ankommt, den Punkt P in XX' so zu bestimmen, daß $s = AP + PB$ ein Minimum werde.

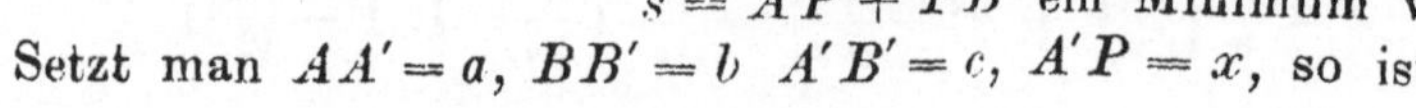
Fig. 37.

Setzt man $AA' = a$, $BB' = b$, $A'B' = c$, $A'P = x$, so ist

$$s = \sqrt{a^2 + x^2} + \sqrt{b^2 + (c - x)^2},$$

und die notwendige Bedingung für ein **Extrem** lautet:

$$\frac{ds}{dx} = \frac{x}{\sqrt{a^2 + x^2}} - \frac{c - x}{\sqrt{b^2 + (c - x)^2}} = 0, \qquad (\alpha)$$

oder in den Linien der Figur ausgedrückt:

$$\frac{A'P}{AP} = \frac{PB'}{BP};$$

daraus schließt man auf die Ähnlichkeit der Dreiecke $AA'P$ und $BB'P$ und hieraus wieder auf die Gleichheit der Winkel $X'PA$ und XPB. Die Konstruktion von P geschieht in der Weise, daß $B'B_1 = BB'$ gemacht und A mit B_1 verbunden wird.

Hiernach ist das Reflexionsgesetz ein Ökonomiegesetz der Natur: die Fortpflanzung des Lichtes, des Schalles u. a. durch Reflexion erfolgt so, daß von einer Stelle zur andern der kürzestmöglichste **Weg** erforderlich ist.

Die direkte Verfolgung der Bedingungsgleichung (α) führt nach Beseitigung der Irrationalitäten und der Nenner zu der quadratischen Gleichung

$$(b^2 - a^2)x^2 + 2a^2cx - a^2c^2 = 0, \qquad (\beta)$$

und diese gibt die beiden Wurzeln

$$x_1 = \frac{ac}{a + b}, \quad x_2 = \frac{ac}{a - b};$$

die erste leitet auf die gefundene Lösung hin; denn aus der hervorgehobenen Ähnlichkeit folgt

$$A'P : a = (c - A'P) : b,$$

woraus

$$A'P = \frac{ac}{a + b} = x_1.$$

Die zweite Lösung ist der gestellten Aufgabe fremd und rührt daher, daß die Gleichung (β) umfassender ist als (α) infolge der ausgeführten Quadrierung; die Gleichung (β) schließt auch die Bedingung für das Maximum von $AP - BP$ oder von

$$\sqrt{a^2 + x^2} - \sqrt{b^2 + (c - x)^2}$$

in sich und hierfür gilt x_2, das den Schnittpunkt Q der Geraden AB mit XX' bestimmt; in der Tat ist

$$AP - PB < AB,$$

daher AB der Maximalwert der Differenz $AP - PB$, welcher sich dann einstellt, wenn P mit Q zusammenfällt.

Man hätte auch von der folgenden Betrachtung ausgehen können.

Der Ort der Punkte P, für welche $AP + PB$ einen bestimmten konstanten Wert s hat, ist eine Ellipse mit den Brennpunkten A, B und der großen Achse s (Fig. 37); die kleinste unter diesen (konfokalen) Ellipsen, welche mit der Geraden XX' reelle Punkte gemein hat, ist diejenige, welche sie berührt; der Berührungspunkt bestimmt die Lösung der Aufgabe und hat nach einer bekannten Eigenschaft der Ellipsentangente eine solche Lage, daß $\sphericalangle X'PA = \sphericalangle XPB$.

11. Es sind zwei Punkte A, B und eine sie trennende Ebene MM' gegeben (Fig. 38). Man soll den Weg von A nach B bestimmen,

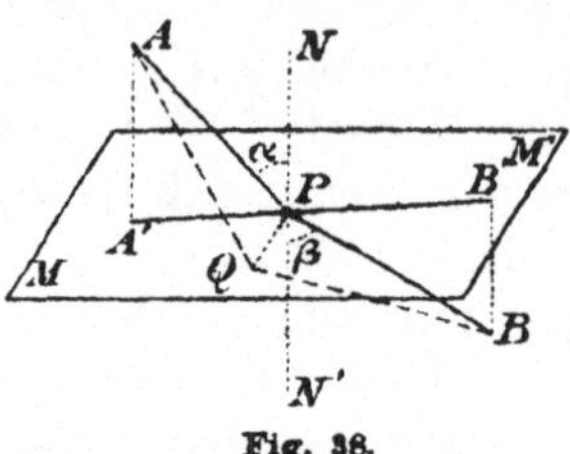

Fig. 38.

welchen ein Bewegliches in der kürzesten Zeit zurücklegt, wenn es sich von A bis zur Ebene mit der Geschwindigkeit u und von da ab bis B mit der Geschwindigkeit v bewegt.

Der **Weg** wird sich notwendig aus zwei geradlinigen Strecken zusammensetzen und bestimmt sein, sobald man den Punkt P der Ebene kennt, über welchen er führt. Von diesem läßt sich ferner erweisen, daß er in die Verbindungslinie der orthogonalen Projektionen A', B' von A, B auf MM' falle, daß der Weg selbst also in der durch A, B zu MM' gelegten Normalebene verlaufe. Denn zu einem Wege wie AQB, der über einen Punkt Q außer $A'B'$ führt, läßt sich immer ein Weg finden, der in kürzerer Zeit zurückgelegt wird als AQB; man braucht nur QP senkrecht zu $A'B'$ zu ziehen, und erkennt sogleich, daß $AP < AQ$, $BP < BQ$, daß also auch APB in kürzerer Zeit zurückgelegt wird als AQB.

Ist $AA' = a$, $BB' = b$, $A'B' = c$, $A'P = x$, so ist die für den Weg APB erforderliche Zeit

$$t = \frac{\sqrt{a^2 + x^2}}{u} + \frac{\sqrt{b^2 + (c - x)^2}}{v},$$

und ihr kleinster Wert ergibt sich, wenn P so gewählt wird, daß

$$\frac{dt}{dx} = \frac{x}{u\sqrt{a^2 + x^2}} - \frac{c - x}{v\sqrt{b^2 + (c - x)^2}} = 0,$$

oder in den Linien der Figur ausgedrückt, daß

$$\frac{1}{u} \cdot \frac{A'P}{AP} = \frac{1}{v} \cdot \frac{PB'}{BP};$$

bezeichnet man also die Winkel, welche die Wegteile AP und BP mit dem Lote zur Ebene einschließen, mit α, β, so ist der verlangte Weg durch die Beziehung

$$\frac{\sin \alpha}{\sin \beta} = \frac{u}{v}$$

gekennzeichnet, wonach das Sinusverhältnis der genannten Winkel gleich sein muß dem analog gebildeten Verhältnis der Geschwindigkeiten.

Man erkennt hierin das Refraktionsgesetz der Optik. Die Fortpflanzung des Lichtes aus einem Medium nach einem von anderer optischer Dichte geht also so vor sich, daß das Licht von einer Stelle zu einer andern in möglichst kurzer Zeit gelangt.

12. Ein Kreiszylinder von gegebenem Volumen ist so zu formen, daß er eine möglichst kleine Oberfläche erhalte.

Bezeichnet man Radius, Höhe und Volumen des Zylinders mit x, y, v, so ist seine Oberfläche

$$O = 2\pi x(x + y),$$

und weil $\pi x^2 y = v$, auch

$$O = 2\pi x\left(x + \frac{v}{\pi x^2}\right) = 2\pi x^2 + \frac{2v}{x}$$

sie erlangt ihren größten Wert, wenn

$$2\pi x - \frac{v}{x^2} = 0,$$

also $x = \sqrt[3]{\dfrac{v}{2\pi}}$, und weil dann $y = \sqrt[3]{\dfrac{4v}{\pi}}$, so ist $y = 2x$, der fragliche Zylinder also gleichseitig; $\min O = 3\sqrt[3]{2\pi v^2}$.

90. Außergewöhnliche Extreme. Darunter werden solche Maxima und Minima verstanden, die mit einem besonderen, von dem bisherigen abweichenden Verhalten des Differentialquotienten verbunden sind und daher durch das in **86** entwickelte Verfahren nicht gefunden werden können.

1. Wenn die abgeleitete Funktion $f'(x)$ an einer Stelle $x = a$ aufhört definiert zu sein, wenn aber $f(x)$ selbst an dieser Stelle bestimmt ist und einen linken und einen rechten Differentialquotienten zuläßt, die ungleich bezeichnet sind, so ist $f(a)$ ein Maximum oder ein Minimum je nach der Aufeinanderfolge der Vorzeichen.

Ist z. B. der linke Differentialquotient positiv, so wird

$$\frac{f(a - h) - f(a)}{-h}$$

schließlich, d. h. in gehöriger Nähe von a, positiv, folglich

$$f(a - h) < f(a)$$

bleiben müssen; ist gleichzeitig der rechte Differentialquotient negativ, so wird

$$\frac{f(a + h) - f(a)}{h}$$

schließlich negativ, also

$$f(a) > f(a + h)$$

bleiben müssen; durch diese Relationen

$$f(a - h) < f(a) > f(a + h)$$

ist aber $f(a)$ als Maximum gekennzeichnet. Ähnlich für den Fall des Minimums.

Bei geometrischer Darstellung tritt eine solche Stelle derart in die Erscheinung, daß die Kurve dort eine Ecke bildet.

Als Beispiel diene die Funktion

$$f(x) = b + \sqrt{(x - a)^2},$$

die Wurzel positiv genommen;

$$f'(x) = \frac{x - a}{\sqrt{(x - a)^2}}$$

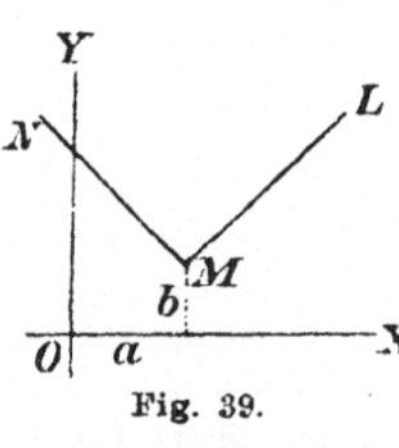

Fig. 39.

existiert an der Stelle $x = a$ nicht, wohl aber ist ein linker Differentialquotient vom Werte -1, ein rechter vom Werte $+1$ vorhanden, $f(a) = b$ also ein Minimum. Die Funktion ist geometrisch durch einen rechten Winkel dargestellt, Fig. 39, dessen Scheitel ab ist und dessen Schenkel gegen die Achse gleich geneigt sind.

2. Ein besonderer Fall des vorigen besteht darin, **daß** an der Stelle $x = a$, an der $f'(a)$ nicht definiert ist, der linke und rechte Differentialquotient unendlich werden mit verschiedenem Vorzeichen. Je nach der Aufeinanderfolge der Vorzeichen, $+ -$ oder $- +$, findet ein Maximum oder Minimum statt. Im geometrischen Bilde äußert sich eine solche Erscheinung in einer Spitze mit zur y-Achse paralleler Tangente, Fig. 40.

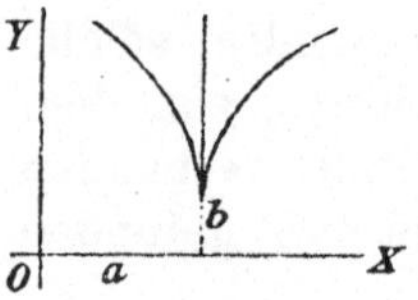

Fig. 40.

Ein Beispiel hierzu bietet die Funktion

$$f(x) = b + \sqrt[3]{(x - a)^2};$$

ihre Ableitung $f'(x) = \dfrac{2}{3\sqrt[3]{x - a}}$ existiert für $x = a$ nicht; es ist aber $\lim_{x = a - 0} f'(x) = -\infty$, hingegen $\lim_{x = a + 0} f'(x) = +\infty$, daher $f(a) = b$ ein Minimum.

VI. Abschnitt.

Determinanten.

§ 1. Über Permutationen.

91. Inversionen; gerade und ungerade Permutationen.
Jede Nebeneinanderstellung von n verschiedenen Elementen heißt eine *Permutation* derselben. Um die Anzahl P_n der Permutationen zu bestimmen, ordne man sie nach dem an der ersten Stelle stehenden

Element in Gruppen; da in jeder dieser n Gruppen jeweilen die $n-1$ übrigen Elemente auf alle Arten permutiert sind, so ist $P_n = n\,P_{n-1}$, und da weiters $P_1 = 1$ ist, so findet man $P_n = 1 \cdot 2 \cdots n = n!$.

Dadurch, daß man die Elemente mit Nummern oder Buchstaben bezeichnet, erteilt man ihnen einen *Rang*.

Zwei Elemente einer Permutation stehen in der *natürlichen Ordnung*, wenn das höhere dem niederen nachfolgt; im andern Falle bilden sie eine *Inversion*.

Diejenige Permutation, in der alle Elementenpaare in der natürlichen Ordnung stehen, heißt die *niedrigste*. Jede andere Permutation enthält Inversionen. Deren größte Zahl befindet sich in der *höchsten* Permutation, welche die Umkehrung der niedrigsten ist; da hier jedes Element mit jedem nachfolgenden in Inversion steht, so ist die Anzahl der Inversionen $\frac{1}{2}\,n(n-1)$.

Die Permutationen der n Elemente lassen sich in Paare von Permutationen zusammenstellen, deren eine die Umkehrung der andern ist. Da in einem solchen Permutationspaar jedes Elementenpaar einmal in Inversion steht, so kommen darin ebenso viele Inversionen vor als in der niedrigsten und höchsten Permutation zusammen, nämlich $\frac{1}{2}\,n(n-1)$. Folglich enthalten alle P_n Permutationen zusammen $\frac{P_n}{4}\,n(n-1)$ Inversionen.

So sind beispielsweise in den 24 Permutationen von 4 Elementen 72, in den 120 Permutationen von 5 Elementen 600 Inversionen zu zählen.

Nach der Anzahl der in ihnen vorkommenden Inversionen können die Permutationen einer Elementenreihe in zwei Klassen geschieden werden, indem man in der einen Klasse die Permutationen mit einer *geraden* Anzahl von Inversionen und in der andern jene mit einer *ungeraden* Anzahl von Inversionen vereinigt; man spricht kurz von geraden und ungeraden Permutationen.

Die Permutation

$$becda$$

der Elemente $abcde$ gehört zu den geraden. weil ihre Elemente der Reihe nach 1, 3, 1, 1 zusammen 6 Inversionen mit den folgenden bilden; hingegen gehört die Permutation

$$641532$$

der Elemente 123456 zu den ungeraden, weil ihre Elemente der Reihe nach zu 5, 3, 0, 2, 1, also zu 11 nachfolgenden Elementen in Inversion stehen.

92. Der Satz von Bézout. Die Vertauschung zweier Elemente in einer Permutation nennt man eine *Transposition*. Alle Permutationen einer Elementenreihe lassen sich aus einer von ihnen durch sukzessive Transpositionen herstellen. Für die Klassenzugehörigkeit ist der folgende Satz von maßgebender Bedeutung:

Wenn man in einer Permutation eine Transposition ausführt, so ändert sich die Anzahl der Inversionen um eine ungerade Zahl; infolgedessen geht dadurch die Permutation aus einer Klasse in die andere über.

Sind i, k zwei Elemente, A, B zwei Elementengruppen, und transponiert man in der Permutation

$$A\,i\,k\,B$$

die Elemente i, k, wodurch sie in

$$A\,k\,i\,B$$

übergeht, so tritt eine neue Inversion hinzu oder geht eine verloren, je nachdem i, k in der natürlichen Ordnung sind oder nicht.

Sind die zu transponierenden Elemente nicht benachbart, sondern durch eine m-gliedrige Gruppe C getrennt, so gehe man von

$$A\,i\,C\,k\,B$$

zu

$$A\,C\,i\,k\,B,$$

davon zu

$$A\,C\,k\,i\,B$$

und schließlich zu

$$A\,k\,C\,i\,B$$

über; dazu sind $2m + 1$ Transpositionen *benachbarter* Elemente erforderlich, folglich ändert sich die Anzahl der Inversionen eine ungerade Anzahl male um 1, unterscheidet sich also tatsächlich um eine ungerade Zahl von ihrem ursprünglichen Wert.

Beispielsweise enthält die Permutation

$$b\,e\,c\,d\,a$$

sechs Inversionen, die Permutation

$$d\,e\,c\,b\,a,$$

die aus ihr durch Transposition der Elemente b, d hervorgeht, deren 9.

Da zu jeder Permutation von n Elementen eine andere gehört, die aus ihr durch Transposition zweier Elemente entstanden ist, so ist *die eine Hälfte aller Permutationen gerad, die andere ungerad.*

93. Zyklische Permutationen. Schreibt man die n Elemente $1, 2, \cdots n$ in einer bestimmten Umlaufsrichtung an den Umfang eines Kreises, Fig. 41, so heißt jede Anordnung, in der sie in eben dieser Richtung gelesen werden können, eine *zyklische Permutation* von $1, 2, \cdots n$.

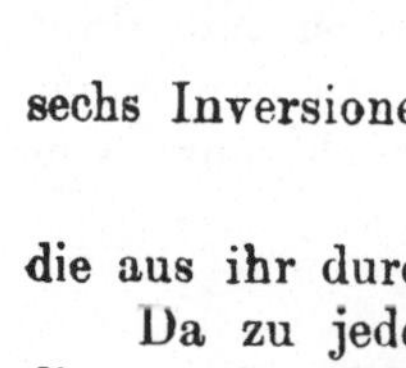

Die erste zyklische Permutation heißt also

Fig. 41.

$$2\,3\cdots n\,1$$

und entsteht aus der vorigen, indem man das erste Element an die letzte Stelle bringt, was auch durch $n-1$ Transpositionen benachbarter Elemente erzielt werden kann.

Es gilt daher der Satz: *Eine einmalige zyklische Permutierung einer Reihe von n Elementen ist äquivalent mit $n-1$ Transpositionen; somit gehören beide Permutationen zur selben oder jede zu einer andern Klasse, je nachdem n ungerad oder gerad ist.*

Die zweite zyklische Permutation ist

$$3\,4\cdots n\,1\,2,$$

die $\overline{n-1}$-te, zugleich letzte

$$n\,1\,2\cdots \overline{n-1};$$

mit der ursprünglichen gibt also es n zyklische Anordnungen von n Elementen.

Die Anzahlen der Inversionen in den aufeinanderfolgenden Anordnungen sind

$$0,\quad (n-1)\,1,\quad (n-2)\cdot 2,\cdots\quad 1\,(n-1);$$

die Summe dieser Zahlen ist $\frac{1}{6}(n-1)n(n+1)$, beträgt also beispielsweise bei sechs Elementen 35.

Jede Anordnung, in der die Elemente in der entgegengesetzten Umlaufsrichtung gelesen werden können, ist eine zyklische Permutation der ursprünglichen Form

$$n\,(n-1)\cdots 2\,1.$$

§ 2. Definition der Determinante.

94. Quadratische Matrix und ihre Determinante. Wenn $m\cdot n$ Elemente — worunter wir uns fortab *Zahlen* denken wollen — in m Reihen zu je n Elementen geordnet sind, so bilden sie in dieser Anordnung eine *Matrix*. Zur Darstellung einer solchen empfiehlt sich für allgemeine Untersuchungen vorzugsweise das folgende Bezeichnungssystem:

$$
\begin{matrix}
a_{11} & a_{12} & \cdots & a_{1n} \\
a_{21} & a_{22} & \cdots & a_{2n} \\
\cdots & \cdots & \cdots & \cdots \\
a_{m1} & a_{m2} & \cdots & a_{mn}
\end{matrix}
\tag{1}
$$

das so eingerichtet ist, daß aus dem ersten Zeiger die *Zeile* (horizontale Reihe), aus dem zweiten die *Kolonne* (vertikale Reihe) zu erkennen ist, in der das betreffende Element steht. Indessen kann es manchmal vorteilhaft sein, die Kolonnen durch Buchstaben und die Zeilen durch Zeiger zu unterscheiden oder umgekehrt:

$$
\begin{array}{llll}
a_1 & b_1 & \cdots & k_1 \\
a_2 & b_2 & \cdots & k_2 \\
\cdots & \cdots & \cdots & \cdots \\
a_m & b_m & \cdots & k_m
\end{array}
\qquad\qquad
\begin{array}{llll}
a_1 & a_2 & \cdots & a_n \\
b_1 & b_2 & \cdots & b_n \\
\cdots & \cdots & \cdots & \cdots \\
h_1 & h_2 & \cdots & h_n.
\end{array}
$$

Zur Darstellung (1) zurückkehrend wollen wir sagen, die Matrix sei *rechteckig*, wenn $m \neq n$, und sie sei *quadratisch*, wenn $m = n$. Der Typus einer quadratischen n-zeiligen oder n-reihigen Matrix oder einer Matrix von n^2 Elementen ist:

$$
\begin{array}{llll}
a_{11} & a_{12} & \cdots & a_{1n} \\
a_{21} & a_{22} & \cdots & a_{2n} \\
\cdots & \cdots & \cdots & \cdots \\
a_{n1} & a_{n2} & \cdots & a_{nn}.
\end{array}
\tag{2}
$$

Wenn man in dem Produkte der auf der Hauptdiagonale stehenden Elemente

$$
a_{11} a_{22} \cdots a_{nn} \tag{3}
$$

die zweiten Zeiger auf alle möglichen Arten permutiert und jedem so enstandenen Produkt

$$
a_{1\alpha_1} a_{2\alpha_2} \cdots a_{n\alpha_n} \tag{4}
$$

das Zeichen $+$ oder das Zeichen $-$ vorsetzt, jenachdem die Permutation $\alpha_1 \alpha_2 \cdots \alpha_n$ gerad oder ungerad ist, so heißt die Summe dieser Produkte die Determinante der Matrix (2).

Vermöge dieser Definition sind die Produkte der Matrix derart gebildet, daß keine zwei Faktoren aus einer und derselben Reihe (Zeile oder Kolonne) stammen.

Vertauscht man die *Faktoren* in (4) so untereinander, daß die zweiten Zeiger wieder in die natürliche Ordnung kommen, so bilden in dem umgestalteten Produkt

$$
a_{\beta_1 1} a_{\beta_2 2} \cdots a_{\beta_n n}
$$

die ersten Zeiger eine Permutation $\beta_1 \beta_2 \cdots \beta_n$, die zur selben Klasse gehört wie $\alpha_1 \alpha_2 \cdots \alpha_n$; denn $\beta_1 \beta_2 \cdots \beta_n$ ist aus $1\,2 \cdots n$ durch ebensoviele Transpositionen entstanden, als nötig waren, um aus $\alpha_1 \alpha_2 \cdots \alpha_n$ die Form $1\,2 \cdots n$ zu erzeugen.

Demnach kann die obige Definition auch so formuliert werden, daß sich die Permutierung auf die *ersten* Zeiger bezieht, während die zweiten in ihrer natürlichen Ordnung belassen werden.

Das Glied (3), aus dem hiernach alle andern Glieder abgeleitet werden, heißt das *Hauptglied* der Determinante.

95. Struktur und Bezeichnung der Determinanten. Aus der Definition geht hervor, daß eine n-reihige Determinante in einer Summe von $n!$ Gliedern besteht, deren jedes ein Produkt von n Faktoren ist; einer bestimmten Hälfte dieser Glieder ist das Operationszeichen $+$, der andern Hälfte das Zeichen $-$ vorgesetzt; da eine solche Determinante also einen Ausdruck n-ten Grades ihrer Elemente darstellt, wird sie auch als *Determinante n-ten Grades* bezeichnet.

Zur *Bezeichnung* der Determinante bedient man sich des Symbols

$$\sum' \pm\, a_{11} a_{22} \cdots a_{nn}$$

(Cauchy, Jacobi), das auf wesentliche Momente der Definition hinweist, oder des kürzeren

$$(a_{11} a_{22} \cdots a_{nn})$$

(Cauchy). Eine Schreibweise, die das ganze Elementensystem zur Anschauung bringt, besteht in der Einschließung der Matrix zwischen zwei Vertikalstriche:

$$\begin{vmatrix} a_{11} & a_{12} & \cdots & a_{1n} \\ a_{21} & a_{22} & \cdots & a_{2n} \\ \cdots & \cdots & \cdots & \cdots \\ a_{n1} & a_{n2} & \cdots & a_{nn} \end{vmatrix}$$

(Cayley). Eine besonders kurze Bezeichnung besteht in der Einschaltung des allgemeinen Elements zwischen Vertikalstriche unter Angabe der Zeigerwerte:

$$\begin{vmatrix} a_{ik} \end{vmatrix}\ (i, k = 1, 2, \cdots n).$$

(Kronecker).[1]

96. Entwicklung von zwei- und dreizeiligen Determinanten. Die zweizeilige Determinante besteht aus zwei Gliedern, eines additiv, das andere subtraktiv:

$$\begin{vmatrix} a_1 & b_1 \\ a_2 & b_2 \end{vmatrix} = a_1 b_2 - a_2 b_1 .$$

Der Ansatz

$$\begin{vmatrix} a_1 & b_1 \\ a_2 & b_2 \end{vmatrix} = 0$$

ist hiernach gleichbedeutend mit der Proportion

$$a_1 : a_2 = b_1 : b_2 .$$

---

[1] Die erste Erfindung der Determinanten durch Leibniz (1693; veröffentlicht 1700 in den Acta Eruditorum) geriet in Vergessenheit, bis Cramer 1750 (Introduction à l'analyse des courbes algébriques) sie zum zweitenmal selbständig erfand; beidemal war es dasselbe algebraische Problem, das zu ihnen hinführte. Den Grund zu einer selbständigen Theorie legte Cauchy; den Namen gab Gauß (1821). Ihre bleibende Stellung in der Mathematik erhielten die Determinanten erst durch die Abhandlungen von Jacobi (1841).

Bei der Entwicklung der dreizeiligen Determinante

$$R = \begin{vmatrix} a_1 & b_1 & c_1 \\ a_2 & b_2 & c_2 \\ a_3 & b_3 & c_3 \end{vmatrix}$$

kann man in dem Hauptgliede $a_1\,b_2\,c_3$ entweder die Zeiger oder die Buchstaben permutieren und hat dann aus der Anzahl der Inversionen das Zeichen zu bestimmen; man findet so:

$$R = a_1 b_2 c_3 - a_1 b_3 c_2 - a_2 b_1 c_3 + a_2 b_3 c_1 + a_3 b_1 c_2 - a_3 b_2 c_1$$

$$R = a_1 b_2 c_3 - a_1 c_2 b_3 - b_1 a_2 c_3 + b_1 c_2 a_3 + c_1 a_2 b_3 - c_1 b_2 a_3;$$

die Zeichenstellung ist in beiden Entwicklungen dieselbe, weil das Permutieren nach der nämlichen Regel erfolgte; die Übereinstimmung erkennt man durch gliedweise Vergleichung.

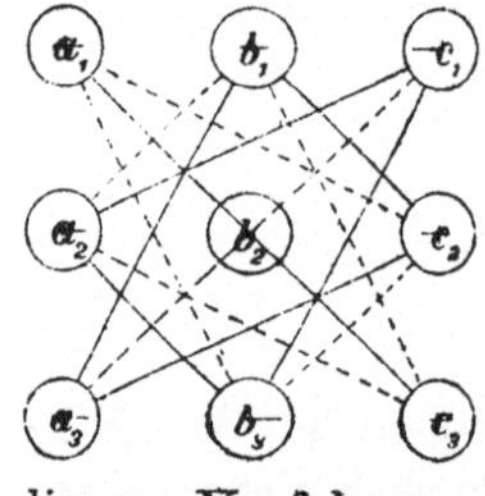

Nach einem von Sarrus angegebenen Verfahren geschieht die Entwicklung der dreizeiligen Determinante mechanisch so, daß man die Produkte der drei im nebenstehenden Bilde durch volle Linien verbundenen Elemententripel additiv, die Produkte der drei durch punktierte Linien verbundenen Elemententripel subtraktiv ansetzt. Nach diesem Verfahren ergibt sich beispielsweise

$$\begin{vmatrix} 1 & 2 & 3 \\ 4 & 5 & 6 \\ 7 & 8 & 9 \end{vmatrix} = 45 + 84 + 96 - 105 - 48 - 72 = 0.$$

§ 3. Haupteigenschaften der Determinanten.

97. Gleichberechtigung von Zeilen und Kolonnen. *Wenn man in einer Determinante die Kolonnen in derselben Reihenfolge zu Zeilen macht, so behält sie ihren Wert bei.*

Die beschriebene Umgestaltung verwandelt nämlich

$$R = \begin{vmatrix} a_{11} & a_{12} & \cdots & a_{1n} \\ a_{21} & a_{22} & \cdots & a_{2n} \\ \cdots & \cdots & & \cdots \\ a_{n1} & a_{n2} & \cdots & a_{nn} \end{vmatrix} \text{ in } R' = \begin{vmatrix} a_{11} & a_{21} & \cdots & a_{n1} \\ a_{12} & a_{22} & \cdots & a_{n2} \\ \cdots & \cdots & & \cdots \\ a_{1n} & a_{2n} & \cdots & a_{nn} \end{vmatrix}$$

und läßt die Hauptdiagonale, also auch das Hauptglied, $a_{11}\,a_{22}\cdots a_{nn}$ ungeändert; die Entwicklung von R durch Permutierung der Kolonnenzeiger gibt dasselbe wie die Entwicklung von R' durch Permutierung der Zeilenzeiger; mithin ist $R' = R$.

Vermöge dieser Gleichberechtigung gelten Sätze, die man bezüglich der Zeilen nachgewiesen hat, auch bezüglich der Kolonnen und umgekehrt.

98. Vertauschung paralleler Reihen. *Wenn man in einer Determinante zwei parallele Reihen mit einander vertauscht, so ändert der Wert der Determinante bloß sein Vorzeichen.*

Transformiert man beispielsweise durch Vertauschung der ersten zwei Kolonnen

$$R = \begin{vmatrix} a_{11} & a_{12} & \cdots & a_{1n} \\ a_{21} & a_{22} & \cdots & a_{2n} \\ \cdot & \cdot & \cdot & \cdot \\ a_{n1} & a_{n2} & \cdots & a_{nn} \end{vmatrix} \text{ in } R' = \begin{vmatrix} a_{12} & a_{11} & \cdots & a_{1n} \\ a_{22} & a_{21} & \cdots & a_{2n} \\ \cdot & \cdot & \cdot & \cdot \\ a_{n2} & a_{n1} & \cdots & a_{nn} \end{vmatrix},$$

so erscheint das additiv zu setzende Hauptglied $a_{12} a_{21} a_{33} \cdots a_{nn}$ von R' in R als subtraktives Glied, entstanden aus $a_{11} a_{22} a_{33} \cdots a_{nn}$ durch Vertauschung der ersten zwei Kolonnenzeiger; dies hat zur Folge, daß *jedes* Glied von R' mit entgegengesetztem Zeichen in R vorkommt; es ist also tatsächlich $R' = -R$.

Wenn man daher in einer Determinante Zeilen und Kolonnen in irgendeiner Weise umstellt, so ändert sie ihren absoluten Wert nicht; nur das Vorzeichen kann sich ändern.

Ob das letztere geschieht, hängt von der Anzahl der Transpositionen ab, die man mit den Zeilen und Kolonnen bei der Umstellung vorgenommen hat, in letzter Linie also von den Klassen ab, denen die Permutationen der Zeilen- und Kolonnenzeiger in der neuen Form angehören. Gehören beide Permutationen zu derselben Klasse, so bleibt auch das Vorzeichen erhalten; gehören sie zu verschiedenen Klassen, so ändert sich das Vorzeichen; denn im ersten Falle kann die Umstellung durch eine gerade Anzahl von Transpositionen, im zweiten Falle durch eine ungerade Anzahl erzielt werden. Bringt man beispielsweise in der Determinante

$$R = \begin{vmatrix} a_1 & b_1 & c_1 & d_1 \\ a_2 & b_2 & c_2 & d_2 \\ a_3 & b_3 & c_3 & d_3 \\ a_4 & b_4 & c_4 & d_4 \end{vmatrix}$$

die Kolonnen in die Reihenfolge $cadb$, die Zeilen in die Reihenfolge 3241, so geht sie über in

$$R' = \begin{vmatrix} c_3 & a_3 & d_3 & b_3 \\ c_2 & a_2 & d_2 & b_2 \\ c_4 & a_4 & d_4 & b_4 \\ c_1 & a_1 & d_1 & b_1 \end{vmatrix}$$

und es ist $R' = -R$, weil $cadb$ eine ungerade, 3241 eine gerade Permutation ist.

99. Gleiche parallele Reihen. *Wenn in einer Determinante zwei parallele Reihen übereinstimmen, so hat sie den Wert Null.*

Nach dem vorangehenden Satze ändert sich durch Vertauschung zweier paralleler Reihen das Vorzeichen der Determinante, es wird

$$R' = - R;$$

nimmt man die Vertauschung an den übereinstimmenden Reihen vor, so erfährt die Determinante überhaupt keine Veränderung, daher ist dann

$$R' = R$$

folglich $R = 0$.

Demnach ist beispielsweise

$$\begin{vmatrix} a_1 & b_1 & a_1 \\ a_2 & b_2 & a_2 \\ a_3 & b_3 & a_3 \end{vmatrix} = 0.$$

100. Multiplikation und Division einer Determinante mit einer Zahl. Stellt man die Elemente einer Reihe als Produkte mit einem gemeinsamen Faktor dar, so wird, da jedes Glied der entwickelten Determinante aus jeder Reihe ein und nur ein Element enthält, dieser Faktor auch allen Gliedern gemeinsam sein und kann daher herausgehoben werden, so daß

$$\begin{vmatrix} a_1 k & b_1 & c_1 & \cdots \\ a_2 k & b_2 & c_2 & \cdots \\ a_3 k & b_3 & c_3 & \cdots \\ \cdots & \cdots & \cdots \end{vmatrix} = k \begin{vmatrix} a_1 & b_1 & c_1 & \cdots \\ a_2 & b_2 & c_2 & \cdots \\ a_3 & b_3 & c_3 & \cdots \\ \cdots & \cdots & \cdots \end{vmatrix}.$$

Eine Determinante kann hiernach mit einer Zahl multipliziert oder dividiert werden, indem man alle Elemente *einer* Reihe mit dieser Zahl multipliziert, bzw. dividiert.

Mit der Annahme $k = 0$ ergibt sich weiter, daß eine Determinante in der eine volle Reihe von Nullen vorkommt, den Wert Null hat. Es ist also, ohne Rücksicht auf die übrigen Elemente,

$$\begin{vmatrix} 0 & 0 & 0 & \cdots \\ a_2 & b_2 & c_2 & \cdots \\ a_3 & b_3 & c_3 & \cdots \\ \cdots & \cdots & \cdots \end{vmatrix} = 0.$$

Eine Determinante hat auch dann den Wert Null, wenn die Elemente einer Reihe proportional sind den Elementen einer parallelen Reihe. Es ist nämlich

$$\begin{vmatrix} a_1 & a_1 k & c_1 & \cdots \\ a_2 & a_2 k & c_2 & \cdots \\ a_3 & a_3 k & c_3 & \cdots \\ \cdots & \cdots & \cdots \end{vmatrix} = k \begin{vmatrix} a_1 & a_1 & c_1 & \cdots \\ a_2 & a_2 & c_2 & \cdots \\ a_3 & a_3 & c_3 & \cdots \\ \cdots & \cdots & \cdots \end{vmatrix} = 0.$$

§ 4. Unterdeterminanten.

101. Unterdeterminanten verschiedener Grade. Wenn man in der Matrix einer Determinante n-ten Grades hinter der r-ten Kolonne und unter der r-ten Zeile einen Teilstrich gezogen denkt, so zerfällt sie im allgemeinen in zwei quadratische und zwei rechteckige Matrizen; von den ersteren besteht die eine aus r^2, die andere aus $(n-r)^2$ Elementen.

Aus den quadratischen Matrizen können wieder Determinanten gebildet werden, und diese heißen *Unterdeterminanten*, Subdeterminanten oder Partialdeterminanten der ursprünglichen.

Der beschriebene Vorgang liefert für

$$R = \left|\begin{array}{cccc|cccc}
a_{11} & a_{12} & \cdots & a_{1r} & a_{1,r+1} & \cdots & \cdots & a_{1n} \\
a_{21} & a_{22} & \cdots & a_{2r} & a_{2,r+1} & \cdots & \cdots & a_{2n} \\
\cdots & \cdots & \cdots & \cdots & \cdots & \cdots & \cdots & \cdots \\
a_{r1} & a_{r2} & \cdots & a_{rr} & a_{r,r+1} & \cdots & \cdots & a_{rn} \\
\hline
a_{r+1,1} & a_{r+1,2} & \cdots & a_{r+1,r} & a_{r+1,r+1} & \cdots & \cdots & a_{r+1,n} \\
\cdots & \cdots & \cdots & \cdots & \cdots & \cdots & \cdots & \cdots \\
a_{n1} & a_{n2} & \cdots & a_{nr} & a_{n,r+1} & \cdots & \cdots & a_{nn}
\end{array}\right|$$

die beiden Unterdeterminanten:

$$A_1 = \left|\begin{array}{cccc}
a_{11} & a_{12} & \cdots & a_{1r} \\
a_{21} & a_{22} & \cdots & a_{2r} \\
\cdots & \cdots & \cdots & \cdots \\
a_{r1} & a_{r2} & \cdots & a_{rr}
\end{array}\right|, \quad B_1 = \left|\begin{array}{cccc}
a_{r+1,r+1} & a_{r+1,r+2} & \cdots & a_{r+1,n} \\
a_{r+2,r+1} & a_{r+2,r+2} & \cdots & a_{r+2,n} \\
\cdots & \cdots & \cdots & \cdots \\
a_{n,r+1} & a_{n,r+2} & \cdots & a_{nn}
\end{array}\right|$$

Allgemein: entnimmt man aus einer beliebigen Kombination von r Zeilen diejenigen Elemente, die in einer beliebigen Kombination von r Kolonnen stehen, so erhält man die Matrix für eine Unterdeterminante r-ten Grades; da es nun $\binom{n}{r}$ derartige Kombinationen von Zeilen und ebensoviele von Kolonnen gibt, so hat eine Determinante n-ten Grades $\binom{n}{r}^2$ Unterdeterminanten r-ten Grades und ebensoviele des $\overline{n-r}$-ten Grades.

Die einzelnen Elemente sind als Unterdeterminanten ersten Grades aufzufassen.

102. Adjungierte Unterdeterminanten. Den Unterdeterminanten A_1, B_1 kommt die bemerkenswerte Eigenschaft zu, daß je ein Glied von A_1 mit einem Glied von B_1 multipliziert ein Glied von R gibt.

Von den Hauptgliedern ist dies unmittelbar zu erkennen; daß es auch von irgendzwei andern Gliedern gilt, ist in bezug auf den absoluten Wert daraus ersichtlich, daß aus *jeder* Zeile und *jeder* Kolonne von R ein Element in einem solchen Produkt vorkommt; in bezug auf das Zeichen ergibt sich die Richtigkeit der Behauptung aus folgender Erwägung: Ist $a_{1\alpha_1} a_{2\alpha_2} \cdots a_{r\alpha_r}$ ein Glied von A_1, $a_{r+1,\beta_1} a_{r+2,\beta_2} \cdots a_{n,\beta_{n-r}}$ ein Glied von B_1, so richten sich deren Vorzeichen nach den Permutationsformen $(\alpha) = \alpha_1 \alpha_2 \cdots \alpha_r$ und $(\beta) = \beta_1 \beta_2 \cdots \beta_{n-r}$, das Vorzeichen des Produktes aber ist nach der Permutationsform $\alpha_1 \alpha_2 \cdots \alpha_r \beta_1 \beta_2 \cdots \beta_{n-r}$ zu bestimmen; diese hat nun so viel Inversionen als (α) und (β) zusammen, gehört also zur geraden oder ungeraden Klasse, jenachdem (α) und (β) zur selben oder zu verschiedenen Klassen gehören; dies stimmt aber mit der Zeichenregel der Multiplikation überein.

Man nennt Paare von Unterdeterminanten, die im Produkt Glieder von R ergeben, *adjungierte* Unterdeterminanten.

103. Den Elementen adjungierte Unterdeterminanten.

Jedem Element von

$$R = \begin{vmatrix} a_{11} & a_{12} & \cdots & a_{1n} \\ a_{21} & a_{22} & \cdots & a_{2n} \\ \cdot & \cdot & \cdots & \cdot \\ a_{n1} & a_{n2} & \cdots & a_{nn} \end{vmatrix}$$

ist eine Determinante $\overline{n-1}$-ten Grades adjungiert; die zum Element a_{ik} gehörige werde mit α_{ik} bezeichnet. Unmittelbar abzulesen ist die zum ersten Element a_{11} adjungierte α_{11}, indem

$$\alpha_{11} = \begin{vmatrix} a_{22} & a_{23} & \cdots & a_{2n} \\ a_{32} & a_{33} & \cdots & a_{3n} \\ \cdot & \cdot & \cdots & \cdot \\ a_{n2} & a_{n3} & \cdots & a_{nn} \end{vmatrix}.$$

Ihre Matrix wird erhalten, indem man in der Matrix von R jene Zeile und Kolonne unterdrückt, denen a_{11} angehört.

Um α_{ik} zu erhalten, hat man nur nötig, R derart umzuformen, daß a_{ik} an die erste Stelle kommt; dann läßt sich α_{ik} wieder unmittelbar ablesen.

I. Die Umformung kann dadurch geschehen, daß man die ersten i Zeilen und die ersten k Kolonnen zyklisch permutiert. Nach **93** ist dies äquivalent mit $i - 1 + k - 1 = i + k - 2$ Transpositionen von Reihen; die umgeformte Determinante erhält daher das Zeichen $(-1)^{i+k-2} = (-1)^{i+k}$, so daß

$$R = (-1)^{i+k} \begin{vmatrix} a_{ik} & a_{i1} & a_{i2} & \cdots & a_{i,k-1} & a_{i,k+1} & \cdots & a_{in} \\ a_{1k} & \cdots & \cdots & \cdots & \cdots & \cdots & \cdots & a_{1n} \\ a_{2k} & \cdots & \cdots & \cdots & \cdots & \cdots & \cdots & a_{2n} \\ \cdots & \cdots & \cdots & \cdots & \cdots & \cdots & \cdots & \cdots \\ a_{i-1,k} & \cdots & \cdots & \cdots & \cdots & \cdots & \cdots & a_{i-1,n} \\ a_{i+1,k} & \cdots & \cdots & \cdots & \cdots & \cdots & \cdots & a_{i+1,n} \\ \cdots & \cdots & \cdots & \cdots & \cdots & \cdots & \cdots & \cdots \\ a_{nk} & a_{n1} & a_{n2} & \cdots & a_{n,k-1} & a_{n,k+1} & \cdots & a_{nn} \end{vmatrix};$$

infolgedessen ist

$$\alpha_{ik} = (-1)^{i+k} \begin{vmatrix} a_{11} & a_{12} & \cdots & a_{1,k-1} & a_{1,k+1} & \cdots & a_{1n} \\ a_{21} & \cdots & \cdots & \cdots & \cdots & \cdots & a_{2n} \\ \cdots & \cdots & \cdots & \cdots & \cdots & \cdots & \cdots \\ a_{i-1,1} & \cdots & \cdots & \cdots & \cdots & \cdots & a_{i-1,n} \\ a_{i+1,1} & \cdots & \cdots & \cdots & \cdots & \cdots & a_{i+1,n} \\ \cdots & \cdots & \cdots & \cdots & \cdots & \cdots & \cdots \\ a_{n1} & a_{n2} & \cdots & a_{n,k-1} & a_{n,k+1} & \cdots & a_{nn} \end{vmatrix}$$

Die Matrix dieser Determinante geht wieder aus der Matrix von R durch Unterdrückung der Zeile und Kolonne hervor, in denen a_{ik} vorkommt; das Vorzeichen aber hängt von der Summe $i + k$, dem *Gewicht* des Elements $a_{i,k}$ ab. Die Regel, die sich daraus ergibt, lautet:

Man erhält die zu einem Element adjungierte Unterdeterminante, indem man Zeile und Kolonne, denen das Element angehört, streicht und der Determinante aus der verbleibenden Matrix das Zeichen $+$ oder $-$ gibt, je nachdem das Gewicht des Elements gerad oder ungerad ist.

Sind die Elemente nicht mit Doppelzeigern geschrieben, so zähle man längs einer Zeile oder Kolonne von Element zu Element bis zur Hauptdiagonale: gerad, ungerad geben das Zeichen $+$, $-$.

Nach diesem Verfahren ergeben sich für

$$\begin{vmatrix} a_1 & b_1 & c_1 & d_1 \\ a_2 & b_2 & c_2 & d_2 \\ a_3 & b_3 & c_3 & d_3 \\ a_4 & b_4 & c_4 & d_4 \end{vmatrix}$$

beispielsweise die folgenden zu c_1, a_4 adjungierten Unterdeterminanten:

$$\gamma_1 = \begin{vmatrix} a_2 & b_2 & d_2 \\ a_3 & b_3 & d_3 \\ a_4 & b_4 & d_4 \end{vmatrix}, \qquad \alpha_4 = - \begin{vmatrix} b_1 & c_1 & d_1 \\ b_2 & c_2 & d_2 \\ b_3 & c_3 & d_3 \end{vmatrix}.$$

II. Das Element a_{ik} wird auch dadurch an die erste Stelle gebracht, daß man *alle* Zeilen $i-1$-mal und *alle* Kolonnen $k-1$-mal zyklisch vertauscht. Da dies äquivalent ist $(i-1+k-1)(n-1)$ $=(i+k)(n-1)-2(n-1)$ Transpositionen von Reihen, so kommt der umgeformten Determinante das Vorzeichen $(-1)^{(i+k)(n-1)-2(n-1)}$ $=(-1)^{(i+k)(n-1)}$ zu, das sich auch auf die jetzt unmittelbar abzulesende Unterdeterminante überträgt; diese lautet, da die *zyklische* Ordnung der Reihen ungestört bleibt, wie folgt:

$$\alpha_{ik} = (-1)^{(i+k)(n-1)} \begin{vmatrix} a_{i+1,k+1} & \cdots & a_{i+1,n} & a_{i+1,1} & \cdots & a_{i+1,k-1} \\ a_{i+2,k+1} & & & & \cdots & a_{i+2,k-1} \\ \cdots & \cdots & \cdots & \cdots & \cdots & \cdots \\ a_{n,k+1} & & \cdots & & & a_{n,k-1} \\ a_{1,k+1} & & \cdots & & & a_{1,k-1} \\ \cdots & \cdots & \cdots & \cdots & \cdots & \cdots \\ a_{i-1,k+1} & \cdots & a_{i-1,n} & a_{i-1,1} & \cdots & a_{i-1,k-1} \end{vmatrix} .$$

Bei ungeradem n ist das Vorzeichen immer $+$, bei geradem n richtet es sich nach dem Gewicht wie bei der vorigen Regel.

Nach diesem Verfahren ergeben sich für

$$\begin{vmatrix} a_1 & b_1 & c_1 \\ a_2 & b_2 & c_2 \\ a_3 & b_3 & c_3 \end{vmatrix}$$

die Unterdeterminanten:

$$\alpha_2 = \begin{vmatrix} b_3 & c_3 \\ b_1 & c_1 \end{vmatrix}, \qquad \gamma_1 = \begin{vmatrix} a_2 & b_2 \\ a_3 & b_3 \end{vmatrix}, \qquad \beta_3 = \begin{vmatrix} c_1 & a_1 \\ c_2 & a_2 \end{vmatrix} \text{ usw.,}$$

für die obige Determinante vierten Grades die Unterdeterminanten:

$$\gamma_1 = \begin{vmatrix} d_2 & a_2 & b_2 \\ d_3 & a_3 & b_3 \\ d_4 & a_4 & b_4 \end{vmatrix}, \qquad \alpha_2 = - \begin{vmatrix} b_3 & c_3 & d_3 \\ b_4 & c_4 & d_4 \\ b_1 & c_1 & d_1 \end{vmatrix} \text{ usw.}$$

104. Zusammenfassung der Glieder einer Determinante, die ein oder mehrere Elemente gemein haben. Es liegt im Begriff der adjungierten Unterdeterminanten, daß das Produkt aus einem Element a_{ik} mit der ihm adjungierten Unterdeterminante α_{ik} die Zusammenfassung aller Glieder von R gibt, die a_{ik} zum Faktor haben; solcher Glieder gibt es also $(n-1)!$.

Ist a_{lm} ein Element von α_{ik} und α'_{lm} seine adjungierte Unterdeterminante in bezug auf α_{ik}, also eine Unterdeterminante $n-2$ten Grades von R, so ist $a_{ik} a_{lm} \alpha'_{lm}$ die Vereinigung aller Glieder von R, die das Elementenpaar a_{ik}, a_{lm} $(i \neq l, k \neq m)$ enthalten; ihre Anzahl ist $(n-2)!$ Das Elementensystem von α'_{lm} entsteht aus der Matrix von R, indem man die Zeilen und Kolonnen unterdrückt, in denen a_{ik} und a_{lm} stehen.

So fortfahrend kommt man bis zu einem Einzelgliede von R, das n bezeichnete Elemente enthält.

So gibt beispielsweise in bezug auf die Determinante

$$\begin{vmatrix} a_1 & b_1 & c_1 & d_1 \\ a_2 & b_2 & c_2 & d_2 \\ a_3 & b_3 & c_3 & d_3 \\ a_4 & b_4 & c_4 & d_4 \end{vmatrix}$$

das Produkt

$$c_1 \begin{vmatrix} a_2 & b_2 & d_2 \\ a_3 & b_3 & d_3 \\ a_4 & b_4 & d_4 \end{vmatrix}$$

alle Glieder mit c_1, das Produkt

$$- c_1 d_3 \begin{vmatrix} a_2 & b_2 \\ a_4 & b_4 \end{vmatrix}$$

alle Glieder mit $c_1 d_3$, endlich

$$c_1 d_3 b_2 a_4$$

das einzige Glied, das c_1, d_3, b_2 als vorbezeichnete Elemente enthält.

105. Erster Hauptsatz. *Die Summe der Produkte aus den Elementen einer Reihe mit ihren adjungierten Unterdeterminanten gibt den Wert der Determinante.*

Hebt man aus der Determinante

$$R = \begin{vmatrix} a_{11} & a_{12} & \cdots & a_{1n} \\ a_{21} & a_{22} & \cdots & a_{2n} \\ \cdot & \cdot & \cdot & \cdot \\ a_{n1} & a_{n2} & \cdots & a_{nn} \end{vmatrix}$$

beispielsweise die Elemente der i-ten Zeile heraus:

$$a_{i1}, \; a_{i2}, \; \cdots \; a_{in},$$

und berücksichtigt, daß jedes Glied von R aus jeder Zeile ein und nur ein Element enthält, daß ferner $a_{i1}\alpha_{i1}$ die Vereinigung aller Glieder mit dem Element a_{i1} usw. ist, so kommt man zu der Erkenntnis, daß $a_{i1}\alpha_{i1} + a_{i2}\alpha_{i2} + \cdots + a_{in}\alpha_{in}$ die Zusammenfassung aller Glieder von R überhaupt ist; mithin hat man

$$a_{i1}\alpha_{i1} + a_{i2}\alpha_{i2} + \cdots + a_{in}\alpha_{in} = R \qquad {\scriptstyle (i = 1,2,\ldots n)} \qquad \text{(I)}$$

und in gleicher Weise in bezug auf die Kolonnen:

$$a_{1k}\alpha_{1k} + a_{2k}\alpha_{2k} + \cdots + a_{nk}\alpha_{nk} = R \qquad {\scriptstyle (k = 1,2,\ldots n).} \qquad \text{(I*)}$$

Man nennt die linke Seite von (I) die *Entwicklung von R nach den Elementen der i-ten Zeile* und analog die linke Seite von (I*) die *Entwicklung von R nach den Elementen der k-ten Kolonne.*

Die nächstliegende Folge dieses Hauptsatzes ist es, daß mit seiner Hilfe die Ausrechnung einer Determinante n-ten Grades zurückgeführt werden kann auf die Ausrechnung von Determinanten $\overline{n-1}$-ten Grades und so fortschreitend bis zu Determinanten 3. und 2. Grades.

In den Gleichungen (I) und (I*) sind $2n$ verschiedene Wertdarstellungen der Determinante R zusammengefaßt. Einzeln lauten sie z. B. für die Determinante dritten Grades

$$R = \begin{vmatrix} a_1 & b_1 & c_1 \\ a_2 & b_2 & c_2 \\ a_3 & b_3 & c_3 \end{vmatrix}$$

wie folgt:

$$R = a_1\alpha_1 + b_1\beta_1 + c_1\gamma_1 = a_2\alpha_2 + b_2\beta_2 + c_2\gamma_2 = a_3\alpha_3 + b_3\beta_3 + c_3\gamma_3$$

$$= a_1\alpha_1 + a_2\alpha_2 + a_3\alpha_3 = b_1\beta_1 + b_2\beta_2 + b_3\beta_3 = c_1\gamma_1 + c_2\gamma_2 + c_3\gamma_3.$$

106. Zweiter Hauptsatz. *Die Summe der Produkte aus den Elementen einer Reihe mit den adjungierten Unterdeterminanten zu einer andern parallelen Reihe ist gleich Null.*

Ersetzt man in R die Elemente

$$a_{i1}, \ a_{i2}, \ \cdots \ a_{in}$$

der i-ten Zeile durch jene einer andern, z. B. der j-ten Zeile:

$$a_{j1}, \ a_{j2}, \ \cdots \ a_{jn},$$

so hat dies auf die Unterdeterminanten

$$\alpha_{i1}, \ \alpha_{i2}, \ \cdots \ \alpha_{in}$$

keinen Einfluß, R aber geht in eine Determinante mit zwei gleichen parallelen Reihen über, und eine solche hat den Wert Null (**99**); mithin ist

$$a_{j1}\alpha_{i1} + a_{j2}\alpha_{i2} + \cdots + a_{jn}\alpha_{in} = 0; \qquad (i \neq j) \quad \text{(II)}$$

ebenso ergibt sich in bezug auf Kolonnen:

$$a_{1l}\alpha_{1k} + a_{2l}\alpha_{2k} + \cdots + a_{nl}\alpha_{nk} = 0. \qquad (l \neq k) \quad \text{(II*)}$$

In den Ansätzen (II) und (II*) sind $2n(n-1)$ einzelne Gleichungen enthalten, die mit den $2n$-Gleichungen aus dem ersten Hauptsatze $2n^2$-Gleichungen zwischen den Elementen von R und den ihnen adjungierten Unterdeterminanten darstellen.

Für die obige Determinante dritten Grades lauten die zwölf Gleichungen des zweiten Hauptsatzes:

$$0 = a_1\alpha_2 + b_1\beta_2 + c_1\gamma_2 = a_1\alpha_3 + b_1\beta_3 + c_1\gamma_3$$
$$= a_2\alpha_1 + b_2\beta_1 + c_2\gamma_1 = a_2\alpha_3 + b_2\beta_3 + c_2\gamma_3$$
$$= a_3\alpha_1 + b_3\beta_1 + c_3\gamma_1 = a_3\alpha_2 + b_3\beta_2 + c_3\gamma_2$$
$$0 = a_1\beta_1 + a_2\beta_2 + a_3\beta_3 = a_1\gamma_1 + a_2\gamma_2 + a_3\gamma_3$$
$$= b_1\alpha_1 + b_2\alpha_2 + b_3\alpha_3 = b_1\gamma_1 + b_2\gamma_2 + b_3\gamma_3$$
$$= c_1\alpha_1 + c_2\alpha_2 + c_3\alpha_3 = c_1\beta_1 + c_2\beta_2 + c_3\beta_3.$$

107. Additionsregel. *Wenn man zu den Elementen einer Reihe die mit einem beliebigen Faktor multiplizierten Elemente einer parallelen Reihe addiert, so ändert die Determinante ihren Wert nicht.*

Aus (I*) und (II*) folgt beispielsweise

$$(a_{1k} + p\,a_{1l})\alpha_{1k} + (a_{2k} + p\,a_{2l})\alpha_{2k} + \cdots + (a_{nk} + p\,a_{nl})\alpha_{nk} = R,$$

d. h.

$$\begin{vmatrix} a_{11} & a_{12} & \cdots & a_{1k} & \cdots & a_{1l} & \cdots & a_{1n} \\ a_{21} & a_{22} & \cdots & a_{2k} & \cdots & a_{2l} & \cdots & a_{2n} \\ \cdots & \cdots & \cdots & \cdots & \cdots & \cdots & \cdots & \cdots \\ a_{n1} & a_{n2} & \cdots & a_{nk} & \cdots & a_{nl} & \cdots & a_{nn} \end{vmatrix} = \begin{vmatrix} a_{11} & a_{12} & \cdots & a_{1k} + p\,a_{1l} & \cdots & a_{1l} & \cdots & a_{1n} \\ a_{21} & a_{22} & \cdots & a_{2k} + p\,a_{2l} & \cdots & a_{2l} & \cdots & a_{2n} \\ \cdots & \cdots & \cdots & \cdots & \cdots & \cdots & \cdots & \cdots \\ a_{n1} & a_{n2} & \cdots & a_{nk} + p\,a_{nl} & \cdots & a_{nl} & \cdots & a_{nn} \end{vmatrix}.$$

Die Regel kann auch auf Zeilen angewendet und auf mehrere Reihen ausgedehnt werden.

Hiernach ist z. B.

$$\begin{vmatrix} 1 & x_1 - a & y_1 - b \\ 1 & x_2 - a & y_2 - b \\ 1 & x_3 - a & y_3 - b \end{vmatrix} = \begin{vmatrix} 1 & x_1 & y_1 \\ 1 & x_2 & y_2 \\ 1 & x_3 & y_3 \end{vmatrix},$$

wie man durch Addition der mit a, bzw. b multiplizierten ersten Kolonne zur zweiten, bzw. dritten findet; es hängt also der Wert der linksstehenden Determinante von a und b gar nicht ab.

108. Verminderung und Erhöhung des Grades einer Determinante. Der Grad einer Determinante vermindert sich sofort um 1, wenn in einer Reihe nur *ein* von Null verschiedenes Element steht; es ist nämlich eine Folge des ersten Hauptsatzes, daß dann die *Determinante gleich ist dem von Null verschiedenen Element multipliziert mit der ihm adjungierten Unterdeterminante.*

So ist

$$\begin{vmatrix} a_{11} & a_{12} & \cdots & a_{1n} \\ 0 & a_{22} & \cdots & a_{2n} \\ 0 & a_{32} & \cdots & a_{3n} \\ \cdots & \cdots & \cdots & \cdots \\ 0 & a_{n2} & \cdots & a_{nn} \end{vmatrix} = a_{11} \begin{vmatrix} a_{22} & \cdots & a_{2n} \\ a_{32} & \cdots & a_{3n} \\ \cdots & \cdots & \cdots \\ a_{n2} & \cdots & a_{nn} \end{vmatrix};$$

auf den Wert der linksstehenden Determinante haben also die Elemente der ersten Zeile außer a_{11} keinen Einfluß.

Durch wiederholte Anwendung dieses Satzes ergibt sich der weitere: *Wenn alle Elemente zu einer Seite der Hauptdiagonale Null sind, so reduziert sich die Determinante auf ihr Hauptglied.*

In der Tat ist beispielsweise

$$
\begin{vmatrix} a_1 & b_1 & c_1 & d_1 \\ 0 & b_2 & c_2 & d_2 \\ 0 & 0 & c_3 & d_3 \\ 0 & 0 & 0 & d_4 \end{vmatrix} = a_1 \begin{vmatrix} b_2 & c_2 & d_2 \\ 0 & c_3 & d_3 \\ 0 & 0 & d_4 \end{vmatrix} = a_1 b_2 \begin{vmatrix} c_3 & d_3 \\ 0 & d_4 \end{vmatrix} = a_1 b_2 c_3 d_4 ;
$$

der Wert der ersten Determinante hängt also von den Elementen zur *andern* Seite der Hauptdiagonale nicht ab.

Auf dem ersten Satze beruht das Verfahren, durch das man den Grad einer Determinante ohne Veränderung erhöht; es besteht in der Hinzufügung eines rechtwinklig gebrochenen Randes von Elementen, an dessen Ecke 1 steht, während der eine Schenkel mit Nullen besetzt ist; auf die Elemente des andern Schenkels kommt es nicht an, ihre Plätze mögen zum Zeichen dafür mit * besetzt werden; in der Regel wird man auch hier zweckmäßig Nullen verwenden.

Geschieht dieses „Rändern" links und oben oder rechts und unten, so bleibt auch das Vorzeichen erhalten; in den zwei anderen Fällen kommt es auf den Grad der Determinante in leicht zu bestimmender Weise (**103**, I.) an.

Beispiele werden dies am besten erläutern. Es ist

$$
\begin{vmatrix} a_1 & b_1 \\ a_2 & b_2 \end{vmatrix} = \begin{vmatrix} 1 & * & * \\ 0 & a_1 & b_1 \\ 0 & a_2 & b_2 \end{vmatrix} = \begin{vmatrix} 1 & * & * & 0 \\ 0 & a_1 & b_1 & 0 \\ 0 & a_2 & b_2 & 0 \\ 0 & 0 & 0 & 1 \end{vmatrix} ;
$$

ferner

$$
\begin{vmatrix} a_1 & b_1 & c_1 \\ a_2 & b_2 & c_2 \\ a_3 & b_3 & c_3 \end{vmatrix} = - \begin{vmatrix} 0 & a_1 & b_1 & c_1 \\ 0 & a_2 & b_2 & c_2 \\ 0 & a_3 & b_3 & c_3 \\ 1 & * & * & * \end{vmatrix} = - \begin{vmatrix} 0 & 0 & 0 & 0 & 1 \\ 0 & a_1 & b_1 & c_1 & * \\ 0 & a_2 & b_2 & c_2 & * \\ 0 & a_3 & b_3 & c_3 & * \\ 1 & * & * & * & * \end{vmatrix} .
$$

109. Determinanten mit aggregierten Elementen. *Wenn in einer Determinante die Elemente einer Reihe m-gliedrige Aggregate sind, so läßt sie sich als Summe von m Determinanten desselben Grades mit einfachen Elementen darstellen.*

Entwickelt man beispielsweise

$$\begin{vmatrix} c_1' + a_1'' + a_1''' & b_1 & c_1 \\ a_2' + a_2'' + a_2''' & b_2 & c_2 \\ a_3' + a_3'' + a_3''' & b_3 & c_3 \end{vmatrix}$$

nach den Elementen der ersten Kolonne und nennt die adjungierten Unterdeterminanten α_1, α_2, α_3, so ergibt sich:

$$(a_1' + a_1'' + a_1''')\alpha_1 + (a_2' + a_2'' + a_2''')\alpha_2 + (a_3' + a_3'' + a_3''')\alpha_3$$
$$= (a_1'\alpha_1 + a_2'\alpha_2 + a_3'\alpha_3) + (a_1''\alpha_1 + a_2''\alpha_2 + a_3''\alpha_3) + (a_1'''\alpha_1 + a_2'''\alpha_2 + a_3'''\alpha_3),$$

d. h.

$$\begin{vmatrix} a_1' + a_1'' + a_1''' & b_1 & c_1 \\ a_2' + a_2'' + a_2''' & b_2 & c_2 \\ a_3' + a_3'' + a_3''' & b_3 & c_3 \end{vmatrix} = \begin{vmatrix} a_1' & b_1 & c_1 \\ a_2' & b_2 & c_2 \\ a_3' & b_3 & c_3 \end{vmatrix} + \begin{vmatrix} a_1'' & b_1 & c_1 \\ a_2'' & b_2 & c_2 \\ a_3'' & b_3 & c_3 \end{vmatrix} + \begin{vmatrix} a_1''' & b_1 & c_1 \\ a_2''' & b_2 & c_2 \\ a_3''' & b_3 & c_3 \end{vmatrix}$$

Umgekehrt kann die Summe mehrerer Determinanten n-ten Grades, die in $n-1$ Reihen übereinstimmen, durch *eine* Determinante n-ten Grades dargestellt werden. So ist z. B.

$$\begin{vmatrix} a_1 & b_1 & c_1 \\ a_2 & b_2 & c_2 \\ a_3 & b_3 & c_3 \end{vmatrix} + \begin{vmatrix} a_1' & a_2' & a_3' \\ b_1 & b_2 & b_3 \\ c_1 & c_2 & c_3 \end{vmatrix} = \begin{vmatrix} a_1 + a_1' & b_1 & c_1 \\ a_2 + a_2' & b_2 & c_2 \\ a_3 + a_3' & b_3 & c_3 \end{vmatrix} .$$

Sind mehrere Reihen aggregiert und bestehen ihre Elemente aus $m, m', m'' \cdots$ Gliedern, so ist die Determinante auflösbar in $m\, m'\, m'' \cdots$ Determinanten mit einfachen Elementen.

110. Nulldeterminanten. In den Anwendungen hat man es vielfach mit Determinanten vom Werte Null, die man als *Nulldeterminanten* bezeichnet, zu tun. Eine der wichtigsten Eigenschaften solcher Determinanten sagt der folgende Satz aus: *In einer Nulldeterminante sind die den Elementen paralleler Reihen adjungierten Unterdeterminanten zueinander proportional*, d. h. die den Elementen einer Zeile (oder Kolonne) adjungierten Unterdeterminanten verhalten sich ebenso wie die zu irgendeiner andern Zeile (oder Kolonne) gehörigen.

Es genügt, den Satz an einer Determinante bestimmten, z. B. vierten Grades und für zwei Paare homologer Unterdeterminanten nachzuweisen. Sei also

$$R = \begin{vmatrix} a_1 & b_1 & c_1 & d_1 \\ a_2 & b_2 & c_2 & d_2 \\ a_3 & b_3 & c_3 & d_3 \\ a_4 & b_4 & c_4 & d_4 \end{vmatrix} ;$$

bildet man auf Grund derselben $\alpha_1\beta_4 - \alpha_4\beta_1$, so kann dies wie folgt dargestellt werden:

$$\alpha_1\beta_4 - \alpha_4\beta_1 = \alpha_1 \begin{vmatrix} a_1 & c_1 & d_1 \\ a_2 & c_2 & d_2 \\ a_3 & c_3 & d_3 \end{vmatrix} + \beta_1 \begin{vmatrix} b_1 & c_1 & d_1 \\ b_2 & c_2 & d_2 \\ b_3 & c_3 & d_3 \end{vmatrix} = \begin{vmatrix} a_1\alpha_1 + b_1\beta_1 & c_1 & d_1 \\ a_2\alpha_1 + b_2\beta_1 & c_2 & d_2 \\ a_3\alpha_1 + b_3\beta_1 & c_3 & d_3 \end{vmatrix};$$

multipliziert man jetzt die zweite Kolonne mit γ_1, die dritte mit δ_1 und addiert dann beides zur ersten, so wird nach den beiden Hauptsätzen (**105, 106**):

$$\alpha_1\beta_4 - \alpha_4\beta_1 = \begin{vmatrix} R & c_1 & d_1 \\ 0 & c_2 & d_2 \\ 0 & c_3 & d_3 \end{vmatrix} = R \begin{vmatrix} c_2 & d_2 \\ c_3 & d_3 \end{vmatrix}$$

ist nun $R = 0$, so ist auch

$$\alpha_1\beta_4 - \alpha_4\beta_1 = 0,$$

d. h.

$$\alpha_1 : \beta_1 = \alpha_4 : \beta_4 \quad \text{oder auch} \quad \alpha_1 : \alpha_4 = \beta_1 : \beta_4.$$

Die Unterdeterminanten, die den Elementen einer Determinante R adjungiert sind, lassen sich wieder zu einer quadratischen Matrix zusammenstellen:

$$\begin{matrix} \alpha_1 & \beta_1 & \gamma_1 & \delta_1 \\ \alpha_2 & \beta_2 & \gamma_2 & \delta_2 \\ \alpha_3 & \beta_3 & \gamma_3 & \delta_3 \\ \alpha_4 & \beta_4 & \gamma_4 & \delta_4, \end{matrix}$$

die man der Matrix von R adjungiert nennt. Ist nun $R = 0$, so sind (**100**) alle Determinanten, die man aus Partialsystemen dieser Matrix bilden kann, somit auch die Determinante der adjungierten Matrix selbst gleich Null.

Man schreibt einer Nulldeterminante n-ten Grades den *Rang r* zu, wenn mindestens *eine* ihrer Unterdeterminanten r-ten Grades nicht Null ist, dagegen alle Unterdeterminanten höheren Grades verschwinden. Die Determinante hat den Rang 1, wenn sie selbst und alle ihre Unterdeterminanten bis zum Grade 2 Null sind, während nicht zugleich alle Elemente durch Nullen vertreten sind. Es ist beispielsweise die Determinante

$$\begin{vmatrix} 1 & 2 & 3 \\ 4 & 5 & 6 \\ 7 & 8 & 9 \end{vmatrix},$$

die **96** als Nulldeterminante erkannt wurde, vom Range 2, weil schon $\begin{vmatrix} 1 & 2 \\ 4 & 5 \end{vmatrix} \neq 0$ ist.

111. Beispiele der Transformation und Ausrechnung von Determinanten. Um Anwendungen der bisher bewiesenen Sätze zu zeigen, seien einige Beispiele vorgeführt.

1. Die Determinante

$$R_3 = \begin{vmatrix} 1 & a & a^2 \\ 1 & b & b^2 \\ 1 & c & c^2 \end{vmatrix}$$

kann in der Weise umgeformt werden, daß man ihre erste Kolonne mit abc multipliziert, worauf sich aus den Zeilen der Reihe nach a, b, c herausheben läßt; hiernach ist

$$R_3 = \frac{1}{abc} \begin{vmatrix} abc & a & a^2 \\ abc & b & b^2 \\ abc & c & c^2 \end{vmatrix} = \begin{vmatrix} bc & 1 & a \\ ac & 1 & b \\ ab & 1 & c \end{vmatrix} \cdot$$

Subtrahiert man, anders vorgehend, die erste Zeile von den beiden folgenden, so wird

$$R_3 = \begin{vmatrix} 1 & a & a^2 \\ 0 & b-a & b^2-a^2 \\ 0 & c-a & c^2-a^2 \end{vmatrix} = (b-a)(c-a) \begin{vmatrix} 1 & b+a \\ 1 & c+a \end{vmatrix} = (b-a)(c-a)(c-b).$$

Um die analoge Determinante

$$R_4 = \begin{vmatrix} 1 & a & a^2 & a^3 \\ 1 & b & b^2 & b^3 \\ 1 & c & c^2 & c^3 \\ 1 & d & d^2 & d^3 \end{vmatrix}$$

zu entwickeln, kann man auch in der Weise verfahren, daß man die folgeweise mit a, a^2, a^3 multiplizierte erste Kolonne von der 2., 3., 4. subtrahiert:

$$R_4 = \begin{vmatrix} 1 & 0 & 0 & 0 \\ 1 & b-a & b^2-a^2 & b^3-a^3 \\ 1 & c-a & c^2-a^2 & c^3-a^3 \\ 1 & d-a & d^2-a^2 & d^3-a^3 \end{vmatrix}$$

$$= (b-a)(c-a)(d-a) \begin{vmatrix} 1 & b+a & b^2+ab+a^2 \\ 1 & c+a & c^2+ac+a^2 \\ 1 & d+a & d^2+ad+a^2 \end{vmatrix};$$

und wird nun die erste Zeile von den folgenden subtrahiert, so kommt schließlich

$$R_4 = (b-a)(c-a)(d-a) \begin{vmatrix} 1 & b+a & b^2+ab+a^2 \\ 0 & c-b & c^2-b^2+a(c-b) \\ 0 & d-b & d^2-b^2+a(d-b) \end{vmatrix}$$

$$= (b-a)(c-a)(d-a)(c-b)(d-b) \begin{vmatrix} 1 & c+b+a \\ 1 & d+b+a \end{vmatrix}$$

$$= (b-a)(c-a)(d-a)(c-b)(d-b)(d-c).$$

Allgemein kommt die Determinante n-ten Grades

$$R_n = \begin{vmatrix} 1 & x_1 & x_1^2 & \cdots & x_1^{n-1} \\ 1 & x_2 & x_2^2 & \cdots & x_2^{n-1} \\ \cdot & \cdot & \cdot & \cdot & \cdot \\ 1 & x_n & x_n^2 & \cdots & x_n^{n-1} \end{vmatrix}$$

dem Produkt der $\frac{1}{2}n(n-1)$ Differenzen $x_2 - x_1,\ x_3 - x_1,\ \cdots x_n - x_{n-1}$ gleich.

Während R_3, R_4 als Determinanten dritten und vierten Grades 6, bzw. 24 Glieder ergeben, liefert die Entwicklung des Produkts von 3, 6 Binomen $2^3 = 8$, $2^6 = 64$ Glieder; daraus folgt, daß die letztere Entwicklung Reduktionen gestattet.

2. Die Determinante

$$R = \begin{vmatrix} a_1 + x & b_1 & c_1 \\ a_2 & b_2 + x & c_2 \\ a_3 & b_3 & c_3 + x \end{vmatrix}$$

läßt sich, indem man alle Elemente unter Benutzung von Nullen zu Binomen macht, nach **109** in acht Determinanten auflösen. Die erste ist $(a_1 b_2 c_3)$; drei enthalten je eine Kolonne mit x und reduzieren sich auf den zweiten Grad: $(b_2 c_3)x$, $(c_3 a_1)x$, $(a_1 b_2)x$; drei enthalten je zwei Kolonnen mit x und reduzieren sich auf $a_1 x^2$, $b_2 x^2$, $c_3 x^2$; die letzte enthält alle drei Kolonnen mit x und reduziert sich auf ihr Hauptglied x^3. Mithin ist

$$R = (a_1 b_2 c_3) + [(b_2 c_3) + (c_3 a_1) + (a_1 b_2)]x + [a_1 + b_2 + c_3]x^2 + x^3.$$

Dasselbe Verfahren auf

$$R = \begin{vmatrix} a_1 - x & b_1 & c_1 & d_1 \\ a_2 & b_2 - x & c_2 & d_2 \\ a_3 & b_3 & c_3 - x & d_3 \\ a_4 & b_4 & c_4 & d_4 - x \end{vmatrix}$$

angewendet gibt:

$$R = (a_1 b_2 c_3 d_4) - [(b_2 c_3 d_4) + (a_1 c_3 d_4) + (a_1 b_2 d_4) + (a_1 b_2 c_3)]x$$
$$+ [(a_1 b_2) + (a_1 c_3) + (a_1 d_4) + (b_2 c_3) + (b_2 d_4) + (c_3 d_4)]x^2$$
$$- (a_1 + b_2 + c_3 + d_4)x^3 + x^4.$$

Beispielsweise ist

$$\begin{vmatrix} 1-x & 2 & 3 & 4 \\ 1 & 2-x & 3 & 4 \\ 1 & 2 & 3-x & 4 \\ 1 & 2 & 3 & 4-x \end{vmatrix} = -10x^3 + x^4 = x^3(x-10),$$

indem die Determinante, die nach Unterdrückung der x verbleibt, eine Nulldeterminante vom Range 1 ist.

3. Die Entwicklung von

$$R = \begin{vmatrix} x & b_1 & c_1 & d_1 \\ a_2 & x & c_2 & d_2 \\ a_3 & b_3 & x & d_3 \\ a_4 & b_4 & c_4 & x \end{vmatrix}$$

führt auf den vorletzten Fall zurück; man braucht nur das Zeichen von x zu ändern und zu beachten, daß $a_1 = b_2 = c_3 = d_4 = 0$ ist; hiernach ist

$$R = \begin{vmatrix} 0 & b_1 & c_1 & d_1 \\ a_2 & 0 & c_2 & d_2 \\ a_3 & b_3 & 0 & d_3 \\ a_4 & b_4 & c_4 & 0 \end{vmatrix}$$

$$+ \left\{ \begin{vmatrix} 0 & c_2 & d_2 \\ b_3 & 0 & d_3 \\ b_4 & c_4 & 0 \end{vmatrix} + \begin{vmatrix} 0 & c_1 & d_1 \\ a_3 & 0 & d_3 \\ a_4 & c_4 & 0 \end{vmatrix} + \begin{vmatrix} 0 & b_1 & d_1 \\ a_2 & 0 & d_2 \\ a_4 & b_4 & 0 \end{vmatrix} + \begin{vmatrix} 0 & b_1 & c_1 \\ a_3 & 0 & c_2 \\ a_3 & b_3 & 0 \end{vmatrix} \right\} x$$

$$+ \left\{ \begin{vmatrix} 0 & b_1 \\ a_2 & 0 \end{vmatrix} + \begin{vmatrix} 0 & c_1 \\ a_3 & 0 \end{vmatrix} + \begin{vmatrix} 0 & d_1 \\ a_4 & 0 \end{vmatrix} + \begin{vmatrix} 0 & c_2 \\ b_3 & 0 \end{vmatrix} + \begin{vmatrix} 0 & d_2 \\ b_4 & 0 \end{vmatrix} + \begin{vmatrix} 0 & d_3 \\ c_4 & 0 \end{vmatrix} \right\} x^2 + x^4.$$

4. Bei der Ausrechnung einer numerischen Determinante mit ganzzahligen Elementen kommen die Sätze in **107** und **108** zu beständiger Anwendung. Ist ein Element 1 oder -1, so kann man mit Hilfe von **107** die übrigen Elemente derselben Zeile oder Kolonne auf Null bringen und dann nach **108** den Grad der Determinante um 1 erniedrigen. Kommt ± 1 als Element nicht vor, so kann dies durch Anwendung von **107** erzielt werden; denn der Fall, daß alle Elemente gerade Zahlen sind, kann ausgeschlossen werden, da man ihn durch Herausheben des Faktors 2 umgehen kann.

Es sei beispielsweise die Determinante

$$\begin{vmatrix} 2 & -3 & 2 & 5 & 3 \\ -3 & 4 & -2 & -5 & -4 \\ 2 & -2 & 6 & 2 & -5 \\ 5 & -5 & 2 & 8 & -6 \\ 3 & -4 & -5 & -6 & 10 \end{vmatrix}$$

auszurechnen. Durch Addition der zweiten Kolonne zur ersten ensteht

$$\begin{vmatrix} -1 & -3 & 2 & 5 & 3 \\ 1 & 4 & -2 & -5 & -4 \\ 0 & -2 & 6 & 2 & -5 \\ 0 & -5 & 2 & 8 & -6 \\ -1 & -4 & -5 & -6 & 10 \end{vmatrix};$$

nachdem man die zweite Zeile zur ersten und letzten addiert hat, wird daraus

$$-\begin{vmatrix} 1 & 0 & 0 & -1 \\ -2 & 6 & 2 & -5 \\ -5 & 2 & 8 & -6 \\ 0 & -7 & -11 & 6 \end{vmatrix},$$

nach Addition der ersten Kolonne zur letzten weiter

$$-\begin{vmatrix} 6 & 2 & -7 \\ 2 & 8 & -11 \\ -7 & -11 & 6 \end{vmatrix} = -\begin{vmatrix} 6 & 2 & 1 \\ 2 & 8 & -1 \\ -7 & -11 & -12 \end{vmatrix} = -\begin{vmatrix} 6 & 2 & 1 \\ 2 & 8 & -1 \\ 1 & -1 & -12 \end{vmatrix} = -\begin{vmatrix} 6 & 8 & 73 \\ 2 & 10 & 23 \\ 1 & 0 & 0 \end{vmatrix}$$

$$= 730 - 184 = 546;$$

es sind dann weiter die zwei ersten Kolonnen zur dritten, hierauf die zwei ersten Zeilen zur dritten und schließlich die erste Kolonne zur zweiten und ihr 12-faches zur dritten addiert.

§ 5. Auflösung einer Determinante in Produkte adjungierter Unterdeterminanten.

112. Entwicklung nach den Unterdeterminanten einer Reihenkombination. Der in **105** bewiesene erste Hauptsatz betrifft einen speziellen Fall der Entwicklung einer Determinante in Produkte adjungierter Unterdeterminanten: nämlich in Determinanten 1 und $n-1$-ten Grades. Der allgemeine Fall besteht in der Entwicklung nach den Unterdeterminanten einer bestimmten Kombination von r Reihen mit den adjungierten Unterdeterminanten $n-r$-ten Grades.

Um ein bestimmtes Problem vor Augen zu haben, handle es sich um die Entwicklung nach den Unterdeterminanten der ersten r Zeilen von

$$R = \begin{vmatrix} a_{11} & a_{12} & \cdots & a_{1r} & a_{1,r+1} & \cdots & a_{1n} \\ a_{21} & a_{22} & \cdots & a_{2r} & a_{2,r+1} & \cdots & a_{2n} \\ \cdot & \cdot & \cdot & \cdot & \cdot & \cdot & \cdot \\ a_{r1} & a_{r2} & \cdots & a_{rr} & a_{r,r+1} & \cdots & a_{rn} \\ a_{r+1,1} & a_{r+1,2} & \cdots & a_{r+1,r} & a_{r+1,r+1} & \cdots & a_{r+1,n} \\ \cdot & \cdot & \cdot & \cdot & \cdot & \cdot & \cdot \\ a_{n1} & a_{n2} & \cdots & a_{nr} & a_{n,r+1} & \cdots & a_{nn} \end{vmatrix};$$

wie in **101** erklärt worden, ist ein erstes Paar adjungierter Unterdeterminanten der vorgezeichneten Art

$$A_1 = (a_{11}\, a_{22} \cdots a_{rr}), \quad B_1 = (a_{r+1,r+1}\, a_{r+2,r+3} \cdots a_{nn}).$$

Um ein neues Paar zu erhalten, das andere Glieder von R liefert als $A_1 B_1$, hat man eine andere Kombination von r Kolonnen an den Anfang zu stellen, die übrigen Kolonnen in der natürlichen Ordnung folgen zu lassen und unter Berücksichtigung des Vorzeichens der umgeformten Determinante dieselbe Teilung der Matrix vorzunehmen usw. Bezeichnet man die $\binom{n}{r} = \varrho$ Kombinationen r-ter Klasse der Elemente $1, 2, \cdots n$ in der Reihenfolge, in der sie nach den Regeln der Kombinationslehre aufeinander folgen, mit $1, 2, \cdots \varrho$, bestimmt zu jeder durch die übrigen $n - r$ Elemente ergänzten Kombination das Vorzeichen gemäß der Anzahl der Inversionen, so geben die zugehörigen Produkte $A_1 B_1$, $A_2 B_2$, $\cdots A_\varrho B_\varrho$ mit den betreffenden Vorzeichen versehen, sämtliche Glieder von R, so daß sich R in der Form

$$R = \sum_{1}^{\varrho} \pm A_i B_i$$

darstellt. In der Tat gibt jedes Glied dieser Summe $r!(n-r)!$ Glieder von R; alle Glieder zusammen liefern also

$$\varrho\, r!\,(n-r)! = \frac{n!}{r!\,(n-r)!}\, r!\,(n-r)! = n!$$

verschiedene, somit *alle* Glieder von R.

Man hat also den Satz: *Eine Determinante n-ten Grades ist auflösbar in $\binom{n}{r}$ Produkte von Unterdeterminanten r-ten und $n-r$-ten Grades, wovon die ersten einer bestimmten Kombination von r parallelen Reihen, die andern den übrigen $n-r$ Reihen gleicher Art entnommen sind.*

Als Beispiel diene die Entwicklung von

$$R = \begin{vmatrix} a_1 & a_2 & a_3 & a_4 & a_5 \\ b_1 & b_2 & b_3 & b_4 & b_5 \\ c_1 & c_2 & c_3 & c_4 & c_5 \\ d_1 & d_2 & d_3 & d_4 & d_5 \\ e_1 & e_2 & e_3 & e_4 & e_5 \end{vmatrix}$$

nach den Unterdeterminanten der ersten zwei Zeilen; sie ist durch das folgende Schema in leicht verständlicher Weise dargestellt:

$$R = 12\,|\,345 - 13\,|\,245 + 14\,|\,235 - 15\,|\,234$$
$$+ 23\,|\,145 - 24\,|\,135 + 25\,|\,134$$
$$+ 34\,|\,125 - 35\,|\,124$$
$$+ 45\,|\,123;$$

das zweite Glied bedeutet nämlich das Produkt

$$- \begin{vmatrix} a_1 & a_3 \\ b_1 & b_3 \end{vmatrix} \begin{vmatrix} c_2 & c_4 & c_5 \\ d_2 & d_4 & d_5 \\ e_2 & e_4 & e_5 \end{vmatrix},$$

dem das Zeichen — zukommt, weil die Permutation 13245 ungerad ist; und ähnlich die andern Glieder.

113. Die Sätze von Jacobi. I. *Wenn r Zeilen (Kolonnen) einer Determinante n-ten Grades n—r Kolonnen (Zeilen) von Nullen enthalten, so reduziert sich die Determinante auf das Produkt einer Determinante r-ten mit einer n—r-ten Grades.*

Denn, entwickelt man die Determinante nach den Unterdeterminanten jener r parallelen Reihen, so ist nur eine davon nicht Null; mit dieser Bemerkung ist aber der Satz schon erwiesen.

Beispielsweise ist

$$\begin{vmatrix} a_1 & b_1 & 0 & 0 & 0 \\ a_2 & b_2 & 0 & 0 & 0 \\ a_3 & b_3 & c_3 & d_3 & e_3 \\ a_4 & b_4 & c_4 & d_4 & e_4 \\ a_5 & b_5 & c_5 & d_5 & e_5 \end{vmatrix} = \begin{vmatrix} a_1 & b_1 \\ a_2 & b_2 \end{vmatrix} \begin{vmatrix} c_3 & d_3 & e_3 \\ c_4 & d_4 & e_4 \\ c_5 & d_5 & e_5 \end{vmatrix}$$

II. *Wenn r Zeilen (Kolonnen) einer Determinante n-ten Grades mehr als n—r Kolonnen (Zeilen) von Nullen enthalten, so hat die Determinante den Wert Null.*

Da nämlich keine der Unterdeterminanten r-ten Grades aus den r Reihen von Null verschieden ist, so verschwinden alle Produkte konjugierter Unterdeterminanten, die man nach dem Satze in **112** zu bilden hätte.

Hiernach ist also

$$\begin{vmatrix} a_1 & b_1 & 0 & 0 & 0 \\ a_2 & b_2 & 0 & 0 & 0 \\ a_3 & b_3 & 0 & 0 & 0 \\ a_4 & b_4 & c_4 & d_4 & c_4 \\ a_5 & b_5 & c_5 & d_5 & e_5 \end{vmatrix} = 0.$$

§ 6. Multiplikation von Determinanten.

114. Produkt zweier Determinanten n-ten Grades. Das Produkt zweier Determinanten n-ten Grades:

$$A = \begin{vmatrix} a_{11} & a_{12} & \cdots & a_{1n} \\ a_{21} & a_{22} & \cdots & a_{2n} \\ \cdot & \cdot & \cdot & \cdot \\ a_{n1} & a_{n2} & \cdots & a_{nn} \end{vmatrix}, \quad B = \begin{vmatrix} b_{11} & b_{12} & \cdots & b_{1n} \\ b_{21} & b_{22} & \cdots & b_{2n} \\ \cdot & \cdot & \cdot & \cdot \\ b_{n1} & b_{n2} & \cdots & b_{nn} \end{vmatrix}$$

besteht im allgemeinen aus $(n!)^2$ Gliedern, also schon bei zwei Determinanten 3. Grades aus 36, bei zwei Determinanten 4. Grades aus 576 Gliedern, und die Gliederzahl wächst mit dem Grade außerordentlich rasch. Bei dieser Komplikation bedeutet nun der folgende Satz eine wesentliche Vereinfachung:

Das Produkt zweier Determinanten n-ten Grades läßt sich wieder als Determinante n-ten Grades darstellen.

Zunächst ist eine Darstellung des Produkts durch eine Determinante $2n$-ten Grades mit Hilfe des ersten Jacobischen Satzes ohneweiteres möglich, indem, neben unbegrenzt vielen andern Formen,

$$AB = \begin{vmatrix} a_{11} & a_{12} & \cdots & a_{1\,n} & 0 & 0 & \cdots & 0 \\ a_{21} & a_{22} & \cdots & a_{2\,n} & 0 & 0 & \cdots & 0 \\ \cdot & \cdot & \cdot & \cdot & \cdot & \cdot & & \cdot \\ a_{n1} & a_{n2} & \cdots & a_{nn} & 0 & 0 & \cdots & 0 \\ -1 & 0 & \cdots & 0 & b_{11} & b_{21} & \cdots & b_{n1} \\ 0 & -1 & \cdots & 0 & b_{12} & b_{22} & \cdots & b_{n2} \\ \cdot & \cdot & \cdot & \cdot & \cdot & \cdot & & \cdot \\ 0 & 0 & \cdots & -1 & b_{1\,n} & b_{2\,n} & \cdots & b_{nn} \end{vmatrix};$$

dabei ist das linke untere Feld, das mit willkürlichen Elementen besetzt werden könnte, so eingerichtet, daß es nun möglich wird, die Determinante auf den n-ten Grad zu reduzieren. Multipliziert man nämlich die ersten n Kolonnen der Reihe nach mit

$$b_{11}, \; b_{12}, \; \cdots \; b_{1\,n}$$

und addiert zur $\overline{n+1}$-ten, hierauf mit

$$b_{21}, \; b_{22}, \; \cdots \; b_{2\,n}$$

und addiert zur $\overline{n+2}$-ten usw., endlich mit

$$b_{n1}, \; b_{n2}, \; \cdots \; b_{nn}$$

und addiert zur $2n$-ten Kolonne, so nimmt das Produkt AB folgende Form an:

$$AB = \begin{vmatrix} a_{11} & a_{12} & \cdots & a_{1\,n} & c_{11} & c_{12} & \cdots & c_{1\,n} \\ a_{21} & a_{22} & \cdots & a_{2\,n} & c_{21} & c_{22} & \cdots & c_{2\,n} \\ \cdot & \cdot & \cdot & \cdot & \cdot & \cdot & & \cdot \\ a_{n1} & a_{n2} & \cdots & a_{nn} & c_{n1} & c_{n2} & \cdots & c_{nn} \\ -1 & 0 & \cdots & 0 & 0 & 0 & \cdots & 0 \\ 0 & -1 & \cdots & 0 & 0 & 0 & \cdots & 0 \\ \cdot & \cdot & \cdot & \cdot & \cdot & \cdot & & \cdot \\ 0 & 0 & \cdots & -1 & 0 & 0 & \cdots & 0 \end{vmatrix}$$

Die neu entstandenen Elemente c_{ik} sind Aggregate, zusammengesetzt aus den Elementen von A und B nach folgendem Gesetz:

$$c_{11} = a_{11}b_{11} + a_{12}b_{12} + \cdots + a_{1n}b_{1n}$$
$$c_{12} = a_{11}b_{21} + a_{12}b_{22} + \cdots + a_{1n}b_{2n} \quad \text{usw.},$$

also allgemein

$$c_{ik} = a_{i1}b_{k1} + a_{i2}b_{k2} + \cdots + a_{in}b_{kn};$$

man nennt diese Art der Zusammensetzung von c_{ik}, wonach es entsteht, indem man gleichstellige Elemente der i-ten Zeile von A und der k-ten Zeile von B miteinander multipliziert und die Produkte addiert, die *Komposition* der i-ten Zeile von A mit der k-ten Zeile von B.

Indem man nun in dem letzten Resultat die sämtlichen Kolonnen n-mal nacheinander zyklisch permutiert, wird weiter (**93**)

$$AB = (-1)^n \begin{vmatrix} c_{11} & c_{12} & \cdots & c_{1n} & a_{11} & a_{12} & \cdots & a_{1n} \\ c_{21} & c_{22} & \cdots & c_{2n} & a_{21} & a_{22} & \cdots & a_{2n} \\ \cdot & \cdot & \cdot & \cdot & \cdot & \cdot & \cdot & \cdot \\ c_{n1} & c_{n2} & \cdots & c_{nn} & a_{n1} & a_{n2} & \cdots & a_{nn} \\ 0 & 0 & \cdots & 0 & -1 & 0 & \cdots & 0 \\ 0 & 0 & \cdots & 0 & 0 & -1 & \cdots & 0 \\ \cdot & \cdot & \cdot & \cdot & \cdot & \cdot & \cdot & \cdot \\ 0 & 0 & \cdots & 0 & 0 & 0 & \cdots & -1 \end{vmatrix}$$

$$= (-1)^n \begin{vmatrix} c_{11} & c_{12} & \cdots & c_{1n} \\ c_{21} & c_{22} & \cdots & c_{2n} \\ \cdot & \cdot & \cdot & \cdot \\ c_{n1} & c_{n2} & \cdots & c_{nn} \end{vmatrix} \cdot \begin{vmatrix} -1 & 0 & \cdots & 0 \\ 0 & -1 & \cdots & 0 \\ \cdot & \cdot & \cdot & \cdot \\ 0 & 0 & \cdots & -1 \end{vmatrix},$$

also schließlich (nach dem zweiten Satze in **108**)

$$AB = \begin{vmatrix} c_{11} & c_{12} & \cdots & c_{1n} \\ c_{21} & c_{22} & \cdots & c_{2n} \\ \cdot & \cdot & \cdot & \cdot \\ c_{n1} & c_{n2} & \cdots & c_{nn} \end{vmatrix}.$$

Wegen der Gleichberechtigung der Zeilen und Kolonnen kann das Produkt zweier Determinanten auf vier im allgemeinen voneinander verschiedene Arten dargestellt werden, indem man Zeilen mit Zeilen, Kolonnen mit Kolonnen, Zeilen mit Kolonnen und endlich Kolonnen mit Zeilen komponieren kann. Wendet man diese vier Modalitäten beispielsweise auf zwei Determinanten zweiten Grades an, so ergibt sich:

$$\begin{vmatrix} a_1 & b_1 \\ a_2 & b_2 \end{vmatrix} \begin{vmatrix} \alpha_1 & \beta_1 \\ \alpha_2 & \beta_2 \end{vmatrix}$$

$$= \begin{vmatrix} a_1\alpha_1 + b_1\beta_1 & a_1\alpha_2 + b_1\beta_2 \\ a_2\alpha_1 + b_2\beta_1 & a_2\alpha_2 + b_2\beta_2 \end{vmatrix} = \begin{vmatrix} a_1\alpha_1 + a_2\alpha_2 & a_1\beta_1 + a_2\beta_2 \\ b_1\alpha_1 + b_2\alpha_2 & b_1\beta_1 + b_2\beta_2 \end{vmatrix}$$

$$= \begin{vmatrix} a_1\alpha_1 + b_1\alpha_2 & a_1\beta_1 + b_1\beta_2 \\ a_2\alpha_1 + b_2\alpha_2 & a_2\beta_1 + b_2\beta_2 \end{vmatrix} = \begin{vmatrix} a_1\alpha_1 + a_2\beta_1 & a_1\alpha_2 + a_2\beta_2 \\ b_1\alpha_1 + b_2\beta_1 & b_1\alpha_2 + b_2\beta_2 \end{vmatrix}.$$

Um eine Anwendung von dem Multiplikationstheorem hier schon zu geben, seien a, b, c, d vier komplexe Zahlen und a', b', c', d' die ihnen konjugierten, so daß aa' eine Summe von zwei Quadraten, die Norm von a (und von a'), $N(a)$, ist (**18**); ebenso für die andern Paare. Unter dieser Annahme hat man:

$$\begin{vmatrix} a & b \\ -b' & a' \end{vmatrix} = N(a) + N(b)$$

$$\begin{vmatrix} c & d \\ -d' & c' \end{vmatrix} = N(c) + N(d)$$

$$\begin{vmatrix} a & b \\ -b' & a' \end{vmatrix} \begin{vmatrix} c & d \\ -d' & c' \end{vmatrix}$$

$$= \begin{vmatrix} ac + bd & -ad' + bc' \\ -b'c + a'd & b'd' + a'c' \end{vmatrix} = N(ac + bd) + N(-ad' + bc'),$$

folglich

$$[N(a) + N(b)]\,[N(c) + N(d)] = N(ac + bd) + N(-ad' + bc').$$

Hierin spricht sich die Tatsache aus, daß das Produkt zweier Summen von je vier Quadraten wieder als Summe von vier Quadraten dargestellt werden kann.

Ist beispielsweise

$$a = 1 + 2i, \quad b = 3 + 4i, \quad c = 5 + 6i, \quad d = 7 + 8i,$$

so hat man im Sinne obiger Ausführung

$$(1^2 + 2^2 + 3^2 + 4^2)(5^2 + 6^2 + 7^2 + 8^2) = 4^2 + 16^2 + 18^2 + 68^2.$$

115. Produkt zweier Determinanten ungleichen Grades. Um von dem Satz der vorigen Nummer Gebrauch machen zu können, erhöht man den Grad der niedrigeren Determinante durch Rändern auf den der höheren; dabei wird es im allgemeinen am zweckmäßigsten sein, die willkürlichen Elemente durch Nullen zu besetzen.

Indem man Zeilen mit Zeilen komponiert, ergibt sich also beispielsweise:

$$\begin{vmatrix} a_1 & b_1 & c_1 & d_1 \\ a_2 & b_2 & c_2 & d_2 \\ a_3 & b_3 & c_3 & d_3 \\ a_4 & b_4 & c_4 & d_4 \end{vmatrix} \begin{vmatrix} \alpha_1 & \beta_1 \\ \alpha_2 & \beta_2 \end{vmatrix}$$

$$= \begin{vmatrix} a_1 & b_1 & c_1 & d_1 \\ a_2 & b_2 & c_2 & d_2 \\ a_3 & b_3 & c_3 & d_3 \\ a_4 & b_4 & c_4 & d_4 \end{vmatrix} \begin{vmatrix} \alpha_1 & \beta_1 & 0 & 0 \\ \alpha_2 & \beta_2 & 0 & 0 \\ 0 & 0 & 1 & 0 \\ 0 & 0 & 0 & 1 \end{vmatrix} = \begin{vmatrix} a_1\alpha_1 + b_1\beta_1 & a_1\alpha_2 + b_1\beta_2 & c_1 & d_1 \\ a_2\alpha_1 + b_2\beta_1 & a_2\alpha_2 + b_2\beta_2 & c_2 & d_2 \\ a_3\alpha_1 + b_3\beta_1 & a_3\alpha_2 + b_3\beta_2 & c_3 & d_3 \\ a_4\alpha_1 + b_4\beta_1 & a_4\alpha_2 + b_4\beta_2 & c_4 & d_4 \end{vmatrix}.$$

116. Quadrat einer Determinante. Die Identität von Lagrange. I. Um das Quadrat einer Determinante wieder in Determinantenform zu erhalten, braucht man sie nur mit sich selbst zu multiplizieren. Komponiert man dabei gleichartige Reihen, also Zeilen mit Zeilen oder Kolonnen mit Kolonnen, so zeigt das Resultat eine besondere Bauart. So gibt beispielsweise das Quadrat einer Determinante 3. Grades bei Komposition der Zeilen:

$$\begin{vmatrix} a_1 & b_1 & c_1 \end{vmatrix}^2 = \begin{vmatrix} a_1^2 + b_1^2 + c_1^2 & a_1 a_2 + b_1 b_2 + c_1 c_2 & a_1 a_3 + b_1 b_3 + c_1 c_3 \\ a_1 a_2 + b_1 b_2 + c_1 c_2 & a_2^2 + b_2^2 + c_2^2 & a_2 a_3 + b_2 b_3 + c_2 c_3 \\ a_1 a_3 + b_1 b_3 + c_1 c_3 & a_2 a_3 + b_2 b_3 + c_2 c_3 & a_3^2 + b_3^2 + c_2^2 \end{vmatrix}$$

(Determinante links: $\begin{vmatrix} a_1 & b_1 & c_1 \\ a_2 & b_2 & c_2 \\ a_3 & b_3 & c_3 \end{vmatrix}$)

In dem Resultat sind also Elemente, die symmetrisch zur Hauptdiagonale angeordnet sind, einander gleich; das Quadrat einer Determinante gibt bei der beschriebenen Ausführung eine *symmetrische* Determinante desselben Grades. Dies gilt für Determinanten beliebiger Grade.

II. Die Determinante zweiten Grades

$$\begin{vmatrix} a_1^2 + a_2^2 + \cdots + a_n^2 & a_1 b_1 + a_3 b_2 + \cdots + a_n b_n \\ a_1 b_1 + a_2 b_2 + \cdots + a_n b_n & b_1^2 + b_2^2 + \cdots + b_n^2 \end{vmatrix}, \qquad (\alpha)$$

deren Elemente Summen von je n Gliedern sind, läßt sich in n^2 Determinanten mit einfachen Elementen auflösen (**109**); von diesen sind n identisch Null, diejenigen nämlich, die aus beiden Kolonnen Glieder desselben Zeigers zusammenfassen, wie z. B.

$$\begin{vmatrix} a_i^2 & a_i b_i \\ a_i b_i & b_i^2 \end{vmatrix} = a_i b_i \begin{vmatrix} a_i & b_i \\ a_i & b_i \end{vmatrix} = 0; \qquad (\beta)$$

es verbleiben also $n^2 - n = n(n-1)$ im allgemeinen nicht verschwindende Teildeterminanten.

Löst man hingegen die Determinante (α) in Teildeterminanten von dem Schema

$$\begin{vmatrix} a_i^2 + a_k^2 & a_i b_i + a_k b_k \\ a_i b_i + a_k b_k & b_i^2 + b_k^2 \end{vmatrix} \qquad (\gamma)$$

auf, indem man i, k alle Kombinationen zweiter Klasse der Elemente $1, 2, \ldots n$ durchlaufen läßt, so entstehen ihrer $\dfrac{n(n-1)}{2}$; jede davon ergäbe bei weiterer Auflösung vier Determinanten mit einfachen Elementen; im ganzen gäbe es also solcher $2n(n-1)$; da aber darunter jede Determinante des Typus (β) $n-1$-mal auftritt, so sind ihrer $n(n-1)$ identisch gleich Null und verbleiben $n(n-1)$ im allgemeinen von Null verschiedene Determinanten, so daß

$$\begin{vmatrix} a_1^2 + a_2^2 + \cdots + a_n^2 & a_1 b_1 + a_2 b_2 + \cdots + a_n b_n \\ a_1 b_1 + a_2 b_2 + \cdots + a_n b_n & b_1^2 + b_2^2 + \cdots + b_n^2 \end{vmatrix} = \sum \begin{vmatrix} a_i^2 + a_k^2 & a_i b_i + a_k b_k \\ a_i b_i + a_k b_k & b_i^2 + b_k^2 \end{vmatrix};$$

nun ist aber die unter dem Summenzeichen stehende Determinante des Typus (γ) das Quadrat von

$$\begin{vmatrix} a_i\, a_k \\ b_i\, b_k \end{vmatrix} = (a_i b_k);$$

mithin gilt die von **Lagrange** zuerst bemerkte Idendität:

$$\sum_1^n{}_j a_j{}^2 \cdot \sum_1^{n'}{}_j b_j{}^2 - \left(\sum_1^n{}_j a_j b_j\right)^2 = \sum (a_i b_k)^2. \qquad (\delta)$$

Für dreigliedrige Summen lautet sie ausgeschrieben:

$$(a_1{}^2 + a_2{}^2 + a_3{}^2)(b_1{}^2 + b_2{}^2 + b_3{}^2) - (a_1 b_1 + a_2 b_2 + a_3 b_3)^2$$
$$= (a_2 b_3 - a_3 b_2)^2 + (a_3 b_1 - a_1 b_3)^2 + (a_1 b_2 - a_2 b_1)^2. \qquad (\varepsilon)$$

117. Determinante der adjungierten Matrix. Es ist in **110** von der Matrix gesprochen worden, die aus den den Elementen einer Determinante

$$R = \begin{vmatrix} a_{11} & a_{12} & \cdots & a_{1n} \\ a_{21} & a_{22} & \cdots & a_{2n} \\ \cdots & \cdots & \cdots & \cdots \\ a_{n1} & a_{n2} & \cdots & a_{nn} \end{vmatrix}$$

adjungierten Unterdeterminanten zusammengesetzt ist; die aus ihr gebildete Determinante

$$S = \begin{vmatrix} \alpha_{11} & \alpha_{12} & \cdots & \alpha_{1n} \\ \alpha_{21} & \alpha_{22} & \cdots & \alpha_{2n} \\ \cdots & \cdots & \cdots & \cdots \\ \alpha_{n1} & \alpha_{n2} & \cdots & \alpha_{nn} \end{vmatrix}$$

steht zu R in einer einfachen Beziehung, die sich durch Multiplikation bei Komposition gleichartiger Reihen ergibt; unter Anwendung der beiden Hauptsätze **105, 106** ergibt sich nämlich

$$RS = \begin{vmatrix} R & 0 & \cdots & 0 \\ 0 & R & \cdots & 0 \\ \cdots & \cdots & \cdots & \cdots \\ 0 & 0 & \cdots & R \end{vmatrix} = R^n,$$

woraus, wenn $R \neq 0$, folgt, daß

$$S = R^{n-1}.$$

Es ist also die Determinante des adjungierten Systems eine Potenz der Determinante des ursprünglichen Systems, und zwar ist der Exponent der um 1 erniedrigte Grad.

Daß bei $R = 0$ auch $S = 0$ ist, wurde bereits in **110** bemerkt.

VII. Abschnitt.

Gleichungen.

§ 1. Lineare Gleichungen.

118. Nichthomogene Gleichungen mit nichtverschwindender Determinante. Ein System von n linearen Gleichungen mit n Unbekannten hat die allgemeine Form:

$$
\begin{aligned}
a_{11}x_1 + a_{12}x_2 + \cdots + a_{1n}x_n &= u_1 \\
a_{21}x_1 + a_{22}x_2 + \cdots + a_{2n}x_n &= u_2 \\
\cdot\ \ \cdot\ \ \cdot\ \ \cdot\ \ \cdot\ \ \cdot\ \ \cdot\ \ \cdot\ \ \cdot\ \ \cdot\ \ \cdot \\
a_{n1}x_1 + a_{n2}x_2 + \cdots + a_{nn}x_n &= u_n
\end{aligned}
\tag{1}
$$

Es heißt *nichthomogen*, wenn wenigstens eines der *absoluten Glieder* $u_1, u_2, \cdots u_n$ nicht Null ist. Die *Koeffizienten* a_{ik}, unter welchen wir uns reelle Zahlen denken wollen, bilden eine quadratische Matrix, deren Determinante

$$
R =
\begin{vmatrix}
a_{11} & a_{12} & \cdots & a_{1n} \\
a_{21} & a_{22} & \cdots & a_{2n} \\
\cdot & \cdot & \cdots & \cdot \\
a_{n1} & a_{n2} & \cdots & a_{nn}
\end{vmatrix}
\tag{2}
$$

als *Determinante des Gleichungssystems* (1) bezeichnet wird.

Jedes Wertsystem $x_1, x_2, \cdots x_n$, das die Gleichungen (1) befriedigt, heißt eine *Wurzel* oder *Lösung* von (1). Die zu entscheidende Frage geht dahin, ob und welche Lösungen das System besitzt.

Es ist

$$
Rx_k =
\begin{vmatrix}
a_{11} & a_{12} & \cdots & a_{1k} & x_k & \cdots & a_{1n} \\
a_{21} & a_{22} & \cdots & a_{2k} & x_k & \cdots & a_{2n} \\
\cdot & \cdot & \cdots & \cdot & \cdot & \cdots & \cdot \\
a_{n1} & a_{n2} & \cdots & a_{nk} & x_k & \cdots & a_{nn}
\end{vmatrix};
$$

addiert man zur k-ten Kolonne die übrigen, nachdem man sie folgeweise mit $x_1, x_2, \cdots x_{k-1}, x_{k+1}, \cdots x_n$ multipliziert hat, so entsteht mit Rücksicht auf (1)

$$
Rx_k =
\begin{vmatrix}
a_{11} & a_{12} & \cdots & u_1 & \cdots & a_{1n} \\
a_{21} & a_{22} & \cdots & u_2 & \cdots & a_{2n} \\
\cdot & \cdot & \cdots & \cdot & \cdots & \cdot \\
a_{n1} & a_{n2} & \cdots & u_n & \cdots & a_{nn}
\end{vmatrix}
= R_k,
\tag{3}
$$

wenn man R_k als Zeichen für jene Determinante benutzt, die aus R hervorgeht, indem man die k-te Kolonne durch die absoluten Glieder ersetzt.

Ist nun $R \neq 0$, so ergibt sich

$$x_k = \frac{R_k}{R} \qquad (k = 1, 2, \ldots n) \qquad (4)$$

als die einzige Lösung, die das System (1) besitzt. Man hat also den Satz:

Das nichthomogene System (1) *hat eine und nur eine Lösung, wenn seine Determinante nicht Null ist; jede Unbekannte stellt sich als Quotient mit dieser Determinante als Nenner und einer Determinante als Zähler dar, die aus jener entsteht, wenn man die Koeffizienten der zu berechnenden Unbekannten durch die Absolutglieder ersetzt.*

Entwickelt man R_k nach den Elementen der k-ten Kolonne, so erscheint

$$R_k = \alpha_{1k} u_1 + \alpha_{2k} u_2 + \cdots + \alpha_{nk} u_n \qquad (5)$$

als eine homogene *lineare* Funktion oder *Form* der u; mithin kann man auch sagen, jede Unbekannte ergebe sich als eine lineare Form der absoluten Glieder.

119. Nichthomogene Gleichungen mit verschwindender Determinante. Ist die Determinante R des Gleichungssystems (1) gleich Null, hingegen $R_k \neq 0$, so kann die Gleichung (3), d. i.

$$R x_k = R_k,$$

für ein endliches x_k nicht bestehen; die Gleichungen (1) besitzen keine Lösung, sie stehen miteinander im Widerspruch.

Ist jedoch neben $R = 0$ auch $R_k = 0$, so verschwinden auch alle andern Zählerdeterminanten; denn wegen (5) hat man

$$\alpha_{1k} u_1 + \alpha_{2k} u_2 + \cdots + \alpha_{nk} u_n = 0,$$

und wegen $R = 0$ nach dem Satze in **110**:

$$\alpha_{1k} : \alpha_{2k} : \cdots : \alpha_{nk} = \alpha_{1l} : \alpha_{2l} : \cdots : \alpha_{nl}$$

folglich auch

$$\alpha_{1l} u_1 + \alpha_{2l} u_2 + \cdots + \alpha_{nl} u_n = R_l = 0. \qquad (l \neq k)$$

Die Gleichung

$$R x_k = R_k \qquad (k = 1, 2, \cdots n)$$

wird also jetzt durch jeden Wert von x_k befriedigt, die Lösung ist unbestimmt, die Gleichungen sind voneinander abhängig; denn aus $R = 0$ folgt nach dem ersten und zweiten Hauptsatze (**105, 106**):

$$\alpha_{1k} a_{11} + \alpha_{2k} a_{21} + \cdots + \alpha_{nk} a_{n1} = 0$$
$$\alpha_{1k} a_{12} + \alpha_{2k} a_{22} + \cdots + \alpha_{nk} a_{n2} = 0$$
$$\cdot \quad \cdot \quad \cdot \quad \cdot \quad \cdot \quad \cdot \quad \cdot \quad \cdot$$
$$\alpha_{1k} a_{1k} + \alpha_{2k} a_{2k} + \cdots + \alpha_{nk} a_{nk} = 0$$
$$\cdot \quad \cdot \quad \cdot \quad \cdot \quad \cdot \quad \cdot \quad \cdot \quad \cdot$$
$$\alpha_{1k} a_{1n} + \alpha_{2k} a_{2n} + \cdots + \alpha_{nk} a_{nn} = 0;$$

fügt man hierzu

$$a_{1k}u_1 + a_{2k}u_2 + \cdots + a_{nk}u_n = 0$$

und addiert sämtliche Gleichungen, nach dem man sie der Reihe nach mit x_1, x_2, $\cdots x_k$, $\cdots x_n$, -1 multipliziert hat, so ergibt sich

$$a_{1k}(a_{11}x_1 + a_{12}x_2 + \cdots + a_{1n}x_n - u_1) + a_{2k}(a_{21}x_1 + a_{22}x_2 + \cdots + a_{2n}x_n - u_2) +$$
$$\cdots + a_{nk}(a_{n1}x_1 + a_{n2}x_2 + \cdots + a_{nn}x_n - u_n) = 0.$$

120. Homogene Gleichungen mit nichtverschwindender Determinante. Das Gleichungssystem (1) heißt homogen, wenn alle absoluten Glieder Null sind; es hat dann die Form

$$\begin{aligned}
a_{11}x_1 + a_{12}x_2 + \cdots + a_{1n}x_n &= 0 \\
a_{21}x_1 + a_{22}x_2 + \cdots + a_{2n}x_n &= 0 \\
&\cdots \\
a_{n1}x_1 + a_{n2}x_2 + \cdots + a_{nn}x_n &= 0.
\end{aligned} \qquad (6)$$

Ist nun $R \neq 0$ und führt man an dem Produkt Rx_k dieselbe Umformung aus wie vorhin, so erhält man

$$Rx_k = \begin{vmatrix} a_{11} & a_{12} & \cdots & 0 & \cdots & a_{1n} \\ a_{21} & a_{22} & \cdots & 0 & \cdots & a_{2n} \\ \cdots & \cdots & \cdots & \cdots & \cdots & \cdots \\ a_{n1} & a_{n2} & \cdots & 0 & \cdots & a_{nn} \end{vmatrix} = 0, \qquad (k = 1, 2, \cdots n)$$

eine Gleichung, der nur durch

$$x_k = 0 \qquad (k = 1, 2, \cdots n)$$

genügt werden kann. Es gilt also der Satz: *Ein System von n homogenen Gleichungen mit n Unbekannten, dessen Determinante nicht Null ist, hat nur die eine Lösung $x_1 = 0$, $x_2 = 0$, $\cdots x_n = 0$.*

Diese Lösung soll die triviale heißen, weil ihr Bestand unmittelbar zu erkennen ist.

Soll das System neben der trivialen noch eine andere Lösung haben, so muß notwendig $R = 0$ sein.

121. Homogene Gleichungen mit verschwindender Determinante.

I. Ist $R = 0$ und ist die Determinante vom Range $n - 1$, so daß mindestens eine Unterdeterminante dieses Grades nicht Null ist, so kann die Untersuchung in folgender Weise geführt werden. Sei

$$\begin{vmatrix} a_{11} & a_{12} & \cdots a_{1,\,n-1} \\ a_{21} & a_{22} & \cdots a_{2,\,n-1} \\ \cdots & \cdots & \cdots \\ a_{n-1,1} & a_{n-1,2} & \cdots a_{n-1,\,n-1} \end{vmatrix} = \alpha_{nn}$$

eine nichtverschwindende Unterdeterminante, so ordne man die ersten $n-1$ Gleichungen von (6) wie folgt:

$$a_{11}x_1 \quad + a_{12}x_2 \quad + \cdots + a_{1,n-1}\,x_{n-1} \quad = -a_{1n}x_n$$
$$a_{21}x_1 \quad + a_{22}x_2 \quad + \cdots + a_{2,n-1}\,x_{n-1} \quad = -a_{2n}x_n$$
$$\cdots \cdots \cdots \cdots \cdots \cdots$$
$$a_{n-1,1}\,x_1 + a_{n-1,2}\,x_2 + \cdots + a_{n-1,n-1}\,x_{n-1} = -a_{n-1,n}\,x_n;$$

sie liefern nach dem Vorbilde von (3) die Gleichung

$$\alpha_{nn}x_k = \begin{vmatrix} a_{11} & a_{12} & \cdots -a_{1n} & x_n \cdots a_{1,n-1} \\ a_{21} & a_{22} & \cdots -a_{2n} & x_n \cdots a_{2,n-1} \\ \cdot & \cdot & \cdots & \cdot \\ a_{n-1,1} & a_{n-1,2} & \cdots -a_{n-1,n} & x_n \cdots a_{n-1,n-1} \end{vmatrix}$$

$$= -x_n \begin{vmatrix} a_{11} & a_{12} & \cdots a_{1n} & \cdots a_{1,n-1} \\ a_{21} & a_{22} & \cdots a_{2n} & \cdots a_{2,n-1} \\ \cdot & \cdot & \cdots & \cdots \cdot \\ a_{n-1,1} & a_{n-1,2} & \cdots a_{n-1,n} & \cdots a_{n-1,n-1} \end{vmatrix};$$

bringt man die Kolonne $a_{1n}, a_{2n}, \cdots a_{n-1,n}$, die jetzt an der Stelle der k-ten steht, durch zyklische Vertauschung der letzten $n-k$ Kolonnen an die letzte Stelle, wodurch die Determinante das Vorzeichen $(-1)^{n-k-1}$ erhält (**93**), so verwandelt sie sich, von diesem Vorzeichen abgesehen, in

$$\begin{vmatrix} a_{11} & a_{12} & \cdots a_{1,k-1} & a_{1,k+1} & \cdots a_{1n} \\ a_{21} & a_{22} & \cdots a_{2,k-1} & a_{2,k+1} & \cdots a_{2n} \\ \cdot & \cdot & \cdots & \cdot & \cdots \cdot \\ a_{n-1,1} & a_{n-1,2} & \cdots a_{n-1,k-1} & a_{n-1,k+1} & \cdots a_{n-1,n} \end{vmatrix} = (-1)^{n+k}\alpha_{nk};$$

infolgedessen ist, unter Berücksichtigung aller Zeichenfaktoren,

$$\alpha_{nn}x_k = \alpha_{nk}x_n \qquad (k=1,2,\cdots n-1); \quad (7)$$

es bleibt also x_n willkürlich, und mit der Wahl eines Wertes für x_n sind die Werte der andern Unbekannten bestimmt. Aus (7) folgt überdies

$$x_1 : x_2 : \cdots : x_n = \alpha_{n1} : \alpha_{n2} : \cdots : \alpha_{nn},$$

und da wegen $R = 0$

$$\alpha_{n1} : \alpha_{n2} : \cdots : \alpha_{nn} = \alpha_{i1} : \alpha_{i2} : \cdots : \alpha_{in}$$

bei beliebigem i (**110**), so verhält sich auch

$$x_1 : x_2 : \cdots : x_n = \alpha_{i1} : \alpha_{i2} : \cdots : \alpha_{in}. \qquad (8)$$

Das Ergebnis läßt sich nun so zusammenfassen: *Ein System von n homogenen Gleichungen mit n Unbekannten, dessen Determinante gleich Null und vom Range $n-1$ ist, ist einfach unbestimmt, indem eine*

Unbekannte willkürlich angenommen werden kann; das System bestimmt lediglich das Verhältnis der Unbekannten, das gleichkommt dem Verhältnis der Unterdeterminanten zu irgendeiner Zeile von R.

Es bleibt noch der Beweis nachzutragen, daß durch die Lösung (7) auch die letzte Gleichung des Systems (6), die ausgeschaltet worden war, befriedigt wird; in der Tat verwandelt sich die linke Seite dieser Gleichung durch die Substitution (7) in

$$\frac{x_n}{\alpha_{nn}}\left\{ a_{n1}\alpha_{n1} + a_{n2}\alpha_{n2} + \cdots + a_{nn}\alpha_{nn} \right\} = \frac{Rx_n}{\alpha_{nn}}$$

und dies ist Null, weil $R = 0$ ist.

II. Angenommen, R sei wieder $= 0$, aber vom Range $n - 2$ und

$$\begin{matrix} a_{11} & a_{12} & \cdots a_{1,n-2} \\ a_{21} & a_{22} & \cdots a_{2,n-2} \\ \cdot & \cdot & \cdot \\ a_{n-2,1} & a_{n-2,2} & \cdots a_{n-2,n-2} \end{matrix}$$

eine der nichtverschwindenden Unterdeterminanten dieses Grades. Ordnet man dann die ersten $n - 2$ Gleichungen nach dem Schema

$$\begin{aligned} a_{11}\ x_1 + a_{12}\ x_2 + \cdots + a_{1,n-2}\ x_{n-2} &= -a_{1,n-1}\ x_{n-1} - a_{1n}\ x_n \\ a_{21}\ x_1 + a_{22}\ x_2 + \cdots + a_{2,n-2}\ x_{n-2} &= -a_{2,n-1}\ x_{n-1} - a_{2n}\ x_n \\ \cdot\quad\cdot\quad\cdot\quad & \quad\cdot\quad\cdot\quad\cdot \\ a_{n-2,1}\ x_1 + a_{n-2,2}\ x_2 + \cdots + a_{n-2,n-2}\ x_{n-2} &= -a_{n-2,n-1}\ x_{n-1} - a_{n-2,n}\ x_n, \end{aligned}$$

so ergeben sich daraus $x_1, x_2, \cdots x_{n-2}$ als lineare Formen von x_{n-1}, x_n, und erteilt man diesen zwei Unbekannten beliebige Werte, so sind die Werte der vorangehenden dadurch bestimmt. Die Unbestimmtheit ist also nunmehr eine zweifache. Der Beweis, daß die beiden letzten Gleichungen des Systems (6), die jetzt ausgeschaltet waren, durch die so gefundenen Lösungen auch befriedigt sind, wird ebenso geführt wie unter I.

Wie man erkennt, kann diese Schlußweise fortgesetzt werden und führt zu dem allgemeinen Ergebnis, daß, wenn $R = 0$ und vom Range $n - r$ ist, $n - r$ Unbekannte durch die r übrigen linear ausgedrückt werden können, so daß die Unbestimmtheit eine r-fache ist. Der interesselose Grenzfall, daß R vom Range 0, also deshalb verschwindet, weil jedes einzelne Element Null ist, führt zur völligen Unbestimmtheit der Unbekannten.

III. Erfüllen die Koeffizienten des Systems (6) die Bedingung $R = 0$, so daß neben der trivialen noch andere Lösungen bestehen, so kann dieses System, indem man die Verhältniszahlen

$$\frac{x_1}{x_n}, \frac{x_2}{x_n}, \cdots \frac{x_{n-1}}{x_n}$$

als neue Unbekannte $z_1, z_2, \cdots z_{n-1}$ betrachtet, in die Form von n nichthomogenen Gleichungen mit $n-1$ Unbekannten gebracht werden:

$$a_{11} z_1 + a_{12} z_2 + \cdots + a_{1,n-1} z_{n-1} + a_{1n} = 0$$
$$a_{21} z_1 + a_{22} z_2 + \cdots + a_{2,n-1} z_{n-1} + a_{2n} = 0$$
$$\cdot \quad \cdot \quad \cdot \quad \cdot \quad \cdot \quad \cdot \quad \cdot \quad \cdot \quad \cdot \quad \cdot \quad \cdot \quad \cdot \quad \cdot$$
$$a_{n1} z_1 + a_{n2} z_2 + \cdots + a_{n,n-1} z_{n-1} + a_{nn} = 0. \tag{9}$$

In bezug auf ein solches System gilt also der Satz: *Ein System von n nichthomogenen linearen Gleichungen mit $n-1$ Unbekannten besitzt nur dann eine Lösung, mit andern Worten, es kann nur dann bestehen, wenn die Determinante aus den Koeffizienten und den absoluten Gliedern Null ist.*

IV. Man nennt die Gleichung $R = 0$ mit Bezug auf das System (6) oder das System (9) dessen *Resultante*; sie drückt die Bedingung der Auflösbarkeit des Systems aus. Man kann aber dieselbe Gleichung auch als das Resultat der *Elimination* der Unbekannten aus dem betreffenden System auffassen, bei welcher Elimination die Existenz einer Lösung schon vorweg genommen wird. Aus diesem Grunde wird die Determinante R auch als *Eliminante* des Systems (6) oder (9) bezeichnet[1]).

122. Beispiele. 1. Es sind die Gleichungen

$$2x - 3y + 4z = 11$$
$$x + 4y - 5z = -6$$
$$3x - 7y + 4z = 1$$

aufzulösen.

Ihre Determinante

$$R = \begin{vmatrix} 2 & -3 & 4 \\ 1 & 4 & -5 \\ 3 & -7 & 4 \end{vmatrix} = \begin{vmatrix} 0 & -11 & 14 \\ 1 & 4 & -5 \\ 0 & -19 & 19 \end{vmatrix} = 19(11 - 14) = -3.19$$

ist von Null verschieden; darum gibt es eine Lösung. Man hat weiter die Zählerdeterminanten:

$$R_x = \begin{vmatrix} 11 & -3 & 4 \\ -6 & 4 & -5 \\ 1 & -7 & 4 \end{vmatrix} = \begin{vmatrix} 5 & 1 & -1 \\ -6 & 4 & -5 \\ 1 & -7 & 4 \end{vmatrix}$$

$$= \begin{vmatrix} 0 & 36 & -21 \\ 0 & -38 & 19 \\ 1 & -7 & 4 \end{vmatrix} = 19(36 - 42) = -6.19,$$

---

1) Neben dieser Terminologie ist auch eine andere gebräuchlich, derzufolge R als Resultante bezeichnet wird; alsdann muß gesagt werden, der Bestand des einen oder andern Gleichungssystems erfordere das Verschwinden der Resultante. — Das Eliminationsproblem bei linearen Gleichungen bildete für Leibniz und Cramer den Ausgangspunkt für die Erfindung der Determinanten. Vgl. hierzu die Note zu 95.

$$R_y = \begin{vmatrix} 2 & 11 & 4 \\ 1 & -6 & -5 \\ 3 & 1 & 4 \end{vmatrix} = \begin{vmatrix} 3 & 5 & -1 \\ 1 & -6 & -5 \\ 3 & 1 & 4 \end{vmatrix}$$

$$= \begin{vmatrix} 0 & 23 & 14 \\ 1 & -6 & -5 \\ 0 & 19 & 19 \end{vmatrix} = 19(14 - 23) = -9.19,$$

$$R_z = \begin{vmatrix} 2 & -3 & 11 \\ 1 & 4 & -6 \\ 3 & -7 & 1 \end{vmatrix} = \begin{vmatrix} 3 & 1 & 5 \\ 1 & 4 & -6 \\ 3 & -7 & 1 \end{vmatrix}$$

$$= \begin{vmatrix} 0 & -11 & 23 \\ 1 & 4 & -6 \\ 0 & -19 & 19 \end{vmatrix} = 19(11 - 23) = -12.19,$$

folglich ist

$$x = 2, \quad y = 3, \quad z = 4.$$

2. Die Determinante des Gleichungsystems

$$x + 2y + 3z = 6$$
$$4x + 5y + 6z = -2$$
$$7x + 8y + 9z = 9$$

ist Null (**96**); die Zählerdeterminante

$$R_x = \begin{vmatrix} 6 & 2 & 3 \\ -2 & 5 & 6 \\ 9 & 8 & 9 \end{vmatrix} = \begin{vmatrix} 6 & 2 & 3 \\ -2 & 5 & 6 \\ 5 & 1 & 0 \end{vmatrix} = \begin{vmatrix} -4 & 2 & 3 \\ -27 & 5 & 6 \\ 0 & 1 & 0 \end{vmatrix} = 24 - 81$$

verschwindet aber nicht; man hat es also mit einem System einander widersprechender Gleichungen zu tun. In der Tat erhält man durch Subtraktion der ersten Gleichung von der verdoppelten zweiten

$$7x + 8y + 9z = -10$$

im Widerspruch zur dritten.

3. Das Gleichungssystem

$$x + 2y + 3z = 4$$
$$4x + 5y + 6z = 7$$
$$7x + 8y + 9z = 10$$

gibt keine Bestimmung für x, y, z, weil nicht nur $R = 0$, sondern auch

$$R_x = \begin{vmatrix} 4 & 2 & 3 \\ 7 & 5 & 6 \\ 10 & 8 & 9 \end{vmatrix} = \begin{vmatrix} 2 & 2 & 1 \\ 2 & 5 & 1 \\ 2 & 8 & 1 \end{vmatrix} = 0$$

und darum notwendig auch $R_y = 0$, $R_z = 0$ ist. Die Gleichungen sind nicht unabhängig von einander; man erkennt dies u. a., wenn man von der verdoppelten zweiten die erste subtrahiert; es ergibt sich die dritte. Da R vom Range 2 ist, kann man einer Unbekannten einen beliebigen Wert beilegen, aus zweien der Gleichungen die beiden andern Unbekannten rechnen; die dritte Gleichung ist durch jede so gefundene Lösung befriedigt.

4. Das Gleichungssystem

$$2x - 3y + 4z = 0$$
$$x + 4y - 5z = 0$$
$$3x - 7y + 4z = 0$$

besitzt einzig und allein die Lösung $x = 0$, $y = 0$, $z = 0$, weil seine Determinante $R \neq 0$ ist (vgl. 1).

5. Hingegen hat das Gleichungssystem

$$x + 2y + 3z = 0$$
$$4x + 5y + 6z = 0$$
$$7x + 8y + 9z = 0$$

einfach-unendlich viele Lösungen, weil seine Determinante $R = 0$ und vom Range 2 ist; es bestimmt das Verhältnis

$$x : y : z = \begin{vmatrix} 2 & 3 \\ 5 & 6 \end{vmatrix} : \begin{vmatrix} 3 & 1 \\ 6 & 4 \end{vmatrix} : \begin{vmatrix} 1 & 2 \\ 4 & 5 \end{vmatrix} = -3 : 6 : -3 = 1 : -2 : 1,$$

ist also durch $x = \lambda$, $y = -2\lambda$, $z = \lambda$ bei beliebigem λ erfüllt.

6. Das Gleichungssystem

$$x + 2y + 3z + 4u = 0$$
$$5x + 6y + 7z + 8u = 0$$
$$9x + 10y + 11z + 12u = 0$$
$$13x + 14y + 15z + 16u = 0$$

hat eine verschwindende Determinante; denn

$$R = \begin{vmatrix} 1 & 2 & 3 & 4 \\ 5 & 6 & 7 & 8 \\ 9 & 10 & 11 & 12 \\ 13 & 14 & 15 & 16 \end{vmatrix} = \begin{vmatrix} 1 & 1 & 3 & 1 \\ 5 & 1 & 7 & 1 \\ 9 & 1 & 11 & 1 \\ 13 & 1 & 15 & 1 \end{vmatrix} = 0;$$

R ist ferner vom Range 2, weil alle Unterdeterminanten dritten Grades Null, hingegen die Unterdeterminanten zweiten Grades nicht Null sind. Es gibt deshalb zweifach-unendlich viele Lösungen, die man in folgender Weise darstellen kann. Aus den ersten zwei Gleichungen folgt

$$x = - \begin{vmatrix} 3z + 4u & 2 \\ 7z + 8u & 6 \end{vmatrix} : \begin{vmatrix} 1 & 2 \\ 5 & 6 \end{vmatrix} = z + 2u$$

$$y = - \begin{vmatrix} 1 & 3z + 4u \\ 5 & 7z + 8u \end{vmatrix} : \begin{vmatrix} 1 & 2 \\ 5 & 6 \end{vmatrix} = - 2z - 3u;$$

durch

$$x = \lambda + 2\mu$$
$$y = - 2\lambda - 3\mu$$
$$z = \lambda$$
$$u = \mu$$

sind also bei beliebigem λ, μ alle vier Gleichungen befriedigt.

7. Durch das Gleichungspaar

$$ax + by + cz = 0$$
$$a'x + b'y + c'z = 0$$

sind die Verhältnisse $x:y:z$ bestimmt, sofern nicht alle zweireihigen Determinanten, die aus der rechteckigen Matrix

$$a \; b \; c$$
$$a' \; b' \; c'$$

gebildet werden können, Null sind; unter dieser Voraussetzung ist

$$x:y:z = \begin{vmatrix} b & c \\ b' & c' \end{vmatrix} : \begin{vmatrix} c & a \\ c' & a' \end{vmatrix} : \begin{vmatrix} a & b \\ a' & b' \end{vmatrix} .$$

§ 2. Allgemeine Sätze über höhere algebraische Gleichungen.

123. Hauptsatz der Algebra. Eine ganze Funktion n-ten Grades der Variablen x hat die allgemeine Form:

$$f(x) = a_0 x^n + a_1 x^{n-1} + \cdots + a_n.$$

Von den *Koeffizienten* $a_0, a_1, \cdots a_n$ wird hier ein für allemal vorausgesetzt, daß sie *reelle* Zahlen seien; hingegen soll x nicht auf reelle Zahlen beschränkt, sondern auch komplexer Werte fähig sein.

Die Aufgabe, zu einem gegebenen Werte des Arguments x den zugehörigen Wert der Funktion zu bestimmen, hat immer eine und nur eine Lösung; ihre Auffindung erfordert nur die vier Spezies.

Die umgekehrte Aufgabe, zu einem gegebenen Funktionswert b einen Argumentwert zu bestimmen, der ihn herbeiführt, bildet ein neues Problem, dem man folgende typische Form geben kann: Subtrahiert man b von a_n und schreibt a'_n für $a_n - b$, so kommt es nun darauf an, der so abgeänderten Funktion den Wert Null zu geben.

Auf diese Weise entsteht das durch den Ansatz

$$f(x) = a_0 x^n + a_1 x^{n-1} + \cdots + a_n = 0 \qquad (1)$$

ausgedrückte Problem, wobei für a'_n wieder das Zeichen a_n geschrieben wurde. Diesen Ansatz nennt man eine *algebraische Gleichung n-ten Grades*, einen Wert x_1, der die Forderung erfüllt, eine *Wurzel* der Gleichung oder eine *Nullstelle* (auch Wurzel) von $f(x)$; x heißt nunmehr die Unbekannte, das von von x freie Glied a_n das absolute Glied der Gleichung.

Daß jede Gleichung ersten und zweiten Grades eine Wurzel besitzt, lehren einfache arithmetische Überlegungen; die Frage, ob dies für jede Gleichung beliebig hohen Grades gelte, erfordert zu ihrer Erledigung über das Gebiet der Arithmetik hinausreichende Untersuchungen. Den ersten befriedigenden Beweis, daß dem so sei, hat Gauß gegeben und in seiner Doktordissertation (1799) veröffentlicht. Wir nehmen hier den *Hauptsatz der Algebra*, der diese Tatsache ausdrückt, als bewiesen an und formulieren ihn wie folgt: *Jede algebraische Gleichung beliebig hohen Grades besitzt eine Wurzel.*

124. Entwicklung einer ganzen Funktion nach einem Inkrement der Variablen. Wir stellen uns die Aufgabe: Wenn

$$f(x) = a_0 x^n + a_1 x^{n-1} + \cdots + a_n \tag{2}$$

ist, so soll $f(x + h)$ nach Potenzen von h entwickelt werden.

Die Lösung könnte so geschehen, daß man in (2) $x + h$ für x setzt, die verschiedenen Potenzen dieses Binoms ausführt und schließlich nach den Potenzen von h, deren höchste h^n sein wird, ordnet; das Resultat wird ein Ausdruck von der Form

$$f(x + h) = X_0 + X_1 h + X_2 h^2 + \cdots + X_n h^n \tag{3}$$

sein; $X_0, X_1, \cdots X_n$ werden sich aus x und den Koeffizienten a zusammensetzen.

Ohne die beschriebene Entwicklung vorzunehmen, kann man $X_0, X_1, \cdots X_n$ durch folgende Betrachtung gewinnen. Ist das Argument irgend einer Funktion $F(u)$ eine Summe von zwei Variablen $x + y$, so kann dem Differenzenquotienten $\dfrac{F(u + \delta) - F(u)}{\delta}$ auch eine der Formen $\dfrac{F(x + \delta + y) - F(x + y)}{\delta}$, $\dfrac{F(x + y + \delta) - F(x + y)}{\delta}$ gegeben werden; geht man mit δ zur Grenze Null über, so ergibt sich aus dieser Bemerkung, daß $F'(u) = F'_x(x + y) = F'_y(x + y)$ ist.

Hiervon machen wir bei der Gleichung (3) Anwendung und differenzieren sie n-mal nacheinander in bezug auf h rechts, in bezug auf x links; das Ergebnis dieser Differentiationen lautet:

$$\left. \begin{aligned}
f'_x(x+h) &= X_1 + 2 X_2 h + 3 X_3 h^2 + \cdots + n X_n h^{n-1} \\
f''_x(x+h) &= 1 \cdot 2 X_2 + 2 \cdot 3 X_3 h + \cdots + (n-1) n X_n h^{n-2} \\
f'''_x(x+h) &= 1 \cdot 2 \cdot 3 X_3 + \cdots + (n-2)(n-1) n X_n h^{n-3} \\
&\cdots\cdots\cdots\cdots\cdots\cdots\cdots\cdots\cdots\cdots\cdots\cdots \\
f^{(n)}_x(x+h) &= 1 \cdot 2 \cdots n X_n
\end{aligned} \right\} \tag{4}$$

Setzt man in (3) und (4) $h = 0$, so ergibt sich, wenn man bei den Ableitungen von $f(x)$ den jetzt überflüssigen untern Index fortläßt:

$$X_0 = f(x)$$

$$X_1 = \frac{f'(x)}{1}$$

$$X_2 = \frac{f''(x)}{1 \cdot 2}$$

$$\cdots \cdots \cdots$$

$$X_n = \frac{f^{(n)}(x)}{1 \cdot 2 \cdots n}$$

Führt man diese Werte in (3) ein, so ergibt sich die verlangte Entwicklung:

$$f(x + h) = f(x) + \frac{f'(x)}{1}\, h + \frac{f''(x)}{1 \cdot 2}\, h^2 + \cdots + \frac{f^{(n)}(x)}{1 \cdot 2 \cdots n}\, h^n. \qquad (5)$$

Bei ihrer Ableitung kam der Umstand, daß $f(x)$ eine *ganze* Funktion ist, nur insofern zur Geltung, als die Bildung der Ableitungen (4) mit der n-ten einen natürlichen Abschluß fand.

125. Algebraische Teiler einer ganzen Funktion. Hornersches Divisionsverfahren. Nach dem Hauptsatze der Algebra hat die Funktion $f(x)$ eine Wurzel, sie heiße x_1, so daß $f(x_1) = 0$ ist. Mit Bezug auf diese gilt nun der Satz: *Die Differenz $x - x_1$ ist ein algebraischer Teiler von $f(x)$.*

Schreibt man nämlich $f(x)$ in der Form $f(x_1 + x - x_1)$ und wendet darauf die Entwicklung (5) an, so wird:

$$f(x) = f(x_1) + \frac{f'(x_1)}{1}(x - x_1) + \frac{f''(x_1)}{1 \cdot 2}(x - x_1)^2 + \cdots + \frac{f^{(n)}(x_1)}{1 \cdot 2 \cdots n}(x - x_1)^n; \quad (6)$$

da nun $f(x_1) = 0$, so ist tatsächlich $x - x_1$ ein Faktor der rechten Seite, also auch von $f(x)$, d. h. $f(x)$ ist durch $x - x_1$ teilbar. Der Quotient ist

$$\frac{f'(x_1)}{1} + \frac{f''(x_1)}{1 \cdot 2}(x - x_1) + \cdots + \frac{f^{(n)}(x_1)}{1 \cdot 2 \cdots n}(x - x_1)^{n-1}, \qquad (7)$$

also wieder eine ganze Funktion, $f_1(x)$, vom Grade $n - 1$, der Koeffizient ihrer höchsten Potenz, wie aus dem Divisionsverfahren hervorgeht, wieder a_0; man hat also

$$f(x) = (x - x_1)\, f_1(x). \qquad (8)$$

Man nennt $x - x_1$ den zur Wurzel x_1 gehörigen *Wurzelfaktor* von $f(x)$.

Ist x_1 nicht Wurzel von $f(x)$, so erstreckt sich die Teilbarkeit nur auf die Glieder vom zweiten angefangen in der Form (6), folglich ist $f(x_1)$ der verbleibende Divisionsrest. Dieser wichtige Sachverhalt kann so ausgesprochen werden: *Dividiert man $f(x)$ durch $x - x_1$, so gibt der verbleibende Rest den Wert von $f(x_1)$ an; ist er Null, so war x_1 eine Wurzel.*

Hierin liegt das bequemste Mittel, den zu einem Argumentwert x_1 gehörigen Funktionswert zu berechnen und von einem Argumentwert zu entscheiden, ob er eine Wurzel sei. Die dazu führende Division läßt sich nach einem von W. G. Horner (1819) angegebenen Schema mechanisch ausführen. Man hat nach den gewöhnlichen Divisionsregeln:

$$\begin{aligned}
&(a_0\, x^n + a_1\, x^{n-1} + a_2\, x^{n-2} + \cdots + a_n) : (x - x_1) = \left\{ \begin{array}{l} a_0\, x^{n-1} \\ + (x_1 a_0 + a_1) x^{n-2} \\ + [x_1 (x_1 a_0 + a_1) + a_2] x^{n-3} \\ + \cdots \end{array} \right. \\[4pt]
&\underline{\;\; a_0\, x^n - a_0\, x_1\, x^{n-1}} \\
&(x_1\, a_0 + a_1)\, x^{n-1} + a_2\, x^{n-2} \\
&\underline{(x_1\, a_0 + a_1)\, x^{n-1} - x_1\, (x_1\, a_0 + a_1)\, x^{n-2}} \\
&[x_1 (x_1 a_0 + a_1) + a_2]\, x^{n-2} + a_3\, x^{n-3} \\
&\cdot\cdot\cdot\cdot\cdot\cdot\cdot\cdot\cdot\cdot\cdot\cdot\cdot\cdot\cdot
\end{aligned}$$

das Bildungsgesetz der Koeffizienten $A_0, A_1, A_2, \cdots$ des Quotienten ist hiernach folgendes:

$$\begin{aligned}
A_0 &= a_0 \\
A_1 &= x_1 A_0 + a_1 \\
A_2 &= x_1 A_1 + a_2 \\
&\cdot\;\;\cdot\;\;\cdot\;\;\cdot\;\;\cdot\;\;\cdot
\end{aligned}$$

und führt, an einem speziellen Fall erläutert, zu folgendem Schema: Um $f(x) = 5x^3 - 2x^2 + 4x - 8$ durch $x - 2$ zu dividieren, schreibe man die Koeffizienten über einem Strich nebeneinander und rechne an ihnen mit der Zahl 2 wie folgt:

$$2 \begin{array}{|cccc} 5 & -2 & 4 & -8 \\ \hline 5 & 8 & 20 & (32) \end{array} \;;$$

man bildet nämlich nach und nach $2 \cdot 5 - 2 = 8$, $2 \cdot 8 + 4 = 20$, $2 \cdot 20 - 8 = 32$; 32 ist als Divisionsrest durch Einklammerung gekennzeichnet; es ist also

$$(5x^3 - 2x^2 + 4x - 8) : (x - 2) = 5x^2 + 8x + 20 + \frac{32}{x - 2},\; f(2) = 32.$$

Um auf alle in Betracht kommenden Umstände aufmerksam zu machen, sei noch die Division von $f(x) = x^4 - 5x^2 - 6$ durch $x + 2$ ausgeführt; das Schema lautet hier so:

$$-2 \begin{array}{|ccccc} 1 & 0 & -5 & 0 & -6 \\ \hline 1 & -2 & -1 & 2 & (-10) \end{array}$$

und gibt

$$(x^4 - 5x^2 - 6) : (x + 2) = x^3 - 2x^2 - x + 2 - \frac{10}{x + 2},\; f(-2) = -10.$$

126. Anzahl der Wurzeln einer algebraischen Gleichung.
Durch wiederholte Anwendung des Hauptsatzes, daß jede ganze Funktion eine Nullstelle besitzt und durch den zugehörigen Wurzelfaktor teilbar ist, ergeben sich die folgenden Ansätze:

$$f(x) = (x - x_1)f_1(x)$$
$$f_1(x) = (x - x_2)f_2(x)$$
$$f_2(x) = (x - x_3)f_3(x)$$
$$\cdot \quad \cdot \quad \cdot \quad \cdot \quad \cdot \quad \cdot \quad \cdot$$
$$f_{n-1}(x) = (x - x_n)f_n(x);$$

dabei bedeutet x_{i+1} eine Nullstelle von $f_i(x)$, das eine ganze Funktion vom Grade $n - i$ mit dem Anfangskoeffizienten a_0 ist; folglich ist $f_n(x) = a_0$ selbst. Die Multiplikation vorstehender Gleichungen führt also zu

$$f(x) = a_0(x - x_1)(x - x_2) \cdots (x - x_n), \tag{9}$$

aus welcher Darstellung unmittelbar hervorgeht, daß $f(x)$ die Nullstellen $x_1, x_2, \cdots x_n$ hat. Es gilt sonach der Satz: *Eine Gleichung n-ten Grades besitzt n Wurzeln.*

Die Annahme, $f(x)$ besitze außer den genannten Nullstellen noch eine weitere, von ihnen verschiedene Nullstelle x', hätte den Ansatz

$$f(x') = a_0(x' - x_1)(x' - x_2) \cdots (x' - x_n) = 0$$

zur Folge, der aber, da die sämtlichen Differenzen von Null verschieden sind, nur bestehen kann, wenn $a_0 = 0$ ist. Dann aber wird $f(x)$ vermöge (9) durch *jeden* Wert von x auf Null gebracht;

$$a_0 x^n + a_1 x^{n-1} \cdots + a_n$$

kann aber nur dann identisch Null sein, d. h. für jeden Wert von x verschwinden, wenn die Koeffizienten einzeln Null sind:

$$a_0 = 0, \quad a_1 = 0, \cdots \quad a_n = 0.$$

Wenn also eine ganze Funktion n-ten Grades mehr als n Nullstellen hat, so hat sie deren unendlich viele, indem sie für jeden Wert von x verschwindet.

Haben die zwei ganzen Funktionen

$$f(x) = a_0 x^n + a_1 x^{n-1} + \cdots + a_n$$
$$g(x) = b_0 x^n + b_1 x^{n-1} + \cdots + b_n$$

für mehr als n Werte von x gleiche Werte, so besitzt die Gleichung

$$f(x) - g(x) = (a_0 - b_0) x^n + (a_1 - b_1) x^{n-1} + \cdots + (a_n - b_n) = 0$$

mehr als n Wurzeln; infolgedessen ist notwendig

$$a_0 - b_0 = 0, \quad a_1 - b_1 = 0, \quad \cdots \quad a_n - b_n = 0,$$

also

$$a_0 = b_0, \qquad a_1 = b_1, \qquad \cdots \quad a_n = b_n.$$

Zwei nach x geordnete Polynome sind also nur dann identisch gleich, wenn sie in den zu gleichen Potenzen gehörigen Koeffizienten übereinstimmen.

Auf diesen Satz stützt sich ein vielfach angewendetes Verfahren der Algebra, das von Descartes unter dem Namen „Methode der unbestimmten Koeffizienten" eingeführt worden ist.

127. Mehrfache Wurzeln. Die Ableitung der Gleichung (9) schließt nicht aus, daß sich unter den Werten $x_1, x_2, \cdots x_n$, die als Nullstellen der Funktionen $f(x), f_1(x), \cdots f_{n-1}(x)$ auftreten, gleiche befinden. Sind beispielsweise $x_1 = x_2 = \cdots = x_k$, alle folgenden aber hiervon verschieden, so tritt der Faktor $x - x_1$ nicht *einmal*, sondern k-mal auf, und x_1 heißt dann eine *k-fache Wurzel*; die Gleichung (9) aber nimmt die Gestalt an:

$$f(x) = a_0(x - x_1)^k (x - x_{k+1}) \cdots (x - x_n). \tag{10}$$

Um die Bedingungen zu finden, welche $f(x)$ erfüllen muß, um x_1 zur k-fachen Wurzel zu haben, entwickeln wir $f(x) = f(x_1 + \overline{x - x_1})$ nach Potenzen von $x - x_1$ (**124**):

$$f(x) = f(x_1) + \frac{f'(x_1)}{1}(x - x_1) + \frac{f''(x_1)}{1 \cdot 2}(x - x_1)^2 + \cdots + \frac{f^{(n)}(x_1)}{1 \cdot 2 \cdots n}(x - x_1)^n;$$

soll x_1 k-fache Wurzel sein, so muß sich von der rechten Seite der Faktor $(x - x_1)^k$, und kein höherer, abspalten lassen; dies tritt aber nur dann ein, wenn

$$f(x_1) = 0, \quad f'(x_1) = 0, \quad \cdots \quad f^{(k-1)}(x_1) = 0, \quad f^{(k)}(x_1) \neq 0$$

ist. In Worten heißt dies: *Eine k-fache Nullstelle von $f(x)$ bringt nicht nur diese Funktion, sondern auch ihre Ableitungen bis zur $\overline{k-1}$-ten Ordnung einschließlich auf Null.*

Ist x_1 eine k-fache Nullstelle, so lautet also die Entwicklung von $f(x)$:

$$f(x) = \frac{f^{(k)}(x_1)}{1 \cdot 2 \cdots k}(x - x_1)^k + \frac{f^{(k+1)}(x_1)}{1 \cdot 2 \cdots (k+1)}(x - x_1)^{k+1} + \cdots + \frac{f^{(n)}(x_1)}{1 \cdot 2 \cdots n}(x - x_1)^n,$$

und es ergibt sich daraus:

$$f'(x) = \frac{f^{(k)}(x_1)}{1 \cdot 2 \cdots (k-1)}(x - x_1)^{k-1}$$
$$+ \frac{f^{k+1}(x_1)}{1 \cdot 2 \cdots k}(x - x_1)^k + \cdots + \frac{f^{(n)}(x_1)}{1 \cdot 2 \cdots (n-1)}(x - x_1)^{n-1};$$

folglich hat $f'(x)$ dieselbe Nullstelle nurmehr $\overline{k-1}$-fach, $f''(x)$ nurmehr $\overline{k-2}$-fach, $\cdots$ schließlich $f^{(k-1)}(x)$ nurmehr einfach.

Bestimmt man demnach den gemeinsamen Teiler von $f(x)$ und $f'(x)$, so enthält er alle Wurzelfaktoren von $f(x)$, die zu mehrfachen

Wurzeln gehören, in einer um 1 niedrigeren Multiplizität; spaltet man also diesen Teiler $g(x)$, der durch das Verfahren der Kettendivision zu gewinnen ist, von $f(x)$ ab, so hat die verbleibende Funktion $f(x) : g(x)$ nurmehr einfache Nullstellen.

128. Komplexe Wurzeln. Substituiert man in einer ganzen Funktion $f(x)$ (mit reellen Koeffizienten, wie hier ausdrücklich hervorgehoben werden soll) für x die komplexe Zahl $\alpha + \beta i$, vollführt die angezeigten Operationen und faßt schließlich die reellen und die imaginären Bestandteile zusammen, so ergibt sich eine Zahl $A + Bi$. Wiederholt man den Vorgang mit der Substitution $\alpha - \beta i$, so entsteht das Resultat $A - Bi$.

Ist nun $\alpha + \beta i$ eine Wurzel, also $A + Bi = 0$, so ist notwendig $A = 0$, $B = 0$ (**18**); dann aber ist auch $A - Bi = 0$, also auch $\alpha - \beta i$ eine Wurzel.

In einer Gleichung mit reellen Koeffizienten zieht also eine komplexe Wurzel die konjugiert komplexe notwendig nach sich.

Da hiernach komplexe Wurzeln stets paarweise vorkommen, so hat eine Gleichung mit der k-fachen Wurzel $\alpha + \beta i$ auch $\alpha - \beta i$ zur k-fachen Wurzel. Weiter folgt daraus, daß eine Gleichung ungeraden Grades notwendig mindestens eine reelle Wurzel besitzt.

Die von einem einfachen konjugiert komplexen Wurzelpaar herrührenden Wurzelfaktoren $x - \alpha - \beta i$, $x - \alpha + \beta i$ geben zum Produkt $(x - \alpha)^2 + \beta^2 = x^2 - 2\alpha x + \alpha^2 + \beta^2$, also ein im reellen Gebiete nicht zerlegbares quadratisches Trinom $x^2 + px + q$; zwei k-fache konjugiert komplexe Wurzeln führen demnach zur k-ten Potenz eines solchen Trinoms.

Alle Fälle zusammengefaßt, kann man somit sagen, daß eine ganze Funktion mit reellen Koeffizienten sich darstellen läßt als Produkt von Faktoren, die vier Typen aufweisen können: $x - x_1$, $(x - x_1)^k$, $x^2 + px + q$, $(x^2 + px + q)^k$; abgesehen ist dabei von dem immer auftretenden konstanten Faktor a_0. Die Herstellung dieser Produktform und die Auflösung der Gleichung sind äquivalente Probleme.

129. Zusammenhang zwischen den Wurzeln und den Koeffizienten. Wenn man die beiden Darstellungen einer und derselben ganzen Funktion $f(x)$, das Polynom und das Produkt, einander gleich setzt, so entsteht die identische, d. h. für alle Werte von x giltige Gleichung

$$a_0 x^n + a_1 x^{n-1} + \cdots + a_n = a_0 (x - x_1)(x - x_2) \cdots (x - x_n).$$

Entwickelt man das Produkt rechter Hand und ordnet es nach Potenzen von x, so ergibt sich auf Grund des letzten Satzes in **126** die Übereinstimmung der beiderseitigen Koeffizienten, derzufolge also

$$\sum x_i = -\frac{a_1}{a_0}$$

$$\sum x_i x_j = \frac{a_2}{a_0}$$

$$\sum x_i x_j x_k = -\frac{a_3}{a_0} \qquad (11)$$

$$\cdots \cdots \cdots \cdots$$

$$x_1 x_2 \cdots x_n = (-1)^n \frac{a_n}{a_0};$$

die Summenzeichen beziehen sich der Reihe nach auf alle Kombinationen ohne Wiederholung der 1., 2., $\cdots$ $\overline{n-1}$-ten Klasse aus den Zeigern 1, 2, $\cdots$ n.

Diese *Relationen zwischen den Wurzeln und den Koeffizienten* gestatten die Lösung der Aufgabe: *Eine Gleichung aufzustellen, die gegebene Wurzeln besitzt.* Es sind dazu nur die vier Spezies im Gebiete der komplexen Zahlen erforderlich.

Die auf den linken Seiten von (11) stehenden Wurzelfunktionen haben die Eigenschaft, sich nicht zu ändern, wenn man die Wurzeln irgendwie untereinander vertauscht; Funktionen dieses Verhaltens bezeichnet man als symmetrisch in Bezug auf ihre Argumente und nennt die in (11) auftretenden die *symmetrischen Grundfunktionen* der Wurzeln der Gleichung. Jede andere symmetrische Funktion der Wurzeln läßt sich durch sie, also auch durch die Gleichungskoeffizienten rational darstellen. So kann man beispielsweise die Quadratsumme der Wurzeln einer beliebigen Gleichung berechnen, ohne diese aufzulösen, aus den Koeffizienten allein. Denn

$$\left(\sum x_i\right)^2 = \sum x_i^2 + 2 \sum x_i x_j$$

und mit Zuziehung der ersten zwei Relationen aus (11) ergibt sich daraus:

$$\sum x_i^2 = \left(\sum x_i\right)^2 - 2 \sum x_i x_j = \frac{a_1^2 - 2 a_0 a_2}{a_0^2}.$$

130. Transformation der Unbekannten. Ein wichtiges Hilfsmittel der Umformung von Gleichungen zum Zwecke ihrer leichteren Lösung bildet der *Übergang zu einer neuen Unbekannten*, oder, wie man dies ausdrückt, die Transformation der Unbekannten. Die neue Unbekannte steht dabei mit der ursprünglichen in einer bekannten Beziehung. Drei wichtige Fälle seien hier angeführt.

I. Setzt man $x = kz$, so geht die Gleichung $f(x) = 0$ über in die neue

$$f(kz) = a_0 k^n z^n + a_1 k^{n-1} z^{n-1} + \cdots + a_n = 0 \qquad (12)$$

und in der Produktform:

$$f(kz) = a_0(kz - x_1)(kz - x_2) \cdots (kz - x_n) = 0;$$

aus der letzteren erkennt man, daß die Wurzeln der neuen Gleichung:

$$z = \frac{x_1}{k}, \qquad z = \frac{x_2}{k}, \quad \cdots \quad z = \frac{x_n}{k}$$

durch Division der Wurzeln der ursprünglichen Gleichung mit k entstehen.

Man macht von dieser Transformation Gebrauch, um die Koeffizienten der Gleichung auf größere oder kleinere Zahlen zurückzuführen.

Von der speziellen Transformation, die sich für $k = -1$ ergibt, wird häufig Gebrauch gemacht; man kann sie kurz als Zeichenänderung der Unbekannten oder als den Übergang von $f(x) = 0$ zu $\pm f(-x) = 0$ bezeichnen, wobei das Vorzeichen links so gewählt wird, daß das erste Glied positiv ausfällt.

II. Die Substitution $x = z + h$ verwandelt die Gleichung $f(x) = 0$ in

$$f(z + h) = f(h) + \frac{f'(h)}{1} z + \frac{f''(h)}{1 \cdot 2} z^2 + \cdots + \frac{f^{(n)}(h)}{1 \cdot 2 \cdots n} z^n = 0, \quad (13)$$

eine Gleichung, die bereits geordnet ist nach den Potenzen der neuen Unbekannten.

Die Berechnung der Koeffizienten kann in folgender Weise geschehen:

$f(h)$ ist der Rest, der bei der Division von $f(x)$ durch $x - h$ verbleibt (**125**); der Quotient dieser Division ist

$$\frac{f'(h)}{1} + \frac{f''(h)}{1 \cdot 2} x + \cdots + \frac{f^{(n)}(h)}{1 \cdot 2 \cdots n} x^{n-1}.$$

$\frac{f'(h)}{1}$ ist der Rest, der bei der neuerlichen Division dieses Quotienten durch $x - h$ verbleibt; der Quotient dieser Division ist

$$\frac{f''(h)}{1 \cdot 2} + \frac{f'''(h)}{1 \cdot 2 \cdot 3} x + \cdots + \frac{f^{(n)}}{1 \cdot 2 \cdots n} x^{n-2};$$

$\frac{f''(h)}{1 \cdot 2}$ ist der Rest, der bei der Division dieses Quotienten durch $x - h$ verbleibt usw.

Man erhält also die Koeffizienten von (13) als Reste bei der wiederholten Division durch $x - h$, und zwar in der Reihenfolge von der niedrigsten Potenz zur höchsten; die Divisionen werden am bequemsten nach dem Hornerschen Schema ausgeführt.

Um z. B. die Gleichung $x^4 - 2x^3 - 3x^2 + 1 = 0$ durch die Substitution $x = z + 3$ zu transformieren, hat man folgende Rechnung:

$$\begin{array}{c|ccccc}
 & 1 & -2 & -3 & 0 & 1 \\
\hline
3 & 1 & 1 & 0 & 0 & (1) \\
 & 1 & 4 & 12 & (36) & \\
 & 1 & 7 & (33) & & \\
 & 1 & (10) & & & \\
 & (1) & & & &
\end{array}$$

und die transformierte Gleichung lautet:
$$z^4 + 10z^3 + 33z^2 + 36z + 1 = 0.$$

III. Durch die Substitution $x = \dfrac{1}{z}$ geht $f(x) = 0$ über in

$$f\left(\frac{1}{z}\right) = \frac{a_0}{z^n} + \frac{a_1}{z^{n-1}} + \frac{a_2}{z^{n-2}} + \cdots + \frac{a_{n-2}}{z^2} + \frac{a_{n-1}}{z} + a_n = 0$$

und nach Beseitigung der Nenner weiter in

$$z^n f\left(\frac{1}{z}\right) = a_n z^n + a_{n-1} z^{n-1} + a_{n-2} z^{n-2} + \cdots + a_2 z^2 + a_1 z + a_0 = 0. \quad (14)$$

Die Wurzeln dieser Gleichung sind die Reziproken von den Wurzeln der ursprünglichen Gleichung.

Ist insbesondere

$$a_{n-i} = \pm a_i \qquad (i = 0,\ 1,\ 2,\ \cdots n), \qquad (15)$$

wobei durchwegs das eine oder das andere Zeichen gilt, so stimmt die transformierte Gleichung mit der ursprünglichen — bis auf das Zeichen der Unbekannten — überein, hat also auch deren Wurzeln. In einer Gleichung mit der Koeffizientenrelation (15) gehört also zu jeder Wurzel x_i auch deren Reziproke $\dfrac{1}{x_i}$; ist der Grad der Gleichung ein gerader, so teilen sich die Wurzeln in zwei gleich starke Gruppen, deren eine die reziproken Werte der andern umfaßt; ist der Grad ein ungerader, so verbleibt noch eine vereinzelte Wurzel, die notwendig 1 ist. Gleichungen dieser Art bezeichnet man als *reziproke Gleichungen*.

§ 3. Resultante und Diskriminante.

131. Resultante zweier algebraischer Gleichungen. I. Wenn zwei Gleichungen

$$f(y) = a_0 y^m + a_1 y^{m-1} + \cdots + a_m = 0 \qquad (1)$$
$$g(y) = b_0 y^n + b_1 y^{n-1} + \cdots + b_n = 0 \qquad (2)$$

mit unbestimmten Koeffizienten vorliegen, so kann die Frage aufgeworfen werden, unter welcher Bedingung sie mindestens eine *gemeinsame Wurzel* besitzen. Da die Wurzeln von den Koeffizienten abhängen, so wird es dabei auf einen aus den Koeffizienten beider Gleichungen zusammengesetzten Ausdruck, also auf eine Funktion dieser Koeffizienten ankommen, der von vornherein der Name *Resultante* beider Gleichungen gegeben werden soll.

Um dies zunächst an einem speziellen Fall zu erklären, seien die Gleichungen quadratisch:

$$a_0 y^2 + a_1 y + a_2 = 0$$
$$b_0 y^2 + b_1 y + b_2 = 0; \qquad (\alpha)$$

multipliziert man unter der Vorstellung, y könne in beiden dieselbe Zahl bedeuten, die erste mit b_2, die zweite mit $-a_2$ und addiert, so entsteht:

$$y[(a_0 b_2 - a_2 b_0)y + a_1 b_2 - a_2 b_1] = 0;$$

der Fall, daß $y = 0$ eine gemeinsame Wurzel sei, ist ausgeschlossen, wenn man nicht die einschränkende Voraussetzung $a_2 = 0$, $b_2 = 0$ machen will; darum muß

$$(a_0 b_2 - a_2 b_0)y + a_1 b_2 - a_2 b_1 = 0 \cdot$$

sein. Multipliziert man hierauf die erste der Gleichungen (α) mit $-b_0$, die zweite mit a_0 und bildet ihre Summe, so ergibt sich

$$(a_0 b_1 - a_1 b_0)y + a_0 b_2 - a_2 b_0 = 0.$$

Aus den beiden linearen Gleichungen folgt aber (**121**, III)

$$\begin{vmatrix} a_0 b_2 - a_2 b_0 & a_1 b_2 - a_2 b_1 \\ a_0 b_1 - a_1 b_0 & a_0 b_2 - a_2 b_0 \end{vmatrix} = 0$$

und in ausgeführter Form:

$$(a_0 b_2 - a_2 b_0)^2 - (a_0 b_1 - a_1 b_0)(a_1 b_2 - a_2 b_1) = 0 \qquad (\beta)$$

Dies ist also die Bedingung für das Vorhandensein einer gemeinsamen Wurzel, die linke Seite mithin die Resultante der beiden quadratischen Gleichungen (α); der ausgeführte Prozeß ist aber die *Elimination* von y zwischen diesen Gleichungen, (β) die daraus hervorgehende *Endgleichung*.

II. Um nun die Aufgabe der Resultantenbildung oder der Elimination allgemein an den Gleichungen (1) und (2) zu lösen, multipliziere man die erste der Reihe nach mit y^{n-1}, y^{n-2}, $\cdots$ 1, die zweite mit y^{m-1}, y^{m-2}, $\cdots$ 1; das so entstandene System:

$$\begin{aligned}
a_0 y^{m+n-1} + a_1 y^{m+n-2} + \cdots + a_m y^{n-1} &= 0 \\
a_0 y^{m+n-2} + \cdots\cdots\cdots + a_m y^{n-2} &= 0 \\
\cdots\cdots\cdots\cdots\cdots\cdots\cdots & \\
a_0 y^m + a_1 y^{m-1} + \cdots + a_m &= 0 \\
b_0 y^{m+n-1} + b_1 y^{m+n-2} + \cdots + b_m y^{m-1} &= 0 \\
b_0 y^{m+n-2} + \cdots\cdots\cdots + b_m y^{m-2} &= 0 \\
\cdots\cdots\cdots\cdots\cdots\cdots\cdots & \\
b_0 y^n + b_1 y^{n-1} + \cdots + b_n &= 0
\end{aligned}$$

kann als ein System von $m + n$ nichthomogenenen linearen Gleichungen mit den $m + n - 1$ Unbekannten y^{m+n-1}, y^{m+n-2}, $\cdots y$ angesehen werden, und die Bedingung für seinen Bestand lautet (**121**, III):

$$R = \begin{vmatrix} a_0 & a_1 & \cdot & \cdot & a_m & & & \\ & a_0 & a_1 & \cdots & a_m & & & \\ & & \cdot & \cdot & \cdot & \cdot & \cdot & \\ & & & a_0 & a_1 & \cdots & a_m & \\ b_0 & b_1 & \cdots & b_n & & & & \\ & b_0 & b_1 & \cdots & b_n & & & \\ & & \cdot & \cdot & \cdot & \cdot & \cdot & \\ & & & b_0 & b_1 & \cdots & b_n & \end{vmatrix} = 0. \qquad (3)$$

Hiermit ist die Aufgabe formell gelöst; die Resultante, durch eine Determinante $\overline{m + n}$-ten Grades dargestellt, in der alle nicht-besetzten Stellen durch Nullen auszufüllen sind, umfaßt die Koeffizienten beider Gleichungen in einer leicht zu überblickenden gesetz-mäßigen Form.

Das hier befolgte Verfahren ist von J. Sylvester (1840) an-gegeben worden und wird als die dialytische Methode bezeichnet.

Für die zwei quadratischen Gleichungen (α) ergibt sich nach diesem Verfahren die Resultante zunächst in der Form:

$$R = \begin{vmatrix} a_0 & a_1 & a_2 & 0 \\ 0 & a_0 & a_1 & a_2 \\ b_0 & b_1 & b_2 & 0 \\ 0 & b_0 & b_1 & b_2 \end{vmatrix};$$

multipliziert man die dritte Zeile mit a_0 und subtrahiert von ihr die mit b_0 multiplizierte erste, so wird

$$a_0 R = \begin{vmatrix} a_0 & a_1 & a_2 & 0 \\ 0 & a_0 & a_1 & a_2 \\ 0 & a_0 b_1 - a_1 b_0 & a_0 b_2 - a_2 b_0 & 0 \\ 0 & b_0 & b_1 & b_2 \end{vmatrix} = a_0 \begin{vmatrix} a_0 & a_1 & a_2 \\ a_0 b_1 - a_1 b_0 & a_0 b_2 - a_2 b_0 & 0 \\ b_0 & b_1 & b_2 \end{vmatrix};$$

woraus weiter, wenn man die dritte Zeile mit a_2 multipliziert und die mit b_2 multiplizierte erste von ihr subtrahiert, hervorgeht:

$$a_2 R = \begin{vmatrix} a_0 & a_1 & a_2 \\ a_0 b_1 - a_1 b_0 & a_0 b_2 - a_2 b_0 & 0 \\ a_2 b_0 - a_0 b_2 & a_2 b_1 - a_1 b_2 & 0 \end{vmatrix},$$

so daß schließlich

$$R = \begin{vmatrix} a_0 b_2 - a_2 b_0 & a_1 b_2 - a_2 b_1 \\ a_0 b_1 - a_1 b_0 & a_0 b_2 - a_2 b_0 \end{vmatrix}$$

folgt in Übereinstimmung mit (β).

132. Der Satz von Bézout. Wir kehren zu den Gleichungen (1), (2) zurück, als deren Resultante das in (3) angeschriebene R erkannt worden ist, und nehmen an, jedes a_i und b_i sei eine ganze Funktion von x vom Grade i: dann sind f und g ganze Funktionen von x, y vom Grade m, bzw. n, geordnet nach Potenzen von y; R aber ist jetzt eine ganze Funktion von x, deren Grad nun bestimmt werden soll. Bezeichnet man das Elementensystem von R symbolisch durch

$$
\begin{cases}
\begin{array}{llll}
c_{11} & c_{12} \cdot\cdot\cdot\cdot\cdot\cdot & c_{1,m+n} \\
c_{21} & c_{22} \cdot\cdot\cdot\cdot\cdot\cdot & c_{2,m+n} \\
\cdot\cdot\cdot\cdot\cdot\cdot\cdot\cdot\cdot\cdot\cdot\cdot\cdot\cdot\cdot\cdot\cdot\cdot \\
c_{n1} & c_{n2} \cdot\cdot\cdot\cdot\cdot\cdot & c_{n,m+n}
\end{array}
\end{cases} \\
\begin{cases}
\begin{array}{llll}
c_{n+1,1} & c_{n+1,2} \cdot\cdot\cdot\cdot & c_{n+1,m+n} \\
\cdot\cdot\cdot\cdot\cdot\cdot\cdot\cdot\cdot\cdot\cdot\cdot\cdot\cdot\cdot\cdot\cdot\cdot \\
c_{m+n,1} & c_{m+n,2} \cdot\cdot\cdot\cdot & c_{m+n,m+n}
\end{array}
\end{cases}
\tag{4}
$$

und vergleicht dies mit dem faktischen Elementensystem. so bemerkt man, daß in der ersten Zeilenserie

$$c_{ik} = 0, \text{ wenn } k - i < 0 \text{ und } k - i > m, \text{ sonst aber } c_{ik} = a_{k-i},$$

in der zweiten Zeilenserie

$$c_{n+i,k} = 0, \text{ wenn } k - i < 0 \text{ und } k - i > n, \text{ sonst aber } c_{n+ik} = b_{k-i}.$$

Nun lautet das allgemeine Glied von R in der Schreibung (4), vom Vorzeichen abgesehen,

$$c_{1\alpha_1} \, c_{2\alpha_2} \cdots c_{n\alpha_n} \cdot c_{n+1,\beta_1} \, c_{n+2,\beta_2} \cdots c_{n+m,\beta_m},$$

und enthält es keines der Elemente von den leeren Plätzen, in welchem Falle es ja Null ist, so ist sein Grad

$$\alpha_1 - 1 + \alpha_2 - 2 + \cdots + \alpha_n - n + \beta_1 - 1 + \beta_2 - 2 + \cdots + \beta_m - m$$

$$= \alpha_1 + \alpha_2 + \cdots + \alpha_n + \beta_1 + \beta_2 + \cdots + \beta_m - \frac{m(m+1) + n(n+1)}{2},$$

also, da die Summe der α und β gleichbedeutend ist mit der Summe der Kolonnenzeiger $1, 2, \cdots m + n$ in irgend einer Anordnung,

$$\frac{(m+n)(m+n+1) - m(m+1) - n(n+1)}{2} = mn.$$

Somit sind alle Glieder von R, daher auch R selbst, ganze Funktionen vom Grade mn und die Gleichung

$$R = 0,$$

die die Bedingung gemeinsamer Wurzeln y ausdrückt, mn-ten Grades; es gibt also mn Werte von x, für welche die Gleichungen $f = 0$, $g = 0$ eine gemeinsame Lösung nach y haben. Dies gibt den Satz von Bézout:

Zwei algebraische Gleichungen mit den Unbekannten x_1, y_1, vom Grade m und n, besitzen mn Lösungen.

Hierbei sind wiederholte Lösungen entsprechend ihrer Multiplizität und komplexe Lösungen ebenso zu zählen wie reelle.

Es ergeben also beispielsweise zwei quadratische Gleichungen vier gemeinsame Wertepaare, eine quadratische mit einer kubischen deren sechs usw.

133. Diskriminante einer algebraischen Gleichung. Unter den Wurzeln einer Gleichung mit unbestimmten Koeffizienten werden sich mehrfache nur dann befinden, wenn die Koeffizienten in einer gewissen Beziehung zueinander stehen. Einen Ausdruck aus den Koeffizienten, welcher geeignet ist, darüber zu entscheiden, wollen wir als die *Diskriminante* der Gleichung bezeichnen. Ein solcher Ausdruck leistet noch mehr; da nämlich der Übergang von reellen zu komplexen Wurzeln durch wiederholte Wurzeln erfolgt, so dient die Diskriminante auch dazu, solche Wertverbindungen der Koeffizienten, die zu reellen Wurzeln in bestimmter Anzahl führen, zu sondern von andern Wertverbindungen, die zu einer größeren oder geringeren Anzahl reeller Wurzeln Anlaß geben.

Die quadratische Gleichung bietet das einfachste Beispiel der Diskriminantenbildung. Man erhält als Auflösung von

$$a_0 x^2 + 2a_1 x + a_2 = 0$$

die beiden Wurzeln

$$x = \frac{-a_1 \pm \sqrt{a_1^2 - a_0 a_2}}{a_0};$$

ihre Beschaffenheit hängt von dem Ausdruck

$$D = a_1^2 - a_0 a_2$$

ab, der unter dem Wurzelzeichen steht; ist er positiv, so sind die Wurzeln reell und verschieden; ist er negativ, so sind sie imaginär und auch verschieden, weil konjugiert komplex; nur wenn $D = 0$, werden die Wurzeln einander gleich. Der Ausdruck D ist also geeignet, als Diskriminante der obigen quadratischen Gleichung angesehen zu werden, und $D = 0$ ist die Bedingung einer zweifachen Wurzel.

Nun ist in **127** die notwendige und hinreichende Bedingung dafür erkannt worden, daß eine Gleichung $f(x) = 0$ beliebigen Grades mindestens eine mehrfache Wurzel besitze; sie besteht darin, daß für eine solche Wurzel auch $f'(x) = 0$ sein muß. Daraus ergibt sich der Satz:

Soll die Gleichung $f(x) = 0$ eine mehrfache Wurzel haben, so ist notwendig und ausreichend, daß das Gleichungspaar $f(x) = 0$, $f'(x) = 0$ eine gemeinsame Wurzel besitzt; mithin kann die Resultante der beiden letzten Gleichungen als Diskriminante der ersten genommen werden.

Das allgemeine Verfahren zur Bildung der Resultante zweier Gleichungen ist aber bereits in **131**, II angegeben worden.

Auf den Fall der quadratischen Gleichung

$$a_0 x^2 + 2 a_1 x + a_2 = 0$$

angewendet führt dies zu folgender Rechnung: Durch Differentiation und nachherige Kürzung mit 2 erhält man

$$a_0 x + a_1 = 0:$$

die Resultante beider Gleichungen ist

$$R = \begin{vmatrix} a_0 & 2a_1 & a_2 \\ a_0 & a_1 & 0 \\ 0 & a_0 & a_1 \end{vmatrix} = - a_0(a_1^2 - a_0 a_2),$$

und daraus ergibt sich, nach Weglassung des Faktors $- a_0$, der notwendig von Null verschieden ist, die vorhin gefundene Diskriminante $D = a_1^2 - a_0 a_2$; tatsächlich ist aber mit $R = 0$ auch $D = 0$.

Für die Gleichung dritten Grades

$$x^3 + px + q = 0,$$

deren Ableitung lautet:

$$3x^2 + p = 0,$$

läßt sich die Aufsuchung der Bedingung für gleiche Wurzeln dadurch vereinfachen, daß man erst aus der ersten Gleichung x^3 mit Hilfe der zweiten eliminiert:

$$3x^3 + 3px + 3q = 0$$
$$3x^3 + px = 0$$

geben nämlich durch Subtraktion

$$2px + 3q = 0;$$

der hieraus für x gezogene Ausdruck in die quadratische Gleichung eingesetzt führt zu

$$\frac{27 q^2}{4 p^2} + p = 0$$

oder zu

$$27 q^2 + 4 p^3 = 0;$$

das Vorhandensein gleicher Wurzeln ist also durch das Verschwinden des Ausdrucks $27 q^2 + 4 p^3$ bedingt, der hiernach in der Diskriminante als Faktor enthalten sein muß.

Man kann der Diskriminantenbildung auch den folgenden Gedanken zugrunde legen. Das Quadrat des Produkts aus allen Wurzeldifferenzen einer Gleichung ist eine symmetrische Funktion der Wurzeln, weil es bei irgendwelcher **gegenseitigen** Vertauschung derselben unverändert bleibt — vom Produkt selbst würde dies nicht gelten. Nach einer am Schlusse von **129** gemachten Bemerkung ist aber jede symmetrische Funktion der Wurzeln durch die Gleichungskoeffizienten rational darstellbar; die so erhaltene Funktion der Koeffizienten hat aber vermöge ihres Ursprungs die Eigenschaft, dann, aber auch nur dann Null zu sein, wenn sich unter den Wurzeln gleiche befinden; sie kann sich somit von der Diskriminante nur durch einen konstanten Faktor unterscheiden[1]).

Bei der quadratischen Gleichung ist beispielsweise die einzige Wurzeldifferenz $\pm \dfrac{2\sqrt{a_1^2 - a_0 a_2}}{a_0}$, je nachdem man die eine oder die andere Wurzel als die erste annimmt; ihr Quadrat $\dfrac{4(a_1^2 - a_0 a_2)}{a_0^2}$ enthält tatsächlich $D = a_1^2 - a_0 a_2$ als Faktor.

§ 4. Numerische Gleichungen.

134. Allgemeine Grenzen der Wurzeln. I. Unter einer numerischen Gleichung versteht man eine Gleichung, deren Koeffizienten besondere Zahlen sind. Die Wurzeln einer solchen sind somit bestimmt. Zu ihrer Auffindung sind Methoden ausgebildet worden, die unabhängig von dem Grade der Gleichung Geltung haben. In der Regel haben nur die reellen Wurzeln ein Interesse; wir beschränken uns daher auf die Aufsuchung dieser.

Als ein wichtiger Umstand erweist sich die *Stetigkeit* der ganzen Funktion, die wieder eine Folge ihrer *Endlichkeit* ist. Eine ganze Funktion

$$f(x) = a_0 x^n + a_1 x^{n-1} + \cdots + a_n$$

ist für jeden endlichen Wert von x endlich, weil sie das Ergebnis einer endlichen Anzahl von Multiplikationen und Additionen bildet. Das gleiche gilt von ihrer Ableitung

$$f'(x) = n a_0 x^{n-1} + (n-1) a_1 x^{n-2} + \cdots + a_{n-1},$$

die ja wieder eine ganze Funktion ist. Die Endlichkeit der Ableitung hat aber die Stetigkeit der ursprünglichen Funktion zur Folge (**57**).

Von den Eigenschaften einer stetigen Funktion kommt hier insbesondere die in Betracht, daß sie jeden zwischen zweien ihrer Werte liegenden Wert annimmt (**51**, 3.). Hat also $f(x)$ für a und b entgegengesetzte Werte, so muß es zwischen a und b mindestens eine Stelle geben, an der $f(x)$ Null wird. Dies führt zu dem für die vorliegende Aufgabe wichtigen Satze:

-----

1) Man definiert die Diskriminante als das mit $(-1)^{\frac{n(n-1)}{2}} a_0^{2n-2}$ multiplizierte Quadrat des Wurzeldifferenzenprodukts, wobei n den Grad der Gleichung bedeutet.

Sind $f(a)$ und $f(b)$ ungleich bezeichnet, so liegt in dem Intervall (a,b) mindestens eine Wurzel der Gleichung $f(x) = 0$, und wenn mehr, so deren eine ungerade Zahl.

Dieser Sachverhalt gestattet schon mancherlei Schlüsse. Man kann immer bewirken, daß in der Gleichung

$$f(x) = a_0 x^n + a_1 x^{n-1} + \cdots + a_n = 0$$

der erste Koeffizient a_0 positiv sei; ist n ungerad, so ist $f(-\infty) = -\infty$, $f(\infty) = \infty$; da $f(0) = a_n$, so findet bei dem Übergange von $x = -\infty$ zu $x = 0$ eine Zeichenänderung bei $f(x)$ statt, wenn $a_n > 0$; ist hingegen $a_n < 0$, so erfolgt die Zeichenänderung bei dem Übergange von $x = 0$ zu $x = \infty$. Demnach:

Eine Gleichung von ungeradem Grade hat mindestens eine reelle Wurzel, deren Zeichen das entgegengesetzte des absoluten Gliedes ist.

So besitzt $4x^3 - 5x^2 + 6x + 3 = 0$ sicher eine negative, $2x^5 - 3x^2 - 4 = 0$ eine positive Wurzel.

Ist n gerad, so ist $f(\pm\infty) = \infty$ und da $f(0) = a_n$, so erfolgt eine Zeichenänderung nur dann, wenn $a_n < 0$ ist, dann aber sowohl von $x = -\infty$ zu $x = 0$ als auch von $x = 0$ zu $x = \infty$. Hiernach gilt die Regel:

Eine Gleichung von geradem Grade, deren absolutes Glied negativ ist, hat sicher sowohl eine positive als auch eine negative Wurzel.

Von einer Gleichung dieser Art, aber mit positivem absoluten Glied läßt sich nur aussagen, daß sie entweder keine oder eine gerade Anzahl reeller Wurzeln hat.

Das erstausgesagte gilt beispielsweise von der Gleichung $x^4 - 2x^2 + 3x - 4 = 0$, das letztere von $x^4 - 2x^2 + 3x + 4 = 0$.

II. Eine Vorfrage, durch deren Erledigung mitunter umständliche Rechnungen vermieden werden können, ist die nach den Schranken der Wurzeln. Ein zweckmäßiges Mittel, solche zu finden, bietet die **Newtonsche Regel**, welche besagt:

Wenn $f(l), f'(l), f''(l), \cdots f^{(n-1)}(l)$ sämtlich positiv sind, so kann keine Wurzel der Gleichung $f(x) = 0$ über l liegen; folglich ist l eine obere Schranke der Wurzeln.

Denn,

$$f(x) = f(l + \overline{x-l}) = f(l) + \frac{f'(l)}{1}(x-l) + \frac{f''(l)}{1\cdot 2}(x-l)^2 + \cdots$$

$$+ \frac{f^{(n-1)}(l)}{1\cdot 2\cdots(n-1)}(x-l)^{n-1} + \frac{f^{(n)}(l)}{1\cdot 2\cdots n}(x-l)^n$$

ist unter den gemachten Voraussetzungen positiv für jedes $x > l$, da $f^{(n)}(l) = 1\cdot 2\cdots na_0$ immer positiv ist, wenn man für $a_0 > 0$ sorgt.

Geht man zu $\pm f(-x) = 0$ über und bestimmt zu der so transformierten Gleichung wieder die obere Schranke l', so hat man in $-l'$ die untere Schranke für die Wurzeln von $f(x) = 0$.

Bei der Ausführung geht man von $f^{(n-1)}(x)$ aus, wählt x (ganz-zahlig) so, daß gerade noch $f^{(n-1)}(x) \gtrless 0$ **wird**, schreitet dann zu den niederen Ableitungen vor und *erhöht* dabei x nach Bedarf, um das positive Zeichen zu erhalten. Das folgende Beispiel die Gleichung $2x^3 - 5x^2 - 8x + 3 = 0$ betreffend, wird dies erklären:

$f(x)$		$-f(-x)$	
$2x^3 - 5x^2 - 8x + 3$	4	$2x^3 + 5x^2 - 8x - 3$	2
$6x^2 - 10x - 8$	3	$6x^2 + 10x - 8$	1
$12x - 10$	1	$12x + 10$	0

$f''(x)$ ist positiv von $x = 1$ aufwärts; $f'(1)$ ist aber negativ, auch $f'(2)$ und erst $f'(3)$ ist positiv; $f(3)$ fällt negativ aus, aber schon $f(4)$ ist positiv; also ist $l = 4$. Ähnlich schließt man im andern Schema und kommt so zu $l' = -2$.

135. Der Satz von Descartes. Man spricht in einer nach den Potenzen von x geordneten Gleichung von einem *Zeichenwechsel*, wenn zwei aufeinander folgende Glieder ungleich bezeichnet sind; im andern Falle von einer *Zeichenfolge*. Zwischen der Anzahl der Zeichen-wechsel und der Anzahl der positiven Wurzeln besteht ein gewisser Zusammenhang, der sich auf die folgende Tatsache stützt: *Wenn man ein geordnetes Polynom mit $x - p$ multipliziert, worin p eine positive Zahl bedeutet, so wächst mindestens ein Zeichenwechsel zu oder deren eine ungerade Zahl.*

Faßt man nämlich die gleichbezeichneten Glieder, wie sie auf-einander folgen, gruppenweise zusammen, so hat das Polynom

$$(a_0 x^n + a_1 x^{n-1} + \cdots) - (a_0' x^{n'} + a_1' x^{n'-1} + \cdots) + (a_0'' x^{n''} + a_1'' x^{n''-1} + \cdots) - \cdots$$
$$+ (-1)^r (a_0^{(r)} x^{n^{(r)}} + \cdots a_n^{(r)})$$

ν Zeichenwechsel; bei der Multiplikation mit x ändert sich an dieser Sachlage nichts; bei der Bildung des zweiten Teilprodukts mit $-p$ schieben sich die Glieder um eine Stelle nach rechts vor, das Endglied einer Gruppe kommt unter das Anfangsglied der nächsten mit dem Vor-zeichen, das dieses letztere schon hat, so daß vom Anfangsglied der ersten Gruppe zum Anfangsglied der zweiten, von da zum Anfangsglied der dritten Gruppe usw. immer wieder *ein* Zeichenwechsel stattfinden *muß*; die im Innern der Gruppen etwa zuwachsenden Zeichenwechsel sind notwendig von gerader Anzahl; denn der Übergang von $+$ zu $-$ oder von $-$ zu $+$, wenn er nicht durch *einen* Zeichenwechsel erfolgt, kann nur durch eine ungerade Zahl von Zeichenwechseln geschehen; mithin wächst bis zum letzten Glied der letzten Gruppe entweder kein Zeichen-wechsel zu oder deren eine gerade Zahl. Nun aber rückt das Glied $-(-1)^r a_n^{(r)} p$ über die letzte Gruppe hinaus und bewirkt immer einen neuen Zeichenwechsel. Demnach ist die Gesamtzahl der zugewachsenen Zeichenwechsel entweder 1 oder eine ungerade Zahl.

Es seien nun $p_1, p_2, \cdots p_\pi$ die sämtlichen positiven Wurzeln der Gleichung $f(x) = 0$ und

$$f(x) = (x - p_1)(x - p_2) \cdots (x - p_\pi)\varphi(x),$$

so daß die Gleichung $\varphi(x) = 0$ vom Grade $n - \pi$ nurmehr negative und komplexe Wurzeln besitzt; dann sind in $\varphi(x)$ erstes und letztes Glied gleich bezeichnet, weil sonst noch eine positive Wurzel darin enthalten sein müßte (**134**. I), $\varphi(x)$ kann also nur eine gerade Anzahl von Zeichenwechseln enthalten. Da nun mit jedem Faktor $x - p_i$ mindestens ein Zeichenwechsel zuwächst, und, was etwa darüber hinausgeht, eine gerade Zahl ist, so enthält $f(x)$ mindestens π Zeichenwechsel, und was etwa darüber hinausgeht, ist gerad.

Aus diesen Erwägungen geht der erste Teil der Descartesschen Zeichenregel hervor: *Die Zahl der Zeichenwechsel in $f(x) = 0$ ist gleich der Anzahl der positiven Wurzeln oder übertrifft sie um eine gerade Zahl.* In Zeichen:

$$w = \pi + 2k, \tag{1}$$

wo w die Anzahl der Zeichenwechsel ist und k eine der Zahlen $0, 1, \cdots \dfrac{n - \pi}{2}$ bedeuten kann.

Geht man von der Gleichung $f(x) = 0$ zu $f(-x) = 0$ über, so gehen die positiven Wurzeln der letzteren aus den negativen Wurzeln der ersteren hervor; demnach steht die Anzahl ν der negativen Wurzeln von $f(x) = 0$ mit der Anzahl w' der Zeichenwechsel von $f(-x) = 0$ in einem Zusammenhange, der sich in dem zweiten Teil der Descartesschen Zeichenregel ausspricht: *Die Zahl der Zeichenwechsel der transformierten Gleichung $f(-x) = 0$ ist gleich der Zahl der negativen Wurzeln von $f(x) = 0$ oder übertrifft sie um eine gerade Zahl.* In Zeichen:

$$w' = \nu + 2k, \tag{2}$$

wo jetzt k sein kann $0, 1, \cdots \dfrac{n - \nu}{2}$.

Ist $f(x) = 0$ eine *vollständige* Gleichung, d. h. eine solche, in der alle Potenzen von x von x^n abwärts vorkommen, so gehen bei dem Übergang von $f(x) = 0$ zu $f(-x) = 0$ die Zeichenfolgen in Zeichenwechsel und umgekehrt über. Daraus ergibt sich die weitere Regel: *In einer vollständigen Gleichung kommt die Zahl der Zeichenwechsel und die Zahl der Zeichenfolgen beziehungsweise der Anzahl der positiven und negativen Wurzeln gleich oder übertrifft sie um eine gerade Zahl.* Diese Regeln gestatten in manchen Fällen die strikte Bestimmung der Anzahl der positiven und negativen Wurzeln; in andern Fällen führen sie nur zu einer oberen Grenze derselben. Einige Beispiele werden dies zeigen; die Aufschreibungen bedürfen keiner weiteren Erklärung.

a) $\quad x^4 + 3x^3 + 2x^2 + 5x - 6 = 0 \quad (w = 1, \pi = 1; w' = 3, \nu = 1 \text{ oder } 3)$.

b) $\quad x^5 + 3x^2 - 1 = 0 \qquad\qquad (w = 1, \pi = 1)$

$\quad -x^5 + 3x^2 - 1 = 0 \qquad\qquad (w' = 2, \nu = 0 \text{ oder } 2)$

c) $\quad x^4 - 4x^2 + 3x - 8 = 0 \qquad (w = 3, \pi = 1 \text{ oder } 3)$

$\quad x^4 - 4x^2 - 3x - 8 = 0 \qquad (w' = 1, \nu = 1)$.

d) $\quad x^{2n} - 1 = 0 \qquad\qquad (w = 1, \pi = 1; w' = 1, \nu = 1)$.

e) $\quad x^{2n} + 1 = 0 \qquad\qquad (w = 0, \pi = 0; w' = 0, \nu = 0)$.

136. Aufsuchung rationaler Wurzeln. I. Einer Gleichung mit *ganzzahligen* Koeffizienten gegenüber wird man zuerst die Frage stellen, ob sie ganzzahlige Wurzeln besitze, also im Gebiete der ganzen Zahlen in Faktoren zerlegbar sei.

Soll die Gleichung

$$f(x) = a_0 x^n + a_1 x^{n-1} + \cdots + a_n = 0,$$

in der die Koeffizienten ganze Zahlen sind, durch die ganze Zahl p befriedigt werden, so muß diese ein Faktor von a_n sein, weil nach der Substitution $x = p$ alle vorangehenden Glieder durch p teilbar sind. *Die ganzzahligen Wurzeln von $f(x) = 0$ sind also unter den Faktoren des absoluten Gliedes zu suchen.*

Die Anzahl der zu prüfenden Faktoren vermindert sich einmal dadurch, daß nur die innerhalb der Wurzelschranken gelegenen in Betracht kommen können, kann aber oft noch weiter reduziert werden auf Grund folgender Bemerkung. Ist

$$f(x) = (x - p)\varphi(x),$$

so hat $\varphi(x)$ notwendig auch ganzzahlige Koeffizienten, und darum is sowohl

$$\frac{f(-1)}{p+1} = -\varphi(-1)$$

wie auch

$$\frac{f(1)}{p-1} = -\varphi(1)$$

eine ganze Zahl. Man berechne also mittels des Hornerschen Schema $f(-1)$ und $f(1)$, wodurch zugleich $-1, 1$ eventuell als Wurzeln erkannt und ausgeschieden werden; ein Faktor p von a_n kann nur dann Wurzel sein, wenn $p + 1$ in $f(-1)$ und $p - 1$ in $f(1)$ ohne Rest enthalten ist.

Sind auf diese Weise die zu prüfenden Faktoren auf ihre kleinste Anzahl reduziert, so erfolgt ihre endgiltige Prüfung und eventuell

Auscheidung einzeln mittels der Hornerschen Division; zum Schlusse verbleibt eine Gleichung, die keine ganzzahligen Wurzeln mehr zuläßt.

Beispiel. Die Gleichung

$$f(x) = 2x^4 + 4x^3 - 59x^2 - 61x + 30 = 0$$

kann nach ihrer Zeichenstellung 0 oder 2 positive und ebensoviel negative Wurzeln haben; die Schranken der Wurzeln ergeben sich durch die nachfolgenden Schemata:

$f(x)$		$f(-x)$	
$2x^4 + \ 4x^3 - \ 59x^2 - 61x + 30$	6	$2x^4 - \ 4x^3 - \ 59x^2 + 61x + 30$	7
$8x^3 + 12x^2 - 118x - 61$	4	$8x^3 - 12x^2 - 118x + 61$	5
$24x^2 + 24x - 118$	2	$24x^2 - 24x - 118$	3
$48x + 24$	0	$48x - 24$	1

es sind dies — 7 und 6; infolgedessen sind nur die folgenden Faktoren von 30 zu prüfen:

$$\pm 1, \ \pm 2, \pm 3, \ \pm 5, -6.$$

Von diesen scheiden weiter aus ± 1, weil $f(-1) = 30$, $f(1) = -84$, dann 3 und — 5, weil $3 + 1$ und $-5 + 1$ in $f(-1)$ nicht enthalten sind; es bleiben also

$$\pm 2, -3, 5, -6$$

zur endgiltigen Prüfung, für die das folgende Schema eintritt.

	2	4	— 59	— 61	30	
— 1	2	2	— 61	0	(30)	$= f(-1)$
1	2	6	— 53	— 114	(— 84)	$= f(1)$
— 2	2	0	— 59	57	(— 84)	
2	2	8	— 43	— 147	(— 264)	
— 3	2	— 2	— 53	98	(— 264)	
5	2	14	11	— 6	(0)	
— 6	2	2	— 1	(0)		

± 2, — 3 sind, wie das Schema zeigt, nicht Wurzeln; 5 ist eine solche, und nach ihrer Ausscheidung verbleibt eine kubische Gleichung mit den Koeffizienten 2, 14, 11, — 6, die — 6 zur Wurzel hat, nach deren Ausscheidung die quadratische Gleichung

$$2x^2 + 2x - 1 = 0$$

verbleibt. Es hat also die vorgelegte Gleichung die Wurzeln 5, — 6,

$$-\frac{1}{2} + \frac{\sqrt{3}}{2}, \ -\frac{1}{2} - \frac{\sqrt{3}}{2}.$$

II. Nach Erledigung und Ausscheidung der eventuell vorhandenen ganzzahligen Wurzeln wird nach *gebrochenen* Wurzeln zu fragen sein.

Soll die Gleichung

$$f(x) = a_0 x^n + a_1 x^{n-1} + \cdots + a_{n-1} x + a_n = 0$$

mit ganzen Koeffizienten durch den Bruch $x = \dfrac{z}{p}$ befriedigt sein, so muß

$$\frac{a_0 z^n}{p} + a_1 z^{n-1} + a_2 p z^{n-2} + \cdots + a_{n-1} p^{n-2} z + a_n p^{n-1} = 0$$

sein; da nun, vom zweiten angefangen, alle Glieder ganze Zahlen sind, so erfordert der Bestand dieser Gleichung, daß auch das erste Glied eine ganze Zahl sei, was nur in der Weise möglich ist, daß p ein Teiler von a_0, weil z und p als teilerfremd vorausgesetzt werden können. *Die Nenner der gebrochenen Wurzeln sind also unter den Faktoren des Koeffizienten der höchsten Potenz zu suchen;* die **Zähler** ergeben sich als die ganzzahligen Wurzeln der Gleichung

$$a_0 z^n + a_1 p z^{n-1} + a_2 p^2 z^{n-2} + \cdots + a_n p^n = 0.$$

Hieraus geht unmittelbar hervor, daß eine Gleichung mit ganzen Koeffizienten, deren erster 1 ist, gebrochene Wurzeln nicht haben **kann.**

Bei Ausführung des eben erörterten Verfahrens wählt man p entweder $= a_0$ selbst oder einem passenden Faktor davon, befreit die Gleichung von den Nennern und geht dann wie in I. vor.

Beispiel. Die Gleichung

$$24 x^4 - 50 x^3 + 35 x^2 - 10 x + 1 = 0$$

kann an ganzzahligen Wurzeln nur ± 1 haben. Da sie vollständig ist und keine Zeichenfolge aufweist, so hat sie keine negative Wurzel, wodurch schon 0 als untere Schranke erkannt ist. Bei der Bestimmung der oberen Schranke:

$$
\begin{array}{l|l}
\multicolumn{1}{c}{f(x)} & \\
\hline
24 x^4 - \ \ 50 x^3 + 35 x^2 - 10 x + 1 & 1 \\
96 x^3 - 150 x^2 + 70 x \ - 10 & 1 \\
288 x^2 - 300 x \ + 70 & 1 \\
576 x \ - 300 & 1 \\
\end{array}
$$

zeigt sich, daß 1 obere Schranke und **zugleich Wurzel ist.** Nach ihrer Ausscheidung, die durch das Hornersche Schema bewerkstelligt wird, verbleibt die kubische Gleichung

$$24 x^3 - 26 x^2 + 9 x - 1 = 0,$$

die sich durch die Substitution $x = \dfrac{z}{12}$ verwandelt in

$$z^3 - 13 z^2 + 54 z - 72 = 0;$$

ihre obere Wurzelgrenze bestimmt sich aus dem Schema

$$g(z)$$

$$
\begin{array}{l|l}
z^3 - 13z^2 + 54z - 72 & 6 \\
3z^2 - 26z + 54 & 6 \\
6z - 26 & 5
\end{array}
$$

mit 6, das gleichzeitig als Wurzel erkannt wird; es bleiben also nur die Faktoren 1, 2, 3, 4 von 72 noch zu untersuchen:

$$
\begin{array}{c|cccc}
 & 1 & -13 & 54 & -72 \\
\hline
1 & 1 & -12 & 42 & (-30) \\
2 & 1 & -11 & 32 & (-\ 8) \\
3 & 1 & -10 & 24 & (0) \\
4 & 1 & -\ 6 & (0) &
\end{array}
$$

und es erweisen sich 3 und 4 als Wurzeln; **die letzte Zeile weist nochmals 6 als Wurzel aus.**

Mithin sind $1, \frac{3}{12}, \frac{4}{12}, \frac{6}{12}$ oder $1, \frac{1}{4}, \frac{1}{3}, \frac{1}{2}$ die Wurzeln der vorgelegten Gleichung.

137. Differenzenreihen. Bevor an die **näherungsweise Bestimmung irrationaler Wurzeln** geschritten wird, **muß einiges aus der Differenzenrechnung vorausgeschickt werden.**

I. Aus einer endlichen oder unbegrenzt fortsetzbaren Folge reeller Zahlen

$$u_0, u_1, u_2, \cdots u_n \tag{1}$$

werde die neue Folge

$$\Delta u_0, \Delta u_1, \cdots \Delta u_{n-1} \tag{2}$$

nach dem Prinzip gebildet, daß jede Zahl in (1) von der ihr nachfolgenden subtrahiert wird, so daß also $\Delta u_0 = u_1 - u_0$, $\Delta u_1 = u_2 - u_1$ $\cdots \Delta u_{n-1} = u_n - u_{n-1}$ ist. Man nennt (2) die *Differenzenreihe* von (1).

Wird auf sie dasselbe Prinzip angewendet, so entsteht die *zweite* Differenzenreihe von (1):

$$\Delta^2 u_0, \Delta^2 u_1, \cdots \Delta^2 u_{n-2}, \tag{3}$$

in der also

$$\Delta^2 u_0 = \Delta u_1 - \Delta u_0, \quad \Delta^2 u_1 = \Delta u_2 - \Delta u_1, \quad \cdots \Delta^2 u_{n-2} = \Delta u_{n-1} - \Delta u_{n-2}$$

ist.

In dieser Weise kann man zu immer höheren Differenzenreihen fortschreiten.

Ist (1) endlich und aus $n+1$ Gliedern bestehend, so ist der Bildung von Differenzenreihen dadurch ein Ziel gesetzt, daß schließlich eine eingliedrige Differenzenreihe $\Delta^n u_0$ zustande kommt. Bei unbegrenzt fortsetzbarer (1) aber kann die Bildung von Differenzenreihen im allgemeinen unbegrenzt fortgesetzt werden.

Es gibt jedoch Reihen, bei denen sie einen Abschluß dadurch findet, daß man nach r-maligem Differenzenprozeß zu einer Reihe von *gleichen* Gliedern kommt; denn dann bestände die nächste und jede weitere Differenzenreihe aus Nullen. Eine so geartete Reihe bezeichnet man als *arithmetische Reihe r-ter Ordnung*. Die als arithmetiche Reihe schlechtweg bezeichnete Zahlenfolge ist eine arithmetische Reihe erster Ordnung.

II. Stellt man aus (1) die Reihe

$$au_0, \ au_1, \ au_2, \ \cdots au_n \tag{4}$$

her und wendet auf sie Differenzbildung an, so wird

$$\Delta au_i = au_{i+1} - au_i = a(u_{i+1} - u_i) = a\Delta u_i; \tag{5}$$

dieses Verhalten überträgt sich auf die höheren Differenzen, so daß auch

$$\Delta^r au_i = a\Delta^r u_i; \tag{6}$$

war also (1) eine arithmetische Reihe r-ter Ordnung, so ist es (4) auch.

III. Sind ferner die Glieder von (1) Aggregate von der Form

$$au_i + bv_i + cw_i + \cdots,$$

so wird

$$\Delta(au_i + bv_i + cw_i + \cdots) = au_{i+1} + bv_{i+1} + cw_{i+1} + \cdots - (au_i + bv_i + cw_i + \cdots)$$
$$= a\Delta u_i + b\Delta v_i + c\Delta w_i + \cdots; \tag{7}$$

auch dieses Gesetz überträgt sich auf die höheren Differenzen, indem

$$\Delta^r(au_i + bv_i + cw_i + \cdots) = a\Delta^r u_i + b\Delta^r v_i + c\Delta^r w_i + \cdots \tag{8}$$

wird. Sind u_i, v_i, w_i, $\cdots$ ($i = 0, 1, 2, \cdots$) arithmetische Reihen von der Ordnung r, $r-1$, $r-2$, $\cdots$ beziehungsweise, so ist die aus den Aggregaten $au_i + bv_i + cw_i + \cdots$ gebildete Reihe ebenfalls eine arithmetische, und zwar von der Ordnung r.

IV. *Die r-ten Potenzen der natürlichen Zahlen bilden eine arithmetische Reihe r-ter Ordnung.*

Die Richtigkeit des Satzes ergibt sich durch folgende Induktion. Es ist

$$\Delta n^2 = (n+1)^2 - n^2 = 2n + 1$$
$$\Delta^2 n^2 = 2(n+1) + 1 - (2n+1) = 1 \cdot 2, \tag{9}$$

also konstant, daher $1^2, 2^2, 3^2, \cdots$ eine arithmetische Reihe 2. Ordnung; weiter

$$\Delta n^3 = (n+1)^3 - n^3 = 3n^2 + 3n + 1,$$

folglich unter Benutzung von (6), (8) und (9):

$$\Delta^3 n^3 = 3\Delta^2 n^2 + 3\Delta^2 n + \Delta^2 1 = 1 \cdot 2 \cdot 3, \tag{10}$$

$1^3, 2^3, 3^3, \cdots$ somit eine arithmetische Reihe 3. Ordnung; ferner

$$\Delta n^4 = (n+1)^4 - n^4 = 4n^3 + 6n^2 + 4n + 1$$

$$\Delta^4 n^4 = 4\Delta^3 n^3 + 6\Delta^3 n^2 + 4\Delta^3 n + \Delta^3 1 = 1 \cdot 2 \cdot 3 \cdot 4, \tag{11}$$

$1^4, 2^4, 3^4, \cdots$ daher eine arithmetische Reihe 4. Ordnung usf.; allgemein gilt also

$$\Delta^r a n^r = a \Delta^r n^r = 1 \cdot 2 \cdots r a. \tag{12}$$

138. Anwendung auf ganze Funktionen. *Die zur Zahlenfolge* [1] $\cdots -2, -1, 0, 1, 2, \cdots$ *gehörigen Werte einer ganzen Funktion n-ten Grades bilden eine arithmetische Reihe n-ter Ordnung.*

Ist $f(x) = a_0 x^n + a_1 x^{n-1} + \cdots + a_n$, so ist nach dem Vorausgeschickten

$$\Delta^n f(x) = a_0 \Delta^n x^n + a_1 \Delta^n x^{n-1} + \cdots + \Delta^n a_n = 1 \cdot 2 \cdots n a_0. \tag{13}$$

Die Berechnung der Werte $\cdots f(-2), f(-1), f(0), f(1), f(2), \cdots$ gestaltet sich auf dieser Grundlage sehr leicht, wenn man die Struktur des Tableaus einer Reihe mit ihren Differenzenreihen:

$$
\begin{array}{cccccc}
u_0 & \Delta u_0 & \Delta^2 u_0 & \Delta^3 u_0 & \Delta^4 u_0 \\
u_1 & \Delta u_1 & \Delta^2 u_1 & \Delta^3 u_1 & \vdots \\
u_2 & \Delta u_2 & \Delta^2 u_2 & \vdots & \vdots \\
u_3 & \Delta u_3 & \vdots & \vdots \\
u_4 & \vdots & \vdots \\
\vdots & \vdots
\end{array}
$$

näher betrachtet; es ist beispielsweise

$$\Delta^2 u_1 = \Delta u_2 - \Delta u_1$$

folglich

$$\Delta u_2 = \Delta u_1 + \Delta^2 u_1 \tag{α}$$

$$\Delta u_1 = \Delta u_2 - \Delta^2 u_1, \tag{β}$$

und analoge Beziehungen bestehen zwischen jeden drei derart situierten Zahlen der Tabelle. In Worten: (α) Eine Zahl ist gleich der über ihr stehenden plus der rechts neben der letzteren befindlichen, und: (β) Eine Zahl ist gleich der unter ihr stehenden minus der rechts neben ihr befindlichen. Mittels der Regel (α) kann die Tabelle mechanisch nach abwärts, mittels der Regel (β) nach aufwärts fortgesetzt werden. Als Grundlage sind n sukzessive Werte von $f(x)$ notwendig, die man am besten mittels des Hornerschen Schemas berechnen wird; denn dann können Differenzen bis zur $n-1$-ten Ordnung gebildet werden, und die konstante n-te Differenz ist laut (13) von vornherein bekannt.

---

1) Statt dieser Folge kann auch eine Folge von Brüchen mit diesen Zählern und irgend welchen Nenners genommen werden.

139. Trennung der Wurzeln. Die Tabelle für $f(x)$, die zum Zwecke der *Wurzeltrennung*, d. h. zur Aufsuchung solcher Intervalle von x angelegt wird, innerhalb deren sich je eine Wurzel befindet (**134**, I.), braucht nur innerhalb der Wurzelschranken berechnet zu werden.

Als *Beispiel* diene die Gleichung

$$f(x) = x^3 + 3x^2 - 17x + 5 = 0.$$

Zuerst hat man zur Bestimmung der Schranken:

$f(x)$		$-f(-x)$	
$x^3 + 3x^2 - 17x + 5$	3	$x^3 - 3x^2 - 17x - 5$	6
$3x^2 + 6x - 17$	2	$3x^2 - 6x - 17$	4
$6x + 6$	-1	$6x - 6$	1;

sie ergeben sich mit -6 und 3.

Sodann berechnet man drei sukzessive Werte von $f(x)$, hier und in der Regel am einfachsten $f(-1) = 24$, $f(0) = 5$, $f(1) = -8$; aus diesen und $\varDelta^3 f(x) = 1 \cdot 2 \cdot 3 = 6$ entwickelt sich die folgende Tabelle:

x	f	$\varDelta f$	$\varDelta^2 f$	$\varDelta^3 f$
-6	-1	41	-24	6
-5	40	17	-18	6
-4	57	-1	-12	6
-3	56	-13	-6	6
-2	43	-19	0	6
-1	24	-19	6	6
0	5	-13	12	6
1	-8	-1	18	
2	-9	17		
3	8			

Aus ihr geht hervor, daß die Gleichung drei reelle Wurzeln hat, die in den Intervallen $(-6, -5)$, $(0, 1)$, $(2, 3)$ liegen; dies stimmt auch zu den zwei Zeichenwechseln und der einen Zeichenfolge.

140. Näherungsverfahren. Hat man ein Intervall (a, b) gefunden, das eine Wurzel x der Gleichung enthält, so handelt es sich darum, ihre Lage in demselben mit jenem Grade der Annäherung zu bestimmen, der jeweilen erforderlich ist. Eine wesentliche Hilfe wird dabei das innerhalb der Wurzelschranken gezeichnete Bild der Funktion $f(x)$ bieten, zu dessen Herstellung man zweckmäßig Millimeterpapier verwendet und die Funktionswerte aus der vorstehenden

Tabelle benutzt. Dort, wo die Bildkurve die Abszissenachse schneidet, befinden sich die Wurzeln; man kann aus der Zeichnung ihre Lage etwas näher abschätzen als aus der Tabelle und so das Intervall (a, b) von einer Einheit etwa auf ein Zehntel herabmindern. Dadurch kürzt sich das rechnerische Näherungsverfahren ab.

Von solchen Näherungsverfahren sollen hier zwei besprochen werden: die *Regula falsi* und das *Newtonsche Verfahren*.

I. *Die Regula falsi.* Setzt man $x = a + h = b - k$, so ist

$$f(a) = f(x - h) = f(x) - f'(x)h + \cdots$$
$$f(b) = f(x + k) = f(x) + f'(x)k + \cdots;$$

beschränkt man sich auf die Glieder mit der ersten Potenz der Korrektionen h, k und beachtet, daß $f(x) = 0$ ist, so folgt aus den beiden Gleichungen:

$$\frac{h}{k} = -\frac{f(a)}{f(b)} \tag{1}$$

und daraus mit Rücksicht auf $h + k = b - a$:

und
$$\frac{h}{b - a} = \frac{f(a)}{f(a) - f(b)}$$

$$h = \frac{(b - a) f(a)}{f(a) - f(b)}. \tag{2}$$

Der Näherungswert $x + h$ teilt das Intervall in zwei Teile, und auf denjenigen dieser Teile, an dessen Enden $f(x)$ entgegengesetzt bezeichnete Werte zeigt, wendet man denselben Vorgang an wie früher auf (a, b) usw., bis man die nötige Zahl unveränderlich bleibender Dezimalstellen erlangt hat.

Daß man es mit einem *Näherungs*verfahren zu tun hat, ist geometrisch so einzusehen. Im Sinne der Gleichung (1) wird das Intervall (a, b), Fig. 42, in zwei Teile geteilt, die sich so verhalten wie die (absoluten) Funktionswerte an den Enden; diese Teilung besorgt die Sehne AB; ihrem Schnittpunkt mit XX' entspricht also der Wert $a + h$; die zweite Näherung wird durch die Sehne AC erreicht und liegt näher an der Wurzel usf., vorausgesetzt, daß die Funktion zwischen a und b einen ähnlich einfachen Verlauf hat, wie er in der Figur angenommen ist.

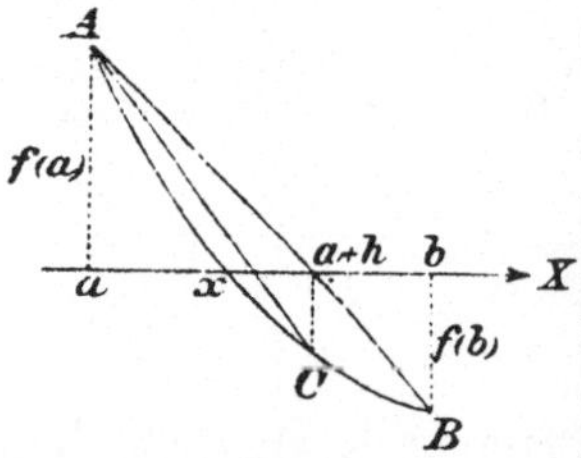

Fig. 42.

II. *Das Newtonsche Näherungsverfahren.* Mit denselben Bezeichnungen wie vorhin ist

$$0 = f(x) = f(a + h) = f(a) + f'(a)h + \frac{f''(a)}{1 \cdot 2} h^2 + \cdots$$

$$0 = f(x) = f(b - k) = f(b) - f'(b)k + \frac{f''(b)}{1 \cdot 2} k^2 + \cdots;$$

bricht man, um zu einer ersten Näherung zu kommen, bei den Gliedern mit der ersten Potenz von h, k ab, so ergibt sich

$$h = - \frac{f(a)}{f'(a)} \tag{3}$$

$$k = \frac{f(b)}{f'(b)} \tag{4}$$

Mit Rücksicht auf die geometrische Bedeutung von $f'(a)$ stellt h den Abschnitt aH, den die Tangente in A, Fig. 43, auf dem Intervall (a, b) bildet, und ebenso k den Abschnitt Kb, den die Tangente in B bestimmt. Wenn $f''(x)$ im ganzen Intervall (a, b) dasselbe Zeichen beibehält, fällt einer der Schnittpunkte H, K sicher in das Intervall; ist z. B. $f''(x)$ beständig positiv, der Neigungswinkel der Tangente gegen die Abszissenachse beim Durchlaufen des Bogens AB

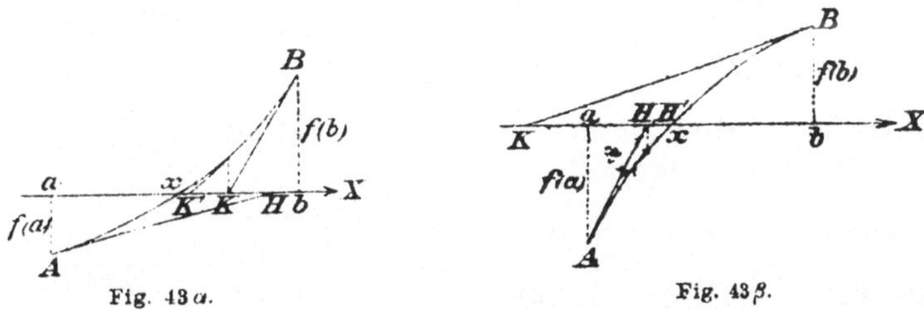

also wachsend, wie in (α), so schneidet die Tangente in B innerhalb (a, b) ein, während die Tangente in A ganz wohl an (a, b) vorbeigehen kann; und ist $f''(x)$ beständig negativ, der Neigungswinkel also abnehmend, wie in (β), so führt die Tangente in A sicher zu einem Innenpunkt, während die in B auch außerhalb (a, b) einschneiden kann. Durch Vergleichung dieser Fälle kommt man zu der Regel, *daß von den beiden Formeln (3) und (4) diejenige zu einer Annäherung an die Wurzel führt, in welcher der Zähler dasselbe Vorzeichen besitzt wie* $f''(x)$ *im ganzen Intervall*. Die zweite Näherung ergibt sich jedesmal, wenn man von dem erlangten Näherungswert, $b - k$ im ersten, $a + h$ im zweiten Falle, ausgeht, wodurch man zu K', beziehungsweise H' kommt usw.

141. Beispiele. 1. Am Schlusse von **139** ist für die Gleichung

$$x^3 + 3x^2 - 17x + 5 = 0$$

die Trennung der Wurzeln vollzogen worden; es sollen nun die in den Intervallen $(-6, -5)$, $(0, 1)$, $(2, 3)$ liegenden Wurzeln x_1, x_2, x_3 approximiert werden.

Wurzel x_1.

$$a = -6 \qquad f(a) = -1$$
$$b = -5 \qquad f(b) = 40$$

Näherungswert:

$$-6 \quad + \frac{1}{41} = -5{,}98$$

$$a = -6 \qquad f(a) = -1$$
$$b = -5{,}98 \qquad f(b) = 0{,}0940$$

$$-6 \quad + \frac{0{,}02}{1{,}0940} = -5{,}982$$

$$a = -5{,}98 \qquad f(a) = 0{,}0940$$
$$b = -5{,}982 \qquad f(b) = -0{,}01483$$

$$-5{,}98 - \frac{0{,}002 \cdot 0{,}094}{0{,}10883} = -5{,}9817$$

$$x_1 = -5{,}9817.$$

	1	3	−17	5
−5,98	1	−2,98	0,8204	0,0940
−5,982	1	−2,982	0,83832	−0,01483
−5,9817	1	−2,9817	0,62044	0,00145

Wurzel x_2. Hier ist durch Teilung in Zehntel zuerst das engere Intervall (0,3, 0,4) festgestellt.

$$a = 0{,}3 \qquad f(a) = 0{,}197$$
$$b = 0{,}4 \qquad f(b) = -1{,}256$$

Näherungswert:

$$0{,}3 \quad + \frac{0{,}1 \cdot 0{,}197}{1{,}453} = 0{,}313$$

$$a = 0{,}313 \qquad f(a) = 0{,}00355$$
$$b = 0{,}4 \qquad f(b) = -1{,}256$$

$$0{,}313 + \frac{0{,}087 \cdot 0{,}00355}{1{,}25955} = 0{,}3132$$

$$x_2 = 0{,}3132.$$

	1	3	−17	5
0,3	1	3,3	−16,01	0,197
0,4	1	3,4	−15,64	−1,256
0,313	1	3,313	−15,9631	0,00355
0,3132	1	3,3132	−15,96231	0,00061

Wurzel x_3. Teilung in Zehntel führt zu dem engeren Intervall (2,6, 2,7)

$$a = 2{,}6 \qquad f(a) = -1{,}344$$
$$b = 2{,}7 \qquad f(b) = 0{,}653$$

Näherungswert:

$$2{,}6 \quad + \frac{0{,}1 \cdot 1{,}344}{1{,}997} = 2{,}667$$

$$a = 2{,}667 \qquad f(a) = -0{,}03026$$
$$b = 2{,}7 \qquad f(b) = 0{,}653$$

$$2{,}667 + \frac{0{,}033 \cdot 0{,}03026}{0{,}68326} = 2{,}6685$$

$$x_3 = 2,6685.$$

	1	3	-17	5
2,6	1	5,6	$-2,44$	$-1,344$
2,7	1	5,7	$-1,61$	$0,653$
2,667	1	5,667	$-1,88611$	$-0,03026$
2,6685	1	5,6685	$-1,87362$	$0,00026$

Die Summe der drei Näherungswerte ist -3 in voller Übereinstimmung mit der Gleichung.

2. Die Gleichung

$$2x^5 + 4x^3 - 3 = 0$$

hat nur eine positive und sonst keine reelle Wurzel, weil $f(-x) = 0$ keinen Zeichenwechsel aufweist; ferner ergibt sich aus

$$
\begin{array}{l|l}
2x^5 + 4x^3 - 3 & 1 \\
10x^4 + 12x^2 & 0 \\
40x^3 + 24x & 0 \\
120x^2 + 24 & 0 \\
240x & 0
\end{array}
$$

1 als obere Wurzelschranke, folglich $(0, 1)$ als ein Wurzelintervall, durch dessen Zehnteilung das engere $(0,8,\ 0,9)$ gefunden wird. Die Anwendung des Newtonschen Verfahrens führt zu folgender Rechnung:

b	$f(b)$	$f'(b)$	$\dfrac{f(b)}{f'(b)}$
0,9	1,09698	16,281	0,067
0,833	0,11419	13,1415	0,0086
0,8244	0,00274	12,77466	0,00021

$$x = 0,82419$$

	2	0	4	0	0	-3
0,8	2	1,6	5,28	4,224	3,3792	$-0,29664$
0,9	2	1,8	5,62	5,058	4,4522	$1,09698$
0,833	2	1,666	5,38778	4,48802	3,73852	$0,11419$
0,8244	2	1,6488	5,35927	4,41818	3,64233	$0,00274$
0,82419	2	1,64838	5,35856	4,41647	3,64001	$0,00005.$

§ 5. Algebraische Auflösung der Gleichungen dritten und vierten Grades.

142. Die kubische Gleichung. Man kann die allgemeine kubische Gleichung

$$a_0 x^3 + a_1 x^2 + a_2 x + a_3 = 0 \qquad (1)$$

zunächst durch Division mit a_0 vereinfachen; bezeichnet man die Quotienten $\frac{a_1}{a_0}$, $\frac{a_2}{a_0}$, $\frac{a_3}{a_0}$ mit a, b, c, so lautet sie dann

$$f(x) = x^3 + a x^2 + b x + c = 0. \qquad (2)$$

Für die weitere Behandlung ist es von Vorteil, sie derart zu transformieren, daß die zweite Potenz der Unbekannten ausfällt; setzt man zu diesem Zwecke

$$x = z + h,$$

so wird

$$f(z+h) = f(h) + f'(h)z + \frac{f''(h)}{1 \cdot 2} z^2 + \frac{f'''(h)}{1 \cdot 2 \cdot 3} z^3 = 0;$$

das Ziel ist erreicht, wenn man h so bestimmt, daß

$$f''(h) = 6h + 2a = 0$$

wird; dies führt zu $h = -\frac{a}{3}$, also zu der Transformation

$$x = z - \frac{a}{3}. \qquad (3)$$

Die Koeffizienten der transformierten Gleichung ergeben sich aus dem folgenden Schema (**130**, 2.):

$$
\begin{array}{c|cccc}
 & 1 & a & b & c \\
\hline
-\dfrac{a}{3} & 1 & \dfrac{2a}{3} & -\dfrac{2a^2}{9} + b & \left(\dfrac{2a^3}{27} - \dfrac{ab}{3} + c\right) = q \\[2ex]
 & 1 & \dfrac{a}{3} & \left(-\dfrac{a^2}{3} + b\right) = p & \\[2ex]
 & 1 & (0) & & \\[1ex]
 & (1) & & &
\end{array}
$$

die Gleichung selbst lautet also:

$$z^3 + pz + q = 0 \qquad (4)$$

und heißt die *reduzierte* kubische Gleichung

143. Lösung der reduzierten kubischen Gleichung.[1]) Zum Zwecke der Lösung von (4) werde

---

1) Der erste, der die Auflösung der (reduzierten) kubischen Gleichung fand, war Scipione del Ferro (zu Beginn des 16. Jhrh.); nach ihm, vielleicht nicht selbständig, gelangte dazu Nicolo Tartaglia, der sie Hieronimo Cardano mitteilte, durch den die erste Veröffentlichung (1545) erfolgte.

$$z = u + v \tag{5}$$

gesetzt[1]); eine solche Substitution bietet den Vorteil, daß man den neuen Unbekannten u, v eine Bedingung auferlegen und diesen Umstand zur Vereinfachung der Gleichung benutzen kann.

Die Substitution (5) führt zunächst auf

$$u^3 + 3u^2v + 3uv^2 + v^3 + p(u + v) + q = 0$$

und wegen $3u^2v + 3uv^2 = 3uv(u + v)$ weiter auf

$$u^3 + v^3 + (3uv - p)(u + v) + q = 0.$$

Diese Gleichung erfährt eine erhebliche Vereinfachung, wenn man über u, v so verfügt, daß

$$3uv + p = 0 \tag{6}$$

wird; denn sie reduziert sich dann auf

$$u^3 + v^3 + q = 0. \tag{7}$$

Bildet man auf Grund von (6) und (7)

$$u^3 + v^3 = -q$$
$$u^3 v^3 = -\left(\frac{p}{3}\right)^3, \tag{8}$$

so ist zu beachten, daß die zweite dieser Gleichungen umfassender ist als die Gleichung (6), aus der sie hervorgegangen ist; denn sie bliebe dieselbe, auch wenn statt p genommen würde pw oder pw^2, wobei $w. w^2$ die komplexen dritten Wurzeln aus 1 bedeuten (**22**, 2.); es ist ja $w^3 = (w^2)^3 = 1$.

Wegen den Eigenschaften (8) sind aber u^3, v^3 die **Wurzeln** der quadratischen Gleichung

$$\theta^2 + q\theta - \left(\frac{p}{3}\right)^3 = 0, \tag{9}$$

die man als die *quadratischen Resolvente* von (4) bezeichnet; man kann also

$$u^3 = -\frac{q}{2} + \sqrt{\left(\frac{q}{2}\right)^2 + \left(\frac{p}{3}\right)^3}, \qquad v^3 = -\frac{q}{2} - \sqrt{\left(\frac{q}{2}\right)^2 + \left(\frac{p}{3}\right)^3}$$

setzen und erhält im Sinne von (5) die Lösung in der Gestalt

$$z = \sqrt[3]{-\frac{q}{2} + \sqrt{\left(\frac{q}{2}\right)^2 + \left(\frac{p}{3}\right)^3}} + \sqrt[3]{-\frac{q}{2} - \sqrt{\left(\frac{q}{2}\right)^2 + \left(\frac{p}{3}\right)^3}}. \tag{10}$$

Diese Formel, die *Cardanische Formel* genannt, liefert aber, da jede Kubikwurzel drei verschiedene Werte besitzt, neun verschiedene

---

1) Dieser Vorgang wird mit dem Namen des Amsterdamer Bürgermeisters J. Hudde in Verbindung gebracht, der ihn 1657 publizierte; doch hatte Huygens schon 1655 die nicht wesentlich verschiedene Substitution $z = u - v$ zu dem gleichen Zwecke verwendet.

Lösungen; in der Tat, sie löst nach einer oben gemachten Bemerkung nicht allein die Gleichung (4):

$$z^3 + pz + q = 0,$$

sondern auch die beiden Gleichungen:

$$z^3 + pwz + q = 0$$
$$z^3 + pw^2 z + q = 0;$$

es gilt also, die Wurzeln der ersten aufzusuchen.

Dabei hat die Beziehung (6), oder

$$uv = -\frac{p}{3},$$

als Richtschnur zu dienen; hat man Werte A, B der beiden Kubikwurzeln in (10) bestimmt, die dieser Gleichung genügen. so daß

$$AB = -\frac{p}{3},$$

so sind Aw, Aw^2 die übrigen Werte der ersten, Bw, Bw^2 die übrigen Werte der zweiten Kubikwurzel, und nur die Paare Aw, Bw^2 und Aw^2, Bw genügen noch, indem

$$Aw \cdot Bw^2 = Aw^2 \cdot Bw = ABw^3 = AB = -\frac{p}{3}$$

ist.   Folglich hat man in

$$z_1 = A + B$$
$$z_2 = Aw + Bw^2$$
$$z_3 = Aw^2 + Bw$$

die Lösung von (4).[1])

Setzt man für w und w^2 die Werte ein, so lauten die Ausdrücke für die Wurzeln:

$$z_1 = A + B$$
$$z_2 = -\frac{A+B}{2} + \frac{A-B}{2} i\sqrt{3}$$
$$z_3 = -\frac{A+B}{2} - \frac{A-B}{2} i\sqrt{3}. \tag{11}$$

Schließlich ist mittels der Formel (3) der Übergang zu x_1, x_2, x_3 zu vollziehen.

144. Diskussion der Cardanischen Formel. Die Natur der Wurzeln ist bedingt durch die Größe

$$R = \left(\frac{q}{2}\right)^2 + \left(\frac{p}{3}\right)^3,$$

---

1) Die Gleichung $z^3 + pwz + q = 0$ hat die Wurzeln $Aw + B$, $A + Bw$, $Aw^2 + Bw^2$, die Gleichung $z^3 + pw^2 z + q = 0$ die Wurzeln $Aw^2 + B$, $A + Bw^2$, $Aw + Bw$.

die in der Cardanischen Formel unter der Quadratwurzel steht und nach den Ausführungen in **133** von der *Diskriminante* der Gleichung (4) sich nur durch einen konstanten Faktor unterscheidet. Es sind folgende Fälle zu unterscheiden.

I. Ist $R > 0$, so steht unter jeder Kubikwurzel eine reelle Zahl; A, B bedeuten dann die reellen Werte der Kubikwurzeln, und da sie voneinander verschieden sind, so ist z_1 reell und z_2, z_3 ein Paar konjugiert komplexer Wurzeln; dasselbe gilt von x_1, x_2, x_3.

II. Bei $R = 0$ ändert sich die Sachlage nur insofern, als nun unter beiden Kubikwurzeln dieselbe reelle Zahl, nämlich $-\frac{q}{2}$ steht; infolgedessen ist $A = B$, daher

$$z_1 = 2A$$
$$z_2 = z_3 = -A;$$

auch die ursprüngliche Gleichung hat jetzt drei reelle Wurzeln und darunter zwei gleiche.

III. Algebraisch am interessantesten ist der Fall $R < 0$, der nur bei negativem p auftreten kann; er gibt der Cardanischen Formel eine komplexe Gestalt und mußte daher vor der Einführung des Rechnens mit komplexen Zahlen unüberwindliche Schwierigkeiten bereiten; darum auch der Name *casus irreducibilis*, unter dem er in der Literatur seit jener Zeit erscheint.

Bringt man den ersten Radikanden in die trigonometrische Form, indem man

$$-\frac{q}{2} + i\sqrt{-R} = r(\cos\varphi + i\sin\varphi)$$

setzt, so folgt daraus:

$$r\cos\varphi = -\frac{q}{2}$$
$$r\sin\varphi = \sqrt{-R}$$
$$r^2 = -\left(\frac{p}{3}\right)^3, \qquad r = \sqrt{-\left(\frac{p}{3}\right)^3}, \qquad \cos\varphi = \frac{-\frac{q}{2}}{\sqrt{-\left(\frac{p}{3}\right)^3}}. \tag{12}$$

Durch die letzte dieser Formeln, in der die Wurzel absolut zu nehmen ist, ist ein Winkel aus dem Intervall (o, π) bestimmt, dieser soll fortab unter φ verstanden werden. Es ist dann (**20**):

$$\sqrt[3]{-\frac{q}{2} + i\sqrt{-R}} = \sqrt{-\frac{p}{3}}\left(\cos\frac{\varphi + 2k\pi}{3} + i\sin\frac{\varphi + 2k\pi}{3}\right)$$

$$\sqrt[3]{-\frac{q}{2} - i\sqrt{-R}} = \sqrt{-\frac{p}{3}}\left(\cos\frac{\varphi + 2k\pi}{3} - i\sin\frac{\varphi + 2k\pi}{3}\right),$$

folglich

$$z = 2\sqrt{-\frac{p}{3}}\cos\frac{\varphi + 2k\pi}{3} \qquad (k = 0, 1, 2),$$

so daß die Wurzeln einzeln lauten:

$$z_1 = 2\sqrt{-\frac{p}{3}} \cos \frac{\varphi}{3}$$

$$z_2 = 2\sqrt{-\frac{p}{3}} \cos \left(\frac{\varphi}{3} + 120^0\right) \tag{13}$$

$$z_3 = 2\sqrt{-\frac{p}{3}} \cos \left(\frac{\varphi}{3} + 240^0\right).$$

Sie sind also reell und untereinander verschieden und lassen sich, nachdem man den Hilfswinkel φ aus (12) bestimmt hat, auf logarithmischem Wege rechnen.

145. Beispiele. 1. Um die Gleichung

$$x^3 - 4x^2 + 4x - 3 = 0$$

zu lösen, hat man sie zuerst mittels der Substitution $x = z + \frac{4}{3}$ zu reduzieren; hierzu dient das Schema:

$$
\begin{array}{r|rrrr}
 & 1 & -4 & 4 & -3 \\
\hline
\frac{4}{3} & 1 & -\frac{8}{3} & \frac{4}{9} & \left(-\frac{65}{27}\right) \\
 & 1 & -\frac{4}{3} & \left(-\frac{4}{3}\right) &
\end{array}
$$

aus dem sich die reduzierte Gleichung

$$z^3 - \frac{4}{3} z - \frac{65}{27} = 0.$$

abliest. Bei dieser ist nun

$$R = \left(\frac{65}{54}\right)^2 - \left(\frac{4}{9}\right)^3 = \frac{65^2 - 256}{2^2 3^6} = \frac{3969}{2^2 3^6} > 0,$$

somit liegt der Fall I, **144** vor; die reellen Werte der Kubikwurzeln sind:

$$A = \sqrt[3]{\frac{65}{54} + \frac{63}{54}} = \frac{4}{3}, \qquad B = \sqrt[3]{\frac{65}{54} - \frac{63}{54}} = \frac{1}{3},$$

und sie ergeben laut (11):

$$z_1 = \frac{5}{3}, \qquad z_2 = -\frac{5}{6} + \frac{i}{2}\sqrt{3} \qquad z_3 = -\frac{5}{6} - \frac{i}{2}\sqrt{3},$$

woraus schließlich

$$x_1 = 3, \qquad x_2 = \frac{1}{2} + \frac{i}{2}\sqrt{3}, \qquad x_3 = \frac{1}{2} - \frac{i}{2}\sqrt{3}$$

erhalten wird

2. Die in **141**, 1. nach den Methoden für die Auflösung numerischer Gleichungen behandelte Gleichung

$$x^3 + 3x^2 - 17x + 5 = 0$$

soll nun nochmals nach der **Auflösungsmethode für kubische Gleichungen** erledigt werden. Zur Reduktion hat man $x = z - 1$ zu setzen und findet aus dem Schema:

$$
\begin{array}{r|rrrr}
 & 1 & 3 & -17 & 5 \\
\hline
-1 & 1 & 2 & -19 & (24) \\
 & 1 & 1 & (-20) &
\end{array}
$$

die reduzierte Gleichung

$$z^3 - 20z + 24 = 0.$$

Hier ist nun

$$R = 12^2 - \frac{8000}{27} < 0,$$

es liegt also der casus irreducibilis vor, für den die Formeln (13) gelten. Man hat in siebenstelliger logarithmischer Rechnung:

$$
\begin{array}{lr}
\log \dfrac{q}{2} & 1{,}079\ 1812 \\[2ex]
\log \sqrt{-\left(\dfrac{p}{3}\right)^3} & 1{,}235\ 8631 \\[2ex]
\log \cos(180^0 - \varphi) & 9{,}843\ 3181 \\
180^0 - \varphi & 45^0\ 48'\ 8'' \\
\varphi & 134\ 11\ 52 \\
\dfrac{\varphi}{3} & 44\ 43\ 57 \\
\dfrac{\varphi}{3} + 120^0 & 164\ 43\ 57 \\
\dfrac{\varphi}{3} + 240^0 & 284\ 43\ 57
\end{array}
$$

$$
\begin{array}{lr}
\log 2 & 0{,}301\ 0300 \\
\log \sqrt{-\dfrac{p}{3}} & 0{,}411\ 9544 \\
\hline
\log 2\sqrt{-\dfrac{p}{3}} & 0{,}712\ 9844
\end{array}
$$

$$
\begin{array}{lr}
 & 0{,}712\ 9844 \\
\log \cos \dfrac{\varphi}{3} & 9{,}851\ 5032 \\
\hline
\log z_1 & 0{,}564\ 4876 \\
z_1 & 3{,}668\ 49 \\
x_1 & 2{,}668\ 49
\end{array}
\qquad
\begin{array}{lr}
 & 0{,}712\ 9844 \\
\log \cos\left(\dfrac{\varphi}{3} + 120^0\right) & 9{,}984\ 3954\,(n) \\
\hline
\log(-z_2) & 0{,}697\ 3798 \\
z_2 & -4{,}98172 \\
x_2 & -5{,}98172
\end{array}
$$

$$
\begin{array}{lr}
 & 0{,}712\ 9844 \\
\log \cos\left(\dfrac{\varphi}{3} + 240^0\right) & 9{,}405\ 3576 \\
\hline
\log z_3 & 0{,}118\ 3420 \\
z_3 & 1{,}313\ 23 \\
x_3 & 0{,}313\ 23
\end{array}
$$

Die Probe $x_1 + x_2 + x_3 = -3$ gibt ein völlig zutreffendes Resultat.

3. *Dreiteilung des Winkels.* Das Problem, einen Winkel durch Konstruktion in drei gleiche Teile zu teilen, gehört zu den klassischen

Aufgaben der Mathematik. Der Nachweis der Unmöglichkeit seiner *elementaren* Lösung im allgemeinen, d. h. abgesehen von besonderen Annahmen, gehört der neueren Zeit an.

Man nennt die konstruktive Lösung einer Aufgabe elementar, wenn sie sich durch Anwendung von Lineal und Zirkel streng ausführen läßt. Elementar darstellbar sind nur solche Ausdrücke, die sich aus den gegebenen Größen — Strecken — durch rationale Operationen und durch Quadratwurzeln in einer endlichen Anzahl von Verbindungen zusammensetzen. So können also beispielsweise Ausdrücke, die sich als Wurzeln von linearen und von quadratischen Gleichungen ergeben, elementar konstruiert werden.

Ist eine Gleichung vom dritten Grade in bezug auf die zu bestimmende Größe, so ist eine elementare Konstruktion ihrer Wurzeln nur dann möglich, wenn sie sich zerlegen läßt in drei Gleichungen ersten Grades oder in eine Gleichung ersten und eine Gleichung zweiten Grades mit Koeffizienten, die sich aus jenen der ursprünglichen Gleichung rational zusammensetzen; man sagt in solchem Falle, die Gleichung sei *reduzibel*. Im andern Falle heißt sie *irreduzibel*, und da ihre Lösung dann Kubikwurzeln enthält, so ist die elementare Konstruktion der Wurzeln ausgeschlossen. Die Betrachtung kann auf Gleichungen höherer Grade ausgedehnt werden.

Die Aufgabe der Dreiteilung eines Winkels φ führt auf eine kubische Gleichung. Ein Winkel kann *linear* bestimmt sein durch eine seiner trigonometrischen Funktionen in bezug auf eine gegebene Einheit; es sei z. B. $\cos \varphi = a$; nun ist

$$\cos \varphi = 4 \cos^3 \frac{\varphi}{3} - 3 \cos \frac{\varphi}{3};$$

setzt man also $\cos \frac{\varphi}{3} = x$, so hat man zur Bestimmung dieser Größe die Gleichung:

$$4x^3 - 3x - a = 0. \tag{1}$$

Diese Gleichung löst die Aufgabe der Dreiteilung für drei Winkel; a ändert sich nämlich nicht, wenn man φ um ein Vielfaches von 360^0 ändert; es ergeben sich also außer $x_1 = \cos \frac{\varphi}{3}$ noch die Wurzeln

$$x_2 = \cos \frac{\varphi + 360^0}{3} = \cos\left(\frac{\varphi}{3} + 120^0\right) \text{ und } x_3 = \cos \frac{\varphi + 2 \cdot 360^0}{3} = \cos\left(\frac{\varphi}{3} + 240^0\right);$$

alle andern Vielfachen führen über die Figur, die die Teilungsstrahlen zu diesen drei Wurzeln enthält, nicht hinaus.

Keine der drei Wurzeln ist im allgemeinen aus der Strecke a und der Einheit elementar konstruierbar.

Man kann die Fragestellung umkehren und nach solchen Winkeln fragen, die eine elementare Dreiteilung zulassen. Die Antwort darauf ist die folgende: Ist ξ irgend eine Strecke, die aus der Einheit durch elementare Konstruktion gewonnen wurde und kleiner ist als 1 dem Betrage nach, und erzeugt man aus ihr, was wieder durch elementare Konstruktionen möglich ist, die neue Strecke $a = 4\xi^3 - 3\xi$, so liefert jede so gewonnene Strecke, für a in (1) eingesetzt, eine Gleichung, deren Wurzeln elementar konstruiert werden können.

Es mögen noch einige spezielle Fälle zur Erläuterung angeführt werden.

Die Annahme $a = 1$ führt zu einer reduziblen Gleichung; denn $4x^3 - 3x - 1 = 0$ zerfällt in die Gleichungen

$$x - 1 = 0, \quad (2x + 1)^2 = 0,$$

deren Wurzeln $1, -\tfrac{1}{2}, -\tfrac{1}{2}$ sind. Es ist dies die Dreiteilung der Winkel von $0, 360$ und 810^0.

Mit $a = 0$ gelangt man zu der Gleichung $4x^3 - 3x = 0$, deren Reduzibilität unmittelbar zu erkennen ist; sie zerfällt in

$$x = 0, \quad 4x^2 - 3 = 0,$$

ihre Wurzeln sind also $0, -\dfrac{\sqrt{3}}{2}, \dfrac{\sqrt{3}}{2}$. Hierin ist die Dreiteilung der Winkel von $90, 450$ und 810^0 enthalten.

Auch die Annahme $a = \dfrac{1}{\sqrt{2}}$ ergibt eine reduzible Gleichung; denn $4x^3 - 3x - \dfrac{1}{\sqrt{2}}$ läßt sich auflösen in $4x\left(x^2 - \dfrac{1}{2}\right) - \left(x + \dfrac{1}{\sqrt{2}}\right) = \left(x + \dfrac{1}{\sqrt{2}}\right)\left(4x^2 - \dfrac{4x}{\sqrt{2}} - 1\right)$, somit zerfällt die kubische Gleichung jetzt in

$$x + \frac{1}{\sqrt{2}} = 0, \quad x^2 - \frac{x}{\sqrt{2}} - \frac{1}{4} = 0$$

und hat die der elementaren Konstruktion zugänglichen Wurzeln $-\dfrac{1}{\sqrt{2}}$, $\dfrac{1 - \sqrt{3}}{2\sqrt{2}}, \dfrac{1 + \sqrt{3}}{2\sqrt{2}}$. Hiermit ist die Dreiteilung der Winkel von $45, 405$ und 765^0 erledigt.

Aber schon die Annahme $a = \dfrac{1}{2}$ führt auf eine irreduzible Gleichung, die Dreiteilung des Winkels von 60^0 kann elementar nicht ausgeführt werden.

146. Die biquadratische Gleichung. Indem man die allgemeine Gleichung vierten Grades

$$a_0 x^4 + a_1 x^3 + a_2 x^2 + a_3 x + a_4 = 0 \tag{1}$$

durch den Koeffizienten der höchsten Potenz dividiert und die auftretenden Quotienten mit a, b, c, d bezeichnet, nimmt sie die Gestalt an:

$$f(x) = x^4 + a x^3 + b x^2 + c x + d = 0. \qquad (2)$$

Wie bei der kubischen Gleichung erweist es sich als vorteilhaft, sie durch eine Substitution

$$x = z + h$$

so zu transformieren, daß die nächstniedere Potenz der Unbekannten nicht erscheint. Da

$$f(z + h) = f(h) + \frac{f'(h)}{1} z + \frac{f''(h)}{1 \cdot 2} z^2 + \frac{f'''(h)}{1 \cdot 2 \cdot 3} z^3 + \frac{f''''(h)}{1 \cdot 2 \cdot 3 \cdot 4} z^4 = 0$$

bereits die nach Potenzen von z geordnete transformierte Gleichung darstellt, so hat man h so zu bestimmen, daß $f'''(h)$, d. i.

$$24h + 6a = 0$$

werde; daraus folgt $h = -\frac{a}{4}$: die endgiltige Substitution lautet also:

$$x = z - \frac{a}{4}. \qquad (3)$$

Zu ihrer Durchführung benützt man das Schema:

$$
-\frac{a}{4} \left|
\begin{array}{llll}
1 & a & b & c \qquad\qquad\qquad\qquad d \\[2mm]
1 & \dfrac{3a}{4} & -\dfrac{3a^2}{16} + b & \dfrac{3a^3}{64} - \dfrac{ab}{4} + c \quad \left(-\dfrac{3a^4}{256} + \dfrac{a^2 b}{16} - \dfrac{ac}{4} + d\right) = r \\[4mm]
1 & \dfrac{2a}{4} & -\dfrac{5a^2}{16} + b & \left(\dfrac{a^3}{8} - \dfrac{ab}{2} + c\right) = q \\[4mm]
1 & \dfrac{a}{4} & \left(-\dfrac{3a^2}{8} + b\right) = p,
\end{array}
\right.
$$

das die Koeffizienten der *reduzierten* Gleichung

$$z^4 + p z^2 + q z + r = 0 \qquad (4)$$

liefert.

147. Lösung der reduzierten biquadratischen Gleichung.[1]

Setzt man nach dem Vorgange E u l e r s

$$z = u + v + w \qquad (5)$$

so ergibt sich daraus nach und nach:

$$z^2 = u^2 + v^2 + w^2 + 2(vw + wu + uv)$$

$$z^4 - 2(u^2 + v^2 + w^2)\, z^2 + (u^2 + v^2 + w^2)^2 = 4(v^2 w^2 + w^2 u^2 + u^2 v^2)$$
$$+ 8(u^2 vw + uv^2 w + uvw^2)$$

$$z^4 - 2(u^2 + v^2 + w^2)\, z^2 - 8\, uvw z + (u^2 + v^2 + w^2)^2$$
$$- 4(v^2 w^2 + w^2 u^2 + u^2 v^2) = 0.$$

---

1) Die Entdeckung der Auflösung der reduzierten biquadratischen Gleichung ist L u d o v i c o F e r r a r i (1522—1565) zu danken, einem hervorragenden Schüler C a r d a n o s, der sie vor 1545, also vor Vollendung seines 23. Lebensjahres, gefunden haben muß; denn 1545 erschien sie in Cardanos „Ars magna“, und der Druck dieses Werkes begann zu Nürnberg 1544.

Damit diese Gleichung dieselben Wurzeln besitze wie (4), ist notwendig. daß

$$- 2(u^2 + v^2 + w^2) = p$$
$$- 8 u v w = q \tag{6}$$
$$(u^2 + v^2 + w^2)^2 - 4(v^2 w^2 + w^2 u^2 + u^2 v^2) = r$$

sei; woraus zu schließen ist auf:

$$u^2 + v^2 + w^2 = - \frac{p}{2}$$
$$v^2 w^2 + w^2 u^2 + u^2 v^2 = \frac{p^2}{16} - \frac{r}{4} \tag{7}$$
$$u^2 v^2 w^2 = \frac{q^2}{64};$$

doch ist zu beachten, daß die letzte Gleichung umfassender ist als die ihr korrespondierende mittlere Gleichung (6), indem sie dieselbe bliebe, auch wenn q ersetzt würde durch $- q$.

Zufolge der in (7) ausgedrückten Eigenschaften der drei Zahlen u^2, v^2, w^2 sind diese die Wurzeln der kubischen Gleichung

$$\theta^3 + \frac{p}{2} \theta^2 + \frac{p^2 - 4 r}{16} \theta - \frac{q^2}{64} = 0, \tag{8}$$

die man als die *kubische Resolvente* der Gleichung (4) bezeichnet. Sind $\theta_1, \theta_2, \theta_3$ ihre Wurzeln, so können zwei davon für u^2, v^2 genommen werden, die dritte ist dann w^2. Setzt man also

$$u^2 = \theta_1, \quad v^2 = \theta_2, \quad w^2 = \theta_3,$$

so ergibt sich daraus nach der Vorschrift (5) für z die Eulersche Formel:

$$z = \sqrt{\theta_1} + \sqrt{\theta_2} + \sqrt{\theta_3}, \tag{9}$$

die aber, weil die Quadratwurzeln zweiwertig sind, acht verschiedene Werte darstellt, nach einer eben gemachten Bemerkung nicht bloß die Wurzeln der Gleichung (4), sondern auch die der Gleichung $z^4 + pz - qz + r = 0$.

Es handelt sich um die Feststellung der ersteren, und hierzu bietet die mittlere der Gleichungen (6) einen Anhalt, indem die Wurzelwerte, die zur Bildung der Wurzeln von (4) geeignet sind, so beschaffen sein müssen, daß

$$\sqrt{\theta_1}\, \sqrt{\theta_2}\, \sqrt{\theta_3} = - \frac{q}{8}$$

ist. Bilden A, B, C ein Tripel solcher Werte, so ergeben sich die drei andern Tripel durch Zeichenänderung an *zwei* Gliedern; mithin sind dann

$$z_1 = A + B + C$$
$$z_2 = A - B - C$$
$$z_3 = -A + B - C \tag{10}$$
$$z_4 = -A - B + C$$

die Lösungen von $(4)^1$).

148. Diskussion der Eulerschen Formel. Da das absolute Glied der Resolvente (8) wesentlich negativ, das Produkt $\theta_1 \theta_2 \theta_3$ ihrer Wurzeln also stets positiv ist, so läßt sich über diese Wurzeln eine Aussage machen, nämlich: Sind alle drei reell, so sind sie entweder sämtlich positiv, oder eine positiv und zwei negativ: ist nur eine reell, so ist sie notwendig positiv, weil das Produkt der beiden andern, die konjugiert komplex sind, positiv ist.

Es sind daher folgende Fälle zu unterscheiden:

I. $\theta_1, \theta_2, \theta_3$ reell und positiv; dann sind A, B, C und mit ihnen alle vier Wurzeln (10) reell.

II. $\theta_1, \theta_2, \theta_3$ reell und nur θ_1 positiv; A ist dann reell, während B, C imaginär sind; infolgedessen sind im allgemeinen alle vier Wurzeln (10) komplex und die Paare $z_1, z_2; z_3, z_4$ konjugiert. Nur wenn die negativen Wurzeln auch gleich ausfallen, werden zwei von den Wurzeln (10) reell und auch gleich.

III. θ_1 reell und positiv, θ_2, θ_3 konjugiert komplex; dann sind A reell und entweder B, C oder $B, -C$ konjugiert komplex, so daß unter allen Umständen zwei der Wurzeln (10) reell und zwei konjugiert komplex ausfallen.

Das Gesamtergebnis lautet dahin, daß die biquadratische Gleichung entweder vier reelle, oder zwei reelle und zwei konjugiert komplexe oder endlich vier komplexe Wurzeln besitzt, die zu zwei Paaren konjugiert sind; dies alles unter der Voraussetzung reeller Koeffizienten.

149. Beispiel. Es ist die Gleichung

$$x^4 - 8x^3 + 3 = 0$$

aufzulösen.

Zum Zwecke der Reduktion ist

---

1) Der Gleichung $z^4 + pz^2 - qz + r = 0$ kommen die Wurzeln $-A + B + C$, $A - B + C$, $A + B - C$ und $-A - B - C$ zu.

$$x = z + 2$$

zu setzen; die Koeffizienten der reduzierten Gleichung gehen aus dem Schema hervor:

$$
\begin{array}{c|ccccc}
 & 1 & -8 & 0 & 0 & 3 \\
\hline
2 & 1 & -6 & -12 & -24 & (-45) = r \\
 & 1 & -4 & -20 & (-64) = q & \\
 & 1 & -2 & (-24) = p. & & \\
\end{array}
$$

Die Gleichung selbst lautet also

$$z^4 - 24z^2 - 64z - 45 = 0,$$

und ihre kubische Resolvente:

$$\theta^3 - 12\theta^2 + \frac{189}{4}\theta - 64 = 0.$$

Um diese zu lösen, wird man sie zunächst mittels der Substitution

$$\theta = \vartheta + 4$$

reduzieren: dazu dient das Schema:

$$
\begin{array}{c|cccc}
 & 1 & -12 & \frac{189}{4} & -64 \\
\hline
4 & 1 & -8 & \frac{61}{4} & (-3) \\
 & 1 & -4 & \left(-\frac{3}{4}\right), & \\
\end{array}
$$

das zu der Gleichung

$$\vartheta^3 - \frac{3}{4}\vartheta - 3 = 0$$

führt. Für diese ist nun

$$R = \left(\frac{3}{2}\right)^2 - \left(\frac{1}{4}\right)^3 = \frac{143}{64},$$

also positiv, mithin ist eine ihrer Wurzeln reell, die beiden andern sind imaginär, man hat es also mit dem Fall III des vorigen Artikels zu tun. Die weitere Rechnung ergibt:

$$A = \sqrt[3]{\frac{3}{2} + \sqrt{\frac{143}{64}}} = 1{,}44141, \qquad B = \sqrt[3]{\frac{3}{2} - \sqrt{\frac{143}{64}}} = 0{,}17347;$$

$$\vartheta_1 = 1{,}61488, \qquad \vartheta_2 = -0{,}80744 + 1{,}09807\,i,$$

$$\vartheta_3 = -0{,}80744 - 1{,}09807\,i$$

$$\theta_1 = 5{,}61488, \qquad \theta_2 = 3{,}19256 + 1{,}09807\,i,$$

$$\theta_3 = 3{,}19256 - 1{,}09807\,i$$

$$\sqrt{\theta_1} = \pm\,2{,}36957, \qquad \sqrt{\theta_2} = \pm\,(1{,}81227 + 0{,}30295\,i),$$

$$\sqrt{\theta_3} = \pm\,(1{,}81227 - 8{,}30295\,i);$$

die mit $+$ bezeichneten Werte bilden eine den Bedingungen ent-
sprechende Kombination; aus ihr ergeben sich die andern nach der
Vorschrift (10) und mithin die folgenden Wurzeln der reduzierten
Gleichung:

$$z_1 = 5{,}99411$$

$$z_2 = -\,1{,}25497$$

$$z_3 = -\,2{,}36957 + 0{,}60590\,i$$

$$z_4 = -\,2{,}36957 - 0{,}60590\,i;$$

hiernach hat die vorgelegte Gleichung die folgenden Lösungen:

$$x_1 = 7{,}99411$$

$$x_2 = 0{,}74503$$

$$x_3 = -\,0{,}36957 + 0{,}60590\,i$$

$$x_4 = -\,0{,}36957 - 0{,}60590\,i.$$

**150. Auflösbarkeit von Gleichungen höheren als des
vierten Grades. Algebraische Zahlen.** Die algebraische Auflösung einer Gleichung ist den Methoden zur Auflösung numerischer
Gleichungen dadurch wesentlich überlegen, daß mit ihr alle Gleichungen
des betreffenden Grades als gelöst betrachtet werden können; denn
es bleibt in jedem besondern Falle nur mehr die Einsetzung der
speziellen Koeffizienten statt der allgemeinen und die Ausführung der
angezeigten Rechenoperationen zu vollziehen.

Es ist darum begreiflich, daß man Anstrengungen machte, auch
für die allgemeinen Gleichungen fünften und der höheren Grade die
algebraische Auflösung zu finden. Die Gleichungen dritten und vierten
Grades konnten dazu ermutigen; denn die kubische Gleichung führte
auf eine quadratische, die biquadratische auf eine kubische Resolvente;
es schien daher nicht aussichtslos, daß man bei Einschlagen des
richtigen Weges auch bei der Gleichung fünften Grades zu einer Resolvente niederen Grades gelangen und so zu immer höheren Gleichungen
werde fortschreiten können.

Alle Bemühungen nach dieser Richtung erwiesen sich aber als
fruchtlos, und so stellte sich denn die Frage ein, ob die algebraischen
Operationen überhaupt ausreichen, die Wurzeln der allgemeinen Glei-

chungen höheren als des vierten Grades durch die Koeffizienten darzustellen; mit andern Worten, ob es möglich sei, die Wurzeln solcher
Gleichungen durch die Operationen bis zum Radizieren einschließlich
auszudrücken. Der erste, der die Verneinung dieser Frage aussprach
und den Beweis hierfür zu erbringen versuchte, war P. Ruffini (1813).
Ein vollgiltiger Beweis für die *Unmöglichkeit der algebraischen Auflösung von höheren Gleichungen allgemeiner Form als des vierten Grades*
wurde zuerst von N. H. Abel (1826) gegeben. Neben dieser Be-
weisführung für eine negative Aussage ging die Forschung nach
solchen Formen höherer Gleichungen einher, die eine algebraische
Auflösung zulassen. Derartige Gleichungen bilden ein wichtiges Glied
der neueren Algebra.

Im Rückblick auf das Vorangehende sei noch das Folgende bemerkt.

Eine algebraische Gleichung mit ganzzahligen Koeffizienten kann,
von imaginären Lösungen abgesehen, rationale und irrationale Wurzeln
haben; die letzteren sind bei den Gleichungen zweiten, dritten und
vierten Grades immer, bei den Gleichungen höherer Grade nur ganz
ausnahmsweise durch die algebraischen Rechenoperationen, deren
höchste das Radizieren ist, berechenbar. Man hat nun allen Zahlen,
die als Wurzeln von algebraischen Gleichungen mit ganzzahligen
Koeffizienten, welchen Grades immer, auftreten können, den Namen
algebraische Zahlen gegeben. Diese Zahlenkategorie umfaßt also außer
den rationalen Zahlen irrationale Zahlen, die sich durch die algebraischen Operationen berechnen lassen, und irrationale Zahlen, die durch
algebraische Rechenoperationen nicht gewonnen werden können. —
Darüber hinaus gibt es aber noch Zahlen, die auch nicht als Wurzeln
einer algebraischen Gleichung was immer für hohen Grades mit ganzzahligen Koeffizienten zu erhalten sind: man nennt sie im Gegensatze
zu den algebraischen *transzendente Zahlen.* Die beiden für die Analysis wichtigen Zahlen e und π gehören zu dieser Kategorie.

VIII. Abschnitt.

Analytische Geometrie der Ebene.

§ 1.   Der Koordinatenbegriff.

151. Allgemeine Begriffsbestimmung. Es gibt zwei Methoden der Untersuchung geometrischer Figuren und der Lösung geometrischer Aufgaben; die eine, die *synthetische*, vollzieht ihre Schlüsse im geometrischen Gebiete, operiert also mit den geometrischen Gebilden selbst; die andere, die *analytische*, überträgt die Untersuchungen auf das Gebiet der Arithmetik, der Analysis, und operiert mit Zahlen.

Um dies ausführen zu können, bedarf es der Kennzeichnung oder Beschreibung geometrischer Gebilde durch Zahlen. Solche Zahlen, die geeignet sind, ein geometrisches Gebilde vollständig zu kennzeichnen, nennt man im weitesten Sinne des Wortes seine *Koordinaten*.

Das einfachste Gebilde, auf das man die Untersuchung aller andern zurückführen kann, ist der *Punkt*. An ihm ist lediglich die *Lage* innerhalb eines andern, höheren Gebildes zu beschreiben; dazu dienliche Zahlen werden als *Punktkoordinaten* bezeichnet.

152. Der Punkt in der Geraden. Zwei Punkte einer Geraden begrenzen eine in ihr liegende *Strecke*. Mißt man diese mit einer als *Einheit* angenommenen Strecke, so erhält man eine Zahl, die die *absolute Länge* der Strecke bestimmt.

Die Gerade kann in zweierlei Sinn durchlaufen werden; setzt man den einen Sinn als positiv, den andern als negativ fest, so spricht man von einer *gerichteten Geraden*; der positive Sinn soll durch einen Pfeil angedeutet werden (Fig. 44).

Fig. 44.

Liegt eine Strecke auf einer gerichteten Geraden und unterscheidet man ihre Grenzpunkte als Anfangspunkt A und als Endpunkt B, so erhält auch die Strecke einen Sinn, und zwar den positiven, wenn das Fortschreiten von A nach B dem positiven Sinn der Geraden entspricht; im andern Falle den negativen. Die hiernach mit dem positiven oder negativen Vorzeichen versehene absolute Länge wird die *relative Länge* der Strecke genannt. Im Grunde dieser Auffassung gelten die Ansätze:

$$AB = -BA, \quad AB + BA = 0, \quad AB + BC + CA = 0,$$

der letztere für jeden dritten Punkt C der Geraden.

Nimmt man in einer gerichteten Geraden einen Nullpunkt O und eine Strecke als Einheit an, so ist sie zur Zahlenlinie ausgestattet, Fig. 45. Jeder Punkt M bestimmt mit O als *Anfangspunkt* eine

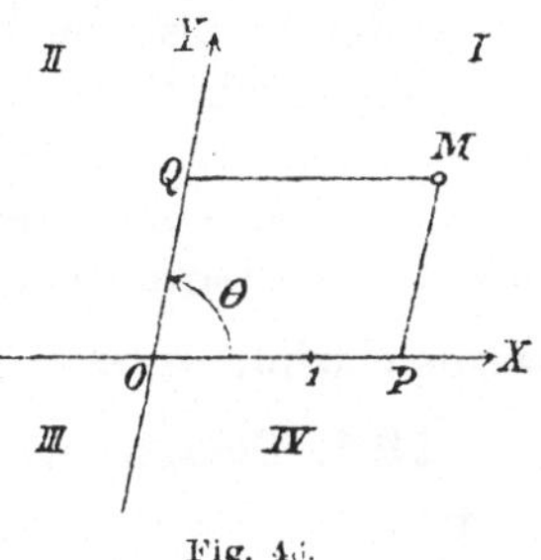
Fig. 45.

positive oder negative Strecke, und die dieser entsprechende positive oder negative Zahl x heißt die *Abszisse* des Punktes M.

Zu einem Punkte gehört nur eine Abszisse und zu einer Abszisse nur ein Punkt (**15**).

153. Der Punkt in der Ebene. Parallelkoordinaten.

Nimmt man in der Ebene zwei gerichtete Gerade an, die sich schneiden, setzt den Schnittpunkt als gemeinsamen Anfangspunkt und außerdem eine Einheitsstrecke fest, so sind beide Geraden als Zahlenlinien ausgestattet, Fig. 46. Projiziert man dann einen beliebigen Punkt M der Ebene parallel zu jeder der Geraden auf die jeweilige andere, so entsprechen den Projektionen P, Q Zahlen x, y, die geeignet sind, die Lage des Punktes in der Ebene zu beschreiben; man nennt x, y *Parallelkoordinaten* des Punktes M, insbesondere x die *Abszisse*, y die *Ordinate*. Das aus den beiden gerichteten Geraden zusammengesetzte Gebilde heißt ein *Parallelkoordinatensystem*, die Geraden selbst nennt man *Achsen*, insbesondere OX die Abszissenachse (x-Achse), OY die Ordinatenachse (y-Achse); die Strahlen, in welche sie durch den Anfangspunkt oder *Ursprung* zerlegt sind, werden Halbachsen genannt und als positive und negative Halbachsen unterschieden. Die Ebene ist durch die Achsen in vier Felder, *Quadranten*, geteilt, die in der angedeuteten Reihenfolge gezählt werden.

Man schreibt symbolisch:

$$M(x/y)$$

$$x = OP = QM, \qquad y = OQ = PM;$$

es bedeuten, wenn a, b absolute Zahlen sind,

$$M_1(a/b), \quad M_2(-a/b), \quad M_3(-a/-b), \quad M_4(a/-b)$$

Punkte, die der Reihe nach im 1., 2., 3., 4. Quadranten liegen, M_1, M_2 ein Punktepaar, das symmetrisch zu OY in Richtung von OX, M_1, M_4 ein Punktepaar, das symmetrisch zu OX in Richtung von OY, M_1, M_3 ein Punktepaar, das symmetrisch zu O angeordnet ist. $M(x/0)$ ist ein Punkt der x-Achse, $M(0/y)$ ein Punkt der y-Achse, $M(0/0)$ der Ursprung.

Als positiv sei jener *Drehungssinn* in der Ebene festgesetzt, der dem Laufe eines Uhrzeigers entgegengesetzt ist, der also der Aufeinanderfolge der Quadranten entspricht.

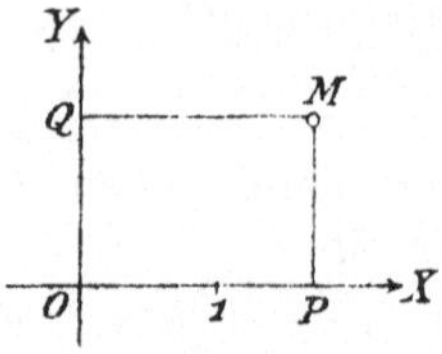

Der in diesem Sinne gezählte Winkel Θ zwischen der positiven x- und der positiven y-Achse heißt der *Koordinatenwinkel*. Unabhängig von der Auffassung der Geraden als Achsen eines Koordinatensystems nennt man Θ auch den *Richtungswinkel* von OY gegen OX.

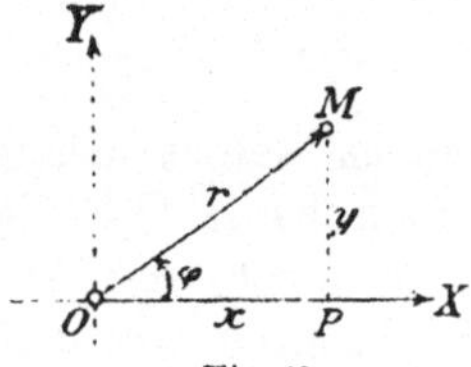
Fig. 47.

Ist $\Theta \neq \dfrac{\pi}{2}$ und $\dfrac{3\pi}{2}$, so heißt das Koordinatensystem *schief*; im andern Falle, wenn also $\Theta = \dfrac{\pi}{2}$ oder $= \dfrac{3\pi}{2}$ ist, nennt man es ein *rechtwinkliges* oder Cartesisches[1]) (Fig. 47).

Man sagt, ein Koordinatensystem sei *positiv orientiert*, wenn bei Verfolgung der x-Achse im positiven Sinne die positive y-Achse links liegt, im andern Falle, es sei negativ orientiert. Bei dem positiv orientierten Cartesischen System, wie es in der Regel angenommen werden wird, ist $\Theta = \dfrac{\pi}{2}$, bei dem negativ orientierten $\Theta = \dfrac{3\pi}{2}$.

154. Polarkoordinaten. Wird in der Ebene eine gerichtete Gerade und in dieser ein Punkt O angenommen, so kann die Lage eines Punktes M der Ebene beschrieben werden durch die absolute Länge r der Strecke OM und durch den Richtungswinkel φ der gerichteten Strecke OM mit der gerichteten Geraden OX, Fig. 48. Man nennt r, φ die *Polarkoordinaten* des Punktes M, r den *Leitstrahl* oder Radius vector, φ die *Amplitude*. Der Strahl OX wird die *Polarachse*, O der *Pol* genannt.

Fig. 48.

Man schreibt symbolisch:

$$M(r \,/\, \varphi)$$

$$r = OM, \qquad \varphi = \angle XOM;$$

es bedeutet $M(r/0)$ einen Punkt der Polarachse, $M(r/\pi)$ einen Punkt ihrer Verlängerung über O, $M(0/\varphi)$ den Pol.

Faßt man r als relative Strecke auf, so ist ein negatives r in der entgegengesetzten von derjenigen Richtung aufzutragen, die durch φ bestimmt ist.

---

1) R. Descartes gilt als der Begründer der analytischen Geometrie durch ein 1637 ohne Nennung des Verfassers zu Leyden erschienenes Werk, dessen dritter Abschnitt als „Géométrie" betitelt ist; doch war P. Fermat unabhängig von ihm zu der analytischen Methode gelangt und weiter vorgedrungen.

Stellt man durch Hinzufügung einer zweiten durch O gehenden Achse ein positiv orientiertes Cartesisches System her, so bestehen zwischen den rechtwinkligen und den Polarkoordinaten eines Punktes die Beziehungen:

$$x = r \cos \varphi, \quad y = r \sin \varphi, \quad x^2 + y^2 = r^2. \tag{1}$$

155. Bipolare Koordinaten. Sind in der Ebene zwei Punkte F, G, Fig. 49, angenommen, so kann die Lage eines beliebigen Punktes M durch die absoluten Längen u, v der Strecken FM, GM beschrieben werden; man nennt F, G Pole, u, v bipolare Koordinaten von M. Während aber zu jedem Punkte ein bestimmtes Zahlenpaar u, v gehört, führt nicht auch umgekehrt jedes Zahlenpaar u, v zu einem Punkte.

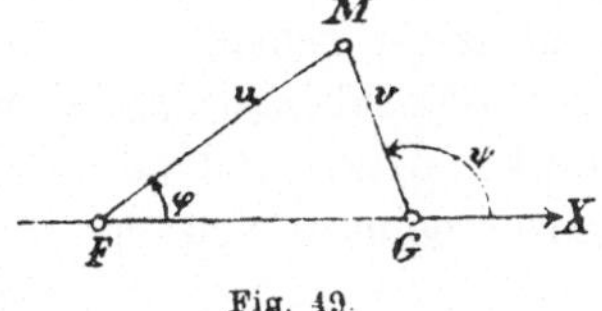

Fig. 49.

Legt man durch F und G eine gerichtete Gerade und bestimmt die (hohlen) Richtungswinkel φ, ψ der durch F, M und G, M laufenden Geraden, so sind auch φ, ψ bipolare Koordinaten; jetzt aber gehört auch zu jedem Zahlenpaar φ, ψ $(0 \leq \varphi, \psi \leq \pi)$, die Fälle, wo $\varphi = \psi$, ausgenommen, ein bestimmter Punkt der Ebene.

156. Die Linie. Eine Linie ist geometrisch definiert, wenn ein konstruktives Verfahren angegeben ist, durch das man beliebig viele ihrer Punkte bestimmen kann.

Wird eine geometrisch definierte Linie auf ein Koordinatensystem bezogen, so hat die Gesetzmäßigkeit ihrer Entstehung zur Folge, daß zwischen den Koordinaten ihrer Punkte eine für alle gleichlautende Gleichung besteht; man nennt diese die *Gleichung der Linie*, sie bildet deren analytische Beschreibung.

Umgekehrt entspricht einer Gleichung zwischen den Punktkoordinaten, wenn man sie auf ein bestimmtes Koordinatensystem bezieht, im allgemeinen eine Linie.

Dieser Gegenüberstellung entsprechen zwei Grundaufgaben der analytischen Geometrie: 1. Für eine geometrisch definierte Linie eine Gleichung aufzustellen. 2. Die zu einer gegebenen Gleichung gehörige Linie herzustellen.

Zu diesen Aufgaben gesellt sich als dritte: 3. Die Eigenschaften der Linie aus ihrer Gleichung abzuleiten.

Zu der Aufgabe 1 ist zu bemerken, daß vor allem eine zweckmäßige, den Angaben der Definition angepaßte Wahl des Koordinatensystems getroffen werden muß.

Bei der Aufgabe 2 muß das Koordinatensystem angegeben sein, wenn es nicht schon aus der konventionellen Form der Gleichung ersichtlich ist.

Bei der Aufgabe 3 kommen die *Methoden der analytischen Geometrie* zur Anwendung, die im Laufe der Zeit mit der Algebra und Analysis immer weiter ausgebildet worden sind.

§ 2. Analytische Darstellung geometrisch definierter Linien.

157. Kreis. Der Kreis ist eine Linie, deren Punkte von einem festen Punkte — Mittelpunkt, Zentrum — gleichen Abstand — Radius — haben.

Bezieht man den Kreis auf ein Polarsystem, dessen Pol im Mittelpunkt, dessen Polarachse in beliebiger Richtung angenommen ist, so lautet seine Gleichung

$$r = a, \tag{1}$$

wenn a der Radius ist.

In dem zugeordneten rechtwinkligen System (**154**) heißt die Gleichung

$$x^2 + y^2 = a^2. \tag{2}$$

158. Ellipse. Die Ellipse ist eine Linie, deren Punkte von zwei festen Punkten, den Brennpunkten, Entfernungen von konstanter Summe haben.

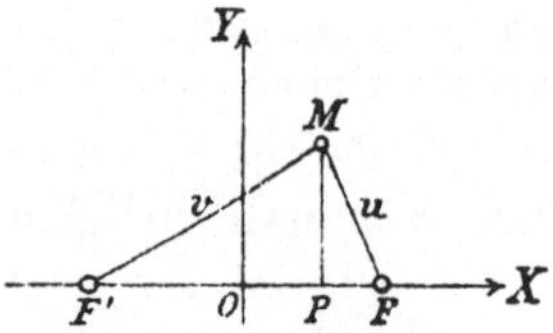

Wählt man die Brennpunkte als Pole eines bipolaren Systems, so ist, Fig. 50,

$$u + v = 2a \tag{1}$$

Fig. 50.

die Gleichung der Ellipse, sofern $2a$ die konstante Summe der Abstände bezeichnet.

Legt man ein rechtwinkliges Koordinatensystem zugrunde, dessen Abszissenachse die nach rechts gerichtete Gerade durch die Brennpunkte, dessen Ordinatenachse das nach aufwärts gerichtete Mittellot dieser Punkte ist, so drückt sich, wenn $F'F = 2c$, wobei notwendig $c < a$, Gleichung (1) wie folgt aus:

$$\sqrt{y^2 + (c - x)^2} + \sqrt{y^2 + (c + x)^2} = 2a;$$

quadriert man, um rational zu machen, so entsteht

$$x^2 + y^2 + c^2 + \sqrt{(x^2 + y^2 + c^2)^2 - 4c^2 x^2} = 2a^2,$$

und nach nochmaligem Quadrieren

$$a^2(x^2 + y^2 + c^2) - c^2 x^2 - a^4 = 0,$$

nach x, y geordnet:

$$(a^2 - c^2)x^2 + a^2 y^2 = a^2(a^2 - c^2);$$

setzt man die positive Differenz

$$a^2 - c^2 = b^2,$$

so nimmt die Gleichung der Ellipse schließlich eine der Formen

$$b^2 x^2 + a^2 y^2 = a^2 b^2$$

$$\frac{x^2}{a^2} + \frac{y^2}{b^2} = 1 \tag{2}$$

an.

Wegen des zweimal ausgeführten Quadrierens würden diese Gleichungen auch dann zustande kommen, wenn an die Stelle von (1) eine der folgenden Relationen träte:

$$u - v = 2a$$

$$- u + v = 2a$$

$$- u - v = 2a;$$

keine davon stellt ein reelles Gebilde dar, weil jede einen Widerspruch involviert: die beiden ersten den, daß die Differenz zweier Dreiecksseiten größer sein solle als die dritte, die letzte den, daß die Summe zweier negativen Zahlen positiv sein solle; folglich stellen die Gleichungen (2) nur das durch die Eigenschaft (1) gekennzeichnete Gebilde dar.

159. Hyberbel. Die Hyperbel ist eine Linie, deren Punkte von zwei festen Punkten, den Brennpunkten, Entfernungen von konstanter Differenz haben.

Mit Benützung derselben Annahmen und Bezeichnungen ergeben sich die Gleichungen

$$\pm (u - v) = 2a \tag{1}$$

und

$$b^2 x^2 - a^2 y^2 = a^2 b^2$$

$$\frac{x^2}{a^2} - \frac{y^2}{b^2} = 1, \tag{2}$$

wenn $c^2 - a^2 = b^2$ gesetzt wird, indem jetzt notwendig $c > a$ ist.

Auch hier umfassen die Gleichungen (2) algebraisch mehr als (1), indem sie auch dann zustande kämen, wenn an Stelle von (1) eine der Relationen $\pm (u + v) = 2a$ genommen würde; beides aber steht mit Tatsachen im Widerspruch.

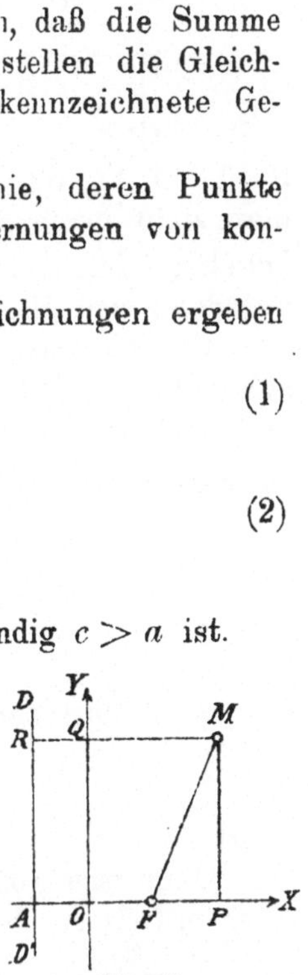

160. Parabel. Die Parabel ist eine Linie, deren Punkte von einem festen Punkte, dem Brennpunkte, und einer nicht durch ihn gehenden festen Geraden, der Direktrix, gleich weit entfernt sind.

Fig. 51.

Nimmt man, Fig. 51, die nach rechts gerichtete Normale der Direktrix DD' durch den Brennpunkt F als Abszissenachse und den

Mittelpunkt O der Strecke $AF = p$ als Ursprung eines rechtwinkligen Koordinatensystems an, so drückt sich die Eigenschaft

$$\overline{FM} = \overline{RM} \tag{1}$$

in den Koordinaten, wie folgt, aus:

$$\sqrt{y^2 + \left(x - \frac{p}{2}\right)^2} = \frac{p}{2} + x,$$

und in rationaler Form:

$$y^2 = 2px. \tag{2}$$

Der Rückblick auf die Gleichungsformen (2) der behandelten vier Linien zeigt, daß ihre Gleichungen in bezug auf die rechtwinkligen Koordinaten x, y algebraisch und vom zweiten Grade sind. Man nennt aus diesen Gründen Kreis, Ellipse, Hyperbel und Parabel *algebraische Linien* und bezeichnet sie als von *zweiter Ordnung.*

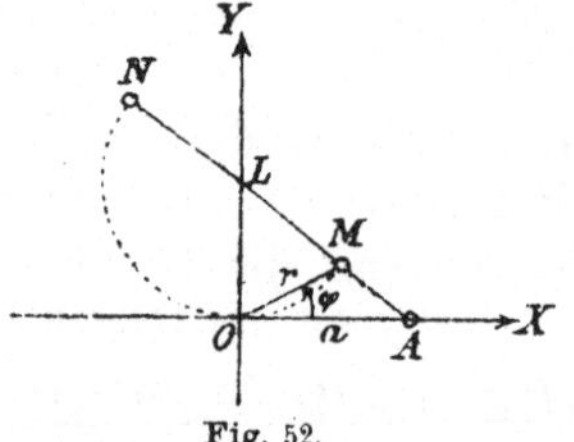

Fig. 52.

161. Strophoide. Die Strophoide ist eine Linie, deren Punkte durch folgende Konstruktion erzeugt werden: Gegeben sind ein fester Punkt A, Fig. 52, und eine nicht durch ihn gehende feste Gerade YY': man zieht durch A die zu YY' senkrechte Gerade OX, dann einen beliebigen Strahl AL und trägt auf diesem die Strecken $\overline{LM} = \overline{LN} = \overline{OL}$ ab; dann sind M, N Punkte der als Strophoide benannten Linie.

Benützt man die nach rechts gerichtete Gerade OX als Polarachse und O als Pol, bezeichnet mit a die absolute Länge der Strecke OA und beachtet, daß in dem Dreieck OAM die Winkel bei A und M beziehungsweise $\frac{\pi}{2} - 2\varphi$, $\frac{\pi}{2} + \varphi$ sind, so ergibt sich die Beziehung:

$$\frac{r}{a} = \frac{\sin\left(\frac{\pi}{2} - 2\varphi\right)}{\sin\left(\frac{\pi}{2} + \varphi\right)},$$

die unmittelbar zur Polargleichung

$$r = a\,\frac{\cos 2\varphi}{\cos \varphi} \tag{1}$$

führt.

Geht man von dieser auf das zugehörige rechtwinklige System über mittels der Relationen **154**, (1), so entsteht zunächst

$$r = a\,\frac{\dfrac{x^2}{r^2} - \dfrac{y^2}{r^2}}{\dfrac{x}{r}}$$

und daraus
$$(x^2 + y^2)\, x = a\,(x^2 - y^2). \tag{2}$$

Durch Auflösung ergibt sich:
$$y = \pm\, x \sqrt{\frac{a - x}{a + x}}. \tag{3}$$

Man liest hieran ab: 1. daß die Linie symmetrisch ist zur Abszissenachse; 2. daß sie reelle Punkte nur in dem nicht abgeschlossenen Intervall $-a < x \leq a$ besitzt; 3. daß y am oberen Ende dieses Intervalls $= 0$ ist, während es bei rechtsseitiger Annäherung von x an das untere Ende unendlich wird: es zieht sich also die Linie längs der Geraden SS', Fig. 53,

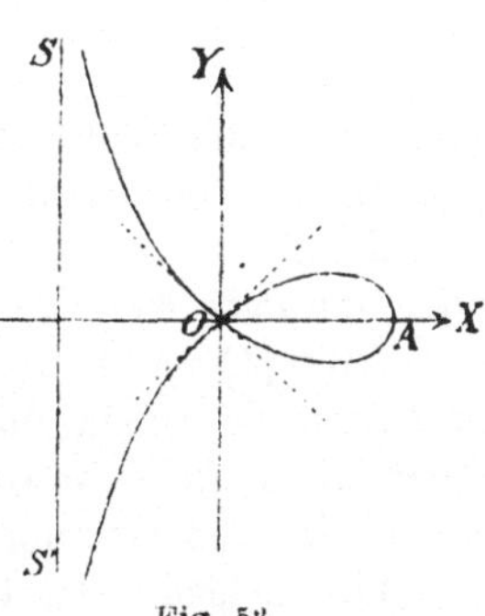

Fig. 53.

ohne Ende hin, sich ihr beliebig nähernd; man nennt eine solche Gerade eine *Asymptote* der krummen Linie.

Aus (1) ist zu erkennen, daß r sich der Grenze Null nähert, wenn φ gegen $\frac{\pi}{4}$ und gegen $\frac{3\pi}{4}$ konvergiert: auf den unter diesen Richtungswinkeln durch O geführten Geraden fallen also zwei kurz vorher noch getrennte Punkte in einen zusammen, diese Geraden sind somit Tangenten an die Kurve in O (**56**) die Erscheinung, welche diese hier darbietet, wird als ein *Knoten* (Knotenpunkt) bezeichnet.

162. Zissoide. Zu dieser Linie führt folgende Konstruktion: Aus einem Punkte O des Umfangs eines Kreises werden nach der Tangente im diametral gegenüberliegenden Punkte A Strahlen gezogen und auf jedem derselben die zwischen Tangente und Kreis eingeschlossene Strecke PQ, Fig. 54, nach OM übertragen; M ist ein Punkt der Kurve.

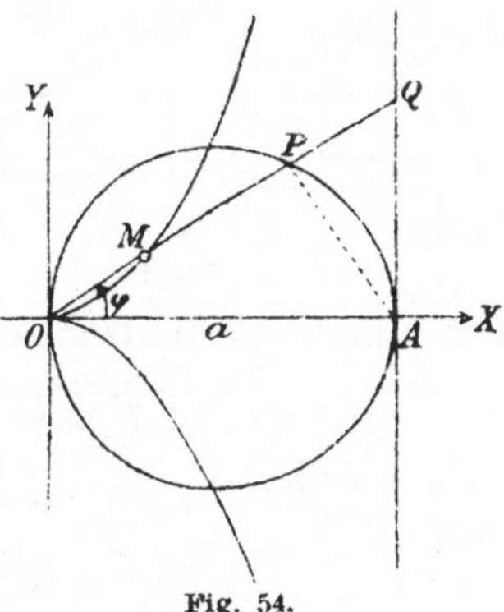

Fig. 54.

Auf das Polarsystem OX bezogen hat die von M bei Drehung des Strahls beschriebene Linie die Gleichung
$$r = \frac{a}{\cos\varphi} - a\cos\varphi,$$

vereinfacht:
$$r = \frac{a\sin^2\varphi}{\cos\varphi}, \tag{1}$$

wenn $OA = a$ der Durchmesser des Kreises ist. In dem zugeordneten rechtwinkligen System kommt ihr die Gleichung
$$(x^2 + y^2)\, x = a y^2 \tag{2}$$

zu.

Aus der Auflösung von (2):

$$y = \pm\, x\,\sqrt{\frac{x}{a-x}} \tag{3}$$

ließt man folgende Eigenschaften ab: 1. die Kurve ist symmetrisch zur x-Achse; 2. reelle Punkte sind in dem Intervall $0 \leq x < a$ vorhanden; 3. bei $\lim x = a - 0$ wird y unendlich, so daß die bei der Konstruktion benützte Kreistangente zugleich Asymptote ist.

Aus (1) entnimmt man, daß r gegen Null konvergiert, wenn φ sich von der einen oder anderen Seite der Null nähert; mithin berührt die x-Achse sowohl den oberen als den unteren Zweig der Kurve in O; die Erscheinung, die sich hier darbietet, wird *Spitze* genannt.

Die beiden zuletzt besprochenen Linien sind nach dem Bau ihrer mit (2) bezeichneten Gleichungen algebraische Kurven *dritter Ordnung*.

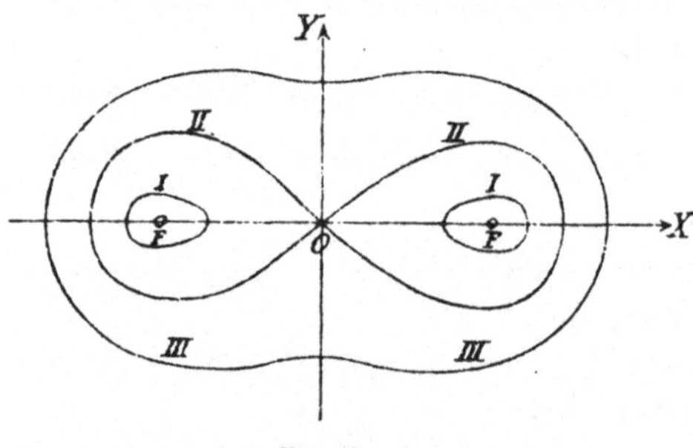

Fig. 55.

163. Cassinische Linien.

Als solche bezeichnet man Linien, deren Punkte von zwei festen Punkten, den Brennpunkten, Entfernungen von konstantem Produkt haben.

Im bipolaren System F, F', Fig. 55, haben diese Linien die Gleichung

$$u\,v = a^2. \tag{1}$$

Geht man auf das rechtwinklige System über, so ergibt sich zunächst:

$$\sqrt{y^2 + (c - x)^2} \cdot \sqrt{y^2 + (c + x)^2} = a^2,$$

wenn $F'F = 2c$, und nach Herstellung der rationalen Form:

$$(x^2 + y^2)^2 + 2c^2(y^2 - x^2) = a^4 - c^4. \tag{2}$$

Die Auflösung von (2), zunächst nach y^2, gibt:

$$y^2 = -(x^2 + c^2) \pm \sqrt{4c^2x^2 + a^4};$$

von diesen Lösungen kann nur die mit dem oberen Zeichen zu reellen y führen, aber auch sie liefert solche nur so lange, als:

$$(x^2 + c^2)^2 \leq 4c^2x^2 + a^4,$$

so lange also

$$(x^2 - c^2)^2 \leq a^4,$$

somit bei $x^2 - c^2 \leq a^2$ und $c^2 - x^2 \leq a^2$, woraus sich einerseits die obere Grenze für x mit $\sqrt{c^2 + a^2}$, andererseits die untere mit $\sqrt{c^2 - a^2}$ bestimmt. Während die obere Grenze immer reell ausfällt, ist es die untere nur für $c > a$.

Daraus ergeben sich drei Formen der Cassinischen Kurven:

I. $c > a$; y reell bei $\sqrt{c^2 - a^2} \leq |x| < \sqrt{c^2 + a^2}$,

II. $c = a$; y „   „ $|x| \leq \sqrt{c^2 + a^2}$;

III. $c < a$; y „   „ $|x| < \sqrt{c^2 + a^2}$.

Die Form II, deren Gleichung im rechtwinkligen System

$$(x^2 + y^2)^3 = 2\,a^2(x^2 - y^2), \tag{3}$$

im Polarsystem

$$r^2 = 2\,a^2 \cos 2\,\varphi \tag{4}$$

lautet, führt den Namen *Lemniskate*; sie geht durch den Ursprung und hat hier, da r bei $\lim \varphi = \frac{\pi}{4}$ und $\lim \varphi = \frac{3\pi}{4}$ gegen Null konvergiert, zwei Tangenten, die unter 45 und 145^0 gegen die x-Achse geneigt sind. In der Figur sind die drei Typen veranschaulicht.

164. Konchoide. Mit diesem Namen wird die durch folgende Konstruktion erzeugte Linie belegt: Aus einem festen Punkte O, Fig. 56, werden nach einer nicht durch ihn gehenden festen Geraden $A'A$ Strahlen gezogen und auf jedem derselben vom Schnittpunkt C

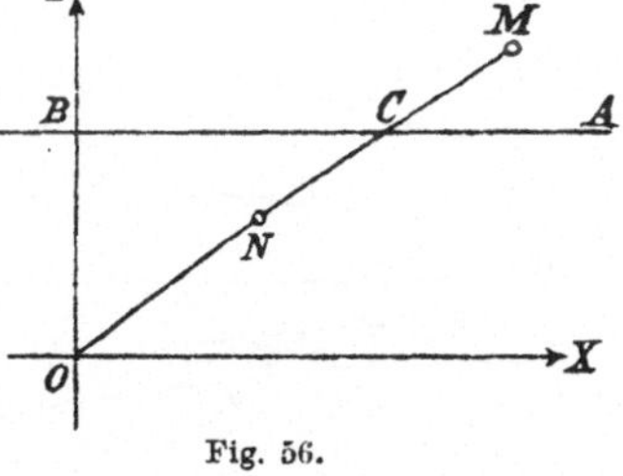

Fig. 56.

aus zwei gleiche Strecken $\overline{CM}$, $\overline{CN}$ von gegebener Länge l abgetragen; die Punkte M, N gehören der Linie an.

Die durch O zu $A'A$ gezogene nach rechts gerichtete Parallele diene als Polarachse, O als Pol; dann gilt für die Punkte M, d. i. über $A'A$:

$$r = \frac{a}{\sin \varphi} + l,$$

für die Punkte N, d. i. unter $A'A$:

$$r = \frac{a}{\sin \varphi} - l,$$

wobei $a = \overline{OB}$; beide Ansätze sind aber in der einen Gleichung

$$\left(r - \frac{a}{\sin \varphi} - l\right)\left(r - \frac{a}{\sin \varphi} + l\right) = 0$$

enthalten, die auch in der Form

$$\left(r - \frac{a}{\sin \varphi}\right)^2 = l^2 \tag{1}$$

geschrieben werden kann.

Geht man zu dem zugeordneten rechtwinkligen System über, so entsteht zuerst

$$\left(r - \frac{a\,r}{y}\right)^2 = l^2$$

und daraus schließlich

$$(x^2 + y^2)(y - a)^2 = l^2 y^2. \tag{2}$$

Diese Gleichung lehrt: 1. daß die Linie symmetrisch ist zur y-Achse, weil x nur in gerader Potenz vorkommt; 2. daß die Gerade $A'A$ eine Asymptote ist, weil bei $y = a$ die Gleichung nur bei unendlichem $|x|$ bestehen kann; 3. daß der Ursprung der Kurve angehört.

Aber aus

$$r = \frac{a}{\sin \varphi} - l$$

geht hervor, daß r gegen Null konvergiert, wenn $\lim \sin \varphi = \frac{a}{l}$ wird;

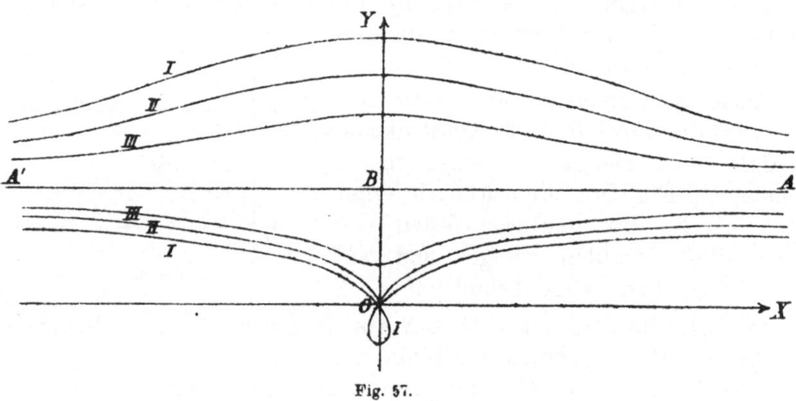

Fig. 57.

dazu gehören zwei supplementäre Werte von φ, sofern $a < l$; nur der eine Wert $\varphi = \frac{\pi}{2}$, wenn $a = l$; hingegen kein Wert, wenn $a > l$; im ersten Falle hat die Kurve im Ursprung zwei Tangenten und bildet hier einen Knoten; im zweiten Falle berührt sie die y-Achse zu beiden Seiten und bildet eine Spitze; im dritten Falle hat sie in einer gewissen Umgebung des Ursprungs keine weiteren Punkte, der Ursprung ist ein von der Linie *isolierter Punkt* (Einsiedler). Die drei so unterschiedenen Typen

$$\text{I. } a < l, \quad \text{II. } a = l, \quad \text{III. } a > l.$$

sind in Fig. 57 zur Darstellung gebracht.

Die Cassinischen Linien und die Konchoide sind nach dem Bau ihrer mit (2) bezifferten Gleichungen algebraische Kurven *vierter Ordnung*.

165. Rosette. Eine Kurve werde derart erzeugt, daß auf eine mit ihren Endpunkten auf zwei zueinander senkrechten Geraden gleitende

Strecke $\overline{AB} = a$ vom Schnittpunkte O dieser Geraden eine Normale gefällt wird; ihr Fußpunkt M beschreibt die Linie (Fig. 58).

Auf das Polarsystem OX bezogen hat die Linie, wie aus den rechtwinkligen Dreiecken unmittelbar zu entnehmen, die Gleichung

$$r = a \cos\varphi \sin\varphi = \frac{a}{2}\sin 2\varphi; \qquad (1)$$

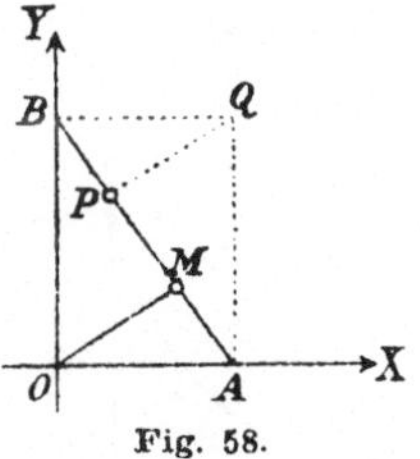
Fig. 58.

daraus ergibt sich die auf das zugeordnete rechtwinklige System bezogene Gleichung

$$(x^2 + y^2)^3 = a^2 x^2 y^2. \qquad (2)$$

Aus der Gleichung (2) schließt man auf Symmetrie bezüglich beider Achsen. Aus (1) ist zu erkennen: 1. daß $\frac{a}{2}$ die obere Grenze von r, die Kurve also in einem Kreise vom Radius $\frac{a}{2}$ eingeschlossen ist; 2. daß sie diesen Kreis erreicht an den Stellen $\varphi = \frac{\pi}{4}, \frac{3\pi}{4}, \frac{5\pi}{4}, \frac{7\pi}{4}$, indem an diesen $r = a$ oder $= -a$ wird; 3. daß r bei $\lim \varphi = 0, \frac{\pi}{2}$, $\pi, \frac{3\pi}{2}$ gegen Null konvergiert, die Kurve, also die beiden Achsen in O zu beiden Seiten berührt. Fig. 59 zeigt ihre Gestalt.

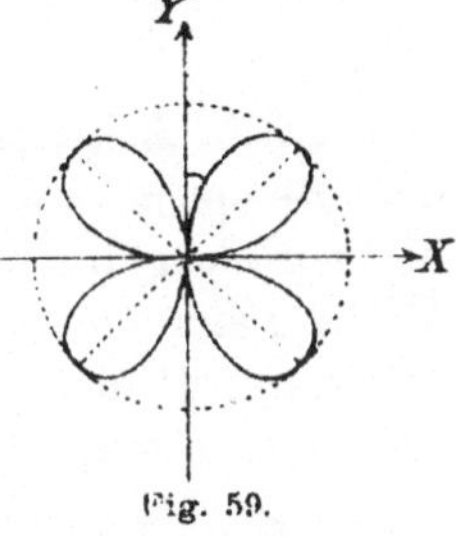
Fig. 59.

166. Asteroide. So benennt man die Kurve, welche der Punkt P derselben Strecke $\overline{AB}$, Fig. 58, beschreibt, der symmetrisch zu M in bezug auf die Mitte von $\overline{AB}$ liegt, den man also erhält, indem man aus der Ecke Q des Rechtecks $OAQB$ auf AB eine Senkrechte fällt.

Nennt man die auf dasselbe Achsensystem bezogenen Koordinaten von P ξ, η, so bestehen zwischen ξ, η und den Koordinaten x, y von M die aus der Figur ersichtlichen Beziehungen:

$$(\xi + x)^2 + (\eta + y)^2 = a^2,$$
$$\xi x = y^2,$$
$$\eta y = x^2;$$

aus der ersten folgt mit Rücksicht auf die beiden anderen

$$\xi^2 + \eta^2 + 3(x^2 + y^2) = a^2,$$

und aus den zwei letzten allein

$$xy = \xi\eta;$$

trägt man dies in die Gleichung (2) der vorigen Kurve ein, so entsteht

$$\left[\frac{a^2 - (\xi^2 + \eta^2)}{3}\right]^3 = a^2 \xi^2 \eta^2 \qquad (1)$$

als Gleichung der neuen Kurve; schreibt man dies in der Gestalt

$$\xi^2 + \eta^2 + 3a^{\frac{2}{3}}\xi^{\frac{2}{3}}\eta^{\frac{2}{3}} = a^2,$$

so erscheint (1) als das Ergebnis der Kubatur der Gleichung

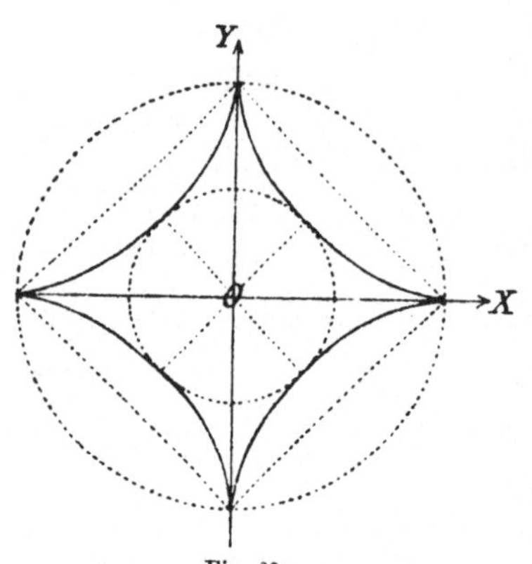

Fig. 60.

$$\xi^{\frac{2}{3}} + \eta^{\frac{2}{3}} = a^{\frac{2}{3}}, \tag{2}$$

die demnach auch als Darstellung der Kurve gelten kann.

Aus (1) entnimmt man, daß mit $\xi^2 + \eta^2 = a^2$ entweder $\xi = 0$ oder $\eta = 0$ notwendig verbunden ist, daß also die Linie durch die Punkte $(0/a), (0/-a), (a/0), (-a/0)$ hindurch geht. Ihre Gestalt ist aus Fig. 60 ersichtlich.

Die beiden zuletzt vorgeführten Linien sind, wie aus ihren mit (2), bzw. (1) bezeichneten Gleichungen zu erkennen, von der *sechsten Ordnung*.

§ 3. Koordinatentransformation.

167. Allgemeine Begriffsbestimmung. Schon die vorstehenden Beispiele zeigen deutlich, daß die Wahl des Koordinatensystems nicht gleichgültig ist für die analytische Darstellung; eine zweckmäßige Wahl kann wesentliche Vereinfachung der Rechnungen herbeiführen. Darum tritt bei größeren Untersuchungen häufig die Notwendigkeit ein, das Koordinatensystem zu ändern, um eine sich einstellende Frage in möglichst einfacher Weise zu lösen. Man kann geradezu die passende Anordnung des Koordinatensystems zu den Methoden der analytischen Geometrie zählen.

Bei dem Übergang zu einem anderen Koordinatensystem handelt es sich nun darum, die maßgebenden Gleichungen, die sich auf das ursprüngliche System beziehen, für das neue zu transformieren. Die Elementaraufgabe, auf die das hinausläuft, besteht darin, die Relationen zwischen den ursprünglichen und den neuen Koordinaten eines Punktes aufzustellen.

Nachstehend soll eine Auswahl häufig gebräuchter Transformationen behandelt werden.

168. Translation eines Parallelkoordinatensystems. Hierunter versteht man den Übergang von einem Parallelkoordinatensystem zu einem andern mit parallelen und gleichgerichteten Achsen. Die gegenseitige Anordnung ist bestimmt, wenn die Koordinaten x_0, y_0 des neuen Ursprungs O', Fig. 61, in bezug auf das alte System XOY gegeben sind.

Es seien x, y und $x'y'$ die auf die beiden Systeme bezüglichen Koordinaten eines Punktes M; dann entnimmt man der Figur unmittelbar, daß

$$OP = OA + O'P'$$
$$PM = AO' + P'M,$$

daß also

$$x = x_0 + x'$$
$$y = y_0 + y';\qquad(1)$$

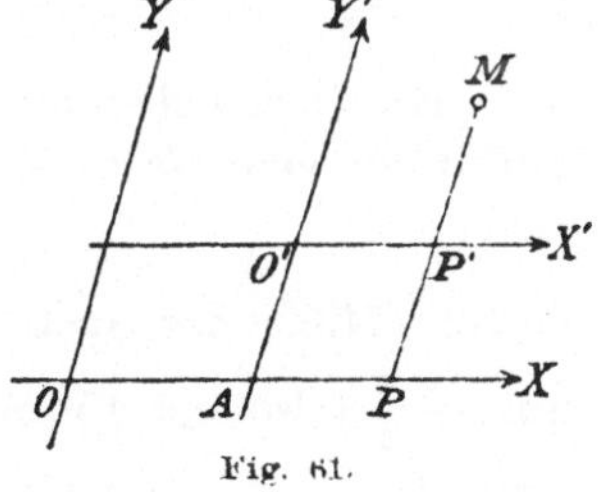

daraus ergibt sich die *inverse* Transformation:

$$x' = x - x_0$$
$$y' = y - y_0.\qquad(2)$$

Während (1) den Übergang vom alten System zum neuen, vermittelt (2) das umgekehrte.

Soll beispielsweise die Gleichung der Ellipse (**158**)

$$b^2 x^2 + a^2 y^2 = a^2 b^2,$$

auf den linken Scheitel als Ursprung transformiert werden, so hat man $x = -a + x'$, $y = y'$ zu setzen; die Gleichung lautet dann:

$$b^2 x'^2 + a^2 y'^2 = 2ab^2 x'.$$

169. Rotation eines Cartesischen Systems um den Ursprung. Es ist dies der Übergang von einem rechtwinkligen System zu einem gleich orientierten anderen mit demselben Ursprung. Die Anordnung beider Systeme ist durch den Rotationswinkel α bestimmt, worunter der Winkel verstanden werden soll,

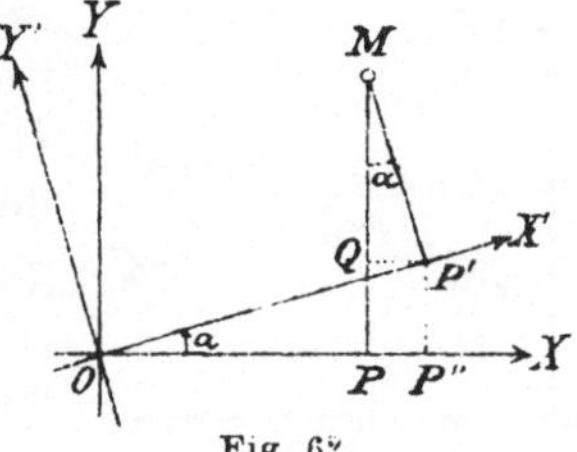

durch den die positive x-Achse in positiver Drehung in die positive x'-Achse übergeführt wird (Fig. 62).

Man liest an der Figur unmittelbar ab:

$$OP = OP'' - QP'$$
$$PM = P''P' + QM,$$

d. h. in den Größen x, y; x', y' und α ausgedrückt:

$$x = x' \cos \alpha - y' \sin \alpha$$
$$y = x' \sin \alpha + y' \cos \alpha.\qquad(1)$$

Die inverse Transformation ergibt sich durch Auflösung dieser Gleichungen nach x', y', aber auch durch die Bemerkung, daß die Drehung des neuen Systems um $-\alpha$ wieder zum alten führt; man braucht also nur x, y mit x', y' zu vertauschen und das Vorzeichen von α zu ändern und erhält so:

$$x' = x \cos \alpha + y \sin \alpha$$
$$y' = - x \sin \alpha + y \cos \alpha. \qquad (2)$$

Als Beispiel diene eine Hyperbel, bei der $b = a$ ist — man nennt sie eine *gleichseitige* Hyperbel —, deren Gleichung also

$$x^2 - y^2 = a^2$$

lautet (**159**); das System, das dieser Gleichung zugrunde liegt, werde um $-\frac{\pi}{4}$ (also um 45° nach abwärts) gedreht; die Transformation wird dann durch die Substitution

$$x = \frac{x' + y'}{\sqrt{2}}, \qquad y = \frac{-x' + y'}{\sqrt{2}}$$

vermittelt und verwandelt die Gleichung in

$$x'y' = \frac{a^2}{2}.$$

170. Allgemeine Transformation rechtwinkliger Koordinaten. So wollen wir den Übergang von einem rechtwinkligen System zu einem beliebigen andern gleichartig orientierten verstehen. Die gegenseitige Anordnung ist durch die Koordinaten x_0, y_0 des neuen Ursprungs bezüglich des alten Systems und durch den Rotationswinkel im vorhin erklärten Sinne gegeben (Fig. 63).

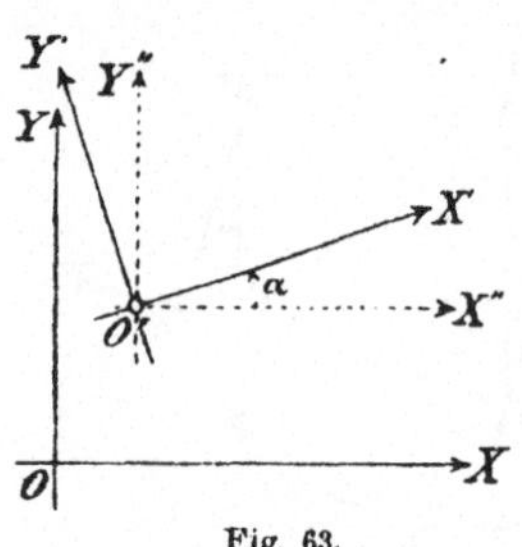

Fig. 63.

Der Übergang zu dem Hilfssystem $X''O'Y''$ ist eine Translation, daher

$$x = x_0 + x''$$
$$y = y_0 + y'';$$

der Übergang von diesem zu $X'O'Y'$ ist eine Rotation, daher

$$x'' = x' \cos \alpha - y' \sin \alpha$$
$$y'' = x' \sin \alpha + y' \cos \alpha;$$

durch Superposition ergeben sich die endgültigen Transformationsgleichungen:

$$x = x_0 + x' \cos \alpha - y' \sin \alpha$$
$$y = y_0 + x' \sin \alpha + y' \cos \alpha. \qquad (1)$$

Die Gleichungen für die inverse Transformation erhält man aus (2) der vorigen Nummer, indem man x, y durch $x - x_0$, $y - y_0$ ersetzt; sie heißen also:

$$x' = (x - x_0) \cos \alpha + (y - y_0) \sin \alpha$$
$$y' = - (x - x_0) \sin \alpha + (y - y_0) \cos \alpha. \qquad (2)$$

171. Rechtwinklige und Polarkoordinaten. Bei der Einführung des Polarsystems (**154**) ist bereits auf ein bestimmtes, mit ihm zusammenhängendes rechtwinkliges System hingewiesen worden; der Übergang von dem einen zu dem andern kam im Laufe der Beispiele auch wiederholt zur Anwendung. Jetzt soll der all-
gemeine Fall erledigt werden, darin bestehend, daß man von einem rechtwinkligen System zu einem polaren übergeht, dessen Pol O', Fig. 64, im alten System die Koordinaten x_0, y_0 hat, und dessen

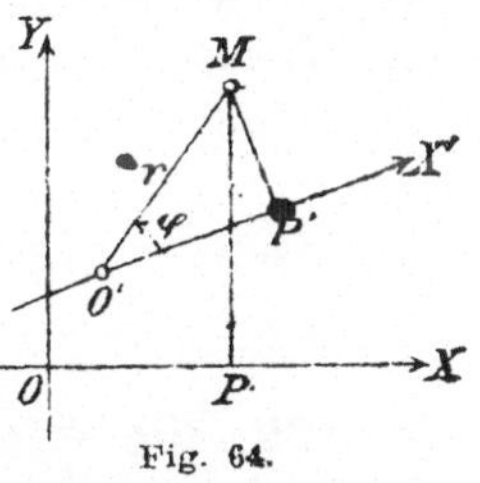

Fig. 64.

Polarachse gegen die gerichtete x-Achse des rechtwinkligen unter dem Winkel α geneigt ist.

Diese Transformation kann aufgelöst werden in die vorangehende und in den darauffolgenden Übergang zu Polarkoordinaten im Sinne von **154**; demnach lauten die Substitutionsgleichungen:

$$x = x_0 + r(\cos\alpha\cos\varphi - \sin\alpha\sin\varphi) = x_0 + r\cos(\alpha + \varphi)$$
$$y = y_0 + r(\sin\alpha\cos\varphi + \cos\alpha\sin\varphi) = y_0 + r\sin(\alpha + \varphi); \tag{1}$$

und für die inverse Transformation:

$$r = \sqrt{(x - x_0)^2 + (y - y_0)^2}, \quad \cos(\alpha + \varphi) = \frac{x - x_0}{r},$$
$$\sin(\alpha + \varphi) = \frac{y - y_0}{r}; \tag{2}$$

die beiden letzten Gleichungen bestimmen einen Winkel im Intervall $(0, 2\pi)$ eindeutig, aus dem sich dann durch Subtraktion von α die Amplitude φ ergibt.

Als Beispiel zu diesem Falle diene die Transformation der Ellipsen-
gleichung nach dem rechten Brennpunkt als Pol und der gerichteten Abszissenachse als Polarachse. Die zugehörigen Transformationsgleichungen

$$x = c + r\cos\varphi, \quad y = r\sin\varphi$$

verwandeln die Gleichung

$$b^2 x^2 + a^2 y^2 = a^2 b^2$$

in

$$r^2(b^2\cos^2\varphi + a^2\sin^2\varphi) + 2b^2 cr\cos\varphi = b^4,$$

deren positive Wurzel

$$r = \frac{-b^2 c\cos\varphi + ab^2}{a^2 - c^2\cos^2\varphi}$$

sich weiter vereinfacht zu

$$r = \frac{b^2}{a + c\cos\varphi};$$

bei $\varphi = \dfrac{\pi}{2}$ erhält r den Wert $\dfrac{b^2}{a} = p$, den man als *Parameter* der

Ellipse bezeichnet; führt man weiter das Verhältnis $\frac{c}{a}$ als *relative* oder numerische *Exzentrizität* mit dem Zeichen ε ein, so schreibt sich schließlich die *Brennpunktsgleichung* der Ellipse:

$$r = \frac{p}{1 + \varepsilon \cos \varphi}.$$

§ 4. Die Gerade.

172. Die Gleichung ersten Grades. *Jede Gleichung ersten Grades in x, y stellt eine Gerade dar.*

Die allgemeine Form einer solchen Gleichung lautet:

$$Ax + By + C = 0. \tag{1}$$

Die Aussage wird bewiesen sein, wenn gezeigt ist, daß die Gleichung bei allen zulässigen Annahmen über ihre Koeffizienten eine Gerade bestimmt.

1. $A \neq 0$, $B = 0$, $C \neq 0$; die Gleichung

$$Ax + C = 0 \tag{2}$$

führt zu $x = -\frac{C}{A}$ und kennzeichnet alle Punkte mit einer und derselben bestimmten Abszisse; ihr Ort ist eine *Gerade parallel der Ordinatenachse.*

2. $A = 0$, $B \neq 0$, $C \neq 0$; die Gleichung

$$By + C = 0 \tag{3}$$

ergibt $y = -\frac{C}{B}$ und kennzeichnet alle Punkte mit einer und derselben bestimmten Ordinate; der Ort solcher Punkte ist eine *Gerade parallel der Abszissenachse.*

3. $A \neq 0$, $B = 0$, $C = 0$ führt zu $Ax = 0$, und dies kann nur mit

$$x = 0 \tag{4}$$

bestehen; hierdurch sind aber die Punkte der *Ordinatenachse* selbst charaktersiert.

4. $A = 0$, $B \neq 0$, $C = 0$ hat $By = 0$ und dies wiederum

$$y = 0 \tag{5}$$

zur Folge; hiermit sind die Punkte der *Abszissenachse* gekennzeichnet.

5. $A \neq 0$, $B \neq 0$, $C = 0$ liefert die Gleichung

$$Ax + By = 0, \tag{6}$$

aus der $\frac{y}{x} = -\frac{A}{B}$ folgt; alle Punkte aber, deren Koordinaten in einem konstanten und bestimmten Verhältnisse zueinander stehen, liegen auf einer bestimmten *Geraden durch den Ursprung.*

6. $A \neq 0$, $B \neq 0$, $C \neq 0$ endlich führt auf

$$y = -\frac{A}{B} x - \frac{C}{B} \tag{7}$$

und läßt die zu einer Abszisse gehörige Ordinate als Summe aus $-\frac{A}{B} x$ und $-\frac{C}{B}$ erscheinen; das erste ist nach 6. die Ordinate einer bestimmten Geraden durch den Anfangspunkt, das zweite eine konstante Größe; es sind also die Ordinaten jener Geraden um eine konstante Strecke verlängert oder verkürzt, je nachdem $-\frac{C}{B}$ positiv oder **negativ** ist; der Ort der so erhaltenen Punkte ist eine *Gerade von allgemeiner Lage*, die parallel ist der durch den Anfangspunkt gehenden Geraden (6).

Hiermit ist der Beweis erbracht, und er gilt für jedes Parallelkoordinatensystem.

173. Segmentgleichung. Die zu $y = 0$ gehörige Abszisse a und die zu $x = 0$ gehörige Ordinate b sind die Abschnitte oder Segmente, welche die Gerade

$$Ax + By + C = 0 \tag{1}$$

auf den Koordinatenachsen bildet; sie ergeben sich aus den Ansätzen

$$Aa + C = 0, \quad Bb + C = 0,$$

und zwar ist

$$a = -\frac{C}{A}, \qquad b = -\frac{C}{B}; \tag{2}$$

ersetzt man also A, B in (1) durch $-\frac{C}{a}$, $-\frac{C}{b}$ und unterdrückt hierauf den Faktor $C \neq 0$, so entsteht die Segmentgleichung der Geraden:

$$\frac{x}{a} + \frac{y}{b} = 1. \tag{3}$$

Ihre Herstellung aus der Gleichungsform (1) erfolgt also mittels der Division durch $-C$.

174. Richtungswinkel der Geraden. Solange eine Gerade nicht gerichtet ist, d. h. solange nicht ein bestimmter Sinn in ihr als positiv festgesetzt ist, kann ihre Richtung durch den hohlen Winkel α, Fig. 65, bestimmt werden, den sie mit der gerichteten x-Achse bildet. Bei dieser Auffassung haben parallele Gerade gleiche Richtungswinkel.

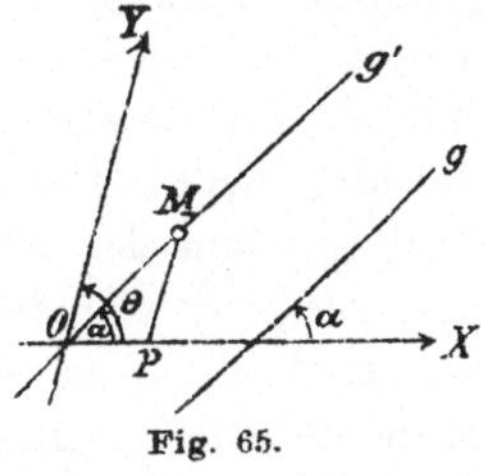
Fig. 65.

Ist g durch $Ax + By + C = 0$, so ist die Parallele g' durch den Ursprung dargestellt durch $Ax + By = 0$ und

$$\frac{y}{x} = \frac{MP}{OP} = \frac{\sin \alpha}{\sin(\theta - \alpha)} = m = -\frac{A}{B}; \tag{1}$$

mit Rücksicht auf **172**, (7) und **173**, (2) schreibt sich dann die Gleichung:

$$y = mx + b; \qquad (2)$$

die Bedeutung von m geht aus (1) hervor, und b ist das Segment auf der Ordinatenachse.

Ist das Koordinatensystem rechtwinklig, also $\theta = \dfrac{\pi}{2}$, so ist insbesondere

$$m = \operatorname{tg} \alpha. \qquad (3)$$

Man nennt m, weil es in dem einen wie in dem andern Falle lediglich mit der Richtung der Geraden zusammenhängt, ihren *Richtungskoeffizienten*.

Anders, wenn es sich um eine *gerichtete* Gerade handelt. Zieht man eine dazu parallele und gleichgerichtete Gerade durch den Ursprung, so sollen die im positiven (oder negativen) Drehungssinne gezählten hohlen Winkel, welche diese letztere Gerade mit der gerichteten x- und y-Achse bildet, als die Richtungswinkel α', β' der ursprünglichen Geraden betrachtet werden, Fig. 66. Unter der Voraussetzung eines rechtwinkligen, positiv orientierten Koordinatensystems ist dann immer (eventuell mit Außerachtlassung von 2π)

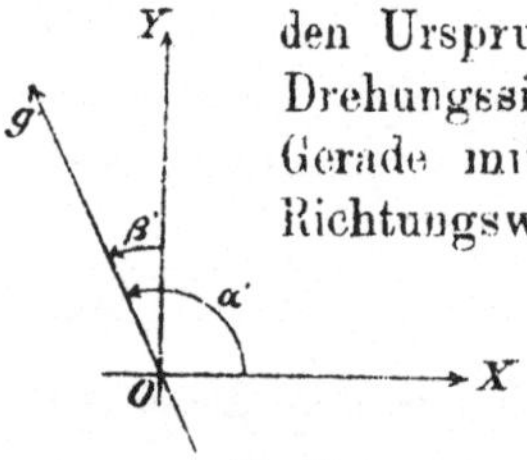

$$\beta' = \alpha' - \frac{\pi}{2}; \qquad (4)$$

Fig. 66.

denn, fällt z. B. g' in den ersten Quadranten, so wird β' als der negativ gezählte Komplementswinkel von α' zu nehmen sein; ähnlich überzeugt man sich von der Richtigkeit des Ansatzes (4) bei jeder andern Anordnung.

Man nennt $\cos \alpha'$, $\cos \beta'$ die *Richtungskosinus* der Geraden und hat also im rechtwinkligen System

$$\cos \beta' = \sin \alpha'. \qquad (5)$$

Was nun den positiven Sinn in einer nicht durch den Ursprung gehenden Geraden anlangt, so sei hierüber folgende Vereinbarung getroffen: Als positiv möge in einer solchen Geraden derjenige Sinn gelten, bei dessen Verfolgung der Ursprung zur linken Seite der Geraden liegt. Die Festsetzung steht im Einklang mit dem positiven Drehungssinn der Ebene.

Zu jeder Geraden g gehört eine Normale n durch den Ursprung; um auch diese zu einer gerichteten zu machen, werde als positiver Sinn derjenige bestimmt, der *vom* Ursprung *zur* Geraden führt; die so gerichtete Normale werde als *positive Normale* bezeichnet. Diese Festsetzung ermöglicht es, die *beiden Seiten* der Geraden voneinander zu unterscheiden: als positiv gelte diejenige Seite, nach welcher die positive Normale verläuft, die andere als negativ; letztere enthält den Ursprung (Fig. 67).

Sind nun wie vorhin α', β' die Richtungswinkel der gerichteten Geraden, α, β die der gerichteten Normalen, so bestehen immer (eventuell mit Außerachtlassung von 2π) die Relationen:

$$\alpha' = \alpha + \frac{\pi}{2}, \quad \beta' = \beta + \frac{\pi}{2}. \tag{6}$$

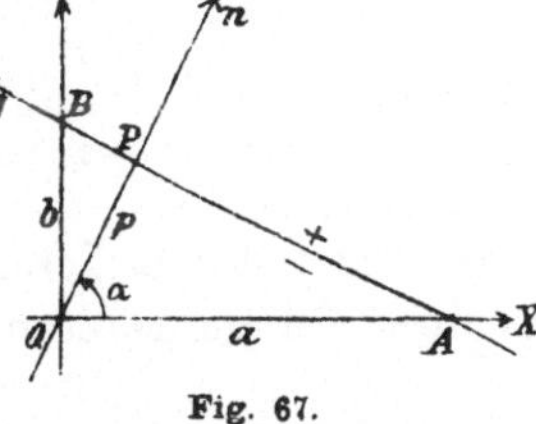

Fig. 67.

175. Hessesche Normalgleichung.[1])

Man kann zur Beschreibung einer Geraden die absolute Länge p der vom Ursprung zu ihr geführten Normalen und die Richtungswinkel α, β ihrer positiven Richtung verwenden; unter der Voraussetzung eines rechtwinkligen Systems besteht zwischen diesen die Beziehung **174**, (4).

Sind a, b die Segmente, welche die Gerade g, Fig. 67, auf den Achsen bildet, so schreibt sich ihre Gleichung:

$$\frac{x}{a} + \frac{y}{b} - 1 = 0.$$

Nun ist aber unter allen Umständen

$$a \cos \alpha = b \sin \alpha = p;$$

erweitert man also den ersten Bruch in der vorstehenden Gleichung mit $\cos\alpha$, den zweiten mit $\sin\alpha$ und macht von dem letzten Ansatze Gebrauch, so entsteht die Gleichung:

$$x \cos \alpha + y \sin \alpha - p = 0, \tag{1}$$

die man als die *Normalgleichung von Hesse* bezeichnet.

Um die allgemeine Gleichung

$$Ax + By + C = 0 \tag{2}$$

auf diese Form zu bringen, wird man sie mit einem Multiplikator λ multiplizieren, der so gewählt werden muß, daß

$$\lambda^2 A^2 + \lambda^2 B^2 = 1$$

sei, damit λA, λB tatsächlich den cos und sin eines Winkels darstellen; die Unbestimmtheit des Vorzeichens von

$$\lambda = \frac{1}{\varepsilon \sqrt{A^2 + B^2}}, \tag{3}$$

die durch den Zeichenfaktor ε ($+1$ oder -1) angezeigt ist, behebt sich durch die weitere Forderung, daß λC mit $-p$ übereinstimmen, daher negativ sein muß; sonach hat λ das entgegengesetzte Zeichen von C zu erhalten, was durch den Ansatz

$$\varepsilon = - \operatorname{sgn} C \tag{4}$$

ausgedrückt werden soll.

---

1) Nach O. Hesse benannt, der zur Ausbildung der modernen Methoden der analytischen Geometrie wesentlich beigetragen hat.

Um also die allgemeine Gleichung (2) *auf die Hessesche Normalform umzuwandeln, hat man sie durch* $-\operatorname{sgn} C \sqrt{A^2 + B^2}$ *zu dividieren.* Hiernach sind die Richtungskosinus der positiven Normalen von (2):

$$\cos\alpha = \sin\beta = \frac{A}{-\operatorname{sgn} C\sqrt{A^2 + B^2}}, \qquad \cos\beta = \sin\alpha = \frac{B}{-\operatorname{sgn} C\sqrt{A^2 + B^2}},$$

und wegen der Beziehungen (6) der vorigen Nummer die Richtungskosinus der gerichteten Geraden selbst:

$$\cos\alpha' = \frac{B}{\operatorname{sgn} C\sqrt{A^2 + B^2}}, \qquad \cos\beta' = \frac{A}{\operatorname{sgn} C\sqrt{A^2 + B^2}}.$$

Nach der **vorstehenden Regel** ergeben sich beispielsweise für die Geraden

$$3x - 4y - 5 = 0, \qquad x + 2y + 3 = 0$$

die Hesseschen Normalgleichungen

$$\tfrac{3}{5}x - \tfrac{4}{5}y - 1 = 0, \qquad -\frac{1}{\sqrt{5}}x - \frac{2}{\sqrt{5}}y - \frac{3}{\sqrt{5}} = 0,$$

aus denen man ersieht, daß das Lot der ersten, von der absoluten Länge 1, vom Ursprung aus in den vierten, das Lot der zweiten, von der absoluten Länge $\dfrac{3}{\sqrt{5}}$, in den dritten Quadranten verläuft.

176. Parametrische Darstellung der Geraden. Ist M_0 (x_0/y_0) ein fester Punkt der gerichteten Geraden g, α ihr Richtungswinkel, s der Abstand des variablen Punktes $M(x/y)$ von M_0, so ist unter Voraussetzung eines rechtwinkligen Koordinatensystems:

$$x - x_0 = s\cos\alpha, \qquad y - y_0 = s\sin\alpha;$$

daraus ergeben sich die parametrischen Gleichungen der Geraden g:

$$\begin{aligned} x &= x_0 + s\cos\alpha \\ y &= y_0 + s\sin\alpha; \end{aligned} \tag{1}$$

s gilt darin als positiv oder negativ, je nachdem die Strecke $M_0 M$ die positive oder negative Richtung der Geraden hat.

177. Geradenbüschel, bestimmt durch einen Punkt. Die allgemeine Gleichung der Geraden

$$Ax + By + C = 0 \tag{1}$$

enthält drei Koeffizienten, die sich auf *zwei* Konstanten reduzieren lassen, indem man durch einen von ihnen die Gleichung dividiert.

In der Tat treten in den speziellen Gleichungsformen

$$\frac{x}{a} + \frac{y}{b} = 1$$

$$y = mx + b$$

$$x \cos \alpha + y \sin \alpha - p = 0$$

nur zwei Konstanten oder Parameter auf: die Gesamtheit der Geraden in der Ebene ist von der *Mächtigkeit* ∞^2.

Daraus folgt, daß eine Gerade im allgemeinen durch **zwei** Bedingungen bestimmt ist.

Ist der Geraden nur eine Bedingung auferlegt, so bleibt einer der Parameter unbestimmt, aus der Gesamtheit der Geraden ist eine niedere Gesamtheit von der Mächtigkeit ∞^1 herausgehoben.

Einen wichtigen Fall dieser Art bilden die *Geraden durch einen gegebenen Punkt*, deren Gesamtheit man einen *Geradenbüschel* nennt. Heißt der gegebene Punkt $M_1(x_1/y_1)$, so führt die Forderung, daß er der Geraden angehöre, zu der Bedingung

$$Ax_1 + By_1 + C = 0 \tag{2}$$

zwischen den Koeffizienten, mit deren Hilfe sich einer derselben, am einfachsten C, aus (1) eliminieren läßt; man erhält so

$$A(x - x_1) + B(y - y_1) = 0, \tag{3}$$

oder, indem man $-\dfrac{A}{B} = m$ setzt,

$$y - y_1 = m(x - x_1) \tag{4}$$

als Gleichung des Geradenbüschels mit dem *Träger M_1*.

Im rechtwinkligen System kann derselbe Geradenbüschel auch durch die Gleichungen (**176**)

$$\begin{aligned} x &= x_1 + s \cos \alpha \\ y &= y_1 + s \sin \alpha \end{aligned} \tag{5}$$

dargestellt werden, wenn man darin nicht allein s, sondern auch α als veränderlichen Parameter auffaßt; bei festgehaltenem α und variablem s bestimmen die Gleichungen (5) eine spezielle Gerade des Büschels, diejenige, die gegen die gerichtete x-Achse den Richtungswinkel α hat.

178. Gerade durch zwei Punkte. Durch zwei Punkte $M_1(x_1/y_1)$, $M_2(x_2/y_2)$ ist eine Gerade bestimmt. Denn jede Gerade, die durch den ersten Punkt geht, ist in der Gleichung

$$A(x - x_1) + B(y - y_1) = 0$$

enthalten; soll sie auch durch den zweiten Punkt gehen, so müssen die Koeffizienten A, B der Bedingung

$$A(x_2 - x_1) + B(y_2 - y_1) = 0$$

entsprechen; aus beiden Gleichungen ergibt sich durch Elimination von A, B:

$$\frac{x - x_1}{x_2 - x_1} = \frac{y - y_1}{y_2 - y_1} \tag{1}$$

oder in anderer Anordnung:

$$y - y_1 = \frac{y_1 - y_2}{x_1 - x_2}(x - x_1) \tag{2}$$

als Gleichung der durch M_1 und M_2 bestimmten Geraden.

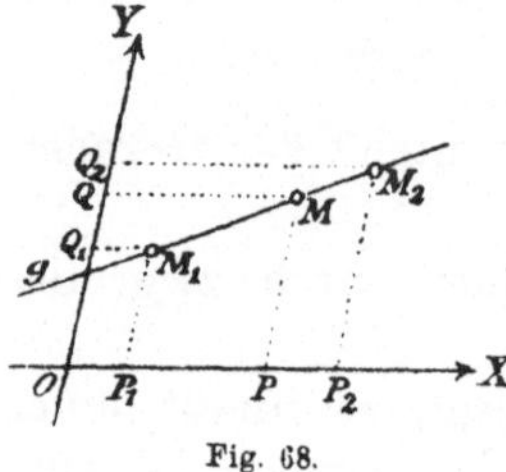

Fig. 68.

179. Teilungsverhältnis in der Geraden.

Ein Punkt M in einer Geraden g, Fig. 68, bestimmt in bezug auf eine in der Geraden gegebene Strecke $M_1 M_2$ ein *Teilungsverhältnis*; es soll darunter das Verhältnis

$$\frac{M_1 M}{M M_2} = \lambda \tag{1}$$

verstanden werden. Umgekehrt ist die Lage eines Punktes in der Geraden durch die Angabe seines Teilungsverhältnisses bestimmt, λ also eine *Koordinate* des Punktes.

Der Definition (1) zufolge ist λ positiv für einen Punkt der Strecke $M_1 M_2$, negativ für einen Punkt außerhalb derselben und unabhängig davon, welche Richtung in der Geraden als positiv angenommen wird. Während der Punkt die genannte Strecke durchläuft, variiert λ von 0 bis ∞, und indem M den Punkt M_2 überschreitet, ändert λ sein Vorzeichen und variiert bei der weiteren Bewegung von M von $-\infty$ bis -1, und nimmt schließlich die Werte von -1 bis 0 an, indem M von der anderen Seite her immer näher an den Ausgangspunkt M_1 heranrückt. Sowie jedem andern Werte von λ ein und nur ein bestimmter Punkt entspricht, ordnet man auch dem Werte -1 einen einzigen Punkt zu und nennt ihn den *unendlich fernen Punkt* der Geraden. Dem Mittelpunkt von $M_1 M_2$ entspricht $\lambda = 1$.

Bezeichnet man mit x_1/y_1, x_2/y_2, x/y die Koordinaten von M_1, M_2, M, und beachtet man, daß auch

$$\frac{P_1 P}{P P_2} = \frac{Q_1 Q}{Q Q_2} = \lambda,$$

also

$$\frac{x - x_1}{x_2 - x} = \frac{y - y_1}{y_2 - y} = \lambda$$

ist, so ergibt sich:

$$x = \frac{x_1 + \lambda x_2}{1 + \lambda}, \qquad y = \frac{y_1 + \lambda y_2}{1 + \lambda}. \tag{2}$$

Da durch diese Gleichungen, indem man λ von $-\infty$ bis ∞ variieren läßt, nach und nach alle Punkte der Geraden g zur Darstellung kommen, so kann man sie als *parametrische Gleichungen* der durch die Punkte M_1, M_2 bestimmten Geraden auffassen.

Zwei Punkte M', M'' mit den Teilungsverhältnissen λ', λ'' bestimmen das *Doppelverhältnis*

$$\frac{M_1 M'}{M' M_2} : \frac{M_1 M''}{M'' M_2} = \frac{\lambda'}{\lambda''}, \tag{3}$$

das positiv oder negativ ausfällt, je nachdem die Punkte in bezug auf M_1, M_2 gleichartig oder ungleichartig liegen, d. h. beide innen oder außen, *oder* einer innen, einer außen.

Ist insbesondere $\lambda' = -\lambda''$, so nimmt das Doppelverhältnis den Wert -1 an, und man sagt dann, daß die Punkte M', M'' die Strecke $M_1 M_2$ *harmonisch* teilen: da aus (3) auch

$$\frac{M' M_1}{M_1 M''} : \frac{M' M_2}{M_2 M''} = \frac{\lambda'}{\lambda''}$$

folgt, so teilen bei $\lambda'' = -\lambda'$ auch die Punkte M_1, M_2 die Strecke $M' M''$ harmonisch, und man sagt daher, die Punktepaare M_1, M_2 und M', M'' *trennen einander harmonisch*, nennt auch M_1, M_2, M', M'' *vier harmonische Punkte*.

Bezeichnet man die relativen Strecken $M_1 M_2$, $M_1 M'$, $M_1 M''$ der Reihe nach mit s, s', s'', so lautet der Ansatz (3) für harmonische Punkte so:

$$\frac{s'}{s - s'} : \frac{s''}{s - s''} = -1;$$

daraus ergibt sich durch Umformung die für harmonische Punkte charakteristische Streckenrelation:

$$\frac{s' + s''}{s' s''} = \frac{2}{s}, \tag{4}$$

die auch in der Gestalt

$$\frac{1}{2}\left(\frac{1}{s'} + \frac{1}{s''}\right) = \frac{1}{s}$$

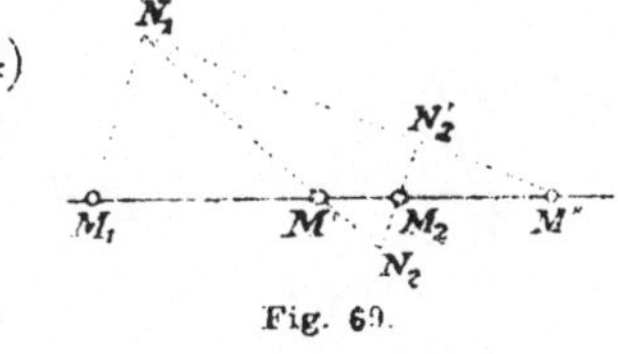

Fig. 69.

geschrieben werden kann. Den linksstehenden Ausdruck bezeichnet man als das *harmonische Mittel* von s', s''.

Um zu M' den vierten harmonischen Punkt in bezug auf M_1, M_2, Fig. 69, zu finden, schneide man zwei beliebige Parallelen durch M_1, M_2 mittels einer durch M' laufenden Transversale $N_1 N_2$, übertrage $M_2 N_2$ nach $\overline{M_2 N'_2}$ und bringe $N_1 N'_2$ mit der Geraden zum Schnitt; dieser Schnittpunkt ist der gesuchte M'', da sein Teilungsverhältnis, vom Zeichen abgesehen, dasselbe ist wie das von M'.

Dem Mittelpunkt von $M_1 M_2$ entspricht der unendlich ferne Punkt der Geraden als vierter harmonischer.

Auf Grund von (2) sind

$$x' = \frac{x_1 + \lambda x_2}{1 + \lambda}, \quad y' = \frac{y_1 + \lambda y_2}{1 + \lambda}$$

$$x'' = \frac{x_1 - \lambda x_2}{1 - \lambda}, \quad y'' = \frac{y_1 - \lambda y_2}{1 - \lambda} \tag{5}$$

die Koordinaten zweier Punkte M', M'', die $M_1 M_2$ harmonisch teilen in den Verhältnissen λ und $-\lambda(|\lambda| \neq 1)$ beziehungsweise.

Als Beispiel der Anwendung des Teilungsverhältnisses diene die Bestimmung der Koordinaten des Schwerpunktes S eines Dreiecks $M_1 M_2 M_3$ aus den Koordinaten seiner Eckpunkte.

Der Mittelpunkt M''' der Seite $M_1 M_2$ hat das Teilungsverhältnis 1, daher sind

$$x''' = \frac{x_1 + x_2}{2}, \quad y''' = \frac{y_1 + y_2}{2}$$

seine Koordinaten; der Schwerpunkt S teilt $M''' M_3$ in dem Verhältnis $\frac{1}{2}$, daher sind

$$x = \frac{x''' + \frac{1}{2} x_3}{1 + \frac{1}{2}} = \frac{x_1 + x_2 + x_3}{3}, \quad y = \frac{y''' + \frac{1}{2} y_3}{1 + \frac{1}{2}} = \frac{y_1 + y_2 + y_3}{3}$$

seine Koordinaten.

180. Abstand eines Punktes von einer Geraden. Die in der festgesetzten Art (**174**) gerichtete Gerade g, Fig. 70, sei im rechtwinkligen System durch ihre Hessesche Normalgleichung

$$x \cos \alpha + y \sin \alpha - p = 0 \tag{1}$$

und der Punkt M_0 durch seine Koordinaten x_0, y_0 gegeben.

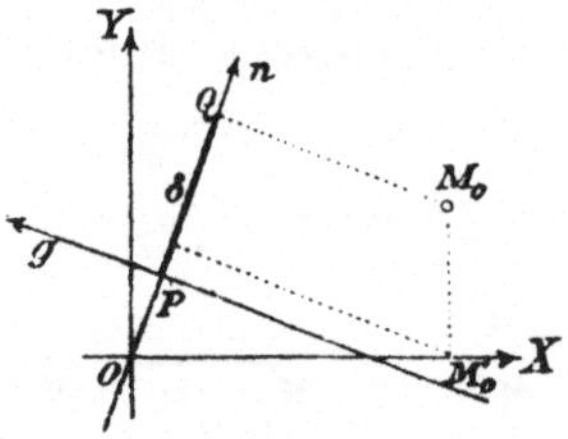

Projiziert man den Linienzug $O M_0' M_0$ rechtwinklig auf die positive Normale n von g, so ist die relative Länge der Projektion

Fig. 70.

$$O Q = x_0 \cos \alpha + y_0 \sin \alpha,$$

und setzt man fest, als Abstand δ des Punktes M_0 von g solle die relative Strecke PQ gelten, so ist

$$\delta = O Q - O P = x_0 \cos \alpha + y_0 \sin \alpha - p \tag{2}$$

und fällt positiv oder negativ aus, je nachdem M_0 auf der positiven. oder negativen Seite der Geraden liegt.

Der relative Abstand eines Punktes von einer Geraden wird also erhalten, indem man seine Koordinaten in die linke Seite der Hesse-

schen Normalgleichung der Geraden statt der veränderlichen Koordinaten einsetzt.

Ist hiernach die Gerade durch die Gleichung

$$Ax + By + C = 0 \tag{3}$$

gegeben, so ist nach den Ausführungen in **175**:

$$\delta = \frac{Ax_0 + By_0 + C}{-\operatorname{sgn}C\sqrt{A^2+B^2}}. \tag{4}$$

Nach dieser Vorschrift findet man den Abstand des Punktes $M_0(3/5)$ von der Geraden $5x - 12y + 3 = 0$:

$$\delta = \frac{15 - 60 + 3}{-\sqrt{25 + 144}} = \frac{42}{13},$$

der durch sein Vorzeichen anzeigt, daß der Punkt auf der positiven Seite der Geraden liegt. Der Abstand des Ursprungs von derselben Geraden ist

$$\delta_0 = \frac{3}{-\sqrt{25 + 144}} = -\frac{3}{13}$$

und fällt notwendig negativ aus, weil der Ursprung gemäß der getroffenen Vereinbarung bezüglich jeder nicht durch ihn gehenden Geraden auf der negativen Seite liegt.

181. Dreiecksfläche. Erteilt man den Eckpunkten eines Dreiecks eine bestimmte zyklische Ordnung, so gibt man damit seinem Umfang eine bestimmte Umlaufsrichtung und macht so die Dreiecksfläche zu einer relativen Größe. Sie soll positiv sein, wenn der Umlaufssinn mit dem positiven Drehungssinn der Ebene übereinstimmt (**153**), im anderen Falle negativ.

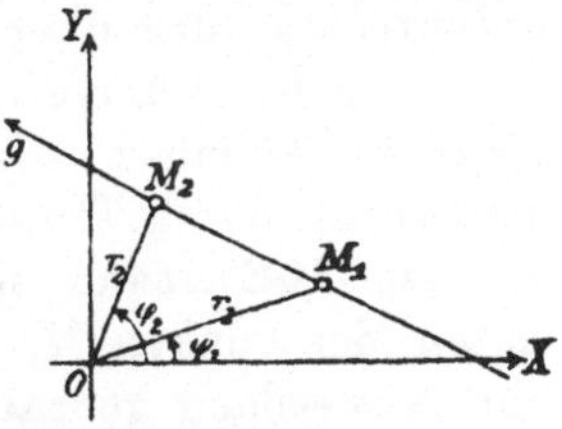

Betrachtet man zunächst ein Dreieck OM_1M_2, Fig. 71, dessen eine Ecke im Ursprung liegt, so wird seine Fläche positiv ausfallen, wenn der Sinn der Strecke M_1M_2 mit dem positiven Sinn der durch die Punkte M_1, M_2 bestimmten Geraden übereinstimmt, im andern Falle negativ.

Fig. 71.

Die absolute Größe der Strecke M_1M_2 ergibt sich als Hypotenuse eines Dreiecks, dessen Katheten die absoluten Koordinatendifferenzen ihrer Endpunkte sind; ihre relative Länge ist hiernach

$$M_1M_2 = \varepsilon'\sqrt{(x_1 - x_2)^2 + (y_1 - y_2)^2}, \quad \varepsilon' = \operatorname{sgn}M_1M_2. \tag{1}$$

Da die Gleichung der durch M_1 und M_2 laufenden Geraden nach **178**, (2) in der Form

$$(y_1 - y_2)x - (x_1 - x_2)y + x_1y_2 - x_2y_1 = 0$$

geschrieben werden kann, so ist auf Grund der Schlußbemerkung in **180** die *absolute* Länge des vom Ursprung zu ihr gefällten Perpendikels

$$h = \frac{x_1y_2 - x_2y_1}{\varepsilon\sqrt{(x_1 - x_2)^2 + (y_1 - y_2)^2}}, \quad \varepsilon = \operatorname{sgn}(x_1y_2 - x_2y_1). \tag{2}$$

Daraus berechnet sich die relative Größe des Dreiecksinhaltes $J = \frac{1}{2} M_1 M_2 \cdot h$, d. i.

$$J = \frac{\varepsilon'}{2\varepsilon}(x_1 y_2 - x_2 y_1).$$

Sind nun r_1/φ_1, r_2/φ_2 die Polarkoordinaten von M_1, M_2 in bezug auf OX, so folgt aus

$$\cos \varphi_1 = \frac{x_1}{r_1}, \quad \sin \varphi_1 = \frac{y_1}{r_1}$$

$$\cos \varphi_2 = \frac{x_2}{r_2}, \quad \sin \varphi_2 = \frac{y_2}{r_2}$$

daß

$$\sin(\varphi_2 - \varphi_1) = \frac{x_1 y_2 - x_2 y_1}{r_1 r_2},$$

und weil die Punkte an die Gerade gebunden sind, so ist $|\varphi_2 - \varphi_1| < \pi$, folglich

$$\operatorname{sgn}(\varphi_2 - \varphi_1) = \operatorname{sgn} \sin(\varphi_2 - \varphi_1) = \operatorname{sgn}(x_1 y_2 - x_2 y_1),$$

und da nach den getroffenen Vereinbarungen

$$\operatorname{sgn}(\varphi_2 - \varphi_1) = \operatorname{sgn} M_1 M_2,$$

so ist $\varepsilon' = \varepsilon$, folglich

$$J = \frac{1}{2}(x_1 y_2 - x_2 y_1) = \frac{1}{2} \begin{vmatrix} x_1 & y_1 \\ x_2 & y_2 \end{vmatrix} \tag{3}$$

Diese Formel gibt also den relativen Inhalt des Dreiecks $OM_1 M_2$ entsprechend den über den Umlaufssinn getroffenen Festsetzungen.

Um den relativen Inhalt eines Dreiecks $M_1 M_2 M_3$ in allgemeiner Lage zu bestimmen, braucht man sich nur zu denken, das Koordinatensystem sei durch Translation nach dem Anfangspunkt M_3 verschoben worden (**168**); dann sind $x_1 - x_3/y_1 - y_3$, $x_2 - x_3/y_2 - y_3$ die Koordinaten der Punkte M_1, M_2 im neuen System, auf das die Formel (3) zur Anwendung gebracht werden kann; demnach ist nun

$$J = \frac{1}{2}\left\{(x_1 - x_3)(y_2 - y_3) - (x_2 - x_3)(y_1 - y_3)\right\}$$

$$= \frac{1}{2}\begin{vmatrix} x_1 - x_3 & y_1 - y_3 \\ x_2 - x_3 & y_2 - y_3 \end{vmatrix} = \frac{1}{2}\begin{vmatrix} x_1 - x_3 & y_1 - y_3 & 1 \\ x_2 - x_3 & y_2 - y_3 & 1 \\ x_3 - x_3 & y_3 - y_3 & 1 \end{vmatrix} = \frac{1}{2}\begin{vmatrix} x_1 & y_1 & 1 \\ x_2 & y_2 & 1 \\ x_3 & y_3 & 1 \end{vmatrix}. \tag{4}$$

Die geometrische Tatsache, daß bei *zyklischer* Vertauschung der Buchstaben M_1, M_2, M_3 der Umlaufssinn des Dreiecks sich nicht ändert, hat ihr arithmetisches Äquivalen darin, daß die letztangeschriebene Determinante bei zyklischer Vertauschung der Zeilen ihr Zeichen nicht ändert; wohl aber ändert sie es bei Vertauschung zweier Zeilen, es kehrt sich aber auch der Umlaufssinn des Dreiecks um, wenn man zwei der Buchstaben miteinander vertauscht.

Das Verschwinden der Determinante in (4) zeigt an, daß die drei Punkte M_1, M_2, M_3 in *einer* Geraden liegen; denn nur dann wird $J = 0$.

Haben M_1, M_2, M_3 beispielsweise die Koordinaten $-1/4$, $3/2$, $1/-6$, so ist

$$J = \frac{1}{2} \begin{vmatrix} -1 & 4 & 1 \\ 3 & 2 & 1 \\ 1 & -6 & 1 \end{vmatrix} = \frac{1}{2} \begin{vmatrix} -1 & 4 & 1 \\ 4 & -2 & 0 \\ 2 & -10 & 0 \end{vmatrix} = \frac{1}{2}(4 - 40) = -18;$$

der Umfang von $M_1 M_2 M_3$ hat sonach den negativen Umlaufssinn und die absolute Größe beträgt 18 Flächeneinheiten.

182. Schnittpunkt zweier Geraden. Jedes Wertepaar x, y, das die Gleichungen zweier Geraden:

$$A x + B y + C = 0 \tag{1}$$
$$A' x + B' y + C' = 0 \tag{2}$$

zugleich erfüllt, gehört einem beiden Geraden gemeinsamen Punkte an.

Die Gleichungen geben aber eine Bestimmung für x, y nur dann, wenn (**118**)

$$\begin{vmatrix} A & B \\ A' & B' \end{vmatrix} = A B' - A' B \neq 0 \tag{3}$$

ist, und zwar besteht dann:

$$x = \frac{\begin{vmatrix} B & C \\ B' & C' \end{vmatrix}}{\begin{vmatrix} A & B \\ A' & B' \end{vmatrix}} = \frac{B C' - B' C}{A B' - A' B}, \qquad y = \frac{\begin{vmatrix} C & A \\ C' & A' \end{vmatrix}}{\begin{vmatrix} A & B \\ A' & B' \end{vmatrix}} = \frac{C A' - C' A}{A B' - A' B}. \tag{4}$$

Man nennt den hierdurch bestimmten Punkt den *Schnittpunkt* der beiden Geraden (1) und (2).

Ist hingegen $A B' - A' B = 0$, d. h.

$$\frac{A'}{A} = \frac{B'}{B}, \tag{5}$$

während einer der Zähler in (4) oder beide nicht Null sind, so kann den Gleichungen (1), (2) durch kein endliches Wertepaar x, y genügt werden. Man behält die vorige Ausdrucksweise bei, sagt, die beiden Geraden haben einen *unendlich fernen Schnittpunkt* und bezeichnet sie als *parallel*. Demnach ist (5) die *Bedingung für den Parallelismus* von (1) und (2).

Wenn schließlich neben

$$A B' - A' B = 0$$

auch

$$B C' - B' C = 0$$

ist, so ist auch $C A' - C' A = 0$; denn aus den beiden letzten Gleichungen folgt $ABB'C' = A'BB'C$, woraus tatsächlich $AC' - A'C = 0$ hervorgeht. Die Folge davon ist, daß

$$\frac{A'}{A} = \frac{B'}{B} = \frac{C'}{C} = k, \tag{6}$$

daß also die Gleichung (2) sich von (1) nur durch den konstanten Faktor k unterscheidet, indem statt ihr

$$k(Ax + By + C) = 0$$

geschrieben werden kann. Der Fall läßt dann die Auffassung zu, daß beide Gleichungen eine und dieselbe Gerade darstellen, oder zwei vereinigt liegende Gerade, so daß jeder Punkt der einen zugleich ein Punkt der andern ist.

183. Dreiseitfläche. Die Bestimmung der relativen Fläche eines von drei Geraden g_1, g_2, g_8:

$$\begin{aligned}
A_1 x + B_1 y + C_1 &= 0 \\
A_2 x + B_2 y + C_2 &= 0 \\
A_3 x + B_3 y + C_3 &= 0
\end{aligned} \tag{1}$$

begrenzten Dreiecks ist mit Hilfe der vorigen Aufgabe auf den Fall **181** zurückführbar. Bezeichnet man die Schnittpunkte der Geradenpaare $g_2 g_3$, $g_3 g_1$, $g_1 g_2$ folgeweise mit M_1, M_2, M_3, ihre Koordinaten mit x_1/y_1, x_2/y_2, x_3/y_3, so ergibt sich für diese mit Hilfe der Unterdeterminanten von

$$D = \begin{vmatrix} A_1 & B_1 & C_1 \\ A_2 & B_2 & C_2 \\ A_3 & B_3 & C_3 \end{vmatrix} \tag{2}$$

zufolge **118**, (4) die folgende Darstellung:

$$\begin{aligned}
x_1 &= \frac{\alpha_1}{\gamma_1}, & y_1 &= \frac{\beta_1}{\gamma_1}, \\
x_2 &= \frac{\alpha_2}{\gamma_2}, & y_2 &= \frac{\beta_2}{\gamma_2}, \\
x_3 &= \frac{\alpha_3}{\gamma_3}, & y_3 &= \frac{\beta_3}{\gamma_3},
\end{aligned}$$

Mithin ist die relative, von der *Ordnung* der Geraden und hiermit von dem Umlaufssinn $M_1 M_2 M_3$ abhängige Fläche des Dreiecks:

$$J = \tfrac{1}{2} \begin{vmatrix} \dfrac{\alpha_1}{\gamma_1} & \dfrac{\beta_1}{\gamma_1} & 1 \\[2mm] \dfrac{\alpha_2}{\gamma_2} & \dfrac{\beta_2}{\gamma_2} & 1 \\[2mm] \dfrac{\alpha_3}{\gamma_3} & \dfrac{\beta_3}{\gamma_3} & 1 \end{vmatrix} = \frac{1}{2\,\gamma_1 \gamma_2 \gamma_3} \begin{vmatrix} \alpha_1 & \beta_1 & \gamma_1 \\ \alpha_2 & \beta_2 & \gamma_2 \\ \alpha_3 & \beta_3 & \gamma_3 \end{vmatrix} = \frac{D^2}{2\,\gamma_1 \gamma_2 \gamma_3}. \tag{3}$$

Das Verschwinden der Determinante D zeigt an, daß die drei Geraden (1) durch *einen* Punkt gehen; denn nur in diesem Falle ist die von ihnen umschlossene Fläche Null.

184. Winkel zweier Geraden. Von dem Winkel zweier Geraden kann in bestimmter Weise nur dann gesprochen werden, wenn sie gerichtet sind und ihre Reihenfolge festgesetzt ist. Sind g_1, g_2 zwei gerichtete Gerade, g_1', g_2' die gleich gerichteten Parallelstrahlen durch O, α_1, α_2 ihre Richtungswinkel, so soll der Winkel ω von g_1 und g_2 definiert werden durch:

$$\omega = \alpha_2 - \alpha_1. \tag{1}$$

Sind die Geraden nicht gerichtet, und ist ihre Ordnung nicht festgesetzt, so bestimmen sie zwei absolute Winkelgrößen, die sich zu 180^0 ergänzen, und eine davon ist durch den Winkel der positiven Normalen gegeben; es ist diejenige, in deren Winkelfläche der Ursprung nicht enthalten ist. Nennt man die Richtungswinkel der Normalen α_1', α_2', so ist, vom Vorzeichen abgesehen,

$$\omega' = \alpha_2' - \alpha_1' \tag{2}$$

einer der Winkel der Geraden.

Hat man die Hesseschen Normalgleichungen der Geraden, so enthalten sie unmittelbar die Daten zur Berechnung von

$$\cos \omega' = \cos \alpha_2' \cos \alpha_1' + \sin \alpha_2' \sin \alpha_1', \tag{3}$$

$$\sin \omega' = \sin \alpha_2' \cos \alpha_1' - \cos \alpha_2' \sin \alpha_1'. \tag{4}$$

Sind die Geraden in der allgemeinen Form

$$A_1 x + B_1 y + C_1 = 0 \tag{5}$$

$$A_2 x + B_2 y + C_2 = 0 \tag{6}$$

gegeben, so setze man sie nach der in **175** entwickelten Regel in die Hessesche Normalform um und erhält dann nach Vorschrift von (3) und (4)

$$\cos \omega' = \frac{A_1 A_2 + B_1 B_2}{\operatorname{sgn} C_1 C_2 \sqrt{(A_1^2 + B_1^2)(A_2^2 + B_2^2)}}, \tag{7}$$

$$\sin \omega' = \frac{A_1 B_2 - A_2 B_1}{\operatorname{sgn} C_1 C_2 \sqrt{(A_1^2 + B_1^2)(A_2^2 + B_2^2)}}. \tag{8}$$

Die beiden Geraden (5), (6) stehen aufeinander *senkrecht*, wenn $\cos \omega' = 0$, wenn also

$$A_1 A_2 + B_1 B_2 = 0, \tag{9}$$

und sie sind zueinander *parallel*, wenn $\sin \omega' = 0$, d. h. wenn

$$\frac{A_1}{A_2} = \frac{B_1}{B_2}. \tag{10}$$

Für die Geraden

$$3x - 4y - 8 = 0$$
$$5x + 12y + 4 = 0$$

ergibt sich beispielsweise

$$\cos \omega' = \frac{15 - 48}{-5 \cdot 13} = \frac{33}{65}, \quad \sin \omega' = \frac{36 + 20}{-5 \cdot 13} = -\frac{56}{65},$$

wodurch der Winkel (n_1, n_2) **als negativer** spitzer Winkel gekennzeichnet ist; der absoluten Größe nach bestimmen die Geraden die
Winkel $59^0 29' 23''$ und $120^0 30' 37''$.

Die Geraden

$$2x - 3y - 5 = 0$$
$$-4x + 6y + 7 = 0$$

sind parallel, weil ihre Gleichungen die Bedingung (10) erfüllen, und
die Geraden

$$3x + 4y - 2 = 0$$
$$8x - 6y + 3 = 0$$

stehen aufeinander senkrecht, weil sie der Bedingung (9) genügen.

185. Geradenbüschel, bestimmt durch zwei Gerade. Zwei
Gerade g_1, g_2, die durch die Gleichungen

$$g_1 = A_1 x + B_1 y + C_1 = 0 \tag{1}$$
$$g_2 = A_2 x + B_2 y + C_2 = 0 \tag{2}$$

gegeben sein mögen, bestimmen den Geradenbüschel, der ihren Schnittpunkt zum Träger hat. Alle Geraden dieses Büschels sind in der
Gleichung

$$g_1 - \lambda g_2 = A_1 x + B_1 y + C_1 - \lambda(A_2 x + B_2 y + C_2) = 0 \tag{3}$$

enthalten, in der λ einen willkürlichen Parameter bedeutet; denn diese
Gleichung stellt bei angenommenem λ eine Gerade g_λ dar, weil sie in
x, y vom ersten Grade ist, und da sie ferner durch jenes Wertepaar
x, y befriedigt wird, das den Gleichungen (1) und (2) zugleich genügt, so geht g_λ durch den Schnittpunkt von g_1 und g_2.

Bei der hier eingeführten Schreibweise dienen die Buchstaben
g_1, g_2 zur Bezeichnung der Gleichungspolynome $A_1 x + B_1 y + C_1$,
$A_2 x + B_2 y + C_2$, so daß man die drei Geraden g_1, g_2, g_λ kurz darstellen kann durch die symbolischen Gleichungen[1]):

$$g_1 = 0, \quad g_2 = 0, \quad g_1 - \lambda g_2 = 0.$$

---

1) Die abgekürzte Schreibweise der Gleichungen ist zu einer wichtigen
Methode der analytischen Geometrie geworden; wiewohl in ihren Anfängen auf
französische Geometer zurückgehend, hat sie ihre Ausbildung doch erst durch
J. Plücker erhalten.

Multipliziert man die erste Gleichung mit -1, die zweite mit λ, so geben alle drei zur Summe eine identische Gleichung. Diese Bemerkung kann dahin verallgemeinert werden, daß drei Gerade g_1, g_2, g_3, zu deren Gleichungen sich Multiplikatoren μ_1, μ_2, μ_3 bestimmen lassen derart, daß

$$\mu_1 g_1 + \mu_2 g_2 + \mu_3 g_3 = 0$$

ist, durch *einen* Punkt gehen; denn aus dieser Relation folgt

$$g_3 = -\frac{\mu_1}{\mu_3} g_1 - \frac{\mu_2}{\mu_3} g_2,$$

somit ist $g_3 = 0$ gleichbedeutend mit $\frac{\mu_1}{\mu_3} g_1 + \frac{\mu_2}{\mu_3} g_2 = 0$ oder $g_1 - \lambda g_2 = 0$,

wenn $\frac{\mu_2}{\mu_1} = -\lambda$ gesetzt wird; das heißt aber, daß g_3 dem Büschel der Geraden g_1, g_2 angehört.

Aus dem Büschel (3) wird eine einzelne Gerade durch Spezialisierung des Parameters λ herausgehoben; so ergibt sich mit $\lambda = 0$ die Gerade $g_1 = 0$, mit $\lambda = \infty$ die Gerade $g_2 = 0$, wie man erkennt, wenn man (3) vorher auf die Form $\frac{1}{\lambda} g_1 - g_2 = 0$ gebracht hat. Ist der Büschelgeraden eine Bedingung auferlegt, so bestimmt sich durch diese das λ. Zwei Fälle mögen besonders angeführt werden.

Um jene Gerade des Büschels (3) zu finden, die der Geraden

$$A'x + B'y + C' = 0 \tag{4}$$

parallel ist, bringe man (3) in die Form

$$(A_1 - \lambda A_2)x + (B_1 - \lambda B_2)y + (C_1 - \lambda C_2) = 0$$

und wende die Bedingung **184**, (10) an; sie lautet

$$A'(B_1 - \lambda B_2) - B'(A_1 - \lambda A_2) = 0$$

und ergibt

$$\lambda = \frac{A'B_1 - B'A_1}{A'B_2 - B'A_2},$$

so daß

$$(A'B_2 - B'A_2)(A_1 x + B_1 y + C_1) - (A'B_1 - B'A_1)(A_2 x + B_2 y + C_2) = 0. \tag{5}$$

die Gleichung der gesuchten Geraden ist.

Soll diejenige Gerade des Büschels bestimmt werden, die zur Geraden (4) senkrecht ist, so hat man in Anwendung der Bedingung **184**, (9):

$$A'(A_1 - \lambda A_2) + B'(B_1 - \lambda B_2) = 0,$$

woraus

mithin ist

$$\lambda = \frac{A'A_1 + B'B_1}{A'A_2 + B'B_2},$$

$$(A'A_2 + B'B_2)(A_1 x + B_1 y + C_1) - (A'A_1 + B'B_1)(A_2 x + B_2 y + C_2) = 0 \tag{6}$$

die Gleichung der verlangten Geraden.

186. Teilungsverhältnis im Geradenbüschel. Die beiden Geraden g_1, g_2, Fig. 72, welche das Strahlenbüschel bestimmen, seien in der **174** festgesetzten Art gerichtet und durch ihre Hesseschen Normalgleichungen

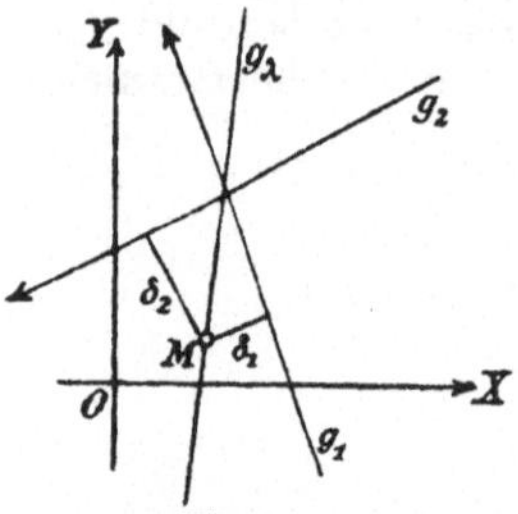

$$g_1 = x \cos \alpha_1 + y \sin \alpha_1 - p_1 = 0 \qquad (1)$$

$$g_2 = x \cos \alpha_2 + y \sin \alpha_2 - p_2 = 0 \qquad (2)$$

gegeben. Sie zerlegen die Ebene in vier Felder, die sich in zwei Paare gegenüberliegender sondern; geht keine der Geraden durch den Ursprung, so lassen sich die Paare derart voneinander unter-

Fig. 72.

scheiden, daß man das den Ursprung enthaltende als *innere Winkelfläche*, das andere als *äußere Winkelfläche* der beiden Geraden bezeichnet.

Es sei nun

$$g_\lambda = g_1 - \lambda g_2 = 0 \qquad (3)$$

eine bestimmte Gerade des Büschels und $M(x/y)$ ein Punkt derselben; dann haben die Ausdrücke g_1, g_2, mit diesen Koordinaten gebildet, die Bedeutung der Abstände δ_1, δ_2 des Punktes M von den beiden Grundgeraden; für diese Abstände besteht somit die Gleichung:

$$\delta_1 - \lambda \delta_2 = 0,$$

aus der sich

$$\lambda = \frac{\delta_1}{\delta_2} = \frac{\sin(g_1 g_\lambda)}{\sin(g_\lambda g_2)}$$

ergibt.

Bei der vorausgesetzten Darstellung der Geraden bedeutet also der Parameter λ das Abstandsverhältnis eines beliebigen Punktes der g_λ von den beiden Grundgeraden, zugleich das Sinusverhältnis der Winkel, in welche (g_1, g_2) durch g_λ geteilt wird. Man bezeichnet dieses letztere Verhältnis als das *Teilungsverhältnis* der Geraden g_λ in bezug auf g_1, g_2; es ist positiv in der inneren Winkelfläche, negativ in der äußeren, weil im ersten Falle δ_1, δ_2 entweder beide positiv oder beide negativ sind, während sie im zweiten Falle ungleiche Zeichen haben; unabhängig ist das Teilungsverhältnis von der Reihenfolge der Grundgeraden.

Für die Halbierungslinie der inneren Winkelfläche ist $\lambda = 1$, für jene der äußeren Winkelfläche $= -1$; hiernach sind

$$\begin{aligned} g_1 - g_2 &= 0 \\ g_1 + g_2 &= 0 \end{aligned} \qquad (5)$$

die Gleichungen dieser Halbierungslinien.

Sind g', g'' zwei Gerade des Büschels, so nennt man den Quotienten ihrer Teilungsverhältnisse ihr *Doppelverhältnis* in bezug auf g_1, g_2:

$$\frac{\sin(g_1 g')}{\sin(g' g_2)} : \frac{\sin(g_1 g'')}{\sin(g'' g_2)} = \frac{\lambda'}{\lambda''} \qquad (6)$$

Dieses Doppelverhältnis ist positiv, wenn beide Gerade derselben Winkelfläche angehören, und negativ, wenn sie in verschiedenen Winkelflächen verlaufen; für das Doppelverhältnis kommt es auf den Sinn der Grundgeraden nicht an.

Ist das Doppelverhältnis insbesondere $= -1$, so nennt man die Teilung *harmonisch*, die vier Geraden g_1, g_2, g', g'' *harmonische Strahlen*.

Um zu g' den vierten harmonischen Strahl g'' zu konstruieren, mache man, Fig. 73, einen Punkt M von g' zum Eckpunkt eines Parallelogramms $M N_1 S N_2$, dessen Seiten die Richtungen von g_1, g_2 haben; dann ist g'' parallel der Diagonale $N_1 N_2$; denn die Diagonalen eines Parallelogramms teilen dessen Winkel in gleichem absoluten Sinusverhältnis.

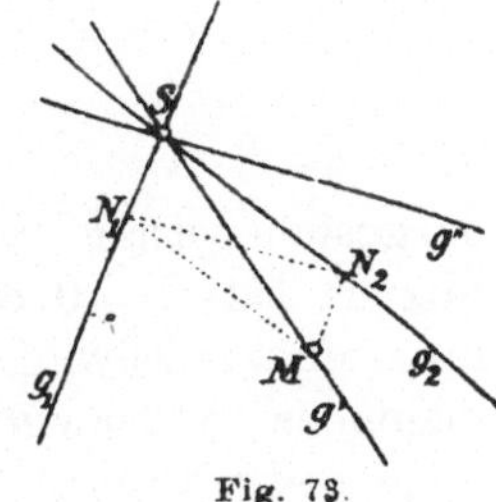

Fig. 73.

Es bleibt noch festzustellen, welche Bedeutung dem Parameter μ zukommt, wenn man den Geradenbüschel durch die Gleichung

$$g_1 - \mu g_2 = 0, \tag{7}$$

die Grundgeraden aber durch die Gleichungen

$$g_1 = A_1 x + B_1 y + C_1 = 0, \tag{8}$$

$$g_2 = A_2 x + B_2 y + C_2 = 0 \tag{9}$$

darstellt.

Setzt man in die Hessesche Normalform um, so schreibt sich (7):

$$\frac{g_1}{\operatorname{sgn} C_1 \sqrt{A_1^2 + B_1^2}} - \mu \frac{\operatorname{sgn} C_2 \sqrt{A_2^2 + B_2^2}}{\operatorname{sgn} C_1 \sqrt{A_1^2 + B_1^2}} \frac{g_2}{\operatorname{sgn} C_2 \sqrt{A_2^2 + B_2^2}} = 0,$$

und es vertritt nun $\mu \dfrac{\operatorname{sgn} C_2 \sqrt{A_2^2 + B_2^2}}{\operatorname{sgn} C_1 \sqrt{A_1^2 + B_1^2}}$ das frühere λ; infolgedessen ist

$$\mu = \frac{\operatorname{sgn} C_1 \sqrt{A_1^2 + B_1^2}}{\operatorname{sgn} C_2 \sqrt{A_2^2 + B_2^2}} \lambda. \tag{10}$$

187. Beispiele. 1. Ordnet man das Dreiseit $g_1 g_2 g_3$, dessen Ecken mit A_1, A_2, A_3 bezeichnet werden mögen, so an, daß der Ursprung im Innern der Dreiecksfläche liegt, so schreiben sich die Halbierungslinien der Innenwinkel in Hessescher Normalform:

$$g_2 - g_3 = 0$$

$$g_3 - g_1 = 0$$

$$g_1 - g_2 = 0;$$

da die Summe dieser Gleichungen eine Identität ergibt, so schneiden sich die genannten Halbierungslinien in *einem* Punkte (Mittelpunkt des eingeschriebenen Kreises).

2. Die Halbierungslinien des Innenwinkels bei A_1 und der Außenwinkel an den beiden andern Ecken sind durch die Gleichungen

$$g_2 - g_3 = 0$$
$$g_3 + g_1 = 0$$
$$g_1 + g_2 = 0$$

dargestellt, deren Summe, nachdem man die dritte mit -1 multipliziert hat, $0 = 0$ ergibt. Es schneiden sich also die Halbierungslinie eines Innenwinkels und die Halbierungslinien der beiden nicht anliegenden Außenwinkel in *einem* Punkte (Mittelpunkte der angeschriebenen Kreise).

3. Nennt man die Kosinus der inneren Winkel bei A_1, A_2, A_3 der Reihe nach c_1, c_2, c_3, so sind $\frac{c_2}{c_3}$, $\frac{c_3}{c_1}$, $\frac{c_1}{c_2}$ die Teilungsverhältnisse, nach welchen die Winkel des Dreiseits durch die Höhen geteilt werden; folglich sind die Höhen durch die Gleichungen

$$c_3 g_2 - c_2 g_3 = 0$$
$$c_1 g_3 - c_3 g_1 = 0$$
$$c_2 g_1 - c_1 g_2 = 0$$

bestimmt; multipliziert man diese mit c_1, c_2, c_3 und bildet hierauf die Summe, so entsteht $0 = 0$, womit erwiesen ist, daß sich die Höhen in *einem* Punkt schneiden.

4. Bezeichnet man die den Eckpunkten A_1, A_2, A_3 gegenüberliegenden Seiten mit a_1, a_2, a_3, so gehören zu den Mittellinien des Dreiecks in bezug auf die Winkel die Teilungsverhältnisse $\frac{a_2}{a_3}$, $\frac{a_3}{a_1}$, $\frac{a_1}{a_2}$; diese Bemerkung führt zu dem Nachweis, daß sich die drei Mittellinien in *einem* Punkte schneiden.

5. In bezug auf die Geraden

$$6x - 8y + 3 = 0$$
$$3x + 4y - 5 = 0$$

hat die ihrem Büschel angehörende Gerade

$$6x - 8y + 3 + 3x + 4y - 5 = 0,$$

d. i. $9x - 4y - 2 = 0$ das Teilungsverhältnis

$$\lambda = -\frac{\sqrt{3^2 + 4^2}}{-\sqrt{6^2 + 8^2}} = \frac{1}{2},$$

aus dessen Vorzeichen zu erkennen ist, daß sie in der inneren Winkelfläche liegt.

§ 5. Der Kreis.

188. Gleichung des Kreises in rechtwinkligen Koordinaten. Drückt man die geometrische Tatsache, daß ein beliebiger Punkt $M(x/y)$ des Kreises vom Mittelpunkt $\Omega(a/b)$ die Entfernung r hat, analytisch aus, so ergibt sich die Gleichung des Kreises, die in rationaler Form lautet:

$$(x - a)^2 + (y - b)^2 = r^2. \tag{1}$$

An der entwickelten Form

$$x^2 + y^2 - 2ax - 2by + a^2 + b^2 - r^2 = 0 \tag{2}$$

bemerkt man, wenn man sie mit der *allgemeinen Gleichung zweiten Grades:*

$$Ax^2 + 2Bxy + Cy^2 + 2Dx + 2Ey + F = 0 \tag{3}$$

vergleicht, das Fehlen des Gliedes mit xy und die Gleichheit der Koeffizienten von x^2, y^2, so daß **man die Kreisgleichung unter die allgemeine Form**

$$A(x^2 + y^2) + 2Dx + 2Ey + F = 0 \tag{4}$$

stellen kann. Mit (2) verglichen führt dies zu

$$\frac{2D}{A} = -2a, \quad \frac{2E}{A} = -2b, \quad \frac{F}{A} = a^2 + b^2 - r^2,$$

woraus sich

$$a = -\frac{D}{A}, \quad b = -\frac{E}{A}, \quad r = \frac{\sqrt{D^2 + E^2 - AF}}{A} \tag{5}$$

ergibt.

Setzt man die Koeffizienten in (4) als reell und $A \neq 0$ voraus, so sind die Koordinaten von Ω reell und endlich; hingegen fällt r nur dann reell aus, wenn

$$D^2 + E^2 - AF \geq 0;$$

tritt das Gleichheitszeichen in Kraft, so wird $r = 0$; bei $D^2 + E^2 - AF < 0$ gibt es also keinen reellen Punkt, der der Gleichung (4) genügt.

Um eine einheitliche Ausdrucksweise zu haben, sagt man unter allen Umständen, die Gleichung (4) stelle einen Kreis dar, der reell, ein Nullkreis oder imaginär sein kann.

189. Gleichung des Kreises in schiefwinkligen Koordinaten. Bezeichnet θ den Koordinatenwinkel, so erhält die geometrische Grundeigenschaft des Kreises den analytischen Ausdruck

$$(x - a)^2 + (y - b)^2 + 2(x - a)(y - b)\cos\theta = r^2. \tag{1}$$

Die entwickelte Form

$$x^2 + 2xy\cos\theta + y^2 - 2(a + b\cos\theta)x - 2(b + a\cos\theta)y$$
$$+ a^2 + b^2 + 2ab\cos\theta - r^2 = 0 \tag{2}$$

fällt unter den Typus:

$$A(x^2 + y^2) + 2Bxy + 2Dx + 2Ey + F = 0, \quad |A| > |B|,$$

und zwar ist

$$\frac{B}{A} = \cos\theta$$

$$\frac{D}{A} = -(a + b\cos\theta)$$

$$\frac{E}{A} = -(b + a\cos\theta)$$

$$\frac{F}{A} = a^2 + b^2 + 2ab\cos\theta - r^2;$$

aus diesen Gleichungen ergeben sich $\cos\theta$, a, b, r als Funktionen der Koeffizienten.

Der bezeichnende Unterschied gegenüber der Gleichung in rechtwinkligen Koordinaten ist das Auftreten eines Gliedes mit xy.

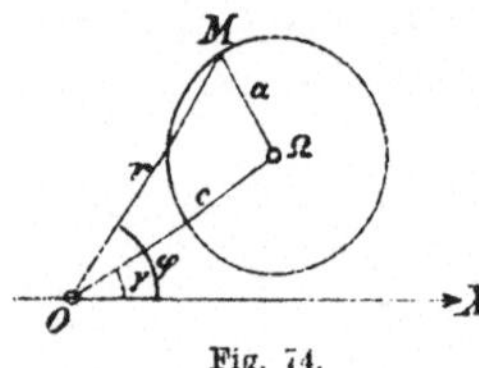

Fig. 74.

190. Polargleichung des Kreises. Bezeichnet man die Koordinaten des Mittelpunktes Ω mit c, γ, den Radius mit a, Fig. 74, so schreibt sich die Gleichung des Kreises:

$$r^2 + c^2 - 2cr\cos(\varphi - \gamma) = a^2. \qquad (1)$$

Geht insbesondere der Kreis durch den Pol, so ist $c = a$, und die Gleichung vereinfacht sich dann auf

$$r^2 - 2ar\cos(\varphi - \gamma) = 0,$$

und dies hat außer der von φ unabhängigen Wurzel $r = 0$ noch die weitere

$$r = 2a\cos(\varphi - \gamma). \qquad (2)$$

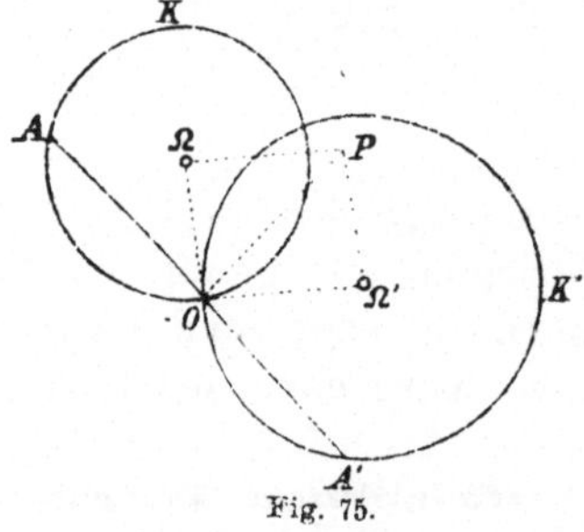

Fig. 75.

Liegt der Mittelpunkt des Kreises im Pol, so ist $c = 0$, und die Kreisgleichung erlangt die einfachst mögliche Form $r = a$ (**157**).

Von der Gleichungsform (2) kann, um ein Beispiel zu geben, bei Lösung der folgenden Aufgabe Gebrauch gemacht werden:

Durch den einen Schnittpunkt O zweier Kreise k, k', Fig. 75, eine Gerade zu führen, auf der die beiden Kreise gleiche Sehnen abschneiden. Wählt man nämlich O als Pol und einen beliebigen von O auslaufenden Strahl als Polarachse, so haben die Kreise Gleichungen der Gestalt

$$r = 2a\cos(\varphi - \gamma),$$

$$r = 2a'\cos(\varphi - \gamma').$$

Ist φ die unbekannte Amplitude der einen Sehne, so ist $\varphi + \pi$ die Amplitude der andern; man hat also zur Bestimmung von φ die Gleichung:

$$a \cos(\varphi - \gamma) + a' \cos(\varphi - \gamma') = 0,$$

die sich umformen läßt in

$$(a \cos \gamma + a' \cos \gamma') \cos \varphi + (a \sin \gamma + a' \sin \gamma') \sin \varphi = 0,$$

woraus

$$\operatorname{tg} \varphi = -\frac{a \cos \gamma + a' \cos \gamma'}{a \sin \gamma + a' \sin \gamma'}.$$

Es sind aber $a \cos \gamma / a \sin \gamma$, $a' \cos \gamma / a' \sin \gamma'$ die rechtwinkligen Koordinaten der Mittelpunkte Ω, Ω', folglich $a \cos \gamma + a' \cos \gamma / a \sin \gamma + a' \sin \gamma'$ die Koordinaten der vierten Ecke P des aus $O\Omega$, $O\Omega'$ konstruierten Parallelogramms: die gesuchte Gerade steht also senkrecht zu OP.

191. Kreis durch drei Punkte. Die Gleichung des Kreises in rechtwinkligen Koordinaten enthält vier Koeffizienten, daher, da sich einer davon durch Division beseitigen läßt, drei Konstanten. Folglich bestimmen im allgemeinen drei Bedingungen einen Kreis. Der nächstliegende Fall ist der, ihn durch drei gegebene Punkte zu führen.

Sind $M_i(x_i / y_i)(i = 1, 2, 3)$ diese Punkte, so sind die Koeffizienten in der Gleichung

$$A(x^2 + y^2) + 2Dx + 2Ey + F = 0 \tag{1}$$

so zu bestimmen, daß die Gleichungen

$$\begin{aligned}
A(x_1^2 + y_1^2) + 2Dx_1 + 2Ey_1 + F &= 0 \\
A(x_2^2 + y_2^2) + 2Dx_2 + 2Ey_2 + F &= 0 \\
A(x_3^2 + y_3^2) + 2Dx_3 + 2Ey_3 + F &= 0
\end{aligned} \tag{2}$$

bestehen können. Durch diese Gleichungen sind die Verhältnisse von A, D, E, F bestimmt, und dies reicht aus, um die Gleichung (1) herzustellen. Schließlich kommt es also auf die Elimination der Koeffizienten zwischen den vier Gleichungen (1), (2) an, und ihr Resultat (**121**) ist die Kreisgleichung:

$$\begin{vmatrix}
x^2 + y^2 & x & y & 1 \\
x_1^2 + y_1^2 & x_1 & y_1 & 1 \\
x_2^2 + y_2^2 & x_2 & y_2 & 1 \\
x_3^2 + y_3^2 & x_3 & y_3 & 1
\end{vmatrix} = 0. \tag{3}$$

Um sie in die Form (1) zu bringen, hat man die Determinante nach den Elementen der ersten Zeile zu entwickeln; nur wenn der

Koeffizient von $x^2 + y^2$ nicht Null ist, stellt die Gleichung einen eigentlichen Kreis dar, also nur dann, wenn

$$\begin{vmatrix} x_1 & y_1 & 1 \\ x_2 & y_2 & 1 \\ x_3 & y_3 & 1 \end{vmatrix} \neq 0,$$

d. h. wenn die drei Punkte M_i nicht in einer Geraden liegen (**181**). Im andern Falle wird die entwickelte Gleichung vom ersten Grade, stellt also eine Gerade dar. Außer den Punkten dieser Geraden genügen ihr unendlich ferne Punkte der Ebene, deren Ort man als *unendlich ferne Gerade* der Ebene erklärt.

Beispielsweise hat der durch die Punkte $(-2/3)$, $(1/4)$, $(0/0)$ gehende Kreis die Gleichung

$$\begin{vmatrix} x^2 + y^2 & x & y & 1 \\ 13 & -2 & 3 & 1 \\ 17 & 1 & 4 & 1 \\ 0 & 0 & 0 & 1 \end{vmatrix} = -11(x^2 + y^2) - x + 47y = 0,$$

seine Parameter sind also $a = -\frac{1}{22}$, $b = \frac{47}{22}$, $r = \frac{1}{2}\sqrt{10}$.

192. Der Kreis und die Gerade. Ein Kreis k und eine Gerade g seien durch die Gleichungen

$$k = (x - a)^2 + (y - b)^2 - r^2 = 0 \qquad (1)$$
$$g = y - mx - n = 0 \qquad (2)$$

gegeben.

Nach dem Satze von Bézout (**132**) haben eine Gleichung zweiten und eine ersten Grades zwei gemeinsame Lösungen, die gemeinsamen Punkten beider Linien entsprechen. Kreis und Gerade haben also, allgemein gesprochen, zwei Punkte miteinander gemein. Die Natur der Lösungen und dieser Punkte hängt von den Gleichungskoeffizienten ab.

Eliminiert man y, so entsteht die Gleichung:

$$(x - a)^2 + (mx + n - b)^2 - r^2 = 0,$$

die nach x geordnet lautet:

$$(1 + m^2)x^2 + 2[m(n - b) - a]x + a^2 + (n - b)^2 - r^2 = 0;$$

über die Natur ihrer Wurzeln entscheidet die Diskriminante (**133**)

$$D = [m(n - b) - a]^2 - (1 + m^2)[a^2 + (n - b)^2 - r^2]$$
$$= (1 + m^2)r^2 - (b - ma - n)^2:$$

ist D positiv, also

$$r > \left| \frac{b - ma - n}{\sqrt{1 + m^2}} \right| = |\delta|,$$

so sind die Wurzeln reell und verschieden; hingegen reell und gleich, wenn $r = |\delta|$, endlich imaginär, wenn $r < |\delta|$; dabei bedeutet **(180)** δ den Abstand des Kreismittelpunktes von der Geraden.

In dem mittleren der drei unterschiedenen Fälle hat die Gerade mit dem Kreise zwei vereinigt liegende Punkte gemein, man sagt dann, sie *berühre* oder *tangiere* den Kreis: die Bedingung dafür drückt sich also in dem Ansatze aus:

$$(1 + m^2)r^2 = (b - ma - n)^2. \tag{3}$$

193. Die unendlich fernen imaginären Kreispunkte. Ist $M(x/y)$ ein Schnittpunkt der Geraden g mit dem Kreise k, wobei, wie im vorigen Artikel, die beiden Linien durch

$$k = (x - a)^2 + (y - b)^2 - r^2 = 0 \tag{1}$$

$$g = y - mx - n = 0 \tag{2}$$

gegeben sein sollen, so ist $\dfrac{y - b}{x - a} = \mu$ der Richtungskoeffizient des nach ihm geführten Halbmessers; fügt man also zu den Gleichungen (1), (2) noch die dritte

$$y - b - \mu(x - a) = 0 \tag{3}$$

und eliminiert aus allen drei Gleichungen $x - a$ und $y - b$, so entsteht eine Gleichung zwischen den Parametern von g und k und dem Richtungskoeffizienten μ. Zu ihrer Ableitung bringe **man** (2) auf die Form

$$y - b - m(x - a) + b - ma - n = 0 \tag{2*}$$

und berechne aus (3) und (2*)

$$x - a = \frac{b - ma - n}{m - \mu}, \qquad y - b = \frac{\mu(b - ma - n)}{m - \mu};$$

die Einsetzung dieser Werte in (1) liefert die erwähnte Gleichung:

$$\mu^2 + \frac{2mr^2}{(b - ma - n)^2 - r^2}\mu + \frac{(b - ma - n)^2 - m^2r^2}{(b - ma - n)^2 - r^2} = 0;$$

ihre Wurzeln bestimmen die Richtungskoeffizienten der nach den Schnittpunkten von g mit k laufenden Kreisradien.

Nun ist aber **(133)**

$$\delta^2 = \frac{(b - ma - n)^2}{1 + m^2}$$

das Quadrat der Entfernung des Kreismittelpunktes von g; führt man diese Größe in die vorige Gleichung ein, so lautet diese:

$$\mu^2 + \frac{2mr^2}{(1 + m^2)\delta^2 - r^2}\mu + \frac{(1 + m^2)\delta^2 - m^2r^2}{(1 + m^2)\delta^2 - r^2} = 0. \tag{4}$$

Wächst δ ins Unendliche, so konvergiert der Koeffizient von μ gegen Null, das absolute Glied gegen 1; folglich bestimmen sich die

Richtungskoeffizienten derjenigen Radien, die nach den (imaginären)
Schnittpunkten von k mit der unendlich fernen Geraden der Ebene
laufen, aus der Gleichung

$$\mu^2 + 1 = 0, \tag{5}$$

sind also selbst imaginär und *unabhängig von den Parametern des
Kreises.* Darin liegt der analytische Grund für die Aussage, *daß alle
Kreise der Ebene durch zwei feste Punkte, die unendlich fernen imagi-
nären Kreispunkte, gehen.*

194. Tangentenprobleme. Die Differentialrechnung löst die
Aufgabe, an eine Kurve in einem ihrer Punkte die Tangente zu legen,
für alle analytisch dargestellten Linien in einheitlicher Weise; denn
unter Voraussetzung rechtwinkliger Koordinaten ist der Richtungskoeffizient der Tangente durch den Differentialquotienten y' von y
nach x an der betreffenden Stelle $M(x \mid y)$ bestimmt (**56**). Heißen
also die Koordinaten eines beliebigen Punktes der Tangente ξ, η, so ist

$$\eta - y = y'(\xi - x) \tag{1}$$

deren Gleichung.

Über die Bestimmung von y' ist nichts weiter zu bemerken,
wenn die Gleichung der Kurve in der Gestalt

$$y = f(x) \tag{2}$$

gegeben ist oder leicht auf diese Form gebracht werden kann.

Hat sie hingegen die Gestalt

$$f(x,y) = 0, \tag{3}$$

dann führt folgende Betrachtung zum Ziele. Nimmt man auf der
Linie neben M noch einen zweiten Punkt $M'(x + h \mid y + k)$ an, so
besteht auch

$$f(x + h, y + k) = 0$$

und somit weiter

$$f(x + h, y + k) - f(x, y) = 0,$$

wofür in erweiterter Form

$$f(x + h, y + k) - f(x, y + k) + f(x, y + k) - f(x, y) = 0$$

geschrieben werden kann. Nach dem Mittelwertsatz **73** ist

$$f(x + h, y + k) - f(x, y + k) = hf_x'(x + \theta h, y + k), \quad 0 < \theta < 1,$$

$$f(x, y + k) - f(x, y) = kf_y'(x, y + \theta_1 k), \quad 0 < \theta_1 < 1,$$

wobei f_x', f_y' Zeichen für die partiellen Ableitungen von $f(x,y)$ nach
x, bzw. nach y sind (**55**); infolgedessen verwandelt sich die obige
Gleichung nach Division durch h in die folgende:

$$f_x'(x + \theta h, y + k) + f_y'(x, y + \theta_1 k)\frac{k}{h} = 0;$$

indem nun h der Grenze Null zustrebt, wird auch k unendlich klein, und sind überdies f'_x, f'_y stetige Funktionen der beiden Argumente x, y, so lautet die letzte Gleichung an der Grenze

$$f'_x(x, y) + f'_y(x, y) \cdot y' = 0, \tag{4}$$

woraus sich

$$y' = -\frac{f'_x(x, y)}{f'_y(x, y)} \tag{5}$$

ergibt. **Durch Einsetzung dieses Ausdruckes in** (1) **erhält man nun**

$$(\xi - x)f'_x + (\eta - y)f'_y = 0 \tag{6}$$

als Gleichung der Tangente.

Diese allgemeinen Ergebnisse sollen nun auf den Kreis angewendet werden.

I. An den Kreis

$$f(x, y) = (x - a)^2 + (y - b)^2 - r^2 = 0 \tag{1}$$

im Punkte $M(x \mid y)$ die Tangente zu legen.

Gegenwärtig ist

$$f'_x = 2(x - a), \qquad f'_y = 2(y - b),$$

folglich

$$(x - a)(\xi - x) + (y - b)(\eta - y) = 0$$

die Tangentengleichung. Man kann ihr übersichtlichere Gestalt geben, indem man für $\xi - x$, $\eta - y$ schreibt $\xi - a - \overline{x - a}$, $\eta - b - \overline{y - b}$ und die Multiplikationen ausführt; mit Rücksicht auf (1) ergibt sich dann

$$(x - a)(\xi - a) + (y - b)(\eta - b) = r^2 \tag{2}$$

als Gleichung der Tangente.

Zur Mittelpunktsgleichung des Kreises:

$$x^2 + y^2 = r^2 \tag{3}$$

gehört also die Tangentengleichung

$$x\xi + y\eta = r^2; \tag{4}$$

der nach dem Berührungspunkte gezogene Radius hat in diesem Falle die Gleichung

$$y\xi - x\eta = 0,$$

woraus nach **184**, (9) zu erkennen ist, daß er auf der Tangente senkrecht steht.

Beispiel. An den Kreis $(x - 3)^2 + (y - 6)^2 = 25$ in den Punkten, in welchen er die y-Achse schneidet, die Tangenten zu legen und ihren Schnittpunkt zu bestimmen.

Diese Punkte haben $x = 0$ und die aus $(y - 6)^2 = 16$ resultierenden Ordinaten $y_1 = 10$ und $y_2 = 2$; die Tangentengleichungen sind also:

$$- 3\xi + 4\eta - 40 = 0$$
$$- 3\xi - 4\eta + 8 = 0;$$

aus ihnen erhält man durch Addition und Subtraktion

$$\xi = - \frac{16}{3}, \quad \eta = 6$$

als Koordinaten des Schnittpunktes.

II. An den Kreis

$$k = x^2 + y^2 - r^2 = 0 \tag{1}$$

durch den Punkt $P(x_0/y_0)$ Tangenten zu führen.

Bezeichnet $M(x/y)$ den noch unbekannten Berührungspunkt einer solchen Tangente, so muß ihre Gleichung

$$x\xi + y\eta = r^2 \tag{2}$$

durch die Koordinaten von P befriedigt werden; man hat also zur Bestimmung von x, y die beiden Gleichungen:

$$p = xx_0 + yy_0 - r^2 = 0, \tag{3}$$
$$k = x^2 + y^2 - r^2 = 0. \tag{4}$$

Die erste stellt eine Gerade p dar, die somit aus dem Kreise k die Berührungspunkte der möglichen Tangenten ausschneidet; es können demnach bei diesem Problem dieselben drei Fälle eintreten, die in **192** unterschieden worden sind. Die Gerade p, die bei reellen und verschiedenen Tangenten die *Berührungssehne* enthält, bei reellen vereinigt liegenden Tangenten mit diesen selbst zusammenfällt, bei imaginären Tangenten aber an dem Kreise vorbeigeht und in allen Fällen auf dem durch P laufenden Durchmesser senkrecht steht, nennt man die *Polare* des Punktes P in bezug auf den Kreis k, den Punkt P ihren *Pol*.

Zur *Konstruktion* der Berührungspunkte im ersten Falle ergibt sich das bekannte Verfahren mittels der folgenden Betrachtung. Die Schnittpunkte von k und p genügen auch der Gleichung

$$k - p = x^2 + y^2 - xx_0 - yy_0 = 0;$$

diese aber stellt einen Kreis dar, dessen Parameter aus der umgeformten Gleichung

$$\left(x - \frac{x_0}{2}\right)^2 + \left(y - \frac{y_0}{2}\right)^2 = \frac{x_0^2 + y_0^2}{4} \tag{5}$$

unmittelbar abzulesen sind. Der Kreis (5) ist aus der Mitte von OP mit der Hälfte dieser Strecke als Radius beschrieben.

Beispiel. An den Kreis $x^2 + y^2 = 25$ durch $P(-8/6)$ die Tangenten zu legen und ihren Winkel zu bestimmen.

Die Berührungspunkte ergeben sich aus dem Gleichungspaar

$$-8x + 6y = 25,$$
$$x^2 + y^2 = 25;$$

Elimination von y führt zu der Gleichung

$$x^2 + 4x - \frac{11}{4} = 0,$$

deren Wurzeln $x = -2 \pm \frac{3}{2}\sqrt{3}$ sind; aus der ersten der beiden Gleichungen ergeben sich die zugehörigen Werte von y, nämlich $y = \frac{3}{2} \pm 2\sqrt{3}$; mithin lauten die Gleichungen der beiden Tangenten:

$$\left(-2 + \frac{3}{2}\sqrt{3}\right)\xi + \left(\frac{3}{2} + 2\sqrt{3}\right)\eta = 25$$

$$\left(-2 - \frac{3}{2}\sqrt{3}\right)\xi + \left(\frac{3}{2} - 2\sqrt{3}\right)\eta = 25.$$

Der Winkel der äußeren Winkelfläche findet sich mittels

$$\cos \omega = -\frac{1}{2},$$

ist also 120^0, der Winkel der inneren Winkelfläche, zugleich derjenigen, die den Kreis enthält, beträgt daher 60^0.

III. An den Kreis

$$k = x^2 + y^2 - r^2 = 0 \tag{1}$$

sollen schließlich die zur Geraden

$$g = \eta - m\xi = 0 \tag{2}$$

parallelen Tangenten gelegt werden.

Ist $M(x/y)$ der Berührungspunkt einer solchen Tangente,

$$x\xi + y\eta = r^2$$

also ihre Gleichung, so erfordert der Parallelismus mit g, daß (**184**, (10))
$\frac{1}{y} = -\frac{m}{x}$, oder

$$my + x = 0 \tag{3}$$

sei. Es bestimmen sich also die Berührungspunkte der gesuchten Tangenten aus dem Gleichungspaar (1), (3), dessen zweite Gleichung eine Gerade durch den Ursprung darstellt, die zu (2) senkrecht steht. Geometrisch ergeben sich also die Berührungspunkte als die Endpunkte des zu g normalen Kreisdurchmessers.

Beispiel. Um an den Kreis $x^2 + y^2 = 36$ die gegen die positive

x-Achse unter 30^0 geneigten Tangenten zu bestimmen, hat man die Gleichungen

$$x^2 + y^2 = 36$$

$$y + x\sqrt{3} = 0$$

aufzulösen; Elimination von y ergibt

$$x^2 = 9;$$

somit sind $x = \pm 3$ und $y = \mp 3\sqrt{3}$ die Koordinaten der beiden Berührungspunkte und

$$\xi - \eta\sqrt{3} = 12$$

$$- \xi + \eta\sqrt{3} = 12$$

die Tangentengleichungen.

195. Potenz eines Punktes in bezug auf einen Kreis.
Bei der Hesseschen Normalgleichung einer Geraden $g(x, y) = x\cos\alpha + y\sin\alpha - p = 0$ kommt dem Substitutionsresultat $g(x_0, y_0)$ eine geometrische Bedeutung zu: sein absoluter Wert bedeutet den Abstand des Punktes $P(x_0/y_0)$ von der Geraden g, und sein Vorzeichen gibt Aufschluß darüber, auf welcher Seite der Geraden der Punkt liegt.

Wir stellen nun die Frage, welche Bedeutung dem Substitutionsresultat $k(x_0, y_0)$ zukommt, wenn

$$k(x, y) = (x - a)^2 + (y - b)^2 - r^2 = 0 \tag{1}$$

die Gleichung eines Kreises im rechtwinkligen System ist.

Da, mit bezug auf Fig. 76, $(x_0 - a)^2 + (y_0 - b)^2 = \overline{P\Omega}^2$, so ist

$$k(x_0, y_0) = \overline{P\Omega}^2 - r^2 = (P\Omega - r)(P\Omega + r)$$

$$k(x_0, y_0) = PQ \cdot PQ' = PR \cdot PR'. \tag{2}$$

Das für alle durch P geführten Sekanten gleiche Segmentprodukt $PR \cdot PR'$ nennt man die *Potenz* des Punktes P *in bezug auf den Kreis k.*

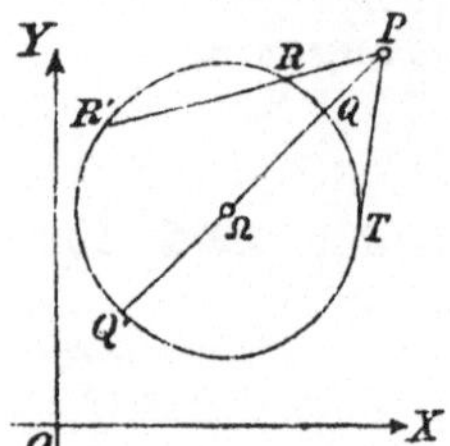

Fig. 76.

Man hat also den Satz: *Das Substitutionsresultat $k(x_0, y_0)$ bedeutet die Potenz des Punktes $P(x_0, y_0)$ in bezug auf den Kreis k.*

Durch den Kreis wird die Ebene in zwei Gebiete geteilt; jenes Gebiet, das den Mittelpunkt Ω enthält, soll als das *innere*, das andere als das *äußere* bezeichnet werden.

Liegt P im äußeren Gebiet, wie in der Figur, so haben die Strecken PR, PR' gleiche Richtung; ihr Produkt ist positiv und gleich dem Quadrat der Tangentenstrecke PT, also

$$k(x_0, y_0) = \overline{PT}^2 \tag{3}$$

Gehört P dem inneren Gebiet an, so sind die Strecken PR, PR'

ungleich gerichtet, ihr Produkt ist negativ und an Größe gleich dem Quadrat der Hälfte der kürzesten durch P gehenden Sehne SS', somit

$$k(x_0, y_0) = -\overline{PS}^2. \tag{4}$$

Fällt P auf die Grenze beider Gebiete, also auf den Kreis selbst, so ist jedesmal das eine Segment Null, folglich

$$k(x_0, y_0) = 0. \tag{5}$$

An dem Substitutionsresultat $k(x_0, y_0)$ ist also unmittelbar auch zu erkennen, welche allgemeine Lage der Punkt P in bezug auf den Kreis hat.

Die gleichen Erwägungen und Resultate gelten auch für das schiefwinklige Koordinatensystem.

Die entwickelte Gleichung (1) lautet:

$$k(x, y) = x^2 + y^2 - 2ax - 2by + a^2 + b^2 - r^2 = 0;$$

so bedeutet hiernach $a^2 + b^2 - r^2 = k(0, 0)$ die Potenz des Ursprungs in bezug auf k; bezeichnet man diese mit $\varkappa$, so schreibt sich die Kreisgleichung:

$$k(x, y) = x^2 + y^2 - 2ax - 2by + \varkappa = 0. \tag{1*}$$

Das Vorzeichen von $\varkappa$ gibt Aufschluß darüber, ob der Ursprung innerhalb oder außerhalb des Kreises liegt; bei $\varkappa = 0$ geht der Kreis durch den Ursprung.

Beispiel. Es ist zu entscheiden, wie die Punkte $A(-3/6)$, $B(6/-7)$, $C(-2/5)$ und $O(0/0)$ zu dem Kreise

$$k(x, y) = x^2 + y^2 - 8x + 6y - 75 = 0$$

liegen.

Da

$$k(-3/6) = 30, \quad k(6/-7) = -80, \quad k(-2, 5) = 0, \quad k(0, 0) = -75,$$

so liegen A außerhalb, B und O innerhalb des Kreises und C auf ihm selbst.

196. Zwei Kreise und ihre Radikalachse. Zwei Kreise

$$k_1(x, y) = x^2 + y^2 - 2a_1 x - 2b_1 y + \varkappa_1 = 0 \tag{1}$$

$$k_2(x, y) = x^2 + y^2 - 2a_2 x - 2b_2 y + \varkappa_2 = 0 \tag{2}$$

haben, da ihre Gleichungen vom zweiten Grade sind, nach dem Satze von Bézout vier gemeinsame Punkte. Zwei davon sind die unendlich fernen imaginären Kreispunkte (**193**), die ja *allen* Kreisen der Ebene gemeinsam sind; es verbleiben somit noch zwei Punkte im Endlichen, die wieder, entsprechend den Möglichkeiten, welche algebraische Gleichungen mit rellen Koeffizienten darbieten, reell und verschieden oder reell und vereinigt oder imaginär sein können.

Wie dem aber auch sei, immer genügen sie auch der Gleichung

$$R_{12}(x,y) = k_1(x,y) - k_2(x,y) = 0, \qquad (3)$$

gehören also vermöge der im vorigen Artikel erkannten Bedeutung von $k(x,y)$ dem Orte jener Punkte an, die in bezug auf beide Kreise dieselbe Potenz haben. Dieser Ort ist aber, da die ausgeführte Gleichung (3) lautet:

$$R_{12}(x,y) = 2(a_2 - a_1)x + 2(b_2 - b_1)y - (\varkappa_2 - \varkappa_1) = 0, \qquad (4)$$

eine Gerade, die man als *Potenzachse* oder *Radikalachse* der beiden Kreise k_1, k_2 bezeichnet. Schneiden sich die Kreise reell, so verbindet sie die Schnittpunkte und heißt dann auch *Chordale*, weil sie die gemeinsame Sehne beider Kreise enthält; berühren sie einander, so wird die Radikalachse zur gemeinsamen Tangente im Berührungspunkte; haben die Kreise keine reellen Punkte miteinander gemein, so erfordert die Radikalachse eine besondere Konstruktion.

Eine Eigenschaft derselben ist aus derselben Gleichung (4) unmittelbar zu erkennen wenn man sie mit der Gleichung der Verbindungslinie der Kreismittelpunkte, der *Zentrallinie* beider Kreise (**178**):

$$(b_2 - b_1)x - (a_2 - a_1)y - a_1 b_2 + a_2 b_1 = 0$$

vergleicht: *beide Geraden stehen aufeinander senkrecht*, weil ihre Gleichungen der Bedingung **184**, (9) genügen.

Aus der Eigenschaft der Radikalachse, in allen ihren Punkten gleiche Potenz zu haben bezüglich beider Kreise, geht hervor, daß ein auf ihr angenommener Punkt entweder gleichzeitig im Innern oder außerhalb oder auf dem Umfang beider Kreise liegen muß. Liegt er innen, so sind die durch ihn gehenden kürzesten Sehnen der beiden Kreise gleich groß; liegt er außen, so gehen aus ihm an beide Kreise gleich lange Tangentenstrecken, er ist somit Mittelpunkt eines beide Kreise *orthogonal* schneidenden Kreises.

197. Drei Kreise und ihr Radikalzentrum. Drei Kreise k_1, k_2, k_3, deren Gleichungen abgekürzt

$$k_1(x,y) = 0, \qquad (1)$$
$$k_2(x,y) = 0, \qquad (2)$$
$$k_3(x,y) = 0 \qquad (3)$$

geschrieben werden können, lassen sich zu den drei Paaren k_2, k_3; k_3, k_1; k_1, k_2 verbinden, deren jedem eine Radikalachse zukommt; die Gleichungen dieser Radikalachsen sind:

$$R_{23}(x,y) = k_2(x,y) - k_3(x,y) = 0$$
$$R_{31}(x,y) = k_3(x,y) - k_1(x,y) = 0$$
$$R_{12}(x,y) = k_1(x,y) - k_2(x,y) = 0,$$

und weil

$$R_{23}(x,y) + R_{31}(x,y) + R_{12}(x,y) = 0,$$

so schneiden sich die drei Achsen in *einem* Punkte. Man hat also den Satz: *Die drei Radikalachsen, die drei Kreise paarweise bestimmen, schneiden sich in einem Punkte, den man das Potenz- oder Radikalzentrum der drei Kreise nennt*; ihm kommt als wesentlich die Eigenschaft zu, daß er in bezug auf alle drei Kreise dieselbe Potenz hat.

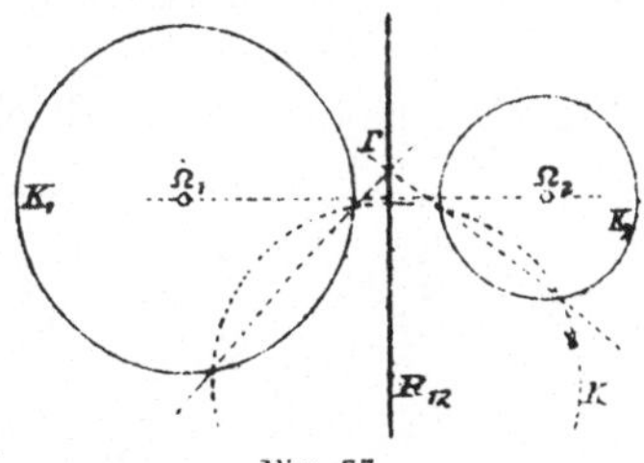

Fig. 77.

Dieser Satz führt zu der einfachsten Konstruktion der Radikalachse zweier Kreise, die sich nicht reell schneiden. Man nehme einen sie schneidenden Hilfskreis k, Fig. 77, an: dann sind zwei der Radikalachsen, somit

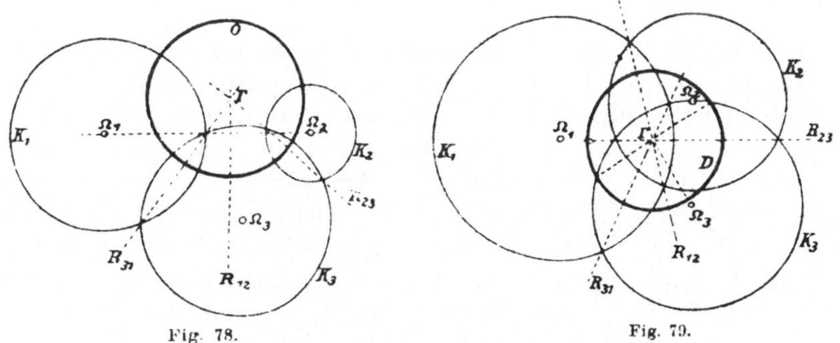

Fig. 78.

Fig. 79.

auch das Radikalzentrum Γ bestimmt; die dritte, das ist eben die gesuchte, geht durch Γ und ist senkrecht zur Zentrallinie $\Omega_1\Omega_2$.

Das Radikalzentrum liegt in bezug auf alle drei Kreise gleichartig.

Ist es ein Außenpunkt, so gehen von ihm gleich lange Tangentenstrecken aus, es ist also Mittelpunkt des alle drei Kreise rechtwinklig schneidenden Kreises O, Fig. 78, ihres gemeinsamen *Orthogonalkreises*.

Ist es ein Innenpunkt, so ist es zugleich Mittelpunkt von drei gleich langen Sehnen, also auch Mittelpunkt eines Kreises D, der die drei Kreise diametral schneidet und daher ihr gemeinsamer *Diametralkreis* heißt, Fig. 79.

Liegt das Radikalzentrum auf den Umfängen, so kann es ebensowohl als Orthogonal- wie als Diametralkreis vom Radius Null angesehen werden.

Die Begriffe Radikalachse und Radikalzentrum bleiben auch dann in Geltung, wenn die Kreise in Punktkreise — mit dem Radius 0 — oder in Gerade — Kreise mit unendlichem Radius — ausarten. Bei den bezüglichen Konstruktionen hat man sich folgende zwei Sonderfälle gegenwärtig zu halten: Die Radikalachse eines eigentlichen Kreises und eines auf seinem Umfange liegenden Nullkreises ist die zugehörige Tangente, und die Radikalachse eines eigentlichen Kreises und einer Geraden ist diese selbst.

Um demnach die Radikalachse eines Kreises k und eines Punktes P Fig. 80, zu erhalten, legt man durch P einen k schneidenden Hilfskreis

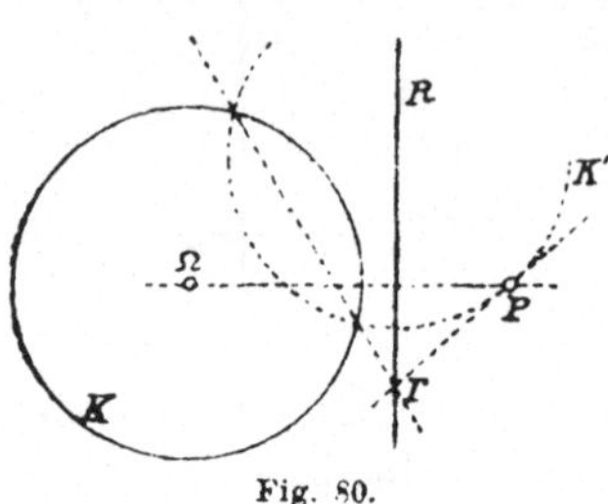

Fig. 80.

k', bestimmt das Radikalzentrum von k, P, k' und führt durch dieses die gesuchte Radikalachse R senkrecht zu ΩP. Ihr kommt die Eigenschaft zu, daß jeder Kreis, der aus einem ihrer Punkte durch P beschrieben wird, den Kreis k orthogonal schneidet.

Die Radikalachse zweier Punkte ist ihre Symmetrale, das Radikalzentrum dreier Punkte der Mittelpunkt des durch sie bestimmten Kreises.

Das Radikalzentrum eines eigentlichen Kreises oder eines Nullkreises und zweier Geraden ist der Schnittpunkt der letzteren, das Radikalzentrum dreier Geraden der Inkreismittelpunkt ihres Dreiecks.

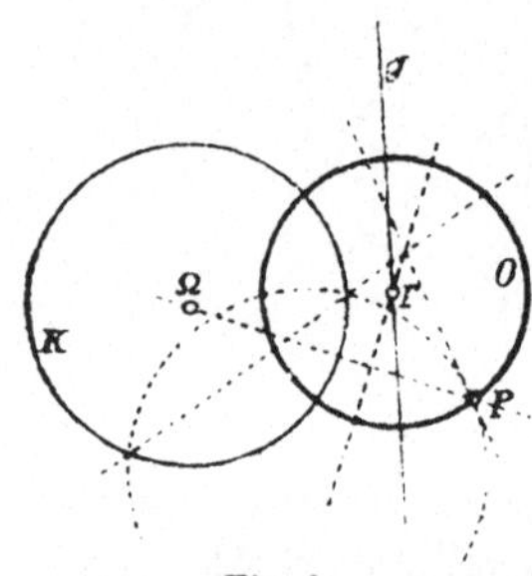

Fig. 81.

Mit Hilfe dieser Bemerkungen kann beispielsweise die Aufgabe gelöst werden, zu zwei Kreisen k_1, k_2 den Orthogonalkreis zu zeichnen, der durch einen gegebenen Punkt geht. Der Mittelpunkt des gesuchten Kreises ist das Radikalzentrum Γ von k_1, k_2 und P.

Ferner die Aufgabe, zu einem Kreise k und einer Geraden g den Orthogonalkreis zu zeichnen, der durch einen gegebenen Punkt P geht. Mittelpunkt des gesuchten Kreises O ist das Radikalzentrum Γ von k, g, P, Fig. 81.

198. Kreisbüschel. Wir knüpfen an die einleitende Bemerkung von **191** an, wonach ein Kreis im rechtwinkligen Koordinatensystem im allgemeinen durch drei Bedingungen bestimmt ist. Sind weniger als drei Bedingungen vorhanden, so genügt ihnen nicht *ein* Kreis, sondern ein System von Kreisen.

Insbesondere bezeichnet man die Gesamtheit der Kreise, die durch zwei gegebene Punkte gehen, als einen *Kreisbüschel*, die gegebenen Punkte als dessen *Grundpunkte*. Diese Definition ist jedoch nur dann geometrisch unmittelbar zu verwenden, wenn die Grundpunkte reell sind und auch da nicht etwa als Endergebnis eines Grenzprozesses vereinigt liegen.

Eine alle Fälle umfassende Definition erhält man, indem man die Grundpunkte nicht als solche, sondern als die gemeinsamen

Punkte zweier **Kreise** oder eines Kreises und einer Geraden angibt; sie können dann sowohl reell und getrennt, wie auch reell und in bestimmter Weise vereinigt, wie auch imaginär sein.

I. Sind

$$k_1(x,y) = x^2 + y^2 - 2a_1 x - 2b_1 y + \varkappa_1 = 0 \qquad (1)$$

$$k_2(x,y) = x^2 + y^2 - 2a_2 x - 2b_2 y + \varkappa_2 = 0 \qquad (2)$$

die Gleichungen zweier Kreise, so ist jeder Kreis k_λ, der durch ihre gemeinsamen Punkte geht, in der Gleichung

$$k_1(x,y) - \lambda k_2(x,y) = 0 \qquad (3)$$

enthalten; denn diese Gleichung heißt entwickelt:

$$(1 - \lambda)(x^2 + y^2) - 2(a_1 - \lambda a_2)x - 2(b_1 - \lambda b_2)y + \varkappa_1 - \lambda \varkappa_2 = 0, \quad (4)$$

stellt somit wieder einen Kreis vor, und da sie durch die gemeinsamen Punkte von k_1, k_2 befriedigt wird, so geht der Kreis durch diese Punkte. Die Normalform seiner Gleichung ist

$$k_\lambda(x,y) = \frac{k_1(x,y) - \lambda k_2(x,y)}{1 - \lambda} = 0, \qquad (4^*)$$

sein Mittelpunkt Ω_λ hat die Koordinaten

$$\begin{aligned} \xi &= \frac{a_1 - \lambda a_2}{1 - \lambda} \\[2mm] \eta &= \frac{b_1 - \lambda b_2}{1 - \lambda} \, . \end{aligned} \qquad (5)$$

liegt also in der Zentrallinie der Grundkreise k_1, k_2 und teilt die Strecke $\Omega_1\Omega_2$ im Verhältnis λ in dem Sinne, daß $\dfrac{\Omega_1\Omega_\lambda}{\Omega_2\Omega_\lambda} = \lambda$ ist (**179**).

Erteilt man der Gleichung (4^*) die Form

$$k_\lambda(x,y) = k_1(x,y) + \frac{\lambda}{1 - \lambda}[k_1(x,y) - k_2(x,y)] = k_1(x,y) + \frac{\lambda}{1 - \lambda} R_{12}(x,y) = 0,$$

so liest man unmittelbar ab, daß jeder Punkt der Radikalachse von k_1 und k_2 in bezug auf einen beliebigen Kreis des Büschels dieselbe Potenz hat wie in bezug auf k_1, also auch in bezug auf k_2; denn ist x_1/y_1 ein Punkt dieser Achse, so wird für ihn

$$k_\lambda(x_1, y_1) = k_1(x_1, y_1) + \frac{\lambda}{1 - \lambda} R_{12}(x_1, y_1) = k_1(x_1, y_1).$$

Man nennt aus diesem Grunde die Gerade $R_{12}(x,y) = 0$ die *Radikalachse des Büschels*.

II. Sind

$$k(x,y) = x^2 + y^2 - 2ax - 2by + \varkappa = 0 \qquad (1)$$

$$g(x,y) = y - mx - n = 0 \qquad (2)$$

die Gleichungen eines Kreises und einer Geraden, so erkennt man durch die gleichen Schlüsse wie oben, daß

$$k_\lambda(x,y) = k(x,y) - \lambda g(x,y) = 0 \qquad (3)$$

bei variablem λ die Gesamtheit aller Kreise darstellt, die durch die gemeinsamen Punkte von k und g gehen, und daß jeder Punkt von g in bezug auf jeden dieser Kreise dieselbe Potenz hat wie in bezug auf k, daß also $g(x, y) = 0$ die Radikalachse des Kreisbüschels (3) ist.

Was dessen Zentrallinie anlangt, so entnimmt man der ausgeschriebenen Gleichung (3):

$$x^2 + y^2 - (2a - \lambda m)x - (2b + \lambda)y + \varkappa + \lambda n = 0$$

die Koordinaten des Mittelpunktes von k_λ:

$$\xi = a - \frac{\lambda m}{2}$$

$$\eta = b + \frac{\lambda}{2};$$

durch Elimination von λ ergibt sich daraus als Ort der Mittelpunkte

$$\xi - a + m(\eta - b) = 0,$$

also eine Gerade, die durch den Mittelpunkt Ω von k geht und auf g senkrecht steht.

III. Man hat drei Arten von Kreisbüscheln zu unterscheiden: 1. Büschel mit reellen und getrennten Grundpunkten; 2. solche mit reellen und vereinigten Grundpunkten; 3. Büschel mit imaginären Grundpunkten. Ein Kreisbüschel kann als gegeben betrachtet werden durch einen seiner Kreise k und die Radikalachse R; im Falle 1. wird k von R geschnitten, im Falle 2. berührt, im Falle 3. haben k und R keinen eigentlichen Punkt gemein. Die Zentrallinie geht in allen Fällen durch Ω senkrecht zu R.

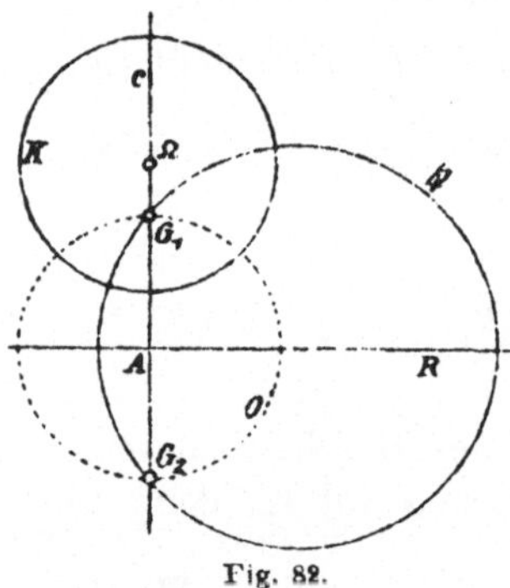

Durch einen Punkt M, der weder k noch R angehören soll, geht ein und nur ein Kreis des Büschels. Über seine Konstruktion in den Fällen 1. und 2. braucht nichts bemerkt zu werden; im Falle (3) führt dazu folgende Erwägung. Der aus dem Schnittpunkte A der Zentrallinie c mit R, Fig. 82, beschriebene Orthogonalkreis O zu k ist Orthogonalkreis zu allen Kreisen des Büschels; somit können diese Kreise definiert werden als solche, die O und C orthogonal schneiden; die Aufgabe, den Büschelkreis durch M zu bestimmen, kommt also darauf hinaus, den durch M gehenden Orthogonalkreis zu k und c zu bestimmen; diese Aufgabe ist aber am Schlusse von **197** gelöst worden.

Die Schnittpunkte G_1, G_2 von O mit c, als Nullkreise aufgefaßt, erfüllen die Forderung, O und c orthogonal zu schneiden, gehören also dem Büschel an und heißen seine *Grenzpunkte*. Jeder durch sie gelegte Kreis k hat seinen Mittelpunkt in R und ist somit Orthogonalkreis zu allen Kreisen des Büschels (k, K), weil er Orthogonalkreis zu G_1, G_2 ist. Es entstehen solcher Art zwei Kreisbüschel, die in folgender Beziehung zueinander stehen: das Büschel der Kreise k mit der Zentrallinie c, der Radikalachse R und den *Grenz*punkten G_1, G_2, und das Büschel der Kreise $\mathfrak{k}$ mit der Zentrallinie R, der Radikalachse C und den *Grund*punkten G_1, G_2 verhalten sich so, daß jeder Kreis des einen Büschels alle Kreise des andern orthogonal schneidet. Man nennt Kreisbüschel, die einander in dieser Weise zugeordnet sind, *konjugierte Kreisbüschel*.

199. Pol und Polare. Zu dieser Begriffsverbindung hatte das Problem Anlaß gegeben, durch einen Punkt $P(x_0/y_0)$ Tangenten an einen Kreis

$$k(x, y) = (x - a)^2 + (y - b)^2 - r^2 = 0 \qquad (1)$$

zu legen (**194**, II). Drückt man die Forderung aus, die Tangente in einem noch unbestimmten Kreispunkte $M(\xi, \eta)$:

$$(x - a)(\xi - a) + (y - b)(\eta - b) - r^2 = 0$$

habe durch P zu gehen, so ergibt sich zur Bestimmung von M nebst (1) noch die Gleichung:

$$(x - a)(x_0 - a) + (y - b)(y_0 - b) - r^2 = 0, \qquad (2)$$

die, weil vom ersten Grade in x, y, eine Gerade vorstellt, die man als Polare des Punktes P in bezug auf den Kreis k bezeichnet.

In entwickelter Form lauten die Gleichungen (1) und (2), wenn man von der Abkürzung $a^2 + b^2 - r^2 = \varkappa$ Gebrauch macht:

$$k(x, y) = x^2 + y^2 - 2ax - 2by + \varkappa = 0, \qquad (1^*)$$

$$p(x, y) = x_0 x + y_0 y - a(x + x_0) - b(y + y_0) + \varkappa = 0. \qquad (2^*)$$

Wir bringen nun mit dem System dieser zwei Linien den Geradenbüschel mit dem Träger P in Verbindung, dessen parametrische Gleichungen lauten:

$$x = x_0 + s \cos \alpha$$
$$y = y_0 + s \sin \alpha. \qquad (3)$$

Substituiert man (3) in (1^*), so ergibt sich die in bezug auf s quadratische Gleichung

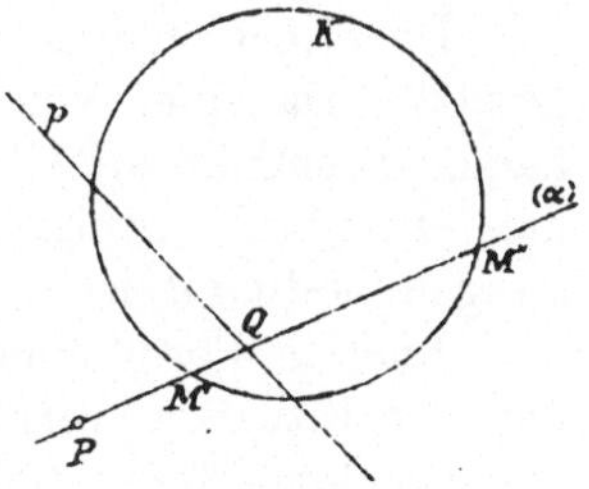

Fig. 83.

$$s^2 - 2[(a - x_0) \cos \alpha + (b - y_0) \sin \alpha] s + k(x_0, y_0) = 0;$$

ihre Wurzeln s', s'' bestimmen die Abstände der **Schnittpunkte** M', M'' des Strahls (α) mit dem Kreise k, vom Punkte P aus gemessen, Fig. 83; es bestehen also zwischen diesen Abständen die Relationen:

$$s' + s'' = 2[(a - x_0) \cos \alpha + (b - y_0) \sin \alpha], \quad s's'' = k(x_0, y_0). \quad (4)$$

Substituiert man (3) in (2*), so ergibt sich die in bezug auf s lineare Gleichung:

$$[(x_0 - a) \cos \alpha + (y_0 - b) \sin \alpha]\, s + k(x_0, y_0) = 0, \qquad (5)$$

deren Wurzel den Abstand des Schnittpunktes Q des nämlichen Strahls mit der Polare p bedeutet.

Aus (4) und (5) folgt die von α unabhängige Beziehung:

$$s(s' + s'') = 2 s' s'',$$

in der man die charakteristische Streckenrelation eines Systems harmonischer Punkte erkennt (**179**, (4)).

Dies gibt den Satz: *Die Schnittpunkte der von einem Punkte P ausgehenden Strahlen mit dem Kreis k werden durch die zugeordnete Polare p von dem Punkte P harmonisch getrennt.*

Auf dieser Grundlage läßt sich die Polare eines im Innern des Kreises gelegenen Punktes P konstruieren; man führt durch P eine beliebige Gerade, bestimmt den harmonischen Punkt Q zu P in bezug auf die Schnittpunkte der Geraden mit dem Kreise; dann ist die durch Q zu ΩP geführte Senkrechte die Polare.

§ 6. Die Linien zweiter Ordnung.

200. Die allgemeine Gleichung zweiten Grades. Die allgemeine Gleichung zweiten Grades in den Parallelkoordinaten x, y umfaßt sechs Glieder: drei vom zweiten, zwei vom ersten, eines vom nullten Grade; sie lautet:

$$f(x, y) = Ax^2 + 2Bxy + Cy^2 + 2Dx + 2Ey + F = 0. \qquad (1)$$

Alle Gebilde, die durch eine in dieser allgemeinen Form enthaltene Gleichung dargestellt sind, nennt man „Linien zweiter Ordnung."

Die Koeffizienten A, B, ... F werden als reelle Zahlen vorausgesetzt. Da einer von ihnen durch Division auf 1 reduziert werden kann, so enthält die Gleichung *fünf Konstanten*. Dies hat zur Folge, daß eine Linie zweiter Ordnung im allgemeinen durch fünf Bedingungen bestimmt ist.

Jede in Form einer Gleichung ausgedrückte Beziehung zwischen den Koeffizienten vermindert die Anzahl der Konstanten um eins. Insbesondere führen bei rechtwinkligen Koordinaten die Beziehungen

$$A = C, \qquad B = 0$$

zur allgemeinen Gleichung des Kreises (**188**), die nur noch drei Konstanten enthält.

Zu einer geometrischen Grundeigenschaft der Linien zweiter Ordnung führt die Verbindung der Gleichung (1) mit der Gleichung

$$g(x, y) = ax + by + c = 0 \qquad (2)$$

einer Geraden. Nach dem Satze von Bézout (**132**) haben die Gleichungen (1) und (2) allgemein gesprochen zwei Lösungen. *Jede Linie zweiter Ordnung wird also von jeder Geraden ihrer Ebene in zwei Punkten geschnitten*, wobei imaginäre und unendlich ferne Punkte ebenso gezählt werden wie eigentliche Punkte.

Die Diskussion der Gleichung (1) läuft auf die Erforschung der Abhängigkeit des y von x hinaus; diese Untersuchung gestaltet sich verschieden, je nachdem die Gleichung in bezug auf y quadratisch oder vom ersten Grade ist, d. h. je nachdem $C \neq 0$ oder $C = 0$ ist. Der Fall, daß die Gleichung y überhaupt nicht enthält ($B = 0$, $C = 0$, $E = 0$), läßt sich unmittelbar erledigen: sie stellt dann zwei zur y-Achse parallele Gerade vor, die getrennt oder vereinigt sind, je nachdem $D^2 - AF > 0$[1]) oder $D^2 - AF = 0$[2]) ist; bei $D^2 - AF < 0$ wird ihr durch keinen reellen Punkt genügt.

201. Erster Hauptfall: $C \neq 0$. Nach y geordnet schreibt sich die Gleichung (1):

$$C y^2 + 2(Bx + E)y + A x^2 + 2 D x + F = 0$$

und gibt für y die explizite Darstellung:

$$y = \frac{-(Bx + E) \pm \sqrt{(Bx + E)^2 - C(A x^2 + 2 D x + F)}}{C},$$

der mit den Abkürzungen:

$$\left.\begin{aligned} M &= B^2 - AC \\ N &= BE - CD \\ P &= E^2 - CF \end{aligned}\right\} \tag{3}$$

$$X = M x^2 + 2 N x + P \tag{4}$$

die Form:

$$y = -\frac{Bx + E}{C} \pm \frac{\sqrt{X}}{C} \tag{5}$$

gegeben werden kann. Hiernach erscheint y als Summe und Differenz von

$$\eta = -\frac{Bx + E}{C} \tag{6}$$

und

$$Y = \frac{\sqrt{X}}{C}; \tag{7}$$

(6) aber stellt unter allen Umständen eine im Endlichen liegende Gerade dar; in bezug auf diese ist also wegen des oben angeführten Sachverhaltes das Gebilde *symmetrisch*, wobei die Ordinatenachse die Richtung der Symmetrie anzeigt. Diese Gerade soll im folgenden konsequent mit d bezeichnet werden.

---

1) Bei $A = 0$ wird die eine Gerade uneigentlich, indem sie ins Unendliche rückt.

2) Bei $A = 0$, $D = 0$ werden beide Gerade uneigentlich, indem sie ins Unendliche rücken.

Das weitere Verhalten von y hängt von Y und dieses wiederum von der im allgemeinen quadratischen Funktion

$$X = Mx^2 + 2Nx + P \tag{4}$$

ab. Hierbei sind die Fälle $M \neq 0$ und $M = 0$ wesentlich zu unterscheiden.

Wenn $M \neq 0$ *ist.* so kann X umgesetzt werden in

$$X = M\left(x + \frac{N}{M}\right)^2 - \frac{N^2 - MP}{M},$$

was sich durch die Substitution

$$x + \frac{N}{M} = \xi \tag{8}$$

und die Abkürzung

$$N^2 - MP = \varDelta \tag{9}$$

weiter vereinfacht zu

$$X = M\xi^2 - \frac{\varDelta}{M}. \tag{10}$$

Die Substitution (8) bedeutet eine Translation des Koordinatensystems parallel zur Abszissenachse um die Strecke $-\frac{N}{M}$ (**168**), und die Gleichung (10) zeigt, daß nun auch in bezug auf die neue Ordinatenachse Symmetrie stattfindet, wobei die Gerade d die Symmetrierichtung bezeichnet.

Es kann nun X folgende Verhaltungsweisen zeigen:

I. Ist $M < 0$ und $a)\, \varDelta > 0$, so ist X eine Differenz, die ihren größten Wert $-\frac{\varDelta}{M}$ erlangt, wenn der **variable Subtrahend verschwindet**, also bei $\xi = 0$: ferner hat X die beiden reellen Nullstellen

$$\xi = \pm \frac{\sqrt{\varDelta}}{M};$$

zwischen denen es positiv, außerhalb deren Intervall es negativ ist.

Bei b) $\varDelta < 0$ ist X die Summe zwei negativer Größen, bleibt beständig negativ und Y imaginär.

Schließlich, wenn c) $\varDelta = 0$, reduziert sich X auf ein negatives Glied, das für $\xi = 0$ verschwindet; infolgedessen ist Y imaginär bis auf die Stelle $\xi = 0$, an der es $= 0$ ist.

II. Ist $M > 0$ und a) $\varDelta > 0$, so erscheint X als Differenz mit einem variablen Minuend, hat die reellen Nullstellen

$$\xi = \pm \frac{\sqrt{\varDelta}}{M},$$

zwischen denen es negativ ist, während es außerhalb ihres Intervalls positiv bleibt.

Wenn b) $\varDelta < 0$, wird X eine Summe von zwei positiven Größen, die ihren kleinsten Wert $-\frac{\Delta}{M}$ annimmt, wenn der variable Summand verschwindet, d. i. bei $\xi = 0$; im übrigen ist, da X positiv bleibt, Y durchaus reell.

Ist endlich c) $\Delta = 0$, so reduziert sich X auf das positive Glied $M\xi^2$, Y auf das durchwegs reelle $\xi\frac{\sqrt{M}}{C}$.

III. Wenn $M = 0$, hingegen $N \neq 0$, so läßt sich X auf die Form

$$X = 2N\left(x + \frac{P}{2N}\right)$$

bringen und ist a) bei $N > 0$ so lange positiv, Y so lange reell, als $x \gtreqless -\frac{P}{2N}$: hingegen b) bei $N < 0$ so lange positiv, Y so lange reell, als $x \lesseqgtr -\frac{P}{2N}$.

Bleibt noch der Fall c) $N = 0$ übrig, in welchem sich X auf das absolute Glied P reduziert, Y somit konstant und reell ist, wenn $P \geq 0$, imaginär, wenn $P < 0$.

Es handelt sich jetzt darum, diese algebraischen Resultate ins Geometrische zu übertragen; dabei möge die obige Reihenfolge der Fälle beibehalten werden.

Fall I.

I^a): $M < 0$, $\Delta > 0$. Die Punkte, welche der Gleichung $f(x, y) = 0$ unter diesen Voraussetzungen genügen, sind symmetrisch zur Geraden d:

$$\eta = -\frac{Bx + E}{C} \tag{11}$$

in der Richtung OY und symmetrisch zur Geraden d':

$$x = -\frac{N}{M} \tag{12}$$

in der Richtung d angeordnet und eingeschlossen einerseits von den Geraden

$$x = -\frac{N \pm \sqrt{\Delta}}{M} \tag{13}$$

parallel zu d', andererseits von den Geraden

$$y = \eta \pm \frac{1}{C}\sqrt{-\frac{\Delta}{M}} \tag{14}$$

parallel zu d, Fig. 84. Die dargestellte Linie ist somit zentralsymmetrisch in bezug auf den Schnittpunkt $\Omega\left(-\frac{N}{M}, \frac{BN - EM}{CM}\right)$ von (11) und (12),

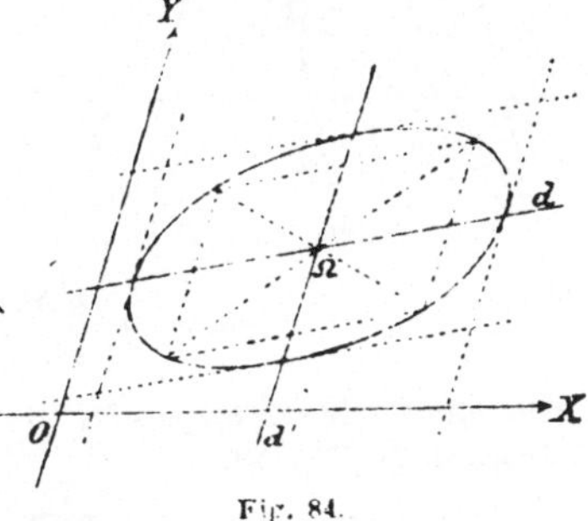

Fig. 84.

der ihren *Mittelpunkt* bildet. Sie heißt *Ellipse*.

I^b): $M < 0$, $\Delta < 0$. Bei diesem Verhalten der Koeffizienten gibt es keinen reellen Punkt, der der Gleichung $f(x, y) = 0$ genügt.

I^c): $M < 0$, $\Delta = 0$. In diesem Falle ist

$$y = \eta \pm \frac{\sqrt{M}}{C}\,\xi = -\frac{Bx + E}{C} \pm \frac{\sqrt{M}}{C}\left(x + \frac{N}{M}\right);$$

dies hat, was das Auftreten von x, y anlangt, die Form der Gleichungen zweier Geraden; wegen des imaginären Koeffizienten $\sqrt{M}$ aber spricht man von imaginären Geraden; nichtsdestoweniger kann von einem reellen Schnittpunkt derselben:

$$x = -\frac{N}{M}, \qquad y = \frac{BN - EM}{CM}$$

gesprochen werden, und dieser ist der einzige reelle Punkt überhaupt welcher der Gleichung $f(x, y) = 0$ genügt.

Um für diese drei durch das gemeinsame Merkmal $M < 0$ gekennzeichneten Fälle auch eine einheitliche Ausdrucksweise zu haben, kann man bei b) von einer imaginären, bei c) von einer punktförmigen Ellipse sprechen und I. als den *Fall der Ellipse* bezeichnen.

Fall II.

II^a): $M > 0$, $\Delta > 0$. Die Symmetrieverhältnisse in bezug auf die Geraden d, d', Gleich. (11) und (12), bestehen fort; der Schnittpunkt Ω der letzteren ist Mittelpunkt des Gebildes: reelle Punkte aber liegen nur außerhalb des von den Geraden (13) begrenzten Streifens.

$$\sqrt{X} = \sqrt{M\xi^2 - \frac{\Delta}{M}}$$

wächst mit $|\xi|$ über alle Grenzen, und es ist beständig

$$\sqrt{X} < \xi\sqrt{M};$$

aber der Unterschied

$$\xi\sqrt{M} - \sqrt{X} = \frac{\dfrac{\Delta}{M}}{\xi\sqrt{M} + \sqrt{X}}$$

wird mit wachsendem $|\xi|$ beliebig klein; das Gebilde nähert sich also unaufhörlich und unbegrenzt den beiden Geraden a, a':

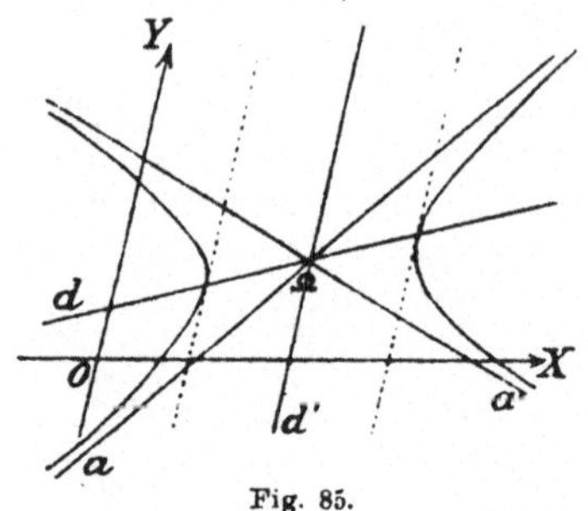

Fig. 85.

$$y_1 = \eta \pm \frac{\sqrt{M}}{C}\,\xi = -\frac{Bx + E}{C} \pm \frac{\sqrt{M}}{C}\left(x + \frac{N}{M}\right), \qquad (15)$$

die man als *Asymptoten* der Linie bezeichnet; die Linie selbst heißt *Hyperbel*; Fig. 85.

Aus den Gleichungen der Asymptoten ersieht man unmittelbar, daß sie sich in dem Punkte mit den Koordinaten

$$-\frac{N}{M} \,\Big|\, \frac{BN - EM}{CM},$$

d. i. im Mittelpunkte Ω schneiden, und daß sie symmetrisch zu den Geraden d, d' in demselben Sinne angeordnet sind wie das Gebilde selbst.

II^{b}): $M > 0$, $\varDelta < 0$. Symmetrieverhältnisse und Mittelpunkt Ω bleiben aufrecht; reelle Punkte liegen aber nur außerhalb des von den Geraden (14) begrenzten Streifens. $\sqrt{X} = \sqrt{M\xi^2 - \dfrac{\varDelta}{M}}$ wächst mit $|\xi|$ ins Unendliche; jetzt ist aber beständig

$$\sqrt{X} > \xi\sqrt{M}$$

und der Unterschied

$$\sqrt{X} - \xi\sqrt{M} = \frac{-\dfrac{\varDelta}{M}}{\sqrt{X} + \xi\sqrt{M}}$$

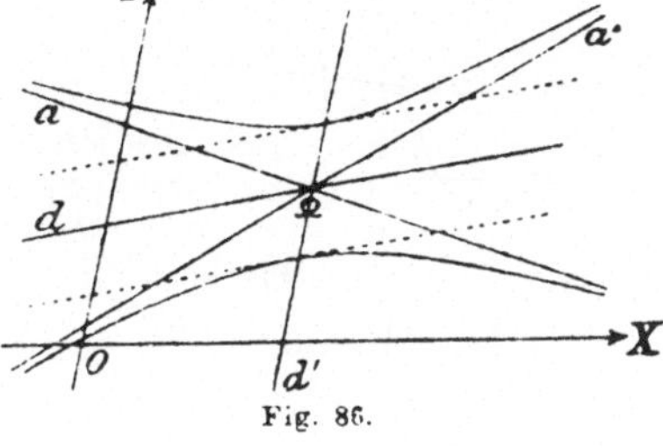

Fig. 86.

wird mit wachsendem ξ beliebig klein. Die Geraden (15) sind auch jetzt Asymptoten der Linie, haben aber gegen diese eine andere Lage als im Falle II^{a}) (Fig. 86). Die Linie ist eine Hyperbel in anderer Lage gegen das Koordinatensystem.

II^{c}): $M > 0$, $\varDelta = 0$. Nunmehr ist $X = M\xi^2$, folglich $\sqrt{X} = \xi\sqrt{M}$, und

$$y = \eta \pm \frac{\xi\sqrt{M}}{C} = -\frac{Bx + E}{C} \pm \frac{\sqrt{M}}{C}\left(x + \frac{N}{M}\right);$$

d. h. die Linie $f(x, y) = 0$ zerfällt, wenn die Koeffizienten diese Bedingungen erfüllen, in zwei sich schneidende Gerade. Es sind, was den Bau der Gleichungen betrifft, dieselben Geraden, die in den Fällen II^{a}) und II^{b}), wo $\varDelta \neq 0$ war, als Asymptoten aufgetreten sind.

Um eine einheitliche Ausdrucksweise zu haben, kann man die beiden Geraden des Falles II^{c}) als eine *zerfallene Hyperbel* bezeichnen und demgemäß den Fall II als *Fall der Hyperbel* erklären.

Fall III.

In diesem Falle bleibt nur die Symmetrie in bezug auf die Gerade d bestehen. Im übrigen findet folgendes statt.

III^{a}): $M = 0$, $N > 0$. Y hat von $x = -\dfrac{P}{2N}$ angefangen reelle Werte, die mit wachsendem x dem Betrage nach beständig und über jede Grenze hinaus wachsen, Fig. 87.

Die zugehörige Linie führt den Namen *Parabel*.

III^{b}): $M = 0$, $N < 0$. Y hat nur bis $x = -\dfrac{P}{2N}$ reelle Werte, die mit wachsendem $|x|$ beständig und über jeden Betrag zunehmen.

Die zugehörige Linie ist eine Parabel in anderer Lage gegen das Koordinatensystem, die als der früheren entgegengesetzt bezeichnet werden kann, Fig. 88.

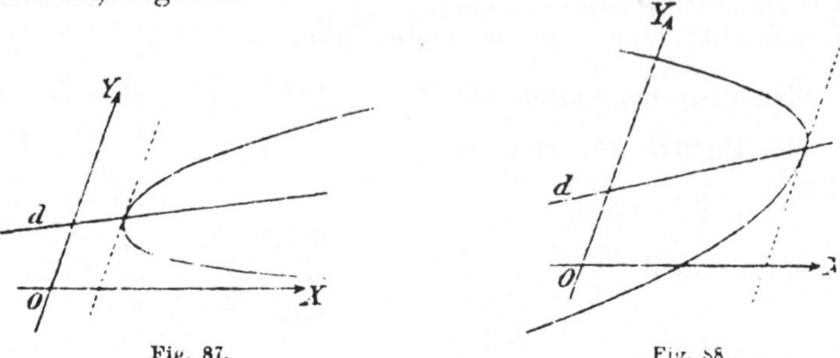

III^c): $M = 0$, $N = 0$. In diesem Falle wird

$$ y = \frac{-(Bx + E) \pm \sqrt{P}}{C}, $$

und dies stellt, zunächst wenigstens vermöge seiner Form, zwei parallele Gerade dar; wirkliche Gerade sind es aber nur dann, wenn $P > 0$ oder $P = 0$, unter der ersten Voraussetzung getrennt, unter der andern vereinigt; bei $P < 0$ kann von imaginären parallelen Geraden gesprochen werden.

Um auch hier eine einheitliche Ausdrucksweise zu haben, faßt man die unter III^c) aufgezählten Gebilde als *zerfallene Parabeln* auf und nennt sonach den Fall III den *Fall der Parabel*.

202. Zweiter Hauptfall: $C = 0$. Die nach y geordnete Gleichung (1) lautet nun:

$$ 2(Bx + E)y + Ax^2 + 2Dx + F = 0. \tag{16} $$

Das Trinom $Ax^2 + 2Dx + F$ ist entweder teilbar durch das Binom $Bx + E$, oder es ist nicht teilbar. Darnach sind zwei Fälle zu unterscheiden.

IV^a) Ist $Bx + E$ nicht Teiler von $Ax^2 + 2Dx + F$, so bleibt bei der Division ein konstanter Rest übrig, und es kann das Trinom auf die Form

$$ Ax^2 + 2Dx + F = -2(Bx + E)(mx + n) - R $$

gebracht werden: dann folgt aus (16):

$$ y = mx + n + \frac{R}{2B\left(x + \dfrac{E}{B}\right)} : \tag{17} $$

y erscheint also als Summe von

$$ \eta = mx + n \tag{18} $$

und

$$ Y = \frac{R}{2B\left(x + \dfrac{E}{B}\right)}. \tag{19} $$

Die Gleichung (18) stellt eine Gerade a dar, Fig. 89, und das zu ihrer Ordinate hinzutretende Y hat das Vorzeichen von $\dfrac{R}{B}$, so lange $x > -\dfrac{E}{B}$, das entgegengesetzte, so lange $x < -\dfrac{E}{B}$, wird bei $\lim x = -\dfrac{E}{B} \pm 0$ unendlich mit dem eben unterschiedenen Vorzeichen, ist dem Betrage nach gleich für gleiche Werte von $x + \dfrac{E}{B}$ und konvergiert gegen Null, wenn $x + \dfrac{E}{B}$ unaufhörlich

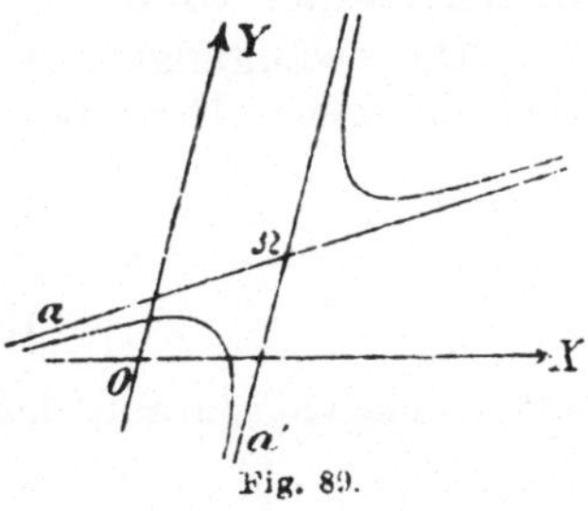

wächst. Die Linie ist eine Hyperbel mit den Asymptoten $a : y = mx + n$ und $a' : x = -\dfrac{E}{B}$, und mit dem Mittelpunkt $-\dfrac{E}{B} \quad \dfrac{Bn - Em}{B}$, Fig. 89.

IV^{b}) Ist $Bx + E$ Teiler von $Ax^2 + 2Dx + F$, so kann dieses Trinom auf die Form

$$Ax^2 + 2Dx + F = -2(Bx + E)(mx + n)$$

gebracht werden; die Gleichung (16) schreibt sich dann

$$(Bx + E)(y - mx - n) = 0$$

und zerfällt in die beiden:

$$x = -\frac{E}{B}$$
$$y = mx + n,$$

von denen jede eine Gerade darstellt. Im Sinne einer vorhin eingeführten Redeweise hat man es also mit einer zerfallenen Hyperbel zu tun.

V. Ist neben $C = 0$ auch $B = 0$, so läßt sich der Gleichung (16) die Gestalt

$$y = ax^2 + 2bx + c \tag{20}$$

geben, wofür weiter

$$y = a\left(x + \frac{b}{a}\right)^2 + \frac{ac - b^2}{a}$$

geschrieben werden kann. Mit Hilfe der Substitution $x + \dfrac{b}{a} = \xi$ erkennt man, daß das betreffende Gebilde bezüglich der Geraden $x = -\dfrac{b}{a}$ symmetrisch ist in der Richtung der x-Achse: y wächst mit zunehmendem $|\xi|$ über alle Grenzen. Man hat es mit einer Parabel in einer dritten Lage zu tun.

203. Degenerierte Linien zweiter Ordnung. Die vorstehende Untersuchung ergab, daß die Gleichung zweiten Grades außer Kreis, Ellipse, Hyperbel und Parabel auch zwei Gerade darstellen kann, die entweder reell und getrennt oder reell und zu einer vereint oder imaginär sein können, in welch letzterem Falle sie einen reellen Punkt gemein haben als das einzige reelle Gebilde, das der Gleichung genügt. Man unterscheidet demgemäß zwischen *eigentlichen* und *degenerierten* Linien zweiter Ordnung.

Die Bedingungen, unter welchen Linien der letzteren Art auftreten, sind im ersten Hauptfalle, $C \neq 0$:

$$\text{I}^{c}): \quad M < 0, \quad \varDelta = 0$$
$$\text{II}^{c}): \quad M > 0, \quad \varDelta = 0$$
$$\text{III}^{c}): \quad M = 0, \quad N = 0:$$

mit Rücksicht darauf, daß $\varDelta = N^2 - MP$, ist die Bedingung

$$\varDelta = 0 \tag{21}$$

allen drei Fällen gemeinsam; — im zweiten Hauptfalle, $C = 0$:

IV^{b}): Teilbarkeit von $Ax^2 + 2Dx + F$ durch $Bx + E$.

Diese Teilbarkeit führte zu dem Ansatze:

$$Ax^2 + 2Dx + F = -2(Bx + E)(mx + n),$$

der bei beliebigem x nur dann besteht, wenn

$$2Bm \qquad\quad + A = 0$$
$$Em + Bn + D = 0$$
$$2En + F = 0;$$

und die notwendige Bedingung für die Koexistenz dieser Gleichungen lautet (**121**, III):

$$\begin{vmatrix} 2B & 0 & A \\ E & B & D \\ 0 & 2E & F \end{vmatrix} = 0,$$

ausgeführt:

$$AE^2 + B^2F - 2BDE = 0. \tag{22}$$

Diese Bedingung ist aber in der vorigen, (21), enthalten. Es ist nämlich

$$\varDelta = (BE - CD)^2 - (B^2 - AC)(E^2 - CF)$$
$$= C[AE^2 + B^2F + CD^2 - ACF - 2BDE],$$

und da im ersten Hauptfalle $C \neq 0$, so ist hier die Bedingung für den Zerfall:

$$AE^2 + B^2F + CD^2 - ACF - 2BDE = 0, \tag{23}$$

und dies geht tatsächlich in dem zweiten Hauptfalle, wo $C = 0$, in (22) über.

Man kann sich umgekehrt die Frage vorlegen, unter welcher Bedingung die allgemeine Gleichung (1), $f(x, y) = 0$, zwei Gerade darstellt; notwendig und ausreichend hierfür ist, daß sich die quadratische Funktion $f(x, y)$ in zwei lineare Faktoren

$$g = \alpha x + \beta y + \gamma$$
$$g' = \alpha' x + \beta' y + \gamma'$$

mit reellen oder imaginären Koeffizienten zerlegen lasse, daß also

$$f(x, y) \equiv g g'$$

sei. Daraus ergeben sich durch partielle Differentiation nach x und y die ebenfalls identischen Gleichungen:

$$2Ax + 2By + 2D = \alpha g' + \alpha' g$$
$$2Bx + 2Cy + 2E = \beta g' + \beta' g; \tag{24}$$

bringt man aber $f(x, y)$ einerseits und $g g'$ anderseits in die Gestalt:

$$f(x, y) = (Ax + By + D)x + (Bx + Cy + E)y + Dx + Ey + F$$

$$g g' = (\alpha x + \beta y)g' + (\alpha' x + \beta' y)g + \gamma g' + \gamma' g,$$

so ergibt sich daraus und aus (24) mittels eines einfachen Schlusses, daß auch identisch

$$2Dx + 2Ey + 2F = \gamma g' + \gamma' g \tag{24*}$$

sein müsse.

Da nun $g = 0$ und $g' = 0$ unter allen Umständen einen reellen Punkt, sei es im Endlichen oder Unendlichen, gemein haben, so existiert ein Wertepaar x, y, das die drei Gleichungen

$$Ax + By + D = 0$$
$$Bx + Cy + E = 0$$
$$Dx + Ey + F = 0$$

zugleich befriedigt, was aber nur dann geschehen kann, wenn (**121**, III)

$$\begin{vmatrix} A & B & D \\ B & C & E \\ D & E & F \end{vmatrix} = 0 \tag{25}$$

ist. Die Entwicklung dieser Determinante stimmt aber, vom Vorzeichen abgesehen, mit der linken Seite von (23) überein.

Man nennt die Determinante in (25), deren Verschwinden also den Zerfall der Linie anzeigt, die *Diskriminante* der Gleichung (1).

204. Beispiele. Es sollen nun die vorstehenden Kriterien auf eine Reihe von speziellen Gleichungen zur Anwendung gebracht werden.

1. In der Gleichung $x^2 - 2xy + 4y^2 - 6x + 4y + 3 = 0$ ist:

$$A = 1, \quad B = -1, \quad C = 4, \quad D = -3, \quad E = 2, \quad F = 3;$$

$$M = -3, \quad N = 10, \quad P = -8;$$

$$\varDelta = 76;$$

man hat es mit dem Fall I^a) zu tun, die Gleichung stellt eine wirkliche Ellipse dar.

2. Zu der Gleichung $x^2 - 2xy + 4y^2 - 6x + 4y + 10 = 0$ gehören die Zahlen:
$$M = -3, \quad N = 10, \quad P = -36;$$
$$\varDelta = -8;$$
es findet der Fall I^b) einer imaginären Ellipse statt.

3. Bei $x^2 - 2xy + 4y^2 - 6x + 4y + \frac{28}{3} = 0$ hat man
$$M = -3, \quad N = 10, \quad P = -\tfrac{100}{3};$$
$$\underset{\text{\tiny$=$}}{\triangle} = 0;$$
die Bedingungen des Falles I^c) sind erfüllt, $x = \frac{10}{3}$, $y = \frac{1}{3}$ ist der einzige reelle Punkt, welcher der Gleichung genügt.

4. $2x^2 + 4xy + y^2 - 2x - 4y + 1 = 0$; $M = 2, N = -3, P = 3,$ $\triangle = 3$; Fall II^a) der Hyperbel in der ersten Lage.

5. $2x^2 + 4xy + y^2 - 2x - 4y - 1 = 0$; $M = 2, N = -3, P = 5$; $\triangle = -1$; Fall II^b) der Hyperbel in der zweiten Lage.

6. $2x^2 + 4xy + y^2 - 2x - 4y - \frac{1}{2} = 0$; $M = 2, N = -3, P = \frac{9}{2}$; $\triangle = 0$; Fall II^c) der in zwei Gerade zerfallenen Hyperbel; diese Geraden sind:
$$y = -(2 \mp \sqrt{2})x + 2 \mp \tfrac{3}{2}\sqrt{2}.$$

7. $4x^2 - 4xy + y^2 - 4x - 8y - 2 = 0$; $M = 0, N = 10, P = 18$; Fall III^a) der Parabel in der ersten Lage; die reellen Punkte beginnen bei $x = -\frac{9}{10}$.

8. $4x^2 - 4xy + y^2 - 4x + 8y - 2 = 0$, $M = 0, N = -6, P = 18$; Fall III^b), Parabel in der zweiten Lage, die reellen Punkte reichen bis $x = \frac{3}{2}$.

9. $4x^2 - 4xy + y^2 - 4x + 2y - 2 = 0$; $M = 0, N = 0, P = 3$; Fall III^c), eine in zwei parallele Gerade zerfallene Parabel, und zwar sind
$$y = 2x - 1 \pm \sqrt{3}$$
diese Geraden.

10. Die Gleichung $3xy - 4x + 2y - 6 = 0$ fällt unter den Typus IV^a) und stellt eine Hyperbel dar, deren Asymptoten $y = \frac{4}{3}$, $x = -\frac{2}{3}$ sind; der rechte Ast liegt oberhalb der ersten Asymptote.

11. $8x^2 - 4x - 2y + 1 = 0$ fällt unter den Typus V und zeigt, auf die Form
$$y = 4\left(x - \tfrac{1}{4}\right)^2 + \tfrac{1}{4}$$

gebracht, daß die Parabel symmetrisch ist in bezug auf die Gerade $x = \frac{1}{4}$, wobei die x-Achse die Richtung der Symmetrie angibt, und daß die reellen Punkte auf und über der Geraden $y = \frac{1}{4}$ liegen.

205. Translation des Koordinatensystems. Die folgenden Untersuchungen werden es häufig notwendig machen, zu einem parallelen und gleichgerichteten Koordinatensystem überzugehen. Sind ξ/η die Koordinaten des neuen Ursprungs, x'/y' die neuen Koordinaten des Punktes x/y, so gelten die Transformationsgleichungen (**168**):

$$x = x' + \xi, \quad y = y' + \eta,$$

durch deren Anwendung sich die Gleichung (1) verwandelt in:

$$f(x' + \xi, y' + \eta) = A x'^2 + 2 B x' y' + C y'^2 + 2(A\xi + B\eta + D)x'$$
$$+ 2(B\xi + C\eta + E)y' + f(\xi, \eta) = 0;$$

dies kann noch kürzer dargestellt werden, wenn man beachtet, daß aus

$$f(\xi, \eta) = A\xi^2 + 2 B\xi\eta + C\eta^2 + 2 D\xi + 2 E\eta + F$$

durch partielle Differentiation nach ξ und η erhalten wird:

$$f'_\xi(\xi, \eta) = 2(A\xi + B\eta + D)$$
$$f'_\eta(\xi, \eta) = 2(B\xi + C\eta + E);$$

die transformierte Gleichung lautet dann endgiltig:

$$A x'^2 + 2 B x' y' + C y'^2 + f'_\xi(\xi, \eta)x' + f'_\eta(\xi, \eta)y' + f(\xi, \eta) = 0. \quad (1^*)$$

Hieran ist als bemerkenswert hervorzuheben: 1. daß die Koeffizienten der quadratischen Glieder gegenüber der Transformation invariant sind; 2. daß das absolute Glied in das Substitutionsresultat der Koordinaten ξ, η in die linke Seite der ursprünglichen Gleichung übergeht, somit verschwindet, wenn der neue Ursprung auf der Linie selbst liegt.

206. Mittelpunkt. Bei dem Kreise, der Ellipse und Hyperbel hat die Untersuchung zentrale Symmetrie, also das Vorhandensein eines Mittelpunktes ergeben. Die Frage seiner Bestimmung soll nun selbständig auf Grund der allgemeinen Gleichung

$$f(x, y) = A x^2 + 2 B x y + C y^2 + 2 D x + 2 E y + F = 0 \quad (1)$$

gelöst werden.

Wir gehen dabei von dem Gedanken aus, daß der Ursprung dann, aber auch nur dann Mittelpunkt, also Zentrum der Symmetrie des Gebildes (1) ist, wenn die Gleichung bloß Glieder zweiten Grades enthält; denn nur dann wird sie, wenn durch x/y befriedigt, auch durch $-x/-y$ erfüllt: Bedingung für die erwähnte Anordnung ist also das Fehlen der Glieder ersten Grades, d. h.

$$D = 0, \quad E = 0.$$

Ist x_0/y_0 der Mittelpunkt, so muß die nach ihm transformierte Gleichung

$$Ax'^2 + 2Bx'y' + Cy'^2 + f'_{x_0}(x_0, y_0)x' + f'_{y_0}(x_0, y_0)y' + f(x_0, y_0) = 0$$

diese Beschaffenheit haben, es muß also

$$
\begin{aligned}
f'_{x_0}(x_0, y_0) &= 0 \\
f'_{y_0}(x_0, y_0) &= 0
\end{aligned}
\tag{2}
$$

sein; mit andern Worten, die Koordinaten des Mittelpunktes, falls ein solcher vorhanden, genügen den Gleichungen

$$
\begin{aligned}
Ax_0 + By_0 + D &= 0 \\
Bx_0 + Cy_0 + E &= 0.
\end{aligned}
\tag{3}
$$

Jede dieser Gleichungen stellt bei variabel gedachten x_0, y_0 eine Gerade dar, die Aufgabe der Bestimmung von x_0/y_0 kommt also geometrisch auf die Bestimmung der gemeinsamen Punkte zweier Geraden hinaus; die in **182** hierüber angestellte Untersuchung hat zu folgenden Ergebnissen geführt.

Es existiert ein und nur ein bestimmter Punkt im Endlichen, der den Gleichungen (3) genügt, wenn

$$\begin{vmatrix} A & B \\ B & C \end{vmatrix} = - M \neq 0$$

ist, also in den Fällen I, II (Ellipse, Hyperbel).

Die Gleichungen (3) bestimmen einen unendlich fernen Punkt, wenn $M = 0$ und eine der Zählerdeterminanten nicht verschwindet. Ist beispielsweise

$$\begin{vmatrix} B & D \\ C & E \end{vmatrix} = N \neq 0,$$

so erkennt man, daß vermöge $M = 0$ auch die zweite Zählerdeterminante von Null verschieden ist; man hat es mit einem der Fälle III[a]), III[b]), Parabel in der ersten und zweiten Lage, zu tun. Den vorstehenden Bedingungen ist auch dann entsprochen, wenn $B = 0$, $C = 0$ ist; denn dann wird M und die erste Zählerdeterminante Null, während die zweite von Null verschieden ist; die erste der Gleichungen (3) liefert für x_0 einen endlichen Wert, der zweiten kann aber nur durch ein unendliches y_0 genügt werden; es ist dies der Fall V einer Parabel in der dritten Lage.

Den Gleichungen (3) genügen unendlich viele Punkte, wenn sie sich nur durch einen konstanten Faktor voneinander unterscheiden, wenn also

$$\frac{B}{A} = \frac{C}{B} = \frac{E}{D} = k$$

ist; die Punkte erfüllen die einzige durch (3) bestimmte Gerade. Weil nun sowohl $M = B^2 - AC$ als auch $N = BE - CD = 0$, so tritt der Fall III^c) ein, der auf zwei parallele Gerade führt.

Ist die erste der in vorstehender Untersuchung unterschiedenen Möglichkeiten eingetreten und x_0, y_0 bestimmt, so ist mit der Berechnung von $f(x_0, y_0)$ die *Transformation zum Mittelpunkte* — so soll die Translation des Koordinatensystems nach dem Mittelpunkte heißen — vollzogen.

Die eigentlichen Linien zweiter Ordnung scheiden sich hiernach in zwei Klassen: solche mit einem Mittelpunkt im Endlichen — Kreis, Ellipse und Hyperbel — und solche mit einem Mittelpunkt im Unendlichen — Parabel.

207. Beispiele. 1. Für die **204** unter 1. behandelte Gleichung

$$x^2 - 2xy + 4y^2 - 6x + 4y + 3 = 0$$

ergeben sich zur Bestimmung des Mittelpunktes die Ansätze:

$$x_0 - y_0 - 3 = 0$$
$$- x_0 + 4y_0 + 2 = 0,$$

aus denen $x_0 = \frac{10}{3}$, $y_0 = \frac{1}{3}$ folgt; da weiter $f(x_0, y_0) = -\frac{19}{3}$, so lautet die zum Mittelpunkt transformierte Gleichung:

$$x'^2 - 2x'y' + 4y'^2 - \tfrac{19}{3} = 0.$$

2. Die Gleichung 4. in **204**:

$$2x^2 + 4xy + y^2 - 2x - 4y + 1 = 0$$

ist als die einer Hyperbel erkannt worden; aus den Gleichungen

$$2x_0 + 2y_0 - 1 = 0$$
$$2x_0 + y_0 - 2 = 0$$

erhält man den Mittelpunkt $x_0 = \frac{3}{2}$, $y_0 = -1$, und da $f(x_0, y_0) = \frac{3}{2}$, so ist

$$2x'^2 + 4x'y' + y'^2 + \tfrac{3}{2} = 0$$

die zum Mittelpunkt transformierte Gleichung.

208. Durchmesser. Im Laufe der Diskussion der allgemeinen Gleichung zweiten Grades sind gerade Linien erkannt worden, in bezug auf welche *Symmetrie* nach einer bestimmten Richtung stattfindet, mit andern Worten gerade Linien, welche Sehnen einer bestimmten Richtung halbieren. Dies soll Anlaß geben zur Erörterung der Frage nach dem geometrischen Ort der Halbierungspunkte paralleler Sehnen *irgend* einer Richtung; ein solcher Ort möge den Namen *Durchmesser* erhalten.

Die nun folgenden Untersuchungen setzen ein *rechtwinkliges* Koordinatensystem voraus.

Verbindet man mit der Gleichung

$$f(x,y) = Ax^2 + 2Bxy + Cy^2 + 2Dx + 2Ey + F = 0 \qquad (1)$$

die parametrischen Gleichungen (**177**)

$$x = \xi + s \cos \alpha$$
$$y = \eta + s \sin \alpha \qquad (2)$$

der Geraden, die durch den Punkt ξ/η geht und mit der x-Achse den Winkel α bildet, so liefert die Gleichung

$$f(\xi + s \cos \alpha, \eta + s \sin \alpha) = (A \cos^2\alpha + 2B \cos \alpha \sin \alpha + C \sin^2\alpha)s^2$$
$$+ [f'_\xi(\xi, \eta) \cos \alpha + f'_\eta(\xi, \eta) \sin \alpha]s + f(\xi, \eta) = 0 \qquad (3)$$

in ihren Wurzeln s_1, s_2 die Abstände des Punktes ξ/η von den Schnittpunkten M_1, M_2 der Geraden (2) mit der Linie (1). Der Punkt ξ/η ist insbesondere der Mittelpunkt der Sehne $M_1 M_2$, wenn s_1, s_2 entgegengesetzt bezeichnet und dem Betrage nach gleich sind, und dies findet dann statt, wenn die Gleichung (3) rein quadratisch, also

$$f'_\xi(\xi, \eta) \cos \alpha + f'_\eta(\xi, \eta) \sin \alpha = 0 \qquad (4)$$

ist. Diese Gleichung stellt den Ort der Mittelpunkte aller Sehnen vom Richtungswinkel α oder vom Richtungskoeffizienten $m = \operatorname{tg} \alpha$ dar; ersetzt man f'_ξ, f'_η durch ihre Ausdrücke, so wird aus (4)

$$(A + Bm)\xi + (B + Cm)\eta + D + Em = 0. \qquad (5)$$

Hiermit ist erwiesen, daß *die Durchmesser einer Linie zweiter Ordnung gerade Linien* sind. Die Gleichung (5), in symbolischer Form

$$f'_\xi(\xi, \eta) + mf'_\eta(\xi, \eta) = 0,$$

stellt bei variablem m einen Geradenbüschel dar, dessen Träger durch die Gleichungen

$$f'_\xi(\xi, \eta) = 0, \qquad f'_\eta(\xi, \eta) = 0$$

gegeben ist; diese Gleichungen bestimmen aber (**206**) den Mittelpunkt.

Die Durchmesser einer Linie zweiter Ordnung bilden demnach einen Geradenbüschel, dessen Träger der Mittelpunkt der Linie ist; bei den Linien mit einem Mittelpunkt gehen also alle Durchmesser durch einen eigentlichen Punkt, bei der Parabel sind sie untereinander parallel.

209. Paare konjugierter Durchmesser. Der Durchmesser, der die Sehnen vom Richtungskoeffizienten m halbiert, hat selbst, wie aus seiner Gleichung (5) hervorgeht, den Richtungskoeffizienten

$$m' = - \frac{A + Bm}{B + Cm};$$

m' ändert sich mit m nur dann, wenn

$$\begin{vmatrix} A & B \\ B & C \end{vmatrix} = -M \neq 0$$

ist, also bei der Ellipse und Hyperbel; ist hingegen $M = 0$, also $\frac{A}{B} = \frac{B}{C} = k$, so bleibt m' konstant $= -k$.

Von diesem Falle abgesehen besteht zwischen dem Richtungs-koeffizienten der Sehnenschar und dem Richtungskoeffizienten des zugehörigen Durchmessers die Gleichung:

$$C(mm' + B(m + m') + A = 0. \tag{6}$$

Diese Gleichung hat einen solchen Bau, daß sie sich nicht ändert, wenn man m und m' miteinander vertauscht; daraus entspringt der folgende Sachverhalt: Wählt man von zwei Zahlen m, m', die der Gleichung (6) genügen, die eine als Richtungskoeffizienten einer Sehnenschar, so bedeutet die andere den Richtungskoeffizienten des die Sehnenschar halbierenden Durchmessers.

Die Durchmesser einer Linie zweiter Ordnung mit eigentlichem Mittelpunkt ordnen sich hiernach zu Paaren solcher Art, daß der eine die zu dem andern parallelen Sehnen halbiert. Man bezeichnet die Durchmesser eines solchen Paares als *konjugierte Durchmesser*.

Der Durchmesser vom Richtungskoeffizienten m schließt mit dem ihm konjugierten zwei supplementäre Winkel ein, deren einer, ω, durch

$$\operatorname{tg}\omega = \frac{m' - m}{1 + mm'} = \frac{A + 2Bm + Cm^2}{Bm^2 + (A - C)m - B} \tag{7}$$

bestimmt ist.

210. Achsen. Daran knüpft sich naturgemäß die Frage nach solchen Paaren konjugierter Durchmesser an, die aufeinander senkrecht stehen; derartige Durchmesser sind Achsen orthogonaler Symmetrie und werden darum als *Achsen* der betreffenden Linie bezeichnet.

Zufolge der Formel (7) haben die Richtungskoeffizienten der Achsen der Gleichung

$$Bm^2 + (A - C)m - B = 0 \tag{8}$$

zu genügen.

Diese Gleichung ist identisch, d. h. durch jeden Wert von m, erfüllt, wenn gleichzeitig $A = C, \quad B = 0$

ist, Bedingungen, die den Kreis kennzeichnen (**188, 200**). *Der Kreis hat sonach unendlich viele Achsenpaare*, mit andern Worten, von welchem Durchmesser man auch ausgeht, der dazu konjugierte steht immer senkrecht auf ihm.

In den Fällen der *Ellipse* und *Hyperbel* gibt es nur *ein* Paar von Achsen, denn die Gleichung (8) liefert dann stets ein Paar reeller Wurzeln m_1, m_2, die die Eigenschaft haben, daß $m_1 m_2 = -1$ ist; diese Wurzeln sind in der Formel

$$m = \frac{-(A - C) \pm \sqrt{(A - C)^2 + 4B^2}}{2B} \tag{9}$$

enthalten.

20*

Bei der *Parabel* sind alle Durchmesser parallel und derjenige unter ihnen, der die zugehörigen Sehnen rechtwinklig halbiert, ist die einzige Achse. In der Tat gibt die Formel (9), wenn $M = 0$, also $B^2 = AC$ ist, die beiden Werte

$$-\frac{A}{B}, \quad \frac{C}{B},$$

deren einer $= -k$, gleich dem Richtungskoeffizienten der Durchmesser ist (**209**), während der andere die dazu senkrechte Richtung bestimmt.

211. Transformation der Ellipsen- und Hyperbelgleichung zu den Achsen. In den Achsen ist für die genannten Linien ein natürliches rechtwinkliges Koordinatensystem gegeben, bei dessen Anwendung ihre Gleichungen eine besonders einfache Gestalt annehmen. Da nämlich der Mittelpunkt dann Ursprung ist, entfallen die Glieder ersten Grades in x, y, und da weiter bezüglich beider Koordinatenachsen Symmetrie herrscht, ist die Gleichung rein quadratisch in bezug auf x sowohl als y, es entfällt also auch das Glied mit dem Produkt xy.

Ist die Gleichung bereits zum Mittelpunkt transformiert, also auf die Form

$$A x^2 + 2 B x y + C y^2 + G = 0 \tag{1}$$

gebracht (**206**), so handelt es sich um eine solche Rotation des Koordinatensystems um den Ursprung, daß das Glied mit dem Produkt der neuen Koordinaten ausfällt; ist ϑ der Rotationswinkel, so lauten die Transformationsgleichungen (**169**):

$$x = x' \cos \vartheta - y' \sin \vartheta$$
$$y = x' \sin \vartheta + y' \cos \vartheta,$$

durch die (1) verwandelt wird in:

$$(A \cos^2 \vartheta + 2 B \cos \vartheta \sin \vartheta + C \sin^2 \vartheta) x'^2$$
$$- 2 [A \cos \vartheta \sin \vartheta - B(\cos^2 \vartheta - \sin^2 \vartheta) - C \cos \vartheta \sin \vartheta] x' y'$$
$$+ (A \sin^2 \vartheta - 2 B \cos \vartheta \sin \vartheta + C \cos^2 \vartheta) y'^2 + G = 0;$$

die angestrebte Form

$$A' x'^2 + C' y'^2 + G = 0 \tag{2}$$

tritt also ein, wenn man ϑ derart bestimmt, daß

$$(A - C) \sin 2\vartheta - 2 B \cos 2\vartheta = 0 \tag{3}$$

wird.

Diese Gleichung läßt ϑ unbestimmt, wenn gleichzeitig $A = C$ und $B = 0$ ist, also im Falle des Kreises.

In jedem andern Falle gibt sie in

$$\operatorname{tg} 2\vartheta = \frac{2B}{A - C} \tag{4}$$

die Bestimmung zweier Winkel, die sich um 180° von einander unterscheiden, also zweier Werte von ϑ, die um 90° differieren; mit dem einen ist der andere gegeben. Behält man den *hohlen* Winkel bei, so folgt aus (4)

$$\sin 2\vartheta = \frac{2B}{\varepsilon\,\sqrt{(A-C)^2+4B^2}}, \quad \cos 2\vartheta = \frac{A-C}{\varepsilon\,\sqrt{(A-C)^2+4B^2}}, \quad \varepsilon = \operatorname{sgn} B. \quad (5)$$

Die in (2) eingeführten neuen Koeffizienten A', C' haben zunächst folgende Bedeutung:

$$A' = A\cos^2\vartheta + 2B\cos\vartheta\sin\vartheta + C\sin^2\vartheta$$
$$C' = A\sin^2\vartheta - 2B\cos\vartheta\sin\vartheta + C\cos^2\vartheta\,;$$

daraus ergibt sich durch Addition:

$$A' + C' = A + C, \qquad (6)$$

und durch Subtraktion, wenn man gleichzeitig auf der rechten Seite von den Formeln (5) Gebrauch macht:

$$A' - C' = \varepsilon\,\sqrt{(A-C)^2+4B^2}: \qquad (7)$$

aus (6) und (7) erhält man schließlich:

$$A' = \tfrac{1}{2}\{A + C + \varepsilon\sqrt{(A-C)^2+4B^2}\}$$
$$C' = \tfrac{1}{2}\{A + C - \varepsilon\sqrt{(A-C)^2+4B^2}\}\,. \qquad (8)$$

Aus der hieraus folgenden Relation

$$A'C' = AC - B^2 = -M$$

geht hervor, daß bei der Ellipse A' und C' gleich, bei der Hyperbel ungleich bezeichnet sind.

Es nimmt also (2) im Falle der eigentlichen Ellipse schließlich die Form

$$\frac{x'^2}{a^2} + \frac{y'^2}{b^2} = 1,$$

im Falle der Hyperbel eine der Formen

$$\pm\frac{x'^2}{a^2} \mp \frac{y'^2}{b^2} = 1$$

an, wobei in beiden Gliedern entweder das obere oder das untere Zeichen gilt.

Hiermit ist der Anschluß an die Definitionen gewonnen, aus welchen die letzten Gleichungen ursprünglich abgeleitet worden sind (**158, 159**).

Aus dem Gange der Untersuchung in **206** und in diesem Artikel geht hervor, daß das absolute Glied F der Gleichung weder auf die Lage des Mittelpunktes, noch auf die Richtung der Achsen, noch auf das Verhältnis der Achsenlängen Einfluß hat; denn auf die Koordinaten des Mittelpunktes wirken alle Koeffizienten mit Ausschluß von F, auf die Richtungswinkel der Achsen und das Verhältnis ihrer Längen nur die Koeffizienten A, B, C der quadratischen Glieder ein.

Hiernach stellen Gleichungen der Form (1), die sich nur in F unterscheiden, Ellipsen und Hyperbeln dar, die im Mittelpunkt, den Achsen und dem Verhältnis ihrer Längen übereinstimmen. Man nennt Linien dieser Art *homothetisch*.

212. Scheitelgleichung der Parabel. Wegen der Beziehung $M = B^2 - AC = 0$, die die Parabel kennzeichnet, kann deren allgemeine Gleichung auf die Form

$$C\left(y + \frac{B}{C}\,x\right)^2 + 2\,Dx + 2\,Ey + F = 0 \tag{1}$$

gebracht werden; es ist also ein charakteristisches Merkmal der Parabelgleichung, daß in ihr die Glieder zweiten Grades, eventuell nach Absonderung eines konstanten Faktors, ein vollständiges Quadrat bilden.

Als Richtungskoeffizient der Parabeldurchmesser, also auch der Parabelachse, ist $-\dfrac{A}{B}$, das gleich ist $-\dfrac{B}{C}$, gefunden worden (**210**); bezeichnet man also den hohlen Richtungswinkel mit ϑ, so ist

$$\operatorname{tg}\vartheta = -\frac{B}{C}, \quad \sin\vartheta = \frac{-B}{\varepsilon\sqrt{B^2 + C^2}}, \quad \cos\vartheta = \frac{C}{\varepsilon\sqrt{B^2 + C^2}}, \quad \varepsilon = -\operatorname{sgn} B \tag{2}$$

Die Rotation des Koordinatensystems um diesen Winkel verwandelt die Gleichung (1) in die folgende:

$$\frac{C}{\cos^2\vartheta}\,y'^2 + 2(D\cos\vartheta + E\sin\vartheta)\,x' + 2(-D\sin\vartheta + E\cos\vartheta)\,y' + F = 0,$$

deren allgemeine Gestalt durch

$$C'y'^2 + 2\,D'x' + 2\,E'y' + F = 0 \tag{3}$$

bezeichnet ist, wobei unter Berücksichtigung von (2)

$$C' = \frac{B^2 + C^2}{C} = A + C, \quad D' = \frac{CD - BE}{\varepsilon\sqrt{B^2 + C^2}}, \quad E' = \frac{BD + CE}{\varepsilon\sqrt{B^2 + C^2}}. \tag{4}$$

Übt man jetzt eine Translation nach dem noch unbestimmten Ursprung x_0/y_0 aus, so verwandelt sich (3) weiter in

$$C'y''^2 + 2\,D'x'' + 2(C'y_0 + E')y'' + C'y_0^2 + 2\,D'x_0 + 2\,E'y_0 + F = 0,$$

und verfügt man über den neuen Ursprung derart, daß

$$\begin{aligned} C'y_0 + E' &= 0 \\ C'y_0^2 + 2\,D'x_0 + 2\,E'y_0 + F &= 0 \end{aligned} \tag{5}$$

wird, so vereinfacht sich die Gleichung schließlich auf

$$C'y''^2 + 2\,D'x'' = 0. \tag{6}$$

Die zweite der Gleichungen (5) läßt erkennen, daß der Ursprung

der Parabel selbst angehört, und für seine Koordinaten ergeben sich
aus (5) die **Werte**:

$$y_0 = -\frac{E'}{C'},$$

$$x_0 = \frac{E'^2 - C'F}{2C'D'}; \tag{7}$$

es ist jener Punkt, in welchem die Parabel von ihrer Achse geschnitten wird, da vermöge der jetzigen Gleichungsform in bezug auf
die x-Achse orthogonale Symmetrie besteht. Man nennt den Punkt (7)
den *Scheitel* der Parabel. (6) ihre Scheitelgleichung.

In der Form

$$y''^2 = -2\frac{D'}{C'}x''$$

läßt sie ihre Übereinstimmung mit jener Gleichung erkennen, die aus
der ursprünglichen Definition abgeleitet worden ist (**160**).

Wie die Ansätze dieses Artikels zeigen, hat das absolute Glied F weder
auf die Richtung der Achse, noch auf die Ordinate y_0 des Scheitels (im
System x', y'), also auf die Lage der Achse, noch auf den Parameter Einfluß.

Es gehören demnach Gleichungen der Form (1), die sich nur in
dem absoluten Gliede unterscheiden, Parabeln an, die dieselbe Achse,
denselben Parameter und nur verschiedene Scheitel haben. Man bezeichnet derartige Parabeln als *homothetisch*.

213. Beispiele. 1. Um die Ellipse, die durch die Gleichung
204, 1:

$$x^2 - 2xy + 4y^2 - 6x + 4y + 3 = 0$$

bestimmt ist, auf die Achsen zu transformieren, transformiere man
sie zuerst zum Mittelpunkt $\tfrac{10}{3}/\tfrac{1}{3}$; dies ist in **207**, 1. geschehen und hat
— mit Unterdrückung des Akzents —

$$x^2 - 2xy + 4y^2 - \tfrac{19}{3} = 0$$

ergeben.

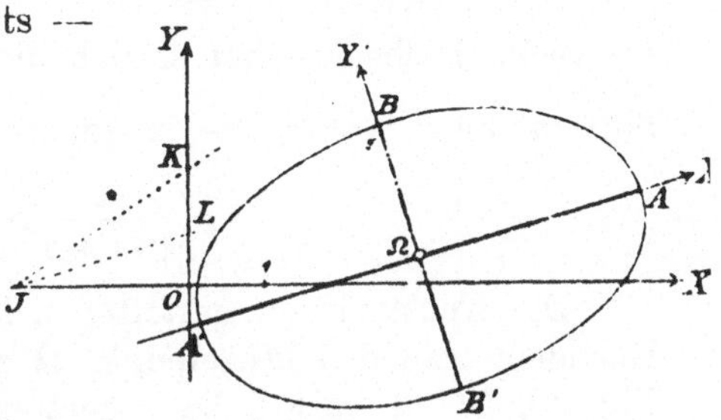

Zur Bestimmung der *Rich-*
tung der Achsen hat man

$$\operatorname{tg} 2\vartheta = \tfrac{2}{3},$$

und für die endgiltigen Koeffizienten ergeben sich aus **211**, (8)
die Werte:

$$A' = \tfrac{1}{2}(5 - \sqrt{13}), \quad C' = \tfrac{1}{2}(5 + \sqrt{13}):$$

die Achsengleichung lautet also:

$$(5 - \sqrt{13})x'^2 + (5 + \sqrt{13})y'^2 - \tfrac{38}{3} = 0$$

und läßt, in der Gestalt

$$\frac{x'^2}{\dfrac{38}{3(5-\sqrt{13})}} + \frac{y'^2}{\dfrac{38}{3(5+\sqrt{13})}} = 1$$

Fig. 90.

geschrieben, unmittelbar die Halbachsen*längen* $\sqrt{\dfrac{38}{3(5-\sqrt{13})}} = 3,01 \cdots$,

$\sqrt{\dfrac{38}{3(5+\sqrt{13})}} = 1,21 \cdots$ erkennen.

2. Die durch die Gleichung **204**, 4.:

$$2x^2 + 4xy + y^2 - 2x - 4y + 1 = 0$$

dargestellte Hyperbel ist in **207**, 2. zum Mittelpunkt $\frac{3}{2}/-1$ transformiert worden, und es ergab sich, wieder in x, y geschrieben, die Gleichung:

$$2x^2 + 4xy + y^2 + \tfrac{3}{2} = 0.$$

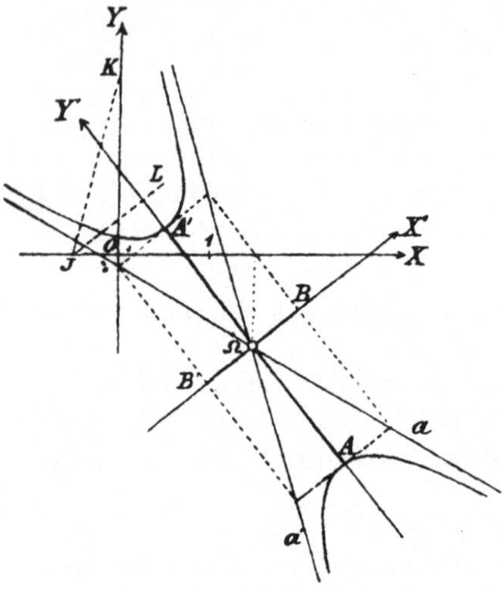

Die Richtung der Achse ist durch

$$\operatorname{tg} 2\vartheta = 4$$

bestimmt; ferner hat man

$$A' = \tfrac{1}{2}(3 + \sqrt{17}),$$

$$C' = \tfrac{1}{2}(3 - \sqrt{17}),$$

und hiermit ergibt sich die Achsengleichung:

$$(\sqrt{17} + 3)x'^2$$
$$- (\sqrt{17} - 3)y'^2 + 3 = 0,$$

wofür geschrieben werden kann:

$$\frac{y'^2}{\dfrac{3}{\sqrt{17}-3}} - \frac{x'^2}{\dfrac{3}{\sqrt{17}+3}} = 1;$$

Fig. 91.

die reelle Halbachse hat sonach die Länge $\sqrt{\dfrac{3}{\sqrt{17}-3}} = 1,63 \cdots$ und

fällt in die y'-Achse, die imaginäre Halbachse beträgt

$$\sqrt{\dfrac{3}{\sqrt{17}+3}} = 0,65 \cdots$$

Die Konstruktion gestaltet sich in den beiden Fällen wie folgt. Nachdem man den Mittelpunkt Ω mittels seiner Koordinaten $\frac{10}{3}/\frac{1}{3}$ in Fig. 90, $\frac{3}{2}/-1$ in Fig. 91 aufgetragen, konstruiert man den Winkel $2\vartheta = OJK$ aus seiner Tangente, $\frac{4}{3}$ in dem einen, 4 in dem andern Falle, halbiert ihn und führt durch Ω die Parallele zur Halbierungslinie JL, so ist damit die eine Achse, zugleich die x-Achse des neuen Koordinatensystems gefunden; die andere steht auf ihr senkrecht. Durch Abtragen der Halbachsenlängen ergeben sich die Scheitel A, A'; B, B' in Fig. 90, A, A' (und die uneigentlichen B, B') in Fig. 91; in der letzten Figur liefert das Achsenrechteck in seinen Diagonalen die Asymptoten a, a'.

3. Um für die Parabel **204**, 8.:

$$4x^2 - 4xy + y^2 - 4x + 8y - 2 = 0$$

die Scheitelgleichung herzustellen, hat man zuerst mittels

$$\operatorname{tg} \vartheta = 2$$

die Achsenrichtung zu bestimmen und die Koeffizienten C', D', E' zu berechnen; man findet:

$$C' = 5, \quad D' = \frac{6}{\sqrt{5}}, \quad E' = \frac{8}{\sqrt{5}};$$

hieraus ergeben sich die Koordinaten des Scheitels in dem um ϑ gedrehten System und der Parameter:

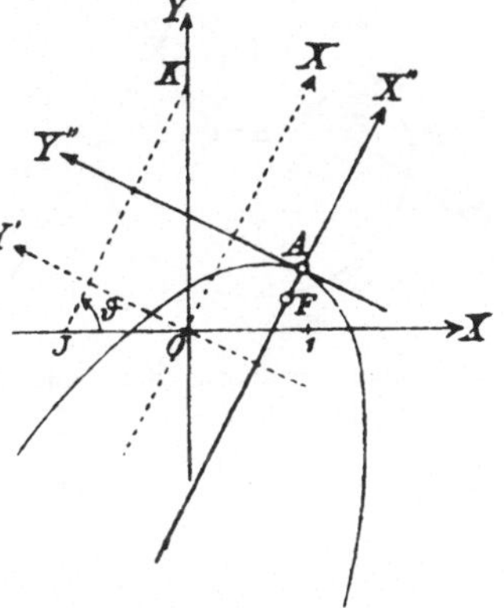

Fig. 92.

$$x_0 = \tfrac{57}{150}\sqrt{5} = 0{,}85 \cdots,$$

$$y_0 = -\tfrac{8}{25}\sqrt{5} = -0{,}72 \cdots,$$

$$p = -\tfrac{6}{25}\sqrt{5} = -0{,}54 \cdots$$

Konstruktiv geht man so vor, daß man zuerst den Winkel ϑ mittels des rechtwinkligen Dreiecks OJK, Fig. 92, dessen Katheten OK, OJ im Verhältnis $2:1$ zu einander stehen, herstellt, und daß man sodann in dem Koordinatensystem $X'OY'$, das um diesen Winkel gegen das ursprüngliche gedreht ist, den Scheitel mittels seiner Koordinaten aufträgt, in diesen, A, das endgiltige Koordinatensystem $X''AY''$ verlegt und mit Benützung von p den Brennpunkt F der Parabel einzeichnet, mit dessen Hilfe diese selbst konstruiert werden kann.

214. Identität der Linien zweiter Ordnung mit den Kegelschnittslinien. Es soll nun gezeigt werden, daß alle die Gebilde, die durch eine Gleichung zweiten Grades darstellbar sind, erhalten werden können, indem man den geraden Kreiskegel und den geraden Kreiszylinder, der als eine Ausartung des Kegels aufgefaßt werden kann, in geeigneter Weise mit Ebenen schneidet. Dieser Umstand rechtfertigt es, die erwähnten Gebilde als *Kegelschnitte* zu bezeichnen.

Vom Kreise selbst braucht nicht mehr gesprochen zu werden, weil er den genannten Flächen ihrem Entstehungsprinzip nach zugrunde liegt und darum diesem Prinzip entsprechend aus ihnen wieder gewonnen werden kann.

Um für die Ellipse, Hyperbel und Parabel den Nachweis zu führen, wollen wir den Gleichungen dieser Linien eine einheitliche Form geben, und diese Form wird in der Scheitelgleichung zu finden sein. Um die Ellipsengleichung

$$\frac{x^2}{a^2} + \frac{y^2}{b^2} = 1$$

auf den linken Scheitel zu transformieren, hat man x durch $x - a$ zu ersetzen; die transformierte Gleichung

$$\frac{x^2}{a^2} - \frac{2x}{a} + \frac{y^2}{b^2} = 0$$

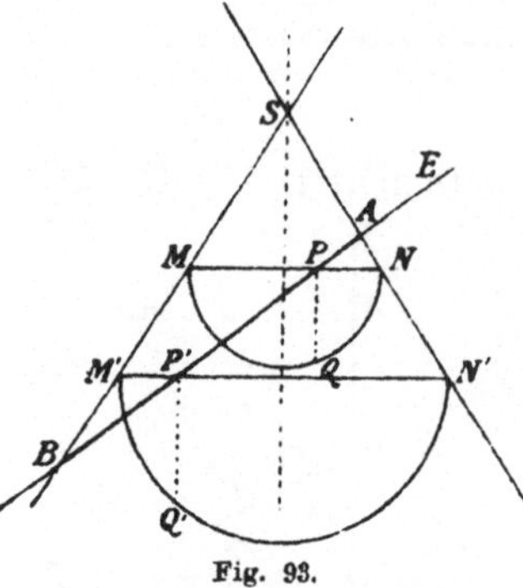

Fig. 93.

nimmt nach Einführung des Parameters $p = \dfrac{b^2}{a}$ und der relativen Exzentrizität $\varepsilon = \dfrac{c}{a}$ (**171**) die Gestalt an:

$$y^2 = 2px - (1 - \varepsilon^2)x^2. \qquad (1)$$

Die Transformation der Hyperbelgleichung

$$\frac{x^2}{a^2} - \frac{y^2}{b^2} = 1$$

auf den rechten Scheitel geschieht, indem man x durch $x + a$ ersetzt; sie führt wieder auf (1), doch mit der Maßgabe, daß ε nunmehr ein unechter Bruch ist, während es bei der Ellipse einen echten Bruch bedeutet.

Die Gleichung (1) umfaßt also Ellipse, Hyperbel und Parabel, indem man der Reihe nach $\varepsilon < 1, > 1$ und $= 1$ festsetzt, und ist deren *gemeinsame Scheitelgleichung*. Sie umfaßt auch den Kreis, den sie dann darstellt, wenn man $\varepsilon = 0$ setzt.

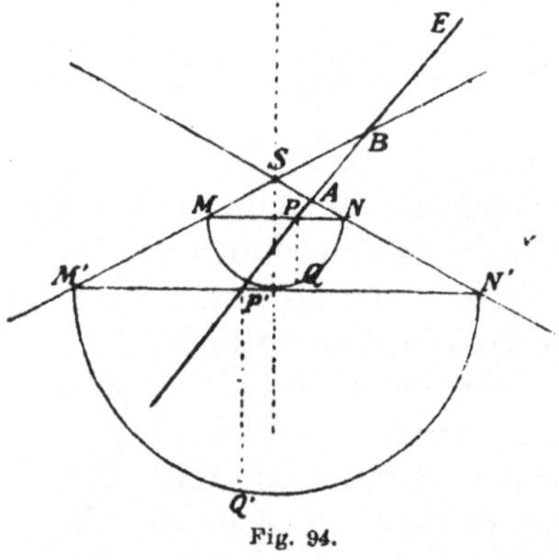

Fig. 94.

Ein gerader Kreiskegel werde nun mit einer durch seinen Scheitel S gelegten Ebene in Verbindung gebracht; diese kann mit ihm α) nur den Scheitel, β) zwei verschiedene Seitenlinien, γ) zwei vereinigt liegende Seitenlinien gemein haben, indem sie ihn berührt. Es soll nun untersucht werden, wonach eine zu der gedachten parallele Ebene den Kegel in den drei Fällen schneidet.

In den Figuren 93, 94, 95, die den Fällen α), β), γ) entsprechen, stellt E die Spur der schneidenden, zur Zeichenebene senkrechten Ebene dar; MN, $M'N'$ ein Paar von Kreisschnitten des Kegels, von denen je eine Hälfte parallel zur Zeichenebene gedreht ist, um die Ordinaten PQ, $P'Q'$ der betreffenden Punkte der Schnittlinie ersichtlich zu machen; als Abszissenachse dient dabei

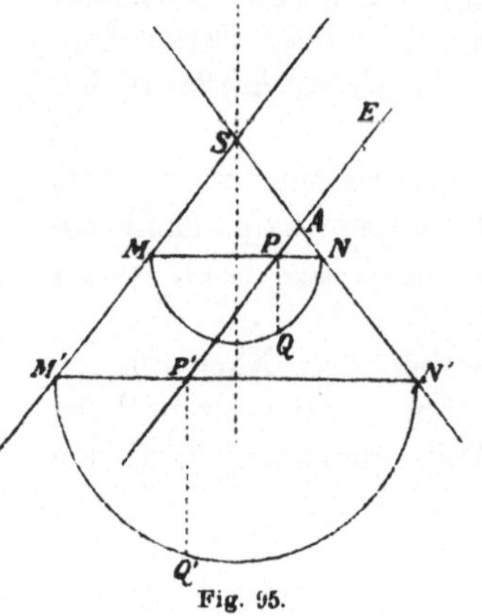

Fig. 95.

der Achsenschnitt der Ebene mit dem Kegel, als Ursprung der Punkt A.

In Fig. 93 ist $\overline{PQ}^2 = MP \cdot PN$, $\overline{P'Q'}^2 = M'P' \cdot P'N'$, woraus

$$\frac{PQ^2}{P'Q'^2} = \frac{MP}{M'P'} \cdot \frac{PN}{P'N'} = \frac{BP}{BP'} \cdot \frac{PA}{P'A}; \text{ folglich ist}$$

$$\overline{PQ}^2 = k \cdot BP \cdot PA,$$

d. i., wenn $BA = 2a$ gesetzt wird:

$$y^2 = k(2a - x)x = 2kax - kx^2. \tag{2}$$

In Fig. 94 ist $\frac{PQ^2}{P'Q'^2} = \frac{MP}{M'P'} \cdot \frac{PN}{P'N'} = \frac{PB}{P'B} \cdot \frac{PA}{P'A}$, also $\overline{PQ}^2 = k \cdot PB \cdot PA$,

und wenn $AB = 2a$ gesetzt wird,

$$y^2 = k(2a + x)x = 2kax + kx^2. \tag{3}$$

In Fig. 95 hat man $\frac{PQ^2}{P'Q'^2} = \frac{MP \cdot PN}{M'P' \cdot P'N'} = \frac{PN}{P'N'} = \frac{PA}{P'A}$, also $\overline{PQ}^2 = k \cdot PA$

oder

$$y^2 = kx. \tag{4}$$

Setzt man im ersten und zweiten Falle

$$ka = p = \frac{b^2}{a}, \text{ so wird } k = \frac{b^2}{a^2},$$

also bei der Ellipse $k = \frac{a^2 - c^2}{a^2} = 1 - \varepsilon^2$, bei der Hyperbel $k = \frac{c^2 - a^2}{a^2}$ $= \varepsilon^2 - 1$, und hiermit gehen die Gleichungen (2), (3) tatsächlich in (1) über.

Im dritten Falle braucht nur $k = 2p$ gesetzt werden, um auf die frühere Form zu kommen.

Wollte man das Quadrat über y in ein inhaltsgleiches Rechteck verwandeln, dessen eine Seite x ist, so würde die zweite Seite bei der Ellipse unter $2p$, bei der Hyperbel über $2p$, bei der Parabel gerade $2p$ betragen, daher an $2p$ gemessen bei der Ellipse etwas *übriglassen*, bei der Hyperbel darüber *hinausreichen*, bei der Parabel gerade *anliegen*. Aus diesem Sachverhalt sind die klassischen Namen der drei Spezies von Kegelschnitten hervorgegangen.

Wird an Stelle des Kegels der Zylinder zur Grundlage genommen, so kann der Schnitt mit einer Ebene außer dem Kreise und der Ellipse auch ein Paar von parallelen, reellen oder imaginären, Geraden sein.

Hiermit sind aber alle Gebilde erschöpft, die in der allgemeinen Gleichung zweiten Grades enthalten sein können.[1]

215. Tangentenprobleme. I. Bei gegebenem Berührungspunkt

---

[1] Bis auf den imaginären Kreis und die imaginäre Ellipse, die auf diesem Wege nicht zustandekommen.

x/y stellt sich die **Tangente** an die Linie $f(x,y) = 0$ durch die Gleichung (**194**)

$$(\xi - x)f'_x + (\eta - y)f'_y = 0$$

dar. Dies auf die allgemeine Gleichung zweiten Grades

$$f(x,y) = Ax^2 + 2Bxy + Cy^2 + 2Dx + 2Ey + F = 0 \qquad (1)$$

angewendet, führt, da

$$f'_x(x,y) = 2(Ax + By + D),$$
$$f'_y(x,y) = 2(Bx + Cy + E),$$

zunächst zu der Gleichung:

$$2(Ax + By + D)\xi + 2(Bx + Cy + E)\eta - (xf'_x + yf'_y) = 0; \qquad (2)$$

es ist aber

$$xf'_x + yf'_y = 2(Ax^2 + 2Bxy + Cy^2 + Dx + Ey) = -2(Dx + Ey + F),$$

infolgedessen schreibt sich die Gleichung der Tangente endgiltig:

$$(Ax + By + D)\xi + (Bx + Cy + E)\eta + (Dx + Ey + F) = 0. \qquad (3)$$

Nach x, y geordnet lautet sie:

$$(A\xi + B\eta + D)x + (B\xi + C\eta + E)y + (D\xi + E\eta + F) = 0, \qquad (3^*)$$

der Vergleich mit (3) zeigt die Vertauschbarkeit von x/y und ξ/η.

II. Sollen die Tangenten durch einen gegebenen Punkt $P(x_0/y_0)$ gelegt werden, so hat man zur Bestimmung ihrer Berührungspunkte x/y außer der Gleichung (1) die aus (3^*) resultierende Gleichung

$$(Ax_0 + By_0 + D)x + (Bx_0 + Cy_0 + E)y + (Dx_0 + Ey_0 + F) = 0, \quad (4)$$

die eben die Forderung ausdrückt, daß die Tangente durch P zu gehen hat. Bei veränderlichem x, y stellt diese Gleichung eine stets reelle Gerade p dar, die in ihren Schnittpunkten mit (1) die gesuchten Berührungspunkte liefert; je nachdem diese Schnittpunkte reell und verschieden und vereinigt oder aber imaginär sind, gibt es zwei, eine oder keine Tangente durch P.

Man nennt die Gerade p die *Polare* von P in bezug auf den Kegelschnitt (1), P den *Pol* von p.

Die vorhin bemerkte Vertauschbarkeit der beiden Koordinatenpaare in (4) hat folgendes zu bedeuten: Die Polare eines Punktes von p geht durch P und der Pol einer Geraden durch P liegt auf p.

III. Sollen die Tangenten einer gegebenen Geraden parallel sein, also einen bestimmten Richtungskoeffizienten m haben, so dient zur Bestimmung ihrer Berührungspunkte x/y neben der Gleichung (1) noch die aus (3) resultierende Gleichung

$$-\frac{Ax + By + D}{Bx + Cy + E} = m, \qquad (5)$$

die den Ausdruck für die eben gestellte Forderung bildet; in der Gestalt

$$(A + Bm)x + (B + Cm)y + D + Em = 0$$

geschrieben erkennt man in ihr die Gleichung jenes Durchmessers, der die Sehnen vom Richtungskoeffizienten m halbiert (**208**). Dieser Durchmesser bildet die *Polare* zu dem *unendlich fernen Punkt* der Geraden, der die Tangenten parallel sind.

216. Pol und Polare. In bezug auf den Kegelschnitt

$$f(x,y) = Ax^2 + 2Bxy + Cy^2 + 2Dx + 2Ey + F = 0 \qquad (1)$$

hat der Punkt $P(x_0, y_0)$ die Polare

$$p(x,y) = (Ax_0 + By_0 + D)x + (Bx_0 + Cy_0 + E)y + (Dx_0 + Ey_0 + F) = 0. \quad (2)$$

Mit diesen beiden Gebilden bringen wir nun den Geradenbüschel aus P, der parametrisch

$$\begin{aligned} x &= x_0 + s\cos\alpha \\ y &= y_0 + s\sin\alpha \end{aligned} \qquad (3$$

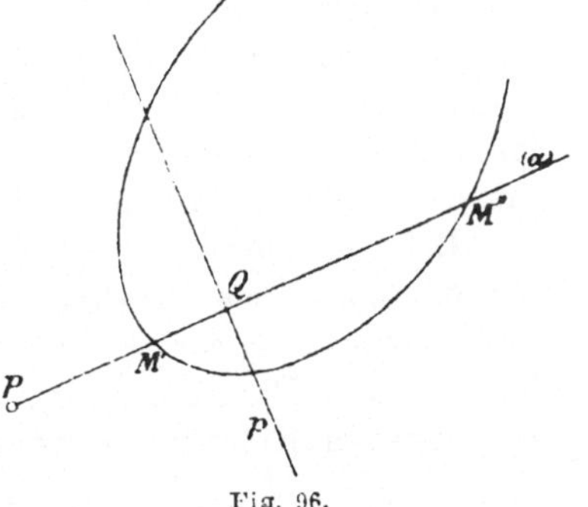

Fig. 96.

geschrieben werden kann, in Verbindung.

Gleichung (1) geht durch die Substitution (3) in die bezüglich s quadratische Gleichung (**208**):

$$(A\cos^2\alpha + 2B\cos\alpha\sin\alpha + C\sin^2\alpha)\,s^2$$
$$+ [f'_{x_0}\cos\alpha + f'_{y_0}\sin\alpha]\,s + f(x_0, y_0) = 0 \quad (4$$

über, deren Wurzeln s', s'' die Strecken zwischen P und den Schnittpunkten M', M'' der Geraden (α) mit dem Kegelschnitt (1) bedeuten, Fig. 96.

Gleichung (2) verwandelt sich durch dieselbe Substitution in

$$(Ax_0 + By_0 + D)x_0 + (Bx_0 + Cy_0 + E)y_0 + (Dx_0 + Ey_0 + F)$$
$$+ [(Ax_0 + By_0 + D)\cos\alpha + (Bx_0 + Cy_0 + E)\sin\alpha]s = 0,$$

d. i. in

$$(f'_{x_0}\cos\alpha + f'_{y_0}\sin\alpha)s + 2f(x_0, y_0) = 0; \qquad (5)$$

das hieraus berechnete s bestimmt die Strecke zwischen P und dem Schnittpunkt Q der Geraden (α) mit der Polare p.

Nun folgt aus (4), daß

$$s' + s'' = -\frac{f'_{x_0}\cos\alpha + f'_{y_0}\sin\alpha}{A\cos^2\alpha + 2B\cos\alpha\sin\alpha + C\sin^2\alpha},$$

$$s's'' = \frac{f(x_0, y_0)}{A\cos^2\alpha + 2B\cos\alpha\sin\alpha + C\sin^2\alpha}. \qquad (6)$$

wonach also

$$\frac{s' + s''}{s's''} = \frac{f'_{x_0}\cos\alpha + f'_{y_0}\sin\alpha}{f(x_0, y_0)};$$

andererseits führt (5) auf

$$\frac{2}{s} = -\frac{f'_{x_0}\cos\alpha + f'_{y_0}\sin\alpha}{f(x_0, y_0)};$$

demnach ist

$$\frac{s' + s''}{s' s''} = \frac{2}{s}.$$

Dadurch ist (**179**) erwiesen, daß die Schnittpunkte einer jeden Geraden durch P mit dem Kegelschnitt von P und seiner Polaren harmonisch getrennt werden. Dieser Sachverhalt kann dazu verwendet werden, die Polare von P auch dann zu konstruieren, wenn aus P keine reellen Tangenten an den Kegelschnitt gehen.

An die Gleichung (6), die das Produkt $PM' \cdot PM''$ der Segmente bestimmt, sei die folgende Bemerkung geknüpft.

Bei dem Kreise, wo $A = C$ und $B = 0$ ist, hängt dieses Produkt von der Richtung des Strahls nicht ab und führt zu dem Begriff der Potenz (**195**). Zugleich zeigt die Gleichung (6), daß in diesem Falle der Ort der Punkte x_0/y_0, die in Bezug auf den Kreis $f(x,y) = 0$ gleiche Potenz haben, ein mit ihm konzentrischer Kreis ist.

Bei den anderen Kegelschnitten ist das Segmentprodukt $s's''$ von der Richtung des Strahls abhängig; hält man diese Richtung fest und setzt $s's'' \cdot (A\cos^2\alpha + 2B\cos\alpha\sin\alpha + C\sin^2\alpha) = k$, so schreibt sich der Ort von Punkten x_0/y_0, für die das Segmentprodukt bei der angenommenen Richtung α konstant ist,

$$f(x_0, y_0) = k.$$

Dies stellt aber nach den Bemerkungen am Schlusse von **211** und **212** einen zu $f(x, y) = 0$ homothetischen Kegelschnitt vor.

Es gehört also zu jedem Kegelschnitt, der mit einem Grundkegelschnitt homothetisch ist, eine (und wegen der Symmetrie eine zweite) Richtung, bei welcher der erstgedachte Kegelschnitt der Ort von Punkten ist, denen in Bezug auf den Grundkegelschnitt ein konstantes Segmentprodukt $s's''$ zukommt.

IX. Abschnitt.

Analytische Geometrie des Raumes.

§ 1. Der Koordinatenbegriff.

217. Das rechtwinklige Koordinatensystem. Nimmt man im Raume drei gerichtete Gerade an, die durch einen Punkt gehen, und deren jede auf den beiden anderen senkrecht steht, wählt den gemeinsamen Punkt für alle drei Geraden als Nullpunkt (Anfangspunkt)

und eine Strecke als Einheit, so sind damit die drei Geraden zu Zahlen-
linien ausgestattet und geeignet, ein Koordinatensystem zu bilden.
Man nennt die Geraden die *Koordinatenachsen*, ihren gemeinsamen
Punkt *Anfangspunkt* oder Ursprung, die drei durch sie bestimmten
Ebenen die *Koordinatenebenen*. Die Achsen sollen der Reihe nach
als x-, y-, z-Achse, die Ebenen als yz-, zx-,
xy-Ebene bezeichnet werden, Fig. 97.

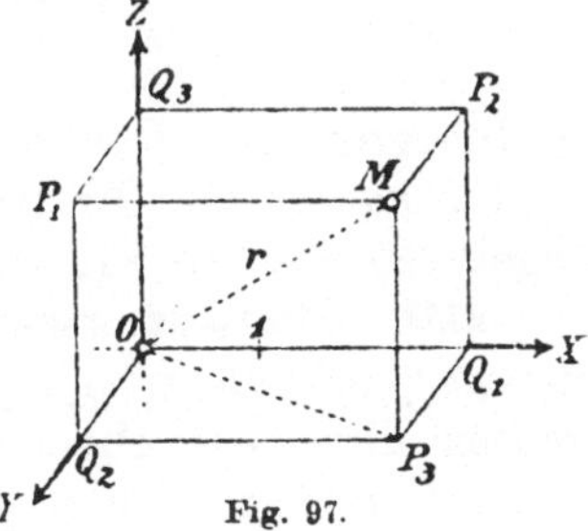

Fig. 97.

Projiziert man einen Punkt M des
Raumes mit Hilfe von Ebenen, die zu den
Achsen senkrecht stehen, auf diese, so gehört zu der Projektion Q_1 auf der x-Achse
eine bestimmte Zahl x, zu der Projektion
Q_2 auf der y-Achse eine Zahl y und zu
der Projektion Q_3 auf der z-Achse eine
Zahl z, und diese drei Zahlen x, y, z sind
geeignet, die Lage des Punktes M zu beschreiben. Denn nicht allein
gehört zu jedem Punkte des Raumes ein und nur ein solches Zahlentripel; auch umgekehrt führt ein gegebenes Zahlentripel nur zu einem
Punkte des Raumes, dem O gegenüberliegenden Eckpunkte des Parallel-
epipeds mit $OQ_1 = x$, $OQ_2 = y$, $OQ_3 = z$ als Kanten.

Bei dem beschriebenen Vorgang entstehen auch die Projektionen
P_1, P_2, P_3 des Punktes M auf den drei Koordinatenebenen yz, zx, xy.
Diese Projektionen haben in den betreffenden Ebenen die Koordinaten
y/z, z/x, x/y, wenn $x/y/x$ die Koordinaten von M sind.

In dem Linienzuge OQ_1P_3M sind alle drei Koordinaten des
Punktes M zur Anschauung gebracht: x in OQ_1, y in Q_1P_3, z in P_3M.
In der Folge wird daher in der Regel dieser Linienzug allein verzeichnet
werden.

Durch die drei Koordinatenebenen ist der Raum in acht Fächer
— *Oktanten* — geteilt, und jedem derselben entspricht eine andere
Verbindung der Vorzeichen bei den Koordinaten seiner Punkte.

Liegt ein Punkt in *einer* der Koordinatenebenen, so ist eine
seiner Koordinaten Null; so bedeutet $M(a/b/0)$ einen Punkt der
xy-Ebene.

Liegt der Punkt in *einer* der Achsen, so sind zwei seiner Koordinaten Null; so ist z. B. $M(0/b/0)$ ein Punkt der y-Achse.

Nur im Ursprung sind alle drei Koordinaten Null.

Durch $M(a/b/c)$, $N(a/b/-c)$ ist ein zur xy-Ebene, durch $M(a/b/c)$,
$N(a/-b/-c)$ ein zur x-Achse, durch $M(a/b/c)$, $N(-a/-b/-c)$ ein
zum Ursprung symmetrisches Punktepaar bestimmt.

218. Abstand eines Punktes vom Ursprung. Die Strecke,
die den Ursprung mit dem Punkte M verbindet, erscheint als Diago-

nale in dem zugehörigen Koordinatenparallelepiped. Bezeichnet man ihre absolute Länge mit r, die Koordinaten von M mit x, y, z, so ist

$$r = \sqrt{x^2 + y^2 + z^2},\qquad(1)$$

die Quadratwurzel mit dem absoluten Betrag genommen.

Faßt man x, y, z als variabel auf, so ist durch die Gleichung

$$x^2 + y^2 + z^2 = r^2 \qquad(2)$$

der Inbegriff aller Punkte gekennzeichnet, die vom Ursprung den Abstand r haben; ihr Ort ist die mit dem Radius r um O beschriebene Kugel, (2) also die *Gleichung dieser Kugel.*

219. Abstand zweier Punkte. Legt man durch zwei Punkte $M_1(x_1/y_1/z_1)$, $M_2(x_2/y_2/z_2)$ zu den Achsen senkrechte Ebenen, so begrenzen diese bei allgemeiner Lage der Punkte ein Parallelepiped, dessen Kanten an Länge gleich sind den absoluten Koordinatendifferenzen der beiden Punkte. Demnach ist die absolute Länge d der Strecke $M_1 M_2$ bestimmt durch

$$d = \sqrt{(x_1 - x_2)^2 + (y_1 - y_2)^2 + (z_1 - z_2)^2}. \qquad(3)$$

220. Richtungswinkel einer Geraden. Eine Gesamtheit von parallelen und gleichgerichteten Geraden des Raumes ist hinsichtlich ihrer *Richtung* durch eine unter ihnen bestimmt; als solche werde diejenige, g, gewählt, die durch den Ursprung geht, Fig. 98.

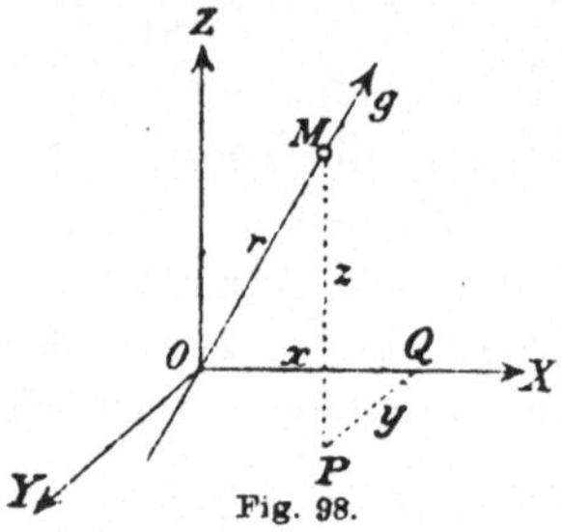

Die hohlen Winkel, welche g mit den positiven Richtungen der Achsen bildet, — sie seien α, β, γ — bezeichnet man nicht nur als ihre eigenen, sondern auch als die *Richtungswinkel* jeder Geraden aus der erwähnten Gesamtheit.

Fig. 98.

Durch eine gerichtete Gerade sind die drei Winkel α, β, γ eindeutig bestimmt. Das Umgekehrte trifft nicht zu. Sind α, β gegeben, so kommt es darauf an, körperliche Ecken zu konstruieren, deren eine Seite XOY ist, während die den Kanten OY, OX gegenüberliegenden Seiten α, β sind; das ist jedoch nur möglich, wenn $\alpha + \beta \geqq \dfrac{\pi}{2}$ [1]) ist; gilt das obere Relationszeichen, so ergeben sich zwei körperliche Ecken, also auch zwei Gerade mit den Richtungswinkeln α, β, deren dritter Richtungswinkel schon bestimmt ist; gilt das untere Zeichen, so fällt die Ecke in die xy-Ebene zusammen, es gibt nur eine Gerade mit den Richtungswinkeln α, β, während der dritte $\dfrac{\pi}{2}$ ist. Ist

---

[1]) Und weiter $\alpha + \dfrac{\pi}{2} \geqq \beta, \beta + \dfrac{\pi}{2} \geqq \alpha.$

hingegen $\alpha + \beta < \dfrac{\pi}{2}$, so ist keine Ecke konstruierbar, somit auch keine Gerade mit den Richtungswinkeln α, β möglich.

Die Richtungswinkel einer Geraden sind also nicht unabhängig voneinander.

Die Art der Abhängigkeit ergibt sich aus folgender Erwägung. Trägt man auf der Geraden die positive Strecke $OM = r$ ab, so sind deren Projektionen auf den Achsen die Koordinaten x, y, z des Punktes M. mithin ist

$$x = r \cos \alpha$$
$$y = r \cos \beta$$
$$z = r \cos \gamma;$$

die Quadratsumme dieser Gleichungen ergibt mit Rücksicht auf (1):

$$\cos^2 \alpha + \cos^2 \beta + \cos^2 \gamma = 1. \tag{4}$$

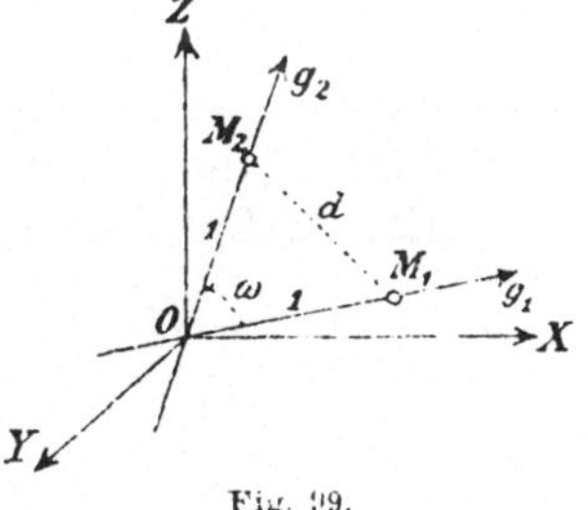

Man nennt $\cos \alpha$, $\cos \beta$, $\cos \gamma$ die *Richtungskosinus* der Geraden g und jeder mit ihr parallelen und gleichgerichteten. Es besteht also der Satz: *Im rechtwinkligen System ist die Summe der Quadrate der Richtungskosinus einer jeden Geraden gleich 1.*

Ist beispielsweise $\alpha = 45^0$, $\beta = 60^0$, so hat man $\tfrac{1}{2} + \tfrac{1}{4} + \cos^2 \gamma = 1$,

woraus $\cos \gamma = \pm \tfrac{1}{2}$; es gibt also zwei Gerade, die der gestellten Bedingung genügen, und ihre Richtungswinkel sind 45^0, 60^0, 60^0 und 45^0, 60^0, 120^0.

221. Winkel zweier Geraden. Um den Winkel ω zweier gerichteten Geraden g_1, g_2, Fig. 99, aus ihren Richtungskosinus zu bestimmen, verlege man sie nach dem Ursprung und trage auf jeder vom Ursprung aus in positiver Richtung die Längeneinheit auf; die Endpunkte M_1, M_2 dieser Strecken haben dann die Koordinaten $\cos \alpha_1 / \cos \beta_1 / \cos \gamma_1$, $\cos \alpha_2 / \cos \beta_2 / \cos \gamma_2$; folglich ist das Quadrat der sie verbindenden Strecke d (**219**):

$$d^2 = (\cos \alpha_1 - \cos \alpha_2)^2 + (\cos \beta_1 - \cos \beta_2)^2 + (\cos \gamma_1 - \cos \gamma_2)^2$$

$$= 2 - 2(\cos \alpha_1 \cos \alpha_2 + \cos \beta_1 \cos \beta_2 + \cos \gamma_1 \cos \gamma_2);$$

andererseits folgt aus dem Dreieck $O M_1 M_2$:

$$d^2 = 2 - 2\cos \omega;$$

mithin ist

$$\cos \omega = \cos \alpha_1 \cos \alpha_2 + \cos \beta_1 \cos \beta_2 + \cos \gamma_1 \cos \gamma_2. \tag{1}$$

Daraus berechnet sich (**116**)

$$\sin^2 \omega = 1 - (\cos\alpha_1 \cos\alpha_2 + \cos\beta_1 \cos\beta_2 + \cos\gamma_1 \cos\gamma_2)^2$$

$$= (\cos^2\alpha_1 + \cos^2\beta_1 + \cos^2\gamma_1)(\cos^2\alpha_2 + \cos^2\beta_2 + \cos^2\gamma_2)$$

$$- (\cos\alpha_1 \cos\alpha_2 + \cos\beta_2 \cos\beta_2 + \cos\gamma_1 \cos\gamma_2)^2$$

$$= (\cos\beta_1 \cos\gamma_2 - \cos\beta_2 \cos\gamma_1)^2 + (\cos\gamma_1 \cos\alpha_2 - \cos\gamma_2 \cos\alpha_1)^2$$

$$+ (\cos\alpha_1 \cos\beta_2 - \cos\alpha_2 \cos\beta_1)^2,$$

woraus

$$\sin\omega = \sqrt{(\cos\beta_1 \cos\gamma_2 - \cos\beta_2 \cos\gamma_1)^2 + (\cos\gamma_1 \cos\alpha_2 - \cos\gamma_2 \cos\alpha_1)^2 + (\cos\alpha_1 \cos\beta_2 - \cos\alpha_2 \cos\beta_1)^2}$$

die Wurzel positiv genommen, weil ω unter allen Umständen hohl ist.

Aus (1) ergibt sich die Bedingung für das Senkrechtstehen:

$$\cos\alpha_1 \cos\alpha_2 + \cos\beta_1 \cos\beta_2 + \cos\gamma_1 \cos\gamma_2 = 0, \tag{3}$$

aus (2) die für den Parallelismus:

$$\frac{\cos\alpha_1}{\cos\alpha_2} = \frac{\cos\beta_1}{\cos\beta_2} = \frac{\cos\gamma_1}{\cos\gamma_2}: \tag{4}$$

sind die Geraden auch gleich gerichtet, so haben die drei Quotienten den Wert 1, im andern Falle den Wert — 1.

222. Räumliche Polarkoordinaten. Die Lage eines Punktes im Raume kann in bezug auf ein rechtwinkliges Koordinatensystem auch in folgender Art beschrieben werden. Man gibt die Länge r der Strecke an, die den Punkt M mit dem Ursprung verbindet (den Radiusvektor), ferner den Winkel φ, den die Richtung OP mit der positiven Richtung der x-Achse, endlich den Winkel θ, den die Richtung OM mit der positiven Richtung der z-Achse bildet, Fig. 100. Die drei

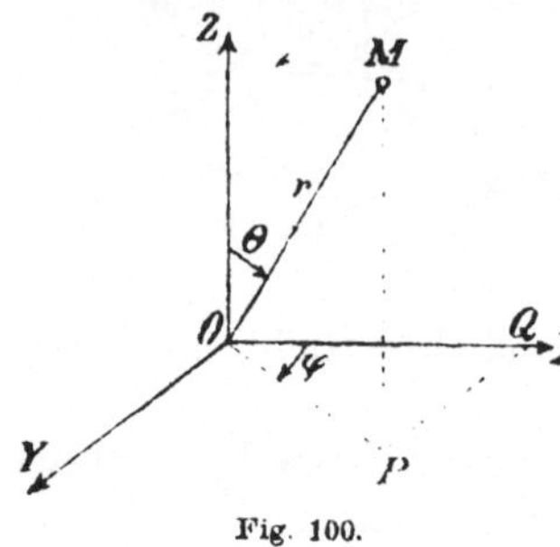

Fig. 100.

Zahlen r, φ, θ bezeichnet man als die *räumlichen Polarkoordinaten* des Punktes M und schreibt $M(r/\varphi/\theta)$.

Um alle Punkte des Raumes beschreiben zu können, genügt es, θ auf das Intervall $(0, \pi)$, φ auf das Intervall $(0, 2\pi)$ zu beschränken, während r alle Werte aus $(0, \infty)$ annehmen kann.

223. Flächen. I. Eine Fläche ist geometrisch definiert, wenn ein Konstruktionsverfahren angegeben ist, durch das beliebig viele ihrer Punkte bestimmt werden können.

Bezieht man eine so definierte Fläche auf ein Koordinatensystem, so hat die Einheitlichkeit des Konstruktionsverfahrens zur Folge, daß zwischen den Koordinaten eines Punktes der Fläche eine für alle Punkte gleichlautende Gleichung besteht, die man als die *Gleichung der Fläche* bezeichnet.

Umgekehrt entspricht einer Gleichung zwischen den Koordinaten, wenn man sie in einem System deutet, im allgemeinen eine Fläche, unter Umständen ein System von Flächen.

Diese letztere Aussage soll nun näher erörtert werden.

1. Enthält die Gleichung nur eine der Koordinaten, lautet sie z. B.

$$F(x) = 0, \tag{1}$$

so liefert die Auflösung nach x eine oder mehrere Gleichungen von der Form

$$x = a,$$

wobei nur reelle Lösungen in Betracht gezogen werden sollen; das Gebilde aber, dessen sämtliche Punkte ein und dasselbe x haben, ist eine zur x-Achse senkrechte Ebene; sind mehrere Lösungen vorhanden, so bestimmen sie ebenso viele Ebenen dieser Art.

2. Enthält die Gleichung zwei Koordinaten, lautet sie beispielsweise

$$F(x, y) = 0, \tag{2}$$

so bestimmt sie, auf die xy-Ebene bezogen, eine Linie; es genügen ihr aber, da sie z nicht enthält, auch alle Punkte des Raumes, die sich in Punkte dieser Linie projizieren; der Ort solcher Punkte ist jene Zylinderfläche, die die gedachte Linie zur Leitlinie hat, und deren Seitenlinien der z-Achse parallel sind, Fig. 101.

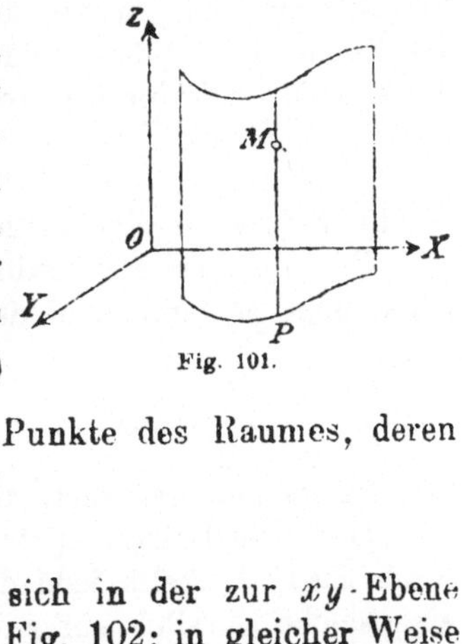

3. Sind alle drei Koordinaten in der Gleichung enthalten, hat sie also die Form

$$F(x, y, z) = 0, \tag{3}$$

Fig. 101.

so stelle man folgende Betrachtung an. Punkte des Raumes, deren $z = c_1$ ist, und die zugleich der Gleichung

$$F(x, y, c_1) = 0$$

genügen, liegen auf einer Linie l_1, die sich in der zur xy-Ebene parallelen Ebene im Abstande c_1 befindet, Fig. 102; in gleicher Weise führt die Annahme $z = c_2$ zu einer Linie l_2, deren x, y der Gleichung

$$F(x, y, c_2) = 0$$

genügen; zu einer dritten solchen Linie l_3 gelangt man durch die Annahme $z = c_3$ usw. Die Punkte aller dieser Linien entsprechen der Gleichung (3). Stellt man sich nun vor, daß statt des unstetigen Übergangs von einem Werte des z zum anderen eine stetige Änderung erfolgt, so werden auch die Linien l stetig aufeinander folgen und eine Fläche beschreiben, deren Punkte der Gleichung (3) genügen.

Diese Betrachtung gibt zugleich einen Weg an, wie man sich

eine Vorstellung von der Gestalt einer Fläche verschaffen kann, deren
Gleichung gegeben ist.

II. Ist die Gleichung $F(x, y, z) = 0$ in bezug auf die Koordinaten
algebraisch und vom n-ten Grade, so wird
die zugehörige Fläche eine *algebraische Fläche
n-ter Ordnung* (oder n-Grades) genannt.

Auf Grund der Gleichung (2), **218** ist
die Kugel als algebraische Fläche zweiter
Ordnung zu bezeichnen.

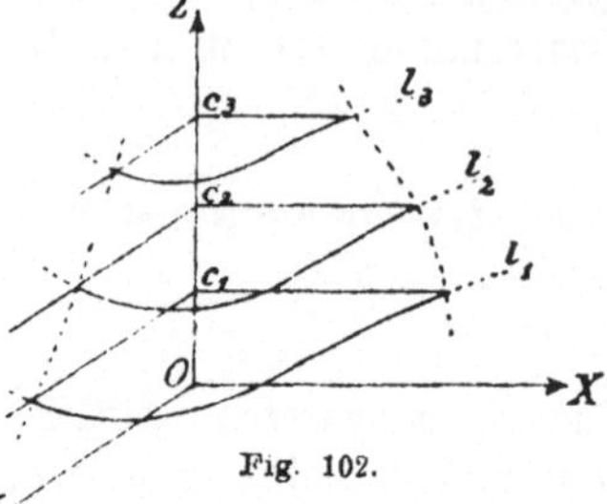

Fig. 102.

224. Linien. Eine Linie im Raume
erscheint häufig und kann immer aufgefaßt
werden als *Schnitt zweier Flächen*. Ihre
analytische Darstellung besteht daher in zwei
koexistierenden Gleichungen zwischen den Koordinaten, hat also im
allgemeinen die Form

$$\left.\begin{array}{l} F(x, y, z) = 0 \\ G(x, y, z) = 0. \end{array}\right\} \qquad (1)$$

Eliminiert man eine der Koordinaten, so ergibt sich der Ort der
Projektionen der Punkte der Linie, also deren *Projektion* selbst, auf
der Ebene der beiden andern Koordinaten; so bestimmt die Gleichung.
die aus der Elimination von z resultiert — sie heiße

$$\varphi(x, y) = 0 \qquad (2)$$

— die Projektion der Linie (1) auf der xy-Ebene.

Da nun zwei Projektionen im allgemeinen ein Gebilde im Raume
bestimmen, so sind zwei derartige Eliminationsresultate, etwa:

$$\left.\begin{array}{l} \varphi(x, y) = 0 \\ \psi(x, z) = 0 \end{array}\right\} \qquad (3)$$

im allgemeinen geeignet, die Linie im Raume zu beschreiben.

Die Gleichungen (3) lassen noch eine andere Auffassung zu.
Nach **223**, 2. stellt jede derselben eine Zylinderfläche dar, die erste
eine solche parallel zur z-, die zweite parallel zur y-Achse, und die
Linie im Raume erscheint als Durchschnitt beider. Es ist aber zu
beachten, daß die beiden Zylinderflächen, zu denen die Linie im Raume
geführt hat, außer ihr noch eine andere Linie gemein haben können;
so schneiden sich die zwei projizierenden Zylinder, die man durch einen
Kreis im Raume parallel den genannten Achsen legt, im allgemeinen
noch nach einem zweiten Kreise, und es bedarf einer weiteren Angabe, wenn man den ersten Kreis allein zur analytischen Darstellung
bringen will.

Für die Untersuchung der Flächen sind deren *ebene Schnitte* von
besonderer Wichtigkeit. Hier sollen zunächst nur die Schnitte mit

den Koordinatenebenen betrachtet werden. Man erhält sie, indem man die Gleichung der Fläche: $F(x, y, z) = 0$, der Reihe nach mit $x = 0$, $y = 0$, $z = 0$ verbindet. Ist die Gleichung $F(x, y, z) = 0$ algebraisch vom n-ten Grade, so werden es im allgemeinen auch die Gleichungen

$$F(0, y, z) = 0$$
$$F(x, 0, z) = 0$$
$$F(x, y, 0) = 0$$

sein. *Eine algebraische Fläche n-ter Ordnung schneidet also die Koordinatenebenen im allgemeinen nach algebraischen Linien n-ter Ordnung.*

§ 2. Koordinatentransformation.

225. Translation eines rechtwinkligen Koordinatensystems. Der Übergang von einem rechtwinkligen Koordinatensystem $OXYZ$, Fig. 103, zu einem andern $O'X'Y'Z'$, das mit ihm parallel und gleich gerichtet ist, ist bestimmt, sobald die Koordinaten x_0, y_0, z_0 des neuen Ursprungs O' in bezug auf das alte System gegeben sind. Zwischen den Koordinaten x, y, z und x', y', z' eines Punktes M in den beiden Systemen bestehen dann die unmittelbar abzulesenden Gleichungen:

$$x = x_0 + x'$$
$$y = y_0 + y' \qquad (1)$$
$$z = z_0 + z',$$

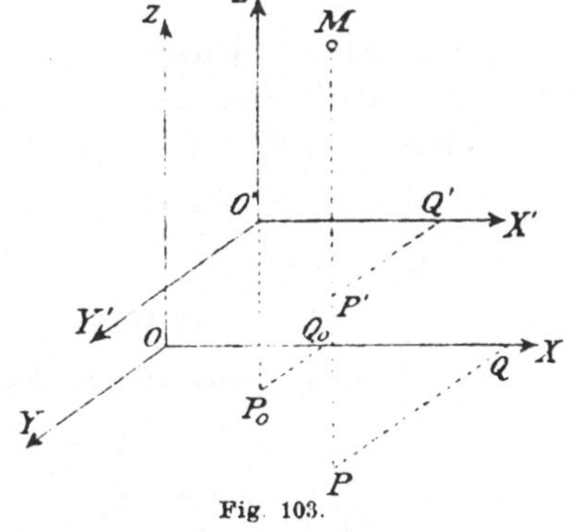
Fig. 103.

die den Übergang vom alten System zum neuen vermitteln; die *inverse* Transformation geschieht durch die Substitution

$$x' = x - x_0$$
$$y' = y - y_0 \qquad (2)$$
$$z' = z - z_0.$$

226. Rotation eines rechtwinkligen Koordinatensystems. Die gegenseitige Lage zweier rechtwinkligen Koordinatensysteme $OXYZ$, $OX'Y'Z'$, Fig. 104, ist bestimmt, wenn die Richtungswinkel oder die Richtungskosinus der gerichteten Achsen des zweiten Systems,

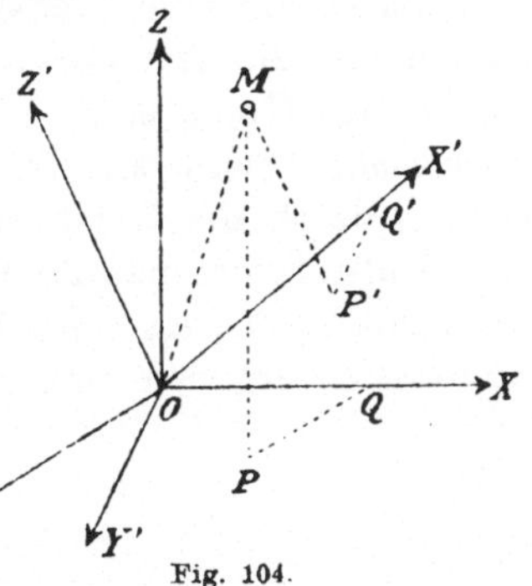
Fig. 104.

als welches wir das neue ansehen wollen, in bezug auf das erste, das ursprüngliche, gegeben sind. Es seien demnach

$$a_1,\ b_1,\ c_1 \text{ die Richtungskosinus von } OX',$$
$$a_2,\ b_2,\ c_2 \text{ „ } \qquad \text{ „ } \qquad \text{ „ } OY',$$
$$a_3,\ b_3,\ c_3 \text{ „ } \qquad \text{ „ } \qquad \text{ „ } OZ';$$

ferner

$$x,\ y,\ z \text{ die Koordinaten von } M \text{ im alten,}$$
$$x',\ y',\ z' \text{ „ } \qquad \text{ „ } \qquad \text{ „ } M \text{ „ neuen System.}$$

Die Projektion des Linienzugs $OQ'P'M$ auf die x-Achse ist dieselbe wie die Projektion der Strecke OM auf die nämliche Achse, und diese ist x; man hat also die Gleichung $x = a_1 x' + a_2 y' + a_3 z'$; ähnliche Gleichungen ergeben sich durch Projektion desselben Linienzugs auf die y- und z-Achse; man hat also für den Übergang vom alten zum neuen System die Substitution:

$$
\begin{aligned}
x &= a_1 x' + a_2 y' + a_3 z' \\
y &= b_1 x' + b_2 y' + b_3 z' \\
z &= c_1 x' + c_2 y' + c_3 z'
\end{aligned}
\tag{1}
$$

Zwischen den Koeffizienten dieser Gleichungen bestehen aber vermöge ihrer Bedeutung als Richtungskosinus dreier paarweise zueinander senkrechter Geraden die folgenden Beziehungen [**220**, (4.); (**221**, (3.)]:

$$
\begin{array}{ll}
a_1^2 + b_1^2 + c_1^2 = 1 & \qquad a_2 a_3 + b_2 b_3 + c_2 c_3 = 0 \\
a_2^2 + b_2^2 + c_2^2 = 1 \quad (2) & \qquad a_3 a_1 + b_3 b_1 + c_3 c_1 = 0 \qquad (3) \\
a_3^2 + b_3^2 + c_3^2 = 1 & \qquad a_1 a_2 + b_1 b_2 + c_1 c_2 = 0
\end{array}
$$

Es ist eine Folge dieser Beziehungen, daß

$$x^2 + y^2 + z^2 = x'^2 + y'^2 + z'^2 \tag{4}$$

ist; diese Gleichung drückt die geometrisch evidente Tatsache aus, daß der Punkt M vom Ursprung des neuen Systems denselben Abstand hat wie vom Ursprung des alten (**218**).

Man nennt eine Transformation der Koordinaten von der Form (1), bei der also die Transformationsgleichungen in bezug auf beide Systeme vom ersten Grade sind, eine *lineare Transformation*, insbesondere eine *orthogonale*, wenn sie durch den Ansatz (4), oder, was das gleiche besagt, durch die Relationen (2), (3) gekennzeichnet ist.

Multipliziert man die Gleichungen (1) der Reihe nach mit a_1, b_1, c_1, dann mit a_2, b_2, c_2, schließlich mit a_3, b_3, c_3, und bildet jedesmal die Summe, so ergeben sich mit Rücksicht auf (2), (3) die Gleichungen:

$$
\begin{aligned}
x' &= a_1 x + b_1 y + c_1 z \\
y' &= a_2 x + b_2 y + c_2 z \\
z' &= a_3 x + b_3 y + c_3 z,
\end{aligned}
\tag{1*}
$$

welche die *inverse* Transformation vermitteln. Da die Eigenschaft der

Orthogonalität eine gegenseitige ist, wie die Gestalt von (4) zeigt, so bestehen zwischen den Koeffizienten auch die Relationen:

$$a_1^2 + a_2^2 + a_3^2 = 1 \qquad b_1 c_1 + b_2 c_2 + b_3 c_3 = 0$$
$$b_1^2 + b_2^2 + b_3^2 = 1 \quad (2^*) \qquad c_1 a_1 + c_2 a_2 + c_3 a_3 = 0 \qquad (3^*)$$
$$c_1^2 + c_2^2 + c_3^2 = 1 \qquad a_1 b_1 + a_2 b_2 + a_3 b_3 = 0$$

Die Determinante der neun Koeffizienten:

$$R = \begin{vmatrix} a_1 & b_1 & c_1 \\ a_2 & b_2 & c_2 \\ a_3 & b_3 & c_3 \end{vmatrix}$$

gibt zum Quadrat (**116**).

$$R^2 = \begin{vmatrix} a_1^2 + b_1^2 + c_1^2 & a_1 a_2 + b_1 b_2 + c_1 c_2 & a_1 a_3 + b_1 b_3 + c_1 c_3 \\ a_1 a_2 + b_1 b_2 + c_1 c_2 & a_2^2 + b_2^2 + c_2^2 & a_2 a_3 + b_2 b_3 + c_2 c_3 \\ a_1 a_3 + b_1 b_3 + c_1 c_3 & a_2 a_3 + b_2 b_3 + c_2 c_3 & a_3^2 + b_3^2 + c_3^2 \end{vmatrix}$$

$$= \begin{vmatrix} 1 & 0 & 0 \\ 0 & 1 & 0 \\ 0 & 0 & 1 \end{vmatrix} = 1;$$

es hängt somit der Wert von R von den speziellen Werten der Koeffizienten nicht ab und kann nur 1 oder -1 sein. Dies hängt noch von der *Orientierung* der Systeme ab.

Man sagt, das System $OX'Y'Z'$ sei mit dem andern gleich orientiert, wenn man durch Drehung bewirken kann, daß die gleichnamigen und gleichgerichteten Achsen sich decken; es kann also dann $OX'Y'Z'$ in eine solche Lage gebracht werden, daß

$$a_1 = 1, \quad b_1 = 0, \quad c_1 = 0$$
$$a_2 = 0, \quad b_2 = 1, \quad c_2 = 0$$
$$a_3 = 0, \quad b_3 = 0, \quad c_3 = 1,$$

und dann ist $R = 1$.

Bei ungleicher Orientierung kann man die x-Achsen gleichgerichtet zusammenlegen und dann durch Drehung um diese gemeinsame Achse auch noch die y-Achsen gleichgerichtet zur Deckung bringen; die z-Achsen werden dann wohl auch in eine Gerade fallen, aber ungleich gerichtet sein; es kann also das System $OX'Y'Z'$ in eine solche Lage gebracht werden, daß

$$a_1 = 1, \quad b_1 = 0, \quad c_1 = 0$$
$$a_2 = 0, \quad b_2 = 1, \quad c_2 = 0$$
$$a_3 = 0, \quad b_3 = 0, \quad c_3 = -1,$$

und dann ist $R = -1$.

Bei gleicher Orientierung der Systeme ist also $R = 1$, bei ungleicher Orientierung $R = -1$.

227. Allgemeine Transformation rechtwinkliger Koordinaten. Der Übergang von einem rechtwinkligen System zu einem andern, dessen Ursprung die Koordinaten x_0, y_0, z_0 hat, und dessen Achsen die Richtungskosinus a_i, b_i, c_i $(i = 1, 2, 3)$ besitzen, läßt sich als eine Sukzession von Translation und Rotation darstellen; die zugehörigen Substitutionsgleichungen ergeben sich daher durch Verbindung der Gleichungen **225**, (1.) mit **226**, (1.) und lauten:

$$x = x_0 + a_1 x' + a_2 y' + a_3 z'$$
$$y = y_0 + b_1 x' + b_2 y' + b_3 z' \qquad (1)$$
$$z = z_0 + c_1 x' + c_2 y' + c_3 z'.$$

Die inverse Substitution geht daraus durch denselben Prozeß hervor, der in **226** befolgt wurde, und lautet:

$$x' = a_1(x - x_0) + b_1(y - y_0) + c_1(z - z_0)$$
$$y' = a_2(x - x_0) + b_2(y - y_0) + c_2(z - z_0) \qquad (2)$$
$$z' = a_3(x - x_0) + b_3(y - y_0) + c_3(z - z_0).$$

Im Anschlusse an die oben vorgeführten Transformationen rechtwinkliger Koordinaten sei das folgende bemerkt.

In allen Fällen war die Substitution bezüglich der neuen und alten Koordinaten linear. Die Einführung einer solchen Substitution in eine algebraische Funktion n-ten Grades ändert an deren Charakter nichts, d. h. führt wieder zu einer algebraischen Funktion desselben Grades. Daraus geht hervor, daß die *Ordnung einer algebraischen Fläche* unabhängig ist von dem zugrunde gelegten (Parallel-)Koordinatensystem, daß sie also eine der Fläche als solcher zukommende, eine rein geometrische, Eigenschaft bezeichnet.

228. Rechtwinklige und Polarkoordinaten. Der Zusammenhang zwischen den rechtwinkligen Koordinaten eines Punktes und den auf dasselbe Achsensystem bezogenen Polarkoordinaten ergibt sich aus Fig. 100. Aus den rechtwinkligen Dreiecken OPM und OQP folgt:

$$x = r \sin \theta \cos \varphi$$
$$y = r \sin \theta \sin \varphi \qquad (1)$$
$$z = r \cos \theta.$$

Die inverse Substitution wird durch folgende Gleichungen vermittelt, die sich in leicht ersichtlicher Weise aus (1) ergeben:

$$r = \sqrt{x^2 + y^2 + z^2}$$
$$\cos \varphi = \frac{x}{\sqrt{x^2 + y^2}}, \quad \sin \varphi = \frac{y}{\sqrt{x^2 + y^2}}, \qquad (2)$$
$$\cos \theta = \frac{z}{r},$$

die auftretenden Quadratwurzeln .absolut genommen. Das mittlere Gleichungspaar bestimmt φ eindeutig in dem Intervall $(0, 2\pi)$.

§ 3. Ebene und Gerade.

229. Die Gleichung ersten Grades. *Jede Gleichung ersten Grades in den Koordinaten x, y, z stellt eine Ebene dar.*

Die allgemeine Form einer solchen Gleichung ist

$$Ax + By + Cz + D = 0. \tag{1}$$

Um den Satz zu erweisen, gehen wir von der Gleichung

$$x = 0 \tag{2}$$

aus, die sämtliche Punkte der yz-Ebene unseres Koordinatensystems und nur diese kennzeichnet, also eine *Ebene* darstellt.

Durch die allgemeine Transformation des Koordinatensystems gelangt diese Ebene in eine allgemeine Lage gegen das neue Koordinatensystem, in welchem ihr, vermöge der in Kraft tretenden ersten Transformationsgleichung **227**, (1.), die Gleichung

$$x_0 + a_1 x' + a_2 y' + a_3 z' = 0$$

zukommt. Sowie sich aber die geometrische Bedeutung der Gleichung (2) nicht ändert, wenn man sie mit einer Konstanten ϱ multipliziert, so gilt dies auch von der letzten Gleichung, die dann lautet:

$$\varrho a_1 x' + \varrho a_2 y' + \varrho a_3 z' + \varrho x_0 = 0;$$

schreibt man für die Zahlen

$$\varrho a_1, \quad \varrho a_2, \quad \varrho a_3,$$

die der Bedingung unterliegen, daß ihre Quadratsumme ϱ^2 sein muß, die Buchstaben

$$A, \quad B, \quad C$$

und für ϱx_0 den Buchstaben D, und betrachtet man das neue Koordinatensystem als das ursprüngliche, so gelangt man tatsächlich zu der Gleichung (1).

Übt man auf (2) statt der allgemeinen Transformation eine Rotation aus, so geht die Ebene durch den Ursprung des neuen Koordinatensystems; da in diesem Falle x_0, also auch D Null ist, so entspricht

$$Ax + By + Cz = 0 \tag{3}$$

einer Ebene, die durch den Ursprung geht.

Auf Grund der in **223** gepflogenen Betrachtungen erkennt man weiter, daß eine Gleichung ersten Grades, die nur eine der Koordinaten enthält, eine zur Ebene der beiden andern parallele Ebene darstellt, also z. B. die Gleichung

$$Ax + D = 0 \tag{4}$$

eine zur x-Achse senkrechte Ebene; und daß weiter eine Gleichung
ersten Grades mit zwei Koordinaten einer Ebene zugehört, die auf
der Ebene dieser Koordinaten normal steht und zu den beiden andern
Koordinatenebenen geneigt ist; so entspricht der Gleichung

$$A x + B y + D = 0$$

eine Ebene, die zur xy-Ebene senkrecht, zur yz- und zx-Ebene geneigt ist.

Am Schlusse von **224** ist festgestellt worden, daß eine algebraische Fläche n-ter Ordnung durch eine Koordinatenebene nach einer
algebraischen Kurve n-ter Ordnung geschnitten wird. Da nun durch
eine Koordinatentransformation einerseits die Ordnung der Fläche
nicht geändert wird (**227**), andrerseits die schneidende Ebene in eine
allgemeine Lage zum Koordinatensystem gelangt, so ist es ein *Merkmal der algebraischen Flächen, daß sie durch Ebenen nach algebraischen
Kurven der gleichen Ordnung geschnitten werden.*

**230. Anzahl der Konstanten.   Gleichung der Ebenen
durch einen Punkt.**   Die allgemeine Ebenengleichung

$$A x + B y + C z + D = 0 \tag{1}$$

enthält vier Koeffizienten, die sich aber auf *drei Konstanten* reduzieren:
es geht dies aus der im Gange ihrer Ableitung **229** gemachten Bemerkung hervor, daß nach erfolgter Wahl von ϱ die Koeffizienten A, B, C
einer Bedingung unterliegen, leuchtet aber auch daraus ein, daß man
durch einen Koeffizienten dividieren und die drei entstehenden Koeffi-
zientenverhältnisse als neue Konstanten einführen kann.

Daraus folgt, daß durch drei Bedingungen eine Ebene im allgemeinen (ein- oder mehrdeutig) bestimmt ist. Sind ihr weniger als
drei Bedingungen auferlegt, so bleibt eine Unbestimmtheit übrig, die
zur Folge hat, daß man zu einem unendlichen *System* von Ebenen
geführt wird, die den Bedingungen genügen.

Wird von der Ebene verlangt, sie solle durch einen gegebenen
Punkt $M_1(x_1/y_1/z_1)$ gehen, so vermindert sich die Zahl der Konstanten
um eine, und es bleibt eine zweifache Unbestimmtheit übrig; denn die
Forderung führt zu dem Ansatze

$$A x_1 + B y_1 + C z_1 + D = 0,$$

und bei seiner Subtraktion von (1) entfällt D; die entstandene Gleichung

$$A(x - x_1) + B(y - y_1) + C(z - z_1) = 0 \tag{2}$$

enthält nur mehr drei Koeffizienten, also zwei Konstanten.

Die Gesamtheit der Ebenen durch einen Punkt M_1 nennt man
einen *Ebenenbündel*, M_1 seinen Träger; (2) ist also die Gleichung
eines Ebenenbündels.

231. Gleichung der Ebene, die durch drei gegebene

Punkte geht. Soll die Ebene außer durch M_1 noch durch die Punkte $M_2(x_2/y_2/z_2)$ und $M_3(x_3/y_3/z_3)$ gehen, so gilt es, aus dem Ebenenbündel (2) diejenige Ebene auszulösen, die dieser Forderung genügt; für sie muß notwendig

$$A(x_2 - x_1) + B(y_2 - y_1) + C(z_2 - z_1) = 0$$
$$A(x_3 - x_1) + B(y_3 - y_1) + C(z_3 - z_1) = 0$$

sein. Durch dieses Gleichungspaar sind die Verhältnisse der Koeffizienten, diese selbst also bis auf einen konstanten Faktor, der $\varkappa$ heißen möge, bestimmt; es ist nämlich

$$A = \varkappa \begin{vmatrix} y_2 - y_1 & z_2 - z_1 \\ y_3 - y_1 & z_3 - z_1 \end{vmatrix}, \quad B = \varkappa \begin{vmatrix} z_2 - z_1 & x_2 - x_1 \\ z_3 - z_1 & x_3 - x_1 \end{vmatrix},$$
$$C = \varkappa \begin{vmatrix} x_2 - x_1 & y_2 - y_1 \\ x_3 - x_1 & y_3 - y_1 \end{vmatrix}$$

Demnach lautet die Gleichung der verlangten Ebene:

$$\begin{vmatrix} y_2 - y_1 & z_2 - z_1 \\ y_3 - y_1 & z_3 - z_1 \end{vmatrix}(x - x_1) + \begin{vmatrix} z_2 - z_1 & x_2 - x_1 \\ z_3 - z_1 & x_3 - x_1 \end{vmatrix}(y - y_1)$$
$$+ \begin{vmatrix} x_2 - x_1 & y_2 - y_1 \\ x_3 - x_1 & y_3 - y_1 \end{vmatrix}(z - z_1) = 0, \qquad (3)$$

kürzer geschrieben

$$\begin{vmatrix} x - x_1 & y - y_1 & z - z_1 \\ x_2 - x_1 & y_2 - y_1 & z_2 - z_1 \\ x_3 - x_1 & y_3 - y_1 & z_3 - z_1 \end{vmatrix} = 0,$$

und nach einer weiteren Umformung (**107**):

$$\begin{vmatrix} x & y & z & 1 \\ x_1 & y_1 & z_1 & 1 \\ x_2 & y_2 & z_2 & 1 \\ x_3 & y_3 & z_3 & 1 \end{vmatrix} = 0. \qquad (3^*)$$

Für die Durchführung in speziellen Fällen ist die Form (3) besonders geeignet. Soll beispielsweise die durch

$$M_1(6/\ 2/-1)$$
$$M_2(4/-2/\ 3)$$
$$M_3(5/-1/-2)$$

gehende Ebene bestimmt werden, so bilde man die Differenzen aus den Koordinaten des zweiten und dritten Punktes gegenüber dem ersten:

$$-2 \quad -4 \quad \ \ 4$$
$$-1 \quad -3 \quad -1$$

und aus dieser Matrix die drei Determinanten zweiten Grades:

$$16 \quad -6 \quad 2;$$

dann ist

$$16(x - 6) - 6(y - 2) + 2(z + 1) = 0$$

und in endgiltiger Form

$$8x - 3y + z - 41 = 0$$

die Gleichung der Ebene.

232. Segmentgleichung der Ebene. Eine Ebene, die durch den Ursprung des Koordinatensystems geht, schneidet die Koordinatenebenen nach drei Geraden, die ebenfalls im Ursprung sich schneiden. Bei allgemeiner Lage der Ebene bilden aber diese Schnittlinien ein Dreiseit, das *Spurendreiseit*, dessen Ecken A, B, C, Fig. 105, in den Achsen liegen. Die Abstände des Ursprungs von diesen Eckpunkten, als relative Strecken aufgefaßt, nennt man die Achsensegmente der Ebene; sie mögen mit a, b, c bezeichnet werden.

Die Gleichung der Ebene mit diesen Segmenten als Konstanten darstellen kommt darauf hinaus, die Gleichung der Ebene zu bilden, die durch die drei Punkte

$$A(a/0/0)$$
$$B(0/b/0)$$
$$C(0/0/c)$$

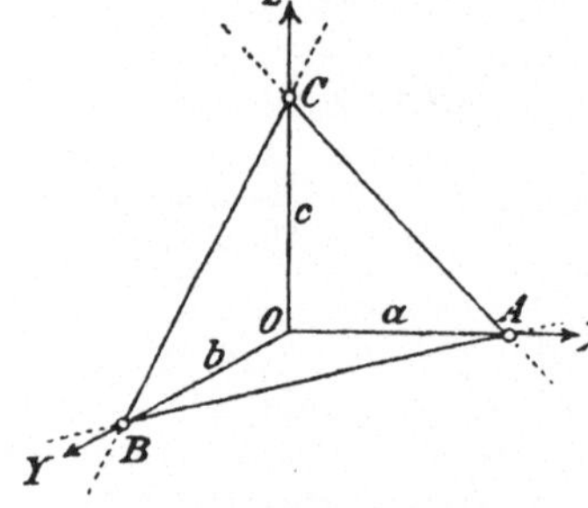

Fig. 105.

geht. Wendet man hierauf das eben erklärte mechanische Verfahren an, so gelangt man zuerst zu den Koordinatendifferenzen

$$-a \quad b \quad 0$$
$$-a \quad 0 \quad c,$$

dann zu den Determinanten

$$bc \quad ac \quad ab$$

und schließlich zu der Gleichung der Ebene

$$bc(x - a) + cay + abz = 0,$$

die nach Division durch abc die Gestalt

$$\frac{x}{a} + \frac{y}{b} + \frac{z}{c} = 1 \qquad (1)$$

annimmt.

Um die allgemeine Gleichung

$$Ax + By + Cz + D = 0$$

auf diese Form zu bringen, hat man durch $- D$ zu dividieren; mithin drücken sich die Segmente durch die Koeffizienten wie folgt aus:

$$a = -\frac{D}{A}, \quad b = -\frac{D}{B}, \quad c = -\frac{D}{C}. \tag{2}$$

Beispielsweise hat die Ebene $2x - 3y + 4z + 12 = 0$ die Segmentgleichung

$$\frac{x}{-6} + \frac{y}{4} + \frac{z}{-3} = 1,$$

aus der man sich über die Lage der Ebene rasch orientiert.

233. Hessesche Normalgleichung. Zur Unterscheidung der beiden Seiten einer Ebene, die nicht durch den Ursprung geht, kann man ihre Lage gegen diesen benützen. Wir setzen fest, die vom Ursprung abgewendete Seite gelte als die positive, die ihm zugewendete Seite als die negative.

Darnach kann nun auch die Normale der Ebene in bestimmter Weise gerichtet werden. Als positive Richtung der Normalen gelte diejenige, die von der negativen Seite der Ebene zur positiven verläuft: die positive Normale durch den Ursprung geht also von diesem gegen die Ebene hin.

Bei einer Ebene, die durch den Ursprung geht, muß hierüber eine besondere Festsetzung getroffen werden.

Man kann nun zur Beschreibung einer Ebene die Richtungswinkel oder Richtungskosinus ihrer positiven Normale und die absolute Länge des vom Ursprung zu ihr geführten Perpendikels benützen.

Sind α, β, γ die Richtungswinkel der positiven Normale n, Fig. 106, ist p die absolute Länge des Perpendikels ON und bezeichnen a, b, c die Achsensegmente, so gelten unter allen Umständen die Ansätze:

$$p = a \cos\alpha = b \cos\beta = c \cos\gamma.$$

Erweitert man also in der Segmentgleichung

$$\frac{x}{a} + \frac{y}{b} + \frac{z}{c} = 1$$

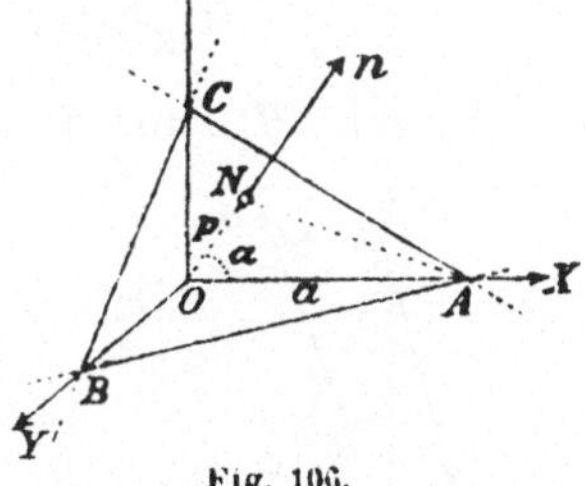

Fig. 106.

die Glieder der linken Seite der Reihe nach mit $\cos\alpha$, $\cos\beta$, $\cos\gamma$, so geht sie unter Beachtung der vorstehenden Relationen über in

$$x \cos\alpha + y \cos\beta + z \cos\gamma - p = 0. \tag{1}$$

Diese Gleichungsform der Ebene wird als deren *Hessesche Normalgleichung* bezeichnet.

Um die allgemeine Gleichung

$$Ax + By + Cz + D = 0 \tag{2}$$

auf diese Form zu bringen, hat man sie mit einem derart gewählten

Faktor λ zu multiplizieren, daß

$$\lambda^2 A^2 + \lambda^2 B^2 + \lambda^2 C^2 = 1$$

sei, damit λA, λB, λC die Kosinus einer Geraden vorstellen; die positive Richtung dieser Geraden hängt davon ab, für welchen der beiden Werte von

$$\lambda = \frac{1}{\varepsilon \sqrt{A^2 + B^2 + C^2}} \tag{3}$$

man sich entscheidet; hier steht aber die Wahl nicht mehr frei, weil λD, das die Bedeutung von $-p$ hat, negativ sein muß; mithin ist

$$\varepsilon = -\operatorname{sgn} D \tag{4}$$

zu nehmen. Hiernach lautet die Gleichung der obigen Ebene (2) in Hessescher Normalform:

$$\frac{Ax + By + Cz + D}{-\operatorname{sgn} D \sqrt{A^2 + B^2 + C^2}} = 0. \tag{5}$$

Beispielsweise kommt der Ebene $2x - 3y - 5z + 6 = 0$ die Hessesche Normalgleichung

$$\frac{2x - 3y - 5z + 6}{-\sqrt{38}} = 0$$

zu, aus der man unmittelbar abliest:

$$\cos\alpha = \frac{2}{\sqrt{38}}, \quad \cos\beta = \frac{3}{\sqrt{38}}, \quad \cos\gamma = \frac{5}{\sqrt{38}}, \quad p = \frac{6}{\sqrt{38}}.$$

234. Abstand eines Punktes von einer Ebene. Die Ebene sei durch ihre Hessesche Normalgleichung

$$x \cos\alpha + y \cos\beta + z \cos\gamma - p = 0, \tag{1}$$

der Punkt, M_0, durch seine Koordinaten x_0, y_0, z_0 gegeben. Er kann, wenn er nicht in der Ebene liegt, auf der positiven oder negativen Seite derselben liegen; die Bestimmung des Abstandes soll so geregelt werden, daß sich dieser Lagenunterschied im Vorzeichen ausdrückt. Dies wird in folgender Weise erreicht.

Projiziert man den Linienzug $OQ_0 P_0 M_0$, Fig. 107, dessen Seiten die relativen Längen x_0, y_0, z_0 besitzen und mit n der Reihe nach die Winkel α, β, γ oder deren Supplemente einschließen, je nach der Richtung der Strecken OQ_0, $Q_0 P_0$, $P_0 M_0$, auf n, so hat die Projektion OM unter allen Umständen die relative Größe

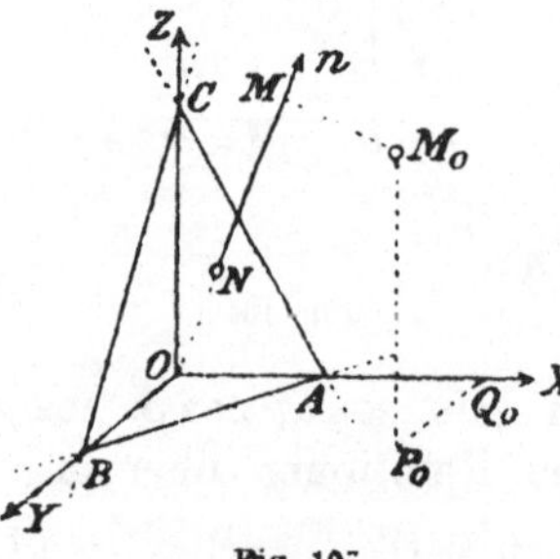

Fig. 107.

$$OM = x_0 \cos\alpha + y_0 \cos\beta + z_0 \cos\gamma,$$

und zwar fällt sie positiv oder negativ aus, je nachdem OM die

Richtung von n hat oder die entgegengesetzte. Subtrahiert man hiervon p, so ergibt sich der Abstand δ des Punktes M_0 von der Ebene mit dem positiven oder negativen Vorzeichen, je nachdem M_0 auf der positiven oder negativen Seite der Ebene liegt: es ist also mit dieser Unterscheidung

$$\delta = x_0 \cos \alpha + y_0 \cos \beta + z_0 \cos \gamma - p. \tag{2}$$

Ersetzt man also in der linken Seite der Hesseschen Normalgleichung einer Ebene die veränderlichen x, y, z durch die Koordinaten irgend eines Punktes, so ergibt der Ausdruck den Abstand dieses Punktes von der Ebene, und zwar mit dem positiven oder negativen Zeichen, je nachdem der Punkt auf der positiven oder negativen Seite der Ebene liegt.

Ist die Gleichung der Ebene in der allgemeinen Form

$$Ax + By + Cx + D = 0 \tag{3}$$

gegeben, so hat man sie nach dem in **233** angegebenen Verfahren in die Normalform überzuführen; darnach erhält man

$$\delta = \frac{A x_0 + B y_0 + C z_0 + D}{- \operatorname{sgn} D \sqrt{A^2 + B^2 + C^2}}. \tag{4}$$

Von der Ebene $2x - y - 7z + 6 = 0$ haben die Punkte $P_1(-3/4/5)$, $P_2(4/-2/-1)$ folgende Abstände:

$$\delta_1 = \frac{13}{\sqrt{6}}, \quad \delta_2 = -\frac{23}{3\sqrt{6}};$$

es liegt als P_2 auf derselben Seite der Ebene wie der Ursprung, P_1 auf der entgegengesetzten.

235. Rauminhalt eines Tetraeders. Es seien vier Punkte durch ihre Koordinaten gegeben:

$$M_i(x_i/y_i/z_i), \quad i = 1, 2, 3, 4;$$

man soll das Volumen des Tetraeders bestimmen, dessen Eckpunkte sie sind.

Wählt man das Dreieck $M_2 M_3 M_4$ als Basis, bezeichnet seine absolute Fläche mit $\varDelta$, den Abstand des vierten Punktes M_1 von der Ebene dieses Dreiecks mit δ, so kann man für den Inhalt die Formel

$$J = \tfrac{1}{3} \varDelta \delta \tag{1}$$

ansetzen; dadurch ist J als eine relative Größe dargestellt, deren Vorzeichen mit dem Vorzeichen des δ übereinstimmt.

Schreibt man die Gleichung der Dreiecksebene $M_2 M_3 M_4$ in der Form **231**, (3*):

$$\begin{vmatrix} x & y & z & 1 \\ x_2 & y_2 & z_2 & 1 \\ x_3 & y_3 & z_3 & 1 \\ x_4 & y_4 & z_4 & 1 \end{vmatrix} = 0,$$

bezeichnet die Koeffizienten von x, y, z mit $\Delta_{yx}, \Delta_{zx}, \Delta_{xy}$ und das absolute Glied mit Δ_1, so ergibt sich nach der Vorschrift von **233**, (5):

$$\delta = \frac{\begin{vmatrix} x_1 & y_1 & z_1 & 1 \\ x_2 & y_2 & z_2 & 1 \\ x_3 & y_3 & z_3 & 1 \\ x_4 & y_4 & z_4 & 1 \end{vmatrix}}{-\operatorname{sgn}\Delta_1 \sqrt{\Delta_{yz}^2 + \Delta_{zx}^2 + \Delta_{xy}^2}}.$$

Nun aber bedeuten

$$\Delta_{yx} = \begin{vmatrix} y_2 & z_2 & 1 \\ y_3 & z_3 & 1 \\ y_4 & z_4 & 1 \end{vmatrix}, \qquad \Delta_{zx} = \begin{vmatrix} z_2 & x_2 & 1 \\ z_3 & x_3 & 1 \\ z_4 & x_4 & 1 \end{vmatrix}, \qquad \Delta_{xy} = \begin{vmatrix} x_2 & y_2 & 1 \\ x_2 & y_3 & 1 \\ x_4 & y_4 & 1 \end{vmatrix}$$

die doppelten Inhalte der Projektionen des Dreiecks $M_2 M_3 M_4$ auf den Ebenen yz, zx, xy (**181**); diese Projektionen ergeben sich aber auch durch Multiplikation von Δ mit den Richtungskosinus der Normale von $M_2 M_3 M_4$, infolgedessen ist $\sqrt{\Delta_{yz}^2 + \Delta_{zx}^2 + \Delta_{xy}^2} = 2\Delta$.

Setzt man dies in den Ausdruck für δ und diesen sodann in die Gleichung (1) ein, so wird

$$J = -\operatorname{sgn}\Delta_1 \cdot \tfrac{1}{6} \begin{vmatrix} x_1 & y_1 & z_1 & 1 \\ x_2 & y_2 & z_2 & 1 \\ x_3 & y_3 & z_3 & 1 \\ x_4 & y_4 & z_4 & 1 \end{vmatrix};$$

darin ist

$$\Delta_1 = - \begin{vmatrix} x_2 & y_2 & z_2 \\ x_3 & y_3 & z_3 \\ x_4 & y_4 & z_4 \end{vmatrix}.$$

Fällt der Punkt M_1 in den Ursprung, so gibt die Formel für J den Inhalt des Tetraeders aus M_2, M_3, M_4 und O, nämlich

$$J_0 = -\operatorname{sgn}\Delta_1 \cdot \tfrac{1}{6} \begin{vmatrix} 0 & 0 & 0 & 1 \\ x_2 & y_2 & z_2 & 1 \\ x_3 & y_3 & z_3 & 1 \\ x_4 & y_4 & z_4 & 1 \end{vmatrix} = -\tfrac{1}{6}\operatorname{sgn}\Delta_1 \cdot \Delta_1 = -\tfrac{1}{6}|\Delta_1|,$$

der bei den getroffenen Festsetzungen notwendig negativ ausfällt.

Ein neues zeichenbestimmendes Moment für J ergibt sich, wenn man auf der positiven Seite der Ebene $M_2 M_3 M_4$ eine positive Drehungsrichtung annimmt und nach dieser das Vorzeichen von J bestimmt (**181**). Setzt man

$$J = \frac{1}{6}\begin{vmatrix} x_1 & y_1 & z_1 & 1 \\ x_2 & y_2 & z_2 & 1 \\ x_3 & y_3 & z_3 & 1 \\ x_4 & y_4 & z_4 & 1 \end{vmatrix}, \qquad (2)$$

so gibt die Formel den Rauminhalt des Tetraeders je nach seiner Anordnung gegen das Koordinatensystem positiv oder negativ; ein spezieller Fall wird darüber näheren Aufschluß geben. Verlegt man M_1 nach O, M_2, M_3, M_4 in die positive x-, bzw. y- und z-Achse in den Abständen a, b, c vom Ursprung ($a > 0$, $b > 0$, $c > 0$), so gibt die Formel (2)

$$J = \frac{1}{6}\begin{vmatrix} 0 & 0 & 0 & 1 \\ a & 0 & 0 & 1 \\ 0 & b & 0 & 1 \\ 0 & 0 & c & 1 \end{vmatrix} = -\frac{1}{6}abc,$$

also ein negatives Resultat; das Dreieck $M_2 M_3 M_4$ zeigt jetzt, von O aus betrachtet, den entgegengesetzten Umlaufsinn des Uhrzeigers, während es von der positiven Seite der Ebene aus gesehen, den Drehungssinn des Uhrzeigers selbst aufweist.

Es gibt also die Formel (2) den Inhalt des Tetraeders positiv, wenn von M_1 aus der Umlaufssinn von $M_2 M_3 M_4$ als der des Uhrzeigers erscheint, im andern Falle negativ.[1])

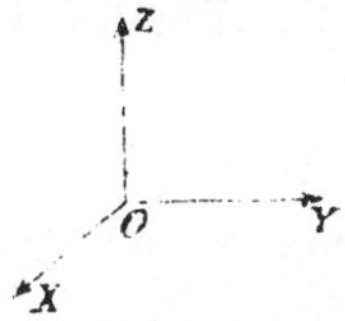

Fig. 108.

236. Winkel zweier Ebenen. Solange die Seiten der Ebenen nicht unterschieden, ihre Normalen also nicht gerichtet sind, kann von einem bestimmten Winkel der Ebenen nicht gesprochen werden. Hat man aber für jede Ebene die positive Seite und damit für ihre Normale die positive Richtung festgesetzt, dann soll unter dem Winkel der beiden Ebenen der (hohle) Winkel ihrer positiven Normalen verstanden werden.

Hält man an den Festsetzungen in **233** fest, und sind die Ebenen in der Normalform

---

1) Diese Regel gilt für die hier gewählte Orientierung des Koordinatensystems, bei der vom Ursprung aus betrachtet die positive x-, y- und z-Achse im umgekehrten Sinne der Uhrzeigerdrehung aufeinander folgen; ändert man die Orientierung nach der Art der Fig. 108, so kehren sich die Angaben um. (Vgl. O. Staude, Analyt. Geometrie etc., Leipzig 1905, p. 151.)

$$x \cos \alpha_1 + y \cos \beta_1 + z \cos \gamma_1 - p_1 = 0 \qquad (1)$$

$$x \cos \alpha_2 + y \cos \beta_2 + z \cos \gamma_2 - p_2 = 0 \qquad (2)$$

gegeben, so hat man für den definierten Winkel unmittelbar den Ansatz (**221**):

$$\cos \omega = \cos \alpha_1 \cos \alpha_2 + \cos \beta_1 \cos \beta_2 + \cos \gamma_1 \cos \gamma_2. \qquad (3)$$

Von da aus gestattet auch der allgemeine Fall, daß die Ebenen durch

$$A_1 x + B_1 y + C_1 z + D_1 = 0 \qquad (4)$$

$$A_2 x + B_2 y + C_2 z + D_2 = 0, \qquad (5)$$

gegeben sind, einfache Erledigung; man denke sich diese Gleichungen auf die Normalform zurückgeführt und hat dann

$$\cos \omega = \frac{A_1 A_2 + B_1 B_2 + C_1 C_2}{\operatorname{sgn} D_1 D_2 \sqrt{(A_1^2 + B_1^2 + C_1^2)(A_2^2 + B_2^2 + C_2^2)}}; \qquad (6)$$

daraus berechnet sich

$$\sin^2 \omega = \frac{(A_1^2 + B_1^2 + C_1^2)(A_2^2 + B_2^2 + C_2^2) - (A_1 A_2 + B_1 B_2 + C_1 C_2)^2}{(A_1^2 + B_1^2 + C_1^2)(A_2^2 + B_2^2 + C_2^2)}$$

und schließlich (**116**)

$$\sin \omega = \sqrt{\frac{(B_1 C_2 - B_2 C_1)^2 + (C_1 A_2 - C_2 A_1)^2 + (A_1 B_2 - A_2 B_1)^2}{(A_1^2 + B_1^2 + C_1^2)(A_2^2 + B_2^2 + C_2^2)}}, \qquad (7)$$

die Wurzel positiv genommen, weil ω ein hohler Winkel ist.

Läßt man in der Formel (6) den Zeichenfaktor weg, so bestimmt sie einen der Winkel der ungerichteten Normalen; Formel (7) bestimmt beide als supplementäre Winkel.

Für die Ebenen

$$3x - 2y - 4z + 3 = 0$$

$$x + 5y - 2z - 4 = 0$$

ergibt sich beispielsweise

$$\cos \omega = - \frac{1}{\sqrt{870}}$$

und $\omega = 91^{\circ}56'34'',4$ als Maß des Keils, dem der Ursprung nicht angehört.

237. Senkrechte und parallele Ebenen. Aus den eben abgeleiteten Formeln lassen sich die Bedingungen ablesen, unter welchen zwei Ebenen

$$A_1 x + B_1 y + C_1 z + D_1 = 0 \qquad (4)$$

$$A_2 x + B_2 x + C_2 z + D_2 = 0 \qquad (5)$$

aufeinander senkrecht stehen, beziehungsweise parallel sind.

Formel (6) zeigt, daß die Ebenen aufeinander *senkrecht* stehen, wenn

$$A_1 A_2 + B_1 B_2 + C_1 C_2 = 0, \qquad (8)$$

weil dann und nur dann $\cos\omega = 0$ ist; und Formel (7), daß sie *parallel* sind, wenn

$$\frac{A_1}{A_2} = \frac{B_1}{B_2} = \frac{C_1}{C_2}, \tag{9}$$

weil dann und nur dann $\sin\omega = 0$ ist.

Auf Grund dieser **Merkmale** erkennt man also die Ebenen

$$3x - 2y + 2z - 1 = 0$$
$$4x + 4y - 2z + 3 = 0$$

als aufeinander senkrecht, die Ebenen

$$2x - 3y - z + 4 = 0$$
$$-4x + 6y + 2z - 5 = 0$$

als parallel.

238. Ebenenbüschel, bestimmt durch zwei Ebenen. Zwei Ebenen

$$E_1 = A_1 x + B_1 y + C_1 z + D_1 = 0 \tag{1}$$
$$E_2 = A_2 x + B_2 y + C_2 z + D_2 = 0 \tag{2}$$

bestimmen einen Ebenenbüschel als Gesamtheit der Ebenen, die durch ihre Schnittlinie gehen. Alle diese Ebenen sind in der Gleichung

$$E_1 - \lambda E_2 = A_1 x + B_1 y + C_1 z + D_1 - \lambda(A_2 x + B_2 y + C_2 z + D_2) = 0 \tag{3}$$

enthalten. In der Tat stellt diese Gleichung, weil vom ersten Grad in x, y, z, eine Ebene dar, und da sie durch jeden Punkt befriedigt wird, der (1) und (2) zugleich erfüllt, so enthält die Ebene die gemeinsamen Punkte der Ebenen E_1, E_2, geht also durch deren Schnittlinie. Durch Spezialisierung des Parameters λ wird eine bestimmte Ebene aus dem Büschel herausgehoben: bei $\lambda = 0$ ist es die Ebene E_1, bei $\lambda = \infty$ die Ebene E_2.

Die drei Gleichungen

$$E_1 = 0, \quad E_2 = 0, \quad E_1 - \lambda E_2 = 0$$

haben die Eigenart, daß sie nach Multiplikation der ersten mit -1 und der zweiten mit λ zur Summe eine identische Gleichung geben; man kann diese Bemerkung dahin verallgemeinern, daß drei Ebenen E_1, E_2, E_3, zu deren Gleichungen sich Multiplikatoren μ_1, μ_2, μ_3 bestimmen lassen derart, daß

$$\mu_1 E_1 + \mu_2 E_2 + \mu_3 E_3 = 0$$

ist, durch eine Gerade gehen. Denn, aus dieser Identität folgt

$$E_3 = -\frac{\mu_1}{\mu_3} E_1 - \frac{\mu_2}{\mu_3} E_2,$$

somit ist $E_3 = 0$ gleichbedeutend mit $\frac{\mu_1}{\mu_3} E_1 + \frac{\mu_2}{\mu_3} E_2 = 0$ oder $E_1 - \lambda E_2 = 0$, wenn $\dfrac{u_2}{u_1} = -\lambda$ gesetzt wird: das heißt aber, daß E_3 dem Büschel der Ebenen E_1, E_2 angehört.

Durch eine Bedingung ist eine Ebene des Büschels bestimmt.

Verlangt man diejenige Ebene, die durch den Punkt $M_0\,(x_0/y_0\;z_0)$ geht, so bestimmt sich λ aus der Forderung

$$A_1 x_0 + B_1 y_0 + C_1 z_0 + D_1 - \lambda\,(A_2 x_0 + B_2 y_0 + C_2 z_0 + D_2) = 0,$$

die Gleichung der betreffenden Ebene kann also in der Form

$$\begin{vmatrix} A_1 x + B_1 y + C_1 z + D_1 & A_2 x + B_2 y + C_2 z + D_2 \\ A_1 x_0 + B_1 y_0 + C_1 z_0 + D_1 & A_2 x_0 + B_2 y_0 + C_2 z_0 + D_2 \end{vmatrix} = 0 \qquad (4)$$

geschrieben werden.

Soll diejenige Ebene des Büschels bestimmt werden, die zu der Ebene

$$A x + B y + C z + D = 0 \qquad (5)$$

senkrecht steht, so hat man die Bedingung für die senkrechte Stellung der Ebenen (3) und (5) aufzustellen, die da lautet:

$$(A_1 - \lambda A_2) A + (B_1 - \lambda B_2) B + (C_1 - \lambda C_2) C = 0;$$

bringt man sie in die Gestalt

$$A A_1 + B B_1 + C C_1 - \lambda (A A_2 + B B_2 + C C_2) = 0,$$

und eliminiert aus ihr und (3) den Parameter, so ergibt sich

$$\begin{vmatrix} A_1 x + B_1 y + C_1 z + D_1 & A_2 x + B_2 y + C_2 z + D_2 \\ A A_1 + B B_1 + C C_1 & A A_2 + B B_2 + C C_2 \end{vmatrix} = 0 \qquad (6)$$

als Gleichung der verlangten Ebene.

239. Teilungsverhältnis im Ebenenbüschel. Die beiden *Grundebenen* des Büschels seien in der Hesseschen Normalform gegeben:

$$H_1 = x \cos\alpha_1 + y \cos\beta_1 + z \cos\gamma_1 - p_1 = 0 \qquad (1)$$

$$H_2 = x \cos\alpha_2 + y \cos\beta_2 + z \cos\gamma_2 - p_2 = 0; \qquad (2)$$

dann ist

$$H_\lambda = H_1 - \lambda H_2 = 0 \qquad (3)$$

die Gleichung des Büschels.

Die Grundebenen teilen den Raum in vier Winkelräume, die sich in zwei Paare einander gegenüber liegender Räume unterscheiden lassen, wofern keine der Ebenen durch den Ursprung geht: jenes Paar, dem der Ursprung angehört, heiße der *innere*, das andere der *äußere* Winkelraum. Dem inneren Winkelraum wenden beide Ebenen gleichartige, dem äußeren ungleichartige Seiten zu.

Ist H_λ eine *bestimmte* Ebene des Büschels und $M(x/y/z)$ einer ihrer Punkte, der nicht zugleich H_1 und H_2 angehört, so haben die Ausdrücke H_1, H_2 mit seinen Koordinaten geschrieben die Bedeutung der relativen Abstände δ_1, δ_2 des Punktes M von den Grundebenen des Büschels, somit gilt in Beziehung auf diesen Punkt die Gleichung:

$$\delta_1 - \lambda \delta_2 = 0 ,$$

aus der

$$\lambda = \frac{\delta_1}{\delta_2}$$

folgt: $\frac{\delta_1}{\delta_2}$ ist aber auch das Sinusverhältnis der Flächenwinkel, in welche die Ebene H_λ den Flächenwinkel $(H_1 H_2)$ teilt, so daß auch

$$\lambda = \frac{\sin(H_1 H_\lambda)}{\sin(H_\lambda H_2)} \tag{4}$$

ist, Fig. 109.

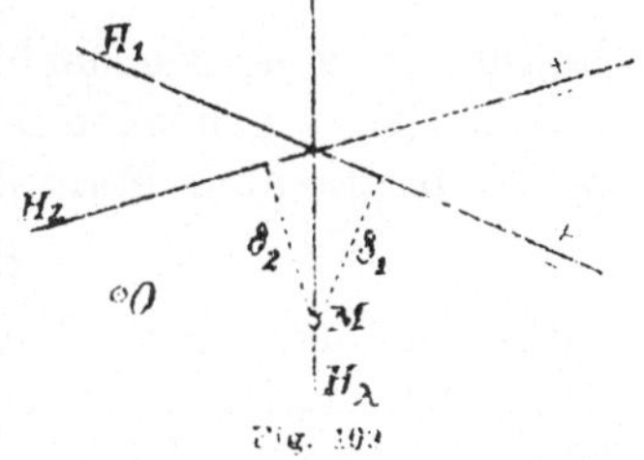

Durchsetzt H_λ den inneren Winkelraum, so sind δ_1, δ_2 gleich bezeichnet, λ daher positiv; durchsetzt H_λ den äußeren Winkelraum, so sind δ_1, δ_2 ungleich bezeichnet. λ also negativ.

Sind insbesondere δ_1, δ_2 dem Betrage nach gleich, so halbiert die Ebene H_λ den betreffenden Winkelraum und ist im innern Raume durch $\lambda = 1$, im äußeren durch $\lambda = -1$ gekennzeichnet, so daß die Gleichungen dieser zwei winkelhalbierenden Ebenen symbolisch

$$H_1 - H_2 = 0 \tag{5}$$
$$H_1 + H_2 = 0 \tag{6}$$

zu schreiben sind.

Bei der allgemeinen Darstellung der Grundebenen:

$$E_1 = A_1 x + B_1 y + C_1 z + D_1 = 0 \tag{7}$$
$$E_2 = A_2 x + B_2 y + C_2 z + D_2 = 0 \tag{8}$$

hat man sich zu erinnern, daß

$$H_1 = \frac{E_1}{-\operatorname{sgn} D_1 \sqrt{A_1^2 + B_1^2 + C_1^2}} = 0 , \qquad H_2 = \frac{E_2}{-\operatorname{sgn} D_2 \sqrt{A_2^2 + B_2^2 + C_2^2}} = 0$$

ihre Normalformen sind; infolgedessen schreibt sich die Gleichung

$$E_\lambda = E_1 - \lambda E_2 = 0$$

nunmehr so:

$$\operatorname{sgn} D_1 \cdot H_1 \sqrt{A_1^2 + B_1^2 + C_1^2} - \lambda \operatorname{sgn} D_2 \cdot H_2 \sqrt{A_2^2 + B_2^2 + C_2^2} = 0.$$

und es hat jetzt λ die folgende Bedeutung:

$$\lambda = \frac{\operatorname{sgn} D_1 \sqrt{A_1^2 + B_1^2 + C_1^2} \sin(E_1 E_\lambda)}{\operatorname{sgn} D_2 \sqrt{A_2^2 + B_2^2 + C_2^2} \sin(E_\lambda E_2)} . \tag{9}$$

Die Gleichungen der winkelhalbierenden Ebenen aber lauten in symbolischer Schreibweise:

$$\frac{E_1}{\operatorname{sgn} D_1 \sqrt{A_1^2 + B_1^2 + C_1^2}} \quad \frac{E_2}{\operatorname{sgn} D_2 \sqrt{A_2^2 + B_2^2 + C_2^2}} = 0, \qquad (10)$$

$$\frac{E_1}{\operatorname{sgn} D_1 \sqrt{A_1^2 + B_1^2 + C_1^2}} + \frac{E_2}{\operatorname{sgn} D_2 \sqrt{A_2^2 + B_2^2 + C_2^2}} = 0. \qquad (11)$$

240. Ebenenbündel, bestimmt durch drei Ebenen. Drei Ebenen

$$E_1 = A_1 x + B_1 y + C_1 z + D_1 = 0 \qquad (1)$$

$$E_2 = A_2 x + B_2 y + C_2 z + D_2 = 0 \qquad (2)$$

$$E_3 = A_3 x + B_3 y + C_3 z + D_3 = 0 \qquad (3)$$

bestimmen einen Ebenenbündel als Gesamtheit der durch ihren gemeinsamen Punkt gehenden Ebenen. Alle diese Ebenen sind in der mit den unbestimmten Multiplikatoren λ, μ gebildeten Gleichung

$$E_1 - \lambda E_2 - \mu E_3 = 0 \qquad (4)$$

enthalten; denn diese Gleichung stellt bei jedem λ, μ eine Ebene dar und wird durch dasjenige Wertsystem x, y, z befriedigt, das den Gleichungen (1), (2), (3) zugleich genügt.

Die vier Gleichungen

$$E_1 = 0, \quad E_2 = 0, \quad E_3 = 0, \quad E_1 - \lambda E_2 - \mu E_3 = 0$$

geben, nachdem man die erste mit -1, die zweite und dritte mit λ, bzw. μ multipliziert hat, zur Summe eine identische Gleichung. Umgekehrt, besteht zwischen vier linearen Funktionen E_1, E_2, E_3, E_4 von x, y, z eine identische Gleichung von der Form

$$\varkappa_1 E_1 + \varkappa_2 E_2 + \varkappa_3 E_3 + \varkappa_4 E_4 = 0,$$

so läßt sich eine der vier Gleichungen $E_i = 0$, z. B. $E_4 = 0$, durch die andern in der Gestalt (4) darstellen: denn aus der Identität folgt

$$E_4 = -\frac{\varkappa_1}{\varkappa_4} E_1 - \frac{\varkappa_2}{\varkappa_4} E_2 - \frac{\varkappa_3}{\varkappa_4} E_3,$$

und die Gleichung $E_4 = 0$ ist hiernach gleichbedeutend mit

$$E_1 - \lambda E_2 - \mu E_3 = 0,$$

wenn $\dfrac{\varkappa_2}{\varkappa_1} = -\lambda$, $\dfrac{\varkappa_3}{\varkappa_1} = -\mu$ gesetzt worden ist.

Man kann also sagen: *Wenn sich zu den Gleichungen $E_i = 0 \, (i = 1, 2, 3, 4)$ von vier Ebenen Multiplikatoren $\varkappa_1$, $\varkappa_2$, $\varkappa_3$, $\varkappa_4$ bestimmen lassen derart, daß*

$$\varkappa_1 E_1 + \varkappa_2 E_2 + \varkappa_3 E_3 + \varkappa_4 E_4 = 0$$

ist, so gehen die vier Ebenen durch einen Punkt.

241. Beispiele. 1. Die Halbierungsebenen der Flächenwinkel eines Dreikants schneiden sich in einer Geraden.

Ordnet man das Koordinatensystem so an, daß sein Ursprung im Innern des Dreikants liegt, und sind

$$H_1 = 0, \quad H_2 = 0, \quad H_3 = 0$$

die Hesseschen Normalgleichungen der drei Seiten, so sind

$$H_2 - H_3 = 0$$
$$H_3 - H_1 = 0$$
$$H_1 - H_2 = 0$$

die Halbierungsebenen der inneren Winkelräume, die durch die drei Seitenpaare bestimmt sind, und da ihre Summe eine identische Gleichung ergibt, so gehen diese drei Ebenen durch eine Gerade.

2. Die Halbierungsebenen der Flächenwinkel eines Tetraeders schneiden sich in einem Punkte (Mittelpunkt der dem Tetraeder eingeschriebenen Kugel).

Der Ursprung sei wieder im Innern des Tetraeders und die Seitenflächen mögen, in Hessescher Normalform geschrieben, die Gleichungen

$$H_1 = 0, \quad H_2 = 0, \quad H_3 = 0, \quad H_4 = 0$$

besitzen.

Bringt man die vier Seitenflächen in irgend eine Reihenfolge $\alpha, \beta, \gamma, \delta$, so sind damit vier Kanten $(\alpha\beta), (\beta\gamma), (\gamma\delta), (\delta\alpha)$ bestimmt, die einen zusammenhängenden sich schließenden Kantenzug bilden, und die Halbierungsebenen längs dieser Kanten schreiben sich:

$$H_\alpha - H_\beta = 0$$
$$H_\beta - H_\gamma = 0$$
$$H_\gamma - H_\delta = 0$$
$$H_\delta - H_\alpha = 0;$$

da die Summe dieser Gleichungen identisch verschwindet, so gehen die vier Ebenen durch einen Punkt. Diesem Punkt kommt aber die von der Wahl der Reihenfolge unabhängige Eigenschaft zu, daß er von allen Tetraederseiten gleichen Abstand hat; denn im Sinne der letzten Gleichungen ist, mit seinen Koordinaten geschrieben: $H_\alpha = H_\beta = H_\gamma = H_\delta$; folglich gehen durch diesen Punkt *alle* sechs Halbierungsebenen.

3. Die Halbierungsebenen von drei inneren Flächenwinkeln eines Tetraeders schneiden sich mit den Halbierungsebenen der äußeren Flächenwinkel an den drei übrigen Kanten in einem Punkte (Mittelpunkte der dem Tetraeder angeschriebenen Kugeln).

Die Anordnung des Koordinatensystems geschehe wie vorhin. Die Halbierungsebenen der inneren Flächenwinkel zwischen den Seiten $H_\alpha, H_\beta, H_\gamma$ haben die Gleichungen

$$H_\beta - H_\gamma = 0$$
$$H_\gamma - H_\alpha = 0$$
$$H_\alpha - H_\beta = 0;$$

die Halbierungsebenen der äußeren Winkel an der Seite H_δ sind dann:

$$H_\alpha + H_\delta = 0$$
$$H_\beta + H_\delta = 0$$
$$H_\gamma + H_\delta = 0.$$

Kombiniert man korrespondierende Paare aus beiden Tripeln, also z. B.

$$H_\beta - H_\gamma = 0$$
$$H_\gamma - H_\alpha = 0$$
$$H_\alpha + H_\delta = 0$$
$$H_\beta + H_\delta = 0,$$

so ist leicht zu erkennen, daß die betreffenden vier Ebenen durch einen Punkt gehen: man braucht nur jeweilen die letzte Gleichung mit — 1 zu multiplizieren, um eine identische Summengleichung zu erhalten. Nun hat aber der Schnittpunkt eine von der Wahl der Paare unabhängige Eigenschaft; denn im Sinne der letzten Ansätze ist, mit seinen Koordinaten geschrieben, $H_\alpha = H_\beta = H_\gamma = - H_\delta$: folglich gehen *alle* sechs Ebenen durch diesen einen Punkt.

242. Die Gerade als Schnitt zweier Ebenen. Der geometrischen Tatsache, daß zwei Ebenen sich nach einer Geraden schneiden, entspricht die Aussage, daß zwei Gleichungen ersten Grades in x, y, z:

$$\left. \begin{aligned} A_1 x + B_1 y + C_1 z + D_1 &= 0 \\ A_2 x + B_2 y + C_2 z + D_2 &= 0 \end{aligned} \right\} \qquad (1)$$

eine Gerade bestimmen. Jede der Gleichungen, für sich betrachtet, stellt eine Ebene dar, und indem sie als koexistent aufgefaßt werden, genügen ihnen die Koordinaten solcher und nur solcher Punkte, die beiden Ebenen angehören, also der Punkte einer Geraden.

243. Die Gerade, durch ihre Projektionen dargestellt. Leitet man aus den Gleichungen (1) durch Elimination von y eine neue Gleichung ab, so genügen dieser die Projektionen der Punkte der Geraden auf der zx-Ebene, folglich stellt sie diese Projektion selbst dar; ebenso liefert die Elimination von z die Gleichung der Projektion der Geraden auf der xy-Ebene.

Diese Gleichungen aber lauten:

$$(A_1 B_2 - A_2 B_1) x - (B_1 C_2 - B_2 C_1) z - (B_1 D_2 - B_2 D_1) = 0$$
$$- (C_1 A_2 - C_2 A_1) x + (B_1 C_2 - B_2 C_1) y - (C_1 D_2 - C_2 D_1) = 0;$$

ist $B_1 C_2 - B_2 C_1 \neq 0$, so nehmen sie nach Division durch diesen Koeffizienten die Gestalt an:

$$\left. \begin{aligned} z &= m_1 x + n_1 \\ y &= m_2 x + n_2. \end{aligned} \right\} \qquad (2)$$

Wenn hingegen $B_1 C_2 - B_2 C_1 = 0$, so ergeben beide Eliminationsprozesse ein und dieselbe Gleichung von der Form $z = z$, die aber in verschiedenen Koordinatenebenen zu deuten ist; beidemal, sowohl in der zx- wie in der xy-Ebene bedeutet sie eine zur x-Achse senkrechte Gerade; diesmal ist die Gerade im Raume durch die genannten zwei Projektionen nicht bestimmt, es muß die dritte Projektion herangezogen werden, die sich durch Elimination von x aus (1) ergibt.

Nach dem erläuterten Vorgange findet man beispielsweise, daß das Ebenenpaar

$$2x - 3y - 4z + 5 = 0$$
$$3x + y - 2z - 3 = 0$$

eine Gerade mit den Projektionen

$$z = \tfrac{11}{10} x - \tfrac{2}{5}$$
$$y = - \tfrac{1}{2} x + 9$$

darstellt, das Ebenenpaar

$$3x + 2y - 4z - 2 = 0$$
$$4x + 3y + 6z + 5 = 0$$

aber eine Gerade, deren Projektion auf der zx- und xy-Ebene die Gleichung

$$x = 16,$$

auf der yz-Ebene aber die Gleichung

$$z = - \tfrac{1}{2} y - \tfrac{23}{2}$$

besitzt.

244. Gerade durch einen Punkt. Hebt man in der Geraden, die durch das Ebenenpaar

$$A_1 x + B_1 y + C_1 z + D_1 = 0 \quad\big\}$$
$$A_2 x + B_2 y + C_2 z + D_2 = 0 \quad\big\} \tag{1}$$

bestimmt ist, einen Punkt $M_0(x_0 / y_0 / z_0)$ heraus, so kann mit seiner Hilfe dasselbe Ebenenpaar auch durch die Gleichungen (**230**)

$$A_1(x - x_0) + B_1(y - y_0) + C_1(z - z_0) = 0 \quad\big\}$$
$$A_2(x - x_0) + B_2(y - y_0) + C_2(z - z_0) = 0 \quad\big\} \tag{2}$$

dargestellt werden; diese Gleichungen aber bestimmen die Verhältnisse von $x - x_0$, $y - y_0$, $z - z_0$, indem (**122**, 7.)

$$\frac{x - x_0}{B_1 C_2 - B_2 C_1} = \frac{y - y_0}{C_1 A_2 - C_2 A_1} = \frac{z - z_0}{A_1 B_2 - A_2 B_1};$$

bezeichnet man die Nenner mit p, q, r, so hat man in

$$\frac{x - x_0}{p} = \frac{y - y_0}{q} = \frac{z - z_0}{r} \tag{3}$$

eine weitere Darstellung der Geraden. Weil bei einer Geraden, die durch einen gegebenen Punkt geführt wird, nur noch die Richtung frei bleibt, so sind die Nenner p, q, r bestimmend für die Richtung der Geraden. Bei unbestimmtem p, q, r sind in (3) alle Geraden durch den Punkt M_0 enthalten, ihre Gesamtheit heißt ein *Geradenbündel*.

In dem Ansatz (3) sind zwei voneinander unabhängige Gleichungen enthalten; die drei Gleichungen, die sich daraus ablesen lassen, bestimmen die Projektionen der Geraden auf den drei Koordinatenebenen.

Um z. B. die Gerade

$$x + 3y - 2z - 7 = 0$$
$$2x - 4y - 3z - 2 = 0$$

in der Form (3) darzustellen, muß erst ein Punkt auf ihr bestimmt werden; nimmt man $x_0 = 0$ (oder sonst beliebig) an, so hat man zur Berechnung von y_0, z_0 die Gleichungen:

$$3y_0 - 2z_0 - 7 = 0$$
$$4y_0 + 3z_0 + 2 = 0,$$

aus denen sich $y_0 = 1$, $z_0 = -2$ ergibt; die Nenner sind die Determinanten zweiten Grades aus der Matrix

$$\begin{matrix} 1 & 3 & -2 \\ 2 & -4 & -3 \end{matrix};$$

mithin lauten die Gleichungen:

$$\frac{x}{17} = \frac{y-1}{1} = \frac{z+2}{10}.$$

245. Parametrische Gleichungen der Geraden. Die drei Quotienten, die in den Gleichungen (3) auftreten, ändern, während der Punkt $M(x/y/z)$ die Gerade durchläuft, ihren gemeinsamen Wert; bezeichnet man diesen mit u, so löst sich der Ansatz (3) in die Gleichungen auf:

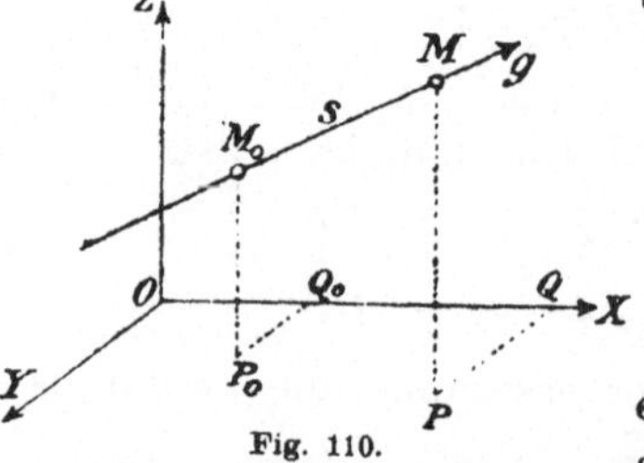

$$x = x_0 + pu$$
$$y = y_0 + qu \qquad (4)$$
$$z = z_0 + ru.$$

Fig. 110.

Diese Darstellung der Geraden heißt eine parametrische, weil die Koordinaten des laufenden Punktes der Geraden als Funktionen des veränderlichen Parameters u gegeben erscheinen.

Eine andere parametrische Darstellung ergibt sich durch folgende Betrachtung. Bezeichnet man den variablen Abstand des laufenden Punktes M, Fig. 110, von dem festen Punkte M_0 mit s, dabei s als relative Größe auffassend, die positiv ist, wenn die Strecke M_0M mit der Geraden gleich gerichtet, negativ, wenn sie entgegengerichtet ist, so ergeben sich durch Projektion der genannten Strecke auf die Achsen folgende Beziehungen:

$$x - x_0 = s \cos \alpha$$
$$y - y_0 = s \cos \beta$$
$$z - z_0 = s \cos \gamma;$$

dabei sind $\cos \alpha$, $\cos \beta$, $\cos \gamma$ die Richtungskosinus der gerichteten Geraden.

Dies führt zu der folgenden parametrischen Darstellung der Geraden:

$$x = x_0 + s \cos \alpha$$
$$y = y_0 + s \cos \beta \qquad\qquad (5)$$
$$z = z_0 + s \cos \gamma.$$

Aus den beiden Darstellungsweisen (4) und (5) schließt man auf

$$p u = s \cos \alpha$$
$$q u = s \cos \beta$$
$$r u = s \cos \gamma;$$

woraus sich

$$u = \frac{s}{\varepsilon \sqrt{p^2 + q^2 + r^2}}$$

und weiter

$$\cos \alpha = \frac{p}{\varepsilon \sqrt{p^2 + q^2 + r^2}}$$
$$\cos \beta = \frac{q}{\varepsilon \sqrt{p^2 + q^2 + r^2}} \qquad\qquad (6)$$
$$\cos \gamma = \frac{r}{\varepsilon \sqrt{p^2 + q^2 + r^2}}$$

ergibt.

Hiermit sind die Richtungskosinus der durch die Gleichungen (3) dargestellten *ungerichteten* Geraden bestimmt, so lange man bezüglich des ε keine Wahl trifft; entscheidet man sich für einen der beiden Werte $+1$ oder -1, so ist damit eine Richtung als die positive festgesetzt.

Als Beispiel diene der folgende Fall. In der Geraden

$$\frac{x - 2}{4} = \frac{y - 3}{5} = \frac{z + 1}{-3}$$

soll jene Richtung als die positive gelten, die mit der positiven z-Achse einen spitzen Winkel bildet; es sind ihre Richtungskosinus und ihre Richtungswinkel zu bestimmen.

Da nach dieser Festsetzung $\cos \gamma$ notwendig positiv ist, hat man $\varepsilon = -1$ zu nehmen; die Richtungskosinus sind also:

$$\cos \alpha = -\frac{4}{5\sqrt{2}}, \qquad \cos \beta = -\frac{1}{\sqrt{2}}, \qquad \cos \gamma = \frac{3}{5\sqrt{2}},$$

die Winkel selbst: $\alpha = 124^0 27'$, $\beta = 135^0$, $\gamma = 64^0 53' 44''$.

246. Anzahl der Konstanten. Gerade durch zwei Punkte.

Die einzelnen Darstellungsformen der Geraden unterscheiden sich voneinander durch die Zahl und Bedeutung der in ihnen auftretenden Konstanten. Nicht immer sind diese sämtlich unabhängig voneinander und nicht immer sind sie auf die kleinste Anzahl reduziert. So enthält die Darstellung (**242**, 1.) sechs Konstanten, aber durch den in **243** ausgeführten Eliminationsprozeß sind sie auf vier reduziert; in der Form (**244**, 3.) erscheinen auch sechs Konstanten: doch kann aus der Gruppe x_0, y_0, z_0 eine willkürlich angenommen werden, und die Gruppe p, q, r läßt sich auf zwei Konstanten reduzieren, z. B. auf die Verhältnisse $\frac{q}{p}$, $\frac{r}{p}$.

Die kleinste Zahl unabhängiger Konstanten, mit deren Hilfe sich eine Gerade im Raume analytisch darstellen läßt, beträgt vier.

Da zwei unabhängige Gleichungen vorhanden sind, so ist im allgemeinen eine Gerade durch zwei Bedingungen bestimmt.

Der einfachste Fall ist der einer Geraden durch zwei gegebene Punkte $M_1 (x_1 / y_1 / z_1)$, $M_2 (x_2, y_2, z_2)$.

Der Bündel der Geraden durch M_1 ist in den Gleichungen

$$\frac{x - x_1}{p} = \frac{y - y_1}{q} = \frac{z - z_1}{r}$$

bei unbestimmten p, q, r dargestellt; diejenige unter den Geraden, die durch M_2 geht, erfüllt die Bedingungen:

$$\frac{x_2 - x_1}{p} = \frac{y_2 - y_1}{q} = \frac{z_2 - z_1}{r};$$

durch Division beider Ansätze ergeben sich die Gleichungen der Verbindungsgeraden von M_1 und M_2:

$$\frac{x - x_1}{x_1 - x_2} = \frac{y - y_1}{y_1 - y_2} = \frac{z - z_1}{z_1 - z_2} \tag{1}$$

und die Richtungskosinus sind (**245**, **219**):

$$\cos \alpha = \frac{x_1 - x_2}{\varepsilon d}, \qquad \cos \beta = \frac{y_1 - y_2}{\varepsilon d}, \qquad \cos \gamma = \frac{z_1 - z_2}{\varepsilon d}, \tag{2}$$

$$d = \sqrt{(x_1 - x_2)^2 + (y_1 - y_2)^2 + (z_1 - z_2)^2}.$$

247. Schnittpunkt einer Geraden mit einer Ebene.

Dem Wesen nach kommt diese Aufgabe auf die Lösung dreier Gleichungen ersten Grades in x, y, z hinaus: der Gleichung der Ebene und der beiden die Gerade darstellenden Gleichungen.

Die Lösung nimmt eine übersichtliche Gestalt an, wenn man den Geradengleichungen die parametrische Form verliehen hat.

Sind nämlich Ebene und Gerade durch

$$A x + B y + C z + D = 0 \qquad (1)$$

$$\left. \begin{aligned} x &= x_0 + p u \\ y &= y_0 + q u \\ z &= z_0 + r u \end{aligned} \right\} \qquad (2)$$

gegeben, so führt die Substitution von (2) in (1):

$$A x_0 + B y_0 + C z_0 + D + (A p + B q + C r) u = 0 \qquad (3)$$

auf eine Gleichung, aus der sich der zum Schnittpunkt gehörige Parameterwert bestimmt. Die Bestimmung ist aber nur dann möglich, wenn $A p + B q + C r \neq 0$, und zwar ist dann

$$u = - \frac{A x_0 + B y_0 + C z_0 + D}{A p + B q + C r}; \qquad (4)$$

durch Einsetzung dieses Wertes in (2) ergeben sich die Koordinaten des Schnittpunktes.

Ist jedoch

$$A p + B q + C r = 0, \qquad (5)$$

gleichzeitig aber $A x_0 + B y_0 + C z_0 + D \neq 0$, so kann der Gleichung (3) nur durch einen unendlichen Wert von u genügt werden, folglich ergeben sich dann auch für die Koordinaten des Schnittpunktes unendliche Werte. Man sagt, die Gerade habe mit der Ebene einen unendlich fernen Punkt gemein und bezeichnet sie als *zur Ebene parallel*.

Wenn endlich neben (5) auch

$$A x_0 + B y_0 + C z_0 + D = 0 \qquad (6)$$

ist, so wird (3) durch jeden Wert von u befriedigt, alle Punkte der Geraden gehören der Ebene an, *die Gerade liegt in der Ebene*.

Die Beziehung (5) allein zeigt also den Parallelismus an; (6) für sich besagt, daß der Punkt $x_0 / y_0 / z_0$ der Geraden auch der Ebene angehört; beides zusammen hat das Ineinanderliegen zur Folge.

248. Ebene durch eine Gerade und einen Punkt. Von den eben erkannten Bedingungen kann Gebrauch gemacht werden zur Lösung der Aufgabe: Die Gleichung der Ebene aufzustellen, welche durch die Gerade

$$\frac{x - x_0}{p} = \frac{y - y_0}{q} = \frac{z - z_0}{r} \qquad (1)$$

und den Punkt $M_1 (x_1 / y_1 / z_1)$ geht.

Sieht man

$$A x + B y + C z + D = 0 \qquad (2)$$

als Gleichung der gesuchten Ebene an, so erfüllen die Koeffizienten
folgende Bedingungen:

$$\begin{aligned}
Ap + Bq + Cr &= 0 \\
Ax_0 + By_0 + Cz_0 + D &= 0 \\
Ax_1 + By_1 + Cz_1 + D &= 0;
\end{aligned} \qquad (3)$$

die beiden ersten betreffen das Ineinanderliegen von Gerade und Ebene,
die letzte das Ineinanderliegen von Punkt M_1 und Ebene.

Durch das Gleichungssystem (3) sind die Verhältnisse der Koeffizienten A, B, C, D bestimmt, und das genügt zur Durchführung der
Gleichung (2); schließlich kommt es darauf an, aus (2) mit Hilfe von
(3) die Koeffizienten zu eliminieren; das Resultat dieser Elimination
ist (**121**):

$$\begin{vmatrix}
x & y & z & 1 \\
p & q & r & 0 \\
x_0 & y_0 & z_0 & 1 \\
x_1 & y_1 & z_1 & 1
\end{vmatrix} = 0 \qquad (4)$$

und stellt die verlangte Ebene dar.

Hiernach schreibt sich die Gleichung der Ebene durch

$$\frac{x-2}{4} = \frac{3\,(y-4)}{5} = \frac{4\,(z+3)}{3}$$

$$M_1\,(6\,/-4\,/\,3)$$

zunächst in folgender Gestalt:

$$\begin{vmatrix}
x & y & z & 1 \\
4 & \tfrac{5}{3} & \tfrac{3}{4} & 0 \\
2 & 4 & -3 & 1 \\
6 & -4 & 3 & 1
\end{vmatrix} = 0;$$

durch Zeilensubtraktion wird daraus

$$\begin{vmatrix}
x-2 & y-4 & z+3 & 0 \\
4 & \tfrac{5}{3} & \tfrac{3}{4} & 0 \\
-4 & 8 & -6 & 0 \\
6 & -4 & 3 & 1
\end{vmatrix} = 0$$

und nach Entwicklung der erübrigenden Determinante dritten Grades:

$$-16(x-2) + 21(y-4) + \tfrac{116}{3}(z+3) = 0,$$

also schließlich:

$$48x - 63y - 116z - 192 = 0.$$

249. Winkel einer Geraden mit einer Ebene. Von dem
Winkel einer Geraden mit einer Ebene kann in bestimmter Weise erst

dann gesprochen werden, wenn die Gerade gerichtet und bei der Ebene die positive Seite von der negativen unterschieden ist. Der hohle Winkel ω zwischen der gerichteten Geraden und der positiven Normale der Ebene ist dann spitz oder stumpf, je nachdem die positive Richtung der Geraden von der negativen Seite der Ebene zur positiven oder umgekehrt verläuft; das Komplement ϑ dieses Winkels, also

$$\vartheta = \frac{\pi}{2} - \omega \tag{1}$$

soll als Winkel der Geraden mit der Ebene erklärt werden; ϑ ist der Größe nach spitz, und sein Vorzeichen belehrt über die Anordnung beider Gebilde zueinander in dem angegebenen Sinne.

Der absolute Wert von ϑ wird gemeinhin als *Neigungswinkel der Geraden zur Ebene* bezeichnet.

Es sei nun

$$Ax + By + Cz + D = 0 \tag{2}$$

die Gleichung der Ebene, während die Gerade durch

$$\frac{x - x_0}{p} = \frac{y - y_0}{q} = \frac{z - z_0}{r} \tag{3}$$

bestimmt sein möge; gerichtet sei sie durch die Wahl eines bestimmten Wertes für ε (**246**); dann sind

$$\frac{p}{\varepsilon\sqrt{p^2 + q^2 + r^2}}, \quad \frac{q}{\varepsilon\sqrt{p^2 + q^2 + r^2}}, \quad \frac{r}{\varepsilon\sqrt{p^2 + q^2 + r^2}}$$

ihre Richtungskosinus, während die der positiven Normale zur Ebene die Ausdrücke haben:

$$\frac{A}{-\operatorname{sgn} D\sqrt{A^2 + B^2 + C^2}}, \quad \frac{B}{-\operatorname{sgn} D\sqrt{A^2 + B^2 + C^2}}, \quad \frac{C}{-\operatorname{sgn} D\sqrt{A^2 + B^2 + C^2}}$$

Daraus bestimmt sich

$$\sin\vartheta = \cos\omega = \frac{Ap + Bq + Cr}{-\varepsilon\operatorname{sgn} D\sqrt{(A^2 + B^2 + C^2)(p^2 + q^2 + r^2)}} \tag{4}$$

und (vgl. **236**)

$$\cos\vartheta = \sqrt{\frac{(Br - Cq)^2 + (Cp - Ar)^2 + (Aq - Bp)^2}{(A^2 + B^2 + C^2)(p^2 + q^2 + r^2)}} \tag{5}$$

Aus (4) folgt die Bedingung für den Parallelismus zwischen Gerade und Ebene ($\vartheta = 0$):

$$Ap + Bq + Cr = 0 \tag{6}$$

in Übereinstimmung mit **247**; aus (5) die Bedingung für die Perpendikularität der Geraden zur Ebene $\left(\vartheta = \frac{\pi}{2}\right)$:

$$\frac{A}{p} = \frac{B}{q} = \frac{C}{r}. \tag{7}$$

Als Beispiel diene die folgende Aufgabe. Es ist der Winkel der Geraden

$$\frac{x}{-3} = \frac{y}{4} = \frac{z}{-5},$$

die so gerichtet ist, daß sie mit der positiven x-Achse einen spitzen Winkel bildet, mit der Ebene

$$2x - y - 6z + 3 = 0$$

zu bestimmen.

Diesen Angaben gemäß ist $\varepsilon = -1$ zu nehmen; da ferner sgn $3 = +1$ ist, so hat man

$$\sin \vartheta = \frac{4}{\sqrt{82}}$$

und $\vartheta = 26^0 12' 53''$; die Gerade verläuft also, in ihrer positiven Richtung verfolgt, von der negativen Seite der Ebene zur positiven.

250. Abstand eines Punktes von einer Geraden. Die Gerade sei gegeben durch die Gleichungen

$$\frac{x - x_0}{p} = \frac{y - y_0}{q} = \frac{z - z_0}{r}, \tag{1}$$

der Punkt M_1 durch seine Koordinaten x_1, y_1, z_1. Um seinen Abstand von der Geraden zu erhalten, lege man durch ihn eine zur letzteren senkrechte Ebene und bestimme den Schnittpunkt P beider; dann ist die Strecke $P\bar{M}_1$ der gesuchte Abstand.

Vermöge der Bedingungen (7) in **249** hat die beschriebene Ebene die Gleichung

$$p(x - x_1) + q(y - y_1) + r(z - z_1) = 0. \tag{2}$$

Aus den Gleichungen (1) folgt:

$$\frac{x - x_1 + x_1 - x_0}{p} = \frac{y - y_1 + y_1 - y_0}{q} = \frac{z - z_1 + z_1 - z_0}{r}$$

$$= \frac{p(x - x_1) + q(y - y_1) + r(z - z_1) + p(x_1 - x_0) + q(y_1 - y_0) + r(z_1 - z_0)}{p^2 + q^2 + r^2},$$

und indem man diesen Ansatz mit (2) zugleich bestehen läßt, werden x, y, z die Koordinaten des Schnittpunktes. Mit der Abkürzung

$$\frac{p(x_1 - x_0) + q(y_1 - y_0) + r(z_1 - z_0)}{p^2 + q^2 + r^2} = R \tag{3}$$

hat man also:

$$x - x_1 = pR - (x_1 - x_0)$$
$$y - y_1 = qR - (y_1 - y_0)$$
$$z - z_1 = rR - (z_1 - z_0);$$

die Quadratsumme der linken Seiten ist schon das Quadrat des Abstandes δ, so daß

$$\delta^2 = (p^2 + q^2 + r^2)R^2 - 2[p(x_1 - x_0) + q(y_1 - y_0) + r(z_1 - z_0)]R$$
$$+ [(x_1 - x_0)^2 + (y_1 - y_0)^2 + (z_1 - z_0)^2],$$

und mit Rücksicht auf die Bedeutung von R:

$$\delta^2 = (x_1 - x_0)^2 + (y_1 - y_0)^2 + (z_1 - z_0)^2 - (p^2 + q^2 + r^2)R^2; \quad (4)$$

ersetzt man hierin R durch seinen Ausdruck, so wird schließlich (11

$$\delta^2 = \frac{(p^2 + q^2 + r^2)[(x_1 - x_0)^2 + (y_1 - y_0)^2 + (z_1 - z_0)^2] - [p(x_1 - x_0) + q(y_1 - y_0) + r(z_1 - z_0)]^2}{p^2 + q^2 + r^2}$$

$$= \frac{\{q(z_1 - z_0) - r(y_1 - y_0)\}^2 + \{r(x_1 - x_0) - p(z_1 - z_0)\}^2 + \{p(y_1 - y_0) - q(x_1 - x_0)\}^2}{p^2 + q^2 + r^2}.$$

Die positive Quadratwurzel hieraus ist δ selbst.

Die Zwischenformel (4) ist wie folgt zu deuten: Da die Summe der ersten drei Glieder der rechten Seite das Quadrat von $M_0 M_1$ gibt, so bedeutet $(p^2 + q^2 + r^2)R^2$ das Quadrat des Abstandes des Punktes M_0 von der Ebene (2), wie auch unmittelbar aus den Ausführungen in **234** hervorgeht.

Die rechnerische Durchführung der Formel (5) gestaltet sich einfach: man schreibt die Matrix

$$x_1 - x_0 \quad\quad y_1 - y_0 \quad\quad z_1 - z_0$$
$$p \quad\quad\quad q \quad\quad\quad r$$

an, bildet die Quadratsumme ihrer Determinanten zweiten Grades und dividiert sie durch die Quadratsumme der Elemente der zweiten Zeile.

Soll also beispielsweise der Abstand des Ursprungs von der Geraden

$$\frac{x + 5}{2} = \frac{y - 2}{-3} = \frac{z + 3}{4}$$

bestimmt werden, so heißt die Matrix

$$5 \quad\quad -2 \quad\quad 3$$
$$2 \quad\quad -3 \quad\quad 4,$$

ihre Determinanten sind $1, -14, -11$, folglich ist

$$\delta^2 = \frac{1 + 196 + 121}{4 + 9 + 16} = \frac{318}{29}$$

und $\delta = 3, 311 \ldots$

251. Zwei Gerade im Raume. Zwei Gerade im Raume haben im allgemeinen keinen Punkt miteinander gemein; man sagt dann, sie *kreuzen sich*. *Schneiden* sich die Geraden in einem eigentlichen oder einem unendlich fernen Punkte, so bestimmen sie eine Ebene. Es handelt sich um die Feststellung der analytischen Bedingungen für diese Sonderfälle und um die Bildung der Ebenengleichung.

Die Geraden seien parametrisch gegeben durch die Gleichungen:

$$\left.\begin{aligned} x &= x_1 + p_1 u \\ y &= y_1 + q_1 u \\ z &= z_1 + r_1 u \end{aligned}\right\} \quad (1) \qquad\qquad \left.\begin{aligned} x &= x_2 + p_2 u \\ y &= y_2 + q_2 u \\ z &= z_2 + r_2 u. \end{aligned}\right\} \quad (2)$$

Sie haben dann und nur dann einen gemeinsamen Punkt, wenn es Parameterwerte u_1, u_2 gibt, die in (1), beziehungsweise (2), eingesetzt, zu demselben Wertsystem x, y, z führen, so daß also die Gleichungen bestehen:

$$x_1 - x_2 + p_1 u_1 - p_2 u_2 = 0$$
$$y_1 - y_2 + q_1 u_1 - q_2 u_2 = 0$$
$$z_1 - z_2 + r_1 u_1 - r_2 u_2 = 0.$$

Die Bedingung für die Koexistenz dieser Gleichungen, d. i. (**121**, III)

$$R = \begin{vmatrix} x_1 - x_2 & p_1 & p_2 \\ y_1 - y_2 & q_1 & q_2 \\ z_1 - z_2 & r_1 & r_2 \end{vmatrix} = 0, \qquad (3)$$

ist zugleich die analytische Bedingung dafür, daß die Geraden eine Ebene bestimmen.

Hierin ist sowohl der Fall des eigentlichen Schneidens als auch jener des Parallelismus enthalten; denn der letztere tritt (**245**) dann ein, wenn

$$p_1 : q_1 : r_1 = p_2 : q_2 : r_2, \qquad (4)$$

und bei diesem Verhalten verschwindet die Determinante R ohne Rücksicht auf die Werte der Elemente der ersten Kolonne.

Man kann auch von folgender Erwägung ausgehen, die zugleich auf die Gleichung der Ebene der beiden Geraden hinführt, falls sie sich schneiden. Die Bedingungen dafür, daß die Ebene

$$Ax + By + Cz + D = 0$$

sowohl die Gerade (1) als auch die Gerade (2) enthalte, lauten (**247**):

$$Ax_1 + By_1 + Cz_1 + D = 0$$
$$Ax_2 + By_2 + Cz_2 + D = 0$$
$$Ap_1 + Bq_1 + Cr_1 \quad\; = 0$$
$$Ap_2 + Bq_2 + Cr_2 \quad\; = 0;$$

der Bestand dieser Gleichungen erfordert aber, daß

$$\begin{vmatrix} x_1 & y_1 & z_1 & 1 \\ x_2 & y_2 & z_2 & 1 \\ p_1 & q_1 & r_1 & 0 \\ p_2 & q_2 & r_2 & 0 \end{vmatrix} = 0$$

sei; dies führt wieder zu der früheren Bedingungsgleichung (3), wie man sich überzeugt, indem man die zweite Zeile von der ersten subtrahiert.

Ist aber die letzte Gleichung in Kraft, so sind die Verhältnisse von A, B, C, D durch die Unterdeterminanten aus irgend drei Zeilen der links stehenden Determinante bestimmt (**121**, I); man kann also die Gleichung der Verbindungsebene auch schreiben:

$$\begin{vmatrix} x & y & z & 1 \\ x_1 & y_1 & z_1 & 1 \\ p_1 & q_1 & r_1 & 0 \\ p_2 & q_2 & r_2 & 0 \end{vmatrix} = 0. \tag{5}$$

252. Kürzester Abstand zweier Geraden im Raume. Auf jeder Transversale zweier Geraden ist eine Strecke begrenzt; die kleinste unter diesen Strecken wird als der *kürzeste Abstand* der beiden Geraden bezeichnet. Schneiden sich die Geraden in einem eigentlichen Punkte, so ist ihr kürzester Abstand Null; sind sie parallel, so erscheint ihr kürzester Abstand auf jeder Transversale, die zu beiden senkrecht ist.

Kreuzen sich die Geraden, so existiert nur eine Transversale von dieser letzten Eigenschaft; sie enthält den kürzesten Abstand. Die beiden Geraden bestimmen nämlich in dieser Anordnung zwei parallele Ebenen, deren jede durch eine der Geraden geht und der andern parallel ist; legt man durch die Geraden zwei weitere Ebenen, die zu dem erwähnten Ebenenpaar senkrecht sind, so ist deren Schnittlinie diejenige und die einzige Transversale, die die Geraden unter rechtem Winkel schneidet. Der kürzeste Abstand der Geraden ist zugleich der Abstand der beiden parallelen Ebenen.

Die Geraden seien durch die Gleichungen

$$\frac{x - x_1}{p_1} = \frac{y - y_1}{q_1} = \frac{z - z_1}{r_1} \tag{1}$$

$$\frac{x - x_2}{p_2} = \frac{y - y_2}{q_2} = \frac{z - z_2}{r_2} \tag{2}$$

gegeben.

Die Stellung einer Ebene ist durch die Verhältnisse der Koeffizienten A, B, C bestimmt; soll die Ebene den beiden Geraden parallel sein, so haben diese Koeffizienten den Bedingungen (**247**)

$$Ap_1 + Bq_1 + Cr_1 = 0$$

$$Ap_2 + Bq_2 + Cr_2 = 0$$

zu genügen; daraus aber folgt:

$$A : B : C = \begin{vmatrix} q_1 & r_1 \\ q_2 & r_2 \end{vmatrix} : \begin{vmatrix} r_1 & p_1 \\ r_2 & p_2 \end{vmatrix} : \begin{vmatrix} p_1 & q_1 \\ p_2 & q_2 \end{vmatrix}.$$

Hiernach sind

$$\begin{vmatrix} q_1 & r_1 \\ q_2 & r_2 \end{vmatrix}(x - x_1) + \begin{vmatrix} r_1 & p_1 \\ r_2 & p_2 \end{vmatrix}(y - y_1) + \begin{vmatrix} p_1 & q_1 \\ p_2 & q_2 \end{vmatrix}(z - z_1) = 0 \quad (3)$$

$$\begin{vmatrix} q_1 & r_1 \\ q_2 & r_2 \end{vmatrix}(x - x_2) + \begin{vmatrix} r_1 & p_1 \\ r_2 & p_2 \end{vmatrix}(y - y_2) + \begin{vmatrix} p_1 & q_1 \\ p_2 & q_2 \end{vmatrix}(z - z_2) = 0 \quad (4)$$

die Gleichungen der parallelen Ebenen, deren erste durch 1), deren zweite durch (2) geht.

Da es, wenn es sich nur um die *Größe* des kürzesten Abstandes handelt, auf die Entfernung dieser Ebenen ankommt, so braucht man nur den Abstand des Punktes $x_2 / y_2 / z_2$ von der Ebene (3) oder des Punktes $x_1 / y_1 / z_1$ von der Ebene (4) zu bestimmen; es ist also (**234**)

$$\delta = \frac{\begin{vmatrix} q_1 & r_1 \\ q_2 & r_2 \end{vmatrix}(x_1 - x_2) + \begin{vmatrix} r_1 & p_1 \\ r_2 & p_2 \end{vmatrix}(y_1 - y_2) + \begin{vmatrix} p_1 & q_1 \\ p_2 & q_2 \end{vmatrix}(z_1 - z_2)}{\varepsilon \sqrt{\begin{vmatrix} q_1 & r_1 \\ q_2 & r_2 \end{vmatrix}^2 + \begin{vmatrix} r_1 & p_1 \\ r_2 & p_2 \end{vmatrix}^2 + \begin{vmatrix} p_1 & q_1 \\ p_2 & q_2 \end{vmatrix}^2}}, \quad (5)$$

wobei $\varepsilon = +1$ oder $= -1$ zu nehmen ist, je nachdem der Zähler positiv oder negativ ausfällt. Der Zähler dieses Bruches ist die Entwicklung der in **251** aufgetretenen Determinante R, deren Verschwinden als Merkmal des Schneidens erkannt wurde, sofern $p_1 : q_1 : r_1 \neq p_2 : q_2 : r_2$; ist aber $p_1 : q_1 : r_1 = p_2 : q_2 : r_2$, in welchem Falle die Geraden parallel sind, so verschwindet auch der Nenner in (5) und δ erscheint in unbestimmter Form.

Soll man auch die *Lage* des kürzesten Abstandes ermitteln, so ergibt sich hierzu der folgende **Weg**. Schreibt man die Gleichungen (1), (2) in parametrischer Form:

$$\left.\begin{array}{l} x = x_1 + p_1 u \\ y = y_1 + q_1 u \\ z = z_1 + r_1 u \end{array}\right\} \quad (1^*) \qquad \left.\begin{array}{l} x = x_2 + p_2 v \\ y = y_2 + q_2 v \\ z = z_2 + r_2 v \end{array}\right\} \quad (2^*)$$

so drücken sich die Koordinatendifferenzen der Punkte u, v wie folgt aus:

$$x_1 - x_2 + p_1 u - p_2 v$$
$$y_1 - y_2 + q_1 u - q_2 v$$
$$z_1 - z_2 + r_1 u - r_2 v;$$

diese Differenzen sind aber den Richtungskosinus der Verbindungslinie der beiden Punkte proportional (**246**); soll diese Verbindungslinie den kürzesten Abstand enthalten, so muß sie auf den beiden Geraden senkrecht stehen; mithin ergeben sich die Parameterwerte zu den Endpunkten des kürzesten Abstandes aus dem Gleichungspaar:

$$p_1(x_1 - x_2 + p_1 u - p_2 v) + q_1(y_1 - y_2 + q_1 u - q_2 v) + r_1(z_1 - z_2 + r_1 u - r_2 v) = 0$$
$$p_2(x_1 - x_2 + p_1 u - p_2 v) + q_2(y_1 - y_2 + q_1 u - q_2 v) + r_2(z_1 - z_2 + r_1 u - r_2 v) = 0,$$

das geordnet lautet:

$$(p_1^2 + q_1^2 + r_1^2)u - (p_1 p_2 + q_1 q_2 + r_1 r_2)v$$
$$+ p_1(x_1 - x_2) + q_1(y_1 - y_2) + r_1(z_1 - z_2) = 0$$
$$(p_1 p_2 + q_1 q_2 + r_1 r_2)u - (p_2^2 + q_2^2 + r_2^2)v$$
$$+ p_2(x_1 - x_2) + q_2(y_1 - y_2) + r_2(z_1 - z_2) = 0;$$

(6)

seine negative Determinante

$$(p_1^2 + q_1^2 + r_1^2)(p_2^2 + q_2^2 + r_2^2) - (p_1 p_2 + q_1 q_2 + r_1 r_2)^2$$

$$= \begin{vmatrix} q_1 & r_1 \\ q_2 & r_2 \end{vmatrix}^2 + \begin{vmatrix} r_1 & p_1 \\ r_2 & p_2 \end{vmatrix}^2 + \begin{vmatrix} p_1 & q_1 \\ p_2 & q_2 \end{vmatrix}^2$$

ist von Null verschieden, wenn die Geraden nicht parallel sind.

Hat man aus (6) die Werte von u, v berechnet, so gibt ihre Einsetzung in (1*), (2*) die gesuchten Fußpunkte.

Zur Illustration diene das folgende Beispiel. Die zwei Geraden seien durch je zwei ihrer Spuren, und zwar die erste durch

$$A(0\,/\,1\,/\,5), \quad B(3\,/\,5\,/\,0),$$

die zweite durch

$$C(0\,/\,4\,/\,4), \quad D(2\,/\,0\,/\,1)$$

gegeben, Fig. 111; ihre Gleichungen lauten dann (**246**):

$$\frac{x}{-3} = \frac{y-1}{-4} = \frac{z-5}{5}$$

$$\frac{x}{-2} = \frac{y-4}{4} = \frac{z-4}{3}.$$

Die Determinanten aus der Matrix

$$\begin{matrix} -3 & -4 & 5 \\ -2 & +4 & 3 \end{matrix}$$

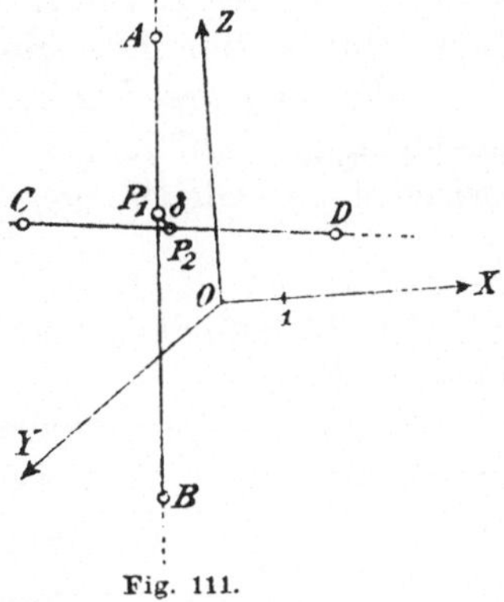

Fig. 111.

haben die Werte

$$-32 \quad -1 \quad -20,$$

die Koordinatendifferenzen von A und C sind

$$0 \quad -3 \quad 1;$$

hiermit ist das Material zur Durchführung der Rechnung gebildet. Man hat nun

$$\delta = \frac{3-20}{-\sqrt{1024 + 1 + 400}} = \frac{17}{5\sqrt{57}} = 0{,}45 \cdots;$$

des weitern lauten die Gleichungen (6) im vorliegenden Falle

$$50u - 5v = -17$$
$$5u - 29v = 9$$

und besitzen die Wurzeln $u = -\frac{538}{1425}$, $v = -\frac{535}{1425}$, mit deren Hilfe sich die Koordinaten der Fußpunkte [1]) berechnen, und zwar

$$\text{in (1): } \frac{1614}{1425} = 1{,}13\cdots, \quad \frac{3577}{1425} = 2{,}51\cdots, \quad \frac{4435}{1425} = 3{,}11\cdots,$$

$$\text{in (2): } \frac{1070}{1425} = 0{,}75\cdots, \quad \frac{3560}{1425} = 2{,}49\cdots, \quad \frac{4095}{1425} = 2{,}87\cdots$$

§ 4. Krumme Flächen.

253. Erzeugung von Flächen. Das wichtigste Erzeugungsprinzip von Flächen ist das durch Bewegung von Linien.

Eine Linie im Raume ist in allgemeiner Form (**224**) durch zwei Gleichungen zwischen den Koordinaten x, y, z dargestellt. Enthalten diese Gleichungen außerdem einen veränderlichen Parameter u, so ist durch sie nicht eine, sondern eine einfach unendliche Mannigfaltigkeit von Linien bestimmt; anders aufgefaßt: Geht man in dem Gleichungspaar

$$\left.\begin{array}{l} F(x, y, z, u) = 0 \\ G(x, y, z, u) = 0 \end{array}\right\} \tag{1}$$

von einem Werte des Parameters u aus und zu einem andern Werte stetig über, so vollführt die durch das Gleichungspaar dargestellte Linie eine stetige Bewegung und beschreibt eine *Fläche*.

Gleichung der Fläche ist die von den variierenden Werten des u unabhängige Beziehung zwischen x, y, z; sie wird erhalten, indem man zwischen den Gleichungen (1) den Parameter u *eliminiert*, und heiße

$$\Phi(x, y, z) = 0. \tag{2}$$

Die bewegliche Linie (1) bezeichnet man als die *Erzeugende* der Fläche (2).

Enthalten die Gleichungen der Erzeugenden zwei veränderliche Parameter u, v, so daß sie allgemein lauten:

$$\left.\begin{array}{l} F(x, y, z, u, v) = 0 \\ G(x, y, z, u, v) = 0 \end{array}\right\}, \tag{3}$$

so ist durch sie, so lange nichts weiter bestimmt wird, eine zweifach unendliche Mannigfaltigkeit von Linien dargestellt; löst man aber daraus nach einem bestimmten Gesetze eine einfach unendliche Mannigfaltigkeit aus, so führt diese wieder zu einer Fläche: das Gesetz ist durch eine *Bedingungsgleichung* zwischen den Parametern bestimmt und heiße

$$\varphi(u, v) = 0. \tag{4}$$

Die Elimination von u, v zwischen den Gleichungen (3) und (4) führt zur Gleichung der Fläche.

Geometrisch wird die Auslösung der einfach unendlichen Mannig-

---

1) Aus ihnen kann δ ebenfalls berechnet werden.

faltigkeit in der Regel dadurch bewerkstelligt, daß man vorschreibt.
die Linien des Systems (3) sollen eine *gegebene* Linie, die man dann
Leitlinie nennt, schneiden. Ist die Leitlinie durch das Gleichungspaar

$$L_1(x, y, z) = 0 \quad \Big|$$
$$L_2(x, y, z) = 0 \quad \Big| \qquad (5)$$

dargestellt, so heißt dies analytisch so viel: es muß Wertsysteme x, y, z
geben. durch welche die vier Gleichungen

$$F(x, y, z, u, v) = 0$$
$$G(x, y, z, u, v) = 0$$
$$L_1(x, y, z) = 0$$
$$L_2(x, y, z) = 0$$

gleichzeitig befriedigt werden. Eliminiert man also x, y, z, so erhält
man eine Gleichung zwischen u, v. und diese ist die der Leitlinie
adäquate Bedingungsgleichung (4).

Enthalten die Gleichungen (1) drei Parameter u, v, w, so sind
zur Aushebung einer einfach unendlichen Mannigfaltigkeit zwei Bedingungsgleichungen zwischen u, v, w erforderlich: man kommt zu
ihnen auch durch die geometrische Bedingung, daß die Erzeugende
zwei Leitlinien zu schneiden habe: denn jede Leitlinie führt zu einer
Relation zwischen den Parametern.

Indem man diese Betrachtung verallgemeinert, kann man ihr
Ergebnis in folgendem Satze zusammenfassen:

*Enthalten die Gleichungen der Erzeugenden n veränderliche Para-
meter. so sind $n-1$ Bedingungsgleichungen zwischen diesen erforderlich, und die Elimination der Parameter aus den Bedingungsgleichungen
und den Gleichungen der Erzeugenden liefert die Gleichung der Fläche.*

*Eine vorgeschriebene Leitlinie führt zu einer Bedingungsgleichung
zwischen den Parametern, die Bewegung einer von n Parametern abhängigen Erzeugenden ist somit durch $n-1$ Leitlinien im allgemeinen
bestimmt.*

Flächen. die sich durch Bewegung einer *Geraden* erzeugen lassen,
nennt man *Regelflächen*. Da die Gleichungen einer Geraden im Raume
vier unabhängige Parameter enthalten (**246**), so bedarf eine gerade
Erzeugende zur Regelung ihrer Bewegung dreier Leitlinien.

Ein *fester Punkt*, durch den die Erzeugende zu gehen hat, führt
zu zwei Bedingungsgleichungen, ersetzt also zwei Leitlinien: die Anzahl der Parameter muß in solchem Falle mindestens drei betragen.
Sind nämlich

$$F(x, y, z, u, v, w, \cdots) = 0 \quad \Big|$$
$$G(x, y, z, u, v, w, \cdots) = 0 \quad \Big| \qquad (6)$$

die Gleichungen der Erzeugenden und x_0, y_0, z_0 die Koordinaten des festen Punktes, so führt die gestellte Forderung zu zwei Bedingungs-gleichungen zwischen den Parametern, nämlich:

$$F(x_0, y_0, z_0, u, v, w, \cdots) = 0 \qquad (7)$$

$$G(x_0, y_0, z_0, u, v, w, \cdots) = 0. \qquad (8)$$

254. Kegelflächen. Wenn eine Gerade um einen in ihr liegen-den festen Punkt eine räumliche Drehung vollführt, so heißt die von ihr beschriebene Fläche eine *Kegelfläche*. Der feste Punkt heißt ihr *Scheitel*; er zerlegt die Erzeugende in zwei Strahlen, deren jeder einen *Mantel* der Fläche beschreibt.

Sind x_0, y_0, z_0 die Koordinaten des Scheitels, so schreiben sich die Gleichungen der Erzeugenden:

$$\frac{x - x_0}{p} = \frac{y - y_0}{q} = \frac{z - z_0}{r},$$

wobei p, q, r zunächst völlig willkürlich sind; führt man die Verhält-nisse $\frac{q}{p} = u$, $\frac{r}{p} = v$ als Parameter ein, so kann man statt dessen schreiben:

$$\frac{y - y_0}{x - x_0} = u, \qquad \frac{z - z_0}{x - x_0} = v. \qquad (1)$$

Ist nun

$$\varphi(u, v) = 0 \qquad (2)$$

die Bedingungsgleichung, die die Bewegung regelt, so folgt aus ihr durch Elimination von u, v mittels (1) die *Gleichung der Kegelfläche*:

$$\varphi\left(\frac{y - y_0}{x - x_0}, \frac{z - z_0}{x - x_0}\right) = 0. \qquad (3)$$

Verlegt man insbesonderere den Ursprung des Koordinatensystems in den Scheitel, so nimmt die Gleichung die Gestalt an:

$$\varphi\left(\frac{y}{x}, \frac{z}{x}\right) = 0. \qquad (3^*)$$

Das analytische Merkmal der Kegelgleichung besteht also darin, daß die Koordinatendifferenzen $x - x_0$, $y - y_0$, $z - z_0$, bzw. die Koor-dinaten x, y, z, nur in den Verbindungen $\frac{y - y_0}{x - x_0}$, $\frac{z - z_0}{x - x_0}$, bzw. $\frac{y}{x}$, $\frac{z}{x}$ auftreten; man bezeichnet eine Gleichung dieses Baues als in bezug auf die genannten Argumente *homogen*.

Die unmittelbare Angabe der Bedingungsgleichung (2) kann da-durch ersetzt sein, daß eine *Leitlinie* gegeben ist. Durch Scheitel und Leitlinie ist die Kegelfläche bestimmt.

Beispiele. 1. Die Gleichung der Kegelfläche aufzustellen, deren Scheitel der Ursprung und deren Leitlinie ein Kreis vom Halbmesser a im Abstande c von der xy-Ebene ist; der Mittelpunkt des Kreises liegt in der z-Achse.

Eliminiert man aus den Gleichungen

$$\frac{y}{x} = u, \qquad \frac{z}{x} = v$$

der Erzeugenden und den Gleichungen

$$z = c$$
$$x^2 + y^2 = a^2$$

der Leitlinie x, y, z, so ergibt sich die Bedingungsgleichung

$$1 + u^2 = \frac{a^2 v^2}{c^2}$$

und aus dieser die Gleichung der beschriebenen Kegelfläche:

$$1 + \frac{y^2}{x^2} = \frac{a^2 z^2}{c^2 x^2},$$

in anderer Anordnung

$$\frac{x^2 + y^2}{a^2} = \frac{z^2}{c^2}.$$

2. Der Scheitel einer Kegelfläche befindet sich im Ursprung und ihre Leitlinie ist jener Kreis in der Ebene $x + y + z = a$, der die Koordinatenebenen berührt; es ist ihre Gleichung abzuleiten.

Die Gleichungen der Erzeugenden lauten wie vorhin

$$\frac{y}{x} = u, \qquad \frac{z}{x} = v,$$

jene der Leitlinie

$$x + y + z = a,$$
$$x^2 + y^2 + z^2 = \frac{a^2}{2};$$

die zweite drückt die Tatsache aus, daß der gedachte Kreis auf einer Kugel vom Radius $\frac{a}{\sqrt{2}}$ um den Ursprung liegt (**218**).

Hieraus ergibt sich die Bedingungsgleichung

$$\frac{1 + u^2 + v^2}{(1 + u + v)^2} = \frac{1}{2}$$

und in weiterer Folge die Kegelgleichung

$$(x + y + z)^2 = 2(x^2 + y^2 + z^2).$$

255. Zylinderflächen. Eine Gerade kann, ohne ihre Richtung zu ändern, in sich selbst, oder in einer Ebene, oder im Raume sich bewegen; die im letzten Falle von ihr beschriebene Fläche heißt eine *Zylinderfläche* (**223**, 2).

Die Gleichungen

$$\left.\begin{aligned} ax + by + cz &= u \\ a'x + b'y + c'z &= v \end{aligned}\right\} \tag{1}$$

stellen bei variablem u, v jede für sich ein System paralleler Ebenen, zusammen ein zweifach unendliches System von parallelen Geraden im Raume dar; aus diesem wird durch die Bedingungsgleichung

$$\varphi(u, v) = 0 \qquad (2)$$

ein einfach unendliches System ausgelöst, dessen Ort die Zylinderfläche ist; ihre Gleichung lautet demnach:

$$\varphi(ax + by + cz,\ a'x + b'y + c'z) = 0. \qquad (3)$$

Die Gleichung einer Zylinderfläche ist also analytisch dadurch gekennzeichnet, daß ihre linke Seite (bei Reduktion auf Null) eine Funktion von zwei linearen Ausdrücken in x, y, z ist.

Fehlen in diesen Ausdrücken die Glieder mit einer der Koordinaten, z. B. mit z, so ist die Zylinderfläche der betreffenden Achse parallel; so stellt eine Gleichung von der Form

$$\varphi(ax + by,\ a'x + b'y) = 0$$

eine zur xy-Ebene normale Zylinderfläche dar.[1]

Die Bedingungsgleichung (2) kann indirekt dadurch gegeben sein, daß die Erzeugende an eine Leitlinie gebunden wird. Durch Leitlinie und eine Richtung ist somit eine Zylinderfläche bestimmt.

Beispiele. 1. Es ist die Gleichung jener Zylinderfläche aufzustellen, deren Leitlinie ein mit dem Radius r in der xy-Ebene aus dem Ursprung beschriebener Kreis ist, und deren Erzeugende mit der x-, y-Achse Winkel von 60° bzw. 45° und mit der z-Achse einen spitzen Winkel bilden.

Man kann die Erzeugende durch die Gleichungen

$$\frac{x - u}{p} = \frac{y - v}{q} = \frac{z}{r}$$

darstellen, wenn man den Nennern die durch die Daten vorgezeichneten Verhältnisse gibt, nämlich $p : q : r = 1 : \sqrt{2} : 1$ (**220**), also durch die Gleichungen

$$x - z \quad = u$$
$$y - z\sqrt{2} = v;$$

die Leitlinie ist durch

$$z = 0$$
$$x^2 + y^2 = r^2$$

bestimmt. Die Elimination von x, y, z führt zu der Bedingungsgleichung

$$u^2 + v^2 = r^2,$$

somit lautet die Zylindergleichung:

$$(x - z)^2 + (y - z\sqrt{2})^2 = r^2.$$

___

[1] Durch eine Koordinatentransformation $(x' = ax + by,\ y' = a'x + b'y)$ kann der Gleichung die Gestalt $F(x, y) = 0$ gegeben werden (**228**, 2).

2. Durch die Ellipse

$$z = 0$$

$$b^2 x^2 + a^2 y^2 = a^2 b^2$$

sind Zylinderflächen zu legen, die von der yz-, bzw. zx-Ebene nach Kreisen geschnitten werden.

Aus den vorstehenden Gleichungen der Leitlinie und den Gleichungen der Erzeugenden:

$$x = u + \alpha z$$

$$y = v + \beta z$$

ergibt sich folgende Bedingungsgleichung zwischen den Parametern:

$$b^2 u^2 + a^2 v^2 = a^2 b^2.$$

Mithin lautet die allgemeine Gleichung einer durch die obige Ellipse gelegten Zylinderfläche:

$$b^2 (x - \alpha z)^2 + a^2 (y - \beta z)^2 = a^2 b^2.$$

Ihre Schnittlinie mit der yz-Ebene:

$$a^2 y^2 - 2 a^2 \beta y z + (b^2 \alpha^2 + a^2 \beta^2) z^2 = a^2 b^2$$

ist dann ein Kreis, wenn (**188**)

$$\beta = 0$$

$$b^2 \alpha^2 + a^2 \beta^2 = a^2,$$

und die Schnittlinie mit der zx-Ebene:

$$b^2 x^2 - 2 b^2 \alpha x z + (b^2 \alpha^2 + a^2 \beta^2) z^2 = a^2 b^2$$

dann, wenn

$$\alpha = 0$$

$$b^2 \alpha^2 + a^2 \beta^2 = b^2;$$

im ersten Falle ist $\alpha = \pm \dfrac{a}{b}$, im zweiten $\beta = \pm \dfrac{b}{a}$.

Es bilden also die beiden Paare von Zylinderflächen

$$(b x \pm a z)^2 + a^2 y^2 = a^2 b^2$$

$$b^2 x^2 + (a y \pm b z)^2 = a^2 b^2$$

die Lösung der Aufgabe.

256. Konoide. Die Bewegungen der Geraden, durch welche die Kegel- und Zylinderflächen erzeugt werden, sind dadurch gekennzeichnet, daß jede zwei Lagen der Geraden einen festen Punkt miteinander gemein haben: bei der Erzeugung einer Kegelfläche liegt dieser Punkt im Endlichen und die Bewegung ist eine *drehende*; bei der Erzeugung einer Zylinderfläche liegt er im Unendlichen und die Bewegung ist eine *fortschreitende*. Bei der drehenden Bewegung beschreiben die einzelnen Punkte der Geraden *ähnliche*, bei der fortschreitenden Bewegung *kongruente Bahnen*.

Eine Bewegung der Geraden, bei der zwei beliebige Lagen keinen gemeinsamen Punkt besitzen, wird eine *schraubende* Bewegung genannt; eine solche Bewegung kann als Zusammensetzung der drehenden mit der fortschreitenden Bewegung aufgefaßt werden. Sind nämlich g_1, g_2 zwei beliebige Lagen der Geraden, so kann man g_1 in g_2 dadurch überführen, daß man mit g_1 zuerst längs einer gemeinsamen Transversale von g_1 und g_2 eine fortschreitende Bewegung ausführt, wodurch g_1 in die Lage g_1' kommen möge, in der es mit g_2 einen Punkt gemein hat; und daß man sodann g_1' in der Ebene (g_1', g_2) durch Drehung um den letztgenannten Punkt in g_2 überführt.

Zur Regelung einer schraubenden Bewegung bedarf es im allgemeinen dreier Leitlinien. Ist eine dieser Leitlinien eine Gerade im Endlichen, eine zweite eine Gerade im Unendlichen, so heißt die beschriebene Fläche ein *Konoid*. Anders ausgedrückt: Ein Konoid entsteht, wenn eine Gerade längs einer *geraden* und irgendeiner zweiten Leitlinie sich bewegt und einer festen Ebene, der *Richtebene*, parallel bleibt.

Wenn die gerade Leitlinie auf der Richtebene senkrecht steht, so heißt das Konoid ein *gerades*, sonst ein *schiefes.*

Bei einem geraden Konoid wird die einfachste Anordnung gegen das Koordinatensystem darin bestehen, daß man die gerade Leitlinie in eine der Koordinatenachsen legt; die dazu senkrechte Koordinatenebene kann danach als Richtebene aufgefaßt werden.

Fällt die gerade Leitlinie in die x-Achse, so schreiben sich die Gleichungen der Erzeugenden:

$$\left.\begin{aligned} x &= u \\ z &= vy; \end{aligned}\right\} \tag{1}$$

hat sich mit Hilfe der zweiten Leitlinie die Bedingungsgleichung

$$\varphi(u, v) = 0 \tag{2}$$

zwischen den Parametern ergeben, so liefert die Elimination von u, v zwischen (1) und (2) die Gleichung des Konoids:

$$\varphi\left(x, \frac{z}{y}\right) = 0, \tag{3}$$

nach x aufgelöst:

$$x = f\left(\frac{z}{y}\right). \tag{3*}$$

Hat die y-, bzw. die z-Achse als gerade Leitlinie gedient, so kommt als Gleichung des Konoids eine Gleichung von der Form

zustande.

$$y = f\left(\frac{x}{z}\right), \quad \text{bzw.} \quad z = f\left(\frac{y}{x}\right) \tag{4}$$

Immer ist also bei dieser Anordnung des Koordinatensystems die eine Koordinate eine homogene Funktion der beiden anderen (**254**).

Beispiele. 1. Die Gleichung eines geraden Konoids zu bilden, dessen gerade Leitlinie die x-Achse, dessen zweite Leitlinie ebenfalls eine Gerade ist, die die y-Achse im Abstande b vom Ursprung rechtwinklig schneidet.

Eliminiert man aus den Gleichungen der Erzeugenden

$$x = u, \quad z = vy$$

und den Gleichungen der zweiten Leitlinie

$$y = b, \quad x = mz$$

x, y, z, so kommt man zu der Bedingungsgleichung

$$u = mbv,$$

und aus dieser ergibt sich die Gleichung des Konoids:

$$x = mb\,\frac{z}{y}. \tag{1}$$

Da man dieser Gleichung auch die Gestalt

$$y = mb\frac{z}{x} \tag{1*}$$

geben kann, so wird dasselbe Konoid auch dadurch erzeugt, daß die y-Achse als gerade Leitlinie, die zx-Ebene als Richtebene und die Gerade

$$x = b, \quad y = mz$$

als zweite Leitlinie verwendet wird.

Es enthält also die durch eine der Gleichungen (1), (1*) oder durch die adäquate Gleichung

$$xy = mbz \tag{1**}$$

dargestellte Fläche zwei Scharen von Geraden, die eine parallel der yz-, die andere parallel der zx-Ebene. Man nennt sie ein *hyperbolisches Paraboloid*, weil sie durch Ebenen nach Hyperbeln und Parabeln geschnitten wird.

Verbindet man nämlich die Gleichung (1**) mit der allgemeinen Gleichung der Ebene

$$Ax + By + Cz + D = 0 \tag{2}$$

und eliminiert eine der Variablen x, y, z. B. y, so ergibt sich (mit $mbB = B'$) die Gleichung

$$Ax^2 + Cxz + Dx + B'z = 0 \tag{3}$$

als Gleichung der Projektion des Schnittes von (1**) mit (2) auf der zx-Ebene. Diese Gleichung entspricht aber dem zweiten Hauptfall (**202**) bei Linien zweiter Ordnung und stellt daher eine (eigentliche oder degenerierte) Hyperbel oder eine Parabel dar.

2. Ein gerades Konoid habe die z-Achse zur geraden Leitlinie, und die Erzeugende bewege sich so, daß die fortschreitende und die drehende Bewegung gleichförmig und beständig in demselben Sinne erfolgen.

Die durch diese regelmäßige Schraubenbewegung erzeugte Fläche wird gerades Schraubenkonoid, *gerade Schraubenfläche* oder Wendelfläche genannt.

Schreibt man die Gleichungen der Erzeugenden

$$\left.\begin{array}{l} y = x \operatorname{tg} u \\ z = v, \end{array}\right\} \tag{1}$$

so drückt sich das Bewegungsgesetz in dem Ansatze

$$\frac{v}{u} = b \tag{2}$$

aus, wenn angenommen wird, daß die x-Achse eine Lage der Erzeugenden bildet. Bei positivem b steigt die Erzeugende bei positiver Drehung und sinkt bei negativer Drehung.

Aus (1) und (2) folgt durch Elimination von u, v die Gleichung der geraden Schraubenfläche

$$z = b \operatorname{Arctg} \frac{y}{x} . \tag{3}$$

Entsprechend der unendlichen Vieldeutigkeit der Funktion Arc tg (**43**) macht die Fläche unendlich viele Windungen um die z-Achse, die als ihre *Achse* bezeichnet werden soll.

Die Schnittlinie der geraden Schraubenfläche mit einem um ihre Achse gelegten Kreiszylinder wird *Schraubenlinie* genannt.

Ist a der Radius des Zylinders, so lautet seine Gleichung

$$x^2 + y^2 = a^2 ; \tag{4}$$

in Verbindung mit (1) und (2) führt sie zu der folgenden parametrischen Darstellung der Schraubenlinie:

$$\left.\begin{array}{l} x = a \cos u \\ y = a \sin u \\ z = b u \end{array}\right\} , \tag{5}$$

wobei der Drehungswinkel u als Parameter verwendet ist.

3. Die Gleichung

$$z = \frac{2xy}{x^2 + y^2} \tag{1}$$

stellt, da ihre rechte Seite auch in der Form $\dfrac{2\,\dfrac{y}{x}}{1 + \left(\dfrac{y}{x}\right)^2}$ geschrieben werden

kann, ein gerades Konoid dar, dessen gerade Leitlinie die z-Achse ist (s. Gl. (4), **256**).

Um sich von der Gestalt dieser Fläche eine Vorstellung zu bilden, führe man in der xy-Ebene statt der rechtwinkligen Polarkoordinaten ein, indem man setzt:

$$x = r\cos\varphi, \quad y = r\sin\varphi;$$

dadurch ergibt sich für z der Ausdruck

$$z = \sin 2\varphi, \tag{2}$$

der unmittelbar erkennen läßt, daß die Fläche zwischen den Ebenen $z = -1$ und $z = 1$ enthalten ist.

Schneidet man die Fläche ferner mit dem um die z-Achse gelegten Kreiszylinder

$$x^2 + y^2 = 1,$$

so entsteht eine Kurve, die sich auf die yz-, bzw. zx-Ebene in die Linie vierter Ordnung

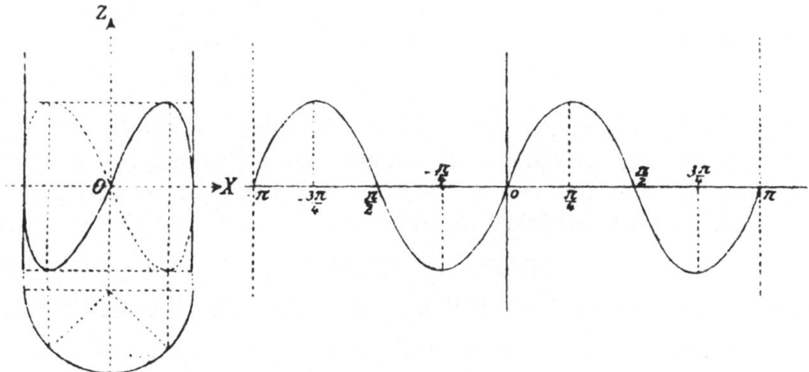

Fig. 112.

$$4y^4 - 4y^2 + z^2 = 0$$
$$4x^4 - 4x^2 + z^2 = 0$$

projiziert. Auf dem längs der Mantellinie $x = -1$, $y = 0$ aufgeschnittenen und abgewickelten Zylinder stellt sich diese Kurve vermöge der Gleichung (2) in zwei Zügen der Sinuslinie dar, Fig. 112. Mit dieser Kurve als Leitlinie ist es möglich, sich von dem Verlauf der Fläche eine Vorstellung zu bilden.

257. Rotationsflächen. Eine Rotationsfläche entsteht durch Umdrehung einer Linie um eine mit ihr fest verbundene fixe Achse, die *Rotationsachse*. Jeder Punkt der erzeugenden Linie beschreibt einen Kreis, dessen Ebene auf der Rotationsachse senkrecht steht, und dessen Mittelpunkt in dieser Achse selbst liegt; wegen dieser Anordnung heißen die Kreise *Parallelkreise*. Es kann demnach dieselbe Fläche auch durch die Bewegung eines (im allgemeinen) variablen

Kreises erzeugt werden, dessen Mittelpunkt eine feste Gerade durchläuft und dessen Ebene auf dieser Geraden senkrecht bleibt; zur Regelung der Größe dieses Kreises kann eine Leitlinie dienen. Gerade diese Auffassung eignet sich zur analytischen Darstellung.

Jede von der Rotationsachse ausgehende Halbebene schneidet die Rotationsfläche nach einer Linie, die man als einen *Meridian* bezeichnet; es ist in der Entstehungsweise der Fläche begründet, daß alle Meridiane kongruent sind, so daß die Fläche auch durch Umdrehung eines Meridians erzeugt werden kann.

Ordnet man das Koordinatensystem derart an, daß die Rotationsachse mit der z-Achse zusammenfällt, so läßt sich der erzeugende variable Kreis durch die Gleichungen

$$\left.\begin{aligned} x^2 + y^2 + z^2 &= u^2 \\ z &= v \end{aligned}\right\}, \tag{1}$$

nämlich als Schnitt einer variablen Kugel um den Ursprung und einer beweglichen zur z-Achse senkrechten Ebene darstellen.

Ist

$$\varphi(u, v) = 0 \tag{2}$$

die unmittelbar gegebene oder mittels der Leitlinie abzuleitende Bedingungsgleichung zwischen den veränderlichen Parametern, so ergibt sich durch Elimination von u, v zwischen (1) und (2) die Gleichung der Rotationsfläche zunächst in der Form

$$\varphi(\sqrt{x^2 + y^2 + z^2}, z) = 0,$$

und bei Auflösung nach z erhält man eine Gleichung von der Struktur

$$z = \Phi(x^2 + y^2). \tag{3}$$

Es kann also (3) als die allgemeine Gleichung der Rotationsflächen angesehen werden, die die z-Achse zur Rotationsachse haben.

Ist insbesondere ein Meridian, beispielsweise der in der zx-Ebene liegende, als Leitlinie gegeben, deren Gleichungen also

$$y = 0, \quad F(x, z) = 0 \tag{4}$$

sein mögen, so führt die Elimination von x, y, z aus (1) und (4) auf die Bedingungsgleichung

$$F(\sqrt{u^2 - v^2}, v) = 0, \tag{2*}$$

aus der sich wiederum durch Elimination von u, v die Gleichung der Rotationsfläche ergibt:

$$F(\sqrt{x^2 + y^2}, z) = 0. \tag{3*}$$

Dieses Ergebnis läßt sich zu einer einfachen Regel formulieren, die so lautet: *Um die Gleichung der durch Umdrehung der Linie $y = 0$, $F(x, z) = 0$ um die z-Achse erzeugten Rotationsfläche zu erhalten, hat man in der letztgeschriebenen Gleichung x durch $\sqrt{x^2 + y^2}$ zu ersetzen.*

Es ist nicht schwer, diese Regel auf die andern Koordinatenebenen und Koordinatenachsen, falls sie als Meridianebenen und Rotationsachsen verwendet werden, zu übertragen.

Beispiele. 1. Als Rotationsachse diene die z-Achse, als Erzeugende die die x-Achse senkrecht schneidende Gerade

$$x = a , \quad y = mz . \tag{α}$$

Aus diesen und den Gleichungen (1) ergibt sich dann die Bedingungsgleichung

$$a^2 + (1 + m^2)v^2 = u^2 ,$$

aus der wiederum durch Elimination von u, v die Gleichung

$$x^2 + y^2 - m^2 z^2 = a^2 \tag{β}$$

der beschriebenen Fläche resultiert.

Da die Gleichung (β) unverändert bleibt, wenn man m durch $- m$ ersetzt, so enthält die Fläche *zwei* Scharen von Geraden, nämlich alle Lagen, in welche die Gerade (α), und auch alle Lagen, in welche die Gerade

$$x = a , \quad y = - mz \tag{α'}$$

während der Rotation gelangt.

Aus (β) ergibt sich mit $y = 0$ die Gleichung

$$x^2 - m^2 z^2 = a^2$$

der in der zx-Ebene befindlichen Meridiane, die somit die beiden Äste einer Hyperbel bilden, deren reelle Achse $2a$ in der x-Achse liegt, so daß die Fläche auch durch Umdrehung dieser Hyperbel um ihre imaginäre Achse beschrieben wird.

2. Durch Rotation der Parabel

$$z^2 = 2px$$

um die z-Achse entsteht die Fläche vierter Ordnung

$$z^4 = 4p^3(x^2 + y^2) .$$

3. Durch Rotation des Kreises

$$(x - a)^2 + z^2 = r^2 \tag{$a \neq 0$}$$

um die z-Achse entsteht die als *Torus* benannte Fläche vierter Ordnung, deren Gleichung nach der obigen Regel

$$(\sqrt{x^2 + y^2} - a)^2 + z^2 = r^2$$

und in rationaler Form

$$(x^2 + y^2 + z^2 + a^2 - r^2)^2 = 4a^2(x^2 + y^2)$$

lautet.

258. Affinität. Denkt man sich den Raum auf ein rechtwinkliges Koordinatensystem bezogen und ordnet jedem Punkte $M(x\,|\,y\,|\,z)$ einen Punkt $M'(x'\,|\,y'\,|\,z')$ nach dem Gesetze

$$x' = kx, \quad y' = y, \quad z' = z \qquad (1)$$

zu, so sagt man, der Raum sei *affin transformiert* worden; Fig. 113. Man hat sich den Raum zweimal zu denken, einmal als Ort der Punkte M, ein zweitesmal als Ort der Punkte M'; in diesem Sinne spricht man von zwei *affinen Räumen*.

Bei der angegebenen Transformation bleiben die Punkte der yz-Ebene in Ruhe, weil mit $x = 0$ auch $x' = 0$ wird, sie heißt die

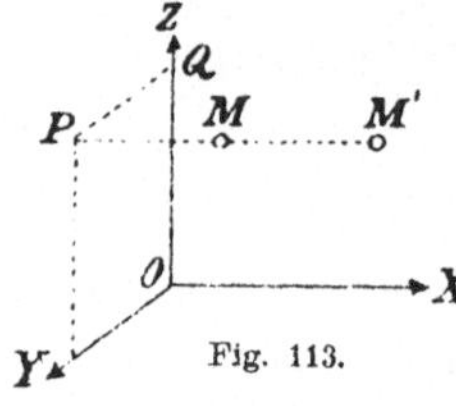

Fig. 113.

Affinitätsebene. Außerhalb dieser Ebene liegende Punkte erleiden eine Verschiebung parallel der x-Achse, die die *Affinitätsrichtung* bezeichnet; das Maß dieser Verschiebung hängt außer von der Entfernung des betreffenden Punktes von der Affinitätsebene auch von der Konstanten k ab, die man das *Affinitätsverhältnis* nennt; stellt man sich vor, M rücke ins Unendliche, so gilt dasselbe von M', und hält man an der Vorstellung (**179**) fest, eine Gerade enthalte nur *einen* unendlich fernen Punkt, so kann man sagen, daß auch die unendlich fernen Punkte des Raumes bei einer affinen Transformation in Ruhe bleiben.

Je nachdem $k < 1$ oder > 1, findet eine Verkürzung oder Verlängerung der Strecken $\overline{PM}$ statt; bei $k = 1$ bliebe alles unverändert (identische Transformation).

Die affinen Transformationen bezüglich der zx- und der xy-Ebene sind durch die Substitutionsgleichungen

$$x' = x, \quad y' = ky, \quad z' = z, \qquad (2)$$
$$x' = x, \quad y' = y, \quad z' = kz \qquad (3)$$

gekennzeichnet.

Man kann *jede* Ebene zur Affinitätsebene und *jede* ihr nicht angehörende Richtung zur Affinitätsrichtung wählen.

Denkt man sich auf alle Punkte eines geometrischen Gebildes eine affine Transformation ausgeübt, so entsteht ein neues Gebilde, das zu dem ursprünglichen affin heißt; insbesondere entsteht aus einer Fläche wieder eine Fläche und aus einer Linie wieder eine Linie.

Bezüglich des Zusammenhangs affiner Gebilde sind insbesondere die folgenden Tatsachen hervorzuheben.

Aus einer Ebene entsteht durch affine Transformation wieder eine Ebene, die sich mit der ursprünglichen in der Affinitätsebene schneidet. Die Gleichung

$$Ax + By + Cz + D = 0$$

verwandelt sich nämlich durch die Substitution (1) in

$$\frac{A}{k}x' + By' + Cz' + D = 0,$$

und da mit $x = 0$ auch $x' = 0$ ist, so haben beide Ebenen dieselbe yz-Spur: $B\eta + C\zeta + D = 0$; ist eine der Ebenen der Affinitätsebene parallel, so ist es auch die andere.

Infolge dieses Sachverhaltes ist auch das affine Gebilde einer Geraden wieder eine Gerade, die sich mit der ursprünglichen in der Affinitätsebene (im Endlichen oder Unendlichen) schneidet.

Weil ferner die der affinen Transformation entsprechende Substitution linear ist, eine algebraische Gleichung aber bei einer linearen Substitution ihren Grad nicht ändert, *so ist die zu einer Fläche n-ter Ordnung affine Fläche wieder von der n-ten Ordnung.* Ebenso bleibt bei der affinen Transformation einer algebraischen Linie deren Ordnung erhalten.

259. Die Flächen zweiter Ordnung. Jede Fläche, deren Gleichung in den Koordinaten x, y, z vom zweiten Grade ist, wird eine *Fläche zweiter Ordnung* (auch zweiten Grades) genannt.

I. Aus der *Kugel*

$$x^2 + y^2 + z^2 = a^2 \qquad (1)$$

entstehen, wenn man auf sie affine Transformation bezüglich der xy-Ebene mit $k = \dfrac{c}{a}$ anwendet, die *Rotationsellipsoide*

$$\frac{x^2 + y^2}{a^2} + \frac{z^2}{c^2} = 1, \qquad (2)$$

die unterschieden werden in verlängerte oder *oblonge* (wenn $c > a$) und in *abgeplattete* oder *Sphäroide* (wenn $c < a$).

Wird auf ein Rotationsellipsoid nochmals affine Transformation in bezug auf eine andere Koordinatenebene, z. B. in bezug auf die zx-Ebene, mit dem Verhältnis $k' = \dfrac{b}{a}$ angewendet, so entsteht das *allgemeine* oder dreiachsige *Ellipsoid*

$$\frac{x^2}{a^2} + \frac{y^2}{b^2} + \frac{z^2}{c^2} = 1. \qquad (3)$$

Die Rotationsellipsoide werden unmittelbar erzeugt durch Umdrehung der Ellipse $\dfrac{x^2}{a^2} + \dfrac{z^2}{c^2} = 1$ um die z-Achse (**257**).

II. Durch Umdrehung der Hyperbel $\dfrac{x^2}{a^2} - \dfrac{z^2}{c^2} = 1$ um die z-, also die imaginäre Achse entsteht das einmantelige oder *einschalige Rotationshyperboloid*

$$\frac{x^2 + y^2}{a^2} - \frac{z^2}{c^2} = 1. \qquad (4)$$

Diese Gleichung geht durch die Substitution $\dfrac{a}{c} = m$ in die Gleichung (β) in **257** über, von der erkannt wurde, daß sie einer Fläche mit zwei Scharen von Geraden angehört.

Wendet man auf (4) affine Transformation bezüglich der zx-Ebene mit dem Verhältnis $k = \dfrac{b}{a}$ an, so entsteht das *allgemeine einschalige Hyperboloid*

$$\frac{x^2}{a^2} + \frac{y^2}{b^2} - \frac{z^2}{c^2} = 1; \tag{5}$$

da bei der affinen Transformation Gerade wieder zu Geraden werden, so enthält auch diese Fläche zwei Scharen von Geraden.

III. Durch Umdrehung der Hyperbel $\dfrac{x^2}{a^2} - \dfrac{z^2}{c^2} = 1$ um die x-, also um die reelle Achse entsteht das zweimantelige oder *zweischalige Rotationshyperboloid*

$$\frac{x^2}{a^2} - \frac{y^2 + z^2}{c^2} = 1. \tag{6}$$

Wird auf dieses affine Transformation bezüglich der zx-Ebene mit dem Verhältnis $k = \dfrac{b}{c}$ ausgeübt, so entsteht das *allgemeine zweischalige Hyperboloid*

$$\frac{x^2}{a^2} - \frac{y^2}{b^2} - \frac{z^2}{c^2} = 1. \tag{7}$$

IV. Durch Umdrehung der Parabel $2pz = x^2$ um die z-Achse, die zugleich Achse der Parabel ist, erhält man das *Rotationsparaboloid*

$$2pz = x^2 + y^2. \tag{8}$$

Seine affine Transformation bezüglich der zx-Ebene mit dem Verhältnis $k = \dfrac{b}{a}$ führt auf das *elliptische Paraboloid*, dessen Gleichung sich, wenn man $\dfrac{a^2}{p} = c$ setzt, schreibt:

$$\frac{2z}{c} = \frac{x^2}{a^2} + \frac{y^2}{b^2}. \tag{9}$$

V. Unter den Konoiden befindet sich auch eine Fläche zweiter Ordnung, für welche dort (**256**, 1.) die Gleichung

$$mbz = xy$$

gefunden und die **als** Träger zweier Scharen von Geraden erkannt wurde, deren eine der yz-, die andere der zx-Ebene parallel ist; mit Rücksicht auf die Art ihrer ebenen Schnitte erhielt die Fläche den Namen hyperbolisches Paraboloid.

Dreht man das Koordinatensystem um die z-Achse um den Winkel von 45°, so lautet die zugehörige Substitution (**169**):

$$x = \frac{x' - y'}{\sqrt{2}}, \quad y = \frac{x' + y'}{\sqrt{2}}, \quad z = z':$$

die Gleichung unserer Fläche verwandelt sich dadurch, wenn man $mb = p$ setzt und den Akzent unterdrückt, in

$$2pz = x^2 - y^2. \tag{10}$$

Man nennt die durch diese Gleichung dargestellte Fläche das *gleichseitige hyperbolische Paraboloid* — seine Richtebenen sind $x - y = 0$ und $x + y = 0$ und stehen aufeinander senkrecht; und diejenige Fläche, die aus dieser durch affine Transformation bezüglich der zx-Ebene mit dem Verhältnis $k = \dfrac{b}{a}$ entsteht, und deren Gleichung sich mit der Abkürzung $\dfrac{a^2}{p} = c$ schreibt:

$$\frac{2z}{c} = \frac{x^2}{a^2} - \frac{y^2}{b^2}, \tag{11}$$

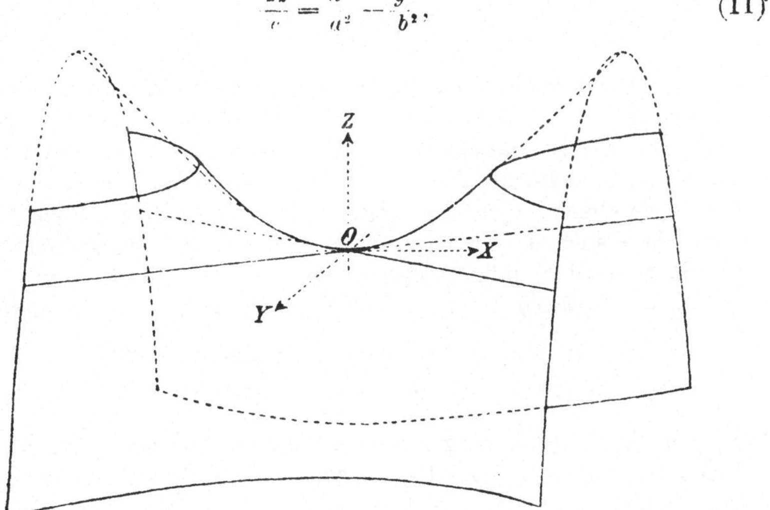

Fig. 114.

das *allgemeine hyperbolische Paraboloid*; auch dieses enthält zwei Scharen von Geraden, ist in zweifacher Weise ein schiefes Konoid mit den Richtebenen $bx - ay = 0$ und $bx + ay = 0$. Figur 114 bringt einen durch Schnitte parallel zu den Koordinatenebenen begrenzten Teil dieser Fläche zur Anschauung; auch ein der Fläche angehörendes Geradenpaar ist darin verzeichnet.

VI. Durch Umdrehung der Geraden $z = \dfrac{c}{a} x$ um die z-Achse entsteht der *Rotations-* oder *Kreiskegel*, dessen Gleichung lautet:

$$\frac{x^2 + y^2}{a^2} = \frac{z^2}{c^2} \tag{12}$$

(vgl. **254**, 1.).

Übt man auf ihn affine Transformation bezüglich der zx-Ebene mit dem Verhältnis $k = \dfrac{b}{a}$ aus, so ergibt sich der *allgemeine Kegel zweiter Ordnung*

$$\frac{x^2}{a^2} + \frac{y^2}{b^2} = \frac{z^2}{c^2}. \tag{13}$$

VII *Die Zylinder zweiter Ordnung* mit zur z-Achse parallelen Seitenlinien sind in den Gleichungen der Linien zweiter Ordnung, bezogen auf die xy-Ebene, enthalten, also in den Gleichungen:

$$x^2 + y^2 = a^2$$
$$\frac{x^2}{a^2} + \frac{y^2}{b^2} = 1$$
$$\frac{x^2}{a^2} - \frac{y^2}{b^2} = 1 \tag{14}$$
$$y^2 = 2px.$$

VIII. Die Gleichungen (1) bis (14) beziehen sich jeweilen auf ein spezielles Koordinatensystem, das den Symmetrieverhältnissen der betreffenden Fläche angepaßt ist und darum zu einer besonders einfachen Gleichungsform führt. Sowie man das Koordinatensystem ändert, kompliziert sich die Gleichung, ohne jedoch ihren Grad zu ändern. Wie auch das (rechtwinklige oder Parallel-)Koordinatensystem angeordnet werden möge, immer ist die Flächengleichung in der *allgemeinen Gleichung zweiten Grades* zwischen x, y, z, nämlich in:

$$Ax^2 + A'y^2 + A''z^2 + 2Byz + 2B'zx + 2B''xy$$
$$+ 2Cx + 2C'y + 2C''z + F = 0 \tag{15}$$

enthalten. Diese Gleichung ist demnach die allgemeine Gleichung der Flächen zweiter Ordnung. Da sie zehn Koeffizienten, also neun Konstanten enthält, so ist eine Fläche zweiter Ordnung im allgemeinen durch neun Bedingungen, insbesondere durch neun ihrer Punkte, bestimmt.

Auch der *Komplex zweier Ebenen*, dargestellt durch

$$(ax + by + cz + d)(a'x + b'y + c'z + d') = 0, \tag{16}$$

ist in (15) enthalten, weil die Ausführung der Multiplikation zu einem Ausdruck zweiten Grades führt; der Komplex zweier Ebenen bildet also eine Degenerationsform der Flächen zweiter Ordnung (vgl. hierzu **203**).

260. Tangentialebenen. Auf der Fläche

$$f(x, y, z) = 0 \tag{1}$$

liege der Punkt $M(x/y/z)$. In seiner Nachbarschaft werde ein zweiter Punkt $M'(x + h/y + k/z + l)$ angenommen, so daß auch

$$f(x + h, y + k, z + l) = 0 \tag{2}$$

ist. Die Verbindungsgerade beider Punkte. dargestellt durch (**246**)

$$\frac{\xi - x}{h} = \frac{\eta - y}{k} = \frac{\zeta - z}{l},$$ (3)

heißt eine Sekante der Fläche.

Aus den Gleichungen (1) und (2) folgt, daß auch

$$f(x + h, \; y + k, \; z + l) - f(x, y, z) = 0,$$

daher auch

$$f(x + h, \; y + k, \; z + l) - f(x, \; y + k, \; z + l)$$
$$+ f(x, \; y + k, \; z + l) - f(x, \; y, \; z + l)$$
$$+ f(x, \; y, \; z + l) - f(x, \; y, \; z) = 0$$

ist; für die drei Differenzen, aus denen sich die linke Seite zusammensetzt, kann nach dem Mittelwertsatze (**73**) der Reihe nach

$$h f_x'(x + \theta h, \; y + k, \; z + l)$$
$$k f_y'(x, \; y + \theta_1 k, \; z + l)$$
$$l f_z'(x, \; y, \; z + \theta_2 l)$$

geschrieben werden, wobei θ. θ_1, θ_2 positive echte Brüche bedeuten; es ist also auch

$$f_x'(x + \theta h, \; y + k, \; z + l) + f_y'(x, \; y + \theta_1 k, \; z + l) \frac{k}{h} +$$
$$+ f_z'(x, \; y, \; z + \theta_2 l) \frac{l}{h} = 0.$$ (4)

Nähert man den Punkt M' dem festgehaltenen Punkte M längs der Fläche unbegrenzt derart, daß $\frac{k}{h}$ gegen die Grenze t konvergiert, so wird auch $\frac{l}{h}$ im allgemeinen einer Grenze u und die Sekante einer Grenzlage sich nähern, die durch

$$\frac{\xi - x}{1} = \frac{\eta - y}{t} = \frac{\zeta - z}{u}$$ (5)

dargestellt ist und als *eine Tangente* der Fläche im Punkte M bezeichnet wird.

Zwischen dem beliebig festzusetzenden t und dem u besteht aber, sofern die partiellen Ableitungen f_x'. f_y', f_z' stetige Funktionen ihrer Argumente sind. vermöge (4) die Beziehung:

$$f_x' + f_y' \cdot t + f_z' \cdot u = 0.$$ (6)

Ohne Rücksicht auf die spezielle Wahl von t herrscht also zwischen ξ. η, ζ, d. i. zwischen deu Koordinaten der Punkte *aller* Tangenten in M die aus (5) und (6) resultierende Gleichung

$$(\xi - x) f_x' + (\eta - y) f_y' + (\zeta - z) f_z' = 0.$$ (7)

die eine durch M gehende Ebene darstellt.

Das Ergebnis der Betrachtung geht also dahin, daß alle Tangenten in einem Flächenpunkte im allgemeinen — ein besonderes Verhalten der Ableitungen f'_x, f'_y, f'_z ausgeschlossen — in einer Ebene liegen, die man als die *Tangenten-* oder *Tangentialebene* der Fläche im Punkte M bezeichnet; (7) ist ihre Gleichung.

I. Ist der Punkt M gegeben, so erfordert die Bestimmung der Tangentialebene lediglich die Ausführung der Gleichung (7).

Beispiel. Ist M ein Punkt des dreiachsigen Ellipsoids

$$f(x,\, y,\, z) = \frac{x^2}{a^2} + \frac{y^2}{b^2} + \frac{z^2}{c^2} - 1 = 0,$$

so ergibt sich die Gleichung der Tangentialebene daselbst zunächst in der Form:

$$(\xi - x)\frac{2x}{a^2} + (\eta - y)\frac{2y}{b^2} + (\zeta - z)\frac{2z}{c^2} = 0,$$

und bei weiterer Ausführung lautet sie einfacher:

$$\frac{x\xi}{a^2} + \frac{y\eta}{b^2} + \frac{z\zeta}{c^2} = 1.$$

II. Sollen an die Fläche durch einen Punkt $P(x_0/y_0/z_0)$ Tangentialebenen gelegt werden, so haben deren unbekannte Berührungspunkte $x/y/z$ außer der Gleichung der Fläche

$$f(x,\, y,\, z) = 0$$

noch der Gleichung

$$(x_0 - x)f'_x + (y_0 - y)f'_y + (z_0 - z)f'_z = 0$$

zu genügen. Ihre Gesamtheit, durch dieses Gleichungspaar bestimmt, ist eine auf der Fläche liegende Kurve, die *Berührungskurve* des Kegels, der der Fläche aus dem Punkte P umschrieben ist, indem seine Berührungsebenen zugleich Tangentialebenen der Fläche sind.

Beispiel. Bei dem Ellipsoid des vorigen Beispiels lautet das Gleichungspaar zur Bestimmung der Berührungskurve:

$$\frac{x^2}{a^2} + \frac{y^2}{b^2} + \frac{z^2}{c^2} = 1,$$

$$\frac{x_0\,x}{a^2} + \frac{y_0\,y}{b^2} + \frac{z_0\,z}{c^2} = 1;$$

die zweite Gleichung bestimmt bei variablem $x,\, y,\, z$ eine (stets reelle) Ebene, deren Schnitt mit dem Ellipsoid die Berührungskurve bildet. Man nennt die Ebene die *Polarebene* des Punktes P in bezug auf das Ellipsoid, P ihren *Pol*. Ein analoger Sachverhalt ergibt sich für jede Fläche zweiter Ordnung, wie man an der allgemeinen Gleichung (15), **259**, erweisen kann.

III. Sind an die Fläche Tangentialebenen zu legen, die einer gegebenen Geraden $\dfrac{\xi}{p} = \dfrac{\eta}{q} = \dfrac{\zeta}{r}$ parallel sind, so müssen deren noch unbekannte Berührungspunkte $x/y'z$ außer

$$f(x, y, z) = 0$$

auch noch die Gleichung

$$p f'_x + q f'_y + r f'_z = 0$$

erfüllen, welche die Forderung ausdrückt, daß die Ebene (7) der gegebenen Geraden parallel sei (**249**). Die Gesamtheit der Berührungspunkte, durch das vorstehende Gleichungspaar bestimmt, erfüllt eine auf der Fläche liegende Kurve, die *Berührungskurve* des der Fläche parallel zu der Geraden umschriebenen Zylinders.

Beispiel. Bei dem Ellipsoid der vorigen Beispiele heißt das Gleichungspaar

$$\frac{x^2}{a^2} + \frac{y^2}{b^2} + \frac{z^2}{c^2} = 1,$$

$$\frac{p x}{a^2} + \frac{q y}{b^2} + \frac{r z}{c^2} = 0;$$

die zweite Gleichung gehört bei variablem x, y, z einer durch den Ursprung gehenden Ebene an, die die verlangte Berührungskurve ausschneidet.

Sachregister.

Namenregister.

(Die Zahlen beziehen sich auf die Seiten.)